中国地质大学(武汉)地学类系列精品教材

# 地层学基础与前沿

(第二版)

**Stratigraphic Fundamentals and Frontiers**
(Second Edition)

龚一鸣　张克信　主编

## 内容提要

本书以教材的笔调、专著的风格系统地阐述了地层学主要基础与前沿分支学科的形成发展过程和科学精髓。全书包括总论、地层学基础分支学科与方法、地层学前沿分支学科与方法、结语和附录5部分，由19章和3个附录构成，其中插图202幅、表37幅。从夯实基础与兼顾前沿相结合的基础上全面阐述了地层学的形成与发展。主要内容包括：沉积作用与地层形成，地层单位与层型，地层区划；岩石、生物、年代、磁性、层序、化学、事件、旋回地层学，地层的数字定年方法；生态、气候、非史密斯、分子地层学，GBDB数据库在地层研究中的应用；时间与地层学；国际与中国地质年代对比表，中国各纪生物地层序列，沉积岩岩性花纹、沉积构造与化石图例。本书有介有述有评，尚有丰富的例析，每章均附有详细的参考文献、关键词与主要知识点及其中英文对照，以便感兴趣的读者进一步追根溯源，领悟地层学悠久的学科历史和丰富、深刻的科学内涵。

本书为高年级大学生与研究生教材，也是从事地学教学、科研和生产人员的重要参考书。

图书在版编目(CIP)数据

地层学基础与前沿(第二版)/龚一鸣,张克信主编—武汉：中国地质大学出版社,
2016.3(2017.1重印)

ISBN 978-7-5625-3742-7

Ⅰ.地…
Ⅱ.①龚…②张…
Ⅲ.①地层学-研究
Ⅳ.①P53

中国版本图书馆 CIP 数据核字(2015)第 290821 号

| 地层学基础与前沿（第二版） | | 龚一鸣　张克信　主编 |
|---|---|---|
| 责任编辑：胡珞兰　刘桂涛　杨雪英 | | 责任校对：张咏梅 |
| 出版发行：中国地质大学出版社(武汉市洪山区鲁磨路388号) | | 邮政编码：430074 |
| 电　　话：(027)67883511　　　传　真：67883580 | | E-mail:cbb@cug.edu.cn |
| 经　　销：全国新华书店 | | http://www.cugp.edu.cn |
| 开本：787mm×1092mm 1/16 | | 字数：770千字　　印张：30 |
| 版次：2007年3月第1版　2016年3月第2版 | | 印次：2017年1月第3次印刷 |
| 印刷：武汉市籍缘印刷厂 | | 印数：4001—5500册 |
| ISBN 978-7-5625-3742-7 | | 定价：78.00元 |

如有印装质量问题请与印刷厂联系调换

# 编著人员及其主要研究方向

（以主笔章节为序）

| 姓名 | 职称或学位 | 主要研究方向 | 单 位 |
|---|---|---|---|
| 龚一鸣 | 教授 | 遗迹化石与泥盆系 | 中国地质大学（武汉） |
| 詹仁斌 | 研究员 | 早古生代地层与腕足动物 | 中国科学院南京地质古生物研究所 |
| 史晓颖 | 教授 | 前寒武纪与地层古生物 | 中国地质大学（北京） |
| 杜远生 | 教授 | 碳酸盐岩与沉积地质学 | 中国地质大学（武汉） |
| 张克信 | 教授 | 牙形石与地层古生物 | 中国地质大学（武汉） |
| 童金南 | 教授 | 有孔虫与生物地层学 | 中国地质大学（武汉） |
| 纵瑞文 | 博士 | 三叶虫与地层古生物 | 中国地质大学（武汉） |
| 何卫红 | 教授 | 腕足动物与地层古生物 | 中国地质大学（武汉） |
| 张雄华 | 教授 | 珊瑚与地层古生物 | 中国地质大学（武汉） |
| 徐冉 | 博士 | 泥盆系与地层古生物 | 中国地质大学（武汉） |
| 张元动 | 研究员 | 笔石与地层古生物 | 中国科学院南京地质古生物研究所 |
| 徐亚东 | 博士 | 孢粉与地层古生物 | 中国地质大学（武汉） |
| 张世红 | 教授 | 岩石磁学与古地理 | 中国地质大学（北京） |
| 吴怀春 | 教授 | 岩石磁学 | 中国地质大学（北京） |
| 李海燕 | 副教授 | 岩石磁学 | 中国地质大学（北京） |
| 季军良 | 副教授 | 岩石磁学 | 中国地质大学（武汉） |
| 杨天水 | 教授 | 岩石磁学 | 中国地质大学（北京） |
| 李超 | 教授 | 地球化学与化学地层学 | 中国地质大学（武汉） |
| 王家生 | 教授 | 可燃冰与化学地层学 | 中国地质大学（武汉） |
| 罗根明 | 副教授 | 生物地球化学 | 中国地质大学（武汉） |
| 江海水 | 副教授 | 牙形石与事件地层学 | 中国地质大学（武汉） |
| 黄春菊 | 教授 | 旋回地层学 | 中国地质大学（武汉） |
| 王国灿 | 教授 | 构造年代学 | 中国地质大学（武汉） |
| 曹凯 | 副教授 | 构造年代学 | 中国地质大学（武汉） |
| 赖旭龙 | 教授 | 牙形石与生态地层学 | 中国地质大学（武汉） |
| 李保生 | 教授 | 第四纪地质学 | 华南师范大学 |
| 冯庆来 | 教授 | 放射虫与地层古生物 | 中国地质大学（武汉） |
| 黄咸雨 | 副教授 | 分子化石与分子地层学 | 中国地质大学（武汉） |
| 谢树成 | 教授 | 分子化石与分子地层学 | 中国地质大学（武汉） |
| 樊隽轩 | 研究员 | 地层数据库与数据分析 | 中国科学院南京地质古生物研究所 |
| 陈清 | 博士 | 定量地层学与古地理学 | 中国科学院南京地质古生物研究所 |
| 侯旭东 | 工程师 | 数据库开发与定量地层学 | 中国科学院南京地质古生物研究所 |
| 沈树忠 | 院士 | 晚古生代地层古生物 | 中国科学院南京地质古生物研究所 |
| 吴会婷 | 博士 | 腕足动物与地层古生物 | 中国地质大学（武汉） |

# 第1版前言

地层学是地质学中既古老而又极富活力的学科，知识和内涵积淀深厚，各种观念和思想发展迅速、交锋激烈，以什么样的风格和笔调向研究生和高年级大学生展示地层学悠久的学科历史和丰富的科学内涵是编著者们一直在思考的第一要务。在多年的酝酿和编写过程中，我们达成了共识：以"**教材的笔调和专著的风格，夯实基础和兼顾前沿**"的编著风格来撰写本书。

**教材的笔调和专著的风格** 所谓教材的笔调就是本书所涉及的内容要明了易懂、重点突出、给学生较多回味和思考的空间。前两点是对教材而言的，第三点是对研究生和高年级大学生教材而言的。所谓专著的风格就是本书所涉及的内容要观点明确并有独到之处，内涵丰富深刻，能给学生的思维和实践以启发和引导。

本书在章节的编排上分两部分——总论和分论。总论部分包括3章，试图用较少的篇幅向学生展示地层学悠久的学科历史和丰富、深刻科学内涵的概貌，对所涉及的问题并未一一展开，以综述和点评为主，并引列有代表性的参考文献，给学生较多回味、思考和探索的空间。分论部分安排了16章，试图用较大的篇幅详细阐述和讨论地层学主要分支学科的内容和问题。岩石、生物、年代、磁性地层学是地层学的基础和较成熟的分支学科，本书侧重以教材的笔调介绍这些地层学分支学科的主要内容；分子、旋回、非史密斯、遗迹、层序地层、定量、事件、生态、化学、地震-测井、地层的数字定年和土壤地层学则侧重以专著的风格阐述和讨论这些地层学分支学科的内容和问题，概念方法的阐述大都根植于主笔人长期的科研实践，其中引用的实例大都是主笔人自己所做的工作，因此，观点明确独到，内涵丰富深刻，能给学生的思维和实践以启发和引导的专著风格能得到较好的体现。本书在文献的引列方面，力求经典与新近，详实与易于查找相结合，文图表中有引，文后方能有列，反之亦然。本书在材料的选取和参考文献的引用上，其时间跨度达100余年之久（1895—2006），其学科跨度不仅涵盖了地质学的众多学科分支，也涉及到数理化天地生的诸多方面。

**夯实基础和兼顾前沿** 万丈高楼平地起，没有坚实的地层学知识基础，是不可能建造稳固的地层学高楼大厦的。本书从4个方面来体现夯实基础和兼顾前沿这一特色：其一，对基础的、核心的地层学概念、原理，如地层单位、时间界面、等时、穿时、地层学三定律、化石对比定律、生物地层学的理论基础和瓦尔特相律等精讲、深讲，既有在总论部分的综述和点评，也有在主要分支学科中的理论阐述和实例剖析，还在结束语中加以回顾、扩展、剖析和展望。对基础的、核心的地层学概念、原理从地层学形成发展的视野和地层形成机理的角度，阐述其科学性和局限性以及这些概念、原理之间的有机联系。其二，在本书中既介绍和阐述经典、成熟、共识的观点和看法，也不回避当代地层学中尚存争议的问题和见解，如：如何界定层状岩石的外延和内涵以及地层学的研究对象，如何建立和规范分子、旋回、非史密斯、遗迹、事件、生态、化学、层序地层和土壤地层单位等，本书均有不同程度的涉及。其三，在内容安排上，在注重岩石、生物、年代等传统和成熟地层学分支学科介绍的同时，也不乏对分子、旋回、非史密斯、遗迹地层学等新兴和前沿地层学分支学科的概述和点评。夯实基础和兼顾前沿这一特色既在总体章节安排上有体现，也在具体的章节中有反映。如对各地层学分支学科的基本概念均有明确和严格的定义，杜绝随意发挥和篡改，对概念的解释主笔人可有自己独到的表述方式和理解角度。

**编写人员与分工** 本书由龚一鸣、张克信主编，各章的主笔人分别是：第1章：龚一鸣，冯庆来；第2章：龚一鸣，杜远生；第3章：张克信，童金南；第4章：张雄华；第5章：童金南，张克信；第6章：张克信，童金南；第7章：张雄华；第8章：杜远生，龚一鸣；第9章：赖旭龙，杨逢清；第10章：张克信，童金南；第11章：王国灿；第12章：卢宗盛；第13章：王家生；第14章：谢树成；第15章：龚一鸣；第16章：李长安；第17章：黄定华；第18章：冯庆来，张克信；第19章：张国成，胡斌，齐永安，龚一鸣；第20章：龚一鸣。全书由龚一鸣、张克信统编定稿。

在本书的酝酿、筹划和编写过程中，始终得到王鸿祯、杨遵仪、殷鸿福院士和刘本培教授的热情关怀和指导以及史晓颖和王训练教授的关心和支持；中国地质大学地球科学学院、地球生物学系、研究生院、教务处，河南理工大学资源环境学院都曾给予大力支持，谨此致谢！

龚一鸣，张克信　谨识

2006年12月

# 第 2 版前言

地层学是地质学中既古老而又极富活力的学科，内涵积淀深厚，各种观念和思想发展迅速、交锋激烈，以什么样的风格和笔调向高年级大学生和研究生展示地层学悠久的学科历史和丰富的科学内涵是编著者们一直在思考的首要问题。在本书的编写过程中，编著者达成了两点共识：以"教材的笔调和专著的风格，夯实基础和兼顾前沿"来撰写本书。

**教材的笔调和专著的风格** 所谓教材的笔调就是本书所涉及的内容要明了易懂，重点突出，给学生较多回味和思考的空间。前两点是对教材而言，第三点是对高年级大学生和研究生教材而言。所谓专著的风格就是本书所涉及的内容要观点明确，见解独到，内涵丰富深刻，能给学生的思维和实践以启发和引导。

本书在章节的编排上分 5 部分：总论、地层学基础分支学科与方法、地层学前沿分支学科与方法、结语和附录。总论部分包括 4 章，试图用较少的篇幅向学生展示地层学悠久学科历史和丰富、深刻科学内涵的概貌，对所涉及的问题并未一一展开，以综述和点评为主，并引列有代表性的参考文献，给学生较多回味、思考和探索的空间。分论部分安排了 14 章，试图用较大的篇幅详细阐述和讨论地层学主要分支学科的内容、方法和问题。岩石、生物、年代地层学等是地层学的基础和较成熟的分支学科，本书侧重以教材的笔调介绍这些地层学分支学科的主要内容；生态、气候、非史密斯和分子地层学等则侧重以专著的风格阐述和讨论这些地层学分支学科的内容、方法和问题。概念和方法的阐述大都根植于主笔人长期的科研和教学实践，其中引用的实例大都是主笔人自己所做的工作，因此，观点明确独到，内涵丰富深刻，能给学生的思维和实践以启发和引导，其专著风格得到较好的体现。本书在文献的引列方面，力求经典与新近，详实与易于查找相结合，文、图、表中有引，文后方能有列，反之亦然。本书在材料的选取和参考文献的引用上，其时间跨度达 100 余年之久（1895—2015），其学科跨度不仅涵盖了地质学的众多学科分支，也涉及到数理化天地生的诸多方面。

**夯实基础和兼顾前沿** 万丈高楼平地起，没有坚实的地层学知识基础，是不可能建造稳固的地层学高楼大厦的。本书从4个方面来体现夯实基础和兼顾前沿这一特色：其一，对基础的、核心的地层学概念和原理，如地层单位、时间界面、等时、穿时、地层学三定律、化石层序律、生物地层学的理论基础和瓦尔特相律等细讲和精讲，既有在总论部分的综述和点评，也有在地层学分支学科中的理论阐述和实例剖析，还在结束语中加以回顾、扩展剖析和展望。对基础的、核心的地层学概念和原理从地层学形成发展的视野与地层形成机理的角度，阐述其科学性和局限性以及这些概念与原理之间的有机联系。其二，在本书中既介绍和阐述经典、成熟、共识的观点和方法，也不回避当代地层学中尚存争议的问题和见解，如：如何界定层状岩石的外延和内涵以及地层学的研究对象？如何构建和规范生态、气候、非史密斯、分子地层单位等，本书均有不同程度的涉及。其三，在内容安排上，在注重介绍岩石、生物、年代地层学等传统和相对成熟地层学分支学科的同时，也不乏对地层学新兴、前沿分支学科与方法的概述和点评。夯实基础和兼顾前沿这一特色既在总体章节安排上有体现，也在具体的章节中有反映。如对各地层学分支学科的基本概念均有明确和严格的定义，杜绝随意发挥和篡改，对概念的解释，主笔人可有自己独到的表述方式和理解角度。

**第二版特色** 与第一版相比，第二版特色主要体现在3个方面：人、结构、内容。**人**，各章的责任主笔人都是长期在科研和教学一线、熟悉本领域方向和具有丰富积累及较高知名度的专家学者，他们中（共34名，其中教授和博士生导师23名）22名来自中国地质大学（武汉），6名来自中国科学院南京地质古生物研究所，5名来自中国地质大学（北京），1名来自华南师范大学。**结构**，由第一版的两大模块调整为五大模块：第一篇地层学总论，第二篇地层学基础分支学科与方法，第三篇地层学前沿分支学科与方法，最后是结语和附录1~3；各模块中的章节顺序和内容也进行了添加、删减和优化。**内容**，新增加了3章和3个附录：第4章地层区划，第15章气候地层学，第18章GBDB数据库在地层研究中的应用；附录1国际与中国地质年代对比表，附录2中国各纪生物地层序列，附录3沉积岩岩性花纹、沉积构造和化石图例。删除了第一版出版以来发展变化不大或实际使用不够广泛的部分章节：地震地层学与测井地层学，土壤地层学，定量地层学，遗迹地层学。重写了第8章磁性地层学，第10章化学地层学，第12章旋回地层学。第二版与第一版同名的其他章节也在内容、结构、图表与文字表达、参考文献等方面进行了不同程度的改编和优化，使其尽可能地反映近10年来这些地层学分支学科的发展和变化。

**编写班子与分工** 本书由龚一鸣、张克信主编，各章的主笔人分别是：第 1 章：龚一鸣，詹仁斌；第 2 章：龚一鸣，史晓颖，杜远生；第 3 章：张克信，童金南；第 4 章：龚一鸣，纵瑞文，张克信，何卫红；第 5 章：张雄华，徐冉；第 6 章：童金南，何卫红，张元动，张克信；第 7 章：张克信，童金南，何卫红，徐亚东；第 8 章：张世红，吴怀春，李海燕，季军良，杨天水；第 9 章：杜远生，龚一鸣；第 10 章：李超，王家生，罗根明；第 11 章：张克信，童金南，江海水，龚一鸣；第 12 章：黄春菊，龚一鸣；第 13 章：王国灿，曹凯；第 14 章：赖旭龙；第 15 章：李保生；第 16 章：冯庆来，张克信；第 17 章：黄咸雨，谢树成；第 18 章：樊隽轩，陈清，侯旭东，沈树忠，詹仁斌，张元动；第 19 章：龚一鸣，史晓颖；附录 1：龚一鸣，纵瑞文；附录 2：何卫红，张元动，吴会婷；附录 3：张克信，徐亚东。

在本书的酝酿、筹划和编写过程中，得到了中国地质大学（武汉）地史古生物学国家教学团队、主笔人同事、朋友和单位的大力支持，也得到了殷鸿福、戎嘉余和陈旭院士等的鼓励。本书的出版得到国家自然科学基金（41290260，41472001 等）和教育部高等学校本科教学质量与教学改革工程项目的资助，谨此致谢！

龚一鸣　张克信

2015 年 7 月

# 目　录

## 第一篇　地层学总论

### 第1章　绪　论 ……………………………………………… 龚一鸣　詹仁斌(3)
1.1　地层学的定义、研究内容和任务 ……………………………………………… (3)
1.2　地层学的形成与发展 …………………………………………………………… (4)

### 第2章　沉积作用与地层形成 ……………………………… 龚一鸣　史晓颖　杜远生(10)
2.1　垂向加积与地层学三定律 ……………………………………………………… (10)
2.2　侧向加积与瓦尔特相律 ………………………………………………………… (11)
2.3　生物加积和岩浆侵位加积及其地层学属性 …………………………………… (14)
2.4　海进-海退与地层形成 …………………………………………………………… (15)

### 第3章　地层单位与层型 …………………………………………… 张克信　童金南(19)
3.1　地层与地层单位 ………………………………………………………………… (19)
3.2　地层单位划分的类别 …………………………………………………………… (19)
3.3　地层单位的命名 ………………………………………………………………… (22)
3.4　层型的定义与特征 ……………………………………………………………… (24)
3.5　建立层型(典型)剖面的程序与要求 …………………………………………… (26)
3.6　应用实例：全球二叠系—三叠系界线层型剖面和点 ………………………… (28)

### 第4章　地层区划 ………………………………… 龚一鸣　纵瑞文　张克信　何卫红(51)
4.1　地层区划的概念 ………………………………………………………………… (51)
4.2　地层区划的类型、分级和依据 ………………………………………………… (52)
4.3　地层区划例析 …………………………………………………………………… (54)

## 第二篇　地层学基础分支学科与方法

### 第5章　岩石地层学 ………………………………………………… 张雄华　徐冉(79)
5.1　岩石地层学的形成 ……………………………………………………………… (79)
5.2　岩石地层结构与基本层序 ……………………………………………………… (80)
5.3　岩石地层划分与对比 …………………………………………………………… (88)

5.4　岩石地层单位及其建立、命名和修订 ………………………………………… (91)
　　5.5　岩石地层单位穿时普遍性原理及其评价 …………………………………… (97)

第6章　生物地层学 ……………………… 童金南　何卫红　张元动　张克信(101)
　　6.1　生物地层学的基本概念、形成与发展 ……………………………………… (101)
　　6.2　生物地层学的基本原理和理论基础 ………………………………………… (102)
　　6.3　生物地层的基本单位及其建立和命名 ……………………………………… (105)
　　6.4　生物地层对比的依据与方法 ………………………………………………… (114)
　　6.5　生物地层剖面测量、采样、数据整理与成图 ………………………………… (124)

第7章　年代地层学 ……………………… 张克信　童金南　何卫红　徐亚东(134)
　　7.1　年代地层学的基本概念 ……………………………………………………… (134)
　　7.2　年代地层单位与地质年代单位的等级 ……………………………………… (135)
　　7.3　全球标准地质年代表(GTS)与数字年龄 …………………………………… (138)
　　7.4　年代地层单位建立的准则与程序 …………………………………………… (145)
　　7.5　年代地层单位的时间对比 …………………………………………………… (147)
　　7.6　生物、岩石和年代地层单位间的关系 ……………………………………… (152)

第8章　磁性地层学 ……………… 张世红　吴怀春　李海燕　季军良　杨天水(157)
　　8.1　现代地磁场基本特征 ………………………………………………………… (158)
　　8.2　岩石磁学基础知识 …………………………………………………………… (162)
　　8.3　古地磁学工作流程和技术要点 ……………………………………………… (166)
　　8.4　古地磁场极性倒转及其磁性地层学意义 …………………………………… (172)
　　8.5　地磁极性年表的建立和完善 ………………………………………………… (174)
　　8.6　研究实例:磁性地层学在泥河湾盆地古人类遗址定年中的应用 ………… (180)

第9章　层序地层学 ……………………………………………… 杜远生　龚一鸣(190)
　　9.1　层序地层学的基本原理 ……………………………………………………… (190)
　　9.2　海相碎屑岩层序地层学 ……………………………………………………… (195)
　　9.3　海相碳酸盐岩层序地层学 …………………………………………………… (202)
　　9.4　陆相湖盆层序地层学 ………………………………………………………… (206)
　　9.5　露头层序地层剖面测量、采样、数据整理与成图 …………………………… (210)
　　9.6　层序地层学述评 ……………………………………………………………… (211)

第10章　化学地层学 ……………………………………… 李超　王家生　罗根明(218)
　　10.1　化学地层学概述 …………………………………………………………… (218)
　　10.2　元素化学地层学 …………………………………………………………… (219)
　　10.3　同位素化学地层学 ………………………………………………………… (226)
　　10.4　化学地层学研究步骤、方法与注意事项 ………………………………… (237)

10.5　结语:化学地层学的优缺点与展望 ……………………………………………… (240)

## 第11章　事件地层学 …………………………… 张克信　童金南　江海水　龚一鸣(246)

11.1　事件地层学的基本概念 ……………………………………………………… (246)

11.2　事件地层学建立的理论基础 ………………………………………………… (246)

11.3　事件的种类、事件地层单位及特征 …………………………………………… (247)

11.4　事件地层单位应用实例 ……………………………………………………… (250)

## 第12章　旋回地层学 ……………………………………………… 黄春菊　龚一鸣(266)

12.1　旋回地层学及其发展简史 …………………………………………………… (266)

12.2　旋回地层学的原理与研究方法 ……………………………………………… (270)

12.3　旋回地层学的研究意义与应用实例 ………………………………………… (278)

## 第13章　地层的数字定年方法 …………………………………… 王国灿　曹凯(293)

13.1　地层的数字定年概述 ………………………………………………………… (293)

13.2　地层数字定年的主要原理及方法 …………………………………………… (294)

13.3　地层数字定年方法的选择 …………………………………………………… (303)

13.4　影响地层数字定年可靠性的主要因素 ……………………………………… (306)

# 第三篇　地层学前沿分支学科与方法

## 第14章　生态地层学 ……………………………………………………… 赖旭龙(315)

14.1　生态地层学概念与原理 ……………………………………………………… (315)

14.2　生态地层学的研究方法 ……………………………………………………… (321)

14.3　生态地层研究实例——下扬子区早三叠世生态地层 ……………………… (329)

14.4　生态地层学的应用 …………………………………………………………… (334)

## 第15章　气候地层学 ……………………………………………………… 李保生(340)

15.1　气候地层学的研究对象与特色 ……………………………………………… (340)

15.2　气候地层学的研究方法 ……………………………………………………… (342)

15.3　气候地层的划分与对比 ……………………………………………………… (352)

## 第16章　非史密斯地层学 ………………………………………… 冯庆来　张克信(377)

16.1　史密斯地层学及其局限性 …………………………………………………… (377)

16.2　非史密斯地层学建立的理论依据及概念 …………………………………… (379)

16.3　非史密斯地层学研究方法与地层单位 ……………………………………… (381)

16.4　造山带非史密斯地层层序恢复例析 ………………………………………… (383)

## 第 17 章 分子地层学 ·············································· 黄咸雨 谢树成(390)

17.1 分子地层学的基础——分子化石 ························································ (390)
17.2 分子地层学的原理与方法 ·································································· (396)
17.3 分子地层学的应用领域 ······································································ (399)
17.4 分子地层划分与对比实例 ·································································· (401)

## 第 18 章 GBDB 数据库在地层研究中的应用 ·············································
··············· 樊隽轩 陈清 侯旭东 沈树忠 詹仁斌 张元动(410)

18.1 Geobiodiversity Database(GBDB)数据库 ············································· (410)
18.2 地层数据的集成 ··············································································· (411)
18.3 地层数据的可视化 ············································································ (417)
18.4 数据分析与应用 ··············································································· (420)
18.5 GBDB 数据库的后续建设 ··································································· (423)

# 结　语

## 第 19 章 时间与地层学 ··············································· 龚一鸣 史晓颖(427)

19.1 两类时间概念与地层学的时空观 ························································ (427)
19.2 地层学的遗憾与终极目标 ·································································· (428)

# 附　录

## 附录 1 国际与中国地质年代对比表 ·································· 龚一鸣 纵瑞文(433)

附 1.1 关于国际与中国地质年代对比表的说明 ············································· (433)
附 1.2 国际与中国地质年代对比表 ····························································· (434)

## 附录 2 中国寒武纪—第四纪生物地层序列 ·············· 何卫红 张元动 吴会婷(440)

附 2.1 关于中国寒武纪—第四纪生物地层序列说明 ······································· (440)
附 2.2 中国寒武纪—第四纪生物地层序列对比表 ·········································· (440)

## 附录 3 沉积岩岩性花纹、沉积构造和化石图例 ··················· 张克信 徐亚东(453)

附 3.1 关于沉积岩岩性花纹、沉积构造和化石图例的说明 ······························· (453)
附 3.2 沉积岩岩性花纹、沉积构造和化石图例 ·············································· (453)

# 第一篇

## 地层学总论

# 第1章 绪 论

## 1.1 地层学的定义、研究内容和任务

　　地层学是一门基于区域研究的全球性地质学分支学科,它的核心任务是为地质作用、地质过程和地质产物建立时间坐标。英文术语 stratigraphy 源自拉丁文 stratum(岩层)和希腊文 graphia(描述,写实)的合成。早期地层学的内容和任务与上述两个词的合成含义基本相同,即地层学是描述岩层的科学或关于岩层写实的科学。较为规范和专业的表述是,地层学是研究层状岩石形成的先后顺序、地质年代及其时空分布规律的地质学分支学科,它的主要任务是建立地球科学的时间坐标,这就是狭义地层学(parochial stratigraphy)。随着地层学实践和理论研究的不断丰富和深入以及人们对岩层或层状岩石概念理解的不断扩展和深化,地层学的研究对象已从沉积岩和层状火成岩扩展到所有具有层状构造的岩石,即除了沉积岩和层状火成岩外,还包括了相当部分的变质岩和岩浆岩。由于整个地球都是分层的,所以广义的层状岩石可泛指构成地球的岩石圈和固体行星的岩层。随着研究对象的不断扩展、研究方法手段的不断更新和优化,地层学的研究对象、内容和任务也在不断地扩充,这一点在第二版《国际地层指南》(1994)中已有充分的体现。狭义地层学的表述已不能涵盖地层学的全部研究对象和研究内容。现代地层学(modern stratigraphy)是指研究层状岩石及相关地质体形成的先后顺序、地质年代、时空分布规律及其物理化学性质和形成环境条件的地质学分支学科。与狭义地层学相比,现代地层学的研究对象、内容和任务更广,但其核心内容和任务仍是研究层状岩石形成的先后顺序、地质年代及其时空分布规律,建立地球科学的时间坐标。

　　需要指出的是,现代地层学与狭义地层学的区别不仅体现在广度上,而且更重要的是体现在对层状岩石特征和时间属性认识理解的深度和精度上。狭义地层学的层状岩石在空间上仅包括地壳浅表岩层,更具体地说主要是构造稳定区的浅表岩层,板块缝合带的地层-岩石体由于强烈的构造混杂(浅表沉积的岩层与深部形成的岩石、原地形成的岩层与构造侵位的岩石、未变形变质的岩层与强烈变形变质的岩石的混杂),狭义地层学对这种构造活动区的地层-岩石体虽有涉及,但从未真正弄清这类地层-岩石体形成的先后顺序、地质年代及其时空分布规律。狭义地层学所指的层状岩石在时间上主要包括显生宙以来和元古宙后期的层状岩石,对构成地球历史 2/3 的前期地层-岩石体涉足浅少。尽管狭义和现代地层学均将查明层状岩石形成的先后顺序、地质年代及其时空分布规律,建立地质学研究的时间坐标作为其核心内容和任务,但实现这一科学目标的方法手段和精度要求是不同的。狭义地层学主要从宏观的露头尺度以岩石地层学和生物地层学为主要方法手段建立地质学研究的时间坐标,所能达到的时间分辨率通常小于或等于 $10^6$ a 级;现代地层学则是在狭义地层学构建的地质学时间坐标的基础上,通过综合的地层学方法手段,构建高精度的地质学时间坐标,最终使地

质学的时间坐标与人类社会使用的时间坐标在一定程度上接轨（Gong et al.，2004；龚一鸣等，2008；Gradstein et al.，2012）。因此，现代地层学的研究对象、研究内容和科学目标向地层学工作者在理论和实践上提出了更高的要求。尽管"描述和写实"过去—现在—将来都是地层学研究的基本内容，但它绝不是现代地层学研究的全部。现代地层学工作者只有用日新月异的现代科学技术和地球系统科学的思想丰富和武装自己，努力进行学科交叉，交流与协作，才能真正把握现代地层学的科学内涵，实现现代地层学的科学目标，为地质学乃至地球科学的发展做出地层学的重要贡献。

## 1.2 地层学的形成和发展

地层学是地质学中奠基性的基础学科（王鸿祯，1995，2006），回顾地层学悠久的发展历程及其中重要的科学事件，对了解地层学的内涵，领会地层学乃至地质学的科学精髓，掌握地层学的主要内容，把握地层学的前进方向均具有重要意义。地层学从产生至今已有300余年的历史，形成了以原始地层学、狭义地层学和现代地层学为特色的三大发展阶段（图1-1）。

原始地层学阶段——地层学基本概念、定律的提出和建立（1669—1900）。地层学基本概念的提出和建立可追溯到17世纪后期丹麦学者斯坦诺（Steno N，1669）提出的地层学三定律——地层叠覆律或地层层序律（principle of superposition）、原始侧向连续律（principle of original lateral continuity）和原始水平律（principle of original horizontality）。18世纪末史密斯（Smith W，1796）提出的化石层序律（化石对比定律）（principle of fossil correlation）和赫屯（Hutton J，1795）提出的地层不整合（unconformity）和交切关系原理（principle of crosscutting relationships）以及19世纪末瓦尔特（Walther J，1894）提出的瓦尔特相律（Walther's law or law of facies correlation）。尽管这些概念和定律的提出只是直觉和经验的总结，用现代地层学的理论和实践来看尚存在一些局限性（详见第2章），但这些概念和定律的提出和建立为地层学的形成，对狭义地层学的建立和现代地层学的发展都起到了里程碑性的重要作用（图1-1）。

狭义地层学阶段——从统一地层划分对比到多重地层划分对比（1900—1976）。地层划分对比、地层单位及其相互关系的确定是地层学理论和实践的集中体现。统一地层划分对比和统一地层单位，即一切地层单位和地层界线均统一于年代地层单位和界线的观点在地层学中至少自觉或不自觉地沿用了300余年（1669—1976）。在这期间，尽管早在20世纪初，葛利普就在其地层学的奠基性著作《地层学原理》（1913）中就已明确地阐述了相变和岩相界线穿时以及岩石地层单位与年代地层单位不一致的科学理论，但这些地层学的真知灼见在当时并未引起地层学工作者的足够重视。在1933年的美国地层规范中，将系、统和群、组等列在一个系统中，不承认两者的区别就是具体的体现。苏联和德国的地层学家也一直坚持统一地层划分对比理论。20世纪70年代，Hedberg H D（赫德伯格）主编的《国际地层指南》（第一版）的出版（1976，简称指南Ⅰ），多重地层划分对比的思想才逐渐被地层学家所接受。不仅如此，指南Ⅰ的诞生对统一地层学的名词、概念、术语，促进地层学研究的国际交流与协作，使地层学更理性、更严谨地发展发挥了重要作用。正如《国际地层指南》（第二版）（1994，简称指南Ⅱ）主编、前国际地层分类分会主席Salvador A（萨尔瓦多）在指南Ⅱ前言中指出的：指南Ⅰ发行的前20年是地层分类、术语、程序、概念和原理激烈变动、

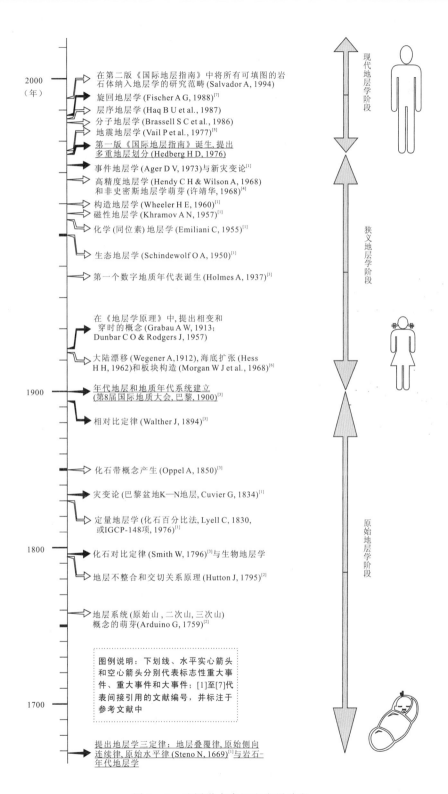

图 1-1 地层学大事记和发展阶段

严重混乱和争论不休的年代，许多新观点提出后，引起无休止的争论，并常常遭摒弃，论战加剧，各种根本对立的看法都以同样坚定的信念加以阐述；有关地层分类、术语和程序的出版物与日俱增（图1-2、图1-3）。因此，我们完全有理由认为"指南I的出版奠定了现代地层学的基础"（Salvador，1994），或者说，她直接催生了现代地层学。

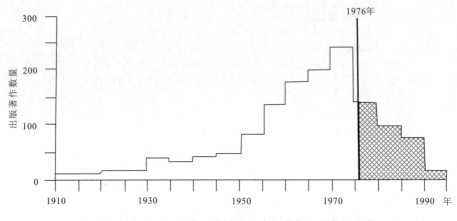

图1-2  有关地层分类、术语和程序的著作出版数量沿革
（据 Savador，1994）

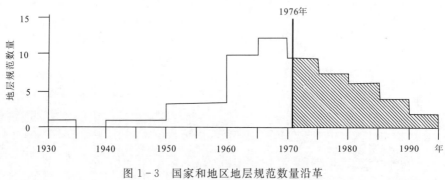

图1-3  国家和地区地层规范数量沿革
（据 Savador，1994）

尽管在地层学的这一发展阶段还有其他对地层学发展和完善产生过重要影响的科学事件，如1900年在法国巴黎召开的第8次国际地质大会首次建立年代地层系统和与之对应的地质年代系统，第一个具有数字定年的地质年代表诞生（Holmes A，1937）以及新灾变论思潮和众多地层学新兴分支学科的萌芽，但统一地层划分对比的观点始终在这一时期地层学的理论和实践中占主导地位，因此，我们将地层学的这一发展阶段称之为狭义地层学阶段（图1-1）。狭义地层学发展阶段具有三方面的显著特征：统一地层划分对比是统治地层学理论与实践的主导思想；各种地层学概念和术语大量涌现（图1-2、图1-3），激烈交锋；以宏观露头研究为主体的区域地层学资料积累迅速增加和新的地层学分支快速萌芽。

现代地层学阶段——从区域-常规地层研究到全球-非常规地层研究（1976—现在）。多重地层划分对比的理论与实践、板块构造理论和新灾变论思想的出现，矿产资源的寻找与勘探和环境工程规划整治对地层学理论和实践的需求以及新技术方法的引进和使用，给狭义地层学理论的发展、完善和现代地层学理论的形成带来了良好契机，使20世纪中后期地层学的发展步入了快车道。现代地层学的显著特色体现在4个方面：

在研究对象上，现代地层学不仅关注传统层状岩石（如构造稳定区的浅表沉积盖层地层）的研究，而且也将非传统层状岩石（如变质岩和部分岩浆岩以及板块缝合带复杂的地层-岩石混杂体）的研究作为正确认识层状岩石和地球演化史不可或缺的有机组成部分（吴浩若，1992；王乃文等，1994；龚一鸣等，1996；郭宪璞等，1996；杜远生等，1997；殷鸿福等，1999；王五力，2000；吴根耀，2000；冯庆来，叶玫，2000；张克信等，2001）。近年来，随着深空探测如火如荼地开展，涉及月球和火星的行星地层学研究也取得了重要进展（Gradstein et al.，2012），使地层学的研究对象和研究内容在狭义地层学的基础上大为拓展和深化。

在研究范围上，现代地层学不仅关注区域地层研究，而且更重视在区域地层研究基础上的国际合作和全球对比，地层学术语、概念、方法、程序的国际化已成为地层学家的共识，如年代地层研究中的全球界线层型剖面和点位（Global Boundary [Standard] Stratotype Section and Point，简记为GSSP，俗称"金钉子"（Golden Spike））和全球标准地层年龄（Global Standard Stratigraphic Age，简记为GSSA）以及层序地层研究（Haq et al.，1987；王鸿祯等，2000；南京地质古生物所，2000；Yin et al.，2001）。地层学在术语、方法、过程和结果上的区域性与国际性，专业性与系统性的统一在现代地层学中得到了充分的体现（吴瑞棠，张守信，1989；张守信，1989；龚一鸣，纵瑞文，2015）。

在研究尺度和手段上，现代地层学不仅关注宏观露头尺度传统地层特征的研究，而且也重视从微观、渺观和宇观尺度与借助现代测试技术、方法和手段获取地层特征信息，如磁性地层、同位素地层、分子地层和轨道旋回地层的研究（Gong et al.，2001；Crick et al.，2002；龚一鸣等，2002a，2002b，2002c，2008）。

在地层划分对比的分辨率上，现代地层学已在部分地区和时代内达到了从百万年级至年级的高精度的地层划分对比（DePaolo & Ingram，1985；Anderson et al.，1990；Elrick & Hinnov，1996；Gong et al.，2001；Shen et al.，2011）。我们有理由相信，通过全球地层学家的不懈努力和通力协作，特别是多学科、手段的交叉与综合，在不久的将来现代地层学一定能够实现"使地质学的时间坐标与人类社会的时间坐标在一定程度上接轨"的目标，提高和精细对地质作用、过程和产物形成、发展、演化的认知和预测能力。

## 参 考 文 献

陈代钊. 碳酸盐旋回地层研究现状 [J]. 岩相古地理，1997，17（1）：64-68，[7]. （图1-1中间接引用文献编号）

杜远生. 秦岭造山带泥盆纪沉积地质学研究 [M]. 武汉：中国地质大学出版社，1997：1-130.

冯庆来，叶玫. 造山带区域地层学研究的理论、方法与实例剖析 [M]. 武汉：中国地质大学出版社，2000：1-94.

郭宪璞，刘羽，王绍芳. 非史密斯地层学的试验研究 [D].//地质科学研究论文集. 北京：中国经济出版社，1996：11-19.

龚一鸣，杜远生，冯庆来，等. 造山带沉积地质与圈层耦合 [M]. 武汉：中国地质大学出版社，1996：1-146，[4].

龚一鸣，杜远生，童金南，等. 旋回地层学：地层学解读时间的第三里程碑 [J]. 地球科学——中国地质大学学报，2008，33（4）：443-457.

龚一鸣，李保华，吴诒. 广西泥盆系弗拉阶—法门阶之交分子地层研究［J］. 自然科学进展，2002a，12（3）：292-297.

龚一鸣，李保华，司远兰，等. 晚泥盆世赤潮与生物集群绝灭［J］. 科学通报，2002b，47（7）：554-560.

龚一鸣，李保华，吴诒. 广西弗拉阶—法门阶之交碳同位素与分子地层对比研究［J］. 地学前缘，2002c，9（3）：151-160.

龚一鸣，纵瑞文. 西准噶尔古生代地层区划及古地理演化［J］. 地球科学——中国地质大学学报，2015，40（3）：461-484.

金性春. 板块构造学基础［M］. 上海：上海科学技术出版社，1984：1-283，［6］.

南京地质古生物所. 中国地层研究二十年（1979—1999）［M］. 合肥：中国科学技术大学出版社，2000：1-379.

王鸿祯. 地层学学科发展的回顾［D］.//中国地质学科发展的回顾. 武汉：中国地质大学出版社，1995：59-63，［3］.

王鸿祯. 地层学的几个基本问题及中国地层学可能的发展趋势［J］. 地层学杂志，2006，30（2）：97-102.

王鸿祯，史晓颖，王训练，等. 中国层序地层研究［M］. 广州：广东科技出版社，2000：1-457.

王乃文，郭宪璞，刘羽. 非史密斯地层学简介［J］. 地质论评，1994.40（5）：482.

王五力. 试论构造地层学、非史密斯地层学和造山带地层学［J］. 地层学杂志.2000，24（增刊）：352-358.

吴根耀. 造山带地层学［M］. 成都：四川科学技术出版社、新疆科技卫生出版社，2000：1-218.

吴浩若. 构造地层学［J］. 地球科学进展，1992，7（2）：75.

吴瑞棠，王治平. 地层学原理及方法［M］. 北京：地质出版社，1994：1-131，［1］.

吴瑞棠，张守信. 现代地层学［M］. 武汉：中国地质大学出版社，1989：1-213.

殷鸿福，张洪涛，其和日格，等. 关于非史密斯地层学的一点意见［J］. 中国区域地质，1999，18（3）：225-228.

张克信，殷鸿福，朱云海，等. 造山带混杂岩区地质填图理论、方法与实践——以东昆仑造山带为例［M］. 武汉：中国地质大学出版社，2001：1-165.

张守信. 理论地层学——现代地层学概念［M］. 北京：科学出版社，1989：1-165，［2］.

朱筱敏. 层序地层学［M］. 北京：石油大学出版社，2000：1-207，［5］.

Anderson R Y, Linsley B K, Gardner J V. Expression of seasonal and ENSO forcing in climatic variability at lower than ENSO frequencies：evidence from Pleistocene marine varves off California［J］. Palaeogeography, Palaeoclimatology, Palaeoecology, 1990, 78：287-300.

Brassell S C, Eglinton G, Marlowe I T et al. Molecular stratigraphy：A new tool for climatic assessment［J］. Nature, 1986, 320：129-133.

Crick R E, Ellwood B B, Feist R et al. Magnetostratigraphy susceptibility of the Frasnian-Famennian boundary［J］. Palaeogeography, Palaeoclimatology, Palaeoecology, 2002, 181：67-90.

DePaolo D J, Ingram B L. High-resolution stratigraphy with strontium isotopes［J］. Science, 1985, 227：938-941.

Dunbar C O, Rodgers J. Principle of Stratigraphy［M］. New York：John Wiley and Sons, 1957：1-356.

Elrick M, Hinnov L A. Millennial-scale origins for stratification in Cambrian and Devonian deep-water rhythmites, western USA［J］. Palaeogeography, Palaeoclimatology, Palaeoecology, 1996, 123：353-372.

Gong Y M, Li B H, Wang C Y et al. Orbital cyclostratigraphy of the Devonian Frasnian-Famennian transition in South China［J］. Palaeogeography, Palaeoclimatology, Palaeoecology, 2001, 168（3-4）：

237-248.

Gong Y M, Yin H F, Zhang K X et al. Simplifying the stratigraphy of time: Comment [J]. Geology, 2004, 32 (8): e59.

Grabau A W. Principle of Stratigraphy [M]. New York: Seiler, A. G. and Co., 1913: 1-1185.

Gradstein F M, Ogg J G, Schimitz M D et al. The geological time scale 2012 (Vol. 1+Vol. 2) [M]. Amsterdam: Elsevier, 2012: 1-435-1144.

Haq B U, Hardenbol J, Vail P R. Chronology of fluctuating sea levels since the Triassic [J]. Science, 1987, 235: 1156-1167.

Hedberg H D. International Stratigraphic Guide—A guide to stratigraphic classification, terminology and procedure [M]. New York: John Wiley and Sons, 1976: 1-200.

Hendy C H, Wilson A T. Palaeoclimatic data from speleothems [J]. Nature, 1968, 219 (5149): 48-51.

Salvador A. International Stratigraphic Guide—A Guide to Stratigraphic Classification, Terminology and Procedure [M]. New York: John Wiley and Sons, 1994: 1-214.

Shen S Z, Crowley J L, Wang Y et al. Calibrating the end–Permian mass extinction [J]. Science, 2011, 334: 1367-1372.

Yin Hongfu, Zhang Kexin, Tong Jinnan et al. The global stratotype section and point (GSSP) of the Permian–Triassic boundary [J]. Episodes, 2001, 24 (2): 102-114.

## 关键词与主要知识点-1

地层，岩层 stratum（复数：strata）
地层学 stratigraphy
原始地层学 primal stratigraphy
狭义地层学 parochial stratigraphy
现代地层学 modern stratigraphy
地层学大事记 stratigraphy memorabilia
地层叠覆律 principle of stratigraphic superposition
地层原始侧向连续律 principle of original stratigraphic lateral continuity
地层原始水平律 principle of original stratigraphic horizontality
化石对比定律 principle of fossil correlation
不整合 unconformity
交切关系原理 principle of crosscutting relationships
瓦尔特相律 Walther's law or law of facies correlation
全球界线［标准］层型剖面和点 global boundary [standard] stratotype section and point (GSSP)
全球标准地层时代 global standard stratigraphic age (GSSA)

# 第 2 章　沉积作用与地层形成

地层学三定律（Steno N，1669）、化石层序律（Smith W，1796）和瓦尔特相律（Walther J，1894）的提出和建立是地层学形成和发展的重要标志，也是现代地层学理论与实践的基石（吴瑞棠，王治平，1994）。地层记录是一部反映地球与生物界演化和发展的万卷书，沉积作用则是该书的原作者。因此，从沉积作用的特征和过程上查明地层记录的特征与属性，对正确运用地层学的基本原理和定律，深刻理解地层特征与其时间属性均具有重要意义。尽管形成地层记录的沉积作用和机理千差万别，但概括起来可归结为 2 种基本类型——垂向加积和侧向加积（杜远生，陈林洲，1994）以及它们的合成或叠加样式——生物加积与热侵位加积。由于海进、海退或海平面变化与地层的形成密切相关，在此也一并论述。

## 2.1　垂向加积与地层学三定律

垂向加积（vertical accumulation）是指沉积物在地球重力场作用下从沉积介质中自上而下的降落和堆积。它是最早被人们认识的地层形成方式，通常形成"千层糕式"的地层记录（图 2-1）。深（静）水海洋盆地、潟湖、深湖，爆发型（主要是普宁尼型）火山沉积区和大气降尘区等是垂向加积的主要盛行场所。从广义上看，垂向加积可发育于有重力作用的各种地球环境，从岩浆房到地球表层。宇宙尘、风成黄土和深水远源浊积岩、远源风暴岩、洪泛岩中的背景沉积等都是由垂向加积作用形成的地层记录。地层学三定律指出：原始沉积的地层水平、侧向连续和上新下老。它们是地层学中最古老的定律，简单、明了、直观，对地层学的形成和发展产生了巨大影响。随着地层学实践和理论的不断丰富和拓展，不少地层

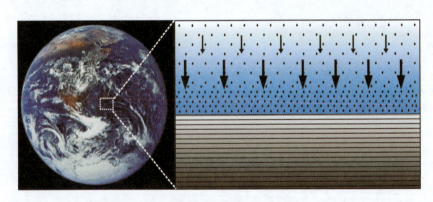

图 2-1　垂向加积与地层形成

箭头方向代表地球重力场方向，沉积物的堆积和年龄变老方向与地球重力场方向一致，岩性界面代表等时面，其等时性在平行和垂直图面方向相同

记录很难用地层学三定律概括,如碳酸盐台地前缘斜坡、生物礁和三角洲(Skinner & Porter,1989)等环境中形成的地层记录,原始沉积的地层既不水平,侧向延伸也不远,并非在任何时空尺度上都服从地层叠覆律。而在深(静)水海洋盆地和深湖环境中形成的地层,地层学三定律的科学性得到了充分的体现(图2-1)。

导致地层学三定律适用性受限制的根本原因是,在这两类环境中盛行的沉积作用不同。在深(静)水海洋盆地和深湖环境(图2-1)盛行的沉积作用主要是垂向加积,地层的加积方向与地球重力场方向一致,地层年龄的变新方向与地球重力场方向相反(图2-1)。由于地球的重力场具有跨沉积盆地和跨环境的一致性,因此,由垂向加积作用形成的内源、陆源、火山源和混合源沉积地层除分别受沉积盆地、陆源区、火山作用和混合源因素控制外,地球重力场对地层的特征和属性产生了重要影响。原始沉积的地层水平、侧向连续和在任何时空尺度上都具有上新下老和岩性界面与时间界面平行或一致的特征是地球重力场特征在垂向加积成因地层中的体现。换言之,以地球重力场为主控因素形成的地层,均遵循地层学三定律。

## 2.2 侧向加积与瓦尔特相律

侧向加积(lateral accumulation)是指沉积物在搬运介质中沿搬运方向的位移和堆积(图2-2)。滨海、滨湖、河流、三角洲和大陆斜坡等是侧向加积的主要盛行环境。侧向加积作用形成的地层具有如下特征:①原始沉积的地层序列在不同的时间和空间尺度上并非总是水平和上新下老(图2-3);②岩性或岩相界面通常与时间界面斜交或不一致(图2-3、图2-4);③由侧向加积作用形成的地层特征和时间属性在地层的不同延伸方向上表现出明显的差异:在平行于侧向加积方向上,具有相同特征的地层和地层界面表现出最大的穿时性,而在垂直侧向加积方向上,具有相同特征的地层和地层界面表现出最小的穿时性(图2-5);④地层的时空关系通常服从瓦尔特相律(图2-6)和岩石地层单位穿时普遍性原理。

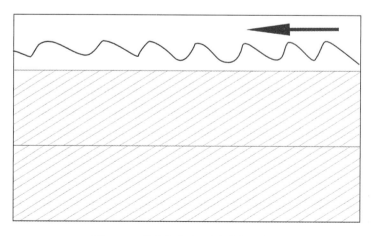

图2-2 侧向加积与地层形成示意图

箭头方向代表介质运动、沉积物的搬运和堆积方向;介质运动方向
与交错层理前积纹层的倾斜方向和沉积地层年龄变新方向一致

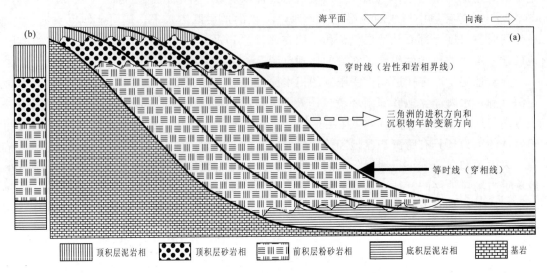

图 2-3 三角洲的侧向加积与地层特征

(据 Skinner & Porter，1989 改编)

(a) 三角洲由侧向加积作用向海方向推进形成的岩相分异；(b) 由三角洲的侧向加积作用形成的地层记录。(a) 和 (b) 中的岩相界面均为穿时面；原始沉积的地层在任何时空尺度上并非都水平叠置、侧向连续和上新下老

图 2-4 由侧向加积形成的交错层理与地层叠覆律的局限性示意图

交错层理下部层系 (a)、中部层系 (b) 和上部层系 (c) 形成的先后顺序服从地层叠覆律，即 (a) 早于 (b)，(b) 早于 (c)；但在层系 (a) 内部的下部 ($a_1$)、中部 ($a_2$) 和上部 ($a_3$) 形成的先后顺序不服从地层叠覆律，即 $a_1$ 并非早于 $a_2$，$a_2$ 并非早于 $a_3$；在层系 a、b、c 内部，前积纹层的倾斜方向才是地层的变新方向

  瓦尔特相律指出：只有那些目前我们可以看到的、相互毗邻的相和相区，才能原生地叠覆在一起。该定律为正确认识地层的时空关系和沉积相分析奠定了理论基础，对地层学和沉积学的发展具有重要影响。当从沉积作用的角度审视瓦尔特相律时，我们不难发现，瓦尔特相律的沉积学基础是侧向加积。瓦尔特相律的模式图（图 2-6）表明，在沉积相的侧向迁移过程中，垂向上整合叠置的沉积相单元在空间上一定是相互毗邻的，或在海平面/湖平面

第 2 章 沉积作用与地层形成

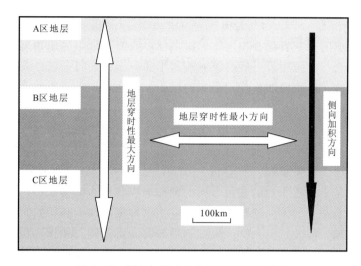

图 2-5 侧向加积方向与地层穿时性关系

同一沉积盆地内不同地区间岩石地层单位和界面的对比应选择与穿时性一致的地层发育方向

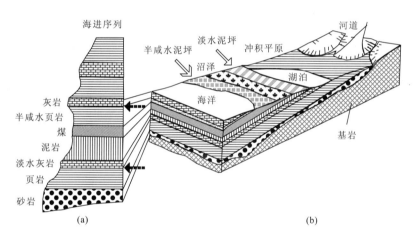

图 2-6 瓦尔特相律模式图
（据刘本培，1986 改编）

(a) 由渐进式海进导致的侧向加积作用所形成的连续整合的沉积相的叠置关系；(b) 地球表层环境的空间配置关系及与之相对应的沉积相记录。地层序列中砂岩与页岩等岩性界面通常为穿时面，在垂直海岸线方向其穿时性最大，在平行海岸线方向其穿时性最小。(a) 下部的实心虚线箭头所指为粉砂状凝灰岩薄层，(b) 上部的空心箭头所指为极薄的宇宙尘沉积

发生变化或沉积盆地基底升降过程中，在空间上相互毗邻的沉积环境和相，将发生有序迁移。如在海平面上升过程中，半深海相将整合叠置在浅海相上，浅海相将整合叠置在滨海相上，滨海相将整合叠置在陆相上，相的这种迁移和叠置规律不会因时代、地区和起始或终结相单元的不同而不同。显然，在时间上，沉积相的这种整合叠置关系是空间上沉积相连续侧向迁移的结果，与地球重力场的作用并无密切关联。在瓦尔特相律的模式图中（图 2-6），如果在淡水灰岩和海相灰岩之下发育有由垂向加积作用形成的凝灰岩相和宇宙尘沉积相〔图 2-6（a）中实心箭头所指〕，尽管它们与上覆和下伏地层均为整合叠置关系，但它们的沉积

环境与上覆或下伏地层并无差别,即凝灰岩相和宇宙尘沉积相的环境与上覆或下伏地层相同,但作用相(龚一鸣,1993)与上覆或下伏地层不同。在时间(垂向)和空间(侧向)上,由火山作用形成的凝灰岩相和由天体撞击地球形成的宇宙尘沉积相可与任何沉积相单元整合叠置和毗邻,这与浅海相只可能与滨海相和半深海相在垂向上整合叠置和在空间上相互毗邻完全不同。因此,由垂向加积作用形成的沉积相的叠置和毗邻关系并不都服从瓦尔特相律。

岩石地层单位穿时普遍性原理指出:全部侧向可以识别和追踪的非火山成因的陆表海沉积的岩石地层单位都必然是穿时的。该原理的提出,对客观认识岩石地层单位、岩石地层界线及其时间属性产生了重要影响(张守信,1983,1989,2006)。导致岩石地层单位和界线穿时的沉积学机理是由于沉积物沿搬运方向的侧向加积和相的侧向迁移,不仅如此,瓦尔特相律的沉积学基础也是相的侧向迁移。显然,发生这种侧向加积和相的侧向迁移的场所并非只限于陆表海,滨湖、河流、三角洲、大陆斜坡等都是盛行侧向加积和相的侧向迁移的主要场所。侧向加积和相的侧向迁移发生的时间尺度,短到分秒,长达数百万年以上;空间范围小到手标本尺度,大到数百至数万平方千米的区域。侧向加积和相的侧向迁移形成的地层记录通常不都服从地层学三定律。由于侧向加积和岩石地层单位的穿时具有明显的方向性(Tipper,1987),在进行区域岩石地层单位、岩性界面和标志层等的对比中,查明侧向加积地层的加积方向或相的迁移方向与地层对比方向之间的关系,对正确评价岩石地层单位、岩性界线乃至一切与岩性相关的各类地层单位和界线,如生物、层序、化学等地层单位和界线的穿时性是一项必不可少的工作。因此,地层形成作用、沉积相类型和相的迁移方向的研究在岩石地层、层序地层和生物地层等的研究中具有重要的理论和实践意义(图2-5)。

## 2.3 生物加积和岩浆侵位加积及其地层学属性

生物加积是指以生物的原地生长和生物稳定(biostabilization)为主的沉积作用。生物加积可区分为生物建隆和生物成层两类。

生物建隆(biobuild-up)是指生物的原地筑积,并形成地层中的丘状隆起和生态上的抗浪构造。在加积方式上,生物建隆是垂向加积和侧向加积的复合。礁相地层一般呈丘状隆起,岩层多呈块状,地层侧向延伸不远,空间上变化性大,时间界面常与岩性界面斜交。生物建隆与纬度、气候和海平面变化以及地质时代关系密切(Kiessling,2001)。海平面变化的幅度和速度对礁相地层和地层界面的形态、结构和空间分布有重要影响(杜远生,童金南,1998)。从总体上看,礁相地层界面形态和穿时性远较由单纯的侧向加积或垂向加积形成的地层界面复杂。因此,在礁相地层的划分和对比中,查明海平面变化与生物礁生长的关系,加密地层剖面研究,是揭示礁相地层特征和时间属性的重要手段。

生物成层(biostratification)是指以微生物的贴地生长繁殖和生物稳定作用为主,形成生物-沉积层的沉积作用。生物成层作用通常发育于陆上或水下间断面和无沉积面上,导致沉积底质的物理和化学性质发生根本变化,广泛发育于前寒武纪以及显宙高应力环境(如缺氧、高盐等),形成在生物成层基础上的特殊沉积构造——微沉构造(microbially induced sedimentary structures,简称为MISS)(Seilacher,1999;Pfluger,1999;Gehling,1999;Gerdes et al.,2000;Noffke et al.,2001,2005,2009;Prave,2002),如前寒武纪砂岩中形态复杂多变的皱饰构造、收缩裂隙充填构造、气穹隆、变余波痕以及由菌藻席底破坏形成的"S"形、棒形和碎片形构造等均与生物成层作用密切相关,这种生物成层作用一般不改变地层或地层界面的时间属性,但在地层沉积相的识别和成因解释时必须高度重视生物成层作用的特殊性。

岩浆侵位加积(magmatic emplacement accumulation)是指由岩浆侵位和冷却,使洋壳增生,形成以扩张中脊为对称面的洋壳熔岩地层。岩浆侵位加积是大洋板块地层(oceanic plate stratigraphy,参见 Kusky et al., 2013)的重要形成方式。洋壳熔岩地层从扩张中心向两侧,由新到老对称分布。该熔岩地层的等时面为冷凝面,这个等时面通常是一个从垂直至水平的复杂曲面,在有由地幔柱岩浆侵位形成的洋岛海山环境,这种洋壳熔岩地层的等时面更加复杂(参见 Kusky et al., 2013)。在古板块的边缘,由于洋壳的俯冲、消减和构造混杂,在增生型造山带,构成增生楔的这种洋壳熔岩地层常被肢解、破坏和构造混杂,它与其他岩石-地层体之间的关系通常为断层接触关系,是构造蛇绿混杂岩和板块缝合带的重要组成单元和识别标志。海洋占地球表面积的71%,现代大洋中脊的面积与全球陆地面积近等,因此,由岩浆侵位加积形成的洋壳熔岩地层不仅应引起地质-地球物理学家的关注,也应引起地层学工作者的关注。

## 2.4 海进-海退与地层形成

根据海水进退的过程和结果,地质历史时期的海水进退可区分为渐进海进或海退和阶跃海进或海退。渐进海进或海退(gradual transgression or regression)是指随着时间的增加,海水深度和海水覆盖的面积逐渐增加或减少,海岸线逐渐向陆地或海洋方向迁移的现象。渐进海进形成的地层记录特征是,在沉积环境的水深上,形成典型的下浅上深的海进序列;在沉积物和沉积岩的粒度变化上,形成典型的下粗上细的退积序列(图2-7,表2-1);渐进海退形成的地层记录特征则相反。

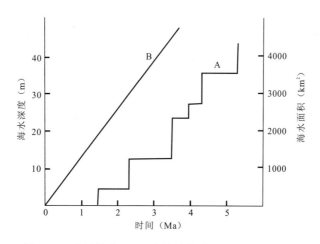

图2-7 阶跃海进(A)和渐进海进(B)的概念模型

(据龚一鸣,刘本培,1993改编)

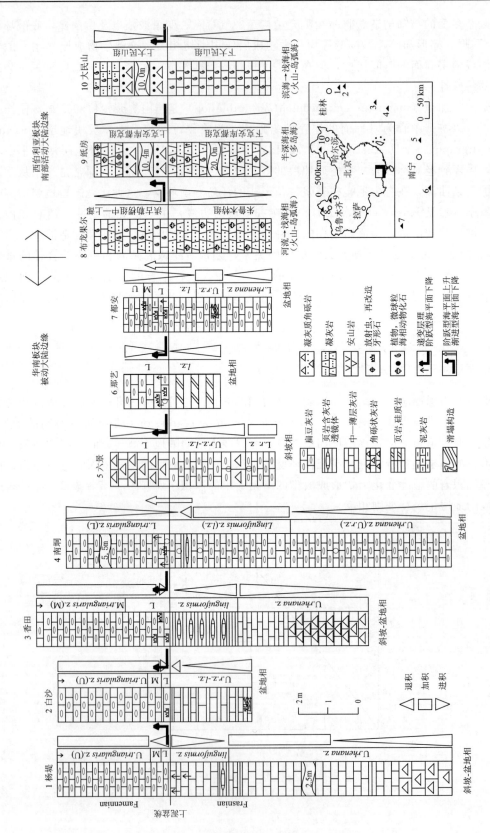

图 2-8 晚泥盆世弗拉阶—法门阶之交事件沉积，阶跃海平面变化和综合地层对比

表 2-1 阶跃海进与渐进海进特征对比（据龚一鸣，刘本培，1993）

| 类别 | 阶跃海进 | 渐进海进 |
|---|---|---|
| 海进速率值 | 0，∞；0，∞；…； | 常数或时间 $t$ 的连续函数 |
| 海水深度和面积 | 不连续地快速扩大 | 连续地逐渐扩大 |
| 地层的加积方式 | 以垂向加积为主 | 以侧向加积为主 |
| 海进地层层序 | 连续 | 连续 |
| 海进地层相序 | 不连续 | 连续 |
| 地层界面 | 往往等时 | 往往穿时 |
| 相变规律 | 不都遵循瓦尔特相律 | 遵循瓦尔特相律 |
| 地层间的新老关系 | 大都遵循地层叠覆律 | 不都遵循地层叠覆律 |

阶跃海进或海退（saltant transgression or regression）是指随着时间的增加，海水深度和海水覆盖的面积呈跳跃式增加或减少，海岸线跳跃式地向陆地或海洋方向推进的现象。阶跃海进和海退形成的地层记录的最大特征是，地层连续，相序不连续（图 2-7，表 2-1）。

渐进海进或海退和阶跃海进或海退是地质历史时期常见的地质现象和过程，前者在教科书中已有细致的分析和系统的理论概括（王鸿祯，刘本培，1980；刘本培，1986；Wicander & Monroe，2000），与之相比，阶跃海进或海退现象受关注不够。阶跃海进或海退通常与区域和跨区域突变气候事件、快速差异升降的构造事件与特殊地形地貌的消长有关（龚一鸣，1993；龚一鸣，刘本培，1993；龚一鸣，1995），如在显生宙 5 次重大地史转折期的晚泥盆世弗拉阶—法门阶之交，在华南板块被动大陆边缘和西伯利亚板块南部活动大陆边缘，阶跃海进或海退现象广泛发育（龚一鸣，李保华，2001；图 2-8）。在广西横县六景中泥盆统和四川龙门山中泥盆统地层中也见有阶跃海进现象（龚一鸣，张克信，2007）。由于阶跃海进或海退较渐进海进或海退形成的地层单位和地层界线的穿时性小，因此，重视阶跃海进或海退现象的研究，对提高岩石、年代和生物地层单位的等时划分对比水平和精度具有重要意义。

## 参 考 文 献

杜远生，陈林洲. 沉积地层的结构分析——兼论 1:50 000 区域地质调查中岩石地层研究的基本内容[J]. 岩相古地理，1994，14（3）：28-36.

杜远生，童金南. 古生物地史学概论[M]. 武汉：中国地质大学出版社，1998：1-212.

龚一鸣. 一种新的海进模式[J]. 地层学杂志，1995，19（2）：129-132.

龚一鸣. 新疆北部泥盆纪火山沉积岩系作用相类型，序列及其与板块构造的关系[J]. 地质学报，1993，67（1）：37-51.

龚一鸣，李保华. 泥盆系弗拉阶—法门阶之交事件沉积和海平面变化[J]. 地球科学，2001，26（3）：251-257.

龚一鸣，刘本培. 新疆北部泥盆纪火山沉积岩系的板块沉积学研究[M]. 武汉：中国地质大学出版社，1993：1-138.

龚一鸣，张克信. 地层学基础与前沿[M]. 武汉：中国地质大学出版社，2007：1-310.

刘本培. 地史学教程[M]. 北京：地质出版社，1986：1-408.

王鸿祯，刘本培. 地史学教程[M]. 北京：地质出版社，1980：1-362.

吴瑞棠，王治平. 地层学原理及方法 [M]. 北京：地质出版社，1994：1-131.
张守信. 英汉现代地层学词典 [M]. 北京：科学出版社，1983：1-221.
张守信. 理论地层学——现代地层学概念 [M]. 北京：科学出版社，1989：1-165.
张守信. 理论地层学与应用地层学——现代地层学概念 [M]. 北京：高等教育出版社，2006：1-340.
Gehling J. Microbial mats in terminal Proterozoic siliciclastics：Ediacaran death masks [J]. Palaios, 1999, 14：40-57.
Gerdes G, Klenke T, Noffke N. Microbial signatures in peritidal siliciclastic sediments：a catalogue [J]. Sedimentlogy, 2000, 47：279-308.
Kiessling W. Paleoclimatic significance of Phanerozoic reefs [J]. Geology, 2001, 29 (8)：751-754.
Kusky T M, Windley B F, Safonova I et al. Recognition of ocean plate stratigraphy in accretionary orogens through Earth history：A record of 3.8 billion years of sea floor spreading, subduction, and accretion [J]. Gandwana Research, 2013, 24：501-547.
Noffke N, Gerdes G, Klenke T et al. Microbially induced sedimentary structures—a new category within the classification of primary sedimentary structures [J]. Journal of Sedimentary Research, 2001, 71 (5)：649-656.
Noffke N. Geobiology—a holistic scientific discipline [J]. Palaeogeography, Palaeoclimatology, Palaeoecology, 2005, 219：1-3.
Noffke N. The criteria for the biogeneicity of microbially induced sedimentary structures (MISS) in Archean and younger sandy deposits [J]. Earth-Science Reviews, 2009, 96：173-180.
Pfluger F. Matground structures and redox facies [J]. Palaios, 1999, 14：25-39.
Prave A R. Life on land in the Proterozoic：evidence from the Torridonian rocks of northwest Scotland [J]. Geology, 2002, 30 (9)：811-814.
Seilacher A. Biomat-related lifestyles in the Precambrian [J]. Palaios, 1999, 14：86-93.
Skinner B J, Porter S C. The Dynamic Earth—an introduction to physical geology [M]. New York：John Wiley & Sons, 1989：1-541.
Tipper J C. On the directional nature of stratigraphic correlation [J]. Geological Magazine, 1987, 124 (2)：149-155.
Wicander R, Monroe J S. Historical Geology—Evolution of Earth and Life Through Time [M]. 3rd ed. Pacific Grove (California)：Brooks/Cole, 2000：1-556.

## 关键词与主要知识点-2

垂向加积 vertical accumulation
侧向加积 lateral accumulation
层面 stratal plane
等时 synchroneity
穿时 diachroneity
混时 mixing-chroneity
生物建隆 biobuild-up
生物成层 biostratification
微沉构造 microbially induced sedimentary structures（简称为 MISS）
岩浆侵位加积 magmatic emplacement accumulation
大洋板块地层学 oceanic plate stratigraphy
渐进海进或海退 gradual transgression or regression
阶跃海进或海退 saltant transgression or regression

# 第 3 章 地层单位与层型

地层学是一门基于区域研究的全球性地质学分支学科，它的核心任务是为地质作用、地质过程和地质产物建立时间坐标。我们要想充分地了解全球岩层的整体状况，这些地层今天是何物、在何处，并恢复它们是如何、何时及何以形成的历史，国际间的交流和合作是必不可少的（Salvador A，1994）。地层单位与全球界线层型剖面与点（"金钉子"）的建立、地层原理、术语和分类程序的一致是建立一种为全世界地质学所通用的地层学共同语言的基础。

## 3.1 地层与地层单位

**地层**（strata）为层状岩石的统称。《国际地层指南》（第二版）（Amos Salvador 主编，金玉玕等译，2000）指出：从广义上讲，整个地球都是分层的，因而，地球上所有各类岩石——沉积的、火成的、变质的，固结的和非固结的，都属于地层的研究范畴。

**地层单位**（stratigraphic unit）根据岩石所具有的特征或属性划分出的，并能被识别的一个独立的特定岩石体或岩石体组合。岩石某一特性或属性在地层位置上的变化，未必与其他特性或属性的变化相一致（图 3-1）。所以，根据一种特性划分的地层单位一般不会与根据另一特性所划分的地层单位相吻合，其界线往往互相穿切。因而单独用一类地层单位表示地层体所有的不同特性是不可能的；要客观、全面地揭示某类地层体特征，就需要有不同类型的地层单位。

**地层分类**（stratigraphic classification）依据岩石所具有的特征或属性，将地球上的岩石，按其原始的相互关系系统地编制成单位。岩石的很多不同特征和属性，均可有效地作为地层分类的依据。因此，就有许多不同类型的地层分类，如，岩石地层、生物地层、年代地层、磁性地层等。由于地层分类是多重的，所以地层单位也是多种的。

**地层术语**（stratigraphic terminology）指各地层类别中使用的单位术语（unit terms），例如，岩石地层的"群""组""段"，生物地层的"生物带"，年代地层的"系""统""阶"等。

地层术语分两种，正式术语和非正式术语。正式术语用于按照地层划分原则给予恰当定义和命名的地层单位的术语。例如，龙马溪组中的"组"，石炭系中的"系"。非正式术语用于没有必要命名的和不属于特定地层划分或分类方案部分的单位，仅作为普通名词使用的术语，例如，砂质组、笔石带等。正式术语（英语）的第一字母大写，非正式术语不大写。

## 3.2 地层单位划分的类别

岩石具有许多不同的特性，如岩性、所含化石、地磁极性、电性、地球物理和地球化学

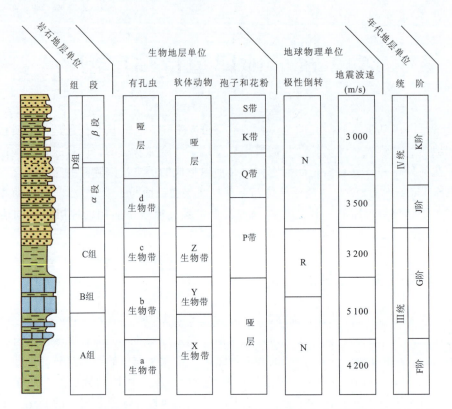

图 3-1 根据岩石的不同特征或属性所建立的地层界线在地层剖面中位置的差异
(据《国际地层指南》(第二版),Amos Salvador 主编,金玉玕等译,2000)

性质等。依据这些特征,就有可能划分岩石。岩石还可以根据其形成时间或生成环境(生态环境、气候环境等)这样的属性进行划分。为了反映岩石所有不同特性和属性的变化,须采用很多不同类型的地层单位(表 3-1)。现将各类地层单位列述如下(据《国际地层指南》(第二版),Amos Salvador 主编,金玉玕等译,2000;全国地层委员会,2001;徐怀大等,1990;王鸿祯等,2000;Schwarzacher,2000;陈源仁,1992;殷鸿福等,1995;曹伯勋等,1995;陈景冈,1997;Einsele,1991;张光前等,1991;陈克强等,1995;童金南等,1999;龚一鸣等,1996;张克信等,2003,2014)。

(1) 岩石地层单位 (lithostratigraphic unit):依据岩石体的岩性特征划分的地层单位。

(2) 不整合界定地层单位 (unconformity-bounded stratigraphic unit):依据岩石体中的不整合面所界定的地层单位。

(3) 生物地层单位 (biostratigraphic unit):依据沉积岩所含化石划分的地层单位。

(4) 年代地层单位 (chronostratigraphic unit):依据岩石体形成时间划分的地层单位。

(5) 磁性地层单位 (magnetostratigraphic unit):依据岩石体剩余磁性特征变化划分的地层单位。

(6) 地震地层单位 (seismic stratigraphic unit):依据岩石体中地震波的传递特征划分的地层单位。

表 3-1 地层划分的主要种类及其地层单位术语（据全国地层委员会，2001）

| 地层划分的主要种类<br>Principal categories of stratigraphic subdivision | 地层单位的术语<br>Terms of stratigraphic units | | 对应的地质年代单位术语<br>Corresponding terms of geochronologic units |
|---|---|---|---|
| 岩石地层划分<br>Lithostratigraphic subdivision | 群 Group<br>组 Formation<br>段 Member<br>层 Bed | 岩群 Group-complex<br>岩组 Formation-complex<br>杂岩 Complex | |
| 生物地层划分<br>Biostratigraphic subdivision | 生物带 Biozone<br>延限带 Range zone<br>间隔带 Interval zone<br>谱系带 Lineage zone<br>组合带 Assemblage zone<br>富集带 Abundance zone | | |
| 年代地层划分<br>Chronostratigraphic subdivision | 宇 Eonothem<br>界 Erathem<br>系 System<br>统 Series<br>阶 Stage<br>亚阶 Substage | | 宙 Eon<br>代 Era<br>纪 Period<br>世 Epoch<br>期 Age<br>亚期 Subage |
| 磁性地层划分<br>Magnetostratigraphic subdivision | 极性带 Polarity zone | | 极性时 Polarity chron |
| 层序地层划分<br>Sequence stratigraphic subdivision | 巨层序 Megasequence<br>超层序 Supersequence<br>层序 Sequence<br>体系域 Systems tract<br>副层序 Parasequence | | |

（7）测井地层单位（logging stratigraphic unit）：依据岩石体的测井记录（如伽马、电阻率、自然电位测井等）划分的地层单位。

（8）层序地层单位（sequence stratigraphic unit）：依据沉积岩形成所反映的海（湖）平面变化控制沉积体发育特征划分的地层单位。

（9）旋回地层单位（cyclostratigraphic unit）：依据沉积岩的沉积旋回特征划分的地层单位。

（10）生态地层单位（ecostratigraphic unit）：依据沉积岩形成所反映的生态环境特征划分的地层单位。

（11）气候地层单位（climatic stratigraphic unit）：依据沉积岩形成所反映的气候演变特征划分的地层单位。

(12) 土壤地层单位（soil-stratigraphic unit）：专门针对沉积体中的古土壤特征划分的地层单位。

(13) 事件地层单位（event stratigraphic unit）：依据岩石体中可被识别的或被解译的突发性等时地质事件划分的地层单位。

(14) 化学地层单位（chemical stratigraphic unit）：依据岩石体的地球化学特征划分的地层单位。

(15) 分子地层单位（molecular stratigraphic unit）：依据沉积岩所含分子化石划分的地层单位。

(16) 定量地层单位（quantitative stratigraphic unit）：依据数学方法定量研究单一地层时间序列的内部结构划分的地层单位。

(17) 构造地层单位（tectono-stratigraphic unit）：依据中高级变质岩中的构造形变特征和构造界面划分的地层单位。

(18) 非史密斯地层单位（non-Smith stratigraphic unit）：针对各类无序岩石体形成机制和特征划分的地层单位。

对同一类岩石来说，上述单位紧密相关。它们从不同的侧面揭示出了岩石的许许多多不同方面的特征和属性，尽管如此，它们具有相同的地层学目标，有效地促进了人们对地球岩石及其演化历史的深刻认识和理解。

## 3.3 地层单位的命名

### 3.3.1 正式地层单位命名一般规定（除生物地层单位和少数特例外）

(1) 正式地层单位（formal stratigraphic unit）。命名均应以一个适当的地理专名加相应的正式单位的类别与级别的术语来构成。例如："长兴组"是一个正式命名的岩石地层单位，该名称中的"长兴"是地理专名（取自浙江省的长兴县），"组"是岩石地层单位的一个级别术语。"长兴阶"是一个正式命名的年代地层单位，该名称中的"长兴"亦取自浙江省的长兴县，"阶"是年代地层单位的一个级别术语。全球标准年代地层表中，有些年代地层单位的名称不含地名，因为它们由来已久，且出处各异（如三叠系、白垩系），故予以保留。地层单位名称中的单位术语部分表明了该单位的种类和级别。例如，单位术语"组"表明该单位为一个岩石地层单位，"延限生物带"是一个生物地层单位，"阶"则是一个年代地层单位。

(2) 地层单位名称中的地理专名，应来源于单位的层型所在地（及其附近）的一个永久性地名，如省、市、县、镇、乡、村、山、江、河、湖、溪、沟名等。选用的地名应能在1∶5万的大比例尺地形图上或县（区）级的行政区划图上找到，古地名不宜选用；一个正式的地层单位建立后，若据以命名的地理专名因行政区名的改变而有变化时，或据以命名的某地理单元消失时（如某山、某湖泊或小溪的消失），地层单位仍应保持原来的名称，不应改名。如陕西的保安群，不应因据以命名的保安县改名为志丹县而改名为志丹群。

(3) 地层单位命名不允许出现异物同名和同物异名现象。两个或两个以上的不同地层单位共同使用一个相同的名称为**异物同名**（homonym）现象；同一个地层单位使用了两个或两个以上的名称为**同物异名**（synonym）现象。上述两种现象均应运用"命名优先律"进行纠正。**"命名优先律"**（law of priority）是对发表创建一个正式地层单位的最早著作者权益的保护，其判定的主要依据是：正式公开出版物所标明的出版时间的早晚，或同一出版物中出现的页次先后。地层单位的"命名优先律"应受到充分的尊重，对先建立的有效地层单位，后来的工作者应按原定义使用，无正当理由不应任意修改或重新命名。但在使用"命名优先律"时，关键因素还是该单位是否有用，有关它的描述是否充分，含义是否明确以及可供广泛应用。不能仅凭优先律就以一个不太出名的或者只是偶尔用到的名称来取代一个普遍公认的名称，也不能只因优先律而将一个不适当建立的名称保留下来。新地层单位的名称应当是独一无二的。因此，在建立新的正式地层单位之前，作者应详尽查阅有关地层学文献，确定某个名称以前是否已经用过。地层单位不受国境线的限制，不管政治上如何划分边界，都应力求每个地层单位只有一个名称。

（4）当一个已命名的地层单位被划分成两个或两个以上的单位，原单位被升级时，只需更换原单位名称中的单位等级术语，而不更改地理专名；不允许将原单位的地理专名保留给新分出的任一单位，而将原单位又另取新名。

（5）地层单位名称中地名的拼写应与该名称来源地所在国的拼法一致。以中国地名命名的岩石地层单位名称，当用外文发表时，一律用汉语拼音给出该名称。但对过去用英文拼音命名的一些老的岩石地层单位，在以汉语拼音给出后，应以括弧注明原用英文拼写的名称，如宝塔组，译成 Baota（Pagoda）Formation。

（6）各类正式单位术语只适用于正式地层单位，不能用于非正式地层单位。如术语"群""组"只能用于正式岩石地层单位。用正式和非正式地层单位共用的术语（如"段""层"等）命名正式地层单位时，必须在相应单位术语前加地理专名，如"观音桥层"。

（7）如果一个已命名的地下地层单位可与一个同类的已命名的地表地层单位对比，而且这两个单位的特征几乎完全相似，可以合二为一，一般应选用地表地层单位名称。但也不应忽略其他因素，如优先权、适用性、剖面的完整性、易于到达，以及从地下剖面获取典型材料的难易程度等。

## 3.3.2 生物地层单位命名一般规定

（1）一个生物地层单位的正式名称是由一个或两个以上合适的化石名称加上合适的生物地层单位（种类）术语（如延限带、谱系带、组合带和富集带等）组成，如"*Hindeodus parvus* 谱系带"。但通常在书写时，并未表示出生物地层单位的种类，如常常将"*Hindeodus parvus* 谱系带"书写成"*Hindeodus parvus* 带"，而对"*Hindeodus parvus* 带"进一步全面描述时，需指明其种类为牙形石的一个"谱系带"。

（2）命名时应说明所选化石属种的理由，对命名的生物地层单位下明确的定义，并进行全面描述和讨论。

（3）生物地层单位名称应随着《国际动物命名法规》和《国际植物命名法规》所要求的分类单位名称的变化而变化。所选化石名称应按拉丁文书写规则书写。印刷时，属、种名用斜体；属名第一个字母大写，其余小写；种名全小写。

（4）生物地层单位命名同样要遵循"命名优先律"和避免出现"异物同名"和"同物异名"现象。

### 3.3.3 非正式地层单位命名一般规定

（1）非正式地层单位（informal stratigraphic unit）采用的术语只是普通名词，不必作为某一特定地层分类方案的一部分。例如，砂质带、贝壳层、风暴岩层、含水层、C 煤层、滑来层、凝缩段，等等。非正式地层术语当使用汉语拼音或译成英文时，用小写正体表达。

（2）在《中国地层指南及中国地层指南说明书》（全国地层委员会，2001）中规定："在岩石地层划分中，使用特殊形态或成因的单位术语，只能命名非正式地层单位，其前可加岩石名称，但不宜加地理专名，……。"但在实际应用中，一些特殊形态或成因的非正式地层术语，往往需冠以地理专名，如"雅鲁藏布江蛇绿岩带""东昆仑构造混杂岩带""见天坝生物礁"等。

（3）在地表或地下填图中，地质工作者们常常采用一些临时的非正式地层术语，这是十分必要的；但是，当调查结果发表时，最好尽可能将临时使用的非正式地层术语归入或变为正式地层术语，即在出版物中，正式术语（组、段、生物带、统等）的非正式使用，应尽量避免。

### 3.3.4 新建正式地层单位的程序和有关规定

正式新建地层单位必须履行下列程序和有关规定：

（1）提出新建地层单位的类别、名称和新建理由。

（2）指定层型和必要的参考剖面。对于难以指定层型的地层单位，应明确其典型地点及参考剖面。

（3）给新建地层单位下明确的定义，即以简明的文字对该单位的主要地层特征和划分标志给予叙述。大多数地层单位主要根据层型来下定义，层型应是定义该单位的物质基础。

（4）对新建单位进行全面描述和讨论。新建地层单位时应按以下内容进行全面描述：①单位名称及名称来源；②层型或参考剖面的地质、地理位置、永久性自然标志，并附交通位置图；③层型及典型地点的地层的各种特征，附地质图、剖面图等；④与新建单位有关的地层划分沿革史；⑤新建地层单位的地理分布范围和存在状态，以及地层特征及划分标志的区域变化情况；⑥地质年代及地质测年数据；⑦与其他有关地层单位（包括本类的不同级别单位、同级别单位和其他类地层单位）之间的相互关系；⑧其他属性（成因及形成环境等）；⑨参考文献。

（5）新建地层单位需公开发表，并提交全国地层委员会审定公布。

（6）对于一个已命名的地层单位，在不更改单位名称的情况下进行修订或重新定义，或在不更改单位定义的情况下重新命名，均应遵守与新建单位同样的程序。

## 3.4 层型的定义与特征

### 3.4.1 层型（典型剖面）

地层学家根据构成地壳岩石的各种特征或属性，运用多种方法进行多重地层单位的划分命名，是地层学工作的核心任务。地层单位的概念建立在通过对**典型剖面**（type section）

（层型）或**典型地点**（type locality）对所命名的地层单位或界线岩石特征或属性准确而全面描述的基础上，如岩性、岩相、化石内容、地磁极性、年龄或时间跨度。目的是向全球提供最稳定且最明确的定义标准。

**层型**（stratotype）是指一个已命名的成层地层单位或地层界线的原始或后来被指定作为对比标准的地层剖面或地层界线。在特定的岩层序列内，层型代表一个特定的间隔，或一个特定的点，它构成了定义和识别该地层单位或所确定的地层界线的标准。这个特定的间隔就是地层单位的单位层型；特定的点就是界线层型。层型有如下5种：

**正层型**（holostratotype）：原作者在提出地层单位或界线时所指定的原始层型。

**副层型**（parastratotype）：原作者在使用原定义解释正层型时所用的补充层型。

**选层型**（lectostratotype）：命名地层单位时没有指定层型，原作者或他人后来选择指定的层型。

**新层型**（neostratotype）：因正层型被毁坏或无法接近而重新指定的一个层型。

**次层型**（hypostratotype）：为扩展正副层型的概念或界线，在正、选、新层型所在地之外所建立的作参考用的层型。次层型也称参考剖面。

此外，由一个以上分布在不同剖面上的地层间隔联合组成的单位层型称为**复合层型**（composite-stratotype）。构成复合层型的任一间隔称作**组分层型**（component-stratotype）。

## 3.4.2 单位层型（unit-stratotype）

说明成层地层单位的典型剖面，用作该单位定义和特征说明的参考标准。对于出露状况良好的完整的成层地层单位，其单位层型的上、下界线就是该单位的界线层型。

## 3.4.3 界线层型（boundary-stratotype）

一个特定的岩层层序，其中一个特定点被选作定义和识别地层界线的标准。

岩石地层单位一般使用单位层型，年代地层单位一般使用界线层型，生物地层单位除组合带外，一般不指定层型。

**全球界线层型剖面和点**，即global stratotype section and point，简称GSSP，就是确定已建各地层系、统、阶之间的界线剖面和点位，把它作为全球标准，俗称"**金钉子**"（Golden Spike）。这是国际地层委员会近50年来的中心工作。

## 3.4.4 典型地点

一个成层单位或两个成层单位之间界线的典型地点，表明该单位层型或界线层型所在特定的地理地点；在未指定层型的情况下，典型地点即为该单位或界线最初被定义或命名的地点。典型地点不同于层型，前者是指地理地点，而不是指成层地层单位的特定地层断面或剖面。

对于由非成层的火山岩或变质岩组成的地层单位，其典型地点就是该单位最初定义和命名的特定地理地点，它是该单位定义的标准。

通常，典型剖面（层型）运用于成层的沉积岩和火山岩序列，典型地点则运用于非成层的火成岩或变质岩。

### 3.4.5 典型地区（或典型区域）

地层单位或地层界线的层型或典型地点所在地的地理区或区域。

## 3.5 建立层型（典型）剖面的程序与要求

在典型剖面（层型）上，被命名的地层单位的属性必须说明清楚，界线必须准确。目的是向全球提供统一的标准，以便世界各国的使用者能够确切地理解其含义，并能在典型剖面（层型）以外的地区将它们准确地识别出来，以达到地层的全球精确对比和全球高精度年代地层格架的建立。

对于各种类型的层状地层单位（如岩石地层的、磁性地层的、年代地层的等）层型的建立，要求各不相同，必须分别加以考虑，这将在每种类型的有关章节中分别讨论。这里对层型建立的通用性要求说明如下。

### 3.5.1 层型选择的必备条件与概念的表达

确立层型的必备条件是：它是具体的模式，能恰当地表达该单位的概念。最理想的单位层型是：该层型所表达的地层单位从底到顶及其全部侧向延伸范围内的岩石体出露十分完整，没有覆盖。然而，如此出露完整的层型是极其罕见的，地层学家只好依赖于出露最好的单个剖面或地区建立层型。由于岩层往往出露不连续或地质构造复杂，找到能完整反映某一地层单位的露头一般比较困难。这时，就有必要借助于复合层型，或借助于补充和参考剖面（副层型、次层型），或者将单位层型简单地表示为某种地层间隔，这种间隔位于两个指定的界线层型之间，一个为该单位之底，另一个为顶。

对于全球性的年代地层单位（如系、统、阶），国际地层委员会将其定义的重点放在其底界层型的选择上，其顶界可以定义为其上覆单位的底界。"**全球界线层型剖面和层型点**"（GSSP）这一术语专门用来指全球年代地层表中各单位的典型界线层型（Cowie, 1986）。

### 3.5.2 描述

层型的描述包括地理和地质两个方面。

地理描述的内容为：①详细的地理位置和地理位置图；②到达典型剖面的交通状况，说明如何到达典型剖面；③层型所在地区大比例尺的航空照片或卫星图像和大比例尺地形图，以显示该层型的地理延伸范围及其界线的地理位置。

地质描述的内容为：①层型（典型剖面）的岩性、岩相、厚度、古生物、矿物、构造、地貌显示以及其他地质特征；②详细描述界线层型与剖面中其他地层单位的界线及其他重要层位的关系，并说明选择该界线的理由；③附实测剖面图、柱状剖面图、构造剖面图和相关照片；④提供层型所在地区的大比例地质图；⑤区域性展布特征的说明，包括该单位展布的地理范围、厚度、岩石地层、生物地层或其他特征、地貌显示等方面的区域性变化，区域地层关系，区域上同其他类型的地层单位的关系，典型地点以外地区的界线的性质（明显的、过渡的、不整合的等）；⑥地质年龄测定与说明，根据在全球标准年代地层（地质年代）表中的位置而确定的相对年龄和（或）由同位素或其他方法测定的绝对年龄；⑦该单位岩石成因、古地理或地史演化等方面的叙述；⑧有关参考文献。

另外，对于非成层火成岩体或变质岩体的典型地点和参考地点的选择，其要求与成层地层单位层型（典型剖面）选择的要求近似。典型地点和参考地点都应能反映该单位的概念，并应在地理和地质两方面给予详尽的描述，而且易于到达。

### 3.5.3 鉴定和标志

层型的一个重要的必备条件，就是它必须有明确的标志。界线层型应以指定岩层序列中的一个点为依据，说明界线面在此地的具体位置（界线面由该点向任意方向的侧向延伸都通过地层对比来完成）。单位层型的顶、底界线应由界线层型明确界定。界线层型或单位层型的上、下界线最好以一个永久性的人工标志物来指示，同时必须对界线进行详尽的地理和地质描述，确切无疑地告知其准确的地理位置。

### 3.5.4 易于到达和妥善保护

为使层型起到全球标准的作用，就必须保证任何对此感兴趣的人都能顺利到达其所在地，并确保已建层型受到长期的妥善保护。

### 3.5.5 地下层型建立的要求

许多实用的地层单位是依据地下（钻井、矿坑或隧道）剖面建立的。随着远岸水域沉积物勘测的日益发展，无疑将会出现更多的地下地层单位。如果缺乏合适的地表剖面，而又能获得恰当的地下样品和测井记录，则可采用地下层型。如果地下剖面明显不同于侧向上与之对应的地表剖面，或地下剖面与地表剖面间的相互对应关系存在疑义，这时确定地下层型是必要的。这样的地下剖面可以正式地作为新地层单位来提出、定义和描述。

适用于地表剖面上地层单位命名的一般规定和程序规则同样适合于根据矿坑、隧道或钻井剖面定义的地下地层单位。新的地下地层单位一经提出，其典型剖面所在的钻井或矿坑就成为典型地点。在钻井剖面中层型不是由地表标志物来标定，而是靠井深和测井记录来确定的，而建立这种层型的地质依据主要是钻井样品和测井记录。对于出露不好的地表层型或典型地点，地下的副层型和次层型可以作为一种有益的补充。建立地下地层单位要有以下资料：

（1）钻井或矿坑的指定：典型钻井或矿坑的名称；其地理位置的文字说明、地图、确切的地理坐标、村镇或其他任何有助于确定位置的地理标志；开采者或公司的名称。对矿坑而言，要求说明开采深度的标高；对钻井则要求说明打钻日期、总深度和地表高程。如果一口钻井不能满足建立一个层型或典型地点所需要的全部资料，则需要使用两个或更多的钻井资料，指定其中之一为正层型，其余的则为副层型或次层型。

（2）地质测井记录：钻井的岩性和古生物资料，矿坑的地理位置和横剖面均需用文字和图表形式说明。新地层单位的界线和再分也应在测井记录和图表中明确说明。

（3）地球物理记录和剖面：需要电法测井或其他电测井（最好是相邻几口钻井的）和地震剖面资料。地层单位的界线和再分应标明并以足够大的比例尺显示出来，从而使有关的细节得到全面评估。

（4）存放：应确保关于地下地层单位典型剖面的各种岩芯、岩屑或其他样品，化石材料,测井记录等随时可供研究。这些材料应保存在地质调查所、大学、博物馆或具有良好管理设施的机构中,并应通告存放的地点。

### 3.5.6 公认性

全球通用的年代地层单位的界线层型必须得到国际有关最高地质机构的认可。各年代地层界线的全球层型剖面和点在国际上是唯一的,它是在国际上众多的界线地层剖面中,按照国际地层委员会对界线层型的严格要求,通过国际界线地层工作组、断代地层分会和国际地层委员会3轮投票,60%以上赞同后,由国际地质科学联合会最后审定,严格筛选出来的。因此它的确定无疑代表了国际领先水平和最高荣誉。如殷鸿福等(殷鸿福等,1988;Yin et al.,1996,2001)在中国浙江省长兴县煤山所定义的全球二叠系—三叠系界线层型的3轮国际投票支持率均在80%以上(分别为87%、81%和100%),表明其绝对领先地位。2001年3月初,国际地质科学联合会正式确认:全球二叠系—三叠系界线层型剖面和点(GSSP)选定在中国浙江省长兴县煤山D剖面第27c层之底(图3-2至图3-5)即牙形石 *Hindeodus parvus* 首现点上(图3-5、图3-6)。

仅有局部分布范围和局部意义的各种地层单位的层型,只要得到地方或国家的地质调查机构或地层委员会的批准即可。

## 3.6 应用实例:全球二叠系—三叠系界线层型剖面和点

### 3.6.1 概述

位于中国浙江长兴县的煤山剖面是目前已知最完整的二叠系—三叠系界线剖面之一,已被确定作为全球二叠系—三叠系界线层型,各项地质研究在该剖面上已具有相当的深度(Yin et al.,1996,2001,2012;张克信等,2013)。由于二叠纪—三叠纪(P—T)之交发生了显生宙最大的绝灭事件(殷鸿福等,1984;杨遵仪等,1987,1991;张克信,殷鸿福等,1989;Erwin,1994;Jin et al.,2000),它是地史上各种突发地质事件增强和相对集中的时期(殷鸿福等,1989;张克信,殷鸿福等,1989;杨遵仪等,1991;Erwin,1994;童金南,2001)。二叠系—三叠系界线既是两系之间的界线,同时又是古生界与中生界之间的分界,它又与显生宙最大的生物变更事件和全球变化相关联,因此,它一直备受世人关注。

全球二叠系—三叠系界线层型剖面位于浙江省长兴县煤山镇至新槐乡葆青村公路北侧的山坡上(图3-2),沿山坡分布着许多采石场,众多采石场组成了煤山剖面群。该剖面群从东向西长约2km,在2km范围内的每个采石场上均可观察到出露良好的二叠系—三叠系界线层,盛金章等(1984)将该剖面群自西向东命名为A、B、C、D、E和Z六个子剖面(图3-3)。其中D剖面被列为全球二叠系—三叠系界线层型剖面(Yin et al.,2001)(图3-4)。用全球卫星定位仪(GPS)测得煤山D剖面二叠系—三叠系界线层附近的GPS位置为:北纬31°04′50.47″,东经119°42′22.24″。

煤山D剖面从下至上可分为上二叠统龙潭组(出露顶部)、长兴组、上二叠统—下三叠统殷坑组、下三叠统和龙山组和南陵湖组(出露下部),张克信等(张克信,1984,1987;张克信等,1995,1996,2005,2013;Yin et al.,1996a,1996b,1996d;Zhang et al.,

# 第 3 章 地层单位与层型

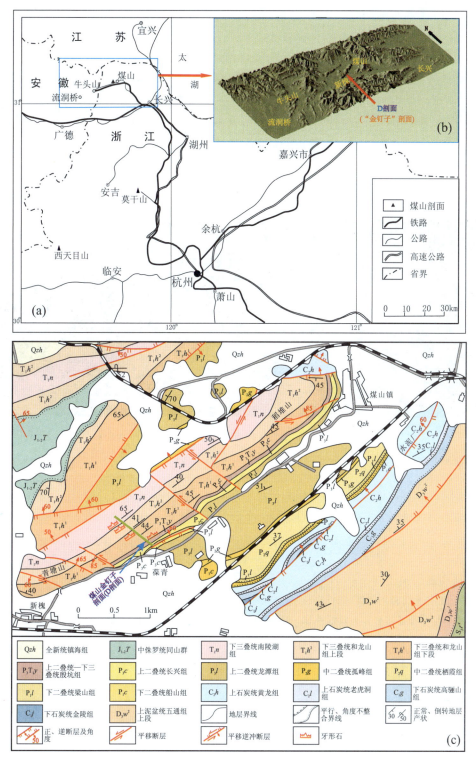

图 3-2 全球二叠系—三叠系界线"金钉子"剖面
中国浙江长兴县煤山 D 剖面地理位置（a 和 b）和地质图（c）
（张克信等，2005，2013）

图 3-3　全球二叠系—三叠系界线"金钉子"剖面中国浙江长兴县煤山 D 剖面及其系列辅助剖面（A、B、C、E、Z 剖面）全景

（Yin et al.，2001）

图 3-4　全球二叠系—三叠系界线层型剖面（D 剖面）

（张克信等，2005，2013）

2007）对煤山 D 剖面进行了详细分层和描述，共划分了 115 层并进行了描述。现将该剖面二叠系—三叠系界线层（上二叠统长兴组顶部—下三叠统殷坑组）详细分层描述如下（图 3-5）。

### 3.6.2　剖面界线层岩性描述（引自 Yin et al.，1996；张克信等，2005，2013）

该剖面逐层描述如下：

上覆地层：下三叠统和龙山组（$T_1h$）

61.　灰色薄层状微晶灰岩，夹黄绿色薄—极薄层状具水平层理钙质泥岩。含牙形石：*Hindeodus parvus*（Kozur et Pjatakova），*Lonchodino* sp.，*Neohindeodella triassica*（Mueller）　　2.02m

——————— 整　合 ———————

上二叠统—下三叠统殷坑组（$P_3T_1y$）

60.　黄绿色薄层状钙质泥岩夹灰色薄—中层状泥晶灰岩。含牙形石：*Enantiognathus* sp.，*Neohindeodella* sp.，*Prioniodella* sp.　　0.55m

59.　灰色薄—中层状泥晶灰岩与黄绿—深灰色薄层状钙质泥岩互层。含牙形石：*Clarkina taylorae* Orchard　　0.65m

58.　灰色薄—中层状泥晶灰岩与黄绿色薄层状钙质泥岩互层。含牙形石：*Hindeodus eurypyge* Nicoll，Metcalfe et Wang，*H.* sp.，*Lonchodina muelleri* Tatge，*Clarkina planata* Clark，*C. meishanensis* Zhang　　0.38m

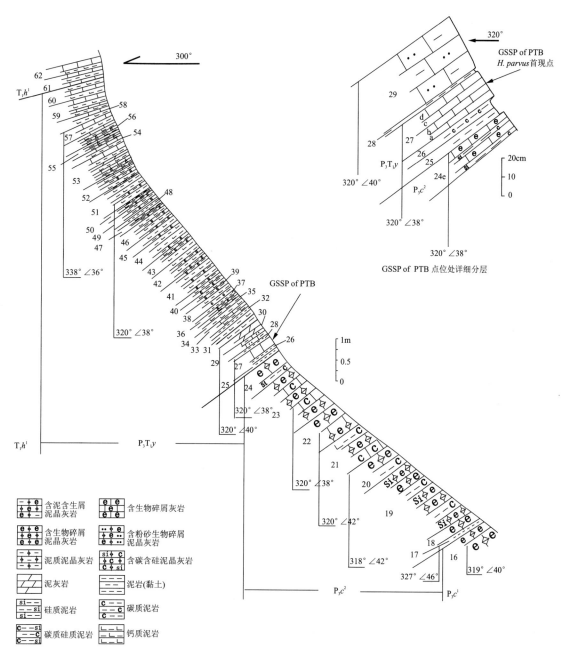

图 3-5 煤山 D 剖面长兴组上部—殷坑组实测剖面图

（张克信等，2005，2013）

$P_3c^1$. 上二叠统长兴组葆青段；$P_3c^2$. 上二叠统长兴组煤山段；$P_3T_1y$. 上二叠统—下三叠统殷坑组；$T_1h^1$. 下三叠统和龙山组一段；GSSP. 全球界线层型及点；PTB. 二叠系—三叠系界线

57. 下部为灰绿—黄绿色薄层状钙质泥岩；上部为灰色薄—中层状泥晶灰岩夹灰黑色薄层状含碳钙质泥岩。含牙形石：*Clarkina carinata* Clark，*C. planata* Clark，*C. taylorae* Orchard，*Neohindeodella* sp.     0.41m

56. 灰绿色薄层状钙质泥岩、灰黑色薄层状含碳钙质泥岩与灰色薄层状泥晶灰岩互层。含牙形石：*Clarkina planata* Clark，*C. tulongensis* Tian     0.42m

55. 灰绿色薄层状钙质泥岩与灰色薄—中层状泥晶灰岩互层，中部夹一层灰黑色薄层状含碳钙质泥岩。含牙形石：*Hindeodus parvus*（Kozur et Pjatakova），*Clarkina carinata* Clark，*C. discreta* Orchard et Krystyn，*C. taylorae* Orchard，*C. tulongensis* Tian，*Hindeodus* sp.，*Lonchodina* sp.     0.35m

54. 灰色薄—中层状泥晶灰岩夹灰绿色薄层状钙质泥岩，底部为一层灰黑色薄层状含碳钙质泥岩。含菊石：*Lytophiceras* sp.，*Ophiceras* sp.；牙形石：*Hindeodus parvus*（Kozur et Pjatakova），*Clarkina carinata* Clark，*C. taylorae* Orchard，*C. tulongensis* Tian     0.32m

53. 灰绿色薄层状钙质泥岩与灰黑色薄层状含碳钙质泥岩互层，夹3层灰色极薄—薄层状泥晶灰岩和一层灰色极薄层泥灰岩，顶部为一层灰色中层状泥灰岩，钙质泥岩风化呈黄绿色。含双壳类：*Claraia fukienenisis*，*C. lungyenensis*；牙形石：*Hindeodus* sp.，*Neohindeodella* sp.，*Clarkina planata* Clark，*C. taylorae* Orchard，*C. tulongensis* Tian；孢粉：*Alisporites* sp.，*A. toralis*，*Annulispora* sp.，*Caytonipollenites* sp.，*Chordosporites* sp.，*Convolutispora* sp.，*Cycadopites nitidus*，*Cyclogranisporites crassirimosus*，*Equesetosporites* sp.，*E. chacheutensis*，*Leiotriletes* sp.，*Lunzisporites* sp.，*Lophozontriletes* sp.，*Lundbladispora nejburgii*，*L.* sp.，*Limatulasporites* sp.，*Netusotriletes rigidus*，*Pinuspollenites* sp.，*Piceites* sp.，*Pityosporites* sp.，*Podocarpidites* sp.，*Platysaccus* sp.，*Psophoaphaera* sp.，*Puntatisporites* sp.，*P. triassicus*，*P. minutus*，*Osmundacidites* sp.，*Striatopodocarites* sp.，*Taeniaesporites kraeuselis*，*T.* sp.，*Vittatina* sp.     1.10m

52. 灰绿色薄层状钙质泥岩与灰黑色薄层状含碳质钙质泥岩互层，夹6层灰色极薄层状泥晶灰岩，顶部为一层灰色薄层状泥晶灰岩，钙质泥岩风化呈黄绿色。含牙形石：*Hindeodus inflatus* Nicoll, Metcalfe et Wang, *H. lantidentatus* Kozur, Mostler et Rahimiyazd，*Clarkina carinata*（Clark），*H. parvus*（Kozur et Pjatakova），*H. praeparvus* Kozur，*H. priscus* Kozur，*Clarkina carinata* Clark，*Neohindeodella* sp.；孢粉：*Alisporites* sp.，*Apiculatisporites* sp.，*A. perirugosus*，*A. belliensis*，*Caytonipollenites* sp.，*Chasmatosporites hians*，*Convolutispora* sp.，*Cyclogranisporites* sp.，*C. major*，*C. pseudoxonotriletes*，*Cycadopites* sp.，*Equesetosporites* sp.，*E. chacheutensis*，*Leiotriletes* sp.，*L. exiguous*，*Lueckisporites* sp.，*Lundbladispora* sp.，*Neoraistrickia irregularis*，*Osmundacidites fissus*，*Pinuspollenites* sp.，*Platysaccus* sp. *Puntatisporites* sp.，*P. minutus*，*Psophoaphaera* sp.，*Taeniaesporites* sp.，*Vittatina* sp.     0.64m

51. 灰绿色薄层状钙质泥岩与灰黑色薄层状含碳钙质泥岩互层，顶部为一层灰色薄层状含泥质泥晶灰岩。风化呈黄绿色。含牙形石：*Hindeodus* sp.，*H. eurypyge* Nicoll, Metcalfe et Wang，*H. parvus*（Kozur et Pjatakova），*Isarcicella staeschei* Dai et Zhang，*I. isarcica*（Huckriede），*Clarkina tulongensis* Tian；孢粉：*Alisporites toralis*，*Aratrisporites* sp.，*Calamospora* sp.，*Convolutispora* sp.，*Cycadopites* sp.，*Cyclogranisporites* sp.，*C. crassirimosus*，*Dictyophyllidites mortoni*，*Equesetosporites* sp.，*E. chacheutensis*，*Leiotriletes* sp.，*Lunzisporites* sp.，*Osmundacidites fissus*，*Puntatisporites* sp.，*P. microtumulosus*，*P. triassicus*，*P. minutus*，*Pinuspollenites divulgatus*，*P.* sp.，*Piceites* sp.，*Podocarpidites* sp.，*Pityosporites devolvens*，*P.* sp.，*Striatopodocarites* sp.，*Taeniaesporites* sp.     0.80m

## 第 3 章 地层单位与层型

50. 灰绿色薄层状钙质泥岩与灰黑色薄层状含碳钙质泥岩互层，顶部为一层深灰色薄层状含泥质泥晶灰岩，风化呈黄绿色。产牙形石：*Hindeodus inflatus* Nicoll, Metcalfe et Wang  0.21m

49. 深灰略显灰绿色薄层状钙质泥岩，风化呈黄绿色，上部夹一层灰黑色薄层状含碳钙质泥岩，产双壳类：*Claraia lungyenensis*；牙形石：*Isarcicella? lobata* Perri et Farabegoli  0.45m

48. 浅灰绿色中层状黏土岩  0.10m

47. 深灰色略显灰绿色薄层状钙质泥岩与灰黑色薄层状含碳钙质泥岩互层，夹一层灰色极薄层状泥晶灰岩。含双壳类 *Claraia dieneri*, *C. lungyenensis*, *C.* sp., *Pseudoclaraia wangi*；牙形石：*Hindeodus parvus*（Kozur et Pjatakova），*H. typicalis*（Sweet）；孢粉：*Acanthriletes* sp., *Alisporites* sp., *A. australis*, *A. toralis*, *Apiculatisporites perirugosus*, *A. decorus*, *A. belliensis*, *Caytonipollenites* sp., *Caytonipollenties pallidus*, *C. subtilis*, *Chasmatosporites* sp., *Chordosporites* sp., *Convolutispora* sp., *Cyclogranisporites* sp., *Cycadopites* sp., *C. nitidus*, *Equesetosporites* sp., *E. chacheutensis*, *Leiotriletes* sp., *L. directus*, *Lundbladispora* sp., *Lueckisporites* sp., *Osmundacidites fissus*, *Pinuspollenites divulgatus*, *P.* sp., *Piceites* sp., *Pityosporites* sp, *Platysaccus* sp., *Podocarpidites* sp., *Puntatisporites* sp., *P. microtumulosus*, *P. minutus*, *Striatopodocarites* sp., *Taeniaesporites* sp., *Vittatina* sp.  0.30m

46. 由 3 个小旋回层构成，每个小旋回层下部为灰黑色薄层状含碳钙质泥岩；上部为深灰色略显灰绿色薄层状钙质泥岩，风化呈黄绿色。产牙形石：*Hindeodus inflatus* Nicoll, Metcalfe et Wang  0.58m

45. 由 2 个小旋回构成，每个小旋回层下部为灰黑色薄层状含碳钙质泥岩，上部为深灰色略显绿色薄层状钙质泥岩，风化呈黄绿色。产牙形石：*Hindeodus inflatus* Nicoll, Metcalfe et Wang；孢粉：*Alisporites* sp., *A. australis*, *A. parvus*, *Apiculatisporites* sp., *A. belliensis*, *Caytonipollenites* sp., *Cyclogranisporites* sp., *C. aureus*, *Cycadopites* sp., *Equesetosporites* sp., *E. chacheutensis*, *Endososporites* sp., *Calamospora* sp., *Lunzisporites* sp., *Lophozontriletes* sp., *Leiotriletes* sp., *L. concavus*, *L. exiguous*, *Lundbladispora* sp., *Lueckisporites* sp., *Pinuspollenites* sp., *Piceites* sp., *Pityosporites* sp., *Platysaccus* sp., *Psophoaphaera* sp., *Puntatisporites* sp., *P. microtumulosus*, *P. triassicus*, *P. minutus*, *Retusotriletes* sp., *Taeniaesporites kraeuselis*, *T.* sp., *Vittatina* sp.  0.40m

44. 下部为灰黑色薄层状含碳钙质泥岩，上部为深灰色略呈灰绿色薄层状钙质泥岩，风化后呈黄绿色。牙形石：*Hindeodus parvus*（Kozur et Pjatakova），M element of *Lonchodina*. sp.；孢粉：*Alisporites* sp., *A. torali*, *A. parvus*, *Apiculatisporites* sp., *A. belliensis*, *Annulispora folliculosa*, *Caytonipollenites* sp., *Chordosporites* sp., *Cyclogranisporites* sp., *Equesetosporites* sp., *E. chacheutensis*, *Leiotriletes* sp., *L. exiguous*, *Lueckisporites vikkiae*, *L.* sp., *Lunzisporites* sp., *L. pallidus*, *Lundbladispora* sp., *Muerrigerisporis* sp., *Osmundacidites* sp., *Pinuspollenites* sp., *Piceites* sp., *Pityosporites* sp., *Puntatisporites* sp., *P. microtumulosus*, *P. triassicus*, *Retusotriletes* sp., *Striatopodocarites* sp., *Taeniaesporites kraeuselis*, *T.* sp., *Vittatina* sp.  0.70m

43. 由 2 个小旋回层构成，每个小旋回层的下部为灰黑色薄层状钙质泥岩，上部为深灰色略呈灰绿色的薄层状钙质泥岩，风化呈黄绿色。含牙形石：*Clarkina carinata*（Clark），*Hindeodus parvus*（Kozur et Pjatakova），*H. typicalis*（Sweet），*Hindeodus inflatus* Nicoll, Metcalfe et Wang；孢粉：*Alisporites* sp., *A. toralis*, *A. thomasii*, *Apiculatisporites* sp., *Annulispora folliculosa*, *Cyclogranisporites* sp., *Cycadopites* sp., *Equese-  0.60m

*tosporites* sp., *E. chacheutensis*, *Klausipollenites schauberger*, *Leiotriletes* sp., *L. concavus*, *Lophozontriletes* sp., *Lundbladispora* sp., *Lueckisporites* sp., *Pinuspollenites* sp., *Piceites* sp., *Pityosporites* sp., *Platysaccus* sp., *Puntatisporites* sp., *P. minutus*, *Striatopodocarites* sp., *Taeniaesporites* sp.

42. 由 5 个小旋回层构成，每个小旋回层的下部为灰黑色薄层状含碳钙质泥岩，上部为深灰色薄层状钙质泥岩，风化呈黄绿色。含牙形石：*Hindeodus eurypyge* Nicoll, Metcalfe et Wang, *H. inflatus* Nicoll, Metcalfe et Wang, *H. latidentatus* Kozur, Mostler et Rahimiyazd, *H. parvus* (Kozur et Pjatakova), *Isarcicella staeschei* Dai et Zhang, M element of *Lonchodina* sp., Sb element of *Ellisonia* sp., *Clarkina planata* (Clark). — 0.80m

41. 深蓝灰—深灰色薄层状钙质泥岩夹灰黑色薄层状含碳钙质泥岩，底部为一层灰黑色薄层状含碳钙质泥岩。风化呈黄绿色。含牙形石：*Hindeodus eurypyge* Nicoll, Metcalfe et Wang, *H. inflatus* Nicoll, Metcalfe et Wang, *H. parvus* (Kozur et Pjatakova), *H. praeparvus* Kozur, *H. priscus* Kozur, M element of *Lonchodina*. sp. — 1.10m

40. 下部为灰黑色薄层状含碳钙质泥岩，风化呈黄灰绿色，上部为灰色薄层状钙质泥岩，风化呈黄绿色。含牙形石：*Hindeodus eurypyge* Nicoll, Metcalfe et Wang, *H. parvus* (Kozur et Pjatakova), *H. priscus* Kozur, Sc element of *Ellisonia dinodoides* (Tatge); 孢粉：*Gardenasporites minor*, *Leiotriletes* sp., *Pinuspollenites divulgatus*, *Taeniaesporites* sp. — 0.28m

39. 下部为灰黑色薄层状含碳质钙质泥岩，风化呈黄绿色；上部为灰色薄层状钙质泥岩，风化呈黄绿色。含牙形石：*Hindeodus* sp., *H. turgidus* (Kozur, Mostler et Rahimiyazd), M element of *Lonchodina* sp. — 0.32m

38. 下部为灰黑色薄层状含碳质钙质泥岩，上部为灰色薄层状钙质泥岩。风化呈黄绿色。含牙形石：*Hindeodus priscus* Kozur; 孢粉：*Alisporites* sp., *A. australis*, *A. toralis*, *Annulispora* sp., *Chasmatosporites* sp., *Caytonipollenties pallidus*, *Chordasporites pallidus*, *Cycadopites* sp., *C. complanaus*, *Dictyophyllidites* sp., *Equesetosporites* sp., *Gulisporites cochlearius*, *Leiotriletes* sp., *L. adrienniformis*, *L. exiguous*, *Lueckisporites vikkiae*, *Lunzisporites* sp., *Lundbladispora* sp., *Pinuspollenites divulgatus*, *P.* sp., *Piceites* sp., *Podocarpidites* sp., *Pityosporites devolvens*, *P.* sp., *Platysaccus* sp., *P. alatus*, *Puntatisporites* sp., *P. microtumulosus*, *P. triassicus*, *Psophoaphaera* sp., *Osmundacidites* sp., *Taeniaesporites pellucidus*, *T. labdcus*, *T.* sp. — 0.33m

37. 浅蓝灰色伊利石-蒙脱石黏土岩。含牙形石：*Hindeodus inflatus* Nicoll, Metcalfe et Wang — 0.14m

36. 深灰色薄层状具水平层理钙质泥岩与黑色薄层状具水平层理含碳钙质泥岩互层。含牙形石：*Hindeodus priscus* Kozur, *H.* sp.. Nicoll et al. (2002) 报道了该层位的牙形石包括：*Hindeodus eurypyge* Nicoll, Metcalfe et Wang, *H. inflatus* Nicoll, Metcalfe et Wang, *H. praeparvus* Kozur, *H. priscus* Kozur — 0.17m

35. 深灰色薄层状具水平层理钙质泥岩，底部为一层厚约 1cm 的黑色具水平层理的含碳钙质泥岩。双壳类：*Pseudoclaraia wangi*, *Claraia dieneri*, *Claraia griesbachi*, *C.* sp.；牙形石：*Hindeodus* sp., *H. parvus* (Kozur et Pjatakova), *H. typicalis* (Sweet)；菊石：*Ophiceras* cf. *subdemissum* (Oppel) — 0.16m

34. 灰色薄层状钙质泥岩，最底部为一层厚约 3cm 的黑色含碳钙质泥岩，之上为一层厚约 2cm 的含粉砂质钙质泥岩，水平层理发育。产菊石：*Ophiceras* cf. *subdemissum* (Oppel)；牙形石：*Hindeodus inflatus* Nicoll, Metcalfe et Wang, *H. parvus* (Kozur et Pjatakova), *H. praeparvus* Kozur, *H. turgidus* (Kozur, Mostler et Rahimiyazd) — 0.25m

| | | |
|---|---|---|
| 33. | 下部为黑色薄层状具水平层理含碳钙质泥岩（厚 8cm）；中部为灰色中层状含泥质泥晶灰岩（厚 10cm）；上部为灰色薄层状具水平层理钙质泥岩（厚 10cm）。含牙形石：*Hindeodus eurypyge* Nicoll, Metcalfe et Wang, *H. lantidentatus*（Kozur, Mostler et Rahimiyazd），*H. parvus*（Kozur et Pjatakova），*H. typicalis*（Sweet），M element of *Lonchodina* sp.；孢粉：*Apiculatisporites* sp., *A. belliensis*, *Alisporites* sp., *A. toralis*, *Calamospora* sp., *Cyclogranisporites* sp., *Chasmatosporites* sp., *Chordasporites pallidus*, *Cycadopites* sp., *Equesetosporites* sp., *E. chacheutensis*, *Leiotriletes* sp., *L. exiguous*, *Lueckisporites* sp., *Lunzisporites* sp., *Lophozontriletes* sp., *Lundbladispora* sp., *Pinuspollenites* sp., *Piceites* sp., *P. notialis*, *Podocarpidites* sp., *Pityosporites* sp., *Platysaccus alatus*, *Puntatisporites* sp., *P. minutus*, *Striatopodocarites* sp., *Taeniaesporites labdcus*, *T.* sp. | 0.28m |
| 32. | 浅蓝灰色风化呈灰黄色伊利石-蒙脱石黏土岩，顶底各为一层厚约 2cm 的土黄色黏土质粉砂岩 | 0.14m |
| 31. | 深灰色薄层状具水平层理钙质泥岩。产牙形石：*Hindeodus eurypyge* Nicoll, Metcalfe et Wang, *H. typicalis*（Sweet），*H. inflatus* Nicoll, Metcalfe et Wang, *H. priscus* Kozur | 0.21m |
| 30. | 灰色中层状泥灰岩。产菊石：Ophiceratids；双壳类：*Claraia griesbachi*（Bittner），*C. concentrica*（Yabe），*Pseudoclaraia wangi*（Patte）；牙形石：*Clarkina carinata*（Clark），*C. planata*（Clark），*Hindeodus* sp., *H. lantidentatus*（Kozur, Mostler et Rahimiyazd），*H. turgidus*（Kozur, Mostler et Rahimiyazd），*H. typicalis*（Sweet），M element of *Lonchodina* sp., Sc element of *Ellisonia dinodoides*（Tatge）. Nicoll et al.（2002）在该层位报道含牙形石：*H. changxingensis* Wang, *H. eurypyge* Nicoll, Metcalfe et Wang, *H. inflatus* Nicoll, Metcalfe et Wang, *H. lantidentatus*（Kozur, Mostler et Rahimiyazd），*Hindeodus parvus*（Kozur et Pjatakova），*H. praeparvus* Kozur, *H.* sp. A. | 0.48m |
| 29. | 灰色中层状含泥质、粉砂质泥晶灰岩。产双壳类：*Pseudoclaraia wangi*（Patte）；菊石：Ophiceratids；腕足类：*Paryphella orbicularis*（Liao）；牙形石：*Clarkina* sp., *Hindeodus parvus*（Kozur et Pjatakova），*H. inflatus* Nicoll, Metcalfe et Wang, *H. turgidus*（Kozur, Mostler et Rahimiyazd），*H. lantidentatus*（Kozur, Mostler et Rahimiyazd），*Isarcicella staeschei* Dai and Zhang, M element of *Lonchodina* sp., Sb element of *Ellisonia* sp., *Xaniognathodus elongates* Sweet. Nicoll et al.（2002）在该层位报道含牙形石：*H. changxingensis* Wang, *H. eurypyge* Nicoll, Metcalfe et Wang, *H. inflatus* Nicoll, Metcalfe et Wang | 0.18m |
| 28. | 灰黄色伊利石-蒙脱石黏土岩。产牙形石：*Clarkina* sp., *Hindeodus parvus*（Kozur et Pjatakova），*H. praeparvus* Kozur, *H. eurypyge* Nicoll, Metcalfe et Wang, *H. typicalis*（Sweet），*H. turgidus*（Kozur, Mostler et Rahimiyazd），*H. lantidentatus*（Kozur, Mostler et Rahimiyazd），*H.* sp., Sc element of *Ellisonia dinodoides*（Tatge），*Isarcicella staeschei* Dai and Zhang, *Xaniognathodus elongatus* Sweet | 0.04m |
| 27d. | 浅黄灰色含粉砂质泥晶灰岩。含牙形石：*Hindeodus parvus*（Kozur et Pjatakova），*H. praeparvus* Kozur, *H. inflatus* Nicoll, Metcalfe et Wang, *H. lantidentatus*（Kozur, Mostler et Rahimiyazd），*H. turgidus*（Kozur, Mostler et Rahimiyazd），*H. typicalis*（Sweet），Sc element of *Ellisonia dinodoides*（Tatge），M element of *Lonchodina mülleri*（Tatge）. Nicoll et al.（2002）在该层位报道含牙形石：*H. changxingensis* Wang, *H. eurypyge* Nicoll, Metcalfe et Wang, *H. inflatus* Nicoll, Metcalfe et Wang, *H. parvus*（Kozur et Pjatakova），*H.* | 0.04m |

*praeparvus* Kozur, *H. priscus* Kozur, *H. typicalis* (Sweet), *H.* sp. A. Jiang et al. (2007) 在 A 剖面相同层位发现 *Isarcicella huckriedei* Lai and Jiang

27c. 浅黄灰色含粉砂质泥晶灰岩。含牙形石: *Hindeodus parvus* (Kozur et Pjatakova), *H. praeparvus* Kozur, *H. lantidentatus* (Kozur, Mostler et Rahimiyazd), *H. typicalis* (Sweet), *Hindeodus* sp., *Clarkina changxingensis* (Wang et Wang), *C. taylorae* Orchard, M element of *Lonchodina* sp., Sc element of *Ellisonia dinodoides* (Tatge). Nicoll et al. (2002) 在该层位报道含牙形石: *Hindeodus changxingensis* Wang, *H. parvus* (Kozur et Pjatakova), *H. praeparvus* Kozur, *H. typicalis* (Sweet)  0.04m

三叠系（Triassic）———————整 合———————GSSP of PTB
二叠系（Permian）

27b. 浅黄灰色含粉砂质泥晶灰岩。产牙形石 *Clarkina changxingensis* (Wang et Wang), *Clarkina* sp., *Hindeodus changxingensis* Wang, *H. eurypyge* Nicoll, Metcalfe et Wang, *H. typicalis* (Sweet), *Hindeodus* sp., Sc element of *Ellisonia dinodoides* (Tatge), *Xaniognathus elongates* Sweet. Nicoll et al. (2002) 在该层位报道含牙形石: *Hindeodus changxingensis* Wang, *H. eurypyge* Nicoll, Metcalfe et Wang, *H. inflatus* Nicoll, Metcalfe et Wang, *H. praeparvus* Kozur, *H.* sp. A, *H. typicalis* (Sweet)  0.04m

27a. 浅黄灰色含粉砂质泥晶灰岩。产牙形石: *Clarkina changxingensis* (Wang et Wang), *H. inflatus* Nicoll, Metcalfe et Wang, *H. typicalis* (Sweet). Nicoll et al. (2002) 在该层位报道含牙形石: *Hindeodus changxingensis* Wang, *H. eurypyge* Nicoll, Metcalfe et Wang, *H. inflatus* Nicoll, Metcalfe et Wang, *H. praeparvus* Kozur, *H. priscus* Kozur, *H. typicalis* (Sweet), *H.* sp. A.  0.04m

27a-d 整体上为一 16cm 厚的自然岩层，岩性为浅黄灰色中层状含粉砂质泥晶灰岩，盛金章等（1987）曾定其岩性为灰色白云质泥灰岩。张克信（1984）首次在 D 剖面 27 层中部（距 26 层顶界之上 8 cm）发现和报道了 *Hindeodus parvus*（Kozur et Pjatakova）。张克信等（1995）将 D 剖面 27 层等分为 27a、27b、27c、27d 四小层。赵金科等（1981）、宋海军等（2006）、Song et al.（2007）曾先后报道了 27 层内的有孔虫，包括: *Rectostipulina quadrata*, *Cryptoseptida anatoliensis*, *Hemigordius* spp., *Neotuberitina maljavkini*, *Eotuberitina sphaera*, *Nodosinelloides aequiampla*, *C. netschajewi*, *C.* spp., *Ammodiscus* sp., *Geinitzina* spp., *Glomospira* spp., *Frondina* spp., *F. permica*, "*Nodosaria*" *skyphica*, "*C.*" spp., *Ichthyofrondina palmata*, *Globivalvulina globosa*, *Robuloides acutus*.

26. "黑黏土岩层"，为深灰色蒙脱石-伊利石黏土岩，含钙质、粉砂质。以前曾定为灰黄色泥岩，含黄铁矿小晶体（Sheng et al., 1984），也被描述为深棕色钙质泥岩（杨遵仪等，1987）。产腕足类: *Cathaysia chonetoides*, *Crurithyris flabelliformis*, *Neochonetes convexa*, *Paryphella orbicularis*, *P. triquetra*, *Uncinunellina* sp., *Waagenites* cf. *soochowensis*, *W. wongiana*; 有孔虫: *Rectostipulina quadrata*, *Hemigordius* spp., *Neotuberitina maljavkini*, *Nodosinelloides aequiampla*, *Glomospira* spp., *Frondina permica*, *Globivalvulina bulloides*; 牙形石: *Clarkina changxingensis* (Wang et Wang), *C. changxingensis yini* (Mei, Zhang et Wardlaw), *C. meishanensis meishanensis* (Zhang). Nicoll et al. (2002) 在该层位报道含牙形石: *Hindeodus changxingensis* Wang, *H. inflatus* Nicoll, Metcalfe et Wang  0.06m

25. "白黏土层岩"，为浅蓝灰色伊利石-蒙脱石黏土岩，风化后呈浅黄白色。产牙形石: *Clarkina changxingensis* (Wang et Wang), *C. deflecta* (Wang et Wang), *C. meishanensis*  0.04m

(Zhang), *C. orientalis* (Barskov et Koroleva), *C. subcarinata* (Sweet), *Hindeodus eurypyge* Nicoll, Metcalfe et Wang, *H. typicalis* (Sweet); 有孔虫: *Rectostipulina quadrata*, *Cryptoseptida anatoliensis*, *Hemigordius* spp., *Eotuberitina sphaera*, *Nodosinelloides aequiampla*, *C.* spp., *Frondina permica*, *Globivalvulina bulloides*.

———————— 整合 ————————

上二叠统长兴组煤山段（$P_3c^2$）

24e. 灰色中至薄层状生屑泥晶—微晶灰岩，块状构造，底部夹有硅质条带，带宽 5～8mm，延伸 10～20cm，顺层分布，中部夹厚 2cm 的深褐色生物碎屑泥质灰岩。含腕足类: *Wellerella delicatula* Dunbar et Condra, *Crurithyris flabelliformis*, *Neowellerella pseudoutah*; 菊石: *Rotodiscoceras* sp.; 蜓类: *Palaeofusulina* sp.; 牙形石: *Clarkina changxingensis* (Wang et Wang), *C. yini* (Mei, Zhang et Wardlaw), *C. deflecta* (Wang et Wang), *C. subcarinata* (Sweet), *C. predeflecta* (Mei), *Enantiognathus ziegleri* (Diebel), *Hineodus typicalis* (Sweet), M element of *Lonchodina mülleri* (Tatge), *Xaniognathus elongatus* (Sweet) ... 0.10m

24d. 深灰色中层状生屑泥晶灰岩，夹灰黑色极薄层含硅质钙质泥岩。产非蜓有孔虫: *Nodosaria netschajewi* Tcherdynzev, *Pachyphloia lanceolata*, *Geinitzina caucasica*; 蜓类: *Reichelina* sp., *Palaeofusulina* cf. *sinensis*; 菊石: *Pseudogastrioceras* sp., *Pleuronodoceras mirificus*; 牙形石: *Clarkina changxingensis* (Wang et wang), *C. deflecta* (Wang et Wang), *C. yini* (Mei, Zhang et Wardlaw), *C. parasubcarinata* (Mei), *C. predeflecta* (Mei), *C. zhangi* (Mei), *Enantiognathus ziegleri* (Diebel), Sa element of *Ellisonia dinodoides* (Tatge), *Xaniognathus elongatus* (Sweet) ... 0.23m

24c. 深灰色中层状含白云质生屑泥晶灰岩，具正粒序层理及平行层理，夹灰黑色极薄层含硅质钙质泥岩。产牙形石: *Clarkina changxingensis* (Wang et Wang), *C. parasubcarinata* (Mei), *Hindeodus latidentatus* (Kozur, Mostler et Rahimiyazd), *H. praeparvus* Kozur, *H. typicalis* (Sweet), *Enantiognathus ziegleri* (Diebel), Sa element of *Ellisonia dinodoides* (Tatge), *Lonchodina muelleri* Tatge, *Xaniognathus elongatus* (Sweet). Nicoll et al. (2002) 在该层位报道含牙形石: *H. inflatus* Nicoll, Metcalfe et Wang, *H. lantidentatus* (Kozur, Mostler et Rahimiyazd), *H. typicalis* (Sweet) ... 0.17m

24b. 深灰色中层状含白云质生屑泥晶灰岩，底部有一层极薄层的含硅质黏土层岩。产牙形石: *Clarkina changxingensis* (Wang et Wang), *C. deflecta* (Wang et Wang), *C. wangi* (Zhang), *C. predeflecta* (Mei), *C. parasubcarinata* (Mei), *Hindeodus lantidentatus* (Kozur, Mostler et Rahimiyazd), *H. typicalis* (Sweet), *Enantiognathus ziegleri* (Diebel), M element of *Lonchodina muelleri* Tatge, M element of *Ellisonia dinodoides* (Tatge) ... 0.11m

24a. 深灰色中层状生屑泥晶灰岩，底部有一层极薄层的含硅质黏土层岩。含牙形石: *Clarkina yini* Mei, Zhang et Wardlaw, *C. changxingensis* (Wang et Wang), *C. deflecta* Wang et Wang, *C. zhangi* (Mei), *Hindeodus inflatus* Nicoll, Metcalfe et Wang, *H. typicalis* (Sweet), *Enantiognathus ziegleri* (Diebel), *Xaniognathus elongatus* (Sweet). Nicoll et al. (2002) 在该层位报道含牙形石: *H. inflatus* Nicoll, Metcalfe et Wang, *H. lantidentatus* (Kozur, Mostler et Rahimiyazd), *H. typicalis* (Sweet) ... 0.10m

24 层含非蜓有孔虫: *Rectostipulina pentamerata*, *R. quadrata*, "*Pseudoglandulina*" *conica*, *Cryptoseptida anatoliensis*, *Pachyphloia ovate*, *Dagmarita altilis*, *D.* sp., *Hemigordius parvus*, *H.* spp., *H. minutus*, *H. discoides*, *Colaniella nana*, *C.* spp., *Neotuberitina maljavkini*, *Eotuberitina sphaera*, *E. reitlingarae*, *Nodosinelloides camerata*, *C. aequiampla*,

*C. sagittal*, *C. netschajewi*, *C.* spp., *Palaeotextularia* spp., *Ammodiscus* sp., *Geinitzina spandeli*, *G. uralica*, *G.* spp., *Reichelina* sp., *Glomospira* spp., *Frondina* cf. *permica*, *F. permica*, *Ichthyofrondina palmata*, *Globivalvulina bulloides*, *G. curiosa*, *G. vonderschmitti*, *Earlandia* sp., *Paraglobivalvulina* sp.

### 3.6.3 界线层第27层的岩性和结构构造特征

由下而上将第27层分为a、b、c、d四小层，目前P—T界线就划在b/c之间（图3-5）。

27a为含生屑钙质细—微晶白云岩，生屑含量2%~3%，另有微量石英细粉砂。少量黄铁矿形态不规则，基本顺层分布，粒径0.03~0.1mm。生屑很破碎，但有孔虫较完好，有孔虫长径0.2~0.4mm；腕足碎片长径0.4mm；粗枝藻碎片长径0.45mm；介形虫碎片长径0.3mm。生物组合属正常广海，浅海型；粒屑属原地搬运沉积物；云质为后生交代成因。

27b从颜色及结构上可分为两部分：下部为含生屑钙质泥晶白云岩，生物碎屑可见有孔虫、棘皮碎片，黄铁矿呈团状分布，聚合体粒径0.3~0.9mm。此岩性边界有明显的冲刷破碎现象。但在10×3.5倍率下，在破碎面最上部与上覆沉积物之间有一层厚度约0.05~0.1mm的微粒黄铁矿和泥质薄膜分布。说明此界面曾有短暂的极浅水溶蚀作用发生。上部颜色较浅部分是含生屑钙质粉晶—微晶白云岩，生物碎屑含量比下部多，种类为有孔虫、棘皮碎片、大个体腕足类、牙形石碎片及介形虫碎片。黄铁矿粒度稍细，但与泥晶白云岩接触处粒度稍大。它们可能是异地碎屑物。

27c主体是暗色的含生屑云质泥晶灰岩。距本段顶部3mm处为生物碎屑纹层，生屑量可达5%~10%，长轴有定向排列，种属为有孔虫、介形虫、腕足类、棘皮及藻类碎片。向下则生屑含量减少，排列无序，但种属与上部相同。本层段中黄铁矿零星分布，在暗色部分中，形态有立方体、不规则状、圆粒状，粒径0.06~0.2mm。

27d浅色部分为钙质粉晶白云岩，暗色部分为云质粉晶灰岩。在浅色及暗色层中均有似层状分布的黄铁矿，其粒径为0.03~0.1mm。在本层段最顶部有一块细—粗晶粒屑灰岩，粒屑以团粒为主，未见骨屑，其长径略定向，粒径在0.2~0.4mm，说明有短暂的能量相对较高的紊流存在。

### 3.6.4 界线层牙形石分带与对比

综合赵金科等（1981）、盛金章等（1987）、王成源和王志浩（1981）、王成源等（1994）、王成源（1995）、张克信（1984，1987）、Wang（1994）、张克信等（1995，2005，2009）、赖旭龙等（1995）、Ding et al.（1995，1996）、童金南和杨英（1997）、Mei et al.（1998）、Yin et al.（1986，1996a，1996b，1996c，1996d，2001）、Nicoll et al.（2002）、Zhang et al.（2007）、Jiang et al.（2007）对煤山系列剖面上二叠统—下三叠统牙形石分带多年的研究成果，对煤山剖面第24—60层的牙形石序列按先后顺序可识别出8个牙形石带（图3-6），分别为：

***Clarkina yini* -*C. zhangi* 带**：分布在煤山D剖面长兴组顶部的第24a—24e层（图3-6），以*C. yini*（Mei）和*C. zhangi*（Mei）的首现面为该带的底界，以*C. meishanensis*（Zhang）首现为该带的顶界。煤山剖面上产于该带的其他重要化石有菊石 *Rotodiscoceras* sp. 和䗴 *Palaeofudulina* sp. 等（Sheng et al.，1984；Yin et al.，1996b，2001；张克信

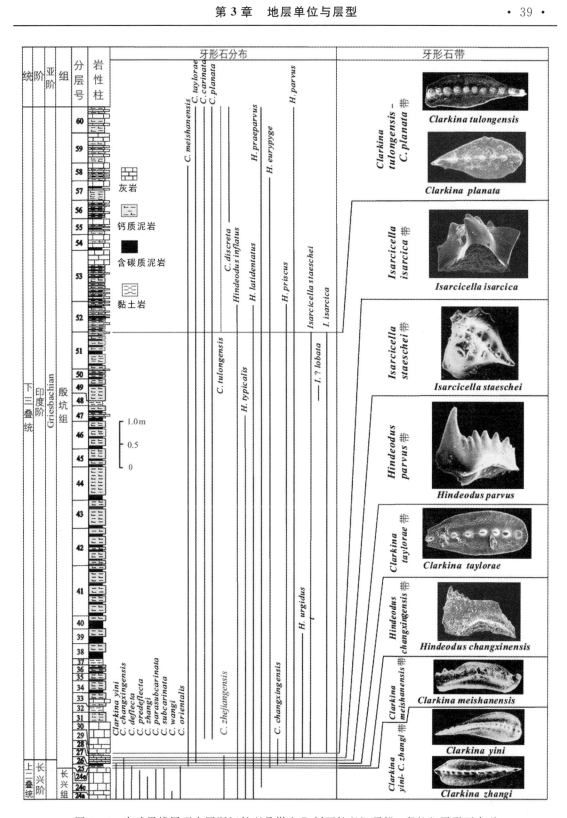

图 3-6 全球界线层型中国浙江长兴县煤山 D 剖面长兴组顶部—殷坑组牙形石序列
(张克信等，1995，2009，2013；Zhang et al.，2007；Jiang et al.，2007)

等，2005，2009，2013），为长兴期晚期。本带分子见于华南（王志浩，朱相水，2000；Yin et al.，2001；武桂春等，2003；Xia et al.，2004；Mutwakil et al.，2006；Ji et al.，2007；Chen et al.，2009；Jiang et al.，2011a）、日本（Yao et al.，2001；Xia et al.，2004）和伊朗（Kozur，2004）长兴期晚期地层中。

***Clarkina meishanensis* 带**：分布在界线黏土层中第25层（图3-6），以 *C. meishanensis* (Zhang) 首现为底界，以 *H. changxingensis* Wang 首现为顶界。该带的底界面（第25层底）是长兴组和殷坑组间的岩石地层界线，该界线与 Jin et al.（2000）所述的二叠纪末生物突然灭绝事件界线一致，并与 Xie et al.（2005）所述的 P—T 之交两次事件的首次界线一致，也与 Yin et al.（2007）所述的 P—T 之交多幕灭绝事件中第二次灭绝事件开始的界线一致。本带分子在华南分布较广（王志浩等，2000；Yin et al.，2001；武桂春等，2003；王国庆等，2003；Xia et al.，2004；Mutwakil et al.，2006；Chen et al.，2009；Jiang et al.，2011a）。本带在国外见于印度 Spiti 地区（Orchard & Krystyn，1998）、伊朗（Kozur，2004）和日本（Xia et al.，2004）。

***Hindeodus changxingensis* 带**：分布在界线黏土层中第26层（图3-6），以 *H. changxingensis* Wang 首现为底界，以 *C. taylorae* Orchard 首现为顶界。Metcalfe et al.（2007）曾指出 *H. changxingensis* 分子特征明显，地理分布广泛，地史分布很短，与 P—T 之交的大灭绝事件相对应。Jiang et al.（2011）在华南四川广元上寺剖面也建立了该带，并认为 *H. changxingensis* 带在 PTB 剖面研究中非常重要，该带的缺失意味着 PTB 地层的缺失。该带底界面之下即为火山灰层，其顶界面（第26层顶）为层序地层的海侵面（TS）（张克信等，1996，2007）。产于该带的菊石 *Otoceras*? sp. 和 *Hypophiceras* sp. 曾作为三叠世初期分子（Sheng et al.，1984），从菊石系统演化看它们均为晚二叠世典型菊石类，且与其共生的其他类型化石均为二叠型分子（Yin et al.，1986），如牙形石 *C. changxingensis* (Wang et Wang)，*Ng. deflecta* (Wang et Wang) 和许多二叠型腕足类。杨守仁等（1993）在江苏镇江大力山报道原定为三叠系底部的 *Hypophiceras* 层所含牙形石均为晚二叠世长兴期典型分子，应与本书的 *H. changxingensis* 带属同期产物。该带及 *C. meishanensis* 带的层位相当于盛金章等的"混生层1"（Sheng et al.，1984），殷鸿福的"下过渡层"（Yin，1985）和王成源（1995）在煤山 Z 剖面划分的"界线层1"。报道产出 *H. changxingensis* Wang 的地区还有华南贵州中寨（Metcalfe & Nicoll，2007）、西藏南部（Shen et al.，2006）、巴基斯坦 Salt Range 地区（Metcalfe et al.，2007）、伊朗（Kozur，2004）和意大利（Perri & Farabegoli，2003）。

***Clarkina taylorae* 带**：分布在煤山剖面第27a—27b层（图3-6）（Zhang et al.，2007；Jiang et al.，2007；张克信等，2009，2013），以 *C. taylorae* Orchard 首现为底界，以 *H. Parvus* (Kozur et Pjatakova) 首现为顶界。该带相当于盛金章等的"混生层2"下部（Sheng et al.，1984）、殷鸿福的"上过渡层"下部（Yin，1985）和王成源（1995）在煤山 Z 剖面划分的"界线层2"下部。迄今报道 *C. taylorae* Orchard 产出的地区还有我国西藏南部、印度 Spiti 地区（Orchard et al.，1994）、加拿大北极地区（Henderson & Baud，1997）和伊朗（Kozur，2004）。该带还见于华南四川广元上寺（Jiang et al.，2011）。

***Hindeodus parvus* 带**：是三叠系最底部的牙形石带，分布在煤山剖面第27c层中（图3-6）。该带以 *H. parvus* (Kozur et Pjatakova) 首现为底界，以 *I. staeschei* Dai and Zhang

首现为顶界。该带含二叠型牙形石 *C. changxingensis* 和二叠型腕足类等。本带相当于盛金章等的"混生层2"中部（Sheng et al., 1984；盛金章等，1987）、殷鸿福等的"上过渡层"中部（Yin, 1985）和王成源（1995）在煤山Z剖面划分的"界线层2"中部。本带广布于华南（张景华等，1984；杨守仁等，1986；段金英，1987；蒋武，1988；蒋武等，2000；杨守仁和孙存礼，1990；秦典夕等，1993；王志浩和钟端，1994；张克信等，1995；Lai et al., 1996; Nicoll et al., 2002；武桂春等，2002；Xia et al., 2004; Metcalfe & Nicoll, 2007; Ji et al., 2007; Chen et al., 2009; Jiang et al., 2011a）、西秦岭（赖旭龙等，1994）和西藏南部（田传荣，1982；Yao & Li, 1987; Orchard et al., 1994; Orchard & Krystyn, 1998; Jin et al., 1996）。鉴于 *Hindeodus parvus* 带的世界性广布（Kozur & Pjatakova, 1976; Matsuda, 1981；殷鸿福等，1988；Yin et al., 1986, 1996, 2001; Schonlaub, 1991; Zhang et al., 1996, 2007; Cassinis et al., 2000; Perri & Farabegoli, 2003; Kozur, 1996, 2004; Xia et al., 2004），该带的底界已被确立为全球三叠系底界的最好标志（Yin et al., 2001; Zhang et al., 2007）。

***Isarcicella staeschei* 带**：分布在第27d—29a层（图3-6），以 *I. staeschei* Dai and Zhang 首现为底界，*I. isarcica*（Huckriede）首现为顶界。本带以 *Hindeodus* 和 *Isarcicella* 属各种较为发育为特征。本带相当于盛金章的"混生层2"上部（Sheng et al., 1984；盛金章等，1987）、殷鸿福等的"上过渡层"上部（Yin, 1985）和王成源（1995）在煤山Z剖面划分的"界线层2"上部。该带见于华南、印度Spiti地区、奥地利、意大利（Schonlaub, 1991; Orchard & Krystyn, 1998；杨守仁等，2001; Perri & Farabegoli, 2003; Zhang et al., 2007）。

***Isarcicella isarcica* 带**：分布在第29b—51层（图3-6），为延限带，以 *I. isarcica* Huckriede 首现为底界，以 *I. isarcica* Huckriede 消失为顶界。该带见于华南（张景华等，1984；蒋武，1988；蒋武等，2000；王志浩，钟端，1994; Zhang et al., 1996; Nicoll et al., 2002; Jiang et al., 2011a）、西藏南部（Orchard et al., 1994）、巴基斯坦Salt Range地区、西巴基斯坦Trans-Indus地区、克什米尔、印度Spiti地区、伊朗、意大利、美国西部、奥地利和加拿大（Matsuda, 1981; Paull, 1982; Belka & Wiedmann, 1996; Kozur, 1996; Cassinis et al., 2000; Perri & Farabegoli, 2003）。

***Clarkina tulongensis - C. planata* 带**：分布在第52—72层（图3-6），此带底部以 *I. isarcica*（Huckriede）消失为标志，顶界以 *Neospathodus kummeli* Sweet 的出现为标志。在煤山剖面占据的层位为殷坑组上部及和龙山组下段下部。产于本带的其他门类化石主要有菊石 *Ophiceras* sp.，双壳类 *Pseudoclaraia wangi*（Patte）和 *Claraia griesbachi*（Bittner）。本带时代属殷坑期Griesbachian亚期的晚期，大致与Sweet（1970）在西巴基斯坦下三叠统建立的 *Clarkina carinata* 带相当，也与张克信等（1995）在煤山D剖面建立的 *C. carinata - C. planata* 带一致。此带见于华南、西藏、尼泊尔、克什米尔、印度Spiti地区、巴基斯坦、伊朗、意大利、美国内华达和加拿大（Clark, 1959; Sweet, 1970; Goel, 1977；田传荣，1982; Hatleberg & Clark, 1984；蒋武，1988；蒋武等，2000; Beyers & Orchard, 1991; Belka & Wiedmann, 1996；赵来时等，2003; Zhao et al., 2005）。

### 3.6.5 二叠纪—三叠纪之交牙形石演化系列

自从 Yin et al. (1986) 首次提出牙形石 Hindeodus parvus 的初现点作为全球三叠系的底界之后，这一方案很快被国际地层学界所接受。该牙形石既然作为此界线的标志化石，按照国际地层委员会对 GSSP 的要求，必须证实在煤山剖面具有 H. parvus 谱系的连续演化系列作为地层连续的证据，并可进行全球对比。因此，二叠纪末和三叠纪初的牙形石在世界上许多二叠系—三叠系界线剖面上得到了深入的研究，这一时期牙形石研究精度要高于二叠纪和三叠纪的其他任何时期。由于许多地质事件诸如火山喷发、缺氧、海平面变化、磁极倒转和可能的撞击事件发生在古生代—中生代之交，牙形石同样也不可避免地受到这些事件的影响，这就构成了表现为 Clarkina 系列在许多地区衰退，而代之为 Hindeodus-Isarcicella 系列兴起的二叠纪—三叠纪过渡期的演化事件。

一般来说，在许多地区，如华南、伊朗、盐岭、欧洲和美国西部，Clarkina 似乎在二叠纪—三叠纪过渡期后被 Hindeodus 所取代。但是，在西藏色龙、印度 Spiti 和加拿大北极区三叠系底部仍以 Clarkina 为主，这些资料不支持三叠纪初 Clarkina 为 Hindeodus 取代的现象是一世界性的演化趋势。Matsuda (1985) 和 Mei et al. (1996, 1999) 指出在二叠系—三叠系界线附近的 Hindeodus 和 Clarkina 的不同分布可能是由于牙形石的地理分区所造成。

由于大量的有关二叠纪末至三叠纪初的牙形石资料的积累，许多学者讨论了二叠系—三叠系界线附近牙形石的演化谱系问题。Kozur (1989) 首先提出了 Hindeodus typicalis — H. latidentadus—H. turgdus—Isarcicella isarcica 多形态的演化谱系。Ding et al. (1996, 1997) 基于煤山剖面研究，提出了 Hindeodus latidentadus — H. parvus—Isarcicella turgid (H. turgidus) — I. isarcica 的演化谱系。Wang (1996) 提出以 H. latidentatus — H. parvus Morphotype 1—I. Staeschei—I. isarcica 谱系代替 latidentatus—parvus — turgida —isarcica 谱系。Tian (1993) 和 Mei (1996) 认为 H. parvus 演化自 H. typicalis。Kozur (1989)、Ding et al. (1996)、Wang (1996) 和 Lai (1997) 认为 H. parvus 演化自 H. latidentatus。Isarcicella isarcica 演化自 H. parvus 曾是被普遍接受的观点。Tian (1993) 和 Wang (1996, 1997) 认为 isarcica 直接从 parvus 演化而来。Kozur (1989, 1995) 和 Ding et al. (1996, 1997) 提出 Isarcicella turgida 为 parvus 和 isarcica 之间的过渡类型。然而最近的分支系统学研究 (Jiang et al., 2011) 认为 Isarcicella 属处于另一个演化序列，与 H. parvus 为平行演化关系。

二叠纪—三叠纪之交的牙形石演化模式以灭绝-残存-复苏-繁荣模式为主。例如：在长兴期末期和印度期初期的牙形石危机中，在以 Clarkina changxingensis，C. deflecta 和 C. meishanensis 等的消失为特征的灭绝期，以 Hindeodus parvus 和 Isarcicella 兴起为特征的复苏期和以 Neospathodus 首次出现为特征的繁荣期之间，存在一个明显的以 Clarkina carinata 占主体的残存期。从更大一些的范围来讲，舟形牙形石分子在晚二叠世占主体位置，在二叠纪末大量舟形牙形石 Clarkina 消失的灭绝期和中三叠世大量舟形牙形石分子 Clarkina 和 Paraclakina 繁盛的复苏期之间，早三叠世对舟形牙形石来说就是一个很明显的残存期，在这一时期主要发育 Hindeodus, Isarcicella, Neospathodus, Pachycladina, Parachirognathus 等非舟形牙形石，舟形牙形石发育差。三叠纪舟形牙形石的灭绝-残存-复苏演化模式与这一时期的双壳类、腕足类、菊石、珊瑚和藻类等其他门类的演化模式相吻合。

与只含二叠纪型动物的 Otoceras 带下部相比，H. parvus 带以三叠纪新生分子和二叠纪孑遗分子相混生为特色。殷鸿福等（1985）曾命名华南该带的混生动物群为：H. parvus - Hypophiceras - Crurithyris speciosa - Towapteria scythicum - Hollinela tingi 组合，在时代上属格里斯巴赫期最早期，是华南三叠系的底部。盐岭剖面具有同样特征（Pak. - Jap. Res. Group，1985）。Kathwei 段被划分成下、中、上三部分。下部除含三叠纪头足类 Ophiceras 和 Glyptophiceras 的 3 个种外，尚含典型的二叠纪腕足类（9 种）、有孔虫（6 种）、苔藓虫、棘皮动物和双壳类；中部被命名为 H. parvus - I. isarcica 带。值得注意的是，在它的下部，即在本书所指的 Hindeodus parvus 带中，发现有丰富的三叠纪双壳类，如 Eumorphotis waageni，Eutolium cf. deiscites，E. sp.，蛇菊石类和二叠纪残余分子 Crurithyris? sp.，Warthia? sp.。在中部发现有孔虫的 9 个种，但认为是再沉积的，因为它们的壳壁重结晶并被磨损，还含有棘皮动物碎片。显然，盐岭 H. parvus 的带亦含二叠纪孑遗和三叠纪新生分子的混生动物群，该带相当于 Kathwai 段中、下部，位于典型的二叠纪动物群之上、Ophiceras 带之下。克什米尔（Nakazawa et al.，1981）、伊朗中部（Iran. - Jap. Res. Group，1981）、伊朗北部和外高加索（Kozur et al.，1978）均为类似情形。在中欧蒂罗尔（Tirol）南部的 Bulla 剖面上，H. parvus 出现的层位比维尔芬组（Werfen Fm.）之底高 3m，H. typicalis 带在其下部或相当于维尔芬层底部，那么 H. parvus 应盖在二叠纪动物群上面，标志着那里三叠系的开始。在卡尼克阿尔卑斯的 Auronzo Pelus 剖面上，I. isarcica 发现于维尔芬组 Mazzin 段中部。如此看来，南阿尔卑斯的牙形石序列与特提斯其他地区一致。此外，在匈牙利东北部的布克（Bükk）山的三叠系底部也发现了 H. parvus（据 Barabas - Stuhl 在 1986 Brescia 会议上报告）。赖旭龙等提出 H. parvus 是一浮游型动物并可发现于不同深度的环境中，并且由于其生活在水体的顶层而可在水体缺氧时残存下来（赖旭龙等，1999；Lai et al.，2001）。

三叠系的第 1 个阶印度阶以 H. parvus 带出现为标志（Yin et al.，1986，1996a，2001），正是从该层位开始出现三叠纪重要的新生分子，表现为蛇菊石科开始出现，如 Tompophiceras 和 Metophiceras 等三叠纪蛇菊石类原始类型、双壳类 Claraia 及许多新种 Eumorphotis 和 Towapteria scythicum 以及过渡层内的其他三叠纪分子出现。从间断平衡论的观点看，新生分子常常是在地质上可以忽略不计的短时间内，通过突变爆发式形成，容易作为新时代开始的标志，而 H. parvus 带所代表的短暂地质历程，正是古、中生代生物界灭绝与新生代相交替的剧变期，以 H. parvus 带之底标志新时代开始，从理论上讲亦是合理的（Yin et al.，1986）。

### 3.6.6 同位素测年

表 3-2 列出一些主要学者先后对煤山剖面二叠系—三叠系界线附近火山黏土进行的同位素测年结果。与二叠系—三叠系界线最邻近、含有可供精确同位素测年的锆石和长石的火山黏土层，分别是界线之下 13cm 处的第 25 层（俗称"白黏土"）和界线之上 8cm 处的第 28 层。由于先前的二叠系—三叠系界线低于当前的 GSSP（盛金章等，1987；杨遵仪等，1987，1991），第 25 层的"白黏土"被称为"界线黏土层"，因此早年的工作主要集中于第

25 层。Claoue-Long et al. (1991) 最早报道了煤山剖面"界线黏土层"的测年结果,他们采用高分辨率离子探针 (SHRIMP) 技术,分析了黏土层中的 35 颗锆石,得出的 $^{206}U/^{238}Pb$ 年龄值为 (251.2±3.4) Ma (2σ)。Renne et al. (1995) 采用长石 $^{40}Ar-^{39}Ar$ 分析技术,测得"界线黏土层"的年龄为 (249.91±0.15) Ma。据此,Yin et al. (1996a) 建议将二叠系—三叠系界线年龄值定为 250Ma,这一年龄值也被当时的国际地质年表所采用 (Remane et al.,2000)。

表 3-2 中国长兴煤山剖面二叠系—三叠系界线层测年值

| 层 | 测年值 (Ma) | | | | |
| --- | --- | --- | --- | --- | --- |
| | Claoue-Long et al.,1991 | Renne et al.,1995 | Bowring et al.,1998 | Mundil et al.,2001 | Shen et al.,2011 |
| 48 | | | 250.2±0.2 (U) | | |
| 32 | | | 250.4±0.5 (U) | | |
| 28 | | | 250.7±0.3 (U) | 252.5±0.3 (U) | 252.10±0.6 (U) |
| 25 | 251.2±3.4 (S) | 249.91±0.15 (Ar) | 251.4±0.3 (U) | >254 (U) | 252.28±0.08 (U) |
| 17 | | | 252.3±0.2 (U) | | |
| 7 | | | 253.4±0.2 (U) | | |

注:S 为 SHRIMP 锆石 U-Pb 法;U 为锆石 U-Pb 法;Ar 为 $^{40}Ar-^{39}Ar$ 法。

由于对煤山剖面二叠系—三叠系界线处更精细的牙形石生物地层学研究结果,界线的位置被上移到第 27 层的中部,该位置更靠近其上覆的第 28 层黏土层,因此,20 世纪 90 年代以后的工作都包含了对第 28 层黏土层的测年研究。Bowring et al. (1998) 报道了对煤山剖面从长兴组到殷坑组一系列黏土层的锆石 U-Pb 测年结果,得出了与地层序列一致的十分精确的测年结果,并据此将二叠系—三叠系界线的年龄值置于 251Ma。Mundil et al. (2001) 也采用 SHRIMP 锆石分析方法对该界线上下黏土层以及四川广元上寺剖面的黏土层进行了再分析,认为二叠系—三叠系界线年龄置于 253Ma 更加可靠。最新针对煤山剖面锆石 U-Pb 测年结果 (Shen et al.,2011) 显示:第 25 层年龄为 (252.28±0.08) Ma,第 28 层年龄为 (252.10±0.06) Ma,二叠系—三叠系界线年龄被置于 252.17Ma。

目前,二叠系—三叠系界线的同位素测年值主要来自于煤山剖面,测年结果也直接关系到我们对古、中生代之交重大转折事件的认识。例如,Renne et al. (1995) 认为"界线黏土层"与"西伯利亚玄武岩"是同时的,也即二叠纪末的灭绝事件与大规模的火山活动有关;Bowring et al. (1998) 据其对煤山剖面逐层测年结果认为煤山剖面长兴期的沉积是快速的,因而二叠纪末的灭绝也是十分迅速的。相反,Mundil et al. (2001) 则认为不能通过同位素测年肯定或否定灭绝是快速的。Shen et al. (2011) 据华南煤山等剖面的测年结果认为二叠纪末的灭绝持续时间不足 20 万年。

### 3.6.7 煤山剖面分布区 PTB 附近的层序地层

如图 3-7 所示的 $Tsq_1$ 的底界面为 2 类层序界面。$Tsq_1$ 之底面划在煤山 D 剖面第 24d 和 24e 层之间(张克信等,1996,2005,2007),其顶界面是第 61 层与第 62 层的分界面。$Tsq_1$ 的底界面波状起伏,波曲面之低凹处充填薄的褐铁钙质泥岩和较多被磨蚀的生物屑,

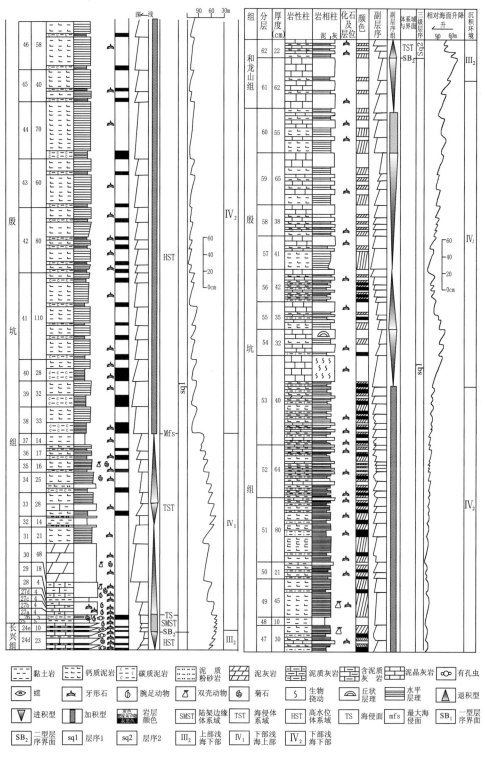

图 3-7 全球二叠系—三叠系界线层型剖面及点——浙江长兴煤山 D 剖面二叠系—三叠系界线层层序地层柱状图

（引自张克信等，2005，2007）

界面上下微相不连续，界面之下岩层具反粒序层理，上部浅海上部生境型替代上部浅海下部生境型，较浅水生境型向盆一侧迁移，为进积型充填序列。上述特征说明在其层序界面处存在短期陆上暴露或小的沉积间断。Tsq1 的底界面亦与二叠纪—三叠纪过渡期集群绝灭线 1 一致，吴顺宝（1990）称此线为"二叠纪—三叠纪过渡期重要生物衰亡线"。Tsq1 的顶界面没有明显的暴露或地层缺失标志，但该界面上、下副层序的叠加方式明显不同，界面下为进积型，界面上为退积型。

TST 与其下的 LST 或 SMST 之间的界面是通过陆架的第一个显著的海泛面，称海侵面（TS）。煤山 D 剖面 Tsq1 的 TS 面，即第 27a 层之底面，岩性上由开阔台地相灰岩取代下层（第 26 层）的闭塞缺氧环境序列，从而带来了以 *Hindodus parvus* 为代表的三叠纪新生分子涌现并迅速辐射演化，构成一重要的生物转换面和相转换面。

### 3.6.8 煤山剖面磁性地层

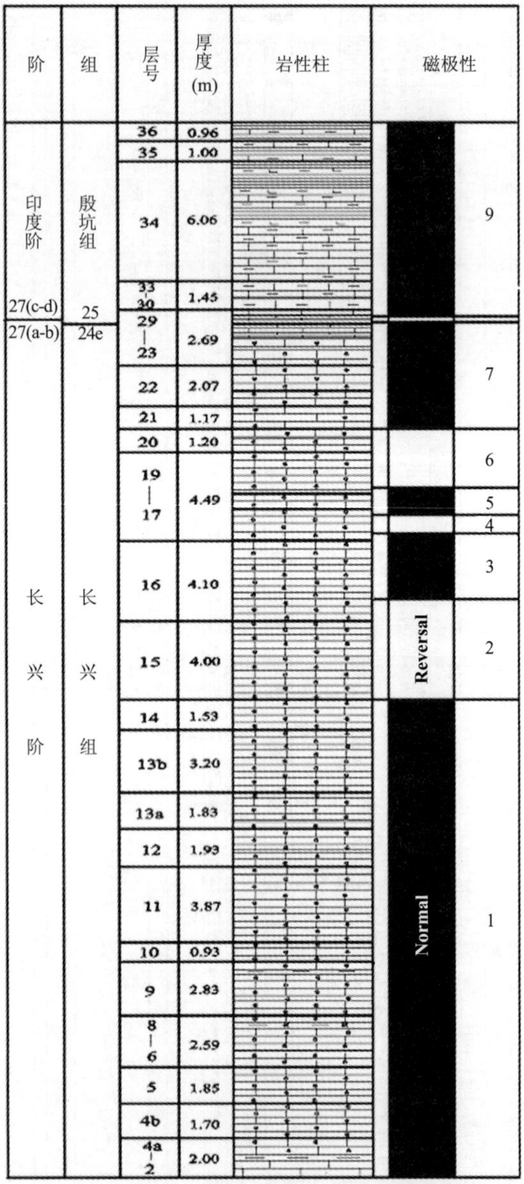

建立在磁极倒转序列基础之上的磁性地层学由于其所具有的时间域特征以及全球普遍性的空间域特征，因此，对全球界线层型剖面进行磁性地层学研究有助于提高地层的高精度划分和全球对比精度。由图 3-8 可见，浙江长兴煤山剖面可划分为 5 个正向极性亚带和 4 个反向极性亚带（刘育

图 3-8 全球二叠系—三叠系界线层型剖面及点（D 剖面）磁性地层柱状图

（引自刘育燕等，1999；Zhu et al.，1999）

燕等，1999）。其中，长兴阶下部为正向极性，上部为正反相间的混合极性；二叠系—三叠系生物界线处为反向极性；格里斯巴赫阶底部为正向极性。

## 参考文献

王鸿祯，史晓颖，王训练，等. 中国层序地层研究 [M]. 广州：广东科技出版社. 2000：1-457.

全国地层委员会. 中国地层指南及中国地层指南说明书[M]. 修订版. 北京：地质出版社，2001：1-59.
刘育燕，朱艳明，田五红. 浙江长兴煤山剖面磁性地层学新研究[J]. 地球科学，1999，24（2）：151-153
李子舜，詹立培，戴进业，等. 川北陕南二叠纪—三叠纪生物地层及事件地层学研究[M]. 北京：地质出版社，1989：1-435.
吴顺宝，任迎新，毕先梅. 湖北黄石，浙江长兴煤山二叠系—三叠系界线处火山物质及黏土岩成因探讨[J]. 地球科学，1990，15（6）：589-595.
陈克强，汤加富. 构造地层单位研究[M]. 武汉：中国地质大学出版社，1995：1-92.
陈源仁. 生态地层学原理[M]. 北京：地质出版社，1992：1-162.
陆景冈. 土壤地质学[M]. 北京：地质出版社，1997：1-269.
张光前，李继英. 定量岩石地层学[M]. 武汉：中国地质大学出版社，1991：1-161.
张克信，殷鸿福，吴顺宝. 华南二、三叠纪之交的灾变群及其对生物大绝灭的效应[C].//第三届全国天地生相互关系学术讨论会论文集. 北京：中国科学技术出版社，1989：82-86.
张克信，赖旭龙，丁梅华，等. 浙江长兴煤山二叠系—三叠系界线牙形石序列及全球对比[J]. 地球科学，1995，20（6）：669-647.
张克信，童金南，殷鸿福，等. 浙江长兴二叠系—三叠系界线层序地层研究[J]. 地质学报，1996，70（3）：270-281.
张克信，童金南，侯光久，等. 中华人民共和国区域地质调查报告，煤山镇幅（H50E006023）、长兴县幅（H50E006024）（比例尺1∶50 000）[M]. 武汉：中国地质大学出版社，2005：1-264.
张克信，殷鸿福，朱云海，等. 史密斯地层与非史密斯地层[J]. 地球科学，2003，28（4）：361-369.
张克信，童金南，Shi G R，等. 浙江长兴煤山D剖面早三叠世层序地层与牙形石分带对比研究[J]. 地球科学——中国地质大学学报，2007，32（增刊）：51-61.
张克信，赖旭龙，童金南，等. 全球界线层型华南浙江长兴煤山剖面牙形石序列研究进展[J]. 古生物学报，2009，48（3）：189-201.
张克信，殷鸿福，童金南，等. 三叠系下三叠统印度阶全球标准层型剖面和点位[C].//中国科学院南京地质古生物研究所. 中国"金钉子"——全球标准层型剖面和点位研究. 杭州：浙江大学出版社，2013：281-319.
张克信，冯庆来，宋博文，等. 造山带非史密斯地层[J]. 地学前缘，2014，21（2）：36-47.
杨守仁，王新平，郝维城，等. 江苏镇江 Hypophiceras 层中的二叠纪牙形石及其意义[J]. 科学通报，1993，38（16）：1493-1497.
杨遵仪，殷鸿福，吴顺宝，等. 华南二叠系—三叠系界线地层及动物群[C].//中华人民共和国地质矿产部地质专报二，地层古生物，第六号. 北京：地质出版社，1987：1-379.
杨遵仪，吴顺宝，殷鸿福，等. 华南二叠纪—三叠纪过渡期地质事件[M]. 北京：地质出版社，1991：1-183.
赵金科，盛金章，姚兆奇，等. 中国南部的长兴阶和二叠系与三叠系之间的界线[J]. 中国科学院南京地质古生物研究所丛刊，1981，2：1-95.
徐怀大，王世凤，陈开远. 地震地层学解释基础[M]. 武汉：中国地质大学出版社，1990：1-181.
殷鸿福，徐桂荣，丁梅华. 华南古、中生代之交海洋生物界的更替[C].//国际交流地质学术论文集Ⅰ. 北京：地质出版社，1984：195-204.
殷鸿福，吴顺宝. 过渡层—华南三叠系的底界[J]. 地球科学，1985，10（特刊）：163-173.
殷鸿福，张克信，杨逢清. 海相二叠系—三叠系生物地层界线划分的新方案[J]. 地球科学，1988，13（5）：511-519.
殷鸿福，丁梅华，张克信，等. 扬子区及其周缘东吴-印支期生态地层学[M]. 北京：科学出版社，1995：

1-338.

殷鸿福, 张克信, 童金南, 等. 全球二叠系—三叠系界线层型剖面和点 [J]. 中国基础科学, 2001, 10: 10-23.

盛金章, 陈楚震, 王义刚, 等. 苏浙皖地区二叠系和三叠系界线研究的新进展 [M].//中国科学院南京地质古生物研究所. 二叠系与三叠系界线 (一). 南京: 南京大学出版社, 1987: 1-22.

童金南, 殷鸿福. 浙江长兴煤山剖面 Griesbachian 期旋回地层研究 [J]. 地层学杂志, 1999, 23 (2): 130-135.

童金南. 二叠系—三叠系界线层型及重大事件 [J]. 地球科学, 2001, 26 (5): 446-448.

赖旭龙, 张克信. 二叠纪—三叠纪之交牙形石生态新模式 [J]. 地球科学, 1999, 24 (1): 33-38.

曹伯勋. 地貌学及第四纪地质学 [M]. 武汉: 中国地质大学出版社, 1995: 1-288.

龚一鸣, 杜远生, 冯庆来, 等. 关于非史密斯地层的几点思考 [J]. 地球科学——中国地质大学学报, 1996, 21 (1): 19-26.

Claoue-Long J C, Zhang Z C, Ma G G et al. The age of the PermianTriassic boundary [J]. Earth and Planetary Science Letters, 1991, 105: 182-190.

Cowie J W. Guidelines for boundary stratotypes [J]. Episodes, 1986, 9 (2): 78-82.

Bowring S A, Erwin D H, Jin Y G et al. U/Pb zircon geochronology and tempo of the end-Permian mass extinction [J]. Science, 1998, 280: 1039-1045.

Ding Meihua, Zhang Kexin, Lai Xulong. Evolution of *Clarkina* lineage and *Hindeodus - Isarcicella* lineage at Meishan Section, South China [C].//Yin Hongfu ed. The Palaeozoic - Mesozoic Boundary candidates of Global Stratotype Section and Point of the Permian - Triassic Boundary. Wuhan: China University of Geosciences Press, 1996: 65-71.

Ding Meihua, Zhang Kexin, Lai Xulong. Conodonts sequences and their lineaes in the Permian - Triassic boundary strata at the Meishan section South China [C]. Proc30$^{th}$ Int. Geol congr., 1997, 11: 153-162.

Erwin D H. The Permian - Triassic extinction [J]. Nature, 1994, 367: 231-236.

Gerhard Einsele. Event stratigraphy: Recognition and Interpretation of Sedimentary Event horizons [M].// Einsele G, Ricken W and Seilacher A (eds). Cycles and events in stratigraphy. Berlin: Springer, 1991: 145-193.

Iranian - Japanese Research Group. The Permian and the Lower Triassic Systems in Abadeh region, Central Iran: Memoirs of Faculty of Science, Kyoto University [J]. Series Geology & Mineral, 1981, 47 (2): 61-133.

Jiang H S, Lai X L, Luo G M et al. Restudy of conodont zonation and evolution across the P/T boundary at Meishan section, Changxing, Zhejiang, China [J]. Global and Planetary Change, 2007, 55: 39-55.

Jiang H S, Aldridge R J, Lai X L et al. Phylogeny of the conodont genera *Hindeodus* and *Isarcicella* across the Permian - Triassic boundary [J]. Lethaia, 2011a, 44: 374-382.

Jin Y G, Wang Y, Wang W et al. Pattern of marine mass extinction near the Permian - Triassic boundary in South China [J]. Science, 2000, 289: 432-436.

Kozur H. Beitrage zur Stratigraphie des Perms [M]. Teil II: Die Conodontenchronologie des Perms. Freiberger Forschungsh. 1978, C334: 85-161.

Kozur H. The Permian - Triassic boundary in marine and continental sediments [J]. ZentralblGeol. Palaontol, 1989, 11-12: 1245-1277.

Kozur H. Some remarks to the conodonts *Hindeodus* and *Isarcicella* in the latest Permian and earliest Triassic [J]. Palaeoworld, 1995, 6: 64-77.

Lai Xulong. A discussion on Permian-Triassic conodont studies [J]. Albertiana, 1997, 20: 25-30.

Matsuda T. Late Permian to Early Triassic conodont paleobiogeography in the Tethys Realm [M].//Nakazawa K and Dickins J M eds., The Tethys, Her paleogeography and paleobiogeography from Paleozoic to Mesozoic. Tokai: Tokai University Press, 1985: 57-70.

Mei S. Restudy of conodonts from the Permian-Triassic boundary beds at Selong and Meishan and the natural Permian-Triassic boundary [M].//Wang H, Wang X (eds.) Centennial Memorial Volume of Prof. Sun Yunshu: Palaeontology and Stratigraphy. Wuhan: China University of Geosciences Press, 1996: 141-148.

Mei Shilong, Henderson C M, Wardlaw B R et al. On provincialism, evolution and zonation of Permian and earliest Triassic conodonts [M].//Yin Hongfu, Tong Jinnan, eds, Pangea and the Paleozoic-Mesozoic transition. Wuhan: China University of Geosciences Press, 1999: 22-28.

Mei S, Zhang K X, Wardlaw B R. A refined succession of Changhsingian and Grriesbachian neogondolellid conodonts from the Meishan section, candidate of the global stratotype section and point of the Permian-Triassic boundary [J]. Palaeogeography, Paleoclimatology, Palaeoecology, 1998, 143: 213-226.

Mundil R, Ludwig K R, Renne P R. New U/Pb single-crystal age data for the Permo-Triassic transition [C]. Abstract of the 31th International Geological Congress, 2000: 19-28.

Nakazawa K, Kapoor H M. The Upper Permian and lower Triassic faunas of Kashmir [J]. Palaeont Indica New Series, 1981, 46: 1-204.

Pakistani-Japanese Research Group. Permian and Triassic Systems in the Salt Range and Surghar Range, Pakistan [C].//Nakazawa K and Dickins J M, eds. The Tethys, her paleogeography and paleobiogeography from Paleozoic to Mesozoic. Tokyo: Takai University Press, 1985: 221-312.

Renne P R, Zhang Zichao, Richards M A et al. Synchrony and causal relations between Permian-Triassic boundary crisis and Siberian flood volcanism [J]. Science, 1995, 269: 1413-1416.

Salvador A. 国际地层指南 [M]. 第二版. 金玉玕, 戎嘉余等译. 北京: 地质出版社, 2000: 1-171.

Schwarzacher W. Repetition and cycles in stratigraphy [J]. Earth-Science Reviews, 2000, 50: 51-75.

Sheng Jinzhang, Chen Chuzhen, Wang Yigang et al. Permian-Triassic boundary in Middle and Eastern Tethys [J]. Jour. Fac., Sci., Hokkaido Univ., Ser. IV, 1984, 21 (1): 133-181.

Shen S Z, Crowley J L, Wang Y et al. Calibrating the End-Permian Mass Extinction [J]. Science, 2011, 334 (9): 1367-1372.

Tian S. Evolution of conodont genera *Neogondolella*, *Hindeodus* and *Isarcicella* in northwestern Hunan, China [J]. Stratiger. Paleontol. Chin. 1993, 2: 173-191.

Wang Chengyuan. A conodont-based high-resolution eventstratigraphy and biostratigraphy for the Permian-Triassic boundaries in South China [J]. Palaeoworld, 1994, 4: 234-247.

Wang Chengyuan. Conodont evolutionary lineage and zonation for the Latest Permian and the Earliest Triassic [J]. Permophiles, 1996, 26: 30-37.

Wang Chengyuan, Wang Shangqi. Conodonts from Permian-Triassic boundary in Jiangxi, China and evolutionary lineage of *Hindeodus-Isarcicella* [J]. Acta Palaeontologica Sinica, 1997, 36 (2): 151-169.

Yang Zunyi, Wu Shunbao, Yin Hongfu et al. Permo-Triassic events of South China [M]. Beijing: Geological Publishing House, 1993: 1-153.

Yin Hongfu, Yang Fengqing, Zhang Kexin et al. A proposal to the biostratigraphy criterion of Permian-Triassic boundary [J]. Memoire dealla Societa de Geologic Italiana, 1988, 34: 329-344.

Yin Hongfu, Wu Shunbao, Ding Meihua et al. The Meishan Section-candidate of the Global Stratotype Section and Point (GSSP) of the Permian-Triassic Boundary (PTB) [J]. Alberiana, 1994, 14: 14-30.

Yin H, Sweet W C, Glenister B F et al. Recommendation of the Meishan section as Global Stratotype Section and point for basal boundary of Triassic System [J]. Newl. Stratigr., 1996, 34 (2): 81-108.

Yin Hongfu, Zhang Kexin, Tong Jinnan et al. The Global Stratotype Section and Point (GSSP) of The Permian-Triassic Boundary [J]. Episode, 2001, 24 (2): 102-114.

Yin H F, Xie S C, Luo G M et al. Two episodes of environmental change at the Permian - Triassic boundary of the GSSP section Meishan [J]. Earth - Science Reviews, 2012, 115 (3): 163-172.

Zhang K X, Tong J N, Shi G R et al. Early Triassic conodont - palynological biostratigraphy of the Meishan D Section in Changxing, Zhejiang Province, South China [J]. Palaeogeography, Palaeoclimatology, Palaeoecology, 2007, 252: 4-23.

Zhu Yanming, Liu Yuyan. Magnetostratigraphy of the Permian - Triassic boundary section at Meishan, Changxing, Zhejiang Province [M].//Yin Hongfu, Tong Jinnan, eds. Pangea and the Paleozoic - Mesozoic transition. Wuhan: China University of Geosciences Press, 1999: 79-84.

## 关键词与主要知识点-3

地层 strata
地层单位 stratigraphic unit
地层分类 stratigraphic classification
地层划分 stratigraphic subdivision
岩石地层单位 lithostratigraphic unit
不整合界定地层单位 unconformity - bounded stratigraphic unit
生物地层单位 biostratigraphic unit
年代地层单位 chronostratigraphic unit
磁性地层单位 magnetostratigraphic unit
地震地层单位 seismic stratigraphic unit
测井地层单位 logging stratigraphic unit
层序地层单位 sequence stratigraphic unit
旋回地层单位 cyclostratigraphic unit
生态地层单位 ecostratigraphic unit
气候地层单位 climate - stratigraphic unit
土壤地层单位 soil - stratigraphic unit
事件地层单位 event stratigraphic unit
化学地层单位 chemical stratigraphic unit
分子地层单位 molecular stratigraphic unit
定量地层单位 quantitative stratigraphic unit
构造地层单位 tectonostratigraphic unit

非史密斯地层单位 non - Smith stratigraphic unit
正式地层单位 formal stratigraphic unit
非正式地层单位 informal stratigraphic unit
异物同名 homonym
同物异名 synonym
优先律 law of priority
典型剖面 type section
典型地点 type locality
层型 stratotype
正层型 holostratotype
副层型 parastratotype
选层型 lectostratotype
新层型 neostratotype
次层型 hypostratotype
复合层型 composite - stratotype
组分层型 component - stratotype
单位层型 unit - stratotype
界线层型 boundary - stratotype
全球界线层型剖面和点 global stratotype section and point (GSSP)
"金钉子" golden spike

# 第 4 章 地层区划

## 4.1 地层区划的概念

从时间与空间的结合上解读地层记录的特征和属性是地层学研究不可或缺的任务，二者互相补充、密切关联、共同促进。地层划分对比侧重从时间演替的角度解读地层记录的特征和属性，地层区划（stratigraphic regionalization）则侧重从空间分异的视野整合与集成地层记录的特征和属性，然而，地层学的发展现状是，地层区划的理论与实践研究明显滞后于地层的划分与对比研究。因此，重视和加强地层区划研究，对推进地层学的健康发展和繁荣具有重要意义。

**地层区划**是指依据地层记录特征和属性在空间上的差异性和在时间上的阶段性所进行的空间划分（龚一鸣，纵瑞文，2015）。中国地层区划的历史可以追溯到 20 世纪初，李四光和尹赞勋等编制的中国区域地层表的工作（王鸿祯，1978）可谓是中国地层区划的先行。中国系统的地层区划始于 1959 年的第一届全国地层会议。黄汲清首次比较全面地论述了中国地层区划的目的、意义和一至三级地层区划，将中国划分为 10 个地层区（或称地层大区；一级），59 个地层分区（二级）和 118 个地层小区（三级）（黄汲清，1962）。王鸿祯（1978）在总结第一届全国地层会议以来地层和地质工作成果的基础上，对中国进行了系统的地层区划，将中国划分为 15 个地层区（或称地层大区；一级），80 个地层分区（二级），并将 15 个地层区归纳为 3 类大区（大陆区、陆间区和陆缘区）。全国地层多重划分对比和《中国地层典》等综合性岩石地层研究工作中也对中国地层区划提出了不同的划分意见（高振家等，2000；程裕祺等，2009）。任纪舜、孙黎薇（2001）从全球构造的角度，基于中国的构造发展阶段，分阶段（南华纪—震旦纪、寒武纪—志留纪、泥盆纪—二叠纪、三叠纪—白垩纪早期、白垩纪中期—新近纪）对中国进行了地层区划。在中国，分地区和/或分时段的地层区划工作也有开展（金松桥，1974；贺水清，常桂琴，1983；殷继成等，1994；符俊辉等，1996；张二朋，1998；蔡土赐，1999；黄智斌等，2002；龚一鸣，纵瑞文，2015），但与地层学的其他研究相比，地层区划研究尚显零星和欠深入。

地层区划对地层学和地质学研究的意义可概括为 4 个方面：有利于从地层记录的时间与空间解读的结合上全面把握地层记录的特征与属性，促进全球和地区性高分辨率时间坐标的建立和融合；有利于从全国或全区一盘棋的角度规划和部署地层古生物工作和相关地质工作，如分区地层对比表和古生物图册的编制，分区岩石地层清理和分区层型剖面的建立等；有利于合理规划全国或全区的区域地质调查和矿产普查工作；有利于有针对性地选择地质科学研究和教学实践区域，从统一性与差异性的结合上探索和把握中国地质和区域地质发展的特点和规律。由于地层是各种地质作用、地质过程、地质记录和地质现象的载体，加之我国地域辽阔，地层记录丰富多彩，有针对性和客观的地层区划不仅能促进地层古生物工作的系统深入开展，对地质科学研究、生产、教学与人才培养也具有重要的指导作用。

## 4.2 地层区划的类型、分级和依据

根据研究对象和目的不同，地层区划可分为综合地层区划和断代地层区划。**综合地层区划**是指通过对一个国家或地区整个地质历史时期形成的地层记录进行综合分析对比后所进行的地层空间划分。**断代地层区划**是指对一个国家或地区某一地质发展阶段（如晚古生代泥盆纪；加里东构造阶段等）内形成的地层记录进行综合分析对比后所进行的地层空间划分。综合地层区划涉及的时空范围更广，往往是跨板块、跨区域、跨代甚至跨宙，关注的地层特征和属性更综合、更多样，地层区划工作的目的更具有全局性和战略性，地层区划的级别主要涉及一至三级（表4-1），包括地层大区（stratomegaregion）、地层区（stratoregion）和地层分区（stratosubregion）（黄汲清，1962；王鸿祯，1978，1999；任纪舜，孙藜薇，2001；张克信等，2014）。断代地层区划涉及的时空范围较小，往往是区域性甚至是局域性的，如1个省/区或1个沉积盆地或1个研究地区，可按"代、纪甚至世"进行区划（汪啸风等，2005；张克信等，2010；王立全等，2013）。断代地层区划关注的地层特征和属性更具体、更具选择性，地层区划工作的目的更具有针对性，地层区划可至4级：地层大区、地层区、地层分区和地层小区（stratomicroregion）（表4-1）。地层小区和地层分区的确立往往是断代地层区划工作的重点，如金松桥（1974）；贺水清，常桂琴（1983）；新疆地质矿产局地质矿产研究所，新疆地质矿产局第一区调大队（1991）；殷继成等（1994）；符俊辉等（1996）；蔡土赐（1999）和黄智斌等（2002）的工作。

无论是综合地层区划还是断代地层区划，它们的依据应该是相同的，即地层记录的特征、属性和地层区划的边界类型。具体内容可概括为6个方面：大地构造环境与沉积组合（建造）类型；地层序列与地层接触关系；古地理格局与古环境条件；古生物类型与生物古地理区系；地层类型与地层的变形、变质和变位特征；地层区划的边界类型与识别标志。

**大地构造环境与沉积组合类型** 地层形成的大地构造环境及其沉积组合类型是地层区划的重要依据，特别是一级和二级地层区划的主要依据。大地构造环境可以区分为稳定陆块和其间的构造活动带或造山带，如华北、扬子和塔里木稳定陆块与其间的秦岭-祁连-昆仑构造活动带，其大地构造环境和形成的沉积组合类型完全不同，它们可以分别划分为华北地层大区、扬子地层大区和塔里木地层大区以及秦岭-祁连-昆仑地层大区（张克信等，2015）。沉积组合类型包括稳定、过渡和活动沉积组合类型及其特征，如沉积组合的构成、时空分布、稳定性和厚度。在同一地层区划单元内，沉积组合类型及其特征应具有可对比性（表4-1）。

**地层序列与地层接触关系** 当地层的沉积组合类型及其特征一致或相似时，某一地质发展阶段地层记录的完整程度和地层之间接触关系类型就成为地层区划的重要依据。这里所指的地层序列侧重地层的年代地层单位系统和岩石地层单位系统发育的完整性、可对比性和地层的旋回和韵律类型。在综合地层区划中，特别强调古生代地层记录的完整性与可对比性（黄汲清，1962；王鸿祯，1978）。在断代地层区划中，应该强调目标地层记录的完整性和可对比性，如某某系或某某统或某某组。地层接触关系类型主要包括整合、平行不整合、角度不整合和非整合。主要地层单位之间地层接触关系类型是区域和跨区域地质发展阶段演变的关键记录，是各级别地层区划的重要依据。

**古地理格局与古环境条件** 古地理格局与古环境条件是地层记录特征和属性的直接控制因素。因此，在地层区划工作中沉积相的研究占有十分重要的地位。描述型沉积相（如黑色页岩相；砂岩相）研究是确定古地理格局与古环境条件的基础，解释型沉积相（包括环境相和作用相）研究是揭示地层属性和成因的关键（龚一鸣，1993），二者的综合研究对地层区划工作不可或缺。环境相通常划分为 4 级：大相或相组（megasedfacies），如海相与陆相、滨—浅海相与深海—半深海相；相（sedfacies），如河流相、浅海相；亚相（subsedfacies），如曲流河相、上部浅海相；微相（microsedfacies），如河漫滩相、礁前斜坡相。高级别的环境相通常对应高级别的地层区划单元和生物古地理区系单元，尽管它们不一定是一一对应的（表 4-1）。

表 4-1 地层区划、生物区系和环境相分级依据及其级序关系*

| 级别 | 地层区划 | | | 生物区系 | | 环境相 | | 级序关系 |
|---|---|---|---|---|---|---|---|---|
| | 名称 | 依据 | 边界类型 | 名称 | 依据 | 名称 | 依据 | |
| 一级 | 地层大区/stratomegaregion | 大地构造环境与沉积组合类型、系或界、生物区、大相可对比 | 对接带，深大断裂，大相和生物大区分界线 | 生物大区/biomegaprovince/realm | 底栖科或浮游属可对比 | 大相/相组/megasedfacies | 生物+化学相标志相同或相似 | 高级别的地层区划单元通常对应高级别的生物区系单元和环境相单元，但不一定是一一对应关系 |
| 二级 | 地层区/stratoregion | 沉积组合类型、统、生物区或生物分区、相可对比 | 叠接带，深大断裂，沉积相、生物区和地层类型分界线 | 生物区/省/域/bioprovince/province/region | 底栖属或浮游种可对比 | 相/sedfacies | 生物+化学+物理相标志相同或相似 | |
| 三级 | 地层分区/stratosubregion | 地层类型和组基本可对比；生物分区或生物小区、亚相可对比 | 叠接带，大—中型断裂，生物分区、亚相和地层类型分界线 | 生物分区/亚省/biosubprovince/subprovince | 浮游种可对比 | 亚相/subsedfacies | 生物+化学+物理相标志相同；相标志组合相似 | |
| 四级 | 地层小区/stratomicroregion | 地层类型和组基至段、生物小区或生物分区、亚相或微相可对比 | 大—中型断裂，生物小区和地层类型分界线 | 生物小区/地方中心/biomicroprovince/endemic center | 底栖种甚至亚种可对比 | 微相/microsedfacies | 生物+化学+物理相标志相同；相标志组合相同 | |

\* 据黄汲清，1962；王鸿祯，1978；殷鸿福，1988；龚一鸣，1993；张克信等，2015 文献编制。

**古生物类型与生物古地理区系** 化石记录不仅是地层定年和古地理环境条件重建的重要标志，也是不同级别地层区划的重要依据（表 4-1）。由于古生物组合类型和生物古地理区系不仅受气候分带和古环境条件影响，更受地理隔离制约。板块开合和沧海桑田使得这种古生物类型和生物古地理区系的识别和分级变得更加复杂和丰富多彩（殷鸿福，1988）。对海生生物而言，陆地是其不可逾越的屏障；对陆生生物而言，海洋是其不可逾越的屏障。一般来说，地理隔离对生物区系的影响更深刻和长久，特别是陆地和深海的隔离作用（殷鸿福，1988；王鸿祯等，1990）。如果生物古地理区系也采用4级分类方案：生物大区（biomegaprovince/realm）、生物区（bioprovince/province）、生物分区（biosubprovince/subprovince）和生物小区（biomicroprovince），与地层区划相比，同级生物区系包括的地理范围更大、地质时限更长（王鸿祯，1978）。

**地层类型与地层的变形、变质和变位特征** 地层类型指史密斯地层（成层有序）和非史密斯地层（总体无序，局部成层有序）两大类（龚一鸣等，1996；张克信等，2003；本书第16章）。与前面的4个方面相比，地层的变形、变质和变位特征为地层记录的次生特征，在地层区划中，特别是在低级别的地层区划中可以作为辅助标准。在以前寒武系为主体的断代地层区划中，当地层遭受的变形和变质非常强烈，原生沉积特征难以分辨时，地层的变形、变质和变位特征甚至可以作为地层区划的重要依据。

**地层区划的边界类型与识别标志** 如前所述，地层区划的实质是对地层时空分布的空间划分，因此，正确把握不同级别地层区划的边界类型和识别标志就显得十分重要。地层大区、地层区、地层分区和地层小区划分的依据有别，它们的边界类型和识别标志也不尽相同（表4-1）。地层大区的边界通常以对接带（由陆-陆碰撞形成，是硬碰撞的产物；参见王鸿祯等，1985）、深大断裂、大相或相组的相变线和生物大区分界线为界；地层区的边界通常以叠接带（由弧-弧碰撞和弧-陆碰撞形成，是软碰撞的产物；参见王鸿祯等，1985；潘桂棠等，2008；张克信等，2015）、深大断裂、重要沉积相的相变线、生物区和地层类型分界线为界；地层分区的边界通常以叠接带、大—中型断裂、生物分区、亚相的相变线和地层类型分界线为界；地层小区的边界通常以大—中型断裂、生物小区和地层类型分界线为界。

## 4.3 地层区划例析

近年来，中国的综合地层区划（如汪啸风等，2005；程裕祺等，2009；张克信等，2015）和断代地层区划（张克信等；2010；王立全等，2013；何卫红等，2014）均取得了长足的进展，图4-1是近年中国综合地层区划研究进展的缩影，该区划以华北、塔里木、扬子3个陆块区、8个造山带（阿尔泰-兴蒙、天山-准噶尔-北山、秦-祁-昆、羌塘-三江、冈底斯、喜马拉雅、华夏、台东）和6个对接带（额尔齐斯-西拉木伦、南天山、宽坪-佛子岭、班公湖-双湖-怒江-昌宁-孟连、雅鲁藏布、江绍-郴州-钦防）为基础，将中国大陆划分为16个一级地层大区（图4-1）（潘桂棠等，2009；张克信等，2015），68个二级地层区、259个三级地层分区（参见张克信等，2015）。与综合地层区划研究相比，断代地层区划研究，特别是系统的、有针对性的区域断代地层区划研究略显薄弱。下面将以西准噶尔古生代地层区划为例，具体阐述断代地层区划的理论与实践。

### 4.3.1 西准噶尔古生代地层区划的问题与基础

#### 4.3.1.1 存在的问题

西准噶尔地处西伯利亚、哈萨克斯坦和塔里木板块的交会处，是中亚古生代俯冲-增生复合造山带的主要组成部分（张弛，黄萱，1992；肖序常等，1992；李锦铁等，2006；肖文交等，2006）。区内古生代地层发育，特别是泥盆系和石炭系广泛分布，是构成该区古生代

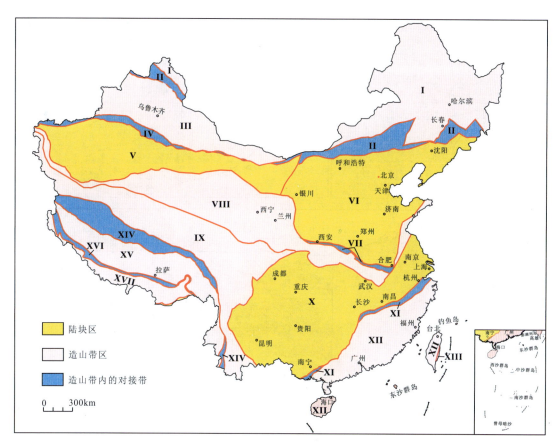

图 4-1 中国综合地层区划图
[仅显示地层大区,据张克信等(2015)简化]

I. 阿尔泰-兴蒙地层大区;II. 额尔齐斯-西拉木伦地层大区;III. 天山-准噶尔-北山地层大区;IV. 南天山地层大区;V. 塔里木地层大区;VI. 华北地层大区;VII. 宽坪-佛子岭地层大区;VIII. 秦-祁-昆地层大区;IX. 羌塘-三江地层大区;X. 扬子地层大区;XI. 江绍-郴州-钦防地层大区;XII. 华夏地层大区;XIII. 台东地层大区;XIV. 班公湖-双湖-怒江-昌宁-孟连地层大区;XV. 冈底斯地层大区;XVI. 雅鲁藏布地层大区;XVII. 喜马拉雅地层大区

活动类型沉积组合的主体(图 4-2)。由于古生界遭受多期构造变形和岩浆热事件的叠加影响,加之自然条件恶劣,许多关键地层和构造结合部通达条件差,长期以来,古生代地层的时代、层序、古环境条件和古地理格局与演化缺乏系统和有说服力的资料支撑,存在较多争议(吴乃元,王明倩,1983;王玉净等,1987;赵治信,王成源,1990;许汉奎等,1990;许汉奎,1991;王宝瑜,1991,1997;吴乃元,1991;曾亚参,肖世禄,1991;龚一鸣,1993;廖卓庭等,1993;龚一鸣,刘本培,1994;夏凤生,1996;王庆明,2000;周守沄,2000;何国琦,李茂松,2001;吴晓智等,2008;卫巍等,2009;王宇等,2009;赵治信,2009;徐新等,2010;李永军等,2010;孙羽等,2014),直接影响了该区地层区划,特别是三级和四级地层区划的正确划分,地层序列的建立和古地理以及板块构造格局的重建。

涉及西准噶尔地区的地层区划研究由来已久(如:黄汲清,1962;王鸿祯,1978;新疆地质矿产局地质矿产研究所,新疆地质矿产局第一区调大队,1991;张二鹏,1998;蔡土赐,1999;高振家等,2000;何国琦,李茂松,2001;任纪舜,孙藜薇,2001),尽管这些

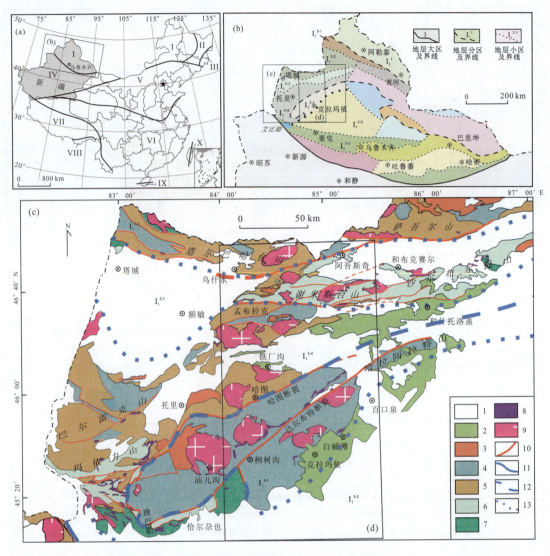

**图 4-2 西准噶尔地层区划与地质简图**

(a) 据张二朋, 1998; 蔡土赐, 1999; 高振家等, 2000改编。Ⅰ. 北疆-兴安岭地层大区; Ⅱ. 张广才岭-完达山地层大区; Ⅲ. 兴凯地层大区; Ⅳ. 塔里木-南疆地层大区; Ⅴ. 华北地层大区; Ⅵ. 华南地层大区; Ⅶ. 藏滇地层大区; Ⅷ. 印度地层大区; Ⅸ. 南海地层大区; Ⅹ. 台湾东部地层大区。(b) 据蔡土赐, 1999改编。$I_1^1$. 阿尔泰地层分区; $I_1^2$. 北准噶尔地层分区; $I_1^3$. 南准噶尔-北天山地层分区. $I_1^{2-1}$. 额尔齐斯地层小区; $I_1^{2-2}$. 萨吾尔山地层小区; $I_1^{2-3}$. 沙尔布尔提山地层小区; $I_1^{2-4}$. 玛依力山地层小区; $I_1^{3-1}$. 克拉玛依地层小区; $I_1^{3-2}$. 莫索湾地层小区; $I_1^{3-5}$. 玛纳斯地层小区。(c) 据纵瑞文等 (2015b) 和1:25万《克拉玛依市幅》《铁厂沟镇幅》野外资料编制, 图 (d) 为1:25万《克拉玛依市幅》《铁厂沟镇幅》图幅范围。1. 第四系; 2. 中生界; 3. 二叠系; 4. 石炭系; 5. 泥盆系; 6. 志留系; 7. 奥陶系; 8. 蛇绿混杂岩; 9. 花岗岩; 10. 断裂; 11. 地层大区界线; 12. 地层分区界线; 13. 地层小区界线

工作的详细程度、划分依据和级别、具体界线不尽相同, 但都对该区的地层区划工作产生了积极影响。特别值得提出的是, 新疆维吾尔自治区岩石地层 (蔡土赐, 1999) 的工作, 将西准噶尔地区地层区划研究推向了一个新阶段, 奠定了西准噶尔地区地层区划的基础, 对该区

的地层及其相关研究具有重要参考价值。

然而,受资料积累、有针对性的跨地层区划分界综合对比研究和自然条件的限制,尚有一些问题有待进一步澄清和解决:如西准噶尔古生代地层区划的原则是什么?西准噶尔古生代地层区划界线,特别是地层分区和地层小区界线的确定依据是什么?西准噶尔不同地层小区和分区古生代地层序列及其对比关系是怎样的?西准噶尔古生代古地理格局是如何控制和影响古生代地层的形成和分布的?为何西准噶尔中古生代地层中常见植物化石与半深海-深海相实体化石和复理石相遗迹化石密切共生等?

2010年以来,笔者有幸参与西准噶尔克拉玛依市幅和铁厂沟镇幅1:25区域地质调查和克拉玛依后山地区三维地质调查以及相关的研究工作,在近26 000km$^2$范围内,对其中分布的奥陶系、志留系、泥盆系、石炭系和二叠系及其相关地质体进行了约250km地层剖面的实测,长达5000km的路线地质调查,多达600件宏体化石和300件微体化石的采集和研究。在前人工作的基础上取得了大量的新资料和新认识,本书试图以此为基础,侧重从年代和岩石地层序列及其区域对比、古地理格局与古环境条件重建的角度,结合板块构造背景,探讨西准噶尔地区古生代地层区划,特别是地层小区和地层分区地层序列和地层区划界线的确定(图4-2和图4-3)。

**4.3.1.2 取得的新材料与新认识**

笔者将近年取得的与本书相关的新材料和新认识概括为2个方面:实体化石、遗迹化石和其他重要沉积相标志新产地、新层位和新类别的发现;岩石地层单位和地层序列的修订和重新拟定(图4-3)。

1)实体化石

在研究区多个层位新发现了丰富的海相动物化石(图4-4b,d~k),包括塔尔巴哈台组($D_3C_1t$)中部、萨吾尔山组($D_2s$)下部、和布克赛尔组($D_1h$)、黑山头组($C_1h$)、沙尔布尔组($S_2s$)、洪古勒楞组($D_3C_1h$)、塔克台组($D_3tk$)、马拉苏组($D_1ml$)中上部、铁列克提组($D_3tl$)、姜巴斯套组($C_1j$)、哈拉阿拉特组($C_{1-2}h$)下部及阿腊德依克赛组($C_2a$)。化石类型主要有腕足类、珊瑚、三叶虫、苔藓虫、海百合、双壳类、头足类、腹足类及短剑类等,为滨—浅海环境中的常见化石。另外,在希贝库拉斯组($C_1x$)浊积岩中的同沉积灰岩岩块内也含有较多的浅海相动物化石(丁培榛、姚守民,1985)(图4-4l),这类化石既具有重要的时代意义,也为古地理与古环境条件的重建提供了重要依据。区内多个层位中的硅质岩和凝灰质硅质岩含丰富的放射虫化石(图4-4a,c),如塔尔巴哈台组下部、太勒古拉组($C_1t$)等。植物化石在西准噶尔地区晚古生代地层中分布广泛,不同沉积环境中均有发现,大致可分为3种类型:第一类为原地或准原地埋藏的植物化石(图4-4m),植物茎干或叶片保存较好,结构清晰,植物丰度及分异度也较高,在呼吉尔斯特组($D_2h$)、朱鲁木特组($D_3z$)、吉木乃组($C_2jm$)及库吉尔台组($P_{2-3}kj$)均有发现;第二类为与浅海相动物化石共同保存的植物化石(图4-4n),多为植物茎干碎片,仅可见少数几个属,这种类型的植物化石主要出现在洪古勒楞组、黑山头组、铁列克提组及塔克台组内;第三类为与深水相遗迹化石共同保存在浊积岩中的植物化石(图4-4o~p),浅海相动物化石极为罕见,也为植物茎干碎片,种类单调,以塔尔巴哈台组下部和上部、希贝库拉斯组、包古图组($C_1b$)、太勒古拉组及哈拉阿拉特组上部为代表。

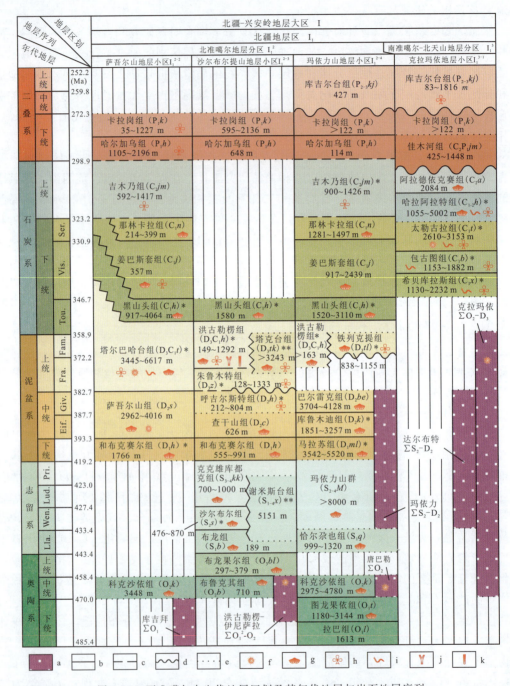

图 4-3 西准噶尔古生代地层区划及其年代地层与岩石地层序列

Lla. (Llandovery) 兰多维列统；Wen. (Wenlock) 温洛克统；Lud. (Ludlow) 罗德洛统；Pri. (Pridoli) 普里道利统；Eif. (Eifelian) 艾菲尔阶；Giv. (Givetian) 吉维特阶；Fra. (Frasnian) 弗拉阶；Fam. (Famennian) 法门阶；Tou. (Tournaisian) 杜内阶；Vis. (Visean) 维宪阶；Ser. (Serpukhovian) 谢尔普霍夫阶。a. 蛇绿混杂岩；b. 整合接触；c. 平行不整合接触；d. 角度不整合接触；e. 未见直接接触关系；f. 半深海-深海相放射虫化石；g. 滨、浅海相无脊椎动物化石；h. 陆生植物化石；i. 复理石相遗迹化石；j. Cruziana 相遗迹化石；k. Skolithos 相遗迹化石。

\* 表示本研究中重新修订过的岩石地层单位；\*\* 表示本研究中新建的岩石地层单位

# 第 4 章 地层区划

图 4-4 西准噶尔古生代地层中新发现的实体化石代表（新产地、新层位和/或新类别）

a. 放射虫及海绵骨针化石，达尔布特断裂北侧太勒古拉组；b. 介壳灰岩，额敏哈拉也门东南部沙尔布尔组；c. 放射虫化石，宝贝金矿附近太勒古拉组；d. *Omegops cornelius*，布龙果尔洪古勒楞组；e. *Pseudowaribole* (*Pseudowaribole*) *quaesita*，头盖，额敏哈拉也门塔克台组；f. 短剑类 *Lepidocoleus* sp.，额敏阿克布拉克沙尔布尔组；g. Phacopidae科三叶虫化石，孟布拉克地区马拉苏组；h. 保存完美的海百合化石，乌兰柯顺地区洪古勒楞组；i. 枝状苔藓虫，显示为原地埋藏，孟布拉克地区铁列克提组；j, k. 层孔虫（j）和链珊瑚 *Halysites*（k）化石，额敏阿克布拉克沙尔布尔组；l. 同沉积灰岩岩块内的 Phillipsiidae科三叶虫化石，希贝库拉斯南部希贝库拉斯组；m. 谢米斯台山南侧呼吉尔斯特组植物化石；n. 乌兰柯顺地区洪古勒楞组下部与浅海相腕足动物化石共同保存的植物化石（白色箭头处）；o. 达尔布特断裂中部克科呼拉附近哈拉阿拉特组上部与深水相遗迹化石（白色箭头处）共同保存的植物化石；p. 卡因地包古图组浊积岩中的植物碎片化石

（线条比例尺长度除特殊标明外均为 2 cm，地质锤长 30 cm）

## 2) 遗迹化石

西准噶尔地区遗迹化石丰富，尤以泥盆系—石炭系中的深水相遗迹化石最为瞩目，自20世纪80年代末开始，不同学者就对此进行过研究（晋慧娟等，1987；晋慧娟，李育慈，1991，1998；李菊英，晋慧娟，1989；龚一鸣，1994）。本次工作中，我们发现了多处深水相遗迹化石的新产地、新层位和新类群，包括库则温地区的塔尔巴哈台组上部、乌什水地区的塔尔巴哈台组下部、哈图-宝贝金矿附近的包古图组及太勒古拉组、包古图河一带的包古图组、铁厂沟东南部的太勒古拉组以及哈拉阿拉特山和达尔布特断裂中部克科呼拉附近的哈拉阿拉特组上部，主要分子有 *Cosmorhaphe*，*Nereites*，*Phycosiphon*，*Chondrites*，*Zoophycos*，*Planolites*，*Helminthopsis*，*Palaeophycus*，*Megagrapton* 等，多为 *Nereites* 遗迹相的常见分子（图4-5a～c，h～j，l）。另外，在沙尔布尔提山、和布克赛尔蒙古自治县乌兰柯顺及白杨镇附近的洪古勒楞组中部还含有 *Cruziana* 遗迹相和 *Skolithos* 遗迹相的常见分子以及一些穿相遗迹化石（图4-5d～f，m，n），包括 *Teichichnus*，*Chondrites*，*Zoophycos*，*Nereites*，*Skolithos*，*Bergaueria*，*Palaeophycus*，*Thalassinoides*，*Helminthopsis*，*Monocraterion* 等。孟布拉克一带的马拉苏组内含 *Zoophycos*，*Nereites*，*Planolites*，*Chondrites* 等遗迹化石（图4-5k，o）。

## 3) 其他沉积相标志

由于西准噶尔地区构造活动强烈、断裂和劈理发育，再加上后期覆盖严重，物理和化学沉积相标志多数保存不佳，仅在一些公路、河流及大型冲沟处可见保存较好的相标志。比较常见的有浊积岩中的鲍马序列、浅海风暴沉积序列和河流相的二元结构。鲍马序列主要见于塔尔巴哈台组下部和上部、希贝库拉斯组、包古图组、太勒古拉组及哈拉阿拉特组上部，其中希贝库拉斯组和太勒古拉组下部由粗火山碎屑组成，发育分米至米级鲍马序列，属浊积扇内扇沉积环境，其余由细—粉砂及泥质成分构成，发育毫米至分米级鲍马序列（图4-6g，j，k），属浊积扇中—外扇沉积环境。风暴沉积序列见于文洛克统沙尔布尔组和下泥盆统马拉苏组，发育包卷层理、底面侵蚀构造、丘状交错层理、递变层理、平行层理、均质层理等沉积构造（图4-6f，h，i）。在孟布拉克地区的马拉苏组内还见有地震引发的软沉积变形构造（图4-6d），如包卷层理、震褶层等。二元结构在呼吉尔斯特组、朱鲁木特组、吉木乃组、佳木河组及库吉尔台组内比较发育，由砾岩、含砾砂岩、砂岩或粉砂岩组成垂向的沉积序列（图4-6a～c），可见交错层理、波痕（图4-6e）等。

## 4) 岩石地层单位及其时代的修订和新建

根据岩石地层单位的定义、岩性组合、沉积相和所取得的古生物学或同位素年龄数据，结合《国际地层指南》（萨尔瓦多·A，1994），对多个岩石地层单位进行了重新厘定或新建（图4-3），为西准噶尔古生代地层序列、古地理和板块构造格局与演化的重建奠定了地层学基础。

①通过与层型剖面的对比，将额敏县孟布拉克一带的下泥盆统孟布拉克组下、中亚组划归下泥盆统马拉苏组中亚组内，孟布拉克组上亚组划归马拉苏组上亚组内，停止使用孟布拉克组；②根据古生物化石新材料的发现，并结合岩性组合特征，将白杨镇西部的巴塔玛依内山组解体，分别划到下石炭统那林卡拉组和上石炭统吉木乃组之内；③通过岩石组合特征研究和区域地层对比，将铁厂沟西部和南部的泥盆系未分地层进行了归属，其中下泥盆统第一组、第二组划到下泥盆统马拉苏组，中泥盆统第一组、第二组划到中泥盆统库鲁木迪组，第

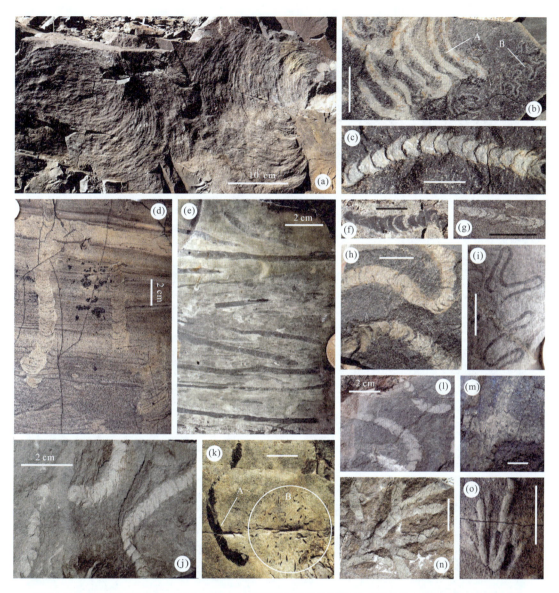

图 4-5　西准噶尔泥盆纪—石炭纪地层中新发现的遗迹化石代表（新产地、新层位和/或新类别）

a. *Zoophycos*（动藻迹），照片面平行层面，库则温塔尔巴哈台组上部；b. *Nereites*（类砂蚕迹）（A）和 *Phycosiphon*（藻管迹）（B）共生，照片面平行层面，达尔布特断裂北侧太勒古拉组；c. *Nereites*（类砂蚕迹），照片面平行层面，产地与层位同 b；d. *Teichichnus*（墙形迹），照片面垂直层面，乌兰柯顺地区洪古勒楞组；e. *Zoophycos*（动藻迹），照片面垂直层面，产地与层位同 d；f. *Nereites*（类砂蚕迹），照片面平行层面，乌兰柯顺地区黑山头组；g. *Zoophycos*（动藻迹），照片面垂直层面，孟布拉克地区马拉苏组；h. *Nereites*（类砂蚕迹），照片面平行层面，产地及层位同 b；i. *Phycosiphon*（藻管迹），照片面平行层面，额敏县乌什水塔尔巴哈台组；j. *Nereites*（类砂蚕迹），照片面平行层面，达尔布特断裂中部克科呼拉附近哈拉阿特组上部；k. *Nereites*（类砂蚕迹）（A）和 *Planolites*（漫游迹）（B）共生，照片面平行层面，产地与层位同 g；l. *Nereites*（类砂蚕迹），照片面平行层面，哈拉阿拉特山哈拉阿拉特组上部；m. *Thalassinoides*（海生迹），照片面平行层面，产地与层位同 d；n. *Chondrites*（丛藻迹），照片面平行层面，布龙果尔洪古勒楞组；o. *Chondrites*（丛藻迹），照片面平行层面，产地与层位同 g（线条比例尺长度除特殊标明外均为 1cm）

图 4-6 西准噶尔古生代代表性沉积相标志集锦

a. 乌兰柯顺地区朱鲁木特组辫状河相二元结构景观;b. 白杨镇西南部吉木乃组河流相二元结构;c. 哈拉阿拉特山佳木河组河流相二元结构;d. 孟布拉克地区马拉苏组震积岩中的软沉积变形;e. 白杨镇西南部吉木乃组砂岩层面上的不对称波痕;f. 孟布拉克地区马拉苏组中的包卷层理;g. 哈图附近太勒古拉组由粉砂和泥质成分组成的毫米级鲍马序列,照片右边为上层面方向;h. 孟布拉克地区马拉苏组风暴沉积序列中的砂球构造(A)及生物扰动构造(B);i. 额敏东部阿克布拉克沙尔布尔组包卷层理;j. 额敏乌什水塔尔巴哈台组中的浊积岩韵律层;k. 达尔布特断裂附近哈拉阿拉特组上部的浊积岩韵律层(地质锤长 30 cm,记号笔长度 13.5 cm)

三组、第四组划到巴尔雷克组；④哈拉阿拉特山的中石炭统未分划为下—上石炭统哈拉阿拉特组和上石炭统阿腊德依克赛组，上石炭统未分划到上石炭统—下二叠统佳木河组；⑤根据沉积学证据和植物化石的新发现，解决了争论已久的希贝库拉斯组、包古图组和太勒古拉组的层序及时代问题，自下而上分别为希贝库拉斯组、包古图组和太勒古拉组，时代均为早石炭世（纵瑞文等，2014）；⑥根据新材料的发现，将和布克赛尔蒙古自治县乌兰柯顺一带1∶20万《塔克台幅》中原划为下石炭统和布克河组进行了解体，下部含 *Leptophloeum rhombicum* 的陆相地层划为上泥盆统朱鲁木特组，上部的海相层划为上泥盆统—下石炭统洪古勒楞组（王志宏等，2014）；⑦在额敏县阿克布拉克一带1∶20万《白杨河幅》中原划为上泥盆统塔尔巴哈台组内新发现了丰富的志留纪珊瑚 *Halysites hoboksarensis*，*H.* sp.，*Mesofavosites* sp.，腕足类 *Atrypa* sp.，*Eospirifer radiatus*，三叶虫 *Encrinuroides* sp.，*Encrinurus* sp.1，*E.* sp.2，*Cheirurus* sp.，*Sthenarocalymene* sp.，短剑类 *Lepidocoleus* sp. 和层孔虫等化石，并结合其岩性组合特征，将这一带的塔尔巴哈台组重新拟定为沙尔布尔组，时代为志留纪文洛克世（纵瑞文等，2015a）；⑧在1∶20万《白杨河幅》下泥盆统马拉苏组（$D_1ml$）内划分出了一套含晚泥盆世标准化石——*Leptophloeum rhombicum* 的地层，并根据岩性组合特征将其划为上泥盆统铁列克提组（$D_3tl$）（纵瑞文等，2012）；⑨在塔尔巴哈台山一带塔尔巴哈台组内发现了大量的早石炭世维宪期的标准化石 *Archaeocalamites scrobiculatus* 等，为塔尔巴哈台组的时代可延限到早石炭世提供了充足的古生物证据；⑩根据谢米斯台及塔克台高原一带的岩性组合特征及古生物化石、同位素年代学数据，新建立了2个岩石地层单位，分别为志留系兰多维列统—普里道利统谢米斯台组（$S_{1-4}x$）和上泥盆统塔克台组（$D_3tk$）（纵瑞文等，2015b）。

## 4.3.2 西准噶尔古生代地层区划与地层序列

以1∶25万克拉玛依市幅和铁厂沟镇幅为代表的西准噶尔地区属于北疆-兴安岭地层大区、北疆地层区，跨北准噶尔地层分区和南准噶尔-北天山地层分区，从北向南可以进一步划分为4个地层小区：萨吾尔山地层小区、沙尔布尔提山地层小区、玛依力山[①]地层小区和克拉玛依地层小区（图4-2、图4-3）。

### 4.3.2.1 萨吾尔山地层小区

萨吾尔山地层小区位于准噶尔盆地西北部中哈边境线的塔尔巴哈台山—萨吾尔山一带，与东北侧的额尔齐斯地层小区大致以北西—南东向的额尔齐斯河为界，与南侧的沙尔布尔提山地层小区的界线为近东西向的塔城北—哈拉也门—阿吾斯奇—福海一带（图4-2c）。区内除了塔城北部中哈边境附近分布少量中奥陶统碎屑岩、硅质岩及火山岩外，主要由晚古生代地层构成，自下而上分别为：下泥盆统和布克赛尔组（$D_1h$）、中泥盆统萨吾尔山组（$D_2s$）、上泥盆统—下石炭统塔尔巴哈台组（$D_3C_1t$）、下石炭统黑山头组（$C_1h$）、姜巴斯套组（$C_1j$）、那林卡拉组（$C_1n$）、上石炭统吉木乃组（$C_2jm$）、下二叠统哈尔加乌组（$P_1h$）及卡拉岗组（$P_1k$）（图4-3）。

和布克赛尔组仅分布在达因苏一带，由火山碎屑岩和少量碳酸盐岩组成，含较丰富的腕

---

① 玛依力山、玛依拉山及玛伊勒山均为同一地点的不同音译名，本章统一使用玛依力山。

足类和珊瑚化石。萨吾尔山组分布在塔尔巴哈台山至萨吾尔山南坡一带，为一套火山碎屑岩夹火山岩及少量碳酸盐岩，动植物化石丰富。塔尔巴哈台组是区内分布最广的一套地层，在塔尔巴哈台山、乌什水至萨吾尔山一带均有出露，该组下部为一套半深海-深海相浊积岩、硅质岩夹少量中酸性火山岩，含晚泥盆世植物化石 *Leptophloeum rhombicum*，*Lepidodendropsis* 及深水相遗迹化石（新疆维吾尔自治区地质矿产局，1986；蔡土赐，1999；龚一鸣，1994）；中部为一套浅海相的火山碎屑岩、火山岩及少量碳酸盐岩，含丰富的腕足类、珊瑚等海相动物化石（新疆维吾尔自治区地质矿产局，1984；吴乃元，1991）；上部为一套韵律层极为发育的复理石沉积组合，含植物茎干化石及深水相遗迹化石（图4-7）。黑山头组分布于塔尔巴哈台山南坡、库则温—老达因苏以及吉木乃县黑山头一带，下部为火山碎屑岩、正常碎屑岩夹少量碳酸盐岩，上部为中基性火山岩。姜巴斯套组和那林卡拉组主要分布在塔城北部及吉木乃县东南部地区，为一套滨浅海—海陆交互相火山碎屑岩组合，下部夹少量碳酸盐岩，上部具薄煤层，含丰富的动植物化石。吉木乃组仅分布在吉木乃县东南部，由河流相砂砾岩（具二元结构）及陆相火山岩组成。哈尔加乌组和卡拉岗组为一套陆相中酸性火山岩，夹少量的火山碎屑岩，主要分布在吉木乃县及萨吾尔山一带，在西部塔尔巴哈台山仅有零星出露，含安加拉植物区系的重要分子，属于准安加拉羊齿植物群（窦亚伟，孙喆华，1985b）。

#### 4.3.2.2 沙尔布尔提山地层小区

沙尔布尔提山地层小区主要包括沙尔布尔提山及谢米斯台山地区，向西被塔额（塔城-额敏）盆地所覆盖，与南侧的玛依力山地层小区以孟布拉克北—和什托洛盖—沙尔布尔提山南坡一线为界，区内古生代地层从奥陶系至二叠系均有出露，以志留系—泥盆系分布最为广泛（图4-2c）。自下而上分别为中奥陶统布鲁克其组（$O_2b$）、上奥陶统布龙果尔组（$O_3bl$）、兰多维列统布龙组（$S_1b$）、兰多维列统—普里道利统谢米斯台组（$S_{1-4}x$）、温洛克统沙尔布尔组（$S_2s$）、罗德洛统—普里道利统克克雄库都组（$S_{3-4}kk$）、下泥盆统和布克赛尔组（$D_1h$）、中泥盆统查干山组（$D_2c$）和呼吉尔斯特组（$D_2h$）、上泥盆统朱鲁木特组（$D_3z$）和塔克台组（$D_3tk$）、上泥盆统—下石炭统洪古勒楞组（$D_3C_1h$）、下石炭统黑山头组（$C_1h$）、下二叠统哈尔加乌组（$P_1h$）和卡拉岗组（$P_1k$）（图4-3）。

布鲁克其组仅分布在沙尔布尔提山南坡布鲁克其一带，主要岩性组合为火山碎屑岩及碳酸盐岩，夹少量的火山岩。布龙果尔组和布龙组主要分布在沙尔布尔提山布龙果尔沟一带，前者在塔城北部也有零星出露，为一套粗火山碎屑岩夹硅质岩及灰岩透镜体（蔡土赐，1988），后者为一套含笔石的页岩，主要岩性为黄绿色凝灰质粉砂岩、粉砂质页岩及灰黑色硅质岩、硅质粉砂岩。谢米斯台组为本次工作中新建立的岩石地层单位，目前已知仅分布在谢米斯台山、阿吾斯奇及沙尔布尔提山西部一带，主要为一套中酸性火山岩，夹少量火山碎屑岩，其中粗面质流纹岩、流纹岩和晶屑凝灰岩3个样品的锆石 U-Pb 年龄分别为（421.7±5.8）Ma、（428.3±6.2）Ma 和（436±13）Ma。沙尔布尔组在沙尔布尔提山、塔城北部及额敏县东北部一带均有分布，为一套灰绿色、暗紫色火山碎屑岩夹碳酸盐岩，其中含较多的珊瑚、腕足类及层孔虫化石。克克雄库都克组主要分布在沙尔布尔提山东部及塔城北部地区，为一套赋含火山物质的复理石沉积组合，岩性为火山碎屑岩夹少量碳酸盐岩，含珊瑚、腕足类等化石。和布克赛尔组在本小区内仅分布在沙尔布尔提山东段，与萨吾尔山地层小区的和布克赛尔组相比钙质含量较高，主要岩性为钙质碎屑岩、碎屑岩及碳酸盐岩。查干山组

图 4-7 西准噶尔塔尔巴哈台组（$D_3C_1t$）野外地质特征及所含的动植物和遗迹化石

a, b. 库则温塔尔巴哈台组上部浊积岩韵律层，b 为 a 的局部放大；c. 塔尔巴哈台组上部软沉积变形；d, e. 塔尔巴哈台组中部钙质砂岩中的复体珊瑚（d）和腕足类（e）化石；f, g. 塔尔巴哈台组上部植物化石 *Archaeocalamites scrobiculatus*（浅沟古芦木）；h. 遗迹化石 A 和 B 均为 *Phycosiphon* isp（线条比例尺长度均为 2cm，地质锤长 30cm）

与和布克赛尔组分布范围基本一致，为一套浅海相的火山碎屑岩夹碳酸盐岩。呼吉尔斯特组与朱鲁木特组分布在沙尔布尔提山及谢米斯台山南北侧，均为陆相磨拉石或类磨拉石沉积组合，局部夹少量的火山岩及碳酸盐岩，植物化石丰富。塔克台组也是本次工作中新建组名，仅分布在额敏县东北部塔克台高原周围，下部为火山碎屑岩夹火山岩；上部为正常碎屑岩、火山碎屑岩、钙质碎屑岩，夹少量灰岩、火山岩和薄煤层（图4-8）。洪古勒楞组从东部的沙尔布尔提山至西部的谢米斯台山及额敏县东一带均有分布，下部为一套碳酸盐岩夹碎屑岩组合，含丰富的浅海相动物化石，中部为杂色细火山碎屑岩，遗迹化石丰富，上部为钙质碎屑岩夹少量碳酸盐岩。黑山头组分布在谢米斯台山南、北坡及沙尔布尔提山西段，下部为一套暗色火山碎屑岩，夹有钙质碎屑岩及少量碳酸盐岩透镜体，上部为中基性火山岩及火山碎屑岩。哈尔加乌组与卡拉岗组分布在沙尔布尔提山东段及塔克台高原西南部一带，岩性组合与北部的萨吾尔山地层小区内的哈尔加乌组及卡拉岗组基本一致，仅火山碎屑岩含量偏少甚至缺失。

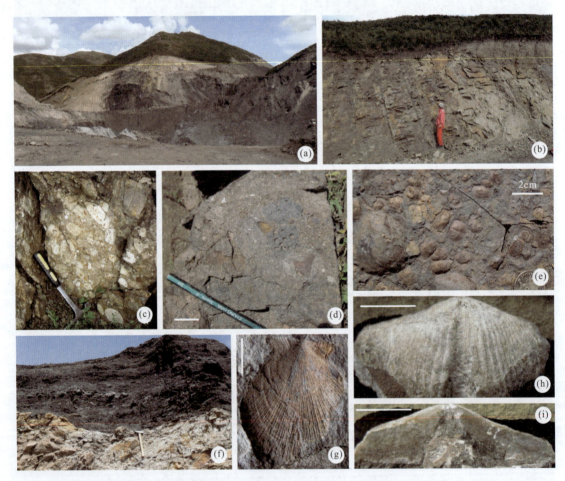

图4-8 西准噶尔塔克台组（$D_3tk$）野外地质特征及所含化石

a, f. 额敏县哈拉也门塔克台组上部含可采煤层地层景观；b. 塔克台组上部野外露头景观；c. 塔克台组下部凝灰质砾岩；d. 塔克台组下部火山角砾岩；e. 塔克台组上部钙质砂岩中的浅海相动物化石，以腕足类和双壳类为主；g. 塔克台组上部双壳类化石 *Euchondria* sp.；h, i. 塔克台组上部腕足类化石 *Syringothyris* sp.，h 为腹视，i 为腹基面（示管孔）（线条比例尺除特殊标明外均为1cm，地质锤长30cm）

#### 4.3.2.3 玛依力山地层小区

玛依力山地层小区与北侧的沙尔布尔提山地层小区界线大体沿谢米斯台山和沙尔布尔提山南缘主干断裂呈近东西向延伸，向西呈北东—近东西—北西向蜿蜒于塔额盆地之南缘；与南侧的克拉玛依地层小区界线大致以哈拉阿拉特山北侧—哈图—庙儿沟北—唐巴勒一线（哈图断裂）为界，总体呈北东-南西向延伸（图 4-2c）。需要指出的是，哈图断裂不仅是玛依力山地层小区的南界，也是北准噶尔地层分区的南界。

区内古生代地层出露奥陶系至二叠系，分别为：下奥陶统拉巴组（$O_1l$）、图龙果依组（$O_1t$），中奥陶统科克沙依组（$O_2k$），兰多维列统恰尔尕也组（$S_1q$），文洛克统—普里道利统玛依力山群（$S_{2-4}M$），下泥盆统马拉苏组（$D_1ml$），中泥盆统库鲁木迪组（$D_2k$）、巴尔雷克组（$D_2be$），上泥盆统铁列克提组（$D_3tl$），上泥盆统—下石炭统洪古勒楞组（$D_3C_1h$），下石炭统黑山头组（$C_1h$）、姜巴斯套组（$C_1j$）与那林卡拉组（$C_1n$），上石炭统吉木乃组（$C_2jm$），下二叠统哈尔加乌组（$P_1h$）、卡拉岗组（$P_1k$）及中—上二叠统库吉尔台组（$P_{2-3}kj$）（图 4-3）。

下奥陶统仅分布在唐巴勒一带，为一套变质碎屑岩、变质火山碎屑岩，拉巴组变质程度较深，图龙果依组变质程度较浅。科克沙依组分布在唐巴勒及玛里雅一带，主要岩性组合为火山碎屑岩、硅质岩及火山岩，硅质岩中含丰富的放射虫化石。恰尔尕也组仅在恰尔尕也北部地区有出露，为一套含笔石、珊瑚、三叶虫的浅海相火山碎屑岩。玛依力山群主要分布在玛依力山一带，为一套火山碎屑岩、碎屑岩及中基性火山岩，局部夹硅质岩透镜体。马拉苏组在额敏县孟布拉克、托里县铁厂沟西部及北部、巴尔雷克山东北部等地均有出露，为一套下细上粗的火山碎屑岩组合，下部多夹有中基性火山岩，上部为砂砾岩，赋含腕足类、珊瑚等生物碎屑。库鲁木迪组和巴尔雷克组广布于白杨镇南部、铁厂沟南部及西部、玛依力山、巴尔雷克山等地，前者为一套下粗上细的火山碎屑岩，局部夹有少量碎屑岩、硅质岩及中酸性火山岩，后者为一套较细的火山碎屑岩，硅质含量较高，并夹有灰岩透镜体。铁列克提组主要分布于铁列克提河、巴尔雷克山及孟布拉克一带，岩性组合为灰绿色正常碎屑岩夹火山碎屑岩及碳酸盐岩透镜体，东部火山物质含量增多，含丰富的动植物化石。洪古勒楞组仅在本小区白杨镇北部一带有出露，岩性组合与北侧的沙尔布尔提山地层小区的洪古勒楞组一致，含大量的浅海相动物化石。黑山头组分布在白杨镇北及巴尔雷克山东北部一带，其下部为中酸性的火山碎屑岩，夹有少量正常碎屑岩，上部为中基性火山岩。姜巴斯套组和那林卡拉组分布于白杨镇西至孟布拉克南部以及巴尔雷克山、玛依力山一带，岩性组合特征与萨吾尔山地层小区的基本一致，仅本小区的姜巴斯套组和那林卡拉组火山岩含量较高，在白杨镇西至孟布拉克南部表现得尤为明显。吉木乃组在孟布拉克南部至白杨镇西以及巴尔雷克山北侧均有出露，为一套辫状河相砂砾岩组合，夹少量火山岩，局部夹有碳质页岩或煤线，含淮安加拉羊齿植物群中的淮安加拉羊齿-中芦木植物组合（*Angaropteridium - Mesocalamites* Assemblage）的代表分子（窦亚伟，孙喆华，1985a）。哈尔加乌组与卡拉岗组分布于本小区西部的玛依力山及巴尔雷克山一带，多呈角度不整合覆盖于前二叠系之上，岩性组合与北部的两个地层小区基本一致，主体为一套中酸性的火山岩，夹少量的火山碎屑岩。库吉尔台组在孟布拉克南部、加依尔山及巴尔雷克山南侧均有出露，为一套紫红色调为主的磨拉石，二元结构发育，细碎屑岩中含植物化石。

#### 4.3.2.4 克拉玛依地层小区

克拉玛依地层小区包括哈拉阿拉特山-克拉玛依后山-唐巴勒地区，与东南侧的莫索湾地层小区以准噶尔盆地盆山结合部为界，南侧与玛纳斯地层小区以艾比湖北侧为界，后二者全部被中—新生代地层所覆盖（图4-2c）。该小区内古生代地层仅包括石炭系及二叠系，自下而上分别为：下石炭统希贝库拉斯组（$C_1x$）、包古图组（$C_1b$）、太勒古拉组（$C_1t$），下—上石炭统哈拉阿拉特组（$C_{1-2}h$），上石炭统阿腊德依克赛组（$C_2a$），上石炭统—下二叠统佳木河组（$C_2P_1jm$），下二叠统卡拉岗组（$P_1k$），中—上二叠统库吉尔台组（$P_{2-3}kj$）（图4-3）。

希贝库拉斯组、包古图组和太勒古拉组是区内分布最为广泛的3套岩石地层，在达尔布特断裂两侧、克拉玛依市西部、柳树沟、庙儿沟及唐巴勒一带均有出露，为巨厚的火山碎屑质浊积岩，希贝库拉斯组为一套颗粒较粗的火山碎屑岩（图4-9a，d），夹极少量细火山碎屑岩，成层性较差，层理不发育。该组中凝灰质砾岩极为常见，砾岩中的砾石成分较复杂，包括围岩和下覆地层的砾石、中基性和中酸性岩浆岩砾石，砾石既有棱角状的和次棱角状的，也可见到极圆状、圆状和次圆状的。砾岩中还可见到形态不一和大小不等的同沉积灰岩岩块（图4-9e），表面呈灰白色，灰岩中常含丰富的海相动物化石，如珊瑚、海百合茎、腕足类及三叶虫等。包古图组为成层性好、层理发育的细火山碎屑岩（图4-9b，f），局部夹少量粗火山碎屑岩及灰岩透镜体。太勒古拉组为一套上下粗、中部细的火山碎屑岩（图4-9c，h），中部硅质含量较高，并夹有硅质岩及少量中基性火山岩。3个组内均含有较多异地埋藏的植物化石，包括 *Sublepidodendron* cf. *mirabile*，*S. mirabile*，*S.* sp.，*Archaeocalamites scrobiculatus*?，*Mesocalamites* sp.，*Knorria* sp. 等，包古图组和太勒古拉组内还含有丰富的深水相遗迹化石（图4-9m~q），包括 *Nereites*，*Phycosiphon*，*Zoophycos* 和 *Cosmorhaphe* 等。

哈拉阿拉特组出露于哈拉阿拉特山及达尔布特断裂与达尔布特蛇绿混杂岩带之间，呈近北东-南西向带状分布，下部为灰绿色为主的火山碎屑岩、火山岩，夹较多的灰岩透镜体；上部为灰—灰黑色粉—细粒浊积岩，向上粗碎屑含量逐渐增多，夹少量生屑灰岩透镜体。阿腊德依克赛组仅分布在哈拉阿拉特山西部，为一套暗紫色、紫红色（风化色）的滨浅海相碎屑岩、钙质碎屑岩，夹较多的灰岩透镜体或珊瑚礁块及中基性火山岩。佳木河组大部分见于井下，仅在哈拉阿拉特山西部及白碱滩有零星出露，下部为杂色中酸性陆相火山岩和火山碎屑岩；上部为一套紫红色的磨拉石。卡拉岗组分布于托里县南部一带，主要岩性组合为中酸性火山岩，局部夹少量粗火山碎屑岩。库吉尔台组出露于柳树沟及其西南一带，基本沿达尔布特断裂带分布，为一套紫红色、黄褐色磨拉石，由砾岩、含砾砂岩、砂岩及粉砂岩组成多个沉积旋回，具典型的辫状河沉积特征，其中细碎屑岩内含丰富的植物化石。

#### 4.3.2.5 关于地层分区和地层小区界线的讨论

长期以来，在涉及西准噶尔地层区划的研究中，北准噶尔地层分区和南准噶尔-北天山地层分区的界线（或克拉玛依地层小区与玛依力山地层小区的界线）均以哈拉阿拉特山北侧至唐巴勒地区的达尔布特断裂或达尔布特蛇绿混杂岩带为界（黄汲清，1962；王鸿祯，1978；新疆地质矿产局地质矿产研究所，新疆地质矿产局第一区调大队，1991；张二朋，1998；蔡土赐，1999）。我们的工作表明，达尔布特断裂或达尔布特蛇绿混杂岩带两侧的岩石-年代地层单位及其沉积特征具有可对比性，尤其是石炭系地层，两侧均为火山碎屑质浊

图 4-9 西准噶尔石炭纪希贝库拉斯组、包古图组和太勒古拉组野外地质特征及所含遗迹化石

a. 希贝库拉斯南希贝库拉斯组野外露头景观，人站立处为巨厚层圆砾岩，砾石直径最大可达 20cm；b. 宝贝金矿附近包古图组野外露头景观，其中含复理石相遗迹化石 Nereites，Cosmorhaphe 等；c. 哈图金矿附近太勒古拉组中部细粒火山碎屑岩野外露头景观；d，e. 希贝库拉斯组中的圆砾岩（d）及其中所夹的同沉积灰岩岩块（e）；f. 包古图组浊积岩韵律层；g. 太勒古拉组中部软沉积变形；h. 太勒古拉组上部灰绿、灰紫等杂色火山碎屑岩；i，j. 包古图河东侧希贝库拉斯组与包古图组界线附近的粒序层理与冲刷构造，指示向包古图组方向为地层变新方向；k，l. 太勒古拉西部（k）及包古图河西侧包古图组与太勒古拉组界线附近的粒序层理与冲刷构造，指示向太勒古拉组方向为地层变新方向；m. 根据标本完整形态，应为 Nereites（类砂蚕迹），照片面高角度斜交层面；n. 包古图组遗迹化石？Nereites（类砂蚕迹），照片面平行层面；o，p. 太勒古拉组（o）和包古图组（p）中的遗迹化石 Nereites（类砂蚕迹），照片面平行层面；q. 太勒古拉组遗迹化石 Phycosiphon（藻管迹），平行层面（线条比例尺长度除特殊标明外均为 1cm，地质锤长 30cm，野簿长度 18cm，记号笔长度 13.5cm，硬币直径 2cm）

积岩，岩石组合特征相同，而位于达尔布特断裂北侧的哈图断裂（图4-2c）两侧古生代地层序列、沉积环境差异明显，可作为西准噶尔地区的北准噶尔地层分区和南准噶尔-北天山地层分区的界线。在深部地球物理特性上，哈图断裂两侧的差异性明显大于达尔布特断裂两侧的差异性。哈图断裂以北的北准噶尔地层分区，奥陶系—志留系发育齐全；在哈图断裂以南的南准噶尔-北天山地层分区，则未见早古生代的地层。到泥盆纪时，哈图断裂两侧差异性更加明显，南侧无泥盆系的正常沉积地层，却发育泥盆纪蛇绿混杂岩，并含有晚泥盆世的放射虫硅质岩；北侧泥盆系下、中、上统均有发育。早石炭世，南侧为一套巨厚的浊积岩沉积，由希贝库拉斯组、包古图组和太勒古拉组组成，而北侧主体为滨浅海相环境，以黑山头组、姜巴斯套组和那林卡拉组为代表。到晚石炭世哈图断裂北侧的海水全部退去，接受了以吉木乃组为代表的陆相沉积，南侧在晚石炭世早期哈拉阿拉特山一带仍残存少量海水，沉积了一套半深海-滨浅海相的地层，包括哈拉阿拉特组上部和阿腊德依克赛组，直到晚石炭世晚期，南侧的海水才全部退去，随后造山运动大规模开始，沉积了一套以佳木河组上部为代表的磨拉石。早二叠世晚期的卡拉岗组（$P_1k$）在北准噶尔地层分区和南准噶尔-北天山地层分区才具有可对比性（图4-3），地层分区性也随之消失。

北准噶尔地层分区内的玛依力山地层小区和沙尔布尔提山地层小区的界线也存有争议，在新疆岩石地层清理（蔡土赐，1999）及一些区调资料（新疆维吾尔自治区地质局，1979；新疆维吾尔自治区地质矿产局，1983）中均以近东西向的铁厂沟至和什托洛盖山间盆地（或白杨河谷地）为界，北侧为沙尔布尔提山地层小区，南侧为玛依力山地层小区。这样就将孟布拉克至白杨镇一带的泥盆系、石炭系及少量二叠系地层划到了沙尔布尔提山地层小区内，这一带的泥盆系—石炭系地层由下泥盆统马拉苏组，中泥盆统库鲁木迪组，上泥盆统铁列克提组，上泥盆统—下石炭统洪古勒楞组，下石炭统黑山头组、姜巴斯套组、那林卡拉组和上石炭统吉木乃组构成，与巴尔雷克山及铁厂沟南部的泥盆系、石炭系地层特征基本一致，而与沙尔布尔提山及谢米斯台山一带泥盆系、石炭系地层的岩石组合特征和沉积环境的差异较大，如沙尔布尔提山一带的下泥盆统为浅海相钙质碎屑岩、碳酸盐岩沉积，而孟布拉克至白杨镇一带的马拉苏组则为滨浅海相的下细上粗的火山碎屑岩沉积；中泥盆世晚期至晚泥盆世早期，沙尔布尔提山和谢米斯台山为以呼吉尔斯特组和朱鲁木特组为代表的辫状河沉积，在孟布拉克至白杨镇一带则无这一时期的沉积记录；谢米斯台山北部的上泥盆统塔克台组与孟布拉克一带同期的铁列克提组也存在着岩性组合及沉积环境上的巨大差异；沙尔布尔提山与谢米斯台山地区在黑山头组之上再无石炭纪沉积记录，而孟布拉克至白杨镇一带则仍存在姜巴斯套组和那林卡拉组的滨浅海相沉积。因此，孟布拉克至白杨镇这一带的晚古生代地层划到玛依力山地层小区更为合适，其与沙尔布尔提山地层小区的界线应划定在孟布拉克北部东西向的大断裂处（图4-2c），向东经过谢米斯台山南侧延伸至沙尔布尔提山南坡，向西被塔城-额敏盆地中新生代沉积物所覆盖。

综上所述，三级地层区划（地层分区）的确定和划界主要以统甚至系的差异性和一致性为依据，其界线通常是微板块拼合线或小型板块的缝合线，不同地层分区的沉积组合类型和古地理格局不一定存在重要差别。四级地层区划（地层小区）的确定和划界主要以组或统以及古环境条件的差异性和一致性为依据，其界线通常是小型地体拼合线或古环境分野线。一级和二级地层区划（地层大区和地层区）的确定和划界主要以沉积组合类型、古地理格局、生物地理区系、界和系或统的差异性和一致性为依据，其界线通常是板块的缝合线（表4-1）。

## 4.3.3 西准噶尔古生代古地理格局与演化

西准噶尔地区出露最古老的地层为下奥陶统,奥陶系分布零星,仅在唐巴勒、沙尔布尔提山东段及塔城北部有出露(图4-2c),代表了大洋边缘的沉积记录。西准噶尔地区广泛分布的奥陶纪蛇绿混杂岩(徐新等,2006;朱永峰,徐新,2008;张元元,郭召杰,2010)和放射虫硅质岩(Buckman & Aitchison,2001;何国琦等,2007),反映了奥陶纪时期西准噶尔地区主体为大洋环境。志留纪,谢米斯台山一带出现了一套巨厚的岛弧型火山岩地层,构成了早古生代博什库尔-成吉斯岩浆弧的主体部分(Chen et al.,2010),其他地区则是与火山岛弧相关的浅海环境,珊瑚、腕足类、三叶虫等底栖型生物繁盛。志留纪末,南部的克拉玛依地层小区无地层记录,玛依力山一带为浅海火山碎屑质沉积,沙尔布尔提山及塔城北部则是以克克雄库都克组为代表的复理石沉积。

泥盆纪,西准噶尔地区的多岛洋古地理格局更加明显(图4-10),南部的哈图断裂以南至克拉玛依地区缺失泥盆系,却发育富含晚泥盆世放射虫的蛇绿混杂岩,表明该地区整个泥盆纪仍处于洋盆环境。早泥盆世,玛依力山地层小区为以马拉苏组为代表的火山碎屑质滨-浅海环境,北部的沙尔布尔提山地层小区和萨吾尔山地层小区则为以和布克赛尔组为代表的浅海环境,以碎屑岩夹碳酸盐岩沉积为主;早泥盆世晚期,北准噶尔地层分区内海水普遍加深,并一直持续到中泥盆世早期,此时沉积环境差异不明显,主体为浅海环境。中泥盆世晚期,谢米斯台山和沙尔布尔提山一带快速海退,沉积了一套以呼吉尔斯特组为代表的辫状河相地层,而北侧萨吾尔山、塔尔巴哈台山一带海水继续加深,出现萨吾尔山组上部的半深海环境。到晚泥盆世弗拉期,谢米斯台山及沙尔布尔提山仍为辫状河环境,玛依力山及巴尔雷克山的海水退去,造成沉积记录缺失,形成了区域上中、上泥盆统之间的不整合,而北部的塔尔巴哈台山和萨吾尔山一带则沉积了以塔尔巴哈台组下部为代表的复理石相地层,含丰富的深水相遗迹化石。从晚泥盆世的弗拉期末至法门期末,海域范围扩大,北部的海水向南侵入,塔尔巴哈台山形成了以塔尔巴哈台组中部为代表的浅海环境,沙尔布尔提山及谢米斯台山一带则形成以洪古勒楞组碎屑岩-碳酸盐岩为代表的浅海环境,孟布拉克、玛依力山及巴尔雷克山再次被海水淹没,形成了以晚泥盆世铁列克提组为代表的滨-浅海环境。此时,区域上火山活动减弱,各类生物繁盛,地层中普遍富含保存完好的动植物化石。

进入早石炭世,海域范围进一步扩大,整个西准噶尔地区全部被海水覆盖,北部的北准噶尔地层分区除了塔尔巴哈台山地区作为主要的沉降中心(新疆维吾尔自治区地质矿产局,1993;周守沄,2000),沉积了一套巨厚的复理石外,其他地区全部为以黑山头组为代表的浅海相环境,同时由于额尔齐斯-斋桑洋板块在早石炭世开始向南侧的哈萨克斯坦板块俯冲(Windley et al.,2007;Han et al.,2010),造成了萨吾尔山及塔尔巴哈台山一带的塔尔巴哈台组上部及黑山头组从北东东向至南西西向具有明显的穿时性(图4-3);南部克拉玛依、柳树沟及唐巴勒北部一带,则是半深海-深海环境,沉积了厚达数千米的火山碎屑质浊积岩,覆盖在前石炭纪的蛇绿混杂岩之上。从早石炭世末期开始,区域上海水从北向南逐渐退去,到晚石炭世早期,整个北准噶尔地层分区的海水全部退去,陆相火山活动加强,植物繁盛,沉积了以吉木乃组为代表的陆相地层,局部夹有煤线或薄煤层,此时在克拉玛依西北部及哈拉阿拉特山一带,仍残存少量海水,并具一定的深度(李菊英,晋慧娟,1989;晋慧娟,李育慈,1991),以哈拉阿拉特组上部为代表,随后这一带的海水也开始逐渐退去,出现了阿腊德依克赛组的滨-浅海环境。石炭纪末期，整个西准噶尔地区的海水全部退去，进入了统一的陆内造山演化阶段。到二叠纪，西准噶尔地区陆内造山活动大规模开始，陆相火山活动强烈，各地层小区之间已无沉积差异（图4-3）。

综上所述，西准噶尔地区古生代的古地理格局和演化具有三方面的特征和规律：

在构造古地理上，表现为多岛洋和软碰撞的特点，志留纪后期、泥盆纪和早石炭世是多岛洋和软碰撞的鼎盛时期，也是西准噶尔地区古生代地层区划的形成时期（图4-3）；晚石炭世至二叠纪西准噶尔地区脱离海洋环境，进入陆内造山阶段，西准噶尔地区古生代地层的分区性逐渐消失，早二叠世晚期的卡拉岗组（$P_1k$）在北准噶尔地层分区和南准噶尔-北天山地层分区均可以对比就是西准噶尔古生代地层分区性消失的标志（图4-3）。

在生物古地理上，早古生代西准噶尔地区属于介于太平洋生物大区与大西洋生物大区之间的混生生物大区，不同于东北部西伯利亚古板块上由 *Tuvaella*（图瓦贝）动物群（Rong et al.，1995；王宝瑜，1990）所代表的生物区系；在古地理位置上，西准噶尔地区总体属于北半球中低纬度带古亚洲洋的一部分，晚奥陶世—志留纪发育的丰富的床板珊瑚和层孔虫就是最好的证明。泥盆纪，西准噶尔地区其生物组合面貌明显属于热带—亚热带的古特提斯生物大区，沙尔布尔提山地层小区的和布克赛尔组（$D_1h$）和查干山组（$D_2c$）以及洪古勒楞组（$D_3C_1h$）中的造礁珊瑚和层孔虫最具代表性。石炭纪—二叠纪，西准噶尔地区的陆相地层，如吉木乃组（$C_2jm$）、哈尔加乌组（$P_1h$）和卡拉岗组（$P_1k$）植物群面貌显示出明显的北温带安加拉植物群的特点（窦亚伟，孙喆华，1985a，1985b），表明泥盆纪以后西准噶尔地区的板块和地体群总体是从中低纬度的热带—亚热带向中高纬度的北温带运移和拼合。

在沉积古地理上，西准噶尔地区古生代环境相与作用相（龚一鸣，1993）类型丰富多彩。作用相包括正常沉积与事件沉积，特别是反映活动构造环境的内力事件沉积特别发育，

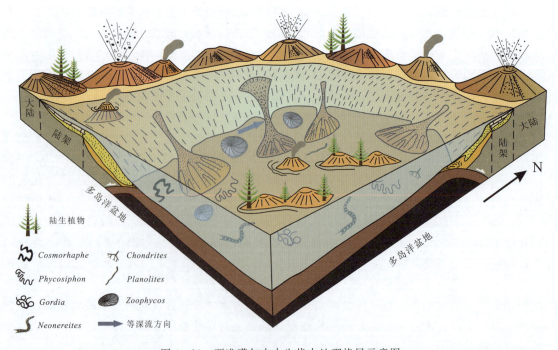

图4-10 西准噶尔中古生代古地理格局示意图

如火山爆发相（火山碎屑岩）和火山溢流相（火山熔岩），如马拉苏组（$D_1ml$）、库鲁木迪组（$D_2k$）和黑山头组（$C_1h$）。环境相包括河流相，如呼吉尔斯特组（$D_2h$）、吉木乃组（$C_2jm$）、哈尔加乌组（$P_1h$）、卡拉岗组（$P_1k$）和库吉尔台组（$P_{2-3}kj$）；滨-浅海相，如铁列克提组（$D_3tl$）、洪古勒楞组（$D_3C_1h$）、姜巴斯套组（$C_1j$）、那林卡拉组（$C_1n$）；半深海-深海相，如希贝库拉斯组（$C_1x$）、包古图组（$C_1b$）、太勒古拉组（$C_1t$）和哈拉阿拉特组（$C_{1-2}h$）。多岛洋的古地理格局是导致西准噶尔地区中古生代地层中常见植物化石与半深海-深海相实体化石和复理石相遗迹化石密切共生的环境基础（图4-10）。

## 参 考 文 献

蔡土赐. 新疆塔尔巴哈台山南坡奥陶纪—志留纪四射珊瑚[J]. 新疆地质, 1988, 6 (2): 54-58.

蔡土赐. 新疆维吾尔自治区岩石地层[M]. 武汉: 中国地质大学出版社, 1999: 1-430.

程裕祺, 王泽九, 黄枝高. 中国地层典·总论[M]. 北京: 地质出版社, 2009: 1-411.

丁培榛, 姚守民. 新疆克拉玛依西部早石炭世晚期腕足类化石及地层意义[C]. 中国地质科学院西安地质矿产研究所所刊, 1985, 11: 65-75.

窦亚伟, 孙喆华. 新疆北部晚古生代植物概况[J]. 地质学报, 1985a, 61 (1): 1-11.

窦亚伟, 孙喆华. 新疆北部哈尔加乌组和卡拉岗组的地质时代[J]. 地质论评, 1985b, 31 (6): 489-494.

符俊辉, 周立发, 李文厚, 等. 西北地区陆相侏罗纪地层区划及沉积矿产分布[J]. 沉积学报, 1996, 14 (4): 134-140.

何国琦, 李茂松. 中国新疆北部奥陶系—志留系岩石组合的古构造、古地理意义[J]. 北京大学学报（自然科学版）, 2001, 37 (1): 99-110.

何国琦, 刘建波, 张越迁, 等. 准噶尔盆地西缘克拉玛依早古生代蛇绿混杂岩带的厘定[J]. 岩石学报, 2007, 23 (7): 1573-1576.

贺水清, 常桂琴. 陕西地层区划初步意见[J]. 陕西地质, 1983, 1 (1): 22-27.

何卫红, 唐婷婷, 乐明亮, 等. 华南南华纪—二叠纪沉积大地构造演化[J]. 地球科学——中国地质大学学报, 2014, 39 (8): 929-953.

高振家, 陈克强, 魏家庸. 中国岩石地层词典[M]. 武汉: 中国地质大学出版社, 2000: 1-628.

龚一鸣. 新疆北部泥盆纪火山沉积岩系作用相类型、序列及其与板块构造的关系[J]. 地质学报, 1993, 67 (1): 37-51.

龚一鸣. 新疆北部泥盆系遗迹化石的拓扑遗迹学研究[J]. 古生物学报, 1994, 33 (4): 472-498.

龚一鸣, 杜远生, 冯庆来, 等. 关于非史密斯地层的几点思考[J]. 地球科学, 1996, 21 (1): 19-26.

龚一鸣, 刘本培. 新疆北部泥盆纪火山沉积岩系的板块沉积学研究[M]. 武汉: 中国地质大学出版社, 1994: 1-138.

龚一鸣, 纵瑞文. 西准噶尔古生代地层区划及古地理演化[J]. 地球科学——中国地质大学学报, 2015, 40 (3): 461-484.

黄汲清. 中国地层区划的初步建议[C]. //全国地层会议学术报告汇编总论. 北京: 科学出版社, 1962: 168-179.

黄智斌, 吴绍祖, 赵治信, 等. 塔里木盆地及周边综合地层区划[J]. 新疆石油地质, 2002, 23 (1): 13-17.

晋慧娟, 李育慈. 准噶尔盆地晚古生代深水斜坡沉积中的遗迹相及其环境分析[J]. 中国科学B辑, 1991, 21 (4): 408-415.

晋慧娟, 李育慈. 准噶尔盆地西北缘石炭纪生物成因的沉积构造研究[J]. 科学通报, 1998, 43 (17):

1888-1891.

晋慧娟, 李育慈, 李菊英. 新疆准噶尔盆地西北缘石炭纪深水沉积的发现及其沉积特征 [J]. 沉积学报, 1987, 5 (3): 125-134.

金松桥. 谈谈地层区划的原则和作法 [J]. 西北地质, 1974, 7 (1): 65-68.

李锦铁, 何国琦, 徐新, 等. 新疆北部及邻区地壳构造格架及其形成过程的初步探讨 [J]. 地质学报, 2006, 80 (1): 148-168.

李菊英, 晋慧娟. 新疆准噶尔盆地西北缘石炭纪浊积岩系中遗迹化石的发现及其意义 [J]. 地质科学, 1989, 24 (1): 9-15.

李永军, 佟丽莉, 张兵, 等. 论西准噶尔石炭系希贝库拉斯组与包古图组的新老关系 [J]. 新疆地质, 2010, 28 (2): 130-136.

廖卓庭, 王玉净, 王光良, 等. 新疆北部石炭纪生物地层研究新进展 [M].//涂光炽. 新疆北部固体地球科学新进展. 北京: 科学出版社, 1993: 79-93.

潘桂棠, 肖庆辉, 陆松年, 等. 大地构造相的定义、划分、特征及其鉴别标志 [J]. 地质通报, 2008, 27 (10): 1613-1637.

潘桂棠, 肖庆辉, 陆松年, 等. 中国大地构造单元划分 [J]. 中国地质, 2009, 36 (1): 1-28.

任纪舜, 孙藜薇. 中国大地构造与地层区划 [J]. 地层学杂志, 2001, 25 (增刊): 361-369.

萨尔瓦多·A. 国际地层指南: 地层分类、术语和程序 [M]. 2版. 金玉玕, 等, 译校. 北京: 地质出版社, 2000: 1-171.

孙羽, 赵春环, 李永军, 等. 西准噶尔包古图地区石炭系希贝库拉斯组碎屑锆石 LA-ICP-MS U-Pb 年代学及其地质意义 [J]. 地层学杂志, 2014, 38 (1): 42-50.

王宝瑜. 关于图瓦贝动物群的时代及古地理意义 [J]. 科学通报, 1990, 35 (18): 1413-1415.

王宝瑜. 新疆北部下中泥盆统层序及其界线讨论 [J]. 新疆地质, 1991, 9 (3): 249-259.

王宝瑜. 新疆萨勒布尔山中晚志留世地层划分 [J]. 新疆地质, 1997, 15 (4): 355-366.

王鸿祯. 论中国地层分区 [J]. 地层学杂志, 1978, 2 (2): 81-104.

王鸿祯. 中国古地理图集 [M]. 北京: 地图出版社, 1985, 图版 1-143, 说明书 1-85.

王鸿祯. 关于国际 (年代) 地层表与中国地层区划 [J]. 现代地质, 1999, 13 (2): 190-193.

王鸿祯, 杨式溥, 朱鸿, 等. 中国及邻区古生代生物古地理及全球古大陆再造 [M].//王鸿祯, 杨森楠, 刘本培. 中国及邻区构造古地理和生物古地理. 武汉: 中国地质大学出版社, 1990: 35-86.

王立全, 潘桂棠, 丁俊, 等. 青藏高原及邻区地质图及说明书 (1:1 500 000) [M]. 北京: 地质出版社, 2013: 1-288.

王庆明. 新疆泥盆纪古地理 [J]. 新疆地质, 2000, 18 (4): 319-323.

汪啸风, 陈孝红. 中国各地质时代地层划分与对比 [M]. 北京: 地质出版社, 2005: 1-596.

王志宏, 龚一鸣, 纵瑞文, 等. 西准噶尔乌兰柯顺地区晚泥盆世朱鲁木特组地层新知 [J]. 地层学杂志, 2014, 38 (1): 51-59.

王宇, 卫巍, 庞绪勇, 等. 塔城地区晚泥盆世沉积特征及其构造古地理意义 [J]. 岩石学报, 2009, 25 (3): 699-707.

王玉净, 金玉玕, 江纳言. 论哈拉阿拉特组的时代及古环境特征 [J]. 地层学杂志, 1987, 11 (1): 53-57.

卫巍, 庞绪勇, 王宇, 等. 北疆沙尔布尔提山地区早泥盆世—早石炭世沉积相、物源演变及其意义 [J]. 岩石学报, 2009, 25 (3): 689-698.

吴乃元. 石炭系 [M].//新疆地质矿产局地质矿产研究所, 新疆地质矿产局第一区调大队. 新疆古生界 (新疆地层总结之二) 下. 乌鲁木齐: 新疆人民出版社, 1991: 167-188.

吴乃元, 王明倩. 新疆北部石炭系地层层序和其化石组合特征 [J]. 新疆地质, 1983, 1 (2): 17-31.

吴晓智，齐雪峰，唐勇，等．新疆北部石炭纪地层、岩相古地理与烃源岩［J］．现代地质，2008，22（4）：549-557.
夏凤生．新疆准噶尔盆地西北缘洪古勒楞组时代的新认识［J］．微体古生物学报，1996，13（3）：277-285.
肖序常，汤耀庆，冯益民，等．新疆北部及其邻区大地构造［M］．北京：地质出版社，1992：104-123.
肖文交，韩春明，袁超，等．新疆北部石炭纪—二叠纪独特的构造成矿作用：对古亚洲洋构造域南部大地构造演化的制约［J］．岩石学报，2006，22（5）：1062-1076.
新疆地质矿产局地质矿产研究所，新疆地质矿产局第一区调大队．新疆古生界（新疆地层总结之二）（上；下）［M］．乌鲁木齐：新疆人民出版社，1991：1-482.
新疆维吾尔自治区地质矿产局．新疆维吾尔自治区区域地质志［M］．北京：地质出版社，1993：136-169.
新疆维吾尔自治区地质局．1：20万《乌尔禾幅》区域地质调查报告（区域地质部分），1979：9-43.
新疆维吾尔自治区地质矿产局．1：20万《白杨河幅》区域地质调查报告（区域地质部分），1983：17-83.
新疆维吾尔自治区地质矿产局．1：20万《塔城幅、阿西勒幅》区域地质调查报告（区域地质部分），1984：31-58.
新疆维吾尔自治区地质矿产局．1：20万《塔克台、和布克赛尔幅》区域地质调查报告（区域地质部分），1986：27-38.
许汉奎．新疆西准噶尔下、中泥盆统界线地层及腕足类［J］．古生物学报，1991，30（3）：307-333.
许汉奎，蔡重阳，廖卫华，等．西准噶尔洪古勒楞组及泥盆-石炭系界线［J］．地层学杂志，1990，14（4）：292-301.
徐新，何国琦，李华芹，等．克拉玛依蛇绿混杂岩带的基本特征和锆石SHRIMP年龄信息［J］．中国地质，2006，33（3）：470-475.
徐新，周可法，王煜．西准噶尔晚古生代残余洋盆消亡时间与构造背景研究［J］．岩石学报，2010，26（11）：3206-3214.
殷鸿福．中国古生物地理学［M］．武汉：中国地质大学出版社，1988：1-329.
殷继成，何廷贵，夏竹．中国南方震旦纪大地构造单元划分与地层分区［J］．安徽地质，1994，4（1-2）：91-95.
曾亚参，肖世禄．泥盆系［M］．∥新疆地质矿产局地质矿产研究所，新疆地质矿产局第一区调大队．新疆古生界（新疆地层总结之二）下．乌鲁木齐：新疆人民出版社，1991：11-24.
张弛，黄萱．新疆西准噶尔蛇绿岩形成时代和环境的探讨［J］．地质论评，1992，38：509-524.
张二鹏．西北区区域地层［M］．武汉：中国地质大学出版社，1998：1-221.
张克信，何卫红，骆满生，等．中国沉积大地构造图及说明书［M］．北京：地质出版社，2014b，出版中．
张克信，何卫红，徐亚东，等．沉积大地构造相划分与鉴别［J］．地球科学——中国地质大学学报，2014，39（8）：915-928.
张克信，王国灿，季军良，等．青藏高原古近纪—新近纪地层分区与序列及其对隆升的响应［J］．中国科学：地球科学，2010，40（12）：1632-1654.
张克信，殷鸿福，朱云海，等．史密斯地层与非史密斯地层［J］．地球科学，2003，28（4）：361-369.
张元元，郭召杰．准噶尔北部蛇绿岩形成时限新证据及其东、西准噶尔蛇绿岩的对比研究［J］．岩石学报，2010，26（2）：421-430.
赵治信．新疆北部石炭系划分（为庆祝《新疆石油地质》创刊30周年而作）［J］．新疆石油地质，2009，30（4）：478-482.
赵治信，王成源．新疆准噶尔盆地洪古勒楞组的时代［J］．地层学杂志，1990，14（2）：146-147.

周守沄. 新疆石炭纪古地理 [J]. 新疆地质, 2000, 18 (4): 324-329.
朱永峰, 徐新. 新疆塔尔巴哈台山发现早奥陶世蛇绿混杂岩 [J]. 岩石学报, 2006, 22 (12): 2833-2842.
纵瑞文, 龚一鸣, 王国灿, 等. 西准噶尔孟布拉克地区晚泥盆世植物化石的发现及其地质意义 [J]. 地球科学——中国地质大学学报, 2012, 27 (增刊2): 117-128.
纵瑞文, 龚一鸣, 王国灿. 西准噶尔南部石炭纪地层层序及古地理演化 [J]. 地学前缘, 2014, 21 (2): 216-233.
纵瑞文, 龚一鸣, 韩非. 新疆额敏东部志留纪化石的发现及其地质意义 [J]. 地球科学——中国地质大学学报, 2015a, 40 (3): 563-572.
纵瑞文, 王志宏, 龚一鸣. 西准噶尔晚泥盆世新建岩石地层单位——塔克台组 [J]. 地球科学——中国地质大学学报, 2015b, 40 (5): 763-776.
Buckman S, Aitchison J C. Middle Ordovician (Llandeilan) radiolarians from West Junggar, Xinjiang, China [J]. Micropaleontology, 2001, 47: 359-367.
Chen Jiafu, Han Baofu, Ji Jianqiang et al. Zircon U-Pb ages and tectonic implications of Paleozoic plutons in northern West Junggar, North Xinjiang, China [J]. Lithos, 2010, 115: 137-152.
Han Baofu, Guo Zhaojie, Zhang Zhicheng et al. Age, geochemistry, and tectonic implications of a Late Paleozoic stitching pluton in the North Tian Shan suture zone, western China [J]. Geological Society of America Bulletin, 2010, 122: 627-640.
Rong Jia yu, Boucot A J, Su Yangzheng et al. Biogeographical analysis of Late Silurian brachiopod faunas, chiefly form Asia and Australia [J]. Lethaia, 1995, 28: 39-60.
Windley B F, Alexeiev D, Xiao Wenjiao et al. Tectonic models for accretion of the Central Asian Orogenic Belt [J]. Journal of the Geological Society of London, 2007, 164: 31-47.

## 关键词与主要知识点-4

地层区划 stratigraphic regionalization
综合地层区划 general stratigraphic regionalization
断代地层区划 special stratigraphic regionalization
地层大区 stratomegaregion
地层区 stratoregion
地层分区 stratosubregion
地层小区 stratomicroregion
生物大区 biomegaprovince/realm
生物区/省/域 bioprovince/province/region
生物分区/亚省 biosubprovince/subprovince
生物小区/地方中心 biomicroprovince/endemic center
大相/相组 megasedfacies
相/沉积相 sedfacies
亚相/沉积亚相 subsedfacies
微相/沉积微相 microsedfacies
环境相 environmental facies
作用相 processing facies
沉积组合/建造 sedimentary association/formation
多岛洋 archipelagic ocean

# 第二篇

## 地层学基础分支学科与方法

# 第 5 章　岩石地层学

岩石地层学（lithostratigraphy）是指对地壳中的岩石特征进行研究，并根据其特征和相互关系，将其组织成相应地层单位的地层学分支学科。简言之，岩石地层学是根据地层的岩性及岩性组合，对地层进行划分、对比的学科。岩石地层学研究的对象为地层的岩石学特征（包括岩石的颜色、成分、结构、构造），岩组合特征（岩层单层厚度、各类岩性的组合关系及旋回性），各岩层之间的接触关系，岩层的空间展布特征和形成环境。在上述研究的基础上，划分对比地层，建立岩石地层单位。

岩石地层学是地层学的基础分支学科。只有在建立了岩石地层序列或格架的基础上才能进行生物地层、年代地层、层序地层及地层学其他分支学科的研究。此外，沉积相及与沉积有关的矿产的研究工作也是以岩石地层学研究为基础的，因此，岩石地层学在地层学的理论和实践中占有极其重要的位置。

## 5.1　岩石地层学的形成

岩石地层学是地层学最早的分支学科之一，早期地层学涉及的内容几乎均可归类为岩石地层学的范畴。世界上第一个地层分类系统就是采用的岩石地层术语（表 5-1）。当时认为，岩石地层单位与地质时间单位是一一对应的。这一观点在地层学中影响很深，至今还有人认为岩石地层单位从属于年代地层单位。例如，当岩石地层单位"组"内发现有新的化石、时代发生改变时，便随意改动岩石地层单位组的界线，或改变组的原始含义，甚至另立新组，这是不正确的。

表 5-1　世界上第一个地层分类系统——双重分类及其术语

（1881 年，转引自吴瑞棠，王治平，1994）

| 年代术语 | 地层术语 |
| --- | --- |
| 代 | 群 |
| 纪 | 系 |
| 世 | 统 |
| 期 | 阶 |
|  | 亚阶 |
|  | 层 |

后来的学者在建立地层规范时，普遍认为岩石地层单位与年代地层单位应是相互独立的地层单位，岩石地层单位强调的是地层的岩石学属性，其中以 Schenck 和 Muller 为代表。他们提出了包含有岩石地层单位、年代地层单位及地质时间单位的三重单位划分方案（表 5-2）。

表 5-2　三重地层分类及其术语（据 Schenck & Muller，1994）

| 时间术语 | 年代地层（生物地层）术语 | 岩石地层术语 |
|---|---|---|
| 1. 代 | 1. 无特别术语，可用岩石或地层称谓，如中生代地层 | 群 |
| 2. 纪 | 2. 系 | 组 |
| 3. 世 | 3. 统 | 层 |
| 4. 期 | 4. 阶 | |

此后，Hedberg 等学者强调地层的多重属性，在《国际地层指南》（1976）中提出了多重地层划分的观点（表 5-3），这一观点在 Salvador A 主编的《国际地层指南》（第二版）（1994）中得到了进一步的肯定。

表 5-3　多重地层划分（据《国际地层指南》，Hedberg H D，1976）

| 岩石地层 | 生物地层 | 年代地层 | | 其他类型地层 |
|---|---|---|---|---|
| | 生物带（各类） | | 对应的地质年代 | |
| 群 | 组合带 | 宇 | 宙 | 矿物的、磁极性的、不整合界线的等 |
| 组 | 延限带 | 界 | 代 | |
| 段 | 顶峰带 | 系 | 纪 | |
| 层 | 间隔带 | 统 | 世 | |
| | 其他类生物带 | 阶 | 期 | |
| | | 时间带 | 时 | |

## 5.2　岩石地层结构与基本层序

### 5.2.1　岩石地层结构的概念与类型

地层是由具有不同单层厚度的不同岩类叠置组合而成的，这种组合通常是有规律的，其组合方式称为地层结构（stratigraphic architecture）。对于层状延伸的地层而言，地层结构可简单地分为两类：均质型结构和非均质型结构（表 5-4）。

如果地层序列中单层的岩性、结构基本相同，且单层厚相差不大，通常称为均一式结构，如灰白色厚层细粒石英砂岩。如果地层序列由两类岩性、结构组成，且单层厚度相似，单层规则或不规则交互，则称为互层式结构，如黑色薄层硅质岩与灰黑色薄层硅质泥岩互层。地层序列中如果以一种类型的单层为主，间夹有另外一种类型的单层，称为夹层式结构，如灰白色厚层中粒石英砂岩夹灰白色薄层粉砂岩，灰黄色厚层灰岩夹灰黄色薄层泥灰岩。

地层序列常常由 3 种或 3 种以上特征不同的单层组成，其组合方式部分很有规律，如各种旋回沉积序列，称为有序多层式。部分组合方式没有一定的规律，则称为无序多层式，如非旋回沉积。通常用图示更能反映地层结构，因此，野外必须对地层结构进行详细地观察、测量、素描或照相。通过对上述地层特征的识别，给岩层以正确的定名，并能识别出地层序列中各部分的差异，进而对地层进行划分和对比。

表 5 - 4 地层结构类型（据杜远生，童金南，2009）

| 地层结构 | 层状地层 | | 非层状地层 |
|---|---|---|---|
| 简单型 | 均质型 | 均一式 | 斜列式<br>叠积式<br>嵌入式等 |
| 简单型 | 非均质型 | 互层式 | 斜列式<br>叠积式<br>嵌入式等 |
| 简单型 | 非均质型 | 夹层式 | 斜列式<br>叠积式<br>嵌入式等 |
| 简单型 | 非均质型 | 有序多层式 | 斜列式<br>叠积式<br>嵌入式等 |
| 简单型 | 非均质型 | 无序多层式 | 斜列式<br>叠积式<br>嵌入式等 |
| 复合型 | 上述各简单型结构之复合 | | |

对于非层状延伸的地层，由于地层的侧向变化大，应该从三维的角度去认识地层的结构，表 5 - 4 中的斜列式结构是指组成地层的岩层以斜列的方式排列，如生物礁前缘斜坡和倒石堆形成的地层。叠积式结构是指一些丘状或块状的岩层在垂向上叠加而成的地层结构，典型的如连续垂向加积的生物礁形成的地层结构。嵌入式结构是指地层总体以某一种岩层为主，内夹有一些非层状或丘状、透镜状岩层，典型的如台地碳酸盐组成的地层中夹有小型生物礁体。

上述地层结构可以单独出现，也可以以不同的方式组合形成复合式结构，如均一式结构中夹有序多层式结构，互层式结构中夹均一式结构，无序多层式结构中夹有序多层式结构等。

地层结构是认识和划分地层的重要依据。一个岩石地层单位除具有一定的岩石特征外，还应该具备一定的地层结构。在地层描述中，地层结构通常以基本层序的形式来表达。不同的地层单位当其物质组分和成因背景不同时，其地层结构和基本层序也会存在明显的差别。

## 5.2.2 基本层序

### 5.2.2.1 基本层序的概念

基本层序（primary sequence），也称基本地层单元，是沉积地层垂向序列中一般在露头尺度上能观测到的、按某种规律叠覆的、代表一定地层间隔发育特点的单层岩石分层或多层岩石组合，它是地史时期沉积物和沉积作用过程中自然记录的最小地层综合体，通常代表同一环境或亚环境的沉积产物的规律组合（或沉积序列），一般上下都被明显的沉积界面分开（图 5 - 1）。

基本层序在野外通常易于识别，典型河流沉积的基本层序（图 5 - 1A）为河流的二元结构：下部为河道砂质沉积，上部为洪泛平原泥质沉积。浊流沉积中的基本层序（图 5 - 1B）为鲍马序列。任何厚度巨大的地层体都可以被毫无遗漏地切分为一个个依次叠置在一起的基本层序，不同的地层单位其基本层序不同，因此，基本层序是地层划分的重要标志。

由于基本层序是沉积环境的产物，当地层序列中沉积环境改变时，基本层序类型也相应地发生变化。从图 5 - 2 冲庄剖面可以看出，间隔Ⅳ之上的①~⑯基本层序为同一类型，均由砂岩和页岩的韵律组成，共同组成地层间隔Ⅴ。而上覆①~③为另一种类型，该类型下部

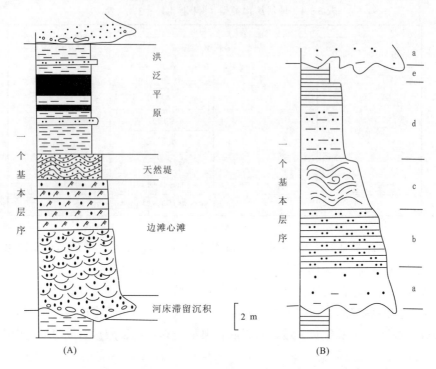

图 5-1 河流沉积（A）和浊流沉积（B）中的基本层序
(据熊家铺，1998)

为页岩，上部夹灰岩透镜体，共同组成地层间隔Ⅶ。

这两种类型的基本层序在垂向上虽然连续过渡，但存在着一个明显的转换带，即地层间隔Ⅵ，该地层间隔内地层不显旋回性。图5-2中共有7个地层间隔。

#### 5.2.2.2 基本层序的类型和基本特征

基本层序的类型按其性质可划分为旋回性基本层序和非旋回性基本层序，其中旋回性基本层序中的一部分又可称韵律性基本层序。

**旋回性基本层序**（狭义的）指由3个或3个以上的单层按一定的顺序依次叠置，多在一定地层间隔内反复重现。因此，可以用基本层序的个数及代表性的单层组合来表示该地层间隔的组成与结构特征。旋回性基本层序多是某种周期性过程中他旋回与自旋回作用机制联合作用（以前者为主）的产物，它不仅是解开沉积作用和环境之谜的钥匙，而且其中一部分还可能成为精细测年的工具。

旋回性基本层序在滇东各时代的碳酸盐沉积、陆源碎屑沉积或两者的混合沉积的地层中普遍可见。图5-3中的A反映了文山古木街中泥盆世应堂期碳酸盐台地向上变浅的旋回性基本层序；B反映了蒙自老寨街中泥盆世东岗岭早期碳酸盐台地向上变深的旋回性基本层序。A、B均是他旋回作用机制（A是全球海平面下降时期，B是全球海平面上升时期）与自旋回作用机制（碳酸盐的自身沉积作用的产物）联合作用的产物。

在旋回性基本层序中还含有韵律性基本层序，即单调的中—薄层状韵律（如页岩—灰岩，泥灰岩—灰岩，砂岩—页岩等反复出现）沉积层序。尽管它们的成因可能是多种多样的，但从描述角度看，仍可根据单层特征，如粒度、厚度、颜色、层理、砂泥质富集趋势、

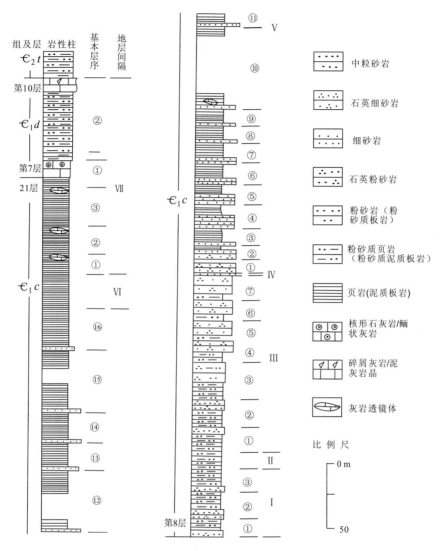

图 5-2 滇东南蒙自县早寒武世沧浪铺期—龙王庙期基本层序与地层间隔
(据熊家铺,1998)

$\epsilon_1 c$. 屏边县冲庄剖面冲庄组第 8—21 层;$\epsilon_1 d$. 蒙自县白牛厂矿区剖面大寨组
第 7—10 层;$\epsilon_2 t$. 蒙自县白牛厂矿区剖面田蓬组

生物扰动程度以及成岩特征等的变化规律,识别旋回性基本层序的特征。

旋回性基本层序还可以根据其单层的宏观叠覆特征,分为向上变细或向上变粗,向上变薄或向上变厚以及混合型(向上变粗再变细)等基本层序类型。

**非旋回性基本层序** 指凡肉眼看不出变化规律的沉积序列(地层间隔)的基本层序,如岩性均一的黏土岩、页岩,厚度为 5~10m 或更厚的岩性均一的灰岩、骨架礁灰岩、非旋回性的韵律沉积以及具有某种随机重复出现的夹层等。对于岩性均一的沉积序列,可以取任意一段地层间隔作为岩性均一的不显旋回性的基本层序,用以代表该地层间隔的特征。也可以其中明显的水下间断、冲刷面或陆上暴露面等为界来划分基本层序。

**安塞尔的基本层序分类及其特点** 安塞尔(Einsele,1991)依据基本层序的形成机制、

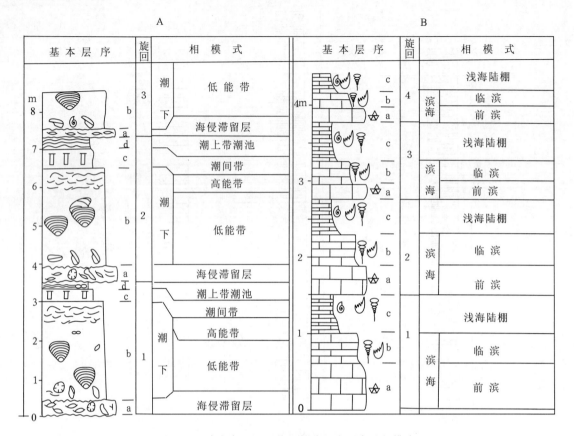

图 5-3 滇东南地区泥盆纪部分基本层序及相模式
(据熊家镛,1998)

A. 文山古木街泥盆纪剖面古木组中上部基本层序;a. 含单体珊瑚、腕足类、层孔虫等完整个体的粉晶生物碎屑灰岩;b. 泥粉晶灰岩,自下而上有灰黑—深灰—灰—灰褐色,含腕足类、珊瑚、层孔虫等原地生长的完整个体及碎片;c. 具垂直生物钻孔的泥粉晶白云质灰岩(硬底);d. 藻纹层灰质白云岩。B. 蒙自老寨街泥盆纪剖面东岗岭组下部基本层序:a. 厚层状含 Bornthardtina 内碎屑泥粉晶灰岩;b. 中层状含竹节石、牙形刺内碎屑泥粉晶灰岩;c. 薄层状含菊石、竹节石、牙形刺内碎屑粉晶灰岩

旋回有无、对称与否等不同特征,从不同侧面和不同特点进行观察分析,对基本层序进行了分类。这一分类比较全面地划分了基本层序的类别(图 5-4),现介绍如下。

安塞尔所划分的 10 种基本层序,基本上概括了区调工作中所能遇到的基本层序类型。它们的特点分别是:a 为随机型基本层序,它的划分是时间界面;b~e 为韵律型基本层序,它们的共同的特点都是由层对组成,其中 b 为事件型基本层序,由突发性地质事件(如地震、海啸、风暴等)形成,如斜坡带的重力流沉积、滨浅海的风暴沉积等。c,d,e 三种基本层序具有周期性,可能是受气候或地球轨道的周期性变化影响的结果,c,d 的形成与时间的关系呈线性,有固定的周期,层对比较均一,e 的形成与时间的关系呈非线性,它的沉积速率在逐渐增大;f~i 为通常野外可见的旋回性基本层序,由 3 种或 3 种以上的岩石组成,f 为完全对称型,g~i 为不对称型,且 g 的旋回性表现为向上变粗;j 为由层束组成的基本层序。

需要补充的是,安塞尔的分类对于加积型沉积未能列出其基本层序。加积型沉积从垂向

第 5 章 岩石地层学

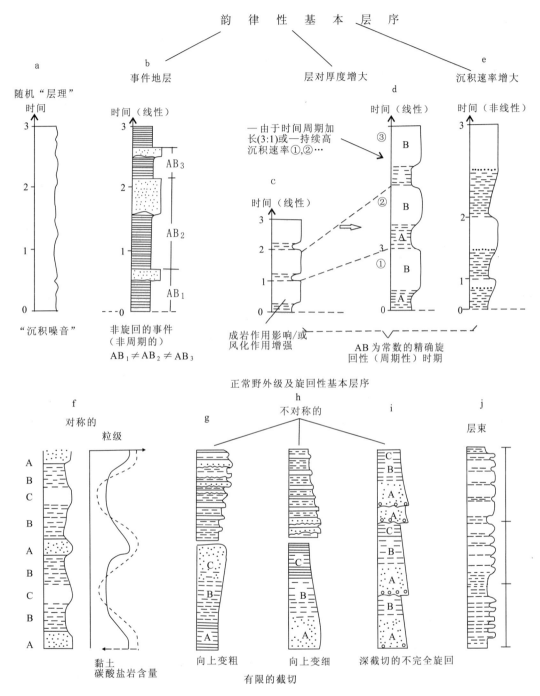

图 5-4 安塞尔的基本层序类型
(转引自熊家镛,1998;据 Einsele,1991,略有修改)

上观察其组成可分为 4 种情况:①颜色、成分、结构以及其他特征都均一的巨厚块状(厚大于 2 m)岩石组成;②岩性特征完全相同的薄层或页岩组成;③如图 5-4 中的 c 所示;④由层理厚度无变化的层束组成。对于以上 4 种情况的基本层序划分则是任取其中的一段作为其基本层序。

基本层序界面研究是极其重要的，它是指相邻两个基本层序的分界面，亦即单个基本层序的顶、底面。其界面按其性质分为两类：不连续沉积界面与连续沉积界面。其性质的确定主要根据界面的侵蚀情况及界面上下沉积环境的变化。不连续沉积界面又分为有侵蚀的和无侵蚀的，有侵蚀的界面一般表现为起伏不平，其形成特征是，当一个新的基本层序开始沉积时，对前一个基本层序的顶部产生侵蚀、切割，有时甚至是强烈的截切。

### 5.2.2.3 基本层序调查与分析

（1）基本层序调查与划分。对基本层序的识别与划分必须在野外进行，其划分依据主要涉及到岩性、生物、厚度、地层界面及垂向变化。因此，野外基本层序调查首先要收集以下资料：①岩性组成：组成基本层序各个岩性单层的岩石成分、结构及其垂向变化；②生物组成：化石类别、组合、丰度、分异度及分布；③沉积构造：各种层理和层面构造，尤其是一些标志性的沉积构造；④厚度：基本层序内各岩性单层的准确厚度要直接测量；⑤界面性质及各岩性层之间的关系，大部分基本层序的界面均为侵蚀面所限定，因此，要注意侵蚀面及暴露面的识别；⑥地球化学及特殊的指相矿物。

通常在上述调查的基础上，对地层中的基本层序进行划分。基本层序一般是根据岩性在垂向上的变化规律来划分的。但是在一些岩性没有多大变化，而岩石单层厚度或化石组分在垂向上有明显变化规律的，也可以据此划分出基本层序。图5-5（a）是鄂东南志留系坟头组第二段中根据岩性变化划分出的基本层序；图5-5（c）所示为鄂东南志留系坟头组第三段中根据化石组分划分出的基本层序；图5-5（b）所示为鄂东南二叠系孤峰组硅质岩中根据单层厚度变化划分出的基本层序。最后要查明各地层间隔内基本层序的个数，了解各基本层序之间的关系，进而从地层间隔中众多的基本层序中选出一个最典型、最具代表性的单个基本层序作为该地层间隔内的代表性基本层序。

（2）基本层序分析。首先是单个基本层序的分析。由于基本层序是沉积亚环境的产物，因此，可以通过基本层序的类型及其内的相标志判断古环境，也可以通过其内的岩性、厚度及沉积构造的垂向变化，判断其是海侵还是海退的产物。图5-3中A代表的是一类潮缘地

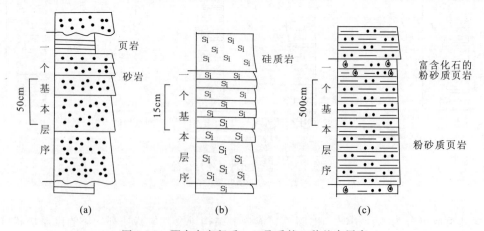

图5-5 鄂东南志留系、二叠系的3种基本层序
(a)、(c) 为湖北咸宁汀泗桥大港志留系剖面；(b) 为湖北大冶笔架山二叠系剖面

带海水由深变浅的基本层序；而图 5-3 中 B 则反映了潮下带海水由浅变深的基本层序。

其后则是基本层序的组合分析，即对垂向地层序列中的各地层间隔中的基本层序的演变进行分析，从中得出沉积作用类型、沉积作用机制、沉积环境及其变化规律，以及海平面变化情况。图 5-2 反映了滇东南地区下寒武统冲庄组至大寨组的地层间隔和基本层序；第 1 地层间隔由 3 个类型相同的基本层序组成，单个基本层序下部为灰白色石英粉砂岩，上部为黄绿色粉砂质页岩，粒度由粗变细，层理由厚变薄，沉积作用类型属退积型，代表海水加深的海侵过程；第 2 地层间隔由灰绿色粉砂质页岩组成，不显旋回性，粒度及层理无明显变化，属加积型沉积，为该段时间内海平面上升到最大时的产物；第 3 地层间隔由 7 个类型相同的基本层序组成，每个基本层序下部为粉砂质页岩，上部为石英粉砂岩，粒度由细变粗，层理由薄变厚，属进积型沉积，为海退期的产物。从第 1 个地层间隔至第 3 个地层间隔构成一个明显的海侵—海退旋回。

基本层序是地层的重要特征，是岩石地层单位的主要划分依据。采用基本层序表达地层特征比传统的岩石地层描述更准确、更直观，也更科学。虽然目前岩石地层划分对比中主要采用的还是传统的岩性、岩性组合、古生物化石、地球物理及地球化学特征，但已经开始有较多的地层工作者采用基本层序进行地层划分对比（图 5-6、图 5-7）。

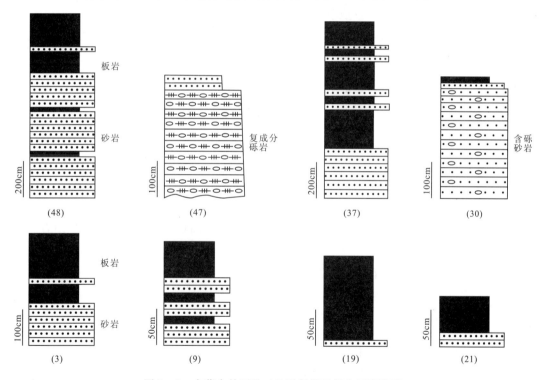

图 5-6　内蒙古林西县二叠系哲斯组基本层序类型

图 5-6 所示为内蒙古林西县二叠系哲斯组的主要基本层序类型，该类基本层序主要为向上变细、变薄的基本层序。每一类基本层序代表了一种岩石单层的组合关系，如（30）、（47）为厚层复成分砾岩（或含砾砂岩）夹薄层砂岩（或板岩）。

图 5-7 所示为浙江长兴志留系唐家坞组的基本层序类型，这些基本层序多为向上变厚、

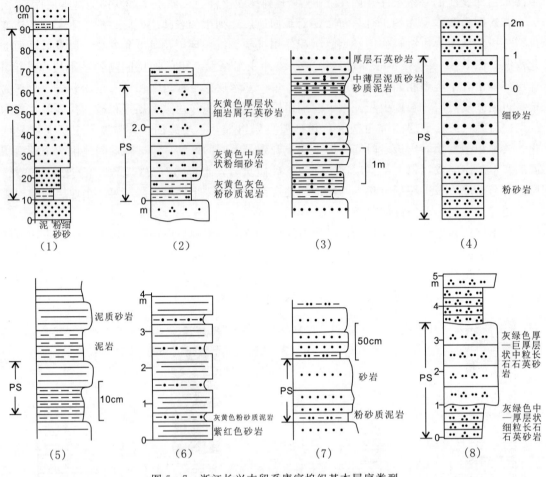

图 5-7 浙江长兴志留系唐家坞组基本层序类型
（据张克信等，2005）

变粗的基本层序，代表海退的沉积序列，与导致海盆被不断填满的华南加里东运动有关。

## 5.3 岩石地层划分与对比

### 5.3.1 岩石地层的划分

岩石地层划分（stratigraphic division）是指根据地层的岩性，岩相和变质、变形特征将地层组织成相应的岩石地层单位。地层的岩性、岩性组合、化石组合（将化石看作岩性组合的一部分，如笔石页岩）。地层结构、基本层序、接触关系等均是岩石地层划分的主要依据。不同级别的岩石地层单位的术语用群、组、段、层来表示，在某些特殊情况下还可用岩群、岩组等来表示。

由于岩石地层划分出的地层单位级别不同，其划分的依据也有所不一。岩石地层划分过程中通常根据地层单位的级别分步骤采用以下几种方法：

（1）重要地层界面法。一些重要的地层界面，如角度不整合面、假整合面作为划分大级别地层单位如群、组的依据。相比之下，岩性突变面、地层结构转换面则是划分次一级地层单位如段、层的重要标志。

（2）标志层法。标志层在岩石地层中极为重要，通常代表了某一重要的地质事件，在区域分布上稳定，其特征的岩性野外也容易识别，区域对比性很好。因此，多用来作为划分级别较高的地层单位的标志。如赣西北双桥山群中分布较稳定的一套变质砾岩、砾质砂岩，是最大海退期的沉积，也是该群中标志最醒目的一套地层，因此将其划分为修水组一段，作为修水组和安乐林组的划分标志（表5-5）。

表5-5 赣西北地区双桥山群各段特征一览表

| 地层单位 | | 特殊岩性 | 主体岩性 | 砂岩单层厚 | 沉积构造 | 岩性组合 |
|---|---|---|---|---|---|---|
| 修水组 | 6段 | | 变细砂岩 | 薄层 | 小型交错层理、潮汐层理、水平层理 | 薄层变质细砂岩夹粉砂质板岩、板岩 |
| | 5段 | | 变细砂岩 | 薄—中层 | 小型交错层理、潮汐层理 | 薄—中层变质细砂岩夹粉砂质板岩、板岩 |
| | 4段 | | 板岩 | 薄层 | 水平层理，滑塌构造 | 板岩、粉砂质板岩夹薄层变质细砂岩 |
| | 3段 | | 变细砂岩 | 薄—中层 | 鲍马序列 | 薄—中层变质细砂岩夹粉砂质板岩、板岩 |
| | 2段 | | 变细砂岩 | 薄层 | 鲍马序列 | 薄层变质细砂岩夹粉砂质板岩、板岩 |
| | 1段 | 砂岩、砾质砂岩 | 砂岩、砾质砂岩 | 厚层—块状 | 平行层理，泥砾 | 厚层—块状变质石英砾岩、砾质砂岩或中砾岩 |
| 安乐林组 | 5段 | 板岩 | 板岩 | 薄层 | 鲍马序列 | 板岩、粉砂质板岩夹薄层变质细砂岩 |
| | 4段 | | 变细砂岩 | 薄—中层 | 鲍马序列 | 薄—中层变质细砂岩夹粉砂质板岩、板岩 |

（3）岩性法。岩性差异是岩石地层划分的直接依据，很多重要的岩石地层单位界线都是根据岩性的差异而划分的。如华南地区二叠系龙潭组为一套含煤的陆源碎屑沉积，而上覆的吴家坪组为典型的碳酸盐沉积，二者存在着明显的岩性差异。表5-5中双桥山群砂板岩系总体上可分为3类：1类为砂岩夹板岩；2类为板岩夹砂岩；3类为砂岩与板岩互层，或由砂岩板岩组成多个旋回层。1类和2类之间具明显的岩性差异，可作为划分段一级地层单位的依据。如将双桥山群以板岩为主的地层划分为安乐林组第5段和修水组第4段，有别于其上下以砂岩为主的地层。

（4）岩性组合法或地层结构法。某些岩石地层通常由两个或两个以上的岩石类型交替出现，组成旋回层，通过单纯的岩性差异很难将这些地层划分开。要划分这类地层必须采用地层结构、岩性组合、岩石单层厚度及基本层序等标志。表5-5中安乐林组第4段，修水组第2段、第3段、第5段及第6段均为砂、板岩系，从岩性差异角度很难划分，只有根据地层结构、砂岩单层厚度才能将其划分开来。此外，还要考虑到沉积构造及相应的沉积环境。如修水组第5段、第6段中，无下伏地层中常见的鲍马序列，却具潮汐层理和其他牵引流沉积构造，为典型的陆架沉积，明显有别于其他地层。因此，通过沉积构造的识别和沉积相分析也能划分出这套地层。

基本层序一般作为地层单位的划分依据。一般来说，一个地层单位具有特征的基本层序。如段具有一种特征的基本层序，内部不分段的组也一般具有一种特征的基本层序，而内部分段的组可由不同特征的基本层序组成。

### 5.3.2 岩石地层对比

岩石地层对比（lithostratigraphic correlation）是指分析、比较岩石地层特征和位置是否相当。其实质是在区域上比较、寻找相似的或一致的岩石地层结构，延伸具有相似或一致的岩石地层结构的岩石地层单位。其对比依据是岩性及地层结构。

岩石地层对比主要有两种方法：①野外追溯法：直接在野外追溯那些特征突出、标志清楚的岩石地层单位界面，或一些厚度不大的标志层，根据横向连续性可以迅速而简单地完成所要建立的对比。但常因两地层间被破坏或被其他沉积物所覆盖，因此，用这种方法进行地层对比是有限的。这种方法在大比例尺的地质填图或剖面对比中效果很好，但在小比例尺的地层工作中很难操作。②岩性及地层结构相似性的对比：根据岩性及地层结构特征，按两地岩层颜色、成分、结构、构造的相似性来建立对比关系，对岩性复杂的地层还可以根据岩性序列的相似性来对比，另外可将与岩性有关的物理化学特征，如电参数、放射性、地震波、化学元素含量或其他参数记录作为对比的依据。

标志层在岩石地层对比中起着重要的作用，一些重要的标志层，如华南地区南华纪的冰碛岩和晚二叠世的煤系沉积，由于分布范围广、特征明显，是不同地区尤其是相隔较远地区之间地层对比的重要纽带。在一些对比精细且剖面相距不远的地区，往往根据基本层序来进行岩石地层对比。由于岩石地层对比依据的是岩性及地层结构，因此其主要为等特征对比，对比出的地层界线及地层单位多是穿时的。但某些由地质事件形成的标志层不仅岩性、地层结构相似，而且具有等时意义，如小行星撞击事件及火山事件形成的黏土层、缺氧事件形成的黑色页岩、地震事件形成的震积岩等。

需要指出的是，同一个岩石地层单位在横向上由于亚（或微）环境的改变，其岩性、地层结构及基本层序必然会表现出一定的变化。因此，在对比中必须以地层单位的主要特征为依据，不能过分强调小的、次要的变化特征。

**实例1** 江西修水地区上寒武统岩石地层对比：江西修水地区上寒武统自下而上分为华严寺组（$\epsilon_3 h$）和西阳山组（$\epsilon_3 x$），其中华严寺组主要为条带状灰岩，区域上很稳定；西阳山组岩性、地层结构及基本层序特征各地相差较大，但均具有砾屑灰岩及含砾屑灰岩这一重要的特征，与下伏华严寺组和上覆奥陶系印渚埠组（$O_1 y$）形成明显的区别（图5-8）。

**实例2** 三峡地区震旦系灯影组自下而上可分为：蛤蟆井段、石板滩段和白马沱段，代表了本组下部白云岩、鲕粒白云岩，中部灰质白云岩、灰岩，及上部含燧石条带白云岩、硅质白云岩3个沉积阶段。虽然宜昌雾河、四溪和秭归庙河等地上述3段与层型剖面——宜昌灯影峡剖面在岩性、地层结构上存在一定的差异，但大体岩性特征及总的岩性演化格局相似，仍可进行对比形成对应关系，而不必建立新的岩石地层单位（图5-9）。

**实例3** 西藏江达地区下三叠统普水桥组和色容寺组（图5-10）：普水桥组为一套杂色碎屑岩夹中酸性火山岩，以含火山岩为特征，色容寺组则以厚层结晶灰岩、大理岩及泥质灰岩为特征。由江达至同普，普水桥组由剖面1以火山岩为主，剖面2~4为火山岩与碎屑岩

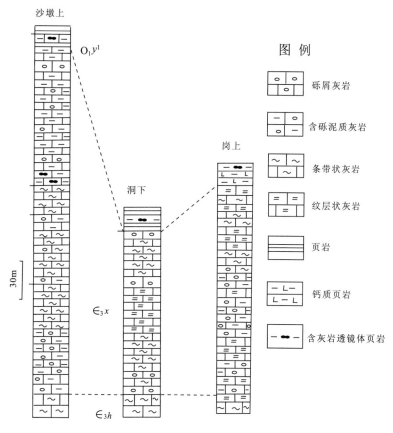

图 5-8 江西修水地区上寒武统岩石地层对比图

交替出现,剖面 5 以碎屑岩为主夹少量火山岩,剖面 1~5 尽管岩性及地层结构存在一定的差异,但各剖面中均具有本组的基本特征,即夹火山岩,因此,都能构成对比对应关系。而剖面 6、7 中未见火山岩夹层,说明本组在该区已经尖灭。相比之下,色容寺组的对比性更好,在上述剖面中均可见及。

应该指出的是,通过岩石地层对比,不仅可以确定岩石地层的相互关系,而且可以判断沉积相的横向变化及海侵方向,为恢复古地理提供重要的证据。

## 5.4 岩石地层单位及其建立、命名和修订

### 5.4.1 岩石地层单位

岩石地层单位是"根据可观察到的和可鉴别的岩石学特征,或岩石学特征组合及其地层关系所定义和识别的岩石体"(《国际地层指南》(第二版),萨尔瓦多·A,2000)。简言之,它是由岩性、岩相或变质程度均一的岩石构成的三度空间岩层体。岩石地层单位分为 3 种:正式岩石地层单位、非正式岩石地层单位和特殊岩石地层单位。

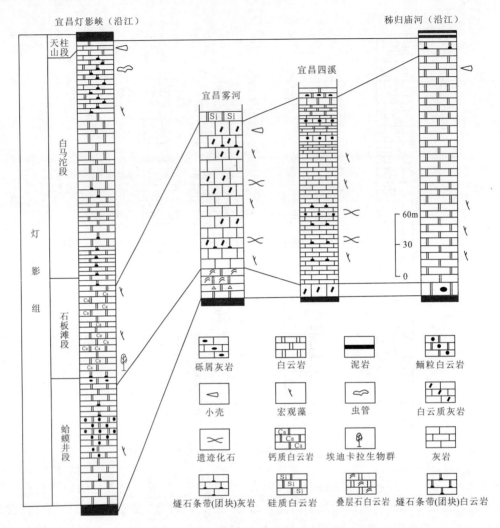

图 5-9 三峡地区震旦系灯影组岩石地层对比图
(据汪啸风等，2001)

### 5.4.1.1 正式岩石地层单位 (formal lithostratigrapjic unit)

正式岩石地层单位按级别分为4级：群（Group）、组（Formation）、段（Member）、层（Bed），其中组是基本的单位。

**组** 宏观岩类或岩类组合相同、结构类似、颜色相近、呈现整体岩性和变质特征一致、空间上有一定的延展性，并能据以填图的地层体。组，或者由一种岩石（沉积岩、火山岩或变质岩）构成，如华南地区石炭系黄龙组全由灰岩组成；或者以一种岩石为主，兼有其他岩石，如华南地区泥盆系五通组以砂岩为主夹有少量粉砂质泥岩及页岩；或者由两种以上岩石交替出现组成；还可以是很复杂的岩石组成并与其他组相区别。对于一个独立的组所能接受的岩石变化程度，没有严格的规定。主要视一个地区岩石发育所需要的地层单位规模的大小而定。组的厚度也无定量标准限定，其厚度大小主要取决于能最好阐述该地区岩石发育所需要的地层单位规模的大小。此外，如果一个所建组在一定比例尺的地质填图中，或在横剖面

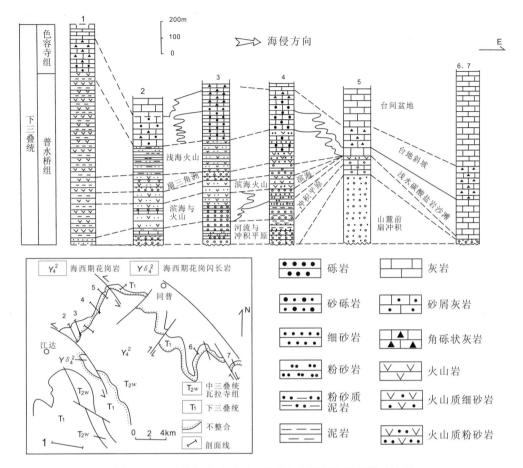

图 5-10 西藏江达地区下三叠统普水桥组岩石地层对比图
(据赵政璋等，2001)

上不能填绘出来则这个组应视为不合理或无意义。

**段** 是组内较组低一级的正式岩石地层单位。段总是组的一个组成部分，不能脱离组独立存在。

组内可全部分段，在一些较大比例尺的地质填图中，为了更精细地展示地质内容，通常将组全部分段，如赣西北地区元古宇倍水组分为 6 段，湘西地区元古宇马底驿组分为 3 段。组内不一定全部分段。需要时可以仅将组内的某个或某些间隔划分为段。段可以从一个组侧向进入另一个组。一个组侧向延伸于其他组内的部分可以处理为其他组的一个段而另外命名（图 5-11）。

**层** 是最小的正式岩石地层单位。一般只限于对那些能识别出来而且特别有用的一个层，或许多单层组成的单位才给予命名，并指定为一个正式岩石地层单位。标志层是一个岩性特殊的薄层，可以命名作为正式岩石地层单位。岩流层是火山熔岩中最小的岩石地层单位，等级上与沉积岩中的"层"相当。它可用其结构、成分、叠加序列等加以辨别。一般岩流层都是非正式岩石地层单位，只有那些独特、分布广、具明显标志意义的岩流层才予以命名，并作为正式岩石地层单位。层的厚度通常为一厘米到几米厚。只有由层面限制的层才是

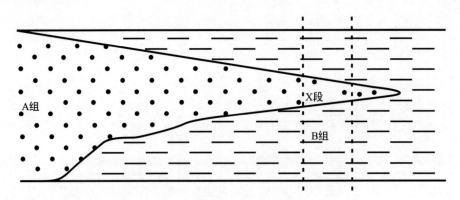

图 5-11　A 组延伸到 B 组构成 B 组的 X 段

岩石地层单位的层。

**群**　是比组高一级的正式岩石地层单位。群可以由两个或两个以上具有相同或相岩性（或岩性组合）、岩相和变质程度相同或相似的组组合而成。群也可以是一套尚未经深入研究，暂未分组，一经详细研究后可能被划分成组的岩石系列，如湘西元古宙地层前人开始研究时仅将其划分为冷家溪群、板溪群和其上的震旦系，经详细研究后冷家溪群被分解为雷神庙组、黄浒洞组、小木坪组和坪原组；板溪群分为横路冲组、马底驿组、铜塔湾组及瓦强溪组。组不一定要合并为群，只有为了更有效地在大范围内进行对比研究，或为编制小比例尺图件的需要才并组为群。群的层型通常为复合层型，其由各个组的单位层型组成。

### 5.4.1.2　非正式岩石地层单位（informal lithostratigraphic unit）

非正式岩石地层单位是为某些特殊需要而提出的一个无需命名，也不符合命名为正式岩石地层单位的岩石体。从考虑实用目的而非考虑岩石一致性所识别的岩石体，通常在以下情况下使用非正式岩石地层单位：①为了更精细地划分地层，或丰富地质图面内容，将一些特殊的或与上下地层岩性不一致的岩层或岩石体划分出来，如一套正常陆源碎屑岩中的火山岩夹层，浊积扇沉积地层中主水道砾石层，具有事件地层意义的风暴岩层和震积岩层等。一些非层状的岩石体，如滑移体、滑塌层、滑来岩块、碳酸盐沉积中的生物礁、底辟、盐丘等，均可用非正式岩石地层单位的名称。②一些具经济价值的岩石、矿层（或体），如含水层、煤层、油层、采石层、含矿礁以及其他有经济价值的层（或体）均可采用非正式岩石地层单位。非正式岩石地层单位可以命名，但即使给了地理专名，也是非正式岩石地层单位。

### 5.4.1.3　特殊岩石地层单位（special lithostratigraphic unit）

特殊岩石地层单位是相对于正常岩石地层单位提出的，两者分别使用于不同类型的岩石体。正常岩石地层（也叫史密斯地层）的形成，符合地层学三定律、化石层序律和瓦尔特相律，其岩石（或岩石组合）特征与结构、层序与地层关系在实测剖面上易于识别和纵、横向追溯。而特殊岩石地层，主要是原始层状或非层状岩石体遭受后期不同程度和不同期次的构造变形、变质作用及岩浆作用的影响和强烈改造后形成的一套岩石体，其原始的层序受到严重的破坏，岩石特性、结构与构造部分或全部遭受明显的肢解，甚至重组，或发生大幅度的构造推覆与位移，致使难以用正常的岩石地层的分类方法对其进行划分及对比，这套特殊的岩石地层也叫非史密斯地层，一般分布在造山带和（或）基底岩系中。特殊岩石地层分为以下地层单位，岩群、岩组、杂岩、混杂岩、蛇绿岩、滑塌岩、构造岩等。

(1) 岩群 (Group - complex)。岩群是特殊岩石地层单位中相当于正常岩石地层单位群一级的正式单位。它们是在中—高级变质岩区，或在造山带的主体部分，由于受复杂构造或强烈岩浆活动的影响，或由深熔作用导致的区域混合岩化作用而形成的一套无法建立完整层序的变质表壳岩岩石组合。这类岩石组合，往往呈现顶、底不全，并为特殊构造面所围限，或被变质花岗侵入体或成因复杂的花岗质岩石所包容；其岩层往往因受强烈韧性剪切作用而产生强烈糜棱岩化，使原始层序遭受强烈破坏，难以恢复完整的地层层序。

(2) 岩组 (Formation - complex)。岩组是岩群中根据岩石（或岩石组合）特征，进一步再分的，相当于正常岩石地层单位组一级的正式岩石地层单位。其岩层具深浅不等的变质程度，有时呈现中等至强烈糜棱岩化、片理化、布丁化，或在能干性弱的岩层中呈为复杂的褶皱叠加和各种塑性变形特征；其原生面理往往部分或全部为后生面理所置换；其顶、底界常被次生构造面所限；岩组与岩组之间的接触关系，一般不符合原始岩石地层的叠覆原理，而是构造叠覆关系。

(3) 杂岩 (complex)。杂岩是指一套厚度巨大、顶底不全、由各种不同类型的岩类构成的岩石复合体，并以不规则混合的岩性或极为复杂的构造关系为特征，以致组成岩石体的原始层序模糊不清，难以对其中的单独岩石或岩石层序进行划分与填图。杂岩可作为正式岩石地层单位名称的一部分，即作为其名称中的岩石学术语，如桑干杂岩、东海杂岩等。

(4) 混杂岩 (melange)。混杂岩 (Melange，法语，混杂之意) 术语是 1919 年 Greenly 在英国威尔士 Anglesey 岛填图时首先引入的，其特征是原始层序完全被破坏，坚硬的块体被包裹于破碎的基质之中。混杂岩沿造山带中的缝合带分布，构成长达几十至数千千米的混杂岩带。在混杂岩带中，有的岩块（或地层体）还保存有原生的层序关系，可建立低级别的正常岩石地层单位；而岩块（或地层体）之间的接触关系，一般是特殊的构造关系。因此，在混杂岩带内通常难以从整体上建立正常的岩石地层单位系列，只能建立一种特殊岩石地层单位中的无级别非正式岩石地层单位。混杂岩带因所处的大地构造环境不同而形成不同性质的混杂岩带，在活动大陆边缘因板块俯冲形成的通常是沉积混杂岩，而在陆内碰撞造山带形成的多是构造混杂岩。

(5) 蛇绿岩 (ophiolite)。蛇绿岩是地球壳-幔层圈间相互作用的产物，是一种洋壳岩石组合体。自下而上为超基性—基性岩、堆晶岩、辉长辉绿岩-席状岩墙群-玄武岩或含深海沉积夹层的枕状玄武岩-硅质岩及深海泥质岩。它们不是单一的岩石地层单位，更不是杂乱无序的各类岩石混合而成的杂岩，而是一套具有成因联系和严格定位的岩浆-深水沉积岩的组合体。蛇绿岩通常因构造作用而呈层状无序状态，因此，一般将其作为特殊岩石地层单位中的一种无级别的非正式单位。

(6) 滑塌岩 (slump rock 或 olistostrome)。滑塌岩是指已生成的正常或特殊岩层（或岩石体），因受构造或重力（或其他地质）作用影响，产生滑移或崩塌而掉入正在沉积的异地地层体中的部分。它们的生成时代一般都不同程度地老于其围岩，其周边与围岩间完全被特殊地层面所围限。当滑移（或崩塌）距离不大时，其滑移（或崩塌）物被称为"滑移岩、滑移层、滑坡堆积"，其生成时代略老于围岩，两者岩性亦相近。通常作为包围它的正常岩石地层单位内的一个次一级非正式地层单位或标志层进行描述。当滑移（或崩塌）距离较大时，滑塌岩的生成时代一般明显老于围岩，其岩性特征与围岩亦明显不同，其周边与围岩间完全为特殊地层所围限。这种滑塌岩体自身常呈现为一个良好的地层剖面，其内部可进行低级别的正常岩石地层单位划分。当它由非层状岩石体组成时，则是无级别的非正式岩石地层单位。

（7）构造岩。所谓构造岩是指由构造作用形成的构造角砾岩、糜棱岩等，可构成独立的特殊岩石地层单位，是特殊地层中无级别的非正式地层单位。

### 5.4.2 建立岩石地层单位的程序

**层型及典型地点的确定**　不论哪一级或什么岩类组成的每个正式岩石地层单位，都应当有一个高度概括、文字精炼的明确定义，同时指定一个该单位赖以定义的层型（典型剖面）或典型地点。对于岩石地层层型而言，定义的基础是一个岩层序列的单位层型。对于非层状或成因不明的变质岩体的岩石地层单位而言，定义的基础应该是一个单位据以下定义的特殊地点，即典型地点。层状岩石地层单位的层型和非成层岩石地层单位的典型地点可选择在特定的露头或特定的采掘处或钻孔，最好是那些地层单位名称的来源地。一旦层型或典型地点确定后，除非指定不当或界定不清，否则不可改变。除层型（正层型）和典型地点外，可以指定一个或多个辅助剖面（副层型）或另外的典型地点，作为对该岩石地层单位的补充。组或低于组的岩石地层单位的层型通常是单位层型，而高于组的岩石地层单位（如群）的层型通常是复合层型，即该群的各组层型的复合。

**界线的确定**　岩石地层单位的界线位于岩性发生变化之处。这些界线通常被指定在岩性突变的接触面，如果一个岩石地层单位因为两种或多种岩石逐渐变化或复杂地相互穿插，而在横向或垂向上过渡到另一个单位，那么它们之间的界线就有必要人为确定，选定的界线应最适合于地层单位的划分，例如，在一个石灰岩单位向上通过页岩和石灰岩互层过渡到页岩单位的层序中，界线可以人为地置于层序中易于追溯到的最高的石灰岩层的顶部，或者置于最低的页岩层底部。在盆地覆盖区，由于钻孔向下，一般最好将这样的人为界线放在一种特定的岩石类型出现的最高位置而不是最低位置。岩性十分相似的地层往往包含着局部的或小的间断，假整合或不整合，一般不应当仅仅因为存在着这种类型的沉积间断而被划分成两个或两个以上的岩石地层单位，除非同时存在着一个易于确定岩石特征改变的界线。但是，总体上发生变化，而且被区域性的不整合或大间断隔开的相邻地层，即使不存在明显的岩性差异证明其可分时，也应避免将它们联合成一个岩石地层单位。一般情况下，组和段内不应当有不整合。平行不整合不应见于组内，群内也很少见。

由于标志层是地层划分对比的良好标志，因此，岩石地层单位的界线最好能划在标志层的顶或底面。当岩石地层界线确定后必须进行地层对比，从层型剖面或典型地点向外延伸，查明该地层单位在区域上的空间展布规律以确定其稳定性。

**岩石地层单位的命名**　岩石地层单位的名称应包括两个方面：一是合适的当地地理名称；二是说明其等级的合适的单位术语（群、组、段），或者能表达组成单位的主要岩石类型的单一岩石术语，如黄龙组、茅口组、Gafsa 组、Spiti 页岩及 Manhattan 片岩等。

一般正式的岩石地层单位的名称，主要由地理名称及地层单位术语两部分组成（高振家等，2000），如栖霞组和茅口组中栖霞、茅口均为该组层型剖面所在地的地名。如果某一岩石地层单位的岩性发生了横向变化，不论这种变化是起因于沉积作用，还是成岩或变质作用，是否更改地理名称建立一个另外的岩石地层单位，取决于其变化的程度。新建岩石地层单位是一件非常慎重的工作。如果是在那些界线是人为确定的、横向变化难以琢磨的情况下，用一个含义较广的名称，比使用两个或更多的名称更好。

## 5.5 岩石地层单位穿时普遍性原理及其评价

### 5.5.1 岩石地层单位穿时普遍性原理的含义

穿时（diachronism）是由英国地质学家 Wright（1926）介绍英国兰开郡内的磨拉石粗砂岩（millstone grit）在其分布范围内其地质时代随地区变化而提出来的。这一概念在现代地层学中是指在连续的海侵或海退过程中，一个岩石地层体及其界线与其时间界面斜交的现象。

穿时普遍性原理是 Shaw（1964）首先提出的，他把陆表海的沉积物分为两种沉积环境的产物：一种是直接来源于海水本身原地生成的沉积物；另一种是来源于海水范围之外的陆源异地生成的沉积物。在陆表海沉积二元论的指导下，根据陆表海的物理、化学和生物特征以及总机械能量的分析得出两条基本的结论，即穿时普遍性原理。

第一条原理说，原地生成岩序列中的岩层，虽然其侧向延伸趋向同时，但与完全均一的海盆中连续生成的沉积物不一样。因为在陆表海里，不同类型的原地生成岩，之所以能够在空间上连续地延伸，其唯一的途径只能是通过海水进退导致的环境迁移运动造成的。因此，连续分布的、正常延伸的原地生成岩必然是穿时的。

第二条原理说，异地生成的（或外来的）沉积物在陆表海的不同部位趋向渐变、稳定但特征不同的异地生成岩，之所以彼此能够以正常顺序连续出现，其唯一途径只能是通过体现该特征的总机械能的侧向迁移而形成。如果能量的迁移是在缓慢的过程中完成的，则形成的异地岩石单位侧向可以追溯，就是穿时的。如果能量的迁移突然，这时，在过渡区内就不复存在这种岩石，则岩石单位不能追溯。于是，所有非火山形成的、异地生成的和侧向连续的陆表海沉积的岩石单位以及在无间断的连续剖面中，位于其上或其下的相邻异地生成的岩石单位，都必然是穿时的。

将上述两条原理综合在一起，可以概括成一条原理，穿时普遍性原理（principle of ubiquity of diachronism），它是指"全部侧向可以识别和追溯的非火山成因的陆表海沉积的岩石地层单位都必然是穿时的"。

用海平面变化来解释该原理似乎更准确。由于海平面总是变化的，受海平面影响较大的陆表海沉积，总是在超覆或退覆，沉积物和沉积中心总在向陆或向海迁移，这类沉积形成的沉积地层界线必然与时间界面斜交，也就是穿时。所以说陆表海中岩石地层穿时是普遍的。这一原理在湖相地层中也能应用，并已得到了普遍的证实。自从穿时普遍性原理提出以来，岩石地层单位穿时的实例越来越多，很多原来认为是同时代的岩石地层单位，当沿横向追踪对比后发现都是穿时的。

### 5.5.2 岩石地层单位穿时实例

（1）在美国亚利桑那和新墨西哥两州的交界附近，寒武纪岩石地层单位具有明显的穿时性。下部的保尔萨石英岩和中部的阿布利高石灰岩都斜穿早—中寒武世、中—晚寒武世和晚寒武世—早奥陶世3个时间界面。这两个岩石地层单位自西向东追溯，其地质年龄均愈向东变得愈年轻（图5-12）。

（2）西藏南部地区三叠系分为3个岩石地层单位：土隆群、曲龙共巴组和德日荣组（图5-13）。其中土隆群为一套以灰岩、泥灰岩为主的碳酸盐沉积，而上覆曲龙共巴组则主要为页岩和砂岩，两者之间界线清楚。西部普兰一带，土隆群厚52m，其中所含生物化石主要为早三叠世分子，

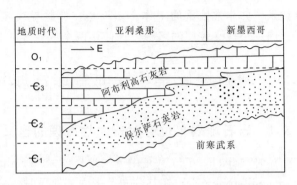

图5-12 美国西部下古生界岩石地层单位的穿时性
（据Weller，1960，修改，转引自张守信，1989）

顶部产有少量中三叠世的分子。在东部定日县萨尔库间一带，本群厚40m，主要产早三叠世的菊石化石：*Pseudoceltites* sp.，*Uwenites* sp.，*Proptychitoides depcipens* 等，其顶部所产化石也为早三叠世。因此，库间一带土隆群仅限早三叠世，主要为早三叠世早期。而在中间的本群层型剖面——聂拉木剖面上，本群包含13个菊石化石带，时代由早三叠世到晚三叠世早中期。总的来看，本群底界较稳定，但顶界为一明显的穿时面，应为一穿时的岩石地层单位。与此相同，上覆的曲龙共巴组也为一明显的穿时地层单位。

（3）美国纽约州下泥盆统的亥尔德伯格群（Helderberg Group）的各个组都是穿时的，

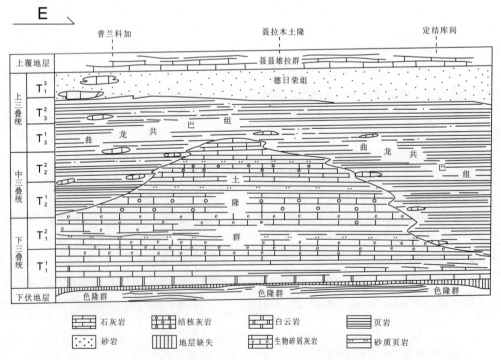

图5-13 北喜马拉雅地区三叠系土隆群、曲龙共巴组和德日荣组的时空关系图
（据西藏地质矿产局，1997）

特别是属于早泥盆世的曼利纽斯组（Manlius Fm.）潮汐碳酸盐岩沉积物，向西变年轻（图5-14）。

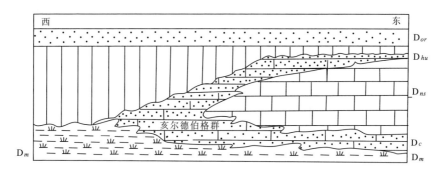

图 5-14 亥尔德伯格群各组的穿时图

（据 Ginsburq，1975，转引自张守信，1989）

D$m$＝曼利纽斯组；D$hu$＝亥尔德伯格群；D$c$＝科依曼组；D$or$＝奥里斯堪砂岩；D$ns$＝新苏格兰组

（4）滇东下石炭统万寿山组为一套以砂页岩为主的煤系地层，含珊瑚类、腕足类及植物化石，在西北部宜良万寿山一带，产大塘期早期的化石分子：*Megachonetes zimmermanni*；而在东南部的路南寨黑一带则产时代属大塘期晚期的化石分子：*Yunanophyllum* sp.，*Kueichouphyllum heishikuanense*；中间过渡带中产有时代属大塘期中期的化石：*Kueichouphyllum sinense*，*Thysanophylloides* sp.。从图 5-15 中可以看出，本组由北西向南东时代变新，为一明显穿时的岩石地层单位。

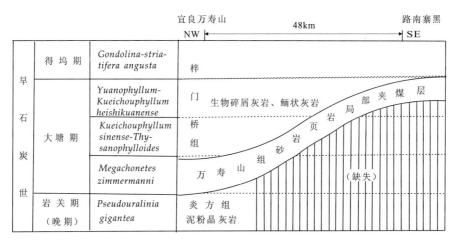

图 5-15 滇东万寿山组的穿时图

（据熊家镛等，1998）

## 参 考 文 献

湖南省地矿局. 湖南省岩石地层［M］. 武汉：中国地质大学出版社，1997：1-292.

全国地层委员会. 中国地层指南［M］. 北京：地质出版社，2001：1-59.

江西地质矿产厅. 江西省岩石地层［M］. 武汉：中国地质大学出版社，1997：1-375.

梅冥相, 高金汉. 岩石地层的相分析方法与原理 [M]. 北京: 地质出版社, 2005: 1-285.
汪啸风, 陈孝红. 中国各地质时代地层划分与对比 [M]. 北京: 地质出版社, 2005: 1-595.
汪啸风, 陈孝红, 张仁杰, 等. 长江三峡地区珍贵地质遗迹保护和太古宙—古生代多重地层划分与海平面升降变化 [M]. 北京: 地质出版社, 2002: 1-341.
吴瑞棠, 王治平. 地层学原理和方法 [M]. 北京: 地质出版社, 1994: 1-131.
高振家, 陈克强, 魏家庸. 中国岩石地层辞典 [M]. 武汉: 中国地质大学出版社, 2000: 1-628.
西藏自治区地矿局. 西藏自治区岩石地层 [M]. 武汉: 中国地质大学出版社, 1997: 1-302.
熊家镛, 蓝朝华, 曾祥文. 沉积岩区1:50 000区域地质填图方法研究 [M]. 武汉: 中国地质大学出版社, 1998: 1-113.
张守信. 理论地层学 [M]. 北京: 科学出版社, 1989: 1-165.
张克信, 童金南, 侯光久, 等. 1:50 000区域地质调查报告(煤山镇幅、长兴县幅) [M]. 武汉: 中国地质大学出版社, 2005: 1-264.
赵政璋, 李永铁, 叶和飞, 等. 青藏高原地层 [M]. 北京: 科学出版社, 2001: 1-542.
庄寿强. 时间、穿时及地层的时差对比 [M]. 徐州: 中国矿业大学出版社, 1994: 1-116.
九萨尔瓦多. 国际地层指南 [M]. 2版. 金玉玕, 戎嘉余等译. 北京: 地质出版社, 2000: 1-171.
Dypvik H, Hankel O, Nilsen O et al. The lithostratigraphy of the Karoo Supergroup in the Kilombero Rift Valley [J]. Tan-zanla. Pergamon. 2001, 32 (3): 451-470.
Einsele G, Ricken W, Scilacher A. Cycles and events in stratigraphy [M]. Berlin and Heidelberg: Springer-Verlag, 1991: 1-6.
Gale A S. Cyclostratigraphy and correlation of the Cenomanian Stage in Western Europe [M].//orbital forcing timescales and cyclostratigraphy, Geological society, London, special publication, 1985: 177-197.
Garzanti E, Nicora A, Rettori A. Permo-Triassic boundary and Lower to Middle Triassic in South Tibet [J]. Journal of Asian Earth Sciences, 1998, 16: 143-157.
Markus Wilmsen, Niebuhr. Stratigraphic revision of the Upper and Middle Cenomanian in the lower Saxong basin (northern Germany) with special reference to the Salzgitter area [J]. Cretaceous Research, 2002, 23: 445-460.
Muto T, Steel R J. Principles of regression and transgression: the nature of the interplay between accommodation and sediment supply [J]. Journal of Sedimentary Research, 1997, 67: 994-1000.
Sadler P M. Sediment accumulation rates and the completeness of stratigraphic sections [J]. Journal of Geology, 1997, 89: 569-584.
Shaw A B. Time in Stratigraphy [M]. New York: Mc Graw-Hill, 1964: 1-365.

## 关键词与主要知识点-5

岩石地层学 lithostratigraphy
地层结构 stratigraphic architecture
基本层序 primary sequence
地层划分 stratigraphic division
地层对比 stratigraphic correlation
非正式岩石地层单位 informal lithostratigraphic unit
特殊岩石地层单位 special lithostratigraphic unit
正式岩石地层单位 formal lithostratigraphic unit

岩群 Group-complex
岩组 Formation-complex
杂岩 complex
混杂岩 melange
蛇绿岩 ophiolite
滑塌岩 slump rock/olistostrome
穿时 diachronism
穿时普遍性原理 principle of ubiquity of diachronism

# 第6章 生物地层学

## 6.1 生物地层学的基本概念、形成与发展

**生物地层学**（biostratigraphy）是根据地层中生物化石的时空分布特征和规律来进行地层划分对比，并确定地层形成相对时代的地层学分支学科。生物地层学运用的基本原理是生物进化的不可逆性和阶段性特征。生物地层学的主要任务是研究地层记录中化石的时空分布，并根据地层中所含化石的特性将岩层编制成若干地层单元，确定地层的相对地质时代。

生物地层学的基本思想萌芽于18世纪后期。英国工程师史密斯（William Smith，1796）在开凿运河的土地测量工作中，运用尼古拉斯·斯泰诺1669年提出的地层叠覆律和侧向连续性原理，总结所收集到的化石在地层中的分布规律，认识到不同岩层中所含的化石各不相同，可以根据相同的化石来进行地层对比并判别地层的时代，这就是后来被广泛接受的**化石层序律**（law of fossil succession）。史密斯的重要发现开创了生物地层学研究方法的先例，并且很快在欧洲广为传播和发展，从而开辟了地层学研究的新领域。进入19世纪后，生物地层学思想的广泛流行和应用，不仅使得生物地层学的方法和体系迅速成熟和发展，而且带动了地层学中其他相关学科和领域的进步。例如，英国地质学家Charles Lyell（1833）根据化石组合成功地将西欧盆地的第三系划分为始新统、中新统和上新统，并将其应用到了不同的沉积盆地的地层研究中。法国自然学家Alcide d'Orbigny（1849—1852）还根据化石序列将全球显生宙划分为许多"地质阶"（geological stages）。几乎与此同时，瑞士地质学家Amanz Gressly（1838）引入了"相"的概念，并指出：即使是同时代的地层，由于相的差异也可能具有不同的动物群。德国古生物学家Albert Oppel（1856—1857）则根据化石的一般序列提出了一种独立于任一地区的地层划分体系——生物带和标准化石，并成功应用于侏罗纪地层的研究中，这是最早的关于生物地层学思想的升华。后来，英国古生物学家Charles Lapworth（1879—1880）也将Oppel的"生物带"分析方法成功地应用到早古生代地层的研究中。

但是，生物地层学这一术语是后来的比利时古生物学家Louis Dollo（1904）在《环境古生物学》（*La Paléontologie Ethologique*）中最先提出来的。他建议将古生物学区分为"纯古生物学"和"应用地层古生物学"，并将后者称为生物地层学。他指出："我所称的生物地层学一般理解为地层古生物学，与纯古生物学是不同的。我把纯古生物学称作简单古生物学。"由此可见，Dollo将生物地层学作为古生物学的一个分支，通过研究生物的发展历史来确定地层的层序和年代。随后，生物地层学一词逐步为地质工作者们所接受和采用，并逐渐发展成为一门独立的分支学科。虽然20世纪早期一些著作仍赞同Dollo的思想，即将生物地层学作为古生物学的一个分支学科，但20世纪50年代之后，多数学者认为生物地层学应该作为地层学的一个分支。我国学者杨遵仪和徐桂荣在1962年编写我国第一部《生物

地层学》的教材中也认为:"生物地层学是地层学的一个分支,它的任务是根据生物发展历史及其空间分布规律,阐明地层的发育顺序,并研究生物化石在地层划分和对比中的原理和方法。"由此可见,生物地层学主要是通过研究化石来解决地层学的问题,因此,它是地层学的分支学科之一。

生物地层学的研究不仅为地层序列的建立、划分和对比提供了最常用的可靠手段,而且为研究生物演化的过程和机制,重建地质历史时期的古构造、古地理和古环境格局提供了具体的时空格架。同时,生物地层学也是区域地质调查和矿产资源普查勘探中进行基础地质学研究最基本的、有效的地层学工具。因此,生物地层学研究具有重要的理论指导意义和实际应用价值。

比利时古生物学家
Louis Dollo(1857—1931)
http://en.wikipedia.org/wiki/File:
Louis_Dollo_2.JPG

德国古生物学家
Albert Oppel(1831—1865)
http://www.google.com.hk/imgres?imgurl

## 6.2 生物地层学的基本原理和理论基础

生物地层学之所以能成为独立的学科,是因为它具有有别于其他学科的理论基础。生物的发展演化是地质发展史的组成部分,生物的生存环境与沉积地层所反映的环境有密切联系。因此,地层中生物的存在和分布形式客观地反映了地层的时空结构。

**地史时期**曾出现过种类繁多的生物,它们伴随地球历史进程经过了长期而复杂的演化过程。但生物的发展不是杂乱无序的,而是严格遵循其固有的生物演化规律,即由简单到复杂,由低级到高级,逐步发展壮大。其中**生物演化的前进性、生物进化的不可逆性、生物发展的阶段性和生物扩散迁移的瞬时性**等原理,是生物地层学最基本的理论依据。在这些规律控制下的生物演变过程及其地质产物便构成了生物地层学的物质基础。

## 6.2.1 生物演化的前进性

最初的地球上没有生命存在的标志,直到大约38亿年前在格陵兰伊苏阿(Isua)地区形成的条带状燧石与铁矿互层岩系中才记录到一种可能是由生物聚集形成的石墨(碳)。这是目前已知最早可能与生命活动有关的物质记录。澳大利亚西部(35~34)亿年前形成的瓦拉乌那群(Wara Woona Group)中的一种叠层状沉积构造可能是最早的生物沉积构造。最早的生物体化石仅是一些十分原始的原核单细胞蓝细菌和细菌球状体及丝状体,如在澳大利亚西部发现的大约35亿年前诺斯波尔(North Pole)岩石中的丝状体,类似于现代的蓝细菌。产于南非约30亿年前的无花果树群(Fig Tree Group)中的一些球状构造,也类似于一种细菌或蓝细菌。加拿大19亿年前形成的冈弗林特燧石层(Gunflint Chert Beds)中具纤维状的细胞结构和我国华北14亿~12亿年前雾迷山组黑色燧石层中的多核型菌藻类化石可能属真核生物。

直到元古宙晚期才出现大量后生动物化石记录,最典型的是首先发现于澳大利亚南部6亿年前的埃迪卡拉(Ediacara)化石群。该化石群目前已在五大洲10余个产地发现,包括我国三峡地区、俄罗斯的西伯利亚和莫斯科地区、乌克兰、瑞典、英国、美国西部和非洲西南部等地。埃迪卡拉化石群中约有70%属于腔肠动物门(刺细胞动物),较进化的生物是海生的蠕虫类及类似节肢动物但不具有背甲的一类生物。

大量出现具硬壳的原始无脊椎动物是在距今5.4亿年左右的寒武纪初期,在我国寒武系底部纽芬兰统的晋宁阶和梅树村阶中含有大量个体微小的小壳化石(small shelly fossils)组合,其中包括海绵类、软舌螺类、原始腹足类、单板类、喙壳类、腕足类、环节动物以及一些分类位置不明确的生物类群。这一特色的早期骨骼化石组合是确定寒武系底界的重要标志之一。

从寒武纪开始,各类海生无脊椎动物开始大量繁盛,由其发展而来的脊椎动物及各类陆生植物也相继出现,化石记录变得十分丰富。动物界的发展经历了从单细胞到多细胞、从原生到后生、从水生到陆生、从变温到恒温、从卵生到胎生等重大进步性发展,直到新生代大量哺乳动物和高等智慧生物——人类的兴盛。与此同时,植物界也经历了从菌藻类→蕨类植物→裸子植物→被子植物的进化过程。

由此可见,地球生命的发展经历了从无生命到简单生命形态的化学进化过程,随后生物的演化经历了从原核到真核、从单细胞到多细胞、从水生到陆生等过程。因此,随着地球历史发展,生物体愈来愈高级和复杂,年轻地层中的化石记录也愈趋丰富多彩。

## 6.2.2 生物进化的不可逆性

从宏观生物层次上看,地史时期曾出现过的生物一旦灭绝,就不可能再次出现,例如古生代的三叶虫、笔石和中生代的恐龙、菊石等;从微观生物体结构上看,生物的某种器官一经退化,就会一直退化下去或消失,不会在其后代个体上重现,例如哺乳动物鲸类虽然重返大洋生活,但却不会再有其祖先鱼类的呼吸器官——鳃。受这一规律的控制,曾生活于一定地史时期的生物化石种类只能存在于其生存时期形成的地层中,它们不会在先期或后期形成的岩层中出现。例如三叶虫动物化石只能在古生代地层中存在,而恐龙化石只存在于中生代地层中。另外,史前生物曾经拥有的某些形体器官也只存在于当时地层记录的某些化石中,而某些后期新生的生物器官在先期的生物化石中不会出现。由此可见,只要地层保持原始顺序,其中的化石及其所拥有的某些特殊器官在其他层位上不会重复出现。生物进化是不可逆的、不可复制的。

### 6.2.3 生物演化的阶段性

根据自然界发展和演变的规律,生物的发展和演化也遵循着量变与质变、渐变与突变两种基本形式,而且这些形式通常交替出现,从而使得生命的进步和生物的进化具有明显的阶段性。

达尔文主义认为,生物多以缓慢的速度发生渐变,在自然选择的压力下,经过变异遗传,性状积累,产生生殖隔离,逐渐形成新的物种,这是**线系渐变论**(gradualism)的成种模式。但持**间断平衡论**(punctuated equilibrium)观点的学者认为,新物种的形成主要是通过突变的形式产生的,即旧种经过隔离,在短期内产生突变获得新的性状,经过适应和选择,获得稳定,形成新种。事实上,愈来愈多的证据表明,在生命发展和生物进化的历程中,这种突变成种与线系渐变成种是彼此交替进行的,而且突变是新种形成的主要途径。

突变是演化的加速和激化。如果由于外因打断了正常的演化过程,在短期内造成大范围的剧烈变动,则属于**灾变**(catastrophe)。灾变可能由多种因素造成,它常引起大规模的**生物大灭绝**(mass extinction)或**生物危机**(biotic crisis)。灾变导致的生物危机通常影响到众多的生物门类。大灭绝的速率较正常状态(**背景灭绝** background extinction)高出数十倍甚至数百倍。大量资料表明,显生宙生物演化史上曾发生了数十次灾变性的生物灭绝,其中最为显著的有5次,即奥陶纪末、晚泥盆世、二叠纪末、三叠纪末和白垩纪末(图6-1)。每次生物大危机之后,必定出现一次空前的生物进化、新门类爆发和辐射演化。新的生物门类在形成之后,又进入一个相对长期的稳定发展时期。这种长期的、连续的渐变与短期的突变

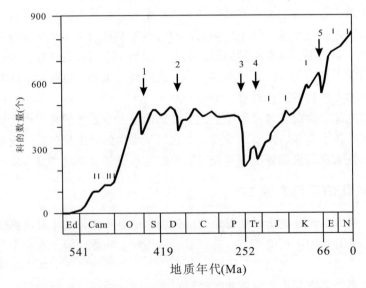

图 6-1 显生宙生物分异曲线

(据 Sepkoski,1986)

1~5 指示 5 次最大的灭绝事件,小线段指示次级灭绝事件

甚至灾变交替发生，构成生物演化的阶段性，这便是地史时期生物界演化的基本规律。生物演化的阶段性也在一定程度上反映了地质历史演变的阶段性。换言之，由化石记录所揭示的阶段性也反映了地质历史发展的阶段性，这也是各类地层单元划分的客观依据。

### 6.2.4 生物扩散的瞬时性

生物由低级向高级逐步进化和发展的历史，也是生物的生活空间和生态领域不断扩张的过程。只要存在新的生态空间，生物就会通过不断的自身改造，以迅速地适应和占领新的环境。在生物进化过程中，一个新种形成之后会以不同的方式在生存竞争中加强其地位，迅速扩散便是其表现之一。尤其在大规模生物灭绝之后，紧接着就会出现众多新生类群迅速"抢占"各种生态环境的现象。这种生物迁移或扩散，在没有地理阻隔的情况下，一般是极为迅速的，从地质学的尺度来看，属于短期事件。以现代生物学为例，海岸滨螺（*Littorina littorea*）在1850年前曾是一个欧洲种，后被人们带到美国东海岸，在12年（1868—1880）内它经历了从缅因州海岸到纽黑文相距580km的迁徙路程。当然，海岸滨螺因为在个体发育中有幼虫浮游阶段，其迁徙可能比较容易。但是，一些个体发育没有幼虫浮游阶段的生物也可以快速迁徙。凸履螺（*Crepidula convexa*）无浮游幼虫阶段，原是美国大西洋海岸的土著种，1899年被首次带到美国西海岸的旧金山湾，到1933年，它已经越过金门海峡到达另一个海滩，距最初移殖地85km，其迁移速度为每年2.5km。如此计算，在几千年内此螺便可遍及大西洋海岸。此外，达尔文也提到过关于鸟类携带、浮木携带和风暴等自然作用使生物穿越障碍而迅速传播的事例。

根据上述情况分析，从地质时间尺度来看，生物在大范围内乃至全球的扩散和传播可看成是瞬时的。因此，同种化石在地层中分布的首现层位，多数情况下可看作是同时的。

## 6.3 生物地层的基本单位及其建立和命名

### 6.3.1 化石的地层学意义与标准化石

生物地层学的研究对象是包含化石的岩层，其依赖的客观实体是与史前生命活动相关并在岩层中留下记录的化石。由于形态独特，且在岩层中常占据特定位置，化石经常被视为岩层中的一种特殊组分和标志。作为曾经的生命活动记录，它们也是指示过去地球环境的重要标志，对于阐明古生态、古气候、古地理及古海洋等都至关重要。在地层学研究中，由于生物进化的前进性和不可逆性，化石在地层划分对比和时代确定方面具有特殊的价值。此外，史前生物的演化阶段、进化速率、生活环境和生活方式以及化石的埋藏和保存等特征，也具有重要的地层学价值，如生物群落的生态特性也被用于地层学研究（详见本书的第14章生态地层学）。

地球历史早期的生物结构简单、形态单调、进化缓慢，因而生物地层学在前古生代地层研究中受到较大限制。寒武纪生物大爆发后，化石记录迅速丰富，生物体复杂程度增高，进化速率加快，生物多样性迅速增加，不仅为生物地层学研究提供了丰富的物质条件，而且快速的演化和丰富多样的化石记录，极大地提高了地层研究的时间分辨率。因此，生物地层学作为显生宙地层地质年代研究主导方法的地位长期未被动摇，并常被作为评价和衡量其他地层学方法的重要标杆。

各类生物由于在生物演化系统树中所处的位置不同，生理机能进化水平不一，其对生存环境的适应调节能力有较大差异，因而常常具有不同的进化速率，所反映地质时间的分辨率也不相同，其生物地层价值也有差别。同类生物化石在不同的地质时期也可具有不同的进化速率，因此，在地层学上的作用大小也有差别。例如在古生代有孔虫动物中，蜓类有孔虫是晚古生代才分化产生并快速演化的典型类别之一，它明显具有较当时其他非蜓类有孔虫更快的演化速率，因而在晚古生代海相地层中化石记录十分丰富且壳体变化多样，成为该时期生物地层研究的主导化石类别之一。从生物地层学的角度来看，同时期的非蜓有孔虫化石的价值远逊色于蜓类。然而，中生代以后演化产生的抱球虫（属于非蜓有孔虫类），则可提供较古生代蜓类有孔虫更高的地层分辨率。抱球虫类有孔虫不仅演化速率快，而且营漂浮生活，具有更快速的扩散能力和更广泛的空间分布，因而，成为中、新生代海相生物地层研究的主导生物类别之一。快速演变的生物类别往往存续时间较短，如古生代笔石动物中的正笔石类较树形笔石类有明显更快的演变速率和丰富多彩的化石记录，故具有突出的生物地层学价值；但正笔石类谱系存续时间相对较短，它于早奥陶世起源于树形笔石类，终止于早泥盆世，存续时间明显短于到早石炭世才灭绝的树形笔石类。

不同生物类别进化速率的差异主要体现在其对生活环境的适应能力上。一些对外界环境变化耐受性较强的广适性类别，通常有较低的演变速率；而多数对环境变化比较敏感的狭适性类群，则有较高的演变速率，其生物类别更替也就更加频繁，因而，具有较高的生物地层学价值。例如，腕足动物中某些无铰纲腕足类能够在环境多变、水动力条件较强的潮间带很好地生存，但进化速率很慢；而大多数具铰纲腕足类只能生活在典型的正常海相环境，在古生代海洋中的群落演替十分迅速，形成了大量具有重要生物地层学意义的属种和化石群落。当然，生物对环境的适应性与其所采取的生活方式也有很大关系。例如，营底栖固着生活的树形笔石类明显没有营漂游生活的正笔石类演变速率快。另一方面，一个生物门类在地层划分对比上的作用也与该门类生物的扩散迁移能力和速度有直接关系。一般来说，营远洋漂游或游泳生活的生物由于其生活空间广，迁移范围宽，因而，其化石分布广泛，在生物地层对比上更具潜力。如浮游有孔虫的生物地层学价值明显优于其他营底栖生活的有孔虫类群，游泳的头足类较底栖双壳类在生物地层中通常具有更重要的地层划分和对比意义。

由此可见，对于生物地层学研究来说，那些在进化系统上演变速率快、地理扩散迁移能力强、在表型特征上具有明显鉴别标志的化石，具有更大的生物地层学价值，通常我们称这些化石为标准化石（index fossils）。由于生物进化的不可逆性，不同地史时期的生物群明显不同。因此，借助于标准化石的研究，通常我们可以比较明确、可靠地确定所产化石地层的地质年代，并进行区域乃至全球地层对比。

但是，由地史时期生活着的生物体及其生命活动产物到形成化石要经历一个相当长的地质作用过程，其间各种地质作用和物理化学变化使得绝大部分生物体及其产物未能保存为化石，而且即使能够经过石化作用在地层中保存下来的化石，也只有极小一部分能够被我们发掘出来并加以鉴定。因此，尽管标准化石更具有生物地层学价值，但我们能够获得的所有古生物化石资料在生物地层学研究中都是十分宝贵的，我们应该尽力挖掘其中蕴含的地质学信息。

## 6.3.2 生物地层的基本单位与命名

生物地层单位（biostratigraphic unit）是指具有相同化石内容和分布特征的一种地层单位，是根据岩石中所含化石的特征来定义和说明其特性的岩石地层体。生物地层单位是一个客观的地层实体，而且只适用于那些含古生物化石的地质体，它们赖以存在的基础是其中所包含的那些具有特定鉴别标志和属性的古生物化石。因此，生物地层单位是一种建立在化石分类单元鉴定基础上的描述性地质单元，地球上不含化石的岩层体就不属于生物地层的研究范畴。

生物地层单位与其他类型地层单位的本质差别就在于，它是以地层中所包含的生物化石来定义的地层单元。生物地层单位划分所依赖的是化石本身的生物学特征及其组合属性，如化石的类别和形态特征、某一个或几个化石的组合面貌、共生情况、延伸范围、富集程度等，因此，就有多种含义和内容迥异的生物地层单位。

最基本的生物地层单位是**生物带**（biozone），它是指具有共同化石内容和化石分布特征的一种地质体。根据不同的化石特征和组合面貌可以建立不同的生物带。生物带的时间和空间延伸范围取决于定义该生物带的化石的时空分布特征。在地层厚度和地理分布上，生物带的变化范围可以很大，小的生物带可能在某一地区只是一个薄薄的岩层，而大者可能是遍布广大地理分布区厚达数百米的地层单位。不同生物带所代表的地质时间跨度也可有很大的差异，这主要取决于定义该生物带的生物种类的演化速率。

生物带的顶、底界线一般应是一个特征性的生物地层面，称为**生物面**（biohorizon）。生物面可能是一条地层界线、一个界面或者一个地层间断面，其上、下的生物地层特征应有重要而显著的变化。生物面常常位于两个生物带之间，但也可以出现于一个生物带的内部。生物面具有重要的地层对比价值，但利用生物面进行的地层对比不一定是等时的。

在建立生物地层单位、进行地层对比和分统建阶的过程中，首先要寻找出合理、明显又分布广泛的生物面。在生物地层研究中，比较重要的生物面包括：某一生物类别的**首次出现面**（first appearance datum，FAD）、**末次出现面**（last appearance datum，LAD）、**最低存在面**（lowermost occurrence）、**最高存在面**（uppermost occurrence）、显著富集面、化石出现频率或丰度明显变化面以及某一重要生物特征的显著变化面，例如有孔虫壳体旋卷方向的改变、珊瑚隔壁数目或排列方式的改变等。但首次出现面（简称首现面）和末次出现面（简称末现面）是需要借助大量剖面研究才能确定下来的，如果只是某一条剖面上的化石分布情况，则只能称为首次出现点（简称首现点 first occurrence，FO）和末次出现点（简称末现点 last occurrence，LO）。

虽然生物带是生物地层的最基本单位，但由于定义生物带所依据的生物特征不同，因而具有多种不同类型的生物带，如延限带、间隔带、富集带等。不同类型的生物带之间不存在从属关系，也不相互排斥，更不是代表生物地层单位的不同等级。不过，某些种类的生物带可再细分为**亚带**（subzone），也可将具有共同生物地层特征的若干个生物带组合成一个**超带**（superzone）。因此，生物亚带、生物带和生物超带才是生物地层单位的分类等级。

此外，在某些生物地层研究剖面上，常常存在一些不含化石的地层间隔。它们可能是位于两相邻的生物带之间，也可能是位于某一生物带的内部。对于这些地层间隔，由于没有化石而不能进行生物地层划分，通常非正式地称这些地层为"哑层"，但可以参照其上、下相邻的生物带或其所在的生物带加以辨认和区分。如 *Exus parvus* 带和 *Exus magnus* 带之间的哑层、*Exus albus* 带近顶部的哑层。把这些"哑层"特别标示出来，是为了说明我们重点研究的某一化石类群在该地层中缺失。

由于生物地层单位的划分可以依据不同的生物特征，因而，就有多种不同类型的生物带，每种生物带具有特定的意义并适用于特定的场合。为了明确所使用的生物带的类型及其定义方式，各种生物带有其独立的、特定的、定义明确的术语体系。

常用的生物带有以下 5 种类型：延限带、间隔带、组合带、富集带和谱系带。各种生物带之间无级别上的差别，也不相互排斥。同一地层间隔可以根据所选用的化石特征，独立地划分出延限带、间隔带、组合带、富集带或谱系带。

#### 6.3.2.1 延限带

**延限带**（range zone）是指由某一个或多个生物类别的已知地质延限所代表的一段地层体。作为该生物带定义的一个或多个生物类别是从某段地层序列的化石组合中严格筛选而来的。"延限"一词具有地层延限和地理延限两种含义。

延限带的定义可以是基于某一个生物分类单元（种、属、科、目等），也可以是由几个分类单元的归并结合起来的，甚至是某一特定的古生物特征的地层延限。但这些用来定义生物带的古生物化石标志必须是可以明确判定的，而且建立延限带时必须明确定义延限带及其界线的依据和标志。生物地层的延限带有两种主要类型，即分类单元延限带和共存延限带。

**分类单元延限带**（taxon-range zone）指某一特定生物类别（种、属、科等）标本的已知（地层和地理的）产出的延展区间所代表的那段地层体（图 6-2），它是该生物分类单元在所有剖面上有资料确证的产出延限总和。

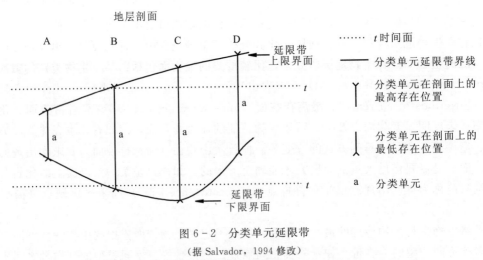

图 6-2 分类单元延限带
（据 Salvador, 1994 修改）

图示分类单元 a 产出的地层和地理延限所定义的生物分类单元延限带的上、下限界面（生物面）
与时间面 t 之间的关系

分类单元延限带的界线是指该分类单元的标本在每一个地方性剖面上已知产出的最大范围界线（生物面），这个带所代表的是该分类单元所处的所有地层和地理区间。在某一具体剖面上，一个分类单元延限带的下、上界线就是该分类单元标本在该剖面上的首现点和末现点。例如，*Isarcicella isarcica* 延限带是指已确认的包含 *Isarcicella isarcica* 标本最大产出范围的所有地层体。*Eoredlichia* 延限带是指已确认的包含 *Eoredlichia* 标本最大产出范围的地层体，而不管是 *Eoredlichia*（属）中的哪一个种。分类单元延限带要以定义其地质延限的相应分类单元来命名，如 *Flemingites* 延限带、*Palaeofusulina sinensis* 延限带。

由于某一分类单元的地质延限范围在不同地理区的不同剖面上，其地层延限范围通常不完全相同，因此有人提议把分类单元在某一特定地区或地点的延限称作为局部带、地方带或地方延限带等，从而与分类单元的总体延限相区别。但是，分类单元在一个地区的延限只有在指出该地区名称的情况下才有意义，因而不具有特殊的地层延伸意义，因此，目前一般不采用这些术语，而是在某一分类单元后附加具体的剖面或地区名称加以说明，如 B 剖面 a 分类单元延限带。严格来说，分类单元延限带在不同地理区的地层剖面上，其下、上限界面是穿时的。在定义某一分类单元延限带的范围时，通常采用该分类单元的上限界面和下限界面来共同确定（图 6-2）。

**共存延限带**（concurrent-range zone）是指由两个特定生物类别（种、属、科等）标本的已知（地层和地理的）产出区间的重叠部分所代表的那段地层体（图 6-3）。这两个分类单元是从该地层序列中所含的所有生物类型中挑选出来的。该带的界线只能用这两个分类单元来定义，其他分类单元可作为该带的特征分子，但它们可以延伸到该带范围之外。如果连续用共存延限带来划分地层，可能会出现一些生物地层分带未能涉及的层段，或者出现同一地层被包含在多个共存延限带内，这是由共存延限带划分的性质所决定的。

共存延限带的界线是根据特定地层剖面上，两个用作定义的化石分类单元中那个延限较高的分类单元的最低存在生物面作为下限，以另一个延限较低的分类单元的最高存在生物面作为上限来确定的（图 6-3）。共存延限带的名称取自于说明该生物带特征的两个分类单元名称，如 *Globigerina sellii – Pseudohastigerina barbadoensis* 共存延限带。

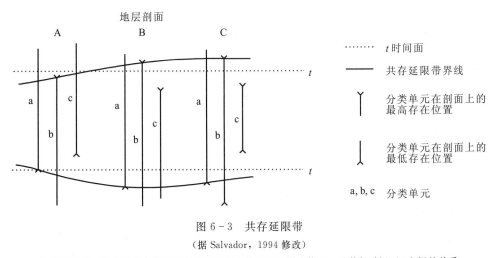

图 6-3 共存延限带

(据 Salvador, 1994 修改)

由分类单元 a 和 b 的共存产出所定义的下限生物面和上限生物面，及其与时间面 t 之间的关系

#### 6.3.2.2 间隔带

**间隔带**（interval zone）是指位于两个特定的生物面之间的、含化石的地层体（图 6-4 至图 6-6）。

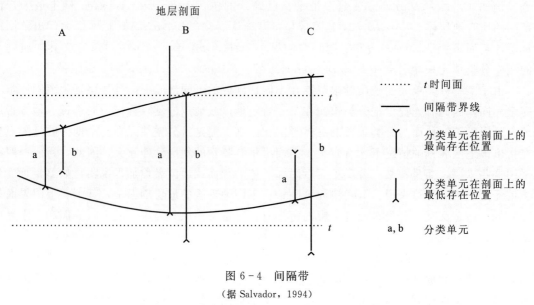

图 6-4 间隔带
（据 Salvador，1994）
其下限由分类单元 a 的最低存在面标定，其上限由分类单元 b 的最高存在面标定

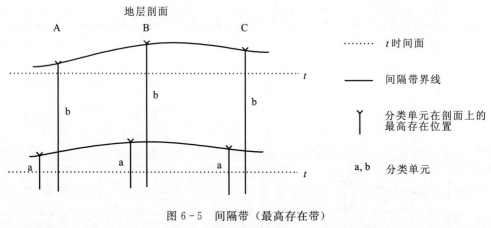

图 6-5 间隔带（最高存在带）
（据 Salvador，1994）
其下限和上限分别由分类单元 a 和 b 的最高存在生物面所定义，这种间隔带在钻井地层研究中特别有用

间隔带不一定代表某一个或几个分类单元的分布范围，它只是通过这些生物所界定的生物面来定义和识别的。位于两个生物面之间不含化石的哑层不能作为间隔带。作为间隔带的顶界和底界标志可以是：某一特定分类单元在任一特定剖面中有资料确证的最低存在生物面；某一特定分类单元在任一特定剖面中有资料确证的最高存在生物面；其他任何可资区别的、具有生物地层特征的生物面。因此，间隔带的界线是由其定义中所选用的生物面来界定的。

间隔带可选用该带内具有代表性的一个分类单元来命名，但这个分类单元不一定限于该带，也不一定是限定该带的根据，如 *Clarkina carinata* 间隔带，其底界和顶界可能是由其他种名限定的，并且 *Clarkina carinata* 可能上延至另外一个化石带。也可以用其界线生物

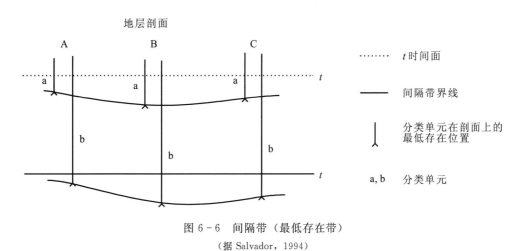

图 6-6 间隔带（最低存在带）
（据 Salvador, 1994）
其上限和下限分别由分类单元 a 和 b 的最低存在生物面所定义

面来命名，但一般将底界生物名放在前、顶界生物名放在后，如 *Globigerinoides sicanus* - *Orbulina suturalis* 间隔带。

间隔带在地下钻井剖面的生物地层研究工作中十分有用。由于钻井是自上而下钻入的，化石鉴定所依据的钻井岩屑常被先前钻出的沉积物的再循环以及井壁脱落的物质所混杂。在这种情况下，用两个特定分类单元的已知最高存在生物面（自上而下的首次出现）之间的地层剖面（图 6-5）定义的间隔带就特别有用，故也称为"最高存在带""最高产出带"或"上限带"。同样地，用两个特定分类单元已知的最低存在生物面之间的地层所定义的间隔带（图 6-6），也是一种很有用的生物地层带，常称为"最低存在带""最低产出带"或"下限带"。

#### 6.3.2.3 谱系带

**谱系带**（lineage zone）是含有代表进化谱系中某一特定片断的化石标本的地层体（图 6-7）。它既可以是某一分类单元在一个演化谱系中的总延限［图 6-7（a）］，也可以是该分类单元在其后裔分类单元出现之前的那段延限［图 6-7（b）］。

在进化谱系中，只要其连续片断的最低出现点是基本同时的，谱系带就有重要的时间意义，而近似于年代地层单位。但谱系带与年代地层中的时带不同，谱系带仅限于其赖以建立的进化谱系中那个实际存在的特定地层部分，并不包括那个片断时间跨度内所形成的所有地层。不过，相互重叠的谱系系统为可靠的生物地层时间对比提供了有效的保证，特别是以几个谱系为基础的重叠带可为生物地层提供更可靠的时间对比。

谱系带的上、下界线是通过代表所研究的演化谱系中连续分子的最低存在生物面来确定的。谱系带代表了一个分类单元在进化谱系中的总体或部分延限，因此谱系带就以该分类单元来命名，如 *Miogypsina intermedia* 谱系带、*Hindeodus parvus* 谱系带。

#### 6.3.2.4 组合带

一个**组合带**（assemblage zone）是由两个及以上分类单元整体上构成一个独特组合或共生的地层体（图 6-8）。组合带的确定依据既可以是该带内所具有的各种化石，也可仅限于

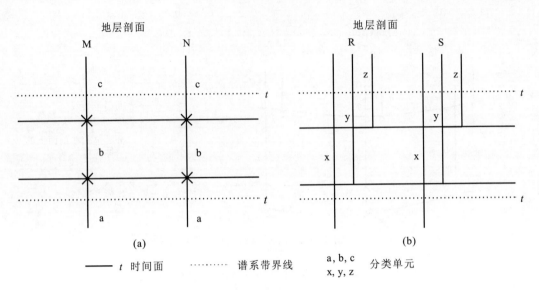

图 6-7 谱系带
(据 Salvador, 1994)

(a) 谱系带代表了分类单元 b 的整个延限——自祖先分类单元 a 的最高存在生物面到后裔分类单元 c 的最低存在生物面；(b) 谱系带代表了分类单元 y 的最低存在生物面到其后裔分类单元 z 的最低存在生物面之间的那段地层体

某些特定类型。因此，就可能有只根据某些化石动物群或植物群所建立的组合带，如珊瑚组合带、有孔虫组合带、软体动物组合带、浮游生物组合带或底栖生物组合带等。

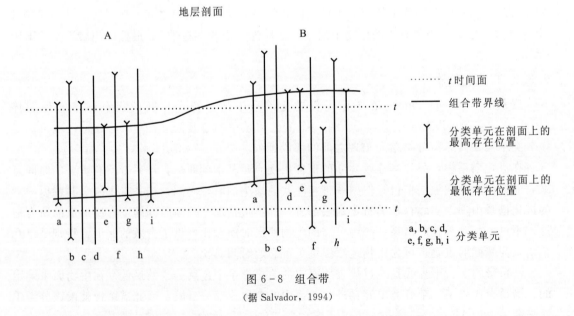

图 6-8 组合带
(据 Salvador, 1994)

组合带的界线是标志该生物地层单位特有化石组合所存在范围的生物面。在确定某一地层剖面是否归属某一组合带时，并不需要将该带特征的所有成员都显示在该剖面上，而且该带中任一成员的总延限都可以超出该组合带的界线。常用的生物面是某一类或几类分类单元或某些古生物特征在当地的兴、衰、存、亡界线。受局部环境变化的深刻影响,这种生物面通常是比较明显的。选择哪些分类单元来确定组合带的界线通常是凭经验来进行的,因此以地层延限不同的多个化石类别为基础建立的组合带,其界线的识别有时是比较困难的。因此,组合带的顶、底界线也可以用该组合带的下伏化石带的顶面和上覆化石带的底面来确定(见本章 6.5 一节实例)。

值得注意的是,**化石组合**与组合带是两个不同的概念。前者是指保存在地层中多种分类单元的混合,不是一个地层单位术语,但它可以成为组合带的基础。组合带强调的是共同埋藏在地层中的某几类或全部化石的整体特征,而不是任一选出成员的某一特征,因此它能够反映该段地层中生物的客观、自然总貌。如果指定一个层型,对组合带的表达和鉴别将十分有用。

组合带往往与局部地区或一定区域相联系,它们与地理上变化很大的生活环境是密切相关的。但是,海洋浮游生物化石组合,在一定的纬度和温度范围内,可以遍及全球。因此,在指示环境方面,组合带可能具有特别重要的意义,同时它也可用来指示地质年代。

组合带的名称是以其化石组合中的两个或两个以上具有明显特征的分类单元来命名,如 *Ophiceras–Lytophiceras* 组合带。

以德国生物地层学家 Albert Oppel 命名的**奥佩尔带**(Oppel zone)曾被认为是一种组合带或多个分类单元的共存延限带,或一种间隔带。但对于这种生物带,Oppel 本人及后来的生物地层学家从未下过精确的定义,它似乎与其他任何生物带都不能完全对应。因此,目前一般都未将奥佩尔带作为一个正式的生物带使用。

#### 6.3.2.5 富集带

**富集带**(abundance zone)所指的地层体是,其中一个特定的分类单元或一组特定的分类单元的丰度明显高于其在该剖面相邻地层中的一般丰度(图 6-9),而不必考虑分类单元和伴生生物的延限情况。富集带建立的依据是其中某一分类单元的标本数量或某一组分类单元的标本数量突然增大。生物演化和生态环境变化都是造成生物富集的重要原因,故此富集带一般仅在局部地区使用。

富集带的上、下界线是该带中一个或一组分类单元的丰度发生明显变化的一个特征性的

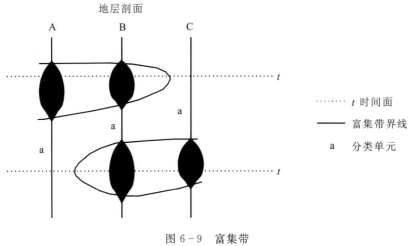

图 6-9 富集带
(据 Salvador,1994)

生物面。富集带取名于丰度剧增的一个或多个代表性分类单元，如 *Claraia aurita* 富集带。富集带也被称为**顶峰带**（acme zone）。

## 6.4 生物地层对比的依据与方法

生物地层单位是一种具有一定时间和空间延续范围的地质体。通过生物地层对比，可以将生物地层单位由其原始定义的地区或参考剖面向外延伸，将地理上分离的剖面或露头点上相应的生物地层单元联系起来，形成一个统一的生物地层空间格架。通常一个地层单位是依据某一特定地点或剖面上某些特殊的地层记录特征所建立的，这种地层单位必须能够在空间上进行侧向延伸才能发挥作用。生物地层对比不一定是时间对比，它可以与时间对比比较接近，也可以是穿时的。但是对于地层对比来说，与时间对比相联系的地层对比更有意义。由于生物地层对比是以所含化石为依据的，因此生物演化、生物的生态及其环境适应性，以及生物地理分区都直接影响了生物地层的对比能力。

### 6.4.1 生物进化与生物地层对比

生物演化的形式和成种作用的方式直接影响到生物作为地层划分和对比标志的能力。通常情况下，新种是在边缘生态域中有地理隔离的条件下产生的，随后逐渐迁移扩散，取代旧种。旧种的消亡也常常是一个逐渐的过程，当某一物种在其主要生活区退出后，还会有少数分子在一些局部地区残留。因此新旧物种的更替常常是有一个过程的，会有一些先驱分子和孑遗分子具有比同期的多数其他物种更长的地质分布时限。不过，一般情况下，新种的出现和扩散速度比旧种的消亡过程更为迅速，所以在化石对比中常注重新种出现的层位，以求得较好的同时性对比。

一方面，在间断平衡论模式下，新旧物种的更替是快速的。演化突变导致生物类群的快速变异，物种和生物类群的爆发式新生及生态领域的快速扩展，为生物地层对比研究提供了良好的条件。愈来愈多的事实表明，突变是物种和类群新生的主要方式，虽然逐渐积累式的演变新生也是生物进化的基本形式，但显生宙大量的化石记录体现的是一种间断平衡式的生物进化过程。因此，依赖于生物更替事件生物面的生物地层对比，通常可以取得较高的年代对比精度。

另一方面，虽然背景灭绝是生物演化发展的自然趋势，但化石记录表明，在显生宙生物进化历史上，大灭绝也是生物进化过程中的客观事实。大幅度超出生物进化背景灭绝的生物大灭绝事件，一般都源于某种或某些稀有的外力事件及其所导致的环境突变。这种外力事件及其所诱导的环境突变事件，往往在时间上是瞬时的，对生物演化进程的影响也是突发的，产生的结果是生物的大规模灭亡。尽管有些事件可能是通过食物链或生物之间的相互依赖而产生影响的，但从地质时间尺度来看，所产生的生物灭绝事件面是基本等时的。因此，一些重要的生物灭绝面也具有重要的生物地层对比价值。

生物的进化速度不仅决定了生物地层的划分分辨率，也控制了生物地层的对比精度。生物的进化速度是指单位时间内所形成的新种类群数目或形态特征的变化量。研究生物的进化速度可以用不同的分类等级来加以比较，既可以根据生物分类单元目、科、属或种的数目，也可以根据生物的某些表型特征、形体大小、结构等变化作为依据。时间单位可以采用绝对时间（万年或百万年），也可以用相对时间（纪、世、期等），甚至还可以用地层厚度来估算生物的进化速度。但是，各个门类生物总的进化速度可能差别很大；同一门类的生物在不同的地质时期和不同的生活环境条件下的进化速度也不相同；同一生物类群在其发生、发展和灭绝的各个阶段，生物的进化速度也是不同的。研究生物的进化速度，不仅可以评价不同生物门类的生物地层学价值，估计生物地层划分和对比的精细程度和可靠性，而且可以据此研究生物进化的阶段性和生态环境状况及其变化。

化石骨骼的大小、形态、构造、纹饰的发展变化，既可以用来估算生物的进化速度，也可作为生物地层对比的依据。例如，腕足动物石燕贝类的壳面装饰的变化，可以用来确定特定地层的地质年代，进行地层对比。古生代石燕贝类的壳饰具有逐步复杂化的趋向：志留纪到中泥盆世的 *Eospirifer* 壳面的中槽中隆是光滑的，侧区也没有放射线；早泥盆世到中泥盆世早期的 *Acrospirifer* 中槽中隆仍无放射饰，但侧区出现了少量光滑的放射饰；晚泥盆世到早石炭世的 *Cyrtospirifer* 中槽中隆上具有细密的放射线，并呈分枝式或插入式增加，但侧区的放射线不分叉；早石炭世出现的 *Eochoristites* 中槽中隆的放射线不分叉或两分叉，侧区放射饰不分叉；晚石炭世的 *Choristites* 中槽中隆放射线不分叉，但侧区放射线一次或多次分叉；石炭纪和二叠纪的 *Neochoristites* 的壳饰则进一步复杂化，全壳的放射线粗细不等，而且多次分叉，构成簇状组合。由此可见，根据石燕贝类的壳面装饰，也可以进行地层的划分和对比。

此外，化石的一些细微特征的变化，经过统计研究，有时也可以大大地提高地层划分和对比的精度，甚至能发现和估计地层间断的大小。一个经典的例子是 Brinkmann（1929）对英国彼得罗地区侏罗系牛津层中菊石 *Kosmoceras* 属的一些种的形态变异研究。他在对大量化石标本的某些性状特征的度量和统计数据进行坐标投影后发现，这些性状特征在剖面 1093.5cm 处有一明显错位［图 6 - 10（a）］，他由此推测这一层位上存在地层缺失。如果在这一缺失面上补入 80cm 地层，则两侧数据可以很好地连接起来［图 6 - 10（b）］，他认为这就是缺失的地层厚度。这一结论得到了后来学者的证明（Kallomon，1955；Kennedy，1977；Lerman，1965）。

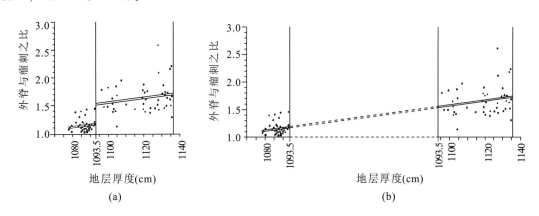

图 6 - 10　英国彼得罗附近侏罗系牛津层菊石 *Kosmoceras* 壳征数据的地层投影

(转引自齐文同，1995)

（a）壳面外脊与壳缘瘤刺之比值在剖面上的分布（每个点代表一枚标本）；（b）同（a）图，表示可能缺失的地层（cm）

### 6.4.2 生物相与生物地层对比

**生物相**(biofacies)反映了某种特定沉积环境中生物群的生态特征,代表了生物群在一定的时间和空间上的生态适应特征,因而具有古地理学和地层学上的双重意义。

生物的生存、演变和分布受环境制约,不同生态的生物各自适应于一定的环境条件,因此以生物为基础的生物地层单位也受限于生态环境的空间分异和历史变迁。可以说生物地层单位也是一种受古环境制约的时空地层单元。但是,生物地层单位与生物相具有不同的含义。生物相所依据的是生态环境特征,强调的是环境和生态的时空差异性;而生物地层单位所强调的是生物分布的时空统一性,即包含特定生物群的连续地质体,其边界体现的是生物相的变异。由于生物的分布和演变强烈受到特定生物的生态环境的时空限定,生物地层单位既有了特定的时间含义,同时又有了横向延展的局限。于是,最具有生物地层学价值的标志性生物的生态特征是:既有广泛的空间分布,又有狭窄的生态域。因此,远洋漂游相和正常浅海陆棚相中的生物地层单位,其所包含的特征性生物群最具有生物地层对比能力。一些营漂游生活或快速游泳生活的生物化石通常形成具有生物地层意义的"标准化石",例如古生代的笔石、古生代到三叠纪的牙形石、中生代的菊石、中—新生代的浮游有孔虫等,都是各时代具有生物地层对比意义的"标准化石"。同时,一些狭适性的正常浅海相底栖生物也具有重要的生物地层对比价值,如古生代的三叶虫、腕足类、四射珊瑚等,这些狭适性生物类群分异度大,演替迅速,生态特征明显,常在区域上形成一些具有一定分布范围的生物相,如分布在湘西北地区晚奥陶世的 $Ovalocephalus\text{-}Cyclopyge$ 三叶虫相。

由此可见,具有空间延展性和时间局限性的生物相与生物地层单位之间是密切相关的。跨生物相的生物地层单位,其时间对比精度通常会明显降低,但它却十分有利于生物地层对比。由于生物的生存受到环境的严格制约,多数沉积盆地中生物相的分异是显著的,不同生物相区生物带难以直接对比。例如,从贵州北部到贵州南部,三叠纪的古地理从北往南逐步由碳酸盐台地经台缘斜坡过渡到碎屑岩盆地(图 6-11),从而导致了南北方向强烈的生物相分异。于是,从黔北到黔南的三叠纪生物地层序列很不相同。与此同时,随着时间的演变,古地理格局及生物相带也在发生变化,因此形成了空间上明显分异、随时间不断变化的复杂生物地层格架(图 6-12)。

### 6.4.3 古生物地理分区与生物地层对比

研究史前生物的地理分布、区域特征及其迁移变化历史的科学称为**古生物地理学**(paleobiogeography)。生物相的分化是由于生物适应不同生态环境所产生的生态类群的分异,而生物地理区的产生则通常是由于长期的地理阻隔,使得在一些特定区域形成特定的生物群。生物地理分区的主要特征是它所含的生物分类群的局限性分布。

在长期的地质历史背景下,各个生物地理区的生物分类群通常独立演化,于是在地层记录中形成独特的生物地层序列。地理阻隔是导致生物地理分区形成的重要因素,从大的范围来看,陆生生物的阻隔为海洋,海洋生物的阻隔为大陆或为密度不同的冷暖洋流分布。时间则是生物地理分区形成的必要条件,地理阻隔不仅要达到一定时间后才会导致生物群的性状变异和分离,而且在经历长时间的性状分离后,即便当地理阻隔消失时也不会迅速弥合生物地理区之间的差异。著名的**华莱士线**(Wallace's line,图 6-13)就是地理阻隔的例子。这

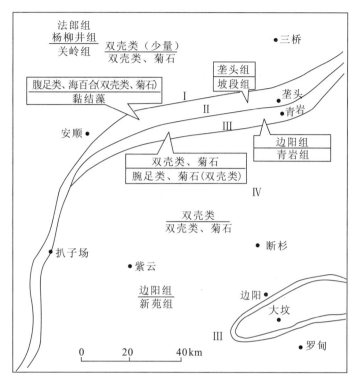

图 6-11 贵州中—南部中三叠世古地理和生物相分异图
(据童金南,1997 修改)

Ⅰ.黔西-黔北分区闭塞—半闭塞台地碳酸盐岩相;Ⅱ.黔中分区岩隆生物滩(礁)碳酸盐岩相;
Ⅲ.黔南分区滩(礁)前斜坡过渡相;Ⅳ.黔南分区开阔陆架陆源碎屑岩相。横线上下分别为拉
丁期和安尼期主要化石类别和岩石地层单元

条形成陆生动物地理分区的界线位于东南亚的加里曼丹与苏拉威西岛之间,该线两侧生物群的面貌特征截然不同。实际上华莱士线是欧亚板块和冈瓦纳板块在新生代拼合的缝合线,分界线两侧的地区曾被广阔的海洋所阻隔而形成了各自独特的生物地理区。此外,纬度差异、气候(温度)条件和冷暖洋流也是形成海生和陆生生物地理分区的重要阻隔因素。因此,在地史时期一直存在低纬度的赤道温暖生物区与高纬度的极地冷水生物地区及其间若干过渡区的分异。这种纬度差异导致的生物地理分区还密切反映了地史时期的全球气候特征和板块分布格局。

没有一个物种是真正世界性分布的。大多数生物属种,甚至科和目,都局限在一个生物地理区的范围内,因此,建立于不同生物地理区的生物地层系统通常也有较大差别。例如,在早寒武世的亚洲、澳洲和地中海地区发育的以 *Redlichia* 为代表的三叶虫生物地层序列与西欧、北美地区的以 *Olenellus* 为代表的三叶虫生物地层序列,就是典型的生物地理分异的产物。

虽然生物的分布明显受生物地理区和生物相的控制,但不同类型生物对地理区和生物相的依赖性仍存在较大差别。多数广适性的生物都具有跨地理区和跨相区分布的能力,但它们通常有比较低的进化速率,因而削弱了其生物地层学价值。不过也有一部分广适性生物在生

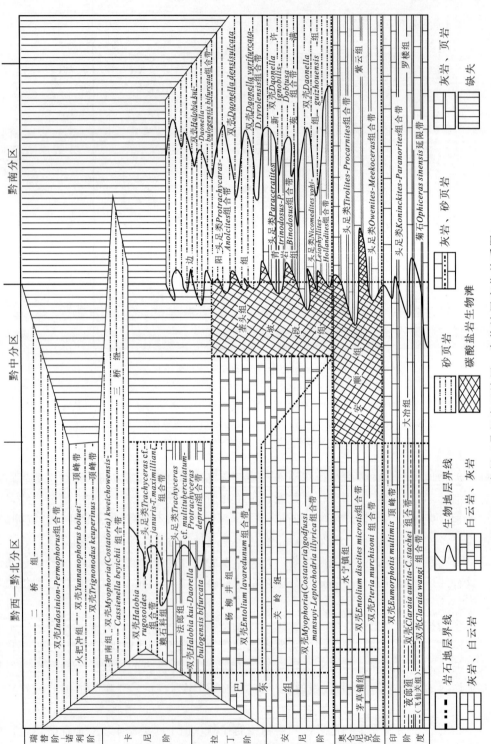

图 6-12 贵州三叠纪岩石地层、生物地层变化关系图
(据贵州省地质矿产局,1987)

图 6-13 华莱士线
(转引自张永辂等, 1988)
粗虚线表示华莱士线, 表明东方区 (左) 和澳大利亚区 (右) 的界线。
斜线表示陆地, 细曲线表示大陆架边界

物地层学上具有比较重要的价值。例如, 先前作为三叠系底界标志的菊石 *Otoceras woodwardi*, 虽然该种在生物地层学上用以建立比较重要的化石带, 在一些地区可进行很好的生物地层对比, 但该带的分布明显受生物地理区的控制, 它主要适用于高纬度生物地理区的生物地层对比, 而在广大的低纬度地区无法使用。于是, 殷鸿福等 (1988) 提出以牙形石 *Hindeodus parvus* 作为全球三叠系底界的标志。由于 *Hindeodus parvus* 具有跨古地理相区的分布, 即在高纬度地区和低纬度地区都存在 (图 6-14), 甚至该种化石还有一定的跨生物相分布, 其不仅在正常浅海相区广泛分布, 在极浅水的微生物岩相区也比较常见, 其生物地层定义比较明确, 因此, 最后被确定为全球三叠系底界的定义物种 (Yin et al., 2001)。

## 6.4.4 生物地层对比方法

由于生物地层单位是建立在某一地史时期的生物基础上的, 因此进行生物地层对比就是要发掘该生物的时空分布规律, 寻求与该生物在时空上有关联的其他生物, 以及将它们相互联系起来的途径。在实际工作中, 生物地层对比研究的方法一方面是借助于生物分类单元本身的时空分布属性, 来延伸和对比生物地层单位; 另一方面是采用经验的数学统计分析方法, 来提炼生物地层单位的延伸和对比信息。常用的分析方法主要有以下几种:

(1) **标准化石法**。即通过地层中所识别的标准化石进行地层对比的方法。在生物地层学研究中, 标准化石是最理想、最重要的生物标志。标准化石演化迅速, 在地层中的垂直分布时限短, 便于较精确地进行地层划分和等时对比; 标准化石扩散迁移速度快、地理分布广, 因而有利于进行较大区域的等时性地层对比; 标准化石在地层中数量众多、鉴定特征显著, 易于在岩层中发现、识别和鉴定, 有利于进行区域上的延伸和对比。

一般来说, 标准化石法是最简单的生物地层学研究方法, 其突出优点是较为经济, 简便易行。由于标准化石通常是定义各类生物地层单位的核心, 因此它是生物地层对比的主要依据。但是, 应用标准化石进行地层对比也有一定的局限性。首先, 化石的时代分布都是根据生物地层工作长期积累的资料得出的, 但随着研究工作的深入, 许多过去认为标准的化石实

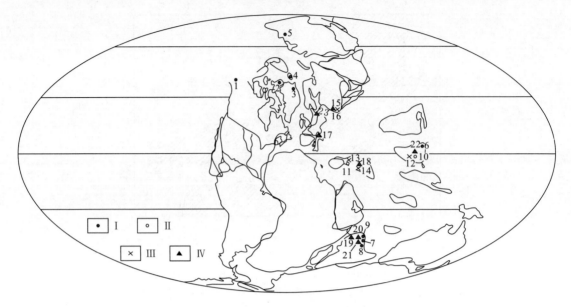

图 6-14 二叠纪—三叠纪之交重要牙形石和菊石属种的全球分布图
(据殷鸿福等,1988 修改)

Ⅰ.*Otoceras*:1. 阿拉斯加北部;2. 埃尔斯米尔岛;3. 格陵兰东部;4. 斯匹次卑尔根;5. 东维霍扬;6. 华南长兴煤山;7. 藏南色龙;8. 尼泊尔;9. 克什米尔。Ⅱ.*Pseudotirolites*:10. 华南(除浙江煤山、贵州安顺、广西来宾、陕西西乡之外的其他产地);11. 伊朗库-依-阿里巴什。Ⅲ.*Paratirolites*:12. 贵州安顺、广西来宾、陕西西乡;13. 伊朗库-依-阿里巴什;14. 伊朗阿巴德;15. 外高加索。Ⅳ.*Hindeodus parvus*:16. 外高加索;17. 意大利蒂罗尔南部;18. 伊朗阿巴德;19. 巴基斯坦盐岭;20. 克什米尔;21. 西藏聂拉木和色龙;22. 华南;23. 匈牙利。

际上并不十分标准。例如 *Leptodus* 过去被认为是晚二叠世的标准化石,后来在中二叠世也发现了;*Monograptus* 过去认为是志留纪的标准化石,后来在早泥盆世地层中多处发现;*Claraia* 过去认为是早三叠世的标准化石,后来在晚二叠世深水相地层中也有发现。因此,这些标准化石的含义发生了重要改变。其次,多数物种从其产生到向外扩散迁移都有一个时间差,而且许多物种的扩散和迁移常常也是一个缓慢的过程,从而造成一个物种在不同地点的首次出现生物面是穿时的。同样地,一些物种的灭亡通常也是逐渐萎缩的,有些在少数地区特殊的环境条件下还可残存或孑遗。由此可见,运用标准化石进行地层对比通常与地层的时间对比之间存在一定的差距。不过,在当前它仍是一种应用最广泛且最为行之有效的地层对比方法。

(2)**生物组合法**。最初人们用标准化石区别地质年代和进行地层对比时,较少考虑同层内共生的其他化石,但当人们发现标准化石受到局限时,就逐渐意识到同层共生化石的重要性。综合研究表明,在缺乏最典型、最精确的生物标志时,多门类的生物群组合可以提供许多有用的生物地层学信息。即使在存在标准化石的情况下,综合分析生物群全貌,也能为建立空间上生物群之间的联系提供更多的时间演变和地理环境分布信息,因而对于地层时代的确定和生物地层对比具有十分重要的作用。

利用化石群或化石共生组合来确定地层层位和进行地层对比的方法比较简便,已被广泛应用。但需要注意的是,这种方法主要适用于化石丰富(化石种类和化石数量都比较丰富)

的地层中。通过分析其中各类化石在时间演变上与地层界线的一致性和在地理分布上与环境梯度之间的关系,同时应尽量与标准化石法配合使用,可以获得更好的地层对比效果。

(3) **百分比统计法**。即根据两个区域各个地层单元中所含化石群之间的相似性的比较,建立地层对比关系的方法。这是生物地层学中常用的、最简单的统计学方法,尤其在采用孢粉、介形虫等微体化石进行含油气地层划分对比中应用广泛。

现在的百分比统计法主要使用在化石延限较长但要求详细划分地层的工作中,同时该方法还要求研究地层中应含有一定数量的化石,能够将所要研究的地层中的化石进行全面鉴别和统计。百分比统计法的对比步骤是,先选择一个地区中出露最完整、研究最详细的剖面作为基准剖面,逐层采集化石,详细鉴定描述,列出剖面各层中所含种属的名称目录。然后,将其他剖面也制成相应的化石种属分布的产出层位图表,并计算各个剖面中与基准剖面相同的化石种属数目和所占的百分比。如果一个剖面中的某层化石与基准剖面某层相比具有最高的相同种属百分比,则认为该层与基准剖面的某层相当(图6-15)。

在图6-15中,通过研究和统计显示,B剖面中的某段地层X所含化石分别与A剖面中1~5层所含化石相当的百分数分别是3%、4%、13%、19%和7%。显然,B剖面中X段地层与A剖面中第4层对比的可能性最大,而与第1、2层对比的可能性最小。

百分比统计法还可以用来研究一些未知层的地层序列。如图6-16中,A代表已知的现代生物群,B代表4段新生代地层剖面。通过详细研究和统计,可以判定这4段地层中所含化石与现代生物群A有不同的相似百分比。当然,所含现代生物分子越少的地层其时代越老,相反则年代较新。据此便可以确定各段地层的时代顺序。

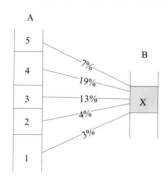

图6-15 利用百分比统计法将研究剖面B的地层X与标准剖面A的已知层序1~5进行对比

(据吴瑞棠等,1994)

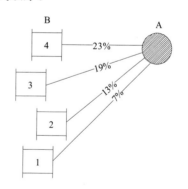

图6-16 利用百分比统计法比较未定剖面B中1~4段地层中的化石与现代生物群A的百分含量建立地层序列

(据吴瑞棠等,1994)

百分比统计法的优点是直观,在小范围内使用相当准确,尤其适合于石油、煤田等领域的微体化石统计研究。在没有标准化石的情况下,当要求详细划分和对比地层时可以得出结果,甚至在不知道化石分类名称的情况下,仅以代号参照也能进行对比。但其明显不足是:过于机械,不考虑不同化石门类在时代分布和标准性方面的差异。该方法也不宜进行远距离的对比,当岩相和生态等条件相似时会使化石分子相似,从而导致对比偏差;而在不同岩相和生态条件下,同时代地层之间的差别则会增大。因此,在运用百分比统计法进行地层分析时，应对所研究地层进行客观具体的分析，与其他方法相互验证使用，力戒机械简单化，以免有误。

（4）**谱系演化法**。是依据化石出现的顺序和个体发育特征，恢复化石谱系演化的关系，用以进行地层划分和对比。

谱系演化法是生物地层学研究中一种比较重要而且较为可靠的地层划分和对比研究方法。利用谱系演化法进行生物地层学研究，首先必须建立生物演化谱系。建立生物演化谱系的方法是，在化石丰富地区进行详细地层分层，系统采集化石标本，以建立化石形态或其他表征在剖面中的相互关系和梯度变化；结合化石个体发育过程中形态特征的变化，确定不同化石物种之间的演化关系和物种的形成及灭绝顺序。在可能的条件下，进一步总结形态特征演化的趋向和规律，以及生物演化的阶段特征，据此可将含这些化石的地层进行划分。根据化石的谱系演化进行地层对比，可提高对标准化石可靠性的认识，防止由于先驱和孑遗等现象所造成的对比误差。利用同一演化谱系的一些种进行对比，可以使地层对比的精度、可靠性和准确性大为增加。例如近年来用牙形石建立化石带时倾向于选择同一属的一些种作代表，大大提高了这些化石带的地层精度。

尽管运用谱系演化法划分地层常因古生物资料的不完备而遇到困难，但在大量的古生物学资料的基础上，在长期的生物地层学的实践中，不乏应用实例。如在寒武纪应用三叶虫的演化，在奥陶纪和志留纪应用笔石的演化，在泥盆纪应用牙形石的演化，在石炭纪和二叠纪应用䗴类的演化，在二叠纪—三叠纪之交采用牙形石的演化，在中生代应用菊石的演化，以及在新生代应用哺乳动物的演化等，都有比较成功的运用谱系演化法划分地层的实例。

（5）**图解对比法**（graphic correlation）。系由 Shaw（1964）建立，故也称为"Shaw 对比法"。该方法采用二维坐标投影的方法，将若干地层剖面上所有化石的分布点综合起来，形成一个"**复合标准剖面**"（composite standard section）。借此复合标准剖面，一方面可以判定各个化石分类单元的综合时限，另一方面也可以进行地层对比。

图解对比法的基础是，所有沉积地层剖面的地层厚度都是时间的函数，每个化石分类单元在各剖面上的分布都处于同样的时间区间内。因此，以时间为对应参照标志，可以在一个二维空间坐标系中将两个同时形成的地层剖面以地层厚度为标尺对比起来，而两剖面上各化石单元的分布区间端点（首现点和末现点）成为两剖面时间对比的参照点（图 6-17）。

图解对比法的工作步骤即为"复合标准剖面"的产生过程：第一，建立各研究剖面上各化石分类单元的分布区间，作为图解对比的基础数据是每个分类单元在各剖面上的首现点和末现点；第二，选择两条化石记录比较好的剖面，以剖面地层厚度为坐标轴，将所有化石的首现点和末现点分别投影到坐标轴上，求出对比曲线 [图 6-17（a）]；第三，通过对比线对两条剖面化石的丰富程度、记录完整性和延限长短等进行分析和比较，选择其中较优的一条剖面作为复合剖面 [如图 6-17（b）中的 $x$ 轴]，通过对比线，将另一条剖面上的化石首现点和末现点投影到复合剖面轴上。于是在复合剖面上每个化石可能会有两个首现点位和两个末现点位。考虑到化石记录可能的不完备性或其他原因，每个化石的延限应取外侧点位。因此，每个化石在复合剖面上就有一个新的分布区间。进一步地，以该复合剖面为基础，将其与其他剖面进行逐个对比，将其他剖面上的化石点也逐个投影到该复合剖面上来。直到完成了所有剖面的对比复合工作后，就形成了一条既包含所有剖面的化石和地层分布信息，但又独立于所有实体剖面的一条抽象的"复合标准剖面"。根据该"复合标准剖面"，我们就可

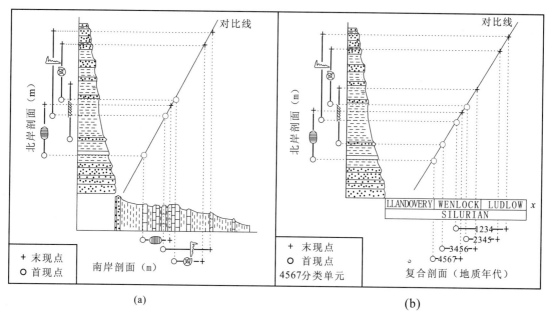

图 6-17　两条剖面的图解对比 (a) 和复合标准剖面的数据生成图解 (b)
(据 Carney & Pierce, 1995)

以分析每个化石分类单元在研究区域的时间分布范围和先后顺序。同时，通过该剖面我们还能将所有的剖面对比起来。

在图解对比法的研究中，有几个问题值得注意：第一，剖面对比依赖的是各剖面之间共有的化石类别（一般为种），因此要求参与对比的剖面应该有较好的生物地层研究基础，并且各剖面间有一定量的相同化石类别。第二，两条剖面对比时，由化石首现点和末现点产生的坐标投影往往并不在一条直线上，对比线应该是由这些点或其中部分关键点产生的一条线性回归线。对比线的形态能很好地反映对比剖面的沉积特征（图 6-18）：对比线的斜率反映了对比剖面的地层沉积速率与区域平均沉积速率之间的关系；如果对比线呈折线形，说明对比剖面的地层沉积速率较区域平均沉积速率发生了分化；如果对比线呈阶梯状，说明对比剖面上存在沉积间断或沉积凝缩层。第三，在两条剖面进行复合对比时，化石首现点总是取较低的点，末现点取较高的点。因此，最后在复合标准剖面上形成的各个化石分类单元的时间分布是其在该区域内的最大时限，它可能大于该单元在所有实际剖面上的分布区间。通过区域内剖面复合对比产生的复合标准剖面并不能反映有关化石分类单元在研究区外的分布时限。

运用图解对比法可以更准确、有效地对比地层，发现剖面中的地层缺失和化石保存及采集中的问题，得出一个比所有剖面都更完全的复合标准剖面，以及各个化石在该研究区的最大时限。该对比法并非以数学取代了生物地层学，而是与其他方法一样依赖于详细测量剖面、仔细采集和正确鉴定化石。在确定对比线的位置时，也必须运用地层研究者的经验来解释年代地层对比的结果。采用图解对比法，可以很快地积累化石的出现和时限数据。当数据量比较多时，还可以用计算机进行处理。

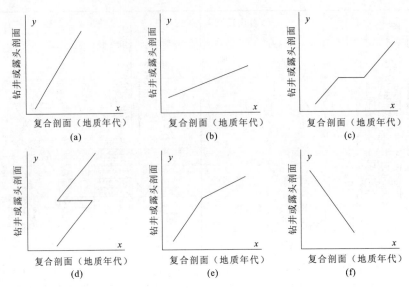

图 6-18 图解对比法中一些常见的对比线类型及其地质解释
(据 Carney & Pierce，1995)

(a) 表明该对比剖面（y 轴）具有连续而较快速的沉积；(b) 表明该对比剖面具有连续而较慢速的沉积；(c) 两个线段之间的水平台阶代表对比剖面（y 轴）存在一个地层不连续，如断层、不整合或强烈的凝缩层；(d) 两个线段之间的水平台阶代表了一个典型的逆断层，显示对比剖面上的地层有重复；(e) 该"狗腿状"折线表明沉积速率发生了显著的变化；(f) 表明对比剖面的地层发生了倒转

## 6.5 生物地层剖面测量、采样、数据整理与成图

### 6.5.1 生物地层剖面测量

生物地层剖面的选择、野外观察、测量与描述方法与沉积岩地层剖面测量相同（见第 5 章 岩石地层学）。测量生物地层剖面时注意填写各类化石采集登记表，同时需要强调如下几点：①野外工作之前准备好化石包装纸和记号笔、化石采集标签（表 6-1）和化石采集登记表（表 6-2、表 6-3）等；②选择化石丰富的剖面进行生物地层剖面测量；③系统采集化石前必须对实测剖面进行详细分层描述，从老至新逐层观察和描述岩性、岩相和基本层序；④采集化石以前需要对剖面化石分布进行整体的观察，了解哪些层位含化石、化石埋藏

表 6-1 化石野外采集标签

编号：
采集地点（剖面名称）：
采集层位：
岩性简述：
时代：
野外定名：
采集者：
采集日期：

**表 6-2 宏体化石标本采集登记表**

剖面名称：
剖面编号：                                        剖面起点坐标：E:        N:        H:
采集者单位：
采集者：                                          采集日期：        年        月        日
采集总数：        件

| 化石编号 | 野外定名 | 保存状况 | 化石围岩岩性 | 采样位置 | | |
|---|---|---|---|---|---|---|
| | | | | 层号 | 距层底（m） | 导线号（L）：采集点位置（m） |
| | | | | | | |
| | | | | | | |
| | | | | | | |

**表 6-3 微体化石标本采集登记表**

剖面名称：
剖面编号：                                        剖面起点坐标：E:        N:        H:
采集者单位：
采集者：                                          采集日期：        年        月        日
采集总数：        件

| 样品编号 | 样品类型 | 岩性 | 采样位置 | | |
|---|---|---|---|---|---|
| | | | 层号 | 距层底（m） | 导线号（L）：采集点位置（m） |
| | | | | | |
| | | | | | |
| | | | | | |

状况（是原地埋藏还是异地埋藏？）、含化石的丰富程度；⑤如果一些保存好的化石不容易从围岩中采集下来，但又具有重要的研究价值，在野外必须对化石进行照相和素描。

## 6.5.2 化石采集层位的选择

生物地层工作的主要目的是根据化石分布，建立生物带并确定地层的时代。不同门类化石，其分布时代和生存环境可能不同，但采集化石时都应注意如下几点：

(1) 考虑生物生存环境和岩性（或底质）之间的关系。珊瑚常保存在海相灰岩、泥灰岩和钙质泥岩中，腕足类和双壳类化石常保存在泥灰岩、钙质泥岩和灰岩中，头足类常保存在灰岩和泥岩中，三叶虫常保存在泥岩、页岩、灰岩和细砂岩中，笔石常保存在泥岩和页岩中，牙形石常保存在灰岩和泥灰岩中，有孔虫和䗴类常保存在灰岩中，放射虫往往保存于硅质岩或者硅质泥岩之中（图 6-19）。

(2) 考虑生物演化和时代的关系。早古生代是三叶虫、笔石、头足类、腕足类非常繁盛的时期；晚古生代是头足类、腕足类、双壳类和鱼类繁盛的时期；另外，䗴类仅分布在石炭纪—二叠纪地层中；中生代是双壳类、头足类、腹足类和爬行动物繁盛的时期；新生代是哺乳动物繁盛的时期（图 6-19）。

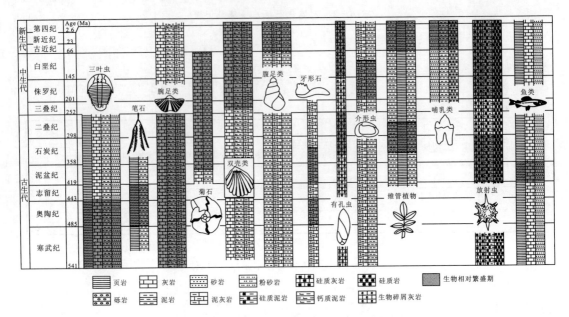

图 6-19 寒武纪至第四纪不同门类生物及其赋存的岩性
(据杨逢清等,1990 修改,肖异凡清绘)

(3) 根据某个门类化石在某个地质历史时期生物带的划分规律,大致确定不同生物带在剖面上分界的可能层段,在这些可能的层段选取化石丰富的层位进行采集。如华南二叠纪长兴期划分为 2 个菊石带 *Tapashanites - Shevyrevites* 带和 *Pseudotirolites - Rotodiscoceras* 带(殷鸿福等,1987),如果地层厚度是 10m,并假设每个菊石带的地层厚度大概是 5m 左右,那么在大致离二叠系—三叠系界线以下 5m 附近的地层中集中采集化石。在确定了所采集化石的层位属于 *Tapashanites - Shevyrevites* 带或者 *Pseudotirolites - Rotodiscoceras* 带中的哪一个化石带之后,顺着剖面上下追溯采集,找到另一个化石带的标准化石,然后上下反复追溯,加密层位进行化石采集,直到确定 *Tapashanites - Shevyrevites* 带和 *Pseudotirolites - Rotodiscoceras* 带的分界层位。

如果想通过微体化石(如牙形石)建立化石带,则根据同时期化石带在其他地区或剖面的分布规律以及地层厚度,大致计算每个化石带可能对应的地层厚度,保证对每个化石带基本等间距地采集多个样品。

在可能的重要地层及重大事件界线附近加密进行宏体化石或者微古化石样品的采集,一般以单层为单位进行化石或者样品采集;或根据需要在单层内按等间距再细分,如浙江长兴煤山剖面的第 27 层是一个厚 16cm 的灰岩单层,进行牙形石采样时将其从下向上等间距划分为 a、b、c、d 四小层(每小层 4cm)(张克信等,1995)。

### 6.5.3 化石采集、标本编号、化石野外描述与照相

#### 6.5.3.1 化石采集、标本编号

生物死后,如果没有强的水动力改造和搬运,化石通常顺层随机分布,因此,一般使用"扁嘴型"地质锤顺着层面将宏体化石剥露出来。化石采集下来之后,需野外定名,及时填

写化石采集标签（表 6-1）和化石采集登记表（表 6-2、表 6-3），在化石标本上标明化石（或样品）编号，连同填写好的化石标签一起仔细包装好。除填写好化石采集登记表外，还需在野簿和丈量表的相应位置填写标本号。野外编号一般包括剖面名称、层位和化石类别，如 HSR-2-c［其含义是湖南（H）桑植（S）仁村坪（R）剖面第 2 层牙形石 conodont 样品］。

### 6.5.3.2 化石野外定名与描述

在野外，至少需鉴定出所采集到的宏体化石大类（如三叶虫、菊石、腕足类等），尽可能鉴定到科和属一级，少数可鉴定到种级。野外描述内容主要是：化石的类别、各类化石的数量（可定量，也可用大量、中等和少量等来表示）、化石保存情况（完整性、磨损性、分选性、保存状态等）。

### 6.5.3.3 化石野外照相

野外化石照相是指对宏体化石的埋藏状态、生态类型、重要属种等的摄影。

对化石埋藏状态和生态类型摄影，要选择多个有代表性的单位面积照相，并做好相应的方位和照相面积记录，展示岩层层面上化石产出的密度和分布特征。

对重要属种摄影，则侧重于照清楚化石的总体形态、外部结构和纹饰等。

化石摄影时，还需要根据化石大小选择一定的比例尺（如硬币）和方位。

### 6.5.3.4 化石野外素描

（1）根据岩层层面化石分布的范围确定图框的大小和比例尺，并根据素描主体对象确定其在图框中的位置。

（2）根据化石外形的主要线条，按照先主后次的顺序进行。化石突起的部位为白色或浅色，化石凹陷的部位为深色或以阴影表达，以突出其立体感。最后标上图名、素描方位、比例尺、分层层号、重要的测量数据（如化石大小）以及化石产地或者素描地点（图 6-20）。

（3）室内整理着墨。着墨时突出化石的鉴定特征。

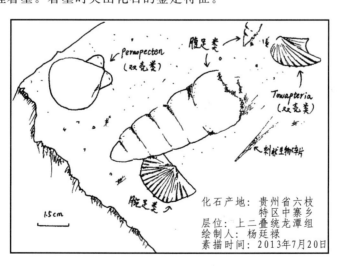

图 6-20 贵州中寨剖面上二叠统龙潭组第 27 层化石素描
(体现不同门类化石随机、密集分布，杨廷禄绘制，2013)

## 6.5.4 化石的室内处理、鉴定与描述

### 6.5.4.1 化石室内处理

宏体化石：宏体化石往往容易被围岩所覆盖，此时需要使用化石修理机或者小钢针将化石被覆盖的部分从围岩中修理出来。修理时注意熟悉和观察化石的形态（化石小于5mm时往往需要在显微镜下仔细观察），从离化石较远的部位开始凿除围岩，由远及近。

微体化石：首先将岩石碎成0.5～1.0cm的碎块（孢粉样品碎成2～3mm），然后用酸等溶剂将岩石溶解成残渣，将残液倒入钢筛，用水轻微漂洗钢筛中的残液，从残液中分离化石个体。分离牙形石：从灰岩中分离牙形石一般使用10%的醋酸（一般浸泡24小时之后换酸）。分离放射虫：从硅质岩中分离放射虫一般使用小于5%的氢氟酸（一般浸泡6～24h之后换酸）。分离有孔虫、介形虫和轮藻：从粉砂质泥岩、钙质泥岩和泥页岩中分离有孔虫、介形虫和轮藻，一般使用15%的过氧化氢溶液浸泡至释放出氧气小泡，并使样品松散、反应结束为止。分离孢粉和疑源类：将样品碎成2～3mm大小，使用10%的盐酸溶解岩石中的钙质成分，倒去上部残液体，然后使用浓的氢氟酸溶解岩石中的硅质成分，倒去上部残液，使用30%的盐酸再次去钙，然后水洗至中性，使用密度为2.1～2.2kg/L的重液洗液并过筛，最后进行制片。

另外，有的化石需要通过磨片才能了解其壳的结构或者内部结构，如蜓和有孔虫，切片时必须切到初房；一般，灰岩中产出的腕足类的内部结构必须经过磨片才能全面掌握。

总之，分离化石时对不同的岩性和化石成分宜使用不同的酸或碱，酸的浓度要适当，浸泡的时间不宜过长，否则化石容易被腐蚀或溶解；筛洗时水动力和水流速度宜小，否则容易造成化石破碎；不论何种类型的化石，在处理过程中必须注意器皿的清洁，避免混样；不同类型的微化石，其个体大小不同，筛洗时必须使用不同的钢筛，如牙形石一般使用150～200目钢筛，有孔虫、介形虫和轮藻一般使用200目钢筛，放射虫一般使用300目钢筛。

### 6.5.4.2 化石鉴定与描述

化石鉴定步骤一般包括以下几步：

（1）掌握某个门类化石的基本结构及其描述方法。

（2）查阅前人资料，了解相关地史时期邻区或者研究区某个门类化石的面貌。

（3）对化石进行形态的复原和分类：化石往往保存不完整，此时需要对化石进行大致分类，通过多个化石的组合特征全面掌握某类化石的外部特征和内部结构等。另外，有些化石的各部位往往分散保存（如三叶虫），此时要充分熟悉该时期三叶虫属种的头甲、胸甲和尾甲的特征，在此基础上将分散保存的化石组合在一起。在这些工作的基础上，画素描图重建每类化石的特征。

（4）按照一定的顺序对化石进行详细描述，如腕足类可以先描述整体形态特征（包括正视、侧视和前视等），然后是外部结构特征，最后描述内部结构特征。在描述的同时注意化石的主要鉴定特征，即某个种所在属中的独特之处。

如果要描述一个新种，应该阅读某一个属相关的所有文献（包括国内和国外文献），确认某个属所有已知种都与所研究的标本存在明显差异。

## 6.5.5 化石的数据整理、生物地层带的划分与成图

如前所述，生物地层带主要分为延限带、间隔带、谱系带、组合带和富集带，其中谱系带和以浮游或游泳生物建立的组合带的顶、底界面的等时性相对较好，所以在建立化石带时，宜尽量建立谱系带和组合带。谱系带的建立相对比较复杂，要对生物的演化进行研究，确认不同层位的生物之间是否存在演化关系。以下结合"煤山剖面二叠系—三叠系界线附近牙形石化石带对化石的数据整理与生物地层带划分的步骤进行详细解释。生物地层带的划分一般分为以下 3 步：

（1）绘制沉积岩地层综合柱状图，绘制方法参考"第 5 章　岩石地层"。在地层综合柱状图"岩性柱"一栏的右侧依次为"化石的分布与延限（如牙形石分布与延限）""生物化石带划分（如牙形石化石带划分）"（图 6-21）。

（2）通过化石投点完成化石的分布与延限图。根据牙形石化石在长兴组顶部至殷坑组的产出层位将所有牙形石化石种投点在"化石的分布与延限"一栏。投点时注意：第一，尽量将分布层位比较接近的种放在相邻的位置，如 *Clarkina yini*，*C. changxingensis*，*C. deflecta*，*C. predeflecta*，*C. zhangi*，*C. parasubcarinata*，*C. subcarinata*，*C. wangi*，*C. orientalis* 主要分布于长兴组顶部，投点时将这些种排列在"化石的分布与延限"一栏的左侧；其他种主要分布在殷坑组，并且大多数种在地层中的分布和延限相对较长，投点时排列在"化石的分布与延限"一栏的右侧（图 6-21）。这样排列的目的是清楚、美观，更容易找出化石的地层分布规律。第二，选择一种符号（如圆点）将化石出现的层位标到图上。第三，将各种的产出点分别用直线连接起来，于是就得到了各化石种在剖面上的垂向分布图（图 6-21、图 6-22）。

（3）生物地层带的划分依据和化石带底界和顶界的限定方法。生物地层带的带化石尽量选取地理分布广、演化速度较快、特征容易识别的分子。如果是谱系带的带分子，它和相邻地层中化石带的带分子可能存在演化关系。比如 *Hindeodus parvus* 和 *Isarcicella isarcia* 存在演化关系（Yin et al.，2001），被用以建立谱系带。这些牙形石分子分布广泛，普遍发现于华南、伊朗、印度、巴基斯坦、意大利、加拿大等地。煤山剖面二叠系—三叠系界线附近从下向上划分为 *Clarkina yini* 带；*Clarkina meishanensis* 带；*Hindeodus changxingensis* 带；*Clarkina taylorae* 带；*Hindeodus parvus* 带，其首现点标定了国际三叠系底界"金钉子"点位；*Isarcicella staeschei* 带；*Isarcicella isarcica* 带；*Clarkina tulongensis - Clarkina planata* 带（Zhang et al.，2007；张克信等，2009）。

①*Clarkina yini* 带：分布于煤山剖面第 24 层，以 *Clarkina yini* 的首现面为该化石带的底界，以 *C. meishanensis* 的首现面为该化石带的顶界（Zhang et al.，2007），因此，它是一个下限带（最低存在带）。在该带共存的分子还有 *C. changxingensis*，*C. deflecta*，*C. predeflecta* 等多个分类单元。

②*C. meishanensis* 带：该带分布于煤山剖面第 25 层，以 *C. meishanensis* 的首现面为该化石带的底界，以 *Hindeodus changxingensis* 的首现面出现为该化石带的顶界，因此它也是一个下限带（最低存在带）。

③ *Hindeodus changxingensis* 带：分布在界线黏土层中（第 26 层），以 *H. changxingensis* 首现面为底界，以 *C. taylorae* 首现面为顶界。

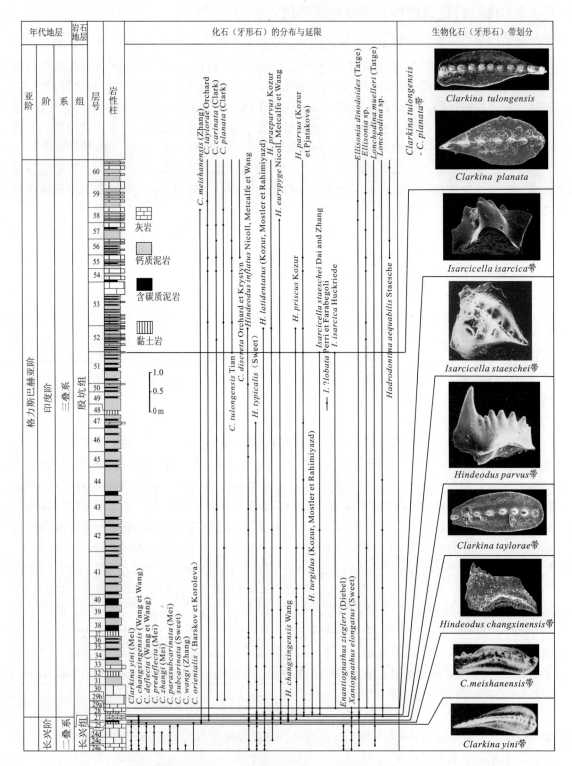

图 6-21  浙江长兴煤山剖面 24—60 层牙形石分布、化石带划分和年代地层单位划分
(据 Zhang et al., 2007; 张克信等, 2009 修改; 24—30 层放大见图 6-22)

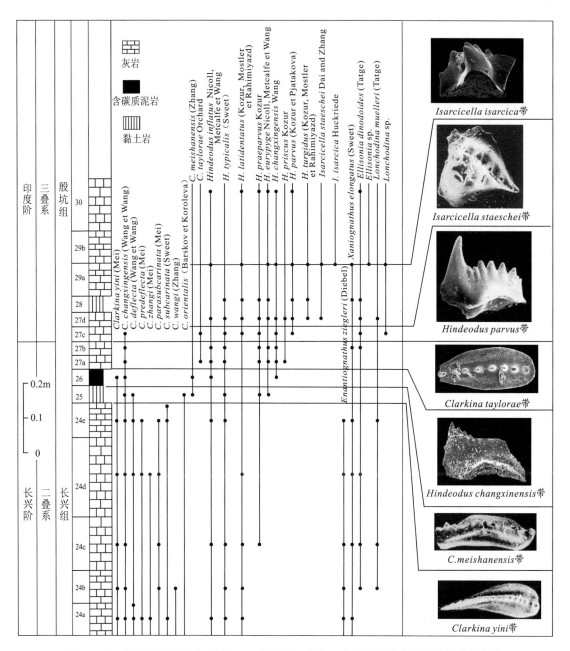

图 6-22 浙江长兴煤山剖面 24—30 层牙形石分布、化石带划分和年代地层单位划分

(图 6-21 局部放大)

④*Clarkina taylorae* 带：分布在煤山剖面第 27a—27b 层，以 *C. taylorae* 首现面为底界，以 *H. parvus* 首现面为顶界。

⑤*Hindeodus parvus* 带：是三叠系最底部的牙形石带，分布在煤山剖面第 27c 层中，该带以 *H. parvus* 首现面为底界，以 *I. staeschei* 首现面为顶界。该化石带与 *Isarcicella staeschei* 带构成谱系带。

⑥*Isarcicella staeschei* 带：该化石带分布于煤山剖面第 27d—29a 层，以 *I. staeschei* 首

现面为底界，以 *I. isarcica* 首现面为顶界。该化石带与 *Isarcicella isarcica* 带构成谱系带。

⑦*Isarcicella isarcica* 带：该化石带分布于煤山剖面第 29b—51 层，以 *Isarcicella isarcica* 的首现面为该化石带的底界，以其末次出现面为该化石带的顶界。*Isarcicella isarcica* 带为分类单元延限带（分类单元延限带的定义是：在某一具体剖面上，一个分类单元延限带的下、上界线就是该分类单元标本在该剖面上的最低存在生物面和最高存在生物面）。

⑧*Clarkina tulongensis - C. planata* 带：该化石带分布于煤山剖面第 52—72 层，以 *I. isarcica* 的消失为该化石带的底界，以 *Neospathodus kummeli* 的首现面为该化石带的顶界。在该化石带中，*Clarkina carinata*，*C. discreta*，*Clarkina tulongensis* 和 *C. planata* 等是常见分子。该化石带是组合带（组合带的定义是：一个组合带是由两个及以上分类单元整体上构成一个独特组合或共生的地层体。组合带的名称是以其化石组合中的两个或两个以上具有明显特征的分类单元来命名）。

在完成生物地层带划分的基础上进行地层的时代划分，并完成最左侧的"年代地层"一栏。地层的时代划分方法参考第 7 章 年代地层学。

## 参 考 文 献

贵州省地质矿产局．三叠系．贵州省区域地质志［M］.//中国人民共和国地质矿产部地质专报一、区域地质第 7 号．北京：地质出版社，1987：277-321．

金玉玕，王向东，尚庆华，等．中国二叠纪年代地层划分和对比［J］．地质学报，1999，73（2）：97-108．

彭善池．斜坡相寒武系［M］.//中国地层研究二十年（1979—1999）．合肥：中国科学技术大学出社，2000：23-38．

齐文同．近代地层学——原理和方法［M］．北京：北京大学出版社，1995：1-134．

全国地层委员会．中国区域年代地层（地质年代）表说明书［M］．北京：地质出版社，2002：1-72．

童金南．黔中—黔南中三叠世环境地层学［M］．武汉：中国地质大学出版社，1997：1-128．

吴秀元，朱怀诚．非海相石炭系［M］.//中国地层研究二十年（1979—1999）．合肥：中国科学技术大学出社，2000：165-187．

吴瑞棠，王治平．地层学原理及方法［M］．北京：地质出版社，1994：1-131．

殷鸿福，张克信，杨逢清．海相二叠系、三叠系生物地层界线划分新方案［J］．地球科学，1988，13（5）：511-519．

张永辂，刘冠邦，边立曾，等．古生物学（上、下册）［M］．北京：地质出版社，1988：1-660．

杨逢清，胡昌铭，张克信．沉积地层工作指南［M］．武汉：中国地质大学出版社，1990：1-130．

张克信，赖旭龙，丁梅华，等．浙江长兴煤山二叠—三叠系界线层牙形石序列及其全球对比［J］．地球科学，1995，20（6）：669-676．

张克信，赖旭龙，童金南，等．全球界线层型华南浙江长兴煤山剖面牙形石序列研究进展［J］．古生物学报，2009，48（3）：474-486．

Carney J L, Pierce R W. Graphic correlation and composite standard databases as tools for the exploration biostratigraphy [M].//Mann, K O, Lane, H R eds., Graphic Correlation. SEPM Special Publication No. 53, Tulsa, 1995: 23-43

Dollo L. La paléontology éthologique [M]. Soc. Belge Geol. Paléont., Hydrolog. Bull., 1909, 23: 377-421

Salvador (ed.) A. International Stratigraphic Guide, a guide to stratigraphic classification, terminology, and procedure [M]. Second Edition, IUGS & Geol. Soc. Amer., Inc. 1994: 1 - 214.

Sepkoski J J Jr. Phanerozoic overview of mass extinction. In: Raup, D M, Sepkoski, J J Jr. eds., Patterns and Processes in the History of Life [M]. Berlin and Heidelberg: Springer, 1986: 277 - 295.

Shaw A B. Time in Stratigraphy [M]. New York: McGraw - Hill, 1964: 1 - 365.

Yin Hongfu, Zhang Kexin, Tong Jinnan et al. The Global Stratotype Section and Point (GSSP) of the Permian - Triassic boundary [J]. Episodes, 2001, 24 (2): 102 - 114.

Zhang Kexiin, Tong Jinnan, Shi G R et al. Early Triassic conodont - palynological biostratigraphy of the Meishan D Section in Changxing, Zhejiang Province, South China [J]. Palaeogeography, Palaeoclimatology, Palaeoecology, 2007, 252: 4 - 23.

## 关键词与主要知识点-6

生物地层学 biostratigraphy
化石层序律 law of fossil succession
伊迪卡拉生物群 Ediacaran Biota
小壳化石 small shelly fossils
线系渐变论 gradualism
突变 catastrophe
间断平衡 punctuated equilibrium
大灭绝 mass extinction
生物危机 biotic crisis
背景灭绝 background extinction
生物带 biozone (＝biostratigraphic zone)
标准化石 index fossil
生物面 biohorizon (＝biostratigraphic horizon)
生物地层单位 biostratigraphic unit
生物地层分类 biostratigraphic classification
首次出现面（首现面）FAD (＝ first appearance data)
末次出现面（末现面）LAD (＝ last appearance data)
首次出现点（首现点）FO (＝first occurrence)
末次出现点（末现点）LO (＝last occurrence)
最低存在面 lowermost occurrence
最高存在面 uppermost occurrence

亚带 subzone (＝subbiozone)
超带 superzone (＝superbiozone)
哑层 barren bed, barren interva
哑带 barren zone
延限带 range zone
分类单元延限带 taxon-range zone
共存延限带 concurrent-range zone
间隔带 interval zone
最高存在带，上限带 highest-occurrence zone
最低存在带，下限带 lowest-occurrence zone
谱系带 lineage zone
组合带 assemblage zone
富集带 abundance zone
顶峰带 acme zone
生物地层对比 biostratigraphic correlation
生物相 biofacies
古生物地理学 paleobiogeography
图解对比 graphic correlation
复合标准剖面 composite standard section
复合剖面 composite section
对比线 line of correlation
末现点 top
首现点 base

# 第 7 章 年代地层学

## 7.1 年代地层学的基本概念

**年代地层学**（chronostratigraphy）是研究岩石体的相对时间关系和数字年龄的学科。**年代地层单位**（chronostratigraphic units）是指在一特定的地质时间间隔中形成的所有成层或非成层的综合岩石体。也可表述为：依据岩石体形成时间划分的地层单位。划分年代地层单位的目的是确定地层的时间关系。这些单位在年代地层单位等级系列中的级别和相对大小，是与其岩石所包含的时间间隔长短相对应的，而与其岩石的实际厚度不对应。年代地层单位的顶、底界线都是以等时面为界的。等时的地层界面，被称之为**年代地层面（年代面）**（chronohorizon）。年代面在任何地方都属同一时代。虽然在理论上年代面是没有厚度的，但年代面这一术语通常还用来指示那些非常薄而独特的地层间隔，如东特提斯区大面积分布的"二叠系—三叠系界线黏土层"，全球海相"白垩系—古近系界线黏土层"，它们在整个地理延展范围内被证实是等时的，因此，形成了极好的时间参照面或时间对比面。又如，中二叠世晚期的 Illawarra 磁极反转面为另一种类型的年代面。年代面还被称作**标志面**（marker horizon）、**关键层**（key bed）、**关键面**（key horizon）、**时间面**（time surface）等。

形成年代地层单位的地质时间单位称为**地质年代单位**（geochronologic units）。与年代面对应的地质年代术语是**瞬间**（moment），如果以地质尺度衡量仍不能区分出时间间隔的话，则称为**瞬时**（instant）。地质年代单位是地质历史中一个连续的时间片断。从广义上讲，整个地球都是分层的，因此所有各类岩石——沉积岩、火成岩和变质岩都属于年代地层学的研究范畴；同时，因为地球历史的唯一记录包含在岩层的顺序中，于是，地质时间的分划，即地质年代单位，只能根据年代地层单位的划分来确定。地质时间不是物质实体，所以地质年代单位本身不是地层单位。为研究与地质历史有关的时间，确定地球历史中各类岩石或各类事件的年龄而发展的相对和绝对年龄的测定体系的学科，称为**地质年代学**（geochronology）。

根据地壳岩石的年龄或形成时间，将年代地层编制成若干地层单位，称之为**年代地层分类**（Chronostratigraphic classification）。年代地层分类的目的，就是将构成地球的岩石系统地编制成与地质时间间隔（地质年代单位）相对应的命名单位（年代地层单位），使之作为时间对比的基础及记录地质历史事件的参照系。具体目的有两点：其一是确定地方性时间关系，地层的地方性时间对比以及单纯地确定地方性剖面或地区范围内地层的相对年代，对于地方或区域地质研究非常重要；其二是建立一个**全球标准年代地层表**（Standard Global Chronostratigraphic Chart），该表是对已定义并命名的年代地层单位进行系统排列的一个完整的等级系列，兼有区域和世界的可应用性。这一等级系列可作为表达岩石体年龄并将所有岩石与地球历史相联系的标准框架。组成这个全球标准年代地层表的每个等级的已命名单位，构成了完整的地层序列，既没有间断，也没有重叠。全球标准年代地层表形成了一个标准的格架，能把整个地质时代的所有地层都囊括进去，是作为划分地质历史的最重要的依据。

## 7.2 年代地层单位与地质年代单位的等级

年代地层单位自高而低划分为 5 个级别：宇、界、系、统、阶。每个年代地层单位都有严格对应的地质年代单位，它们相对应的地质年代单位是：宙、代、纪、世、期（表 7-1）。年代地层单位之内的位置，应该用指示位置的形容词来表示，如：底、下、中、上、顶；而地质年代单位之内的位置则要用表示时间的形容词来表达，如：始、早、中、晚、末。

表 7-1 正式年代地层术语和地质年代术语的传统等级系列（据全国地层委员会，2001）

| 年代地层术语 | 地质年代术语 |
| --- | --- |
| 宇 Eonthem | 宙 Eron |
| 界 Erathem | 代 Era |
| 系 System | 纪 Period |
| 统 Series | 世 Epoch |
| 阶 Stage | 期 Age |
| 亚阶 Substage | 亚期 Subage |

注：如果需要增加级别，可在这些术语加前缀"亚"和"超"。

**宇** 宇是最大的年代地层单位，是一个宙的时期内形成的全部地层。

现在公认的有 3 个宇：一个是显生宇（含丰富化石的年代地层序列），包括古生界、中生界和新生界；另两个从老到新分别是太古宇和元古宇，它们相当于通常所称的"前寒武系"。宇与其相对应的宙采用相同的名称，如太古宙—太古宇、元古宙—元古宇。

**界** 界是全球年代地层表中大于系，小于宇的年代地层单位。

一个界代表在一个代的时间内形成的全部地层。按生物演化的重大阶段，把显生宇分为古生界、中生界和新生界。界和对应的代使用同一专名。按地质年代间隔把太古宇划分为始太古界、古太古界、中太古界和新太古界；把元古宇划分为古元古界、中元古界和新元古界。

**系** 一个系代表一个纪的时间内所形成的全部地层。系的级别小于界、大于统，系是界的一部分，是全球年代地层表的主要级别单位。

系的界线由界线层型来确定。如果一个系被分成若干个统和阶，它的下界层型就是它最老的统或阶的下界层型，它的上界层型是上覆的系的底界层型。在过去的 30 多年中，国际地质科学联合会国际地层委员会的特别工作组一直致力于全球标准年代地层表中系与系之间及其下属的统和阶的界线层型的选择。改进系的定义的首要步骤，是要确定这个系应包括哪些统和阶，这些统和阶的定义就自然确定了该系及其界线。

系的时间跨度是它所含统或阶的时间跨度的总和。目前认可的显生宙的系的时间跨度为

30Ma 至 80Ma 不等，第四系例外，它的时间跨度仅有 2.0Ma 左右。在年代地层表的所有单位中，系有可能在最广的范围内被识别出来，并被最广泛地用来指示岩层体的年代地层位置。

目前公认的系名来源各异。有些指明地质年代位置（如新近系、第四系）；有些包含岩性涵义（如石炭系、白垩系）；有些取自部落名（如奥陶系、志留系）；还有些源自地名（如二叠系、泥盆系）。它们的词尾也不相同，如"an""ic"及"ous"，没有必要对系名的来源或缀字法进行规范。纪的名称与其相应的系名相同。

**统** 一个统代表一个世的时间内所形成的全部地层。统是年代地层单位级别仅次于系的单位。一个系可分成两个或更多个统，统是系的一部分。

统的界线由界线层型来确定。如果一个统已全部被分为若干个阶，则其界线应该是其最下部的阶的下界和最上部的阶的上界或上覆的统最下部一个阶的下界。如果没有阶一级的再分，统就可以独立地由它自己的界线层型确定。目前所接受的大多数统的时间跨度为 13Ma 至 35Ma。如果统已全部被分成若干阶，其时间跨度就是它所包含的各个阶的时间跨度的总和。

统名由所在系的专名前增加下、中、上等字样所组成，一般情况下不采用地理专名命名。世对应于统，与统取同一名称，所不同的是，对统采用词汇"下""中""上"，而对世则采用"早""中""晚"来表示。但古近系（Paleogene）、新近系（Neogene）和第四系的统名例外。古近系划分为古新统、始新统、渐新统；新近系划分为中新统和上新统；第四系划分为更新统和全新统。目前公认的源自地名的统名，常附以词尾"an"或"ian"，如 Visean 统、Chesterian 统。一个新统的名称最好取自它的层型或典型地区的地名，但是对目前已经公认的统的名称，不应更改统名。

当统或世名用作正式单位时，这些术语在英语中的第一字母皆应大写，如 Lower Devonian（下泥盆统），Early Devonian（早泥盆世）；但非正式地用来表达年代地层或地质年代的位置时，则无需大写，如"in the lower part of the Devonian"（在泥盆系下部）和"early Devonian"（泥盆纪的早期）。

**阶** 一个阶代表一个期的时间内所形成的全部地层。阶是年代地层单位等级中较小的单位，也是全球标准年代地层表中等级最小、最基本的年代地层单位，它是构建其他较高等级年代地层单位的基石。因此，阶的级别虽小，但阶的正确确立意义十分重大。

阶比统低一级。一般来说，阶是统的再分，一个统通常包括两个或两个以上的阶。

阶的界线层型应该在一个基本连续的沉积序列之内，最好是海相沉积（某些情况除外，如在第三纪非海相序列中以哺乳动物群为依据建立的一些阶，或第四纪冰期的一些阶）。阶的顶、底界的界线层型均应是易于识别并可在大范围内追溯到的、具时间意义的、明显的标志面，如生物带界线或磁极反转。当阶的界线被引申到界线层型以外时，它们原则上也应该是等时的，为了确定并扩展这样的等时面，需要使用尽可能多的时间对比标志。例如，利用多门类生物地层带就比较理想。阶的上、下界线层型代表了地质时期两个特定的瞬间，两者之间的时间间隔就是这个阶的时间跨度。目前已经识别的阶的时间跨度长短不等，但同位素年龄测定显示，大多数阶的时间跨度范围是 2～10Ma。阶的厚度随地而异，这取决于当地岩石的堆积速率及其保存状况，其厚度可以从数米到数千米不等。

如果在连续沉积序列中的某一特殊点位上能够识别出地球发展历史中的重大事件，这些事件可以作为辅助建立阶的界线层型的理想标志，如 P/T、K/E 事件界线层等。需要特别强调的是对全球标准年代地层表中阶的界线的选择，因为这些界线不但用于确定阶，而且还用于确定比阶级别更高的年代地层单位，如以阶为组分的统和系。

阶的名称最好取自这个阶的层型或典型地区附近的地理要素，传统上，大多数阶都用地名命名。当前使用的许多阶名取自岩石地层单位名称，而这些阶原本就是根据岩石地层单位在其典型地区所建立的；另一些阶则采用与其他地层单位无关的名称。在英语中，阶名用带有词尾"ian"或"an"的地名的形容词形式表达，如 Burdigalian 阶、Cenomanian 阶、Famennian 阶、Changsingian 阶。期的名称与相对应的阶的名称相同。

阶有时再分为**亚阶**（Substage）。有些阶被分成若干个正式命名的亚阶；有些阶仅有某些部分被指定为亚阶。与亚阶相对应的地质年代单位可称为**亚期**（Subage）。亚阶是根据界线层型而确定的。

**时带** 时带与地质年代单位"时"相对应，即时带是指一个"时"内所有的地层记录。在萨尔瓦多·A（Amos Salvador）1994 年主编的《国际地层指南》（第二版）中，认为**时带**（Chronozone）是"没有特定等级的正式年代地层单位，它不属于年代地层单位等级系列（宇、界、系、统、阶、亚阶）的一部分"。按《国际地层指南》（第二版）的含义，时带是指在某个指定的地层单位或地质特征的时间跨度内在世界任何地区所形成的岩石体。时带的名称取自它所依据的地层单位，例如 *Isarcicella isarcica* 时带（来自 *Isarcicella isarcica* 带），Barrett 时带（来自 Barrett 组）。时的名称与相应时带的名称相同。人们通常根据属、种级生物的演化或分带（生物带）划分时带，因此，一般以生物属或种来命名时带。如下三叠统的第一个时带"*Hindeodus parvus* 时带"是牙形石生物种 *Hindeodus parvus* 带所占有时间间隔内形成的全部地层（图 7-1）。

时带的时间跨度也就是原先指定的地层单位或地层间隔的时间跨度，如岩石地层单位，或生物地层单位，或磁性地层单位，或其他任何岩石体的时间跨度。例如，根据生物带的时间跨度建立的正式时间带，包括了在年代上相当于这个生物带的最大的总时间跨度的所有地层，不管有没有这个生物带所特有的化石（图 7-1）。

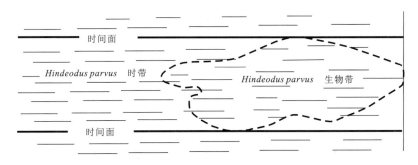

图 7-1 时带和生物带之间的关系

图 7-1 的具体含义是：*Hindeodus parvus* 生物带在范围上只限于 *Hindeodus parvus* 标本产出的地层，而 *Hindeodus parvus* 时带（一个年代地层单位）则包括任何地区的所有与 *Hindeodus parvus* 的总垂直延限所代表的年龄完全等同的地层，而不管 *Hindeodus parvus* 的标本是否存在。

## 7.3 全球标准地质年代表（GTS）与数字年龄

地质年代表（GTS）是解读和理解我们的行星地球长期而复杂演化历史的一个基本框架。正如地质年代表之父 Arthur Holmes（1965）所说："把地球历史所有零散的碎片按照年代顺序放到适当的位置决非是简单的任务。"自地球形成以来，整理其零散和破碎的记录片段，并理解其经历的物理、化学和生物的演变过程，需要一个精准的时间标尺，该标尺是地质行业必不可少的工具。所有的地质科学家应该了解地质年代表的更新是如何构建的以及相关的海量的具体和抽象的数据是如何校准的，而非仅仅方便地使用已经完成的地质年代表挂图或卡片（Gradstein et al.，2012）。

### 7.3.1 全球和中国年代地层（地质年代）表研究回顾

20 世纪初，21 岁的 Holmes A（1911）首次提出用矿物中的铀铅同位素比值来测定地层年龄的思想，1937 年他发表了具有数字年龄的地质年表。伦敦地质学会的 Snelling（1964）对 Holmes（1937，1947，1959）以及 Kulp（1961）的年表作了总结，提出了"显生宙地质年表"（Phanerozoic Time Scale，简称 PTS 年表）。Afanas'yev G D 和 Zykov S I（1975）发表了苏联的显生宙具数字年龄的地质年表。Amstrong R L（1978）对 PTS 以及苏联地质年表进行了厘定，首次以数字年龄数据库形式建立了数字地质年表。1976 年，第 25 届国际地质大会推荐用衰变常数定年，加速了地质年表的发展。国内外在 20 世纪 80 年代以来，编制出了如下有影响的地质年表。

(1) **NDS**（Numerical Dating in Stratigraphy）**地质年表**：两卷 1040 页的国际性专著《地层数字年龄测定》（NDS，1982）认为 PTS 年表（1964）的数据过时，必须更新。该专著上卷含 34 个章节，对地层数字年龄测定方法进行了系统论述，并对若干地质年龄进行了校正；下卷以论文摘要形式提供了显生宙 71 条界线的实测年龄，实际资料十分珍贵，至今仍有重要使用价值。NDS 的下述观点值得重视：①以浮游生物为例，研究了化石的 **FAD**（First Appearrance Datum，首现面；英文词 Datum 译为"基准面"，指某个标准化石延续时限的底或顶面，可供大区域内对比）和 **LAD**（Last Appearance Datum，最后消失面）的地层对比意义；把地层沉积间断对种群垂向分布资料的歪曲进行了模式化解释；强调了那些分布与丰度不受纬度影响或受影响较小的化石，才真正具有全球对比意义。②对化学地层在地层划分对比中的作用进行了有益的探讨。③编制了 NDS 极性年表；对国际地质科学联合会所推荐的衰变常数作了补充；提出以磷灰石为测定对象的 Pb‑Pb 法，引起世界各国的关注。

(2) **COSUNA 地质年表**：第 25 届国际地质大会后，美国石油地质学家协会制订了一个建立北美地层表的庞大计划，称为"北美地层对比"计划（简称 COSUNA），Amos Salvador 任该计划的技术委员会主席，先后有 450 人参加了这个大课题，1985 年正式发表了具有详细数字年龄的 COSUNA 年表，该表由古生代、中生代和新生代 3 个分表组成。在古生代分表中，保留了全部北美区域地层名称，在与全球标准地层的精确对比未实现前，保留区域性地层名称而不是勉强套用欧洲阶名，是一种实事求是的方法。在中生代分表中，用全球性的菊石带作为对比依据，故采用了与欧洲完全一致的阶名。新生代分表与欧洲地层表存在诸多差异。

(3) **CGR**（The Chronology of the Geological Records）**地质年表**：由于 NDS 和 GTS 两个年表在一些数字年龄上分歧明显，当时的国际地层委员会地质年代学主席 Snelling N J 组织编写了《地质记录的年代学》（缩写为 CGR）一书，于 1985 年出版。该书认为数字年龄之后的 ±X 年往往带有分析者的主观色彩，因此，在 CGR 年表中，取消了误差范围。CGR 年表较其他地质年表而言，对前寒武系的划分与命名提出了一个更为系统而实用的方案。

(4) **GTS**（Geologic Time Scale）**地质年表**：由 Harland 等 5 人团队于 1989 年完成了 GTS 89（Geologic Time Scale 1989，地质年代表 1989）。GTS 89 是在 PTS 年表的基础上，利用 Amstrong（1978）的资料编制的，GTS 表以标准的天文时间"年"记时，后者以传统的地质年代单位代、纪、世等计时，两者结合就组成了一张具数字年龄的地质年表。GTS 共使用了 403 个基点的资料，但涉及到的地质界线仅 18 条，对显生宙其他的 59 条界线上的年龄都是用内插和外推方法来计算的，数字年龄的推算多于实测是 GTS 表的一大缺陷。GTS 表肯定了岩石磁学在新生代地层中的划分对比精度可达 0.02Ma 的事实。值得一提的是，地质数字年龄的距今用 BP（Before Present）而不用 BC（Before Christ）来表示。Present 代表公元 1950 年［开始用碳同位素 14（$^{14}$C）测定较新的地质年代］，而不是公元 1 年（Christ 降生年），在地质文献中，BP 常被省略。地质年代单位常用 Ma（Mega annual 的缩写，Mega 为"百万"，annual 为"年"，即 Ma 意为"百万年"），M 大写时表示 $10^6$，小写的 m 表示 $10^3$，书写时需仔细。

Harland et al. 完成 GTS 89 之后，由 Gradstein & Ogg 主编，组织了 39 位地质科学家对 GTS 89 进行了系统更新，完成了 GTS 2004（地质年代表 2004）。GTS 2004 不仅构建了一个更为标准的国际地质年代表，而且对前寒武纪和显生宙的每个纪按综合研究成果形成章节进行了详细综述。

(5) **中国同位素地质年表**：中国同位素地质年表工作组在总结国外年表研究经验，立足于本国地层界线同位素测年基点的选取与测试，获得了一批颇具价值的地层界线测年值，形成了中国同位素地质年表（中国同位素地质年表工作组，1987）。由于当时引进了国际先进质谱仪（如 MAT-261），又采用了当时国际通用的常数，故该年表的同位素年龄数据质量较高。中国同位素地质年表（1987）研制过程中遵循的如下一些原则借鉴意义较大：①基点应该在最靠近地层界线的层型剖面上或可以与层型准确对比的剖面上；②基点所在地或附近具有适合于测龄的矿物和岩石；③如果基点是侵入岩，其侵位时间应该被上覆或下伏地层限制得很严；④早前寒武纪岩层的基点可以在区域不整合面上下的变质岩或侵入不整合面的岩体中选择；⑤每一个年龄界线在有条件的情况下至少应该选两个基点。

(6)《**地质时代表 1989**》：该表是英国剑桥大学 Harland W B 等对 1982 年 GTS 表的新版，文献中常称之为"Harland 地质年表"。统观 Harland 表，其划分细致前所未有，具如下特色：①对前寒武纪进行了 8 个"代"的细分，将中国的"震旦代"（800—570Ma）列为前寒武纪最年轻的代，但前寒武纪未分太古宙和元古宙，直接划分到代，甚至有的代划分到纪或"世"，其中文德纪进一步细分为 2 世 4 期；②显生宙划分为 3 代、12 纪、41 世（含 6 个未命名世）、122 期（含 8 个未命名期），晚二叠世采用了中国的龙潭期和长兴期；③所有地质界线均标有数字年龄值（共 141 个）（王鸿祯等，1990）。

(7)《**国际地质科学联合会**（Inernational Union of Geological Sciences，简称 IUGS）**1989 全球地层表**》（简称 IUGS 1989 全球地层表）：该表是国际地层委员会为第 28 届国际地质大会准备的《IUGS 全球地层表》第一版（Cowie & Basset，1989），是当时出任国际地层委员会主席 Cowie J W 等根据国际地层委员会各分会、各界线工作组、各有关委员会等资料汇编而成。统观该表具如下特色：①前寒武纪划分采用了全新方案，分为太古宙和元古宙；元古宙分古、中和新元古 3 个代和 10 个纪；需注意的是，"冥古宙"（Hadean）（即相当于地球历史的最早又没有化石记录的阶段）在本表中未被接受；前寒武纪的划分是以最明显的地质事件为依据，采用反映该事件概念的希腊字根来命名，如成铁纪（Siderian）、盖层纪（Calymmian）等；前寒武纪的代和纪界线以绝对年龄标定，不具层型概念，为此，《国际地层委员会准则》（修订版）（Remane et al.，1996）引入"全球标准地层年龄"的概念。②显生宇划分为 3 界、12 系、35 统、148 阶，晚二叠世采用了中国的长兴阶。

(8)《**中国地层时代表 1990**》：该表由我国著名地学家王鸿祯教授等人，借鉴当时国际地层研究现状，根据全国地层委员会有关文件，结合中国地层研究新进展编制的（王鸿祯等，1990）。表中前寒武纪分冥古宙、太古宙、元古宙（王鸿祯，1986）；元古宙根据中国地层分古、中、新 3 代，10 "纪"。古生界我国研究较详，全部采用中国的阶，古生界共划分为 6 系 17 统 44 个阶（含 2 个未命名阶）；中生界全部沿用 Harland 等人的《地质时代表 1989》；新生界划分较粗，仅划分到统（7 个统）。第四纪下限采用西欧海相标准（1.64Ma）和中国陆相标准（2.48Ma）并列。《中国地层时代表 1990》连同《IUGS 1989 全球地层表》和《地质时代表 1989》一起由我国地质出版社出版发行，在全国科研院所、大专院校和生产单位广泛流传，影响颇大。

(9)《**IUGS 1998 全球地层表**》：该表由时任国际地层委员会主席 Remane J 主编，与《IUGS 1989 全球地层表》相比大同小异，与下文将要介绍的《IUGS 2000 国际地层表》十分相近。该表列入了由国际地层委员会投票通过，国际地质科学联合会批准，正式产生的显生宙 27 个 "GSSP"（全球界线层型剖面及点）点位和前寒武的 10 个 "GSSA"（全球标准地层年龄）点位，这无疑强调了 GSSP 和 GSSA 在全球标准地层表构建中的重要性和权威性。

(10)《**中国侏罗纪前地层划分、阶的时限与国际对比表**》：该表（本书将其简称为 "SSLC 年表"）是在《中国地层时代表 1990》（王鸿祯等，1990）的基础上，由王鸿祯教授任首席科学家于 1993—1996 年主持完成的我国 "八五" 国家基础性研究重大项目 "中国古大陆及其边缘层序地层和海平面变化研究（SSLC）" 的重要成果之一，"SSLC 年表" 2000 年出版时（王鸿祯等，2000）在很大程度上借鉴了下文将要介绍的《IUGS 2000 国际地层表》中的划分方案。值得注意的是，在 SSLC 年表中认为，从 20 世纪 70 年代以来，国际地层委员会提出的界定年代地层基本 "阶" 的底界的概念和方法，即 "全球界线层型剖面及点（GSSP）" 的研究方法，在实际操作中遇到一些困难，原因是用 GSSP 方法建立的界线必须位于海相连续沉积的序列之内，其界面在野外难以识别与追踪；因此，SSLC 年表的作者们提出要用层序地层学方法和地球史的演化阶段或地球演化节律来优化年代地层界线的思想。

(11)《**IUGS 2000 国际地层表**》：2000 年由国际地质科学联合会公布的全球标准年代地层（地质年代）表，由当时的国际地层委员会主席 Remane J 主编（瑞曼等编著，金玉玕等译，2000）。本表使用的划分方案均以有关分会的提案为依据。然而为了保持必要的一致性，对石炭系和奥陶系的次级划分作了简化。有些已经过时的传统名称已被删除，如新生界的第三系,侏罗系的里阿斯统(Lias)、道格统(Dogger)、玛姆统(Malm)。"第三系"可以作为与"二叠系(Permotrias)"类同的非正式名称来使用。显生宙年代地层界线的数值年龄由国际地层委员会的地质年代学分会主席 Odin G 提供,分会采用的不同年龄于另一行列出。本表上二叠统采用了中国的统名——乐平统,内分2阶,亦采用中国阶名,即吴家坪阶和长兴阶。

(12)《中国区域年代地层(地质年表)表 2001》(全国地层委员会,2001,2002):本表是在《IUGS 1998 全球地层表》的基本框架内,为适应和满足国内各部门广大地质工作者的应用需要,由全国 200 多位专家多次讨论、修改产生的。表中的分统、建阶方案在 1999 年 12 月第二届全国地层委员会召开的断代工作组会议期间,由各断代工作组分别提出,经全国地层委员会汇编完成,并在 2000 年 5 月召开的第三届全国地层会议期间,经与会代表讨论通过并报国土资源部批准后正式出版发行。

《中国区域年代地层(地质年表)表 2001》被分解成两个表:"中国海相地层区的年代地层系统"和"中国陆相地层区的年代地层系统"(周志炎等,2000;杨遵仪等,2000;郝诒纯等,2000;郑家坚等,2000;周慕林等,2000)。表中各级年代地层(地质年代)单位的命名,宇(宙)、界(代)两级和显生宙时期系(纪)一级的单位名称,均采用国际通用的名称,但元古宙时期各系(纪)一级名称一律采用我国自己的专名;统(世)一级,除新生代时期各统沿用国际通用的专名外,其他各地质时代的统(世)一级单位均不用专名;阶(期)一级,全部用我国自己的专名(除中奥陶统上部的达瑞威尔阶外)。

## 7.3.2 当代全球标准年代地层(地质年代)表简介

GTS 2004 问世以来,随着国际数字定年技术和沉积旋回校准方法和步骤的进一步发展,以及相对年代阶的更精准的确定,促进了对地质年代表进行更综合的复查的需要。Gradstein、Ogg J G、Schmitz 和 Ogg G M 四人主编,由 69 名国际著名地质学家组成的团队完成了 GTS 2012(地质年代表 2012)第一卷(Gradstein et al.,2012)。GTS 2012 的构建是基于对新观点、新方法和新数据的高度综合应用,与 GTS 2004 相比,GTS 2012 在数据、分辨率和准确度上都有了较大幅度的提高,并在 GTS 2012 第一卷中以 32 个章和 3 个附录详细展开叙述。以下将 GTS 2012 有关要点简介如下。

#### 7.3.2.1 地质年代表(GTS)构建的基本思路

为便于清晰和准确地进行国际交流,地球历史的岩石记录被划分为标准的全球地层单元的地质年代地层系列,比如泥盆系、中新统、*Zigzagiceras zigzag* 菊石带、C25r 反磁极带等。与连续精密的计时时钟不同,年代地层表是基于相对的年代单元,这些单元由界线层型的全球参考点限定,形成规范化的主要年代单元的时限,比如二叠纪。年代地层表是一个公约,但对其时间的校准需不断评估与探索(图 7-2)。在 GTS 2012 中认为,对记录在地球的岩石中自然演替的重大事件时间顺序的校准是建立全球地质年代表(GTS)的关键,有 3 种方式:①对全球岩石记录进行国际的地层划分和对比;②对岩石记录的时间序列或消逝的持续阶段进行测试与解释;③把地层和时间两个体系结合起来的方法。

#### 7.3.2.2 GTS 2012 第一卷内容简介与主要新进展

(1)GTS 2012 第一卷共分 32 章和 3 个附录,共计 1144 页。第 1~14 章全面阐述了形

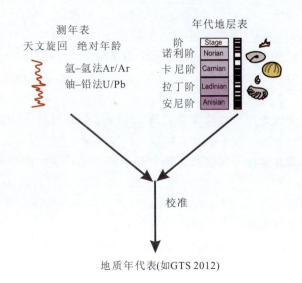

图 7-2 地质年代表（GTS）的构建
是由绝对时间（测量的年龄值和天文旋回）和年代地层表（岩石地层、生物地层、
磁极性分带和其他划分方法）联合校准而形成的（据 Gradstein et al.，2012）

成 GTS 的技术方法及其分支学科，依次是导论、年代地层格架、生物地层学、旋回地层与天文地层学、地磁极性时间格架、放射性同位素地质年代学、锶同位素地层学、锇同位素地层学、硫同位素地层学、氧同位素地层学、碳同位素地层学、地球植物界演化简史、层序地层学、定量统计方法（定量地层学）。本书第 12 章（地球植物界演化简史）致力于以植物界随时间的演化作为划分方案的重要依据。由于地质学和天文学相互依赖，如地球轨道的米兰科维奇旋回影响地球气候变化，小行星撞击造成了地球生物数次重大灾难。因此，为了从行星演化重大事件视角划分地球地质年代，本书首次开辟了一章"第 15 章　行星年代格架"，专用于介绍月球和我们的近邻金星和火星的地质年代格架。本书第 16～30 章按纪、系、统介绍了前寒武纪—第四纪各个纪内的地质年代格架与研究最新进展。在 GTS 2012 中提出了一个更切合实际的前寒武纪年代表（第 16 章），将前寒武纪重大地质事件，如第一个大陆红层、第一个超级大陆拼合、水生单细胞生命的出现和发展等作为划分的重要依据。第 31 章是"人类史前年代格架"，主要介绍如何按人亚科（类人的）系统发生建立年代表。第 32 章是"人类纪（Anthropocene）"，旨在表达由人类活动主导的地球表层的地质演化过程。

（2）经过国际地层委员会的定义和批准建立了新元古代—新生代地层时间表的细分方案。过去 10 年来，年代地层学作为地质年代表建立的中坚力量，在不断优化国际地层标准方面进展显著。年代地层单位（阶、系等）的位置和对应的估算年龄构成了 GTS 2012 的主体。在 GTS 2012 中的第 17～32 章中综述了 100 多个地质时间节点。一些传统的欧洲地质阶被新的方案替代，进而提高了全球对比精度。同时，新增成冰系和埃迪卡拉系。通过与英国、美国、中国、俄罗斯和澳大利亚等区域的地层对比，新构建的寒武系和奥陶系年代地层表更利于全球对比。侏罗系由奥地利的 Kuhjoch 剖面正式限定了其底界，结束了之前作为显生宙唯一一个长期没有正式底界的系的状况。3 个古新统的阶（达宁阶、塞兰特阶、赞尼特阶）、2 个始新统的阶（伊普尔阶、卢台特阶）和 1 个渐新统的阶（鲁培勒阶）有了明确的界定。最新的研究把格拉斯阶从上新世移到第四系（见第 29 章），第四系的底界被下移置于 2.588Ma。第三系被废弃。

（3）综合运用古生物、物理和化学研究成果校准 GTS。GTS 2012 综合运用古生物、物理和化学大量研究信息，将它们融合到一起，基于定量的和半定量的估算和内插法，建立了地球从老到新的地质演化历史的框架。具体表现在：①把前寒武纪细分为纪、世和期，反映行星演化的自然阶段，而非主观的对绝对年龄的划分（GTS 2012 第 15～18 章）；②详细叙述了前寒武纪晚期和显生宙以来的主要生物地层带和每一个地质时代的测年数据；③将显生宙期间的地磁倒转模型（GTS 2012 第 5 章）作为国际地质对比的一个关键方法；④利用海水中锶、锇、硫、氧和碳等同位素揭示主要地球化学变化趋势，为约束阶的持续时间和地质对比提供数据（GTS 2012 第 7～11 章）；⑤重视可全球对比的地质事件（包括冰期、有机碳峰值、大火成岩省、天体撞击等）；⑥从沉积记录中的物理和化学所反映的高分辨率的气候变化和海洋地质变化的旋回（如米兰科维奇旋回），建立在天文学上具有协调一致的线性演化时间序列（GTS 2012 第 4 章、第 23 章和第 26～30 章），如新近系和渐新统的部分阶用 2 万年轨道周期的天文旋回进行了校准，部分古近系、白垩系、侏罗系和三叠系的划分用 40.5 万年轨道周期进行了调谐。

最新国际地层表 *International Chronostratigraphic Chart*（2015）（国际地层委员会，2013）（附图 1-1）为 GTS 2012 的浓缩版。

## 7.3.3 当代中国区域年代地层（地质年代）表简介

在全球地质发展历程中，中国处于重要、关键的位置。中国地域辽阔，各种类型的地层发育连续齐全，而且中国某些断代地层及其所含生物化石的系统性、完整性和多样性，在世界范围内是罕见的。截至 2013 年，在全球已建立的 65 个全球界线层型及点（GSSP，简称"金钉子"）（表 7-2），其中有 10 个（表 7-3）落户中国（彭善池，2013，2014），中国已成为全球"金钉子"最多的国家。中国在国际年代地层研究所取得的卓越成果极大地推动了中国地层学研究。近十几年来，中国的地层学家不仅致力于全球界线层型及点的研究，而且还致力于中国区域年代地层表的建立与完善。建立中国自己的一套区域性年代地层划分对比标准不仅可能而且很有必要，这与国际上建立全球标准年代地层并不矛盾。正如《国际地层指南》（Salvador A，2000）指出的："全球标准年代地层（地质年代）表中的单位，只有当它们以完整的、详细的地方或区域地层学为依据时，才是有效的。因此，借助地方或区域地层表是达到统一的全球单位的途径，对于阶和统尤其如此。而且这个级别的区域单位可能一直是需要的，无论它们是否与全球标准单位严格相符。"中国全国地层委员会在 2001 年提

表 7-2 全球界线层型剖面及点（GSSP，"金钉子"）分布（截至 2013 年）（据彭善池，2014）

| 国别 | 数量 | 国别 | 数量 | 国别 | 数量 | 国别 | 数量 |
|---|---|---|---|---|---|---|---|
| 中国 | 10 | 西班牙 | 5 | 澳大利亚 | 1 | 马耳他 | 1 |
| 英国 | 9 | 捷克 | 3 | 奥地利 | 1 | 葡萄牙 | 1 |
| 意大利 | 9 | 瑞典 | 3 | 埃及 | 1 | 突尼斯 | 1 |
| 美国 | 7 | 加拿大 | 2 | 德国 | 1 | 乌兹别克斯坦 | 1 |
| 法国 | 6 | 摩洛哥 | 2 | 哈萨克斯坦 | 1 | 合计 | 65 |

表 7-3  已建立在中国的全球界线层型剖面及点（GSSP，"金钉子"）（据彭善池，2013）

| 阶（底界） | GSSP层型剖面地点 | 层型点位 | 生物标志 | 地理坐标 | 备注 | 文献 | 批准年份 | 建立顺序 |
|---|---|---|---|---|---|---|---|---|
| 印度阶 | 浙江长兴煤山（D剖面） | 殷坑组底界之上19cm，27c层之底 | 牙形刺 Hindeodus parvus 首现 | N31°4′50.47″ E119°42′22.24″ | 同时定义下三叠统、三叠系、中生界底界 | Yin et al., 2001 | 2001 | 2 |
| 长兴阶 | 浙江长兴煤山（D剖面） | 长兴组底界之上88cm，4a-2层之底 | 牙形刺 Clarkina wangi 首现 | N31°4′55″ E119°42′22.9″ | | Jin et al., 2006b | 2005 | 5 |
| 吴家坪阶 | 广西来宾蓬莱滩 | 茅口组来宾灰岩顶部，6k层之底 | 牙形刺 Clarkina postbitteri postbitteri 首现 | N23°41′43″ E109°19′16″ | 同时定义乐平统底界 | Jin et al., 2006a | 2004 | 4 |
| 维宪阶 | 广西柳州北岸乡碰冲 | 鹿寨组碰冲段83层之底 | 有孔虫 Eoparastaffella simplex 首现 | N24°26′ E119°27′ | | Devuyst et al., 2003** | 2008 | 7* |
| 赫南特阶 | 湖北宜昌王家湾 | 五峰组观音桥层底界之下39cm | 笔石 Hormalograptus extraordinarius 首现 | N30°58′56″ E111°25′10″ | | Chen et al., 2006 | 2006 | 6 |
| 大坪阶 | 湖北宜昌黄花场 | 大湾组底界之上10.57m，SHod-16牙形刺样品层之底 | 牙形刺 Baltoniodus triangularis 首现 | N30°51′37.8″ E110°22′26.5″ | 同时定义中奥陶统底界 | Wang et al., 2005**, 2009 | 2008 | 7* |
| 达瑞威尔阶 | 浙江常山黄泥塘 | 宁国组中部，化石层AEP184之底 | 笔石 Undulograptus austrodentatus 首现 | N28°52.265′ E118°29.558′ | | Mitchell et al., 1997 | 1997 | 1 |
| 江山阶 | 浙江江山礁边（B剖面） | 华严寺组底界之上108.12m | 球接子三叶虫 Agnostotes orientalis 首现 | N28°48.977′ E118°36.887′ | | Peng et al., 2012 | 2011 | 10 |
| 排碧阶 | 湖南花垣排碧四新村 | 花桥组底界之上369.06m | 球接子三叶虫 Glyptagnostus reticulatus 首现 | N28°23.37′ E109°31.54′ | 同时定义芙蓉统底界 | Peng et al., 2004a | 2003 | 3 |
| 古丈阶 | 湖南古丈罗依溪 | 花桥组底界之上121.3m | 球接子三叶虫 Lejopyge laevigata 首现 | N28°43.20′ E109°57.88′ | | Peng et al., 2009 | 2008 | 7* |

＊维宪阶、大坪阶、古丈阶同时于2008年3月在摩洛哥召开的国际地科联第58届执委会上获得批准，建立顺序不分先后；＊＊提案。

出《中国区域年代地层（地质年表）表2001》（见前文）之后，历时12年，于2013年全面总结了中国在地层学领域研究最新成果，新发布了《中国地层表（2013）》（全国地层委员会，2013）。本书附图1是新版《中国地层表（2013）》与新版《国际地层表2013》的对比图。

《中国地层表（2013）》与《中国区域年代地层（地质年表）表2001》相比，主要表达内容与进展是：①《中国地层表（2013）》是一祯以中国区域年代地层系统为基本框架，涵盖岩石地层、生物地层、磁性地层、事件地层及海平面变化特征的综合地层表。②表达了国际年代地层单位"阶"与中国年代地层单位"阶"之间的对应关系。③全面表达了中国对全球界线层型剖面及点的研究成果。④分别按中国北方、中国南方和青藏高原系统表达了三大区的岩石地层和生物地层（化石带见本书的附录2）序列，及其与年代地层"阶"和"统"的对应关系。⑤磁性地层柱单列一栏，地磁正反极性资料较好的磁性柱涵盖的年代地层单位为新元古界、寒武系晋宁阶—南皋阶、上石炭统、二叠系、上白垩统、新生界。⑥事件地层单列一栏表达的主要内容是：中太古界—新元古界青白口系主要表达了岩浆事件；新元古界南华系和震旦系强调了3期寒冷（冰期）事件；古生界—新生界主要表达了不同类群生物群首现、生物群辐射与绝灭事件以及缺氧、火山和气候事件、构造事件等。⑦海平面升降单列一栏，涵盖新元古代—新生代。⑧表中列出了多数年代地层界线处的地质年龄，其中6条界线的年龄值（表中显示有正负误差的年龄值）是我国自测年龄。

## 7.4 年代地层单位建立的准则与程序

显生宙全球年代地层界线通过全球界线层型剖面和层型点（GSSP）（Cowie et al.，1986）厘定，而前寒武系的年代地层界线采用绝对年龄作为全球标准地层年龄（GSSA）（Remane et al.，1996）厘定。为了使之成为正式的方案，界线定义必须在各级组织投票中获得60%的多数支持，首先是负责选择全球界线层型的工作组，然后是国际地层委员会的有关分会，最后为国际地层委员会。获得国际地质科学联合会批准后，全球界线层型或全球标准地层年龄才成为正式的。任何科学出版物都应当尊重和遵循此类国际性协议。年代地层单位建立需遵循如下准则。

### 7.4.1 用界线层型的下界确立年代地层单位

年代地层单位定义的核心部分，是要确定所描述的单位形成期间经历的时间跨度。由于地质时间和地质历史事件的记录仅保存于岩层本身，年代地层单位最好的标准，就是在两个指定的地质瞬时之间所形成的岩石体。该岩石体应由一个相当完整并贯穿整个单位的特定露头（即单位层型）来定义并赋予其特征。但在实际应用中，即使对级别较低的年代地层单位（如阶），这种"相当完整的岩层露头"是十分稀少的。另外，目前年代对比的方法，还不足以证实在地理上相距很远且在垂向上相邻的年代地层单位的单位层型之间，有无出现时间上的间断或重叠。例如，一个阶的典型地点可能在某个地区，但它相邻的下伏或上覆阶的典型地点却在其他地区［图7-3（a）］。在这种情况下，就产生了一个问题：如何才能使得一个阶的单位层型的上界，恰好与其相邻且较新的阶的单位层型的下界相一致呢？从一个阶的典型地点到另一个阶的典型地点对比这两个相邻阶之间的界线，在两处的典型界线之间存在间断或重叠的可能性难以避免。

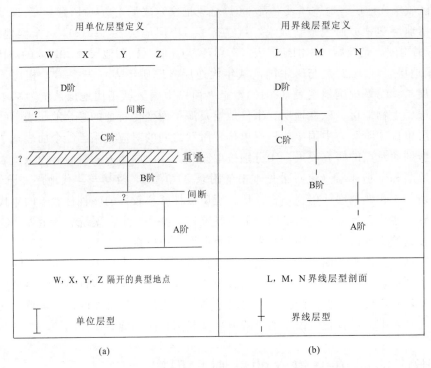

图 7-3 用界线层型确定阶比用单位层型确定阶优越
（据 Salvador 主编，金玉玕等译，2000）

正因为上述原因，对于任一级别年代地层单位来说，通过在岩层中指定的两个参考点，即用上、下界线层型来定义一个年代地层单位和赋予其特征的方法就更为可取［图 7-3(b)］。选择阶之间的界线层型，还应使某些阶的界线也能用作较高级别单位（统、系等）之间的界线层型。这样的程序有助于获得一个完全没有间断和重叠的年代地层单位划分的等级系列方案。

如果确能把两个年代地层单位之间的界线层型选择在一个确信无疑的连续沉积的地层序列中的话，那么这一共同（共有的）界线层型就可同时作为下面较老的年代地层单位的顶界标准以及后续而较新单位的底界标准。

然而，由于这种确信无疑的连续沉积非常罕见，因此，《国际地层委员会关于建立全球年代地层标准的准则》（以下简称《准则》）（Cowie et al.，1986）及其修订版（Remane et al.，1996）规定了厘定国际年代地层单位（地质年代单位）应当遵循的程序。《准则》的修订版经国际地层委员会全体成员正式投票批准。《准则》规定，按照 1972 年提出泥盆系下界定义的原则（Martinsson，1977），全球年代地层单位只能以其下界而不是以单位层型来厘定。事实上，这是建立一个由严格互相衔接的单位构成的全球年代地层表的唯一途径。

McLaren（1977）指出，如运用这种方法，"假如后来的研究表明所选用的地层面是处在一个未察觉的、在剖面上没有沉积物代表的时间中断或间断的面上，那么，根据定义，所缺失的时间就应属于下部的单位"。由此，上下接续的年代地层单位的下界界线层型毫不含糊地确定了它们的时间跨度。

### 7.4.2 选择年代地层单位界线层型的要求

年代地层单位是根据它们沉积或形成的时间特性而厘定的，应能在世界范围内被识别、认可和使用，成为国际间相互交流和理解的基础。对全球标准年代地层（地质年代）表中的单位来说，这方面显得尤为重要。

确定年代地层单位下界的界线层型是在特定地点上选定的有代表性的地层层序，包含着一个唯一的、特定的点位，而这一点位于代表地质时间一个独特的瞬时。该点位和包含该点位的剖面被称之为"**全球界线层型剖面及点（GSSP）**"（俗称"**金钉子**"）。GSSP 已被专指全球年代地层表中各单位之间作为全球标准的界线层型（Cowie，1986）。GSSP 必须由国际地质科学联合会下属的国际地层委员会各单位非常谨慎地进行挑选和描述。

除了满足选择和描述层型的一般要求外（见第 3 章第 3.5 节），《国际地层指南》（第二版）对年代地层单位界线层型的选择和描述还提出了下列要求：

(1) 界线层型必须选择在连续沉积的剖面中。

(2) **全球标准年代地层单位**（standard global chronostratigraphic units）的界线层型应选择在海相剖面中；区域年代地层单位的界线层型，必要时也可选择在非海相剖面中。

(3) 所选择的界线层型在垂向上及横向上的地层都应有相当厚度；岩相或生物相纵向变化小；化石丰富、保存良好、特征显著，具世界性广布且多样化的动物群和（或）植物群。

(4) 剖面出露完好，构造变形、地表扰动、变质作用和成岩变化（如广泛的白云岩化）最小。

(5) 剖面易于到达，能为自由研究、采样和长期保护提供合理的保证，并有永久性的野外标记。

(6) 剖面研究透彻，研究结果已发表；剖面中所采集的化石已妥善收藏并易于获取进行研究。

(7) 全球年代地层表中的年代地层单位的界线层型的选择，在可能的情况下，应考虑历史上优先和惯用的原则，应大致接近传统的界线。

(8) 为了确保能在广大地区、最好在世界范围内被接受和使用，所选择的界线层型应含有尽可能多的、特殊而完好的标志面或有利于在大范围内进行时间对比（年代对比）的其他特点。例如以独特的世界性分布的海相化石为特征的重要生物面、磁极反转以及利于用各种同位素或其他地质测年方法进行精确测年的地层层段。

(9) 与代表不同岩相和生物相的剖面有可靠联系。这种联系可通过选择和指定区域性参考剖面或一系列辅助剖面来实现。这些剖面能证实含界线层型的剖面向外延伸的时间对比的可靠性。

## 7.5 年代地层单位的时间对比

只有当年代地层单位的上、下界线被建成界线层型之后，才能在地理上将这个单位向典型剖面之外延伸。根据定义，年代地层单位的界线是等时面，因此，在任何地区，该单位包括的均应是代表相同时间跨度的岩层。通常，当使用某一年代地层界线时，距界线层型越远，所能达到的理想等时性的精确度就越低。因此，能用作时间对比（年代对比）的各方面证据都应加以利用：如多种类型化石的分布、岩层追溯、岩层序列、岩性、同位素测年、电法测井标志、不整合、海侵海退转换面、火山活动、构造事件、古气候资料、古地磁标记等。但是，年代地层单位的等时界线的确定并不依赖于其他类型的地层界线。下面列举几种常用的年代地层单位界线等时性的对比方法。

### 7.5.1 地层之间的自然关系

岩层相对年龄或年代地层位置最简单、最明显的标志，莫过于岩层之间的自然关系（physical interrelation）。经典的地层叠覆律指出：在一个未遭扰乱的沉积层序列中，最上面的地层比其下伏的地层年轻。地层的这种叠覆次序，提供了确定年代关系最明了的方法。所有其他年龄测定方法，无论是相对年龄还是数字年龄，都要用所观察到的地层之间的自然序列来检验它们的有效性。在有限的范围内，同一层面的追溯是确定等时性的最佳标志。然而，当地层因下列原因引起不连续时，如经过严重扰乱、倒转、推覆或不整合，一个较新的火成岩体侵入到较老的岩层序列中，易变形的沉积岩层（如页岩、盐或石膏层）底劈式地插入较新的地层中并蔓延其上，即便在这些困难的情况下，通过地层之间的自然关系和它们的地层序列所进行的对比，仍是确定岩层相对年龄的基本方法。

### 7.5.2 岩石学方法

早年，许多系及其下属单位基本上都是岩石地层单位的划分。后来人们认识到，岩石地层的岩性受环境的影响比受时间的影响更为强烈，大部分岩石地层单位界面是穿时的，而且地层序列中岩性特征是多次反复重现的。因此，人们曾一度抛弃了用岩石学方法确定岩层年代的方法。《国际地层指南》（第二版）纠正了上述偏激现象，指出："一个像组这一类的岩石地层单位总是具有一定的年代地层含义的，并至少可用来在局部地区大致地指示年代地层位置。一些斑脱岩、火山灰层、黏土岩层、石灰岩层或磷灰岩层等，都可能是大范围内作时间对比的极佳标志。特征显著、分布广泛的岩石单位也有可能确定大致年代地层位置的意义"（据 Salvador 主编，金玉玕等译，2000）。由此可见，并非所有的岩石地层单位界面都是穿时的，并非一定要将岩石地层单位与年代地层单位"隔离处理"。无年代含义的岩石地层单位是根本不存在的，因此，利用岩石地层单位的岩石学特征来确定其相对年代仍是当前和今后年代地层时间对比的基本方法之一。尤其是近 20 年来，地层学领域越来越重视运用区域性或全球性分布的短期突发性事件形成的"事件沉积物"，作为一种更为精确的区域和全球等时对比的新方法，以弥补传统地层划分与对比之不足（Kauffman，1988；Einsele，1991），这是地层学中的一次革命，叫作高分辨率事件地层学。

### 7.5.3 古生物学方法

由于有机界进化的有序性，对于地质时间来说，是不可逆转的。显生宙化石分布广泛、演化特征明显，因此，化石是整个显生宙在世界范围内进行相对年代测定和远距离时间对比的最好依据，显生宙全球年代地层表的建立在很大程度上依据了古生物学方法。虽然生物地层对比不一定是时间对比，但如果谨慎地、正确地使用，它将一直是时间对比最有用的方法之一。一方面，尽管两个相距遥远的地层剖面上化石的总体内容由于岩相变化而差异很大，但细微的古生物学上的鉴别，能证实它们之间具有时间上的可比性；另一方面，有时两个表面上相似的化石组合，经过细致的古生物学研究，可能被证明在年代上完全不同。

首先，首选方法是寻找合适的界线标志化石并准确标定它的首现面（FAD）。标志化石的 FAD 往往就是我们所要确定的年代地层单位的下界面（即 GSSP）。界线标志化石需满足的必备条件是：特征明显，容易鉴别，演化快，地史分布短，迁移迅速，全球分布。如 2001 年 3 月，由国际地质科学联合会正式确认的全球二叠系—三叠系界线层型剖面和点（GSSP）选定在中国浙江省长兴县煤山 D 剖面 27c 层之底，牙形石 Hindeodus parvus 首现点上。即，Hindeodus parvus 就是该 GSSP 的标志化石（张克信等，1995），Hindeodus parvus 的 FAD 确立了该界线的 GSSP（Yin et al.，1996，2001）。

其次，实现大范围时间对比的另一种行之有效的古生物学方法，是要建立某类可供对比化石类型的演化谱系，如在全球二叠系—三叠系界线层型上建立了牙形石 latidentatus - parvus - isarcica 演化谱系，该谱系对实现全球对比起到了良好作用（Yin et al.，1988，1996，2001）。

另外，由于多数生物带不具备在各处完全等时的下界或上界，因此，要善于运用多门类化石和若干相互交错的生物带（如通过侧向指状交叉并相互替代）实现较精确的时间对比。这种相互交错的生物带体系可作为实现不同环境类型沉积序列的横向对比的主要纽带。例如，对比陆相和海相沉积层时，可运用陆生动物、植物、孢粉、底栖和漂浮海生生物的陆-海递变系列；又可运用相互重叠的植物和动物带来对比热带-温带-极区系列环境下形成的地层。

考虑到现今地球生命环境的多样性和现代生物类型在横向上的巨大变化，可以从中领悟到，在运用古生物学方法进行时间对比时将会面临许多难题。由于过去环境的不断变化、大陆漂移、生物迁移所需的时间，地层中的成岩变化、变质作用，化石保存上的千变万化，采集的偶然性及其他种种因素，会导致问题复杂化（图 7-4）。应当看到，运用古生物学方法进行大范围时间对比，虽然价值很大，但存在相当大的局限性。因此，用古生物进行定年和远距离对比时，必须要谨慎行事，设法消除种种干扰因素，以求达到较精确对比之目的。

### 7.5.4 同位素年龄方法

同位素测年法依据的是某些母体核素以一定速率进行的放射性衰变，这种衰变速率恒定，适合于测量地质时间，它为年代地层学提供了一种强有力的绝对数字年龄获取技术。同位素测年法对前第四纪较老岩层和第四纪堆积物两者有较大差别，以下分别简介几种常用方法，并逐个作一简评。

#### 7.5.4.1 前第四纪岩层同位素测年法

Rb - Sr 等时线法：是 20 世纪 70 年代主导测年方法，近年来研究发现，Rb、Sr 具强的活动性，可能造成年龄的偏老或偏新，另外同源要求很难达到。

Sm - Nd 等时线法：Sm、Nd 具较强的活动性，很难满足同源要求，同时存在假等时线、视等时线等问题。但矿物内部等时线方法是一个值得推荐的方法。

$^{40}Ar - ^{39}Ar$ 测年法：利用 $^{40}Ar/^{39}Ar$ 比值计算年龄，从获得的几组坪年龄还可以分析热扰动历史，在确定事件的时代方面有广泛的应用。

$^{207}Pb/^{206}Pb$ 蒸发法：利用测定单颗粒锆石 $^{207}Pb/^{206}Pb$ 比值计算年龄，采用逐层蒸发法可以获得锆石核及环带的年龄。此方法在普通 Pb 扣除上不尽完善。但是在测定年代较老的地

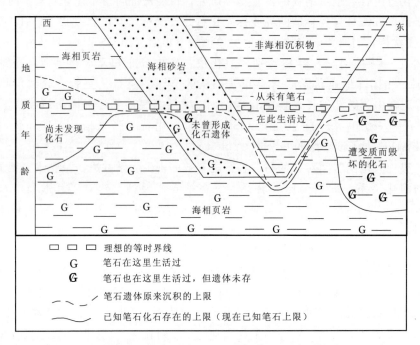

图 7-4 一个笔石分类单元原来的产出上限和目前已知的产出上限
与等时面（年代地层面）的关系及其局部变化的可能原因
（据 Salvador 主编，金玉玕等译，2000）

质体时往往可以获得比较可靠的年龄。

单颗粒锆石 U-Pb 法：该方法是目前国内外应用最为广泛的测年方法，可以获得单颗粒锆石的 3 组表面年龄信息和不一致线与一致线的交点年龄。除锆石外，还可以测试金红石、石榴石等矿物的年龄。

离子探针质谱法：单颗粒锆石离子探针质谱法是目前单颗粒锆石测年最先进的测年方法，它可以测定单颗锆石不同部位的年龄。目前国内实验室已引入该设备。

### 7.5.4.2 第四纪堆积物同位素测年法

第四纪各类堆积物同位素测年方法和每类方法适宜的测年范围、应用范围、适用材料、取样量及相关要求列于表 7-4（李长安，2001）。

采用不同的衰变常数会导致测年结果的不一致。因此，在计算年龄时要使用统一的衰变常数，这对于地质测年对比尤为重要。通常使用的是由国际地质科学联合会地质年代学分会推荐的衰变常数。

同位素测年法既可用于全岩样，也可用于从岩石中分离出来的单矿物。同位素数据的年龄意义取决于各种地质参数，在年代地层学中使用同位素法需要有地质学的解释。不同矿物和岩石样品中各种同位素体系可能是对岩样和岩样所曾经历过的压力和温度条件变化或其他变化的一种特殊反应，因此，必须确定所获得的年龄值是岩层形成的真实年龄，还是变质作用的年龄，抑或是其他后期变化的年龄。同位素测年法的局限性是，并非所有岩石类型都适于作同位素年龄分析。

表 7-4 第四纪地质测年方法、取样要求及应用范围简介一览表（据李长安，2001）

| 方法 | | 半衰期(ka) | 测年范围(ka) | 适用材料及样品质量(g) | | 取样要求 | 应用 |
|---|---|---|---|---|---|---|---|
| $^{14}C$ | | 5.730 | $\beta$衰变法：0.2~40 AMS：0.2~65 | 木质（树木、竹子、木板等）<br>炭质（木炭、草炭、碳化木）<br>生物体（种子、棉、兽皮毛等）<br>泥质（泥炭、淤泥、土壤等）<br>贝壳（螺、蚌、牡蛎、珊瑚等）<br>骨质（牙齿、角及骨骼等）<br>碳酸盐类（石灰华、钟乳石、石笋、钙板、泉华、钙结核） | 50~100<br>20~50<br>100<br>500~2000<br>100~200<br>>1000<br>100 | 注意排除现代碳的污染 | 用于各种考古、第四纪地层、环境变迁、构造活动测年 |
| 铀系法 | $^{230}Th/^{234}U$ | 75.40 | $\alpha$计数：2.0~200 TIMS：2.0~400 | 火山岩；碳酸盐类（石灰华、钟乳石、石笋、泉华、珊瑚、贝壳）；湖积物；海洋沉积物等 | $n$~100 | 样品"新鲜"，封存后没有发生放射性元素的迁出和带入 | 年轻火山岩，湖、海沉积岩的测年 |
| | $^{231}Pa/^{234}U$ | 34.30 | | | | | |
| | $^{234}U/^{238}U$ | 245.00 | | | | | |
| K-Ar法 | | $1.25\times10^6$ | >10.0 | 岩浆岩含钾矿物（白云母、黑云母、锂云母、金云母及钾微斜长石、角闪石等），也可用全岩；火山岩中黑云母、透长石、斜长石、辉石等，也可用全岩；沉积岩中常取其海绿石、钾盐及砂粒和黏土；陨石 | 1~10 | 云母中不含放射性元素的副矿物；角闪石未发生蚀变；钾长石没有条纹长石化、高岭石化、绢云母化；海绿石不能铁化，应呈深绿色等 | 主要用于年轻火山岩、海相沉积物的测年 |
| 热释光(TL)法 | | | 陶片等焙烧物：$0.01~n$<br>风积物：$0.1~n\times10^2$ | 焙烧物（砖、陶片、窑炉等）<br>风积物（黄土、沙丘砂等）<br>碳酸盐类（溶洞方解石、方解石脉）<br>构造热事件产物（断层泥等） | 100<br>300<br>250<br>300 | (1)地面下埋深约30cm；(2)取样应在深色布幕的遮蔽下进行，以避免样品曝光；(3)尽可能采集大块状样品并以黑布袋或黑纸包裹 | 第四纪沉积地层测年 |
| 光释光(OSL)法 | | | $0.1~n\times10^2$ | 同上，还有河、湖、海沉积物 | >300 | | |
| 电子自旋共振(ESR) | | | $n~n\times10^4$（$10~10^2$较好） | 化学沉积物（石灰质、硅质、盐等）<br>生物化石（珊瑚、贝壳、骨头等）<br>碎屑沉积物（石英及长石颗粒） | 100~200<br>20~100<br>500~1000 | | |
| 宇宙核元素 | $^{10}Be$ | | $n\times10^2$~$n\times10^3$ | 深海红黏土、湖相淤泥、黄土、石英等 | AMS：10~200g纯石英 | 暴露面不应有强的侵蚀，地面向下50cm内 | 海洋沉积物测年，石英的暴露年龄，陨石着地年龄，冰川定年，地下水年龄等 |
| | $^{36}Cl$ | | $n\times10^3$~$n\times10^4$ | 盐湖沉积物、火山岩风化壳、石英等 | | | |
| | $^{26}Al$ | | $n\times10$~$n\times10^3$ | 深海沉积物、湖积物等 | | | |
| | $^{32}Si$ | | $n\times10^{-1}$~$n$ | 海、湖相淤泥等 | | | |
| 裂变径迹(FT) | | | $0.1~10^6$（>$10^2$效果较好） | 凡含铀量高的矿物，如钻石、榍石、磷灰石、云母、辉石、橄榄石、独居石、石榴石、绿帘石、石英、玻璃等天然单矿物及黑曜岩、凝灰岩、火山玻璃、陨石等；考古样品如陶瓷、砖瓦及灰烬层、被烧过的岩石、土壤等有过加热烘烤过的物质均可 | | 单矿物粒度要>30$\mu$m，且结晶要好；样品应未经风化、污染的新鲜物质；样品在储存、运输、处理过程中，切忌受热，也不能与放射性物质接触 | 火山岩、深成岩年龄；含有火山玻璃、玻璃陨石、磷灰石、方解石等自生矿物、硅化木和化石骨架的沉积岩年龄 |

### 7.5.5 地磁极性反转

地球磁场极性的周期性反转在年代地层学，特别是晚中生代和新生代的岩石中的应用颇为重要。目前已经建立了一个较为详细的晚中生代和新生代地磁极性地层表。地磁极性地层表对确定大洋区岩层的年代地层十分重要。极性反转必须与生物地层学、同位素测年法等其他方法相配合，否则，难以识别特定的极性反转。有关磁性地层学方法参见本书第8章。

### 7.5.6 其他地层学方法

用于建立高精度年代地层格架的其他辅助方法还有层序地层及全球海平面变化分析法、生态地层法、事件地层法、地震-测井地层法、化学地层法、分子地层法、旋回地层法、定量地层法等，其具体内容详见后续章节。

## 7.6 生物、岩石和年代地层单位间的关系

生物地层单位、岩石地层单位和年代地层单位是按地层的不同特征和属性划分的不同类别的地层单位，都涉及到地壳的岩石，反映了地壳历史的不同方面，为特殊的目的而使用。与年代地层单位相比，生物地层单位和岩石地层单位更具区域性，而划分年代地层的基础——时间，则属解释性特征。

### 7.6.1 岩石地层单位与生物地层单位的关系

地壳中的所有岩石体都可组成岩石地层单位，但只有沉积作用形成的岩石体在其形成过程中曾有生物生存过，而其中仅一小部分被保存为化石，成为生物地层研究的对象。

岩石地层单位以岩石的岩性特征为基础建立，生物地层单位以岩石中所含化石的特征为基础建立。它们都在一个特定的地质时间片段内形成，都有年代地层学意义，都可显示沉积环境。但化石随地质年代不同而各异，其特征在地层序列中不重复，故生物地层单位可指示相对地质年龄。然而，相似或一致的岩石类型或岩性特征可在地层序列中重复出现。可以说，大部分岩石地层单位的界线，一经侧向追溯，终归都是斜穿等时面的。多数生物地层单位的界线，由于沉积环境变异、化石保存和采集因素之差别，侧向追溯时，也不是真正的等时面。一般来说，生物地层单位界线比岩石地层单位界线更接近等时面，其中谱系带的界线被公认代表等时面。生物地层单位与岩石地层单位的界线局部可吻合，但多数是位于不同地层面上或彼此交叉的（图7-3）。

至于岩石地层单位中的化石内容，在某些情况下仅作为辨认该单位的特殊岩石特征，而不计其所具有的年代意义，如放射虫岩、藻礁等。一般来说，生物地层单位与岩石厚度无关。一个生物地层单位有时可跨越几个低级别岩石地层单位；一个组级岩石地层单位有时可包括几个生物地层单位。

### 7.6.2 岩石地层单位与年代地层单位的关系

年代地层单位指地球历史的某一时间片段内形成的所有岩石体，而不考虑这些岩石的岩性特征。年代地层单位的建立是以要确定所描述的单位形成期间经历的时间跨度为核心；岩

石地层单位的建立是以其岩层的岩性特征为核心,显而易见,两种单位所描述的内涵截然不同。年代地层单位的界面(线)是时间面,必须用全球界线层型剖面和层型点(GSSP)厘定(Cowie,1986),同一年代地层的顶、底界面(线)在全球是等时的;岩石地层单位的界面是岩性界面,必须用易于识别的岩性特征厘定,这种岩性界面在多数情况下不是等时面。美国地质学家肖(Shaw A)指出,"全部侧向可以追溯的非火山浅海沉积的岩石单位必须推论为穿时的"(Shaw,1964),这一论断被后人称之为岩石地层的"**穿时普遍性原理(Ubiquity of diachronism)**"(张守信,1983)。年代地层单位在全球应该是统一的,即某一时间片段的年代地层单位在全球是唯一的(仅有一个);岩石地层单位是区域性的,即在同一地质年代内的不同地区、不同构造-古地理单元有各自独立的岩石地层系统和单位。不同地区、不同构造-古地理单元的岩石地层单位间的时间对比,必须通过对该地区岩石地层系统的年代地层单位的细致研究与对比才能实现。

## 7.6.3 生物地层单位与年代地层单位的关系

生物地层单位是以某一特定化石标本存在的实际范围所限定的岩石体,与年代地层单位的概念不同,不能相互代替。原则上,年代地层单位应是世界性的,便于在世界范围内交流和沟通。划分年代地层单位,不仅要利用生物地层资料,还必须利用其他类型的地层资料,以对地球的岩石体及其历史的认识更趋完善和深入。由于生物演化的不可逆性,地层中的化石成为确定显生宙(包括晚前寒武纪)沉积岩时代的主要证据,对年代地层单位划分标志起着巨大的作用。在实践中,生物地层单位通常接近年代地层单位,但年代地层单位的界线是等时的,而生物地层单位的界线由于沉积相改变、化石形成和保存状况的变化、发现化石的机遇不同、迁移需要时间、演化发育在地理上的差异等原因,常偏离等时面(图7-4)。因此,两种地层单位的界线也不能直接相互代替。在实践中,使用生物地层单位标定年代地层单位及其界线(等时面)时,除优先选用谱系带及其界线、采用几个相互穿插的生物带的生物面的办法验证其确属等时体和等时面外,还应采用其他方法加以控制,尤其是对前寒武纪以前的其他化石贫乏或缺失的岩石体,建立年代地层单位更应采用其他的方法(如同位素测年、不整合、磁性、古气候及构造地层法等)。

参 考 文 献

Salvador A. 国际地层指南[M]. 2版. 金玉玕,戎嘉余,译. 北京:地质出版社,2000:1-171.
金玉玕,王向东,王玥. 国际地层表说明[J]. 地层学杂志,2000,24(增刊):321-340.
高振家,陈克强,魏家庸. 中国岩石地层辞典[M]. 武汉:中国地质大学出版社,2000:1-628.
郝诒纯,苏德英,余静贤,等. 中国地层典——白垩系[M]. 北京:地质出版社,2000:1-124.
李长安. 第四纪地质野外调查要点[M]. //张克信,庄育勋,李超岭,等. 青藏高原区域地质调查野外工作手册. 武汉:中国地质大学出版社,2001:104-120.
彭善池. 艰难的历程 卓越的贡献——回顾中国的全球年代地层研究[M]. //中国科学院南京地质古生物所,中国"金钉子"——全球标准层型剖面和点位研究. 杭州:浙江大学出版社,2013:1-42.
彭善池. 全球标准层型剖面和点位("金钉子")和中国的"金钉子"研究[J]. 地学前缘,2014,21(2):8-19.
全国地层委员会《中国地层表》编委会. 中国地层表(试用稿)[M]. 北京:中国地质调查局监制,2013.

全国地层委员会. 中国地层指南及中国地层指南说明书（修订版）[M]. 北京：地质出版社，2001：1-59.

全国地层委员会. 中国区域年代地层（地质年代）表说明书[M]. 北京：地质出版社，2002：1-72.

王鸿祯，李光岑. 国际地层时代对比表[M]. 北京：地质出版社，1990.

王鸿祯，史晓颖，王训练，等. 中国层序地层研究[M]. 广州：广东科技出版社，2000：1-457.

王鸿祯. 论中国前寒武纪地质时代及年代的划分[J]. 地球科学，1986，11（5）：447-453.

吴瑞棠，张守信，徐道一. 现代地层学[M]. 武汉：中国地质大学出版社，1989：1-213.

杨遵仪，杨基端，张舜新，等. 中国地层典—三叠系[M]. 北京：地质出版社，2000：1-139.

殷鸿福，张克信，童金南，等. 全球二叠系—三叠系界线层型剖面和点[J]. 中国基础科学，2001（10）：10-23.

殷鸿福，张克信，杨逢清. 海相二叠系—三叠系生物地层界线划分的新方案[J]. 地球科学，1988，13（5）：511-519.

张克信，赖旭龙，丁梅华，等. 浙江长兴煤山二叠—三叠系界线牙形石序列及全球对比[J]. 地球科学，1995，20（6）：669-647.

张守信. 英汉现代地层学词典[M]. 北京：科学出版社，1983：1-221.

郑志坚，何希贤，刘淑文，等. 中国地层典——第三系[M]. 北京：地质出版社，2000：1-163.

中国同位素地质年表工作组. 中国同位素地质年表[M]. 北京：地质出版社，1987.

周慕林，闵隆瑞，王淑芳. 中国地层典——第四系[M]. 北京：地质出版社，2000：1-122.

周志炎，张璐瑾，陈金华. 中国地层研究二十年—陆相三叠系（1979—1999）[M]. 合肥：中国科学技术出版社，2000：259-282.

Armstrong R L. Pre-Cenozoic Phanerozoic time scale-Computer file of critical dates and consequences of new and in-progress docay-constant revisions [C]. In Cohee G V, Glaessner M F, Hedberg H D (eds.). Contributions to the geologic time scale. Amer. Assoc. Petroleum Geol. Studies in Geology, 1978, 6: 73-91.

Chen X, Zhang Y D, Bergström S M et al. Upper Darriwilian graptolite and conodont zonation in the global stratotype section of the Darriwilian stage (Ordovician) at Huangnitang, Changshan, Zhejiang, China [J]. Palaeoworld, 2006, 15: 150-170.

Cohee G V, Glaessner M F, Hedberg H D. Contributions to the geologic time scale [C]. Amer. Assoc. Petroleum Geol. Studies in Geology, 1978, 6: 1-388.

Cowie J W, Bassett M G. Global Stratigraphic Chart with geochronometric and magnetostratigraphic calibration [J]. Episodes, 1989, 12 (2): suppl.

Cowie J W. Guidelines for boundary stratotypes [J]. Episodes, 1986, 9 (2): 78-82.

Devuyst F X, Hance L, Hou H et al. A proposed Global Stratotype Section and Point for the base of the Visean Stage (Carboniferous): the Pengchong section, Guangxi, South China [J]. Episodes, 2003, 26 (2): 105-115.

Ding M H, Zhang K X, Lai X L. Evolution of Clarkina lineage and Hindeodus-Isarcicella lineage at Meishan Section, South China [M]. //Yin Hongfu (ed.), The Palaeozoic-Mesozoic Boundary candidates of Global Stratotype Section and Point o the Permian-Triassic Boundary. Wuhan: China University of Geosciences Press, 1996: 65-71.

Einsele G. Event stratigraphy: Recognition and Interpretation of Sedimentary Event horizons [M]. //Einsele G, Ricken W, Seilacher A (eds), Cycles and events in stratigraphy. Berlin: Springer, 1991: 145-193.

Gradstein F M, Ogg J G, Smith A G. A Geologic Time Scale 2004 [M]. Cambridge: Cambridge University

Press, 2004: 589.

Gradstein F M, Ogg J G, Schmitz M D et al. The Geologic Time Scale 2012, Volume 1 [M]. Amsterdam: Elsevier, 2012: 1 - 1127.

Jin Y G, Shen S Z, Henderson C M et al. The Global Stratotype Section and Point (GSSP) for the boundary between the Capitanian and Wuchiapingian Stage (Permian) [J]. Episodes, 2006a, 29: 253 - 262.

Jin Y G, Wang Y, Henderson C M et al. The Global Boundary Stratotype Section and Point (GSSP) for the base of Changhsingian Stage (Upper Permian) [J]. Episodes, 2006b, 29 (3): 175 - 182.

Kauffman E G, Elder W P, Sageman B B. High - Resolution correlation: A New Tool in Chronostratigraphy [M].//Einsele et al. (Eds). Cycles and events in stratigraphy. Berlin: Springer, 1991: 795 - 819.

Kauffman E G. Concepts and methods of high - resolution event stratigraphy [J]. Ann. Rev. Earth Planet Sci., 1988, 16: 605 - 654.

Mitchell C E, Chen X, Bergstrom S M et al. Definition of a global boundary stratotype for the Darriwilian Stage of the Ordovician System [J]. Episodes, 1997, 20: 158 - 166.

Peng S C. Chronostratigraphic subdivision of the Cambrian of China [J]. Geologica Acta, 2003, 1: 135 - 144.

Peng X F, Feng Q L, Li Z B et al. High - resolution cyclostratigraphy of geochemical records from Permo - Triassic boundary section of Dongpan, southwestern Guangxi, South China [J]. Science in China (Series D): Earth Sciences, 2008, 51 (2): 187 - 193.

Peng S C, Babcock L E, Zuo J X et al. Global Standard Stratotype - section And Point (GSSP) for the base of the Jiangshanian Stage (Cambrian: Furongian) at Duibian, Jiangshan, Zhejiang, Southeast China [J]. Episodes, 2012, 35: 462 - 477.

Snelling N. A review of recent Phaneronoic time - scales [C].//Harland W B, Smith A G, Wilcock B (eds.). The Phanerozoic time - scale. Geol. Soc. London Quart. Jour., 1964, 120: 29 - 37.

Wang X F, Stouge S, Erdtmann B D et al. A proposed GSSP for the base of the middle Ordovician Series: the Huanghuachang section, Yichang, China [J]. Episodes, 2005, 28: 105 - 117.

Wang X F, Stouge S, Chen X H et al. The Global Strato - type Section and Point for the base of the Middle Ordovician Series and the Third Stage (Dapingian) [J]. Episodes, 2009, 32: 96 - 113.

Yin H F, Zhang K X, Tong J N et al. The Global Strato - type Section and Point (GSSP) of the Permian - Triassic Boundary [J]. Episodes, 2001, 24: 102 - 114.

Yin H, Sweet W C, Glenister B F et al. Recommendation of the Meishan section as Global Stratotype Section and point for basal boundary of Triassic System [J]. Newsletters on Stratigraphy, 1996, 34 (2): 81 - 108.

## 关键词与主要知识点-7

年代地层学 chronostratigraphy
年代地层单位 chronostratigraphic unit
年代地层面（年代面）chronohorizon
标志面 marker horizon
关键层 key bed
关键面 key horizon
时间面 time surface
地质年代单位 geochronologic unit
瞬间 moment

瞬时 instant
地质年代学 geochronology
年代地层分类 chronostratigraphic classification
全球标准年代地层表 Standard Global Chronostratigraphic Chart
宇 Eonthem
宙 Eron
界 Erathem
代 Era

系 System
纪 Period
统 Series
世 Epoch
阶 Stage
期 Age
亚阶 Substage
亚期 Subage

时带 chronozone
首现面 first appearance datum (FAD)
最后消失面 last appearance datum (LAD)
基准面 datum
地质年表 geologic time scale (GTS)
国际地质科学联合会 International Union of Geological Sciences (简称 IUGS)

# 第 8 章 磁性地层学

表征岩石或沉积物磁学性质的参数从应用的角度大体可以分为两类：一类主要受控于岩石或沉积物本身固体颗粒的成分和结构特征（例如磁化率）；另一类既受上述固体颗粒本身特征影响，也能反映地磁场及其变化的特征（例如天然剩磁）。这两类磁学参数都可以用作地层划分和对比的依据。

传统的磁性地层学致力于研究地磁场极性倒转在地层中留下的剩磁记录，并根据地磁场极性倒转特征进行地层划分和对比。以地质年代的尺度而言，地磁场极性倒转的发生是瞬时的、全球等时的、非周期性的。将极性特征作为地层单元的划分和对比标志，在与生物地层学、年代地层学综合使用时体现出了强大的优势和广泛的适用性。磁性地层学因此而成为现代地层学的重要分支学科之一。但近年来随着更多磁参数的开发利用，特别是环境磁学研究的兴起，"磁性地层学"这一名词的含义和用法正在发生变化。一些研究者开始将传统的、基于地磁场极性倒转研究的磁性地层学专门性地称作"磁极性地层学"（Magnetic polarity stratigraphy；Opdyke & Channell，1996），但多数文献中，磁性地层学（Magnetostratigraphy；Hailwood，1989；Langereis et al.，2010）指的就是磁极性地层学。

磁极性地层学依赖于古地磁学技术。古地磁学是建立在地磁学和岩石磁学基础上的一门较新的地球物理学分支学科，致力于研究已经消失了的、没有以人文方式记录下来的、遥远时期的古地磁场。古地磁学方法从现代地磁学理论和模型出发，从岩石、沉积物或考古材料中提取数千年前至数十亿年前的地磁场的信号，发现了地质历史时期地磁场的变化行为，发现了地磁极倒转，极大地丰富了地磁学理论，拓宽了地磁学的应用领域。磁极性地层学和板块运动的定量分析堪称古地磁学应用于地质学的两个最重要的研究方向。了解古地磁学的原理和方法是做好磁极性地层学研究的前提。

现代地层学中一种常见的思路是将地层剖面上获得的物性参数（例如磁性参数、电性参数、放射性参数、颜色参数、灰度参数、孔隙度和粒度参数等）作为古气候或其他古环境因素的替代性指标，定量分析地层的旋回特征并进行地层的划分和对比。岩石或沉积物的磁化率和剩磁等参数主要反映其中含铁矿物的类型、含量以及粒度特征，这类参数在地层剖面上的变化受控于物源和沉积环境，也包含了风化、搬运、沉积、成岩、变质等地质过程的信息（张世红等，2000）。20 世纪 80 年代兴起的环境磁学（Thomson & Oldfield，1986）即是这样一门利用广泛的岩石磁学参数测量来研究各种地质过程和环境变化的边缘学科。一些教材将基于环境磁学方法建立地层学标志的研究称为"岩石磁性地层学"或"岩石磁性旋回地层学"（Rock magnetic stratigraphy；Opdyke & Channell，1996；Rock magnetic cyclostratigraphy；Kodama & Hinnov，2014）。

粗略地讲，"磁极性地层学"是基于年代地层学的研究思路，依赖于古地磁学专门技术，其基础理论是地磁学和岩石磁学；"岩石磁性地层学"是基于岩石地层学的研究思路，偏重于研究地质过程（和地质环境）对岩石磁性的影响，其基础理论主要是岩石磁学，也需要很好的地质学（特别是沉积学）知识。这样的划分能够帮助初学者了解磁性地层学的研究方法及特点，但不是严格意义上的学科分类。

本章重点介绍作为地层学重要分支学科的磁（极）性地层学的原理、方法及应用，以下分节概述现代地磁场的基本特征、岩石磁学的基础知识、古地磁学工作流程和技术要点、古地磁场的倒转特征以及磁极性地层学工作思路、地磁极性年表的标定和应用等问题。

## 8.1 现代地磁场基本特征

### 8.1.1 地磁场要素

地磁场是一个既有大小又有方向的矢量场，人们是通过测量地磁场要素了解和研究地磁场的。

对近地表空间任意一点，取直角坐标系，$x$轴水平指向正北（地理北），$y$轴水平指向正东，$z$轴垂直向下（图8-1）。地磁场矢量$T$在该坐标系下可以分解成3个分量，即沿$x$轴的"北分量（$X$）"、沿$y$轴的"东分量（$Y$）"和沿$z$轴的"垂直分量（$Z$）"。$T$在水平面上的投影也可以称作地磁场矢量的水平分量（$H$），显然，北分量、东分量是$H$分别在$x$轴、$y$轴上的投影。定义$H$与$x$轴的夹角为该点地磁场的磁偏角（$D$）、$T$与水平面的夹角（即$T$与$H$的夹角）为该点地

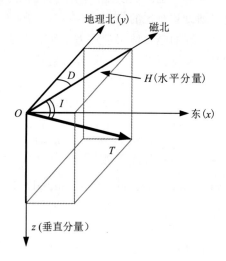

图8-1 地磁场要素图示

磁场的磁倾角（$I$）。上述7个物理量，$T$、$X$、$Y$、$Z$、$H$、$D$、$I$统称地磁要素，7个量之间的关系是：

$$T^2 = H^2 + Z^2 = X^2 + Y^2 + Z^2$$
$$X = H \times \cos D; \quad Y = H \times \sin D; \quad Z = H \times \tan I; \quad H = T \times \cos I$$
$$\tan I = Z/H; \quad \tan D = Y/X$$

由于一些要素可以由另一些要素按照上述关系导出，不同的观测系统给出的地磁要素观测记录也不相同。

对地磁场的直接观测已经有几百年的历史。观测表明，近地表空间的任一点的地磁要素和另外一点的地磁要素不尽相同，换言之，地磁要素的分布是关于大地坐标的函数。为了了解地磁要素和大地坐标的关系，人们开展了各种类型的观测，包括地表磁测、航空磁测、海上磁测、卫星磁测和地磁台定点持续观测等（其中地磁台的观测还在于了解地磁要素随时间变化的特征），依据这些观测，提出了多种地磁场分布的模型。其中最有影响的模型是基于19世纪中叶高斯提出的地磁场球谐级数分析方法建立的"国际地磁参考场"（international geomagnetic reference field，IGRF）。IGRF是对地磁要素所有观测数据的一种最佳拟合，利用这个模型可以很快了解某一坐标点下各地磁要素的基本特征，但不是这一点的真实测量值，而是基于全球主要观测数据对这一点的一种最佳估计值。

## 8.1.2 地磁场的组成

地球内部包含着极其复杂的物质和物理过程,经历着与外部空间的相互作用,地磁场是这些物质和过程所产生的磁场的总和。对磁性地层学研究最有意义的是了解近地表空间(指一般地质作用所涉及的近地表空间)地磁场的主要特征。

近地表空间的地磁场包含稳定场和变化场,两者都有起源于地球内部的成分(称为内源场)和起源于地球外部的成分(称为外源场)。与古地磁学相关的是内源场中的稳定场部分,它包含地核里产生的磁场和岩石磁化产生的磁场,有时候前者被称作地磁场的"主磁场"或"基本磁场",后者被称作"磁异常场"。

古地磁样品中提取出来的剩磁主要是古时候地球主磁场留下的信号,在一般的沉积岩中很弱,常规的地磁测量基本不能识别;但当这种剩磁信号很强、存在于相当大规模分布的火成岩或铁矿体中时,就会形成明显的区域性的磁异常。本章下文要关注的大洋磁异常就是洋壳玄武岩的剩磁引起的。

## 8.1.3 地球主磁场的基本特征

在近地空间,地球主磁场的分布很接近于一个置于地心的偶极子产生的磁场,但这个偶极子的轴和地球的旋转轴有 11.5°的夹角(图 8-2)。磁力线指向北,总体在南半球向上、磁倾角为负;北半球向下、磁倾角为正。

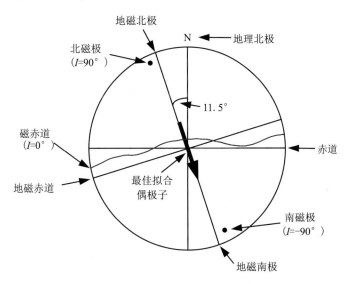

图 8-2 现代地磁场的偶极子模型

(据 McElhinny & McFadden,2000)

这个模型占现代地球主磁场的 80%以上,主磁场中其他成分称为非偶极子场。如图 8-2 所示,地心偶极子轴延线和地表的交点称为地磁极(geomagnetic pole),但该点在实际观测中并不是磁倾角等于 90°的地点,非偶极子成分使磁倾角等于 90°的地点(称为磁极,magnetic pole)偏离了偶极子场的地磁极。过地心、垂直于偶极子的平面在地表切出的大圆称为地磁赤道,理论上讲,地磁赤道各点的磁倾角等于零。同样是由于非偶极子场成分的影响,实际观测到的磁倾角等于零的地点分布在地磁赤道附近,而不完全与之重合(图8-2)。

地磁场在高纬度地区强度大(地磁极附近最大达约$60\mu T$);在低纬度地区强度弱(在地磁赤道附近最小处约$30\mu T$)。

### 8.1.4 地磁场的长期变和轴向地心偶极子模型

在固定点上的持续测量可以确定地磁场的变化特征。变化场也包含很多成分,已经观测到的不同成分的变化周期可以从瞬间到几十年,例如地磁脉动、地磁日变、磁暴、太阳黑子周期变化等。但这些短周期的变化幅值基本在地磁场强度千分之一的量级或更小,在地质记录中体现不出来。

人们将地球基本磁场随时间的缓慢变化叫地磁场的长期变化(secular variation),简称"长期变"。长期变较早从欧洲的地磁台记录中得到确认,后来利用古地磁、考古地磁方法广泛发现于快速沉积的沉积物和慢速冷却的火成岩中(图8-3)。大量的观测统计发现,长期变包含非偶极子场长期变和偶极子场长期变两种成分。前者周期大约在百年以下,后者周期为数千年。非偶极子场长期变成分可以利用世界不同地区约100年期间内的观测数据平均掉,而偶极子场长期变成分则需要在平均掉非偶极子场长期变的基础上用近万年的观测数据平均掉(McElhinny & McFadden, 2000)。

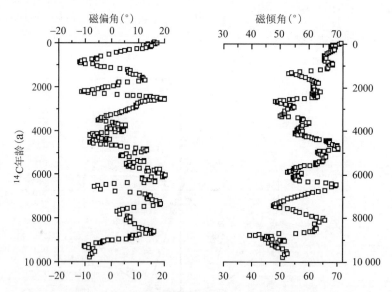

图8-3 美国俄勒冈州东南部Fish湖全新世沉积物记录的地磁场长期变现象
(据Butler,1998)

平均掉长期变以后的数据显示,在万年时间尺度上平均的地磁场更像一个轴向中心偶极子形成的磁场,地磁极在地理极的位置上。在地磁学和古地磁学中称这个模型为地心轴向中心偶极子模型(geocentric axial dipole,简称GAD)。在GAD模型下,平均的地磁倾角($I$)和地理纬度($\psi$)之间存在一个很简单的函数关系,即$\tan I = 2\tan\psi$。

这样一个关系式能够很好地帮助我们理解"虚地磁极"(virtual geomagnetic pole,简称VGP)的概念。近地表任一点的地磁场方向总是指向地磁极的,那么从观测点沿磁场方向

前进 $(90°-\psi)$ 的球面距离就到达了磁极的位置,对现代地磁场而言,这个点就是通过观察点的地磁要素确定的"地磁北极"。但由于观察点的地磁要素受非偶极子场、长期变等因素影响,由每一个观测点确定的极的位置并不是平均的 GAD 极的位置,所以将根据某一观测点的地磁要素换算出来的地磁极称为虚地磁极。

VGP 在古地磁学和考古地磁学中是一个非常重要的概念。我们所谓的对古代地磁场的平均,很多情况下是通过对 VGP 的平均实现的。例如,在图 8-4 中,每一个磁极的位置都来源于对世界各地年龄差别不超过约 100 年的 VGP 的平均。这样平均出来的地磁极被认为消除了非偶极子场长期变的影响,可以代表历史上"某一时刻"(年龄精确到约 100 年)的地磁极位置。从图 8-4 中我们不难看出,不同"时刻"的地磁极位置不同,这就是偶极子场的长期变。将所有"时刻"的地磁极落到同一投影图上[图 8-4(a)],很明显,这些磁极围绕在地理极附近分布。所以说,在长时间尺度上平均(对图 8-4 而言是 1 万年),地磁极和地理极是一致的。

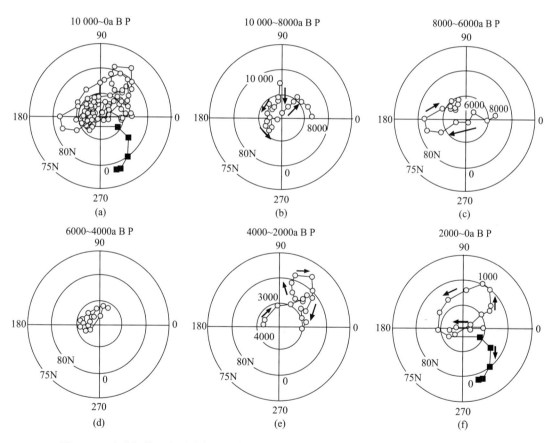

图 8-4 地磁极位置在过去的 1 万年间的变化,其中每一个点代表该点附近 100 年内全球不同地点数据的平均

(据 Ohno & Hamano,1992)

对现代地磁场的观测只有几百年的历史,根据这些观测推算的磁极位置[图 8-4(f) 中的黑方点]和地理极位置显然不一致。可以说,这几百年的观测也只是获得了地磁场变化

历史长河中的几个"点记录"。更老的地磁场记录只能依靠古地磁技术获得,所以,人们又将 GAD 模型称作古地磁场模型。

## 8.2 岩石磁学基础知识

### 8.2.1 固体物质的磁学分类和磁滞现象

固体物质的磁性源于固体内部荷电粒子(电子、核子)自旋和轨道运动产生的磁矩。把固体样品放在外加磁场中,样品就会产生感应磁矩。单位体积的感应磁矩称为磁化强度($M$)。磁化强度($M$)与外加磁场强度($H$)的比值称为磁化率($\kappa = M/H$)。根据磁化率 $\kappa$ 的大小和正负符号可以把物质的磁性分为抗磁性、顺磁性、铁磁性、亚铁磁性和反铁磁性 5 种基本类型(表 8-1)。其中,铁磁性物质磁性最强,亚铁磁性物质次之,反铁磁性、顺磁性和抗磁性物质磁性较弱,磁化率高低相差可达 10 个数量级。

表 8-1 不同磁性质的原子磁矩结构及宏观磁现象

| 磁性质 | 原子磁矩 | 磁化率($\kappa$) | 剩余磁化强度($M_r$) |
| --- | --- | --- | --- |
| 铁磁性 | 原子间有交换作用,磁矩平行排列,存在净磁矩 | $\kappa \gg 0$<br>$10^2 \sim 10^3$ | $M_r \gg 0$ |
| 亚铁磁性 | 原子间有负交换作用,存在两组反平行排列、大小不等原子磁矩,存在净磁矩 | $\kappa \gg 0$<br>$10^2$ | $M_r \gg 0$ |
| 反铁磁性 | 原子间有负交换作用,存在两组方向相反、平行排列、大小相等的原子磁矩,净磁矩为零 | $\kappa \approx 0$<br>$10^{-5} \sim 10^{-3}$ | $M_r = 0$ |
| 顺磁性 | 原子间无交换作用,磁矩杂乱排列,净磁矩为零 | $\kappa > 0$<br>$10^{-5} \sim 10^{-3}$ | $M_r = 0$ |
| 抗磁性 | 原子磁矩为零 | $\kappa < 0$<br>$10^{-7} \sim 10^{-5}$ | $M_r = 0$ |

#### 8.2.1.1 抗磁性物质

当每层的电子数为偶数时,各层内的电子成对出现而自旋方向相反,其自旋磁矩完全相互抵消;并且由于原子内部的对称特征,相邻轨道磁矩也相互抵消,这类物质的原子的总磁矩为零,即不显示磁性。加上磁场以后,按照电磁感应的楞次定律,物质中运动着的电子在外磁场作用下将被感应出电流,形成与外磁场相反的磁场;当去掉外磁场时,感应磁矩也立即消失,这种磁学性质称为抗磁性(或称反磁性,逆磁性)。所有物质都具有抗磁性,抗磁性物质的磁化率都是负数,即 $\kappa < 0$,一般为 $10^{-5}$ SI 量级。所有的惰性气体及一些金属和非金属如锌、金、汞、硅、磷、硫等属于抗磁性。抗磁性矿物有纯净的岩盐、石膏、方解石、石英、石油、大理石、石墨、金刚石及某些长石等。

#### 8.2.1.2 顺磁性物质

当组成物质的原子中含有非成对电子,轨道磁矩和自旋磁矩之和将不能完全相互抵消,原子净磁矩不为零。在无外磁场时,原子磁矩在热运动的作用下,取向完全是紊乱的,因而物质宏观上不显示磁性。但在有外磁场作用时，原子磁矩将趋向沿外磁场方向排列，物质在宏观上显示磁性，磁化方向与外磁场相同；当去掉外磁场时，感应磁矩也立即消失，这是顺磁性特征。顺磁性物质的磁化强度随外磁场增加而线性增加，但随温度升高而降低。顺磁性物质的磁化率 $\kappa>0$，室温下为 $10^{-6} \sim 10^{-3}$ SI 量级。顺磁性物质有稀土金属、铁族盐及碱金属等，矿物有黑云母、辉石、角闪石、蛇纹石、石榴石、堇青石及褐铁矿等。

### 8.2.1.3 铁磁性物质和磁滞现象

铁磁性物质包括铁、镍、钴及它们的化合物和合金，以及铬和锰的合金，其内部的原子磁矩能按区域自发平行取向。这类物质有很强的磁化率值，磁化强度 $M$ 与磁场强度 $H$ 之间是非线性的复杂函数关系。设想一个内部无净磁矩的铁磁性样品，置于外磁场 $H$ 中（图 8-5），$H$ 从零增大时，其磁化强度 $M$ 将随 $H$ 线性增大，即图 8-5 中的 a 段。假若此时 $H$ 减至零，$M$ 也回到零，这个过程是可逆的，这段 $M$-$H$ 曲线的斜率即该样品的初始磁化率。当 $H$ 继续增大时，在图 8-5 的 b 段曲线的斜率增大，即 $M$ 增大得快；如果此时 $H$ 减小到零，$M$ 却回不到零，而是沿着 c 路径下降，此为不可逆过程，样品获得一个等温剩余磁化强度 $M_r$。若继续增加 $H$，使其超过曲线上的 d 点之后，$M$ 将不再增大，此时的磁化强度称为饱和磁化

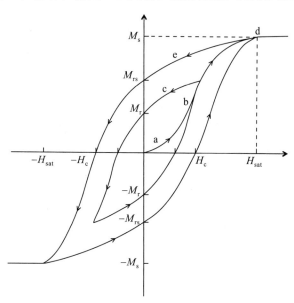

图 8-5 铁磁性物质的磁滞回线
(据 McElhinny & McFadden，2000 修改)
$M_s$. 饱和磁化强度；$M_{rs}$. 饱和剩余磁化强度；$M_r$. 剩余磁化强度；$H_c$. 矫顽力；$H_{sat}$. 饱和磁场

强度 $M_s$，外磁场称为该样品的饱和磁场 $H_{sat}$。使外磁场 $H$ 逐步降至零，$M$ 沿 e 段曲线下降，并在 $H=0$ 处获得一剩余磁化强度，即饱和等温剩磁 $M_{rs}$。在相反的方向上继续施加磁场，在 $-H_c$ 处，$M_{rs}$ 被抵消，$M$ 为零，$H_c$ 称为该固体样品的矫顽力。继续增加反向磁场，可使其磁化强度在相反的方向上达到饱和（$-M_s$），如果此时 $H$ 减小到零，样品将获得一个和上述 $M_{rs}$ 等量而反向的饱和等温剩磁（$-M_{rs}$）。若磁场循环的话，就会获得一条闭合的磁化强度变化曲线，该曲线称为磁滞回线。当磁场以低于 $H_{sat}$ 的值循环时，将得到图 8-5 中较小的环状曲线。磁滞现象说明这类物质的磁性状态和磁化的历史有关。

在某一特定的临界温度之上，铁磁性矿物会骤然变为顺磁性，该临界温度称为居里温度。居里温度与铁磁性矿物的组分有关，不同的铁磁性矿物具有不同的居里温度，因而能够用来鉴定磁性矿物类型。居里温度的高低反映了交换作用的强弱和抵抗热运动能力的大小。

### 8.2.1.4 反铁磁性和亚铁磁性物质

在反铁磁性物质中，原子间的量子作用使相邻原子的磁矩排列方向相反，合磁矩等于

零。但当原子磁矩不完全平行排列时,物质内部则产生净磁矩,这类物质称为不完全反铁磁性物质。

亚铁磁性的内部磁结构与反铁磁性相同,但相反排列的磁矩不等量。亚铁磁性物质的宏观磁性特征与铁磁性物质相同,仅仅是磁化率的数量级稍低一些。因此,亚铁磁性是未抵消的反铁磁性结构的铁磁性。

### 8.2.2 常见的磁性矿物

一般文献中所说的磁性矿物实际上指的是携磁矿物(或称载磁矿物),即能够获得剩磁的铁磁性、亚铁磁性和不完全反铁磁性矿物。铁和钛的氧化物是最重要的磁性矿物,最常见的有磁铁矿、磁赤铁矿、赤铁矿和钛磁铁矿。一些铁的硫化物(如磁黄铁矿、胶黄铁矿等)、氢氧化物(如针铁矿等)和铁的碳酸盐(如菱铁矿等)也是非常重要的磁性矿物。沉积岩也包含大量的顺磁性矿物(例如碎屑岩)和抗磁性矿物(碳酸盐岩和硅质岩等),但由于亚铁磁性物质的磁性较顺磁性和抗磁性物质强得多,所以一般地层的磁学特征主要由亚铁磁性物质控制。但当亚铁磁性物质含量极少时,顺磁性和抗磁性物质的作用就不可忽视了。表 8-2 列出了自然界中主要磁性矿物的类型及其主要的磁学参数。

表 8-2 常见磁性矿物及其磁学参数

| 磁性矿物 | 化学组成 | 磁性质 | 居里温度 (℃) | 饱和磁化强度 ($\times 10^3 Am^{-1}$) | 质量磁化率 ($\times 10^{-8} m^3/kg$) | 剩磁矫顽力 (mT) | 矫顽力 (T) |
|---|---|---|---|---|---|---|---|
| 磁铁矿 | $Fe_3O_4$ | 亚铁磁性 | 580 | 480 | $5\times 10^4$ | 15~33 | 0.3 |
| 赤铁矿 | $\alpha Fe_2O_3$ | 反铁磁性 | 675 | ≈2.5 | 60 | 700 | 1.5~5 |
| 磁赤铁矿 | $\gamma Fe_2O_3$ | 亚铁磁性 | 590~675 | 380 | $4\times 10^4$ | — | 0.3 |
| 钛磁铁矿(TM60) | $Fe_{2.4}Ti_{0.6}O_4$ | 亚铁磁性 | 150 | 125 | — | — | 0.1 |
| 磁黄铁矿 | $Fe_{1-x}S(0<x\leqslant 1/8)$ | 亚铁磁性 | 320 | ≈80 | $5\times 10^3$ | — | 0.5~1 |
| 针铁矿 | $\alpha FeOOH$ | 反铁磁性 | 120 | ≈2 | 70 | — | >5 |

注:前 5 列引自 McElhinny & McFadden (2000),质量磁化率(固体的磁化率除以密度)和剩磁矫顽力(使饱和等温剩磁为零时所需要的反向磁场强度)数据引自 Thompson & Oldfield (1986),矫顽力数据转引自 Lowrie (1990)。

### 8.2.3 岩石的主要剩磁类型

天然剩磁是磁极性地层学研究的主要对象。自然界火成岩和沉积岩在成岩和成岩后都可能获得各种剩磁记录,但具有不同的成因机制,主要类型列述如下。

热剩磁(thermal remanent magnetization,TRM):磁性矿物在磁场中从居里点以上温度冷却至室温的过程中获得的剩磁为热剩磁。如果样品为各向同性,热剩磁的磁化方向与外磁场方向平行,对弱磁场来说,热剩磁的强度与外加磁场成正比。而且,热剩磁极为稳定,具有部分热剩磁的可叠加性。

化学剩磁(chemical remanent magnetization,CRM):在居里温度之下,通过化学作用产生的磁性矿物记录了周围磁场的方向。当磁性颗粒生长变大,大于它的阻挡体积时,化学剩磁被固定在矿物颗粒内部;当化学生长作用持续进行,远大于阻挡体积,晶粒变为多畴,跨过假单畴阶段。化学剩磁比热剩磁强度小,但也相当稳定。化学剩磁在沉积岩中很常见。

沉积剩磁（depositional remanent magnetization，DRM）：已经获得剩磁的磁性颗粒在水中搬运沉积过程中，趋向于与外磁场方向平行，从而获得沉积剩磁。大部分沉积物的沉积剩磁是在磁性颗粒已经静止在充满水的间隙中发生旋转而形成。如果未固结的沉积物受到后期扰动，原先记录的沉积剩磁会受到影响，但在孔隙中的磁性颗粒仍然能够自由旋转至新的外场方向，直到岩石固结成岩，新获得的剩磁为沉积后剩磁（post-depositional remanent magnetization，PDRM）。由于沉积剩磁是由碎屑沉积物携带的，有时候沉积剩磁又被称作碎屑剩磁（detrital remanent magnetization，DRM）。

黏滞剩磁（viscous remanent magnetization，VRM）：岩石在其形成过程中获得原生剩磁后，继续暴露在磁场中。由于磁滞效应，那些具有较短弛豫时间的颗粒就能够获得次生剩磁，也就是黏滞剩磁。黏滞剩磁的大小依赖于时间的变化，其大小与时间呈对数关系。一般情况下，黏滞剩磁较易清除。

热黏滞剩磁（Thermal VRM，TVRM）：岩石获得原生剩磁后，如果经过埋藏或被侵入体加热（低于磁性矿物的居里温度），冷却过程中获得的剩磁就为热黏滞剩磁。

为了解岩石的磁性特征，在实验室还可以获得另外两种重要的剩磁：①等温剩磁（isothermal remanent magnetization，IRM）：恒温下（一般为室温）磁性物质在稳定磁场中所获得的剩磁。等温剩磁的大小依赖于外加稳定磁场的强度。能够产生的最大剩磁为饱和等温剩磁（saturation IRM，SIRM），使之饱和的外加磁场强度取决于岩石样品的矿物成分和结构。②非黏滞剩磁（anhysteretic remanent magnetization，ARM）：磁性物质在强的并平衡地衰减的交变磁场中受到弱直流场的作用，当交变场衰减到零，撤销直流场后得到的剩磁。非黏滞剩磁的强度随稳定场或交变场的作用增强而增大。

作为专门术语使用时，"天然剩磁"（natural remanent magnetization，NRM）特指对岩石进行实验室退磁处理之前，其天然状态时的剩余磁化强度。古老岩石样品的天然剩磁一般包括多种剩磁成分。例如，如果火成岩在其冷却以后又经历了热事件则会获得新的热剩磁成分，新成分的方向将与重新加热时的地磁场方向一致。很显然，如果重新加热的温度超过了岩石或含载磁矿物的居里点，新的剩磁成分将完全替代上一次冷却时获得的剩磁。但理论和实践都能够证明如果后期热事件的温度没有超过载磁矿物的居里点，最初从居里点温度冷却下来时获得的剩磁就有可能部分地保留下来，这对古地磁方向的研究就足够幸运了。我们把岩石形成时期或极接近这一时期获得的磁性成分叫做"原生剩磁"，岩石在后期经历的地质事件中获得的剩磁成分叫做"次生剩磁"。次生剩磁又称重磁化，从岩石经历的地质过程看，重磁化几乎是不可避免的：暴露的岩石经历风化可能获得化学重磁化、埋藏的岩石叠加有黏滞剩磁及热黏滞剩磁。所以天然剩磁一般都包含"次生剩磁"，但人们最感兴趣的是原生剩磁。一个原因是，原生剩磁就像化石一样，能够和地层的年代联系在一起；次生剩磁就像化石上的附着物，只能说明其比地层年轻。另一个原因是，岩石形成时的古水平面对古地磁研究来讲是一个至关重要的概念，原生剩磁获得时原始的水平面在地层中是比较容易确定的，但次生剩磁获得时的水平面在哪里就是问题了。

古地磁学的技术要点之一就是寻找、分离出原生剩磁。

## 8.3 古地磁学工作流程和技术要点

磁极性地层学依靠古地磁学方法在地层单元中建立磁极性特征，并将这些特征用于地层的划分和对比。古地磁学是一门技术性很强的新兴学科，了解其工作流程和技术要点，对正确使用磁性地层学方法和准确使用古地磁数据十分必要。

### 8.3.1 样品采集

古地磁研究的采样策略视具体地质情况和研究目的而定，这虽然是工作开始的第一步，却是最需要古地磁学知识和经验的关键步骤。采样工作意味着大量的投入，隐含严重浪费的风险。采样必须有通晓古地磁学专门技术的人员参与到野外工作；或者，初入门的研究者可以先尝试性地选择采集一些代表性的样品到实验室，参加退磁处理和数据分析，能够胜任这些实验室研究以后，再回到野外开展独立地、大规模地采样工作。这两个建议都是为了强调实验室经验对野外工作的指导意义。

野外采样一般需要考虑选择合适的岩性和剖面、采用合适的定向方法、确定合适的采样间隔等几个方面的问题。

由于旋转磁力仪的改进和超导磁力仪的普遍使用，几乎所有岩性的天然剩磁都能够被准确地测定，但从剩磁稳定性角度考虑，细粒的沉积物（或火成岩）的磁性条件优于同类粗粒的岩石。黏土成分过高的沉积岩则不容易加工成型、有机质含量过高的黑色泥页岩中往往含有大量的铁的硫化物，此类岩石在热处理过程中容易生成新的强磁性矿物，影响原生剩磁的获取，而且这类岩石在沉积、成岩阶段有时会发生严重的还原成岩作用，大大破坏了原生剩磁。对露头剖面需要考察样品的风化程度，风化对原生剩磁的影响程度还取决于原始携磁矿物的类型，需要实验室检验后才能给出判断。

有构造地质学工作经验的人不难理解野外露头上定向样品的采制方法。必须在样品上画出一条清晰的标志线，并确定一个和该标志线相关的标志面，这两者就可以确定一个三维的样品标志线坐标系，简称"样品坐标系"。由于以后实验室所有的方向测试都是在样品坐标系下完成的，考虑地质问题时，需要把这些方向数据变换到地理坐标系中，变换时需要知道上述标志线的确切方向（例如它的倾向和倾角）以及该标志线与标志面的关系。坐标变换后我们就能够知道岩石中的剩磁矢量在地理坐标系下的方向了，一般也用磁偏角（剩磁矢量的水平分量与地理北的夹角）、磁倾角（剩磁矢量的竖直分量和水平面的夹角）两个术语来表征剩磁方向。对古地磁的研究大多数情况下还需要知道剩磁矢量和层面之间的关系，也就是和古水平面之间的关系。这就需要做进一步坐标变换，将剩磁矢量变换到地层层面坐标系下，这一步称作倾斜改正。具体改正方法和程序可参阅古地磁学专门教材（例如，Tauxe，2010）。

近年来，由于科学钻探的普及，新鲜的岩芯提供了更多磁性地层学研究的材料，但岩芯定向往往意味着很高的额外费用，从一般钻孔中得到的岩芯不是定向的。利用黏滞剩磁结合区域地层产状有时可以很好地恢复岩芯在地层中的方位，在此基础上可以更好地开展磁性地层学研究。而对高纬度形成的地层（如华北的中、新生界），有时岩芯即使没有定向，只要上下朝向和回次、顺序没有弄乱，有时也能获得很好的磁性地层结果。

古地磁数据分析都是建立在统计学基础上的。一般古地磁采样中的样品、采点等概念有时会被连续的磁性地层采样所忽略，但是在进行褶皱检验、倒转检验分析时，应该有明确的样品、采点数量（图 8-6）。褶皱检验和倒转检验也应该限制在一定的时间间隔内，这个时间间隔既要能够平均掉古地磁场长期变，又不能长到某种构造作用明显地改变了虚磁极的位置。

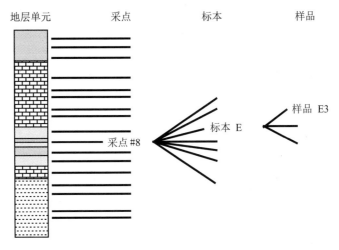

图 8-6　古地磁研究中采点和样品的等级关系示意图
（据 Butler，1998）

如果能从沉积学角度分析地层的连续性，将会大大有益于采样间隔的选取和磁性地层资料的解释。

有一种特殊的但很普遍的重磁化现象应该受到磁性地层学研究的重视。当后期成矿或热流体随机流过某剖面、某层位时，会导致该层位局部重磁化。此外，一些沉积界面上下的生物扰动或沉积事件扰动也会改变磁性界面的位置。为了发现和排除这些随机的干扰，多剖面平行研究的方案（Opdyke & Channell，1996；Hailwood，1989）能够大大增强磁性地层学成果的质量。在本章最后一节的实例介绍中，还要提到这个问题。

## 8.3.2　仪器设备

测量剩磁的磁力仪和热退磁炉、交变退磁仪是开展古地磁研究的最基本的仪器。其他岩石磁学仪器设备也常常用到，如磁化率仪、脉冲磁力仪、变梯度磁力仪、居里天平等。

磁力仪可以快速测量样品的剩磁。目前古地磁实验室常用的有旋转磁力仪和超导磁力仪。前者适合强磁性的火山岩和部分红层样品，后者则可以开展几乎所有岩性样品的测量。热退磁炉用于逐步加热样品，因为有良好的磁屏蔽炉膛，可以认为样品是在零磁空间加热和冷却的。交变退磁仪是利用交变场对样品退磁的仪器，后面还要提到。有条件的实验室将这些设备安装在磁屏蔽室里，一般的磁屏蔽室可以将约 99% 的地磁场屏蔽在室外，实验过程中样品暴露的位置磁场值一般可以降到 300nT 以下。没有屏蔽室的实验室应在样品经常暴露的仪器出口、入口处安置 3 组互相垂直的直流线圈，通过调试电流将这些地方的磁场降到最小。屏蔽的目的是避免样品在退磁处理和测量的过程中被实验室环境磁场磁化。实验室屏蔽水平是应该作为退磁细节报道的。

上面提到的磁化率仪等其他磁学设备在鉴定磁性矿物、模拟分析剩磁类型方面有重要作用。进一步的了解可参阅相关文献（朱日祥等，2003）。

### 8.3.3 退磁处理

从古地磁样品中寻找、分离原生剩磁的研究是从退磁处理开始的。实验室的退磁处理一般包括热退磁和交变退磁两种，化学退磁方法虽然常常被一并介绍，但远没有前两者使用普遍。

热退磁处理是将标本放在磁屏蔽条件非常好（相当于无磁空间）的热退磁炉中加热到某一精确测定的温度并保持一段时间后，再冷却到室温，那么阻挡温度低于该加热温度的磁成分在加热过程中被热运动破坏掉了，由于冷却时没有外磁场，样品不会叠加新的剩磁成分，这时测定标本的剩磁作为该退磁步骤后的结果。然后设定一个稍高的温度，重复上述加热、冷却和测量过程。接下来，再稍增高温度，把退磁过程持续到标本的磁性完全消失。这样就得到一组数据，用低温步骤后的矢量减掉高温步骤后的矢量，就是在这个温度段被退掉的剩磁成分。如果原生剩磁是热稳定的，而次生剩磁是不稳定的，我们有希望先清洗掉次生成分，在高温段分离出原生成分；如果相反，原生剩磁不足够稳定，而某种次生成分更稳定，理论上有可能在低温段分离出原生成分。但实践中，在低温段很少有机会分离出原生成分，因为低温段不可避免地混有黏滞剩磁等不稳定次生成分。

交变退磁的机制和热退磁相似。将样品置于强度为 $H_1$ 的交变磁场中磁化，这时样品中矫顽力小于 $H_1$ 的那部分颗粒的磁矩将随外场波动性地改变方向。一个精巧的设计是线性而缓慢地衰减该交变场的强度至零，整个过程在磁屏蔽条件非常好的空间完成，那么磁稳定性低于 $H_1$ 的那些磁矩将被交变场均匀地分配在单元磁矩彼此互相抵消的方向上。交变场通过"微观磁化"达到了"宏观退磁"的效果。退磁以后测量样品的剩磁，并用 $H_1$ 标记该退磁步骤。接下来，提高退磁场的强度，重复上述退磁过程。最后也可以得到一组数据，用退磁场的强弱判断剩磁成分的稳定性。

热退磁加热步骤的选择要根据主要载磁矿物的类型确定，磁成分的解阻温度低于或接近载磁矿物的居里温度，所以在高温段，特别是居里温度附近要尽量加密热退磁步骤。交变退磁相反，低场时要加密步骤，这一点从铁磁性矿物的饱和等温剩磁获得的曲线上不难找到依据。

两种退磁方法的效果各有千秋。由于沉积岩样品往往含有些赤铁矿、针铁矿等高剩磁矫顽力矿物，这样的样品交变退磁效果不好，一般情况下热退磁更有效一些，但有些疏松的样品不适合加热处理。

古地磁研究的早期，逐步退磁的方法不普遍。人们一次性将所有样品加热到某一个温度，称之为"磁清洗"。事实上，携磁矿物和剩磁成分都很复杂，每一块样品都需要逐步处理和分析。一次性"磁清洗"的方法现在已被彻底废弃。

人们习惯于将高温（或高场）退磁步骤下分离出的剩磁成分称作硬磁成分，低温（或低场）退磁步骤下分离出的剩磁成分称作软磁成分，将样品中最稳定的硬磁成分称作特征剩磁（characteristic remanent magnetization，简称 ChRM）。但必须注意，硬磁成分或特征剩磁并不是原生剩磁的代名词。

## 8.3.4 数据分析

退磁数据分析的主要目的是实现剩磁成分分离、判断剩磁成分的性质。图8-7很好地解释了分析过程和原理（Butler，1998）。假定样品在岩石形成时获得了一个原生磁成分P，后期又叠加了一个次生磁成分S，那么磁力仪测得的天然剩磁（NRM）是成分P和成分S的矢量和。NRM的端点在图8-7中的位置0。理想样品中，P是硬磁成分，S是软磁成分，在退磁过程中，S先被退掉，而且在S被完全退掉之前，P没有减弱。但不是所有样品的退磁过程都是这样的，尽管这种理想样品确实存在。在经历第一步退磁处理以后，由于S减小而P不变，合矢量的端点移动到图8-7中的位置1；同样道理，在经历第二步退磁后，合矢量的端点移动到位置2；假如在第三步退磁处理后，S成分完全被退掉，合矢量的端点到位置3；那么下一步的退磁处理则只退P成分，磁矢量端点落在位置4，第五、六步退磁也只有P成分在衰减，矢量端点相应落在位置5、6；继续进行退磁处理，直到样品的剩磁被退完。

数据分析是一个反过程，我们获得的是每一步的剩磁测量值$X$（N）、$Y$（E）、$Z$（DOWN），用图8-7的方式表达出来时，很容易发现点3这样的位置，因为S一旦消失，只剩下P一条直线，进一步的退磁只能使其强度减小，而不改变其方向（即磁偏角和磁倾角的

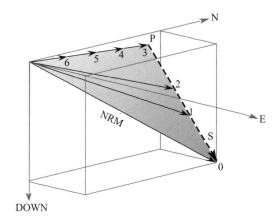

图8-7 古地磁退磁数据分析图解
（据 Butler，1998）
带箭头的实线表示退磁过程中（0～6步）样品的剩磁矢量；带箭头的虚线表示退磁步骤1～3所退掉的NRM中的低稳定成分S；在退磁步骤4～6过程中，样品剩磁矢量的方向不再变化，仅强度逐步衰减，此为NRM的高稳定成分P

值）。所以，在退磁过程中一旦发现剩磁的方向不再变化，剩磁强度逐步衰减到零，就相当于发现了点3～6所确定的直线段，即P成分。由于P和S两条直线构成了一个平面，将3～0点连起来，就是S矢量。

利用这样的原理，Kirschvink（1980）提出了著名的主成分分析方法，通过拟合逐步退磁后矢量端点的共面、共线程度，确定不同的磁成分。主成分分析已成为现代古地磁工作必需的数据处理步骤之一。当然，实际情况会更复杂一些，由于测量误差，我们需要评价这些矢量端点共面、共线的程度。有时候，在次生成分（S）被清洗的同时，原生成分（P）也有不同程度的衰减，这就导致图8-7中位置3这样的拐点不明显，而是呈现一段弧形。最糟糕的情况是，在退磁过程中，P成分不在S成分后崩溃，这时就不能分离出P成分。

事实上，上面的分析并不需要假定成分P必须是原生的，它可以是S成分获得之前任何时期获得的，同样适合上述分析。这就要求我们有更多的证据判断成分P的获得时间。下面提到的各种野外检验对约束磁成分的获得时间有重要帮助。

## 8.3.5 剩磁的野外检验

图8-8示意性地给出了几种地质体的接触关系,借助该图可以很好地说明几种重要的剩磁稳定性野外检验。

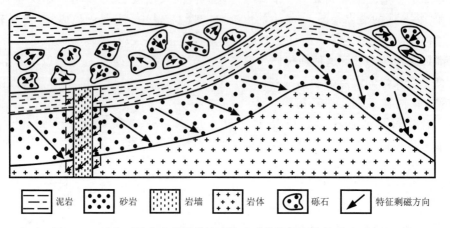

图8-8 适合开展古地磁野外检验的地质体产状和接触关系示意图
(据McElhinny & McFadden, 2000)

砾石检验:砾石中 ChRM 方向散乱,表明其获得早于砾岩层的形成;褶皱检验:褶皱展平后 ChRM 的方向集中,表明其获得早于地层褶皱;烘烤接触检验:侵入体与紧邻它的烘烤带的 ChRM 方向相同,与远离烘烤带的岩层的方向明显不同,表明侵入体及其烘烤带中的 ChRM 为本次侵入过程中获得的热剩磁

### 8.3.5.1 褶皱检验

图8-8中给出了一套有完整褶皱形态的地层,其中的箭头指示岩石中剩磁的方向。如果某一剩磁成分在褶皱之前获得,那么褶皱两翼的剩磁方向在现代地理坐标系中肯定是不一致的,这是因为该剩磁被锁定在地层中以后,地层才发生弯曲,该剩磁的方向随地层的变形而旋转,并保持它与层面的角度不变。相反,如果某一剩磁成分是褶皱以后形成的,那么褶皱地层中任何一个位置上的剩磁方向在现代地理坐标系下都是一致的。换言之,在褶皱的所有部位,该剩磁方向和现代的水平面保持一致的角度。所谓褶皱检验就是将褶皱展平,对比剩磁矢量和层面的关系以及剩磁矢量和现代水平面的关系,如果褶皱不同部位的剩磁矢量相对层面的方向是一致的,那么它们相对现代水平面的方向一定不一致,这时就认为这组剩磁是地层褶皱前形成的;如果褶皱不同部位的剩磁矢量相对现代水平面的方向是一致的,那么它们相对于层面的方向一定不一致,这时就认为这组剩磁是褶皱后形成的。褶皱前形成的剩磁未必是原生的,但原生的可能性往往很大;褶皱后形成的剩磁却一定是次生的。

### 8.3.5.2 烘烤接触检验

图8-8中,火成岩侵入到先形成的岩石建造中产生烘烤接触带。接触带被烘烤的岩石将和侵入体在相同的地磁场中冷却,从而获得方向一致的剩磁。但远离该接触带、未被烘烤的围岩不会经历这个"加热"—"冷却"过程,从而继续保留它以前获得的剩磁。接触检验的具体做法是:布置一条剖面,使其跨越接触带,从侵入体内部直到远离接触带的围岩地质

体，在该剖面上系统地采集古地磁样品。如果烘烤带的剩磁方向和侵入体的一致，而和远离烘烤带的围岩的不一致，我们有理由认为侵入体和烘烤带的剩磁都是在这次侵入过程中获得的热剩磁；如果侵入体、烘烤带、远离烘烤带的围岩的剩磁方向都一致，我们则有理由怀疑这一剩磁很可能是一次强烈的区域性重磁化事件留下的记录。

#### 8.3.5.3 砾石检验

图 8-8 中，上部有一套砾石层。砾石携带其成岩时所获得的剩磁，但在沉积过程中，砾石却不会因为所携带的剩磁而按照地磁场的方向排列。这是因为砾石太大，它们所携带的剩磁无法影响其在沉积物中的定位。巨砾的来源不同，它们所携带剩磁的方向应该也不一致。因而砾石检验就是对不同的砾石采样，如果不同的砾石中的剩磁方向一致，那么该剩磁极可能是沉积后获得的，当然是次生的；若在与这套砾石层非常接近的地层或者其下伏地层中也观测到这种剩磁成分，那么该剩磁成分应该怀疑为重磁化的结果。

#### 8.3.5.4 一致性检验

大区域范围内，在年代基本相同的不同岩石单元中（尤其是不同的岩石类型，例如某些为火成岩，某些为沉积岩）识别出基本一致的剩磁方向，可以说明该剩磁是稳定的，且其获得的时间为岩石形成的时间。

#### 8.3.5.5 倒转检验

在读过 8.4 节以后，就很容易理解这种检验。不同层位中，一对记录了地磁场倒转的剩磁矢量，其方向对跖（antipodal），即磁倾角绝对值相等、符号相反，磁偏角相差 180°。如果在某一地质时期内，明明知道地磁场发生过多次倒转，但在该时期内形成的地层中却观察不到任何倒转记录，那么，很有可能这些地层的原生剩磁被后期某一次强烈的次生剩磁（重磁化）替代了。

应当指出，上述检验中所说的剩磁方向"一致""不一致"都是从统计学角度来说的，都有严格的统计学参数作为检验指标。若要进一步了解古地磁数据的统计学理论，可参阅更详细的古地磁专业教材（例如，McElhinny & McFadden, 2000；Tauxe, 2010）。

### 8.3.6 古地磁数据可靠性标准

在过去的 60 年里，古地磁学在基本理论模式建立、剩磁稳定性和多磁成分分离、野外检验、数据统计，以及矿物鉴定、高精度测量仪器和现代化辅助设备的研制等方面都取得很大的进展，已经形成了一整套可靠的工作方法。但是，数据的可靠性问题也一直制约着古地磁方法的应用。一些 1960 年代发表的成果，至今仍然是可信的；也有相当多的结果，才刚刚发表即被证明是不准确或无用的（Van der Voo, 1990）。其根本的原因来自两个方面：第一，人们对许多情况下岩石磁化的机理还缺乏真正的了解，只是借助于实验室的，或野外的检验方法，从中得出用于构造解释的古地磁结果；第二，对日益复杂化的研究对象，缺乏更严格的工作约束。针对这种情况，古地磁学界做出了积极的反应。20 多年前，美国密歇根大学的 Van der Voo（1990）提出了 7 条新判据，一直被广泛接受并用于评价古地磁成果的可靠性。判据的基本内容是：①严格选取地质年代准确的地层，并且可以假定岩石磁化的年代与之相同。对于显生宙地层来说，时代起码要限在半个纪以内（如晚侏罗世、早志留世等）。就绝对年龄而言，差不超过 ±4%。这一要求并不过分严格。对于中生代 2 亿年的样品来说，±4%误差意味着±8Ma，如果按新生代视极移速率来估计，其极误差约±3.2°。②要有足够多的样品和合适的统计精度。样品总量应多于24个。精度参数 $k>10.0$，$\alpha_{95}<16°$。③合适的退磁技术：这一点很难做出统一的要求，但必须公布退磁细节。④要有野外检验，用于限制磁化的时间。如褶皱检验、砾石检验以及烘烤检验等。⑤构造背景应当清楚。对一些造山带研究而言，如果样品来自最后一次构造事件之前的侵入体或推覆岩席中，就难免有旋转现象。但是，这种成果并不是没用或不可信，而是需要的限制更多，多解性更强。⑥要有倒转检验。可用于排除重磁化的影响，并能平均掉地磁场的长期变。⑦能确认无重磁化。假设某一岩石单元取得的磁极位置与较其年轻得多的（譬如，超过半个纪）岩石单元取得的磁极位置相同，除非有强有力的野外检验的证据，否则便应当认为有重磁化可能。

与前人给出的判据相比，Van der Voo (1990) 的这些陈述更严格、更全面。从某种意义上讲，它使得复杂构造背景下的古地磁研究有章可循。针对磁性地层学研究，Opdyke & Channel (1996) 将这些判据做了细化和补充，例如，强调了岩石磁学研究对提高数据质量的重要性、强调了对地层剖面精确的地质测量以及前面提到的多剖面平行研究等方面。

## 8.4 古地磁场极性倒转及其磁性地层学意义

地磁场极性倒转是指其偶极子场极性互换的地球物理现象。现代的地磁场，磁力线指向北，在南半球磁倾角为负、在北半球为正；相反的极性状态是磁力线指向南，在北半球磁倾角为负、在南半球为正（图8-9）。人们定义，现代的极性状态是正常的（Normal polarity），与其相反的极性状态是倒转的（Reverse polarity，有时译作"反转的"）。由于地磁场极性倒转是通过古地磁方法发现的，所以是只对地心轴向偶极子模型而言的。正常极性状态的时期，图8-2中的地磁北极（实际上是物理学中具有"S极"性质的磁极）和地理北极位置重合，地磁南极和地理南极重合；倒转状态时，地磁北极和地理南极重合，地磁南极和地理北极重合（图8-9）。两个磁极的位置在大地坐标系下是严格对跖的。

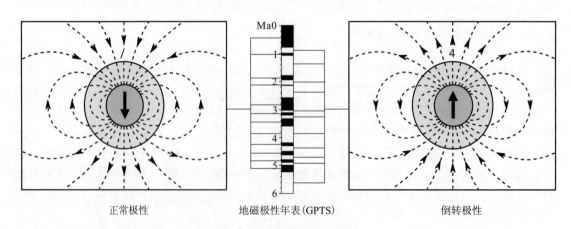

图8-9 地磁场倒转示意图
中间图为根据极性状态建立的地磁场倒转序列，该序列经年龄标定以后称为地磁极性年表（GPTS）
（据 Langereis et al., 2010）。地磁极性年表中黑色段为正极性，白色段为反极性

我们的祖先肯定经历过地磁场极性倒转事件（参阅 Zhu et al.，2003），但没有证据表明人类曾经记载过或注意过自身曾经历过的这种事件。现代人们通过古地磁的方法发现了过去的地磁极性倒转事件，这方面的研究最早开始于 20 世纪初，至今约有百年的历史了。1906 年，法国科学家布容（Brunhes）观测到一些年轻熔岩里的剩磁方向和现代地磁场方向大致相反，提出这些剩磁是地磁场倒转的记录（Langereis et al.，2010）。后来松山（Matuyama）在亚洲发现了更多这样的现象，他也认为这是地磁场极性倒转的记录（Matuyama，1929）。但直到 20 世纪 50 年代同位素测年方法发展起来以后才真正确定了这种剩磁具有地磁场倒转成因的解释。因为具有相同极性特征的剩磁出现在世界不同地区、相同年龄的熔岩中，也出现在地质年龄可对比的正常沉积岩层位中。Khramov（1958）认为这种剩磁特征应该可以作为地层划分对比的依据。

目前我们认识到，地磁场极性倒转是全球性的地磁场变化的一种基本属性。对极性转换界线附近大量的古地磁调查发现，地磁极性倒转的过程是十分复杂的。有时伴随有明显的地磁场强度衰减，有时包含更频繁的倒转事件或大幅度的磁极漂移。但这些过程相对于多数沉积地质过程和地层年代学而言是快速的，可以认为是瞬时的。地磁场在某种极性状态下停留的时间一般认为是从万年尺度到几千万年的尺度。但这个短尺度的下限不是十分肯定的，因为受定年精度的限制，我们不容易将一个千年级别或更短的极性状态进行确切无疑的全球对比。

地磁极性倒转不是一种简单的周期性现象。一种极性状态持续时间的长短和它前面的极性状态持续的长短或极性状态变换的频率似乎没有关系。正是由于这个特征，记录在地层里的地磁极性序列如同黑白相间的条形码，构成了地层单元具有"指纹特征"的岩石磁学对比标志，这种标志一旦得到生物地层学或同位素年龄等信息的合适约束，事实上比简单的周期性信号更有用。

为了研究的方便，人们将一系列的倒转事件划分为不同时间级别的极性间隔。定义的时候，每一个极性间隔以某一种极性状态为主。国际地科联曾为磁性地层学推荐了一套专门的术语（Anonymous，1979）。从几十万年至几百万年的极性间隔称为"极性时"（polarity chron），比极性时长出一个数量级或更长的极性间隔称为"极性超时"（polarity superchron），比极性时短至一个数量级的极性间隔称为"极性亚时"（polarity subchron）。后来，在极性亚时之下又提出了"极性隐时"（polarity cryptochron）这一更小的极性间隔级别（例如，小于 3 万年的极性间隔，Cande & Kent，1992），有一些"隐时"是很确定的极性倒转事件（例如大约持续了 1.2 万年的 Cobb Mountain 事件；Ogg，2012），也有一些在大洋磁异常中发现的，很难进行全球对比，只能算作"疑似极性倒转事件"。

有一类极性倒转事件发生在上述极性间隔的转换带里，表现为频率极高的一系列倒转，每一个倒转持续的时间可能在千年尺度，甚至更短，但只有特殊地质环境才能记录这些倒转，其研究属于地磁学一个比较专门的领域，进一步的了解可阅读 Zhu & Tschu（2001）的文章。地磁倒转还有一种规律被称作偏极性现象，是指对较长的地史时期（>亿年）而言，地磁场常常以某一种极性状态为主，仅包含次要的（甚至完全不包含）相反的极性状态，真正由正向极性和反向极性同等或近似同等几率交替出现的时期并不多见。这种现象有一定的周期性（张世红，1998），但其地史学和地球动力学意义尚不清楚。

地磁"漂移"（excursion）（图 8-10）是指在极性间隔的内部，地心偶极子轴明显偏离地球旋转轴的一类地磁场变化事件，常常被认为是不成功的倒转，或超大规模的长期变。地磁漂移事件持续的时间一般在千年尺度。

极性间隔反映在地层里就是"磁极性地层间隔"。从低级到高级，对应的年代地层学单位主要有"极性亚时带（polarity subchronozone），极性时带（polarity chronozone）和极性超时带（polarity superchronozone）。相应的岩性地层学术语为极性亚带（polarity subzone）、极性带（polarity zone）和极性超带（polarity superzone）。这些磁性地层学单位一般性的使用时可简称为磁性带（magnetozone）。

为了使用上的方便，正常极性状态的间隔可以简称为"正向极性"间隔，倒转极性状态的间隔可以称为"反向极性"间隔。

## 8.5 地磁极性年表的建立和完善

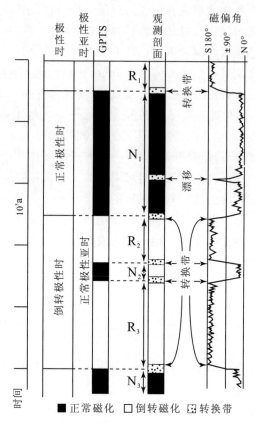

图 8-10 磁性地层学主要术语图示
(据 Harland et al.，1982)

磁性地层学基础研究的主要任务之一是建立一个全球通用的地磁极性年表（geomagnetic polarity time scale，简称 GPTS）。这个年表可以作为未知地层对比的标准，同时也是对古地磁场变化和演化特征的时间标定，有着很大的年代地质学价值、地史学价值和地球动力学意义。下面以中、新生代为例重点介绍利用综合地层学方法建立和完善地磁极性年表的思路和过程。包括收集各类地磁极性倒转的资料、确定地磁场倒转序列并对其反复的地质年代学标定。

### 8.5.1 资料来源

地磁倒转序列的资料主要来自3个方面：第一，陆地上的磁性地层学剖面（包括陆相、海相和海陆交互相地层）；第二，大洋调查（例如 DSDP/ODP/IODP）的钻孔岩芯；第三，大洋磁异常（或称洋底磁条带）测量。其中陆地上的剖面研究是基础，其优势是综合地层学研究程度高，而且对于晚中生代以前的时期只能依靠陆地上的地层剖面。大洋钻孔剖面的优势是沉积连续性好，但中侏罗世以前的沉积随洋壳基本消失了。洋底磁条带是另一类独立的、信息极其丰富的资料库，但也是只有中侏罗世以来的记录。

#### 8.5.1.1 陆地上的地层剖面

在陆地上最早开展的系统研究是对北半球高纬度地区开展过同位素定年的玄武岩的古地磁测量。理论上，仅利用这种资料就可以独立地建立地磁极性年表，但事实上受限于同位素定年的精度和火山岩地层的连续程度。这类资料对磁性地层学的诞生和发展有重要的历史性贡献。图 8-11 所示的是基于火山岩 $^{39}Ar-^{40}Ar$ 测年和古地磁调查建立起来的、6Ma 以来的地磁极性年表（Merrill et al.，1996）。在这近 6Ma 中，早期研究确定了 4 个极性时，从新到老，用 4 位对地磁学有重大贡献的前辈的名字命名，依次为布容（正向）极性时、松山（反向）极性时、高斯（正向）极性时、吉尔伯特（反向）极性时。3 个较老的极性时内部的极性亚时是逐步发现以后添加的，用其最初的发现地命名。在冰岛地区有 13Ma 到现代的

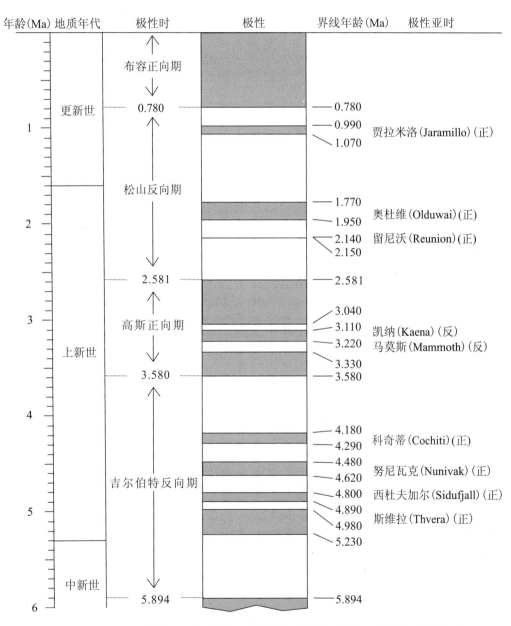

图 8-11 近 6Ma 以来基于火山岩 $^{39}Ar-^{40}Ar$ 测年和古地磁结果建立的地磁极性年表

(据 Merrill et al.，1996)

极性柱中黑色段为正极性，白色段为反极性

完整序列，其资料已用于新生代晚期地磁极性年表的建设。但是陆地上连续喷发的火山岩剖面很显然不可能覆盖整个地质历史。另外，同位素年代学是差不多和古地磁学同期成熟起来的新生学科，早期的定年误差在1%～2%的水平上。这样随着岩石年龄增大，对其中较短的极性事件就不能做到精确定年。

正常沉积岩（如碎屑岩、碳酸盐岩和硅质岩等）组成的地层更不容易获得好的同位素年代学控制，但可能含有大量的古生物化石。早期的古地磁研究主要针对红层，随着测量精度的提高，现在地层中几乎所有的岩性都可以进行磁性地层学调查。特别是一些较深水沉积环境形成的地层为建立各地质时代地磁极性序列和地磁极性年表有着不可替代的作用。确切的、最老的地磁场倒转记录距今至少有28亿年（Strik et al., 2003），而最老的洋壳仅到中侏罗世，绝大多数的磁性地层学数据将无选择地来自传统意义上的地层剖面，即陆地上的露头和钻孔。

### 8.5.1.2 大洋岩芯

这部分工作开始于20世纪60年代，早期的研究不仅确定了近代海洋沉积物中记录的和陆地火山岩中一致的地磁极倒转序列，还揭示出更多、更老地质时期的倒转事件。这类调查在地磁极性序列生物地层标定和洋底磁条带解释方面发挥了关键作用。研究历程和典型例析可参见Hailwood（1989）的详细介绍［本章引用这篇文献的中译本"黑尔伍德（著），1991"］。目前，在综合大洋钻探计划（IODP）的调查船上设有专门的古地磁学小组测量岩芯磁性地层学的基础数据，并与微体古生物学数据配合，及时提供岩芯的地质年代。

### 8.5.1.3 大洋磁异常

现代海洋磁测开始于20世纪50年代早期，使用研究船牵引的磁力仪在近水面或近海底进行地磁场总强度测量或分量测量。条带状的、强度高达数百纳特的磁异常是海上磁测的最重大发现之一。这些磁异常基本平行洋中脊分布，异常的宽度和幅值关于洋中脊对称。瓦因和马休斯将地磁倒转与当时刚刚提出的海底扩张假说联系起来，对洋底磁条带的成因提出了解释（Vine & Matthews, 1963）。如图8-12所示，炽热的岩浆在大洋中脊之下不断上升、冷却形成洋壳，温度高的新上来的岩将已渐冷的、较老一些的洋壳劈成两半并向两侧推动，导致大洋壳不断地从中脊处产生、向两侧对称性扩张；沿中脊新上来的玄武岩在冷却到所含铁磁性矿物的居里点时获得了与当时地磁场方向一致的热剩磁；随着洋壳的冷却、下沉，这些剩磁被锁定在大洋玄武岩中。显然，如果地磁场极性发生倒转，洋中脊处新生的洋壳会以同样的岩石磁学过程记录下倒转极性的地磁场。玄武岩所获剩磁的强度通常超出正常沉积物甚至一些深成侵入岩所能获得剩磁强度的数千倍。于是在大洋盆地中，剩磁与现代地磁场方向一致的地方将形成磁力高值（或称正异常），剩磁与现代地磁场方向相反的地方将形成磁力低值（或称负异常）。正负相间的洋底磁异常代表了地磁场倒转序列，距离洋中脊近的玄武岩时代新，距离洋中脊远的玄武岩时代老。瓦因和马修斯的这一解释也能够得到地质证据的支持，当新洋壳最初在大洋中脊顶部形成时，不存在沉积物盖层，但随着洋壳离开洋脊向两侧运动、变冷和下沉，很快就开始接受沉积。后来的大洋钻探证明了贴近洋底玄武岩的沉积物确实和洋壳年龄模型一致，离开洋中脊越远越老。这一规律在事实上也提供了对洋底磁条带进行生物地层学标定的依据。反过来，一旦大洋磁条带和陆地出露的地层剖面磁极性倒转序列的关系建立起来，那么深海、浅海、河流、湖泊这些迥然不同的环境下出现过的古生物和古生态立即就有了地质年代对比的可能。

对板块构造和沉积学做出过杰出贡献的华裔科学家许靖华曾高度评价瓦因和马修斯的这一工作,称"瓦因和马修斯吹响了地学革命的号角"(许靖华,1985)。

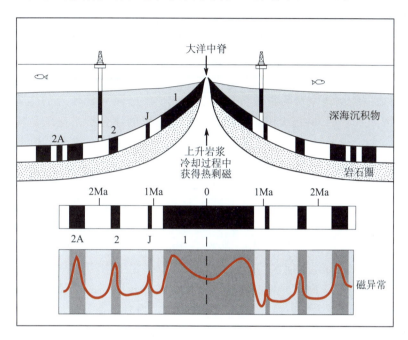

图 8-12 大洋扩张和洋底磁条带成因模型

(据 Langereis et al.,2010)

极性柱中黑色段为正极性,白色段为反极性

## 8.5.2 地磁极性倒转序列的地质年代学标定

对大洋磁异常的成功解释提供了迄今为止最连续的一段地磁倒转序列,而且该序列在陆地和海洋各类磁性地磁学剖面中得到了充分地验证。据 Cande & Kent(1992)统计,仅 83Ma 以来就出现过 92 个正向极性时和极性亚时、54 个极性隐时。但大洋磁异常本身不能提供这些倒转发生的准确时间,它必须接受综合的年代学标定。

对地磁极性倒转序列的年代学标定包括同位素年代学标定、生物地层学标定和天文轨道旋回地层学标定 3 种方法。在实际应用中,3 种方法是综合使用的。

同位素年代学标定是对倒转界面附近的火山岩直接定年。利用这种方法,对约 6Ma 以来有连续的火山岩剖面的地磁极性序列的标定相当成功。对更古老的地层,要借助于生物地层学、同位素年代学和磁性地层学的综合研究。显生宙的重要地层界线一般都是用古生物事件定义的,例如全球界线层型剖面和点(GSSP)。但 GSSP 及其上下的磁极性地层学属性和同位素年龄却不一定能在同一露头或同一剖面上确定,磁性地层学起码要能够先在某一个合适的剖面上获得具有指纹特征的地磁极性倒转序列,然后还要能够利用生物地层学的标志将该剖面严格与 GSSP 对比。同位素年龄一般是利用沉积岩中的火山岩(大多数是火山灰层)的锆石 U-Pb TIMS 定年或高精度的 Ar-Ar 定年,同样道理,定年的层位要能够与 GSSP

的剖面对比，定年的层位距GSSP或磁性界面的地层厚度可以估算成时间间隔。这样就做到了生物地层学界线、绝对年龄和磁极性界面的三位一体。实践中，可用的火山岩、火山灰层往往是罕见的，所以这种三位一体的关键点也很少，但这些点在标定大洋磁异常序列的地磁倒转属性方面有关键作用。

早年对大洋磁条带的年龄标定假设了洋底具有均匀的扩张速率，或有限均匀的扩张速率。以下几个例子可以说明这种标定方法的历史演变。Heirtzler et al. (1968) 最早只使用高斯-吉尔伯特极性时界线这一个年龄基准点记录该点的陆地玄武岩，当时被测定的年龄为3.35Ma，按照地磁极倒转序列的指纹特征对比到第2A号磁异常较老的边界（图8-12）。于是，Heirtzler et al. (1968) 大胆假设他们研究范围里的洋壳扩张速率是均匀的，利用洋中脊年龄为0Ma和3.35Ma这一基准点计算了南大西洋洋壳扩张速率，标定了当时在那里所能确定的最老磁异常（即异常C32），发表了第一个基于大洋磁条带序列的地磁极性年表，该年表对此后的磁性地层学和板块构造学发展发挥了重要作用。后来随着海洋调查资料的增长，LaBrecque et al. (1977) 进一步厘定了更精准的洋底磁条带序列，使用了两个基准点和洋中脊起点。第一个基准点仍然是第2A号磁异常的较老边界，但根据新的同位素年代学研究进展将该点的年龄校准为3.32Ma；第二个基准点是正向异常29的底。Alvarez et al. (1977) 在意大利北部Gubbio地区的磁性地层学研究确定了白垩纪—第三纪界线附近的地磁倒转序列，大洋29号正向磁异常的底可以根据地磁倒转序列的指纹性特征十分满意地对比到该地层剖面白垩纪—第三纪界线稍上一点的位置，当时根据公认的白垩纪—第三纪界线年龄（65Ma）推测该点年龄为64.8Ma。这个最佳估算的年龄值就是LaBrecque et al. (1977) 改进地磁极性年表的第二个基准点。20世纪90年代，Cande & Kent (1992, 1995) 引入了更多的基准点，将大洋匀速扩张的假设也做了一些算法上的改动，例如将原来的线性外推和插值改为高阶样条函数拟合，制作了新一代的、基于洋底磁条带的晚白垩世—新生代地磁极性年表"CK92"和稍后的改进版"CK95"。Cande & Kent (1992) 中提出的洋底磁条带命名系统现已作为标准使用，CK95也得到广泛应用。

近期对地磁极性倒转序列年代标定工作的一项重要技术改进是引入了旋回地层学的天文轨道调谐分析（orbital tuning），这种情况下的极性年表称为"经天文年代学校准的地磁极性年表（Astronomical calibrate Polarity Time Scale，简称APTS；Hilgen et al., 1997）"。由于米兰科维奇旋回分析在估计地质（或地磁）事件持续时间方面有独到之处，APTS和GPTS相比最重要的进展是对极性间隔的时间估计提供了新算法和独立的依据，而不是纯粹地依赖上一段所述的"基准点"内插和外推获得。这使得人们能够从另一个角度计算和标定大洋扩张速率（Wu et al., 2014），因而具有更广泛的地球动力学意义。CK95已经使用了上新世以来（<5.3Ma）天文年代学的成果。目前岁差周期已普遍应用于新近纪的地层分析，由此建立的浮动的天文年代学时间标尺分辨率达到2万年；短偏心率旋回较广泛地应用到古近纪，时间分辨率达到10万年；中生代及其以前的地质时代则较广泛地使用周期为40万年的长偏心率旋回。

### 8.5.3 大洋磁条带的C序列和M序列

以发生在白垩纪中期的正向极性超时（Cretaceous normal polarity superchron，简称CNS）作为标志，大洋磁条带分成了较年轻的C序列和较老的M序列。C序列是指新生代和晚白垩世的倒转序列以及 CNS，其中 CNS 开始于早白垩世的阿普特期（Aptian）最早期，结束于晚白垩世的桑顿期（Santonian）末，持续了约 40Ma，在 C 序列中的编号为"C34n"；M 序列指已发现的老于"C34n"的全部大洋磁异常倒转序列。

#### 8.5.3.1　C 序列

对 C 序列的地质年代学标定已作为例子在 8.5.2 节中介绍了，图 8-13 并列对照了历史上出现的几个关于最近几百万年的 GPTS，可以更清楚地反映地磁极性年表研究的过程。

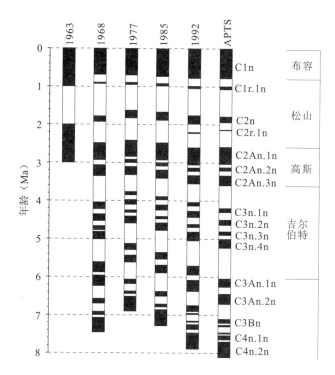

图 8-13　历史上出现的几个关于最近几百万年的 GPTS
（据 Langereis et al.，2010）

包括 Cox（1963）；Heirtzler et al.（1968）；LaBreque et al.（1977），Berggren et al.（1985），Cande & Kent（1992）；APTS（Hilgen et al.，1997）。极性柱中黑色段为正极性，白色段为反极性

#### 8.5.3.2　M 序列

M 序列主要是在扩张速率较大的太平洋中确定的，但能够用来标定 M 序列的"时间基准点"很少，而且存在较多争议。对 M 序列建立和完善过程的进一步了解可参阅 Larson & Hilde（1975）、Channell et al.（1995）、He et al.（2008）、Tominaga et al.（2008）、Tominaga & Sager（2010）以及 Ogg（2012）等文献。目前对 M 序列的标定采用了这样的步骤：第一步，厘定磁极倒转序列；第二步，完善生物地层学对磁极倒转序列的标定；第三步，利用天文旋回调谐对第二步的成果进行标定；第四步，利用天文年代学标定的结果和磁异常宽度计算大洋扩张速率；第五步，拟合洋底扩张模型并结合有限的时间基准点制作 GPTS（进一步了解可参阅 Ogg，2012）。从这些研究过程可见天文年代学分析在现代 GPTS 建设中的重要作用。

事实上，海洋磁异常资料和解释还受多方因素的影响。在早期发表的 M 序列中，侏罗纪中期的卡洛维-牛津期被表示为一个延时近 1000 万年的单调的正向极性（超）时，但后来深拖（Deep-tow）磁测量发现这一段包含了密集的倒转。也许是由于急剧交替的正负异常压制了其分辨率，也可能是地磁场高频倒转时强度的衰减，这些异常在接近海平面的地方测量时不很明显，因为在接近海平面高度上的测量相当于对深拖数据的向上延拓或低通滤波处理。深拖磁测量还发现了更老的极性倒转序列，目前 M 序列的磁异常已向深时延伸到 M44r，接近了巴柔期和阿伦期的界线。但大量的研究表明，现代海平面的高度似乎给人类发现和认识洋底磁条带提供了最佳的机会。距离海底再稍远一些的磁测会漏掉非常多的异常，但深拖测量的结果又往往使磁异常变得过分复杂，难以分离出真正的磁极倒转序列。由于这些原因，位场延拓处理的技术也引入了大洋磁异常研究，人们通过适度上延或下延处理使磁条带清晰起来。当然，最终的厘定还需要建立在磁性地层剖面和大洋磁异常能够可靠对比的基础之上。

### 8.5.4 现代地磁极性年表的结构

地磁极性年表已成为现代地质年表的重要组成部分。图 8-14 是 Geologic time scale 2012 (Gradstein et al.，2012)，是使用天文年代学和地质年代学约束，将大洋磁条带 C 序列和 M 序列标定到绝对年龄的 GPTS。它和晚侏罗世以来若干重要地质界线的对比关系包括：①更新世的底界（亦即第四纪的底界）与 C2 极性时底界（约 2.588Ma）相当；②新近纪的底界与 C6Cn.2n 极性亚时的底界（约 23.03Ma）相当；③古近纪的底界，亦即中生代—新生代界线置于 C29r 的中部（约 66.04Ma）；④晚白垩世坎潘期的底界与 C33r 的底界，亦即白垩纪正向极性超时的顶界（约 83.64Ma）相当；⑤早白垩世阿普特期的底界与 M0r 的底界（约 126.30Ma）相当；⑥白垩纪底界与 M18r 的底界（约 145Ma）相当；⑦基默里奇期的底界与 M26r 的底界（157.25Ma）大体相当。更多的对应关系以及老于 M26 的地磁极性序列可参阅（Ogg，2012）。

对上新世以来的磁性地层研究，传统的极性时和亚时的名称仍在并行使用。图 8-15 给出了约 6Ma 以来详细的地磁极性年表及通用的新、老名称对应关系。

总体而言，晚白垩世以来的 GPTS 已相当精细，中生代早期还有待完善，古生代除了几个研究较细的地质界线和极其单调的极性超时外，大部分时期的 GPTS 还只是一个框架。前寒武纪和显生宙一样曾发生过大量的地磁极倒转事件，但是对这些资料既没有办法开展生物地层学标定，又缺乏足够精确和准确的同位素年龄控制，前寒武纪地磁倒转记录的磁性地层学功能和地球动力学意义还远远没有被开发出来。

## 8.6 研究实例：磁性地层学在泥河湾盆地古人类遗址定年中的应用

本节内容不在于列举磁性地层学成功用于解决方方面面的地层学问题，而是通过分析一项典型性研究（Zhu et al.，2004），重点说明现代磁性地层学解决问题的思路和野外、实验室工作规范。在不同时代的出版物中，读者不难找到关于磁性地层学应用的更多实例介

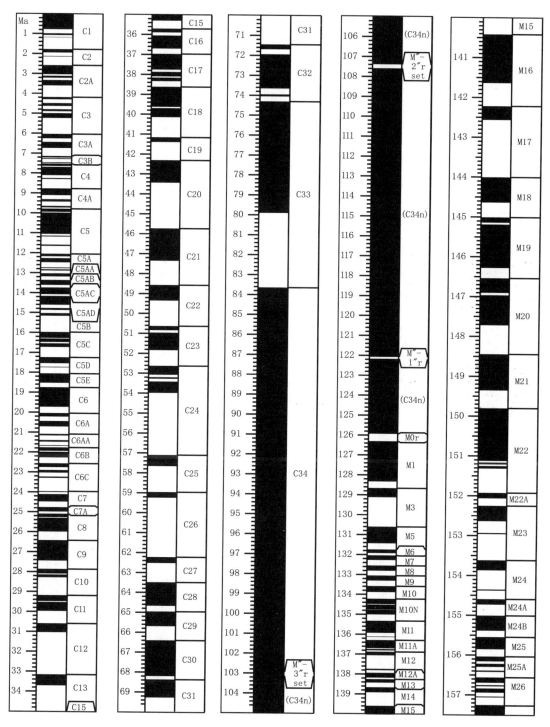

图 8-14 中侏罗世以来综合地磁极性年表

(利用 TSCreator - PUBLIC - 6.4 软件产生，软件来源 http://www.tscreator.org, by James Ogg & Adam Lugowski, 2015) 极性柱中黑色段为正极性，白色段为反极性。"C" 序列指新生代和晚白垩世的倒转序列以及 CNS，其中 CNS 开始于早白垩世的阿普特期（Aptian）最早期，结束于晚白垩世的桑顿期（Santonian）末，持续了约 40Ma，在 C 序列中的编号为 "C34n"。M 序列指已发现的老于 "C34n" 的全部大洋磁异常倒转序列

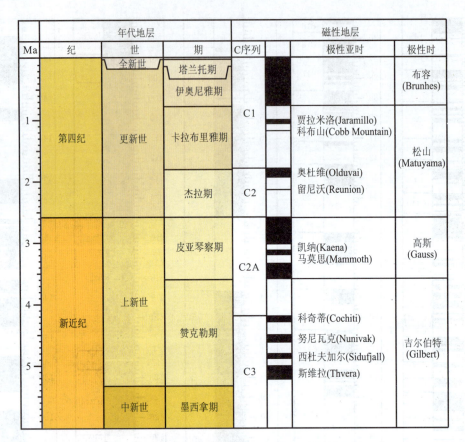

图 8-15 约 6Ma 以来极性时、亚时与地质年代对照表
(基本数据利用 TSCreator-PUBLIC-6.4 软件产生，软件来源 http://www.tscreator.org，
by James Ogg & Adam Lugowski, 2015) 极性柱中黑色段为正极性，白色段为负极性

绍。例如，Haiwood (1989) 和 Langereis et al. (2010)，以及本章引用的几本专著和教材等。

　　欧亚大陆可能是人类祖先走出非洲踏上的第一个"新大陆"，亚洲则可能是开拓这片"新领地"的起点。对散布在世界各地的古人类遗址的精确定年及对比是研究人类演化、迁徙以及文化起源和发展的基本前提，磁性地层学在古人类遗址定年中发挥着不可替代的作用 (Zhu et al.，2003)。本节选取朱日祥等对华北泥河湾盆地半山遗址和马圈沟遗址定年研究的一项成果 (Zhu et al.，2004) 作为例析，说明磁性地层学研究的设计思路、研究过程、技术规范、问题解决方案以及成果意义。

## 8.6.1 关键的科学问题

　　泥河湾旧石器遗址是国际古人类研究的热点，确定这些遗址的年代是建立华北乃至亚洲早更新世古人类遗址年代序列、理解古人类在亚洲高纬度地区定居方式和迁徙路线、探索人类演化与气候变化的关系等科学问题的关键。该地区没有适合对早更新世地层开展高精度同位素定年的材料，利用磁性地层学方法研究这些遗址的年龄目前仍是最合适的手段。

## 8.6.2 地质背景和磁性地层学研究前提

泥河湾盆地位于中国黄土高原的东北缘,其中发育了我国北方第四纪湖相地层的典型剖面,其沉积连续、稳定,层序清晰、地层可对比性好。湖相沉积开始于第四纪的最早期(或上新世末),覆盖在上新世风成红黏土或基岩风化壳之上;结束于晚更新世晚期或全新世,被相当于末次间冰期古土壤层的"类风成沉积物"、末次冰期的马兰黄土和全新世土壤层序列覆盖。地层中含大量动植物化石、含长鼻三趾马-真马动物群和小哺乳动物。

半山遗址和马圈沟遗址位于泥河湾盆地东部、河北省阳原县岑家湾村西南约 1km 处的马圈沟(图 8-16),发掘始于 20 世纪 90 年代。遗址剖面(N40°13.517′,E114°39.844′;Zhu et al.,2004)中包含了 4 个旧石器层,自上而下依次为半山石器层(BS,距剖面顶 44.3~45.0m)和马圈沟-Ⅰ(MJG-Ⅰ,距剖面顶 65.0~65.6m)、马圈沟-Ⅱ(MJG-Ⅱ,距剖面顶 73.2~73.56m)、马圈沟-Ⅲ(MJG-Ⅲ,距剖面顶 75.0~75.5m)石器层。其中 MJG-Ⅲ 层沉积物中含大量贝壳、水生植物叶片和果实,指示了低能湖滨或沼泽环境。连续的湖相细粒沉积物为磁性地层学研究提供了良好的物性前提,丰富的动植物化石和末次间冰期以来的地层序列则为地磁极性序列的解释提供了必要约束。

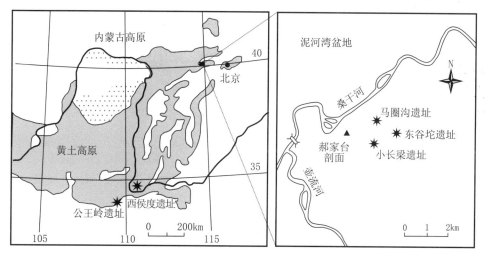

图 8-16 泥河湾古人类遗迹研究位置图

(据 Zhu et al.,2004 简化)

## 8.6.3 平行剖面的意义和采样间隔的选择

本例研究采用了"平行剖面"的方案。平行剖面不仅能够增强古地磁记录的可信度,同时也能补充单一剖面地质记录的不足。马圈沟剖面虽然保存了 4 个石器层,但剖面顶部却遭受了剥蚀,下部出露层位也比较浅。研究者(Zhu et al.,2004)在马圈沟剖面沟底打了两口竖井,将采样的地层向下延伸至距剖面顶 95.6m 的深度;同时,在马圈沟剖面之南约 1500m 处安排了一条平行剖面,称为郝家台剖面。平行剖面(可以)不含石器层,但有足够的沉积学标志使其和马圈沟剖面可靠对比:其一是代表同一沉积事件的砾石层,其二是含有软体动物化石的一个黏土层。郝家台剖面不仅保存有研究区完整的湖相地层序列,也完好地保存了上覆的类风成沉积物、黄土和土壤系列。从古地磁学角度考虑，平行剖面的布置能够大大降低偶然因素（例如，地下流体活动、生物扰动等）干扰剩磁记录的风险，是现代高分辨率磁性地层学研究的规范性选择。朱日祥等此前对泥河湾盆地"小长梁遗址"的研究也选择了一个平行剖面（"洞沟"剖面），弥补了小长梁剖面地层延深方面的不足（Zhu et al., 2001），亦是很好的实例。

采样间隔的制定一般是在总结研究经验的基础上逐渐加密完成的，间距过大常常会漏掉延时短的极性间隔，采样过密则增加不必要的工作量。Zhu et al. (2004) 选取20cm的取样间隔，是基于对Jaramillo、Olduvai等较短极性亚时带地层厚度的估计。其结果是不但建立了包括这两个亚时在内的磁性地层序列，还发现了与Punaruu、Cobb Mountain大体对应的更短的两个极性事件。这一细节对加强对比和解释的可信度起到了促进作用，对准确厘定倒转界面、估算沉积速率也有重要意义。

### 8.6.4 古地磁工作的技术要点

由于本例是朱日祥等发表在 *Nature* 的一篇论文，部分古地磁学的技术细节描述于论文的附件中（Zhu et al., 2004）。在研究中，每块参与解释的样品都经过了系统热退磁或交变退磁处理，剩磁测量在超导磁力仪上完成，样品的退磁和测量是在环境磁场小于300nT的磁屏蔽室里进行的。退磁数据经过了主成分分析，Z氏图展示了良好的退磁特征（例如，稳定的高温分量、清楚的反向磁化低温分量等）。在岩石磁学方面，研究者首先开展了磁化率各向异性研究，样品揭示了未经扰动的沉积组构特征；样品的磁滞参数显示了携磁矿物以似单畴为主的颗粒尺寸特征，这些岩石磁学特征都是样品能够保存原生剩磁的有利条件。

### 8.6.5 综合地层学分析和磁性地层学解释

研究者利用解释的原生剩磁方向计算了虚地磁极（VGP）的纬度，然后根据虚地磁极的纬度判断极性并建立了两个剖面的地磁极性序列（图8-17）。

在郝家台剖面建立了4个极性带（$N_1$，0~49m；$R_1$，49.0~75.8m；$N_2$，75.8~80.2m；$R_2$，80.2~128.8m）、马圈沟剖面建立了5个极性带（$R_1$，0~17.2m；$N_2$，17.2~22.0m；$R_2$，22.0~85.0m；$N_3$，85.0~90.5m；$R_3$，90.5~95.6m）。将这两个剖面建立的极性序列和当时较好的地磁极性年表（Berggren et al., 1995）对比，根据郝家台剖面上覆的类风成沉积物、马兰黄土和全新世土壤层沉积序列以及两个剖面丰富的古生物化石组合提供的约束，研究者认为两个剖面上的$N_2$对应了Jaramillo极性亚时，马圈沟剖面上的$N_3$对应了Olduvai极性亚时，郝家台剖面上的$N_1$对应了最年轻的布容极性时。$R_1$、$R_2$和$R_3$分别对应于松山反向极性时内由新到老的几个时段。显然，根据$R_2$可以估算出这一时段的沉积速率，然后分别算出BS、MJG-Ⅰ、MJG-Ⅱ、MJG-Ⅲ的年龄分别是1.32Ma、1.55Ma、1.64Ma、1.66Ma。同样的方法也可估计出$e_1$、$e_2$两个短的极性事件的年龄分别为1.16Ma、1.24Ma，与Punaruu、Cobb Mountain两个极短亚时（或隐时）的年龄也大体相当。这一成果从多方面努力，将对半山遗址和马圈沟遗址年龄的估计达到了万年级误差的精确度。

### 8.6.6 成果意义

位于同一地点的马圈沟剖面保存了古人类在约34万年间的4次居住遗迹，科学家利用

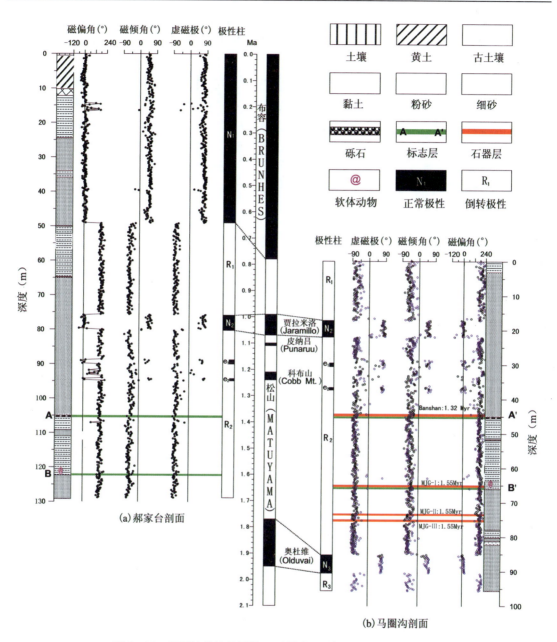

图 8-17 泥河湾盆地马圈沟旧石器遗址磁性地层学综合成果图
(Zhu et al., 2004)
GPTS 据 Berggren et al., 1995; 注意两个平行剖面的可对比层

磁性地层学方法为我们刻画了中国北方高纬度人类最初家园沧桑变化的大周期。约 1.66Ma 的 MJG-Ⅲ迄今仍然是在泥河湾盆地发现的最老的旧石器遗址，它比在黄土高原其他地点发现的公王岭遗址（An & Ho, 1989）、西侯度遗址（Zhu et al., 2003）老约 40 万年。MJG-Ⅲ与处在同一纬度上著名的格鲁吉亚德玛尼西遗址（Dmanisi, 约 N41.3°，E44.1°）的年龄（约 1.7Ma; Gabunia et al., 2000）似乎基本相当。磁性地层学方法在确定德玛尼

西遗址年龄方面也起了关键作用,遗址的年龄被限制在 Olduvai 亚时结束后不久(Gabunia et al.,2000)。但从地层发育条件和古地磁数据本身来看,德玛尼西遗址磁性地层学年龄控制的精度不及泥河湾的 MJG-Ⅲ。

上述成果为建立古人类遗址年代序列、了解古人类定居方式和迁徙路线、探索古人类演化与第四纪气候变化的关系等重大科学问题的研究提供了关键性的证据,也为磁性地层学的应用性研究提供了良好的范例。

## 参 考 文 献

张世红,王训练,朱鸿. 碳酸盐岩磁化率与相对海平面变化的关系——黔南泥盆石炭系例析 [J]. 中国科学(D辑),1999,29 (6):558-566.

张世红. 偏极性现象研究及其地球动力学意义 [J]. 地学前缘,1998,5 (Suppl.):175-183.

朱日祥,黄宝春,潘永信,等. 岩石磁学与古地磁实验室简介 [J]. 地球物理学进展,2003,18 (2):177-181.

许靖华. 地学革命风云录 [M].1版. 何起祥,译. 北京:地质出版社,1985:1-175.

Alvarez W, Arthur M A, Fischer A G et al. Upper Cretaceous - Paleocene magnetic stratigraphy at Gubbio, Italy. V. Type section for the late Cretaceous - Paleocene geomagnetic reversal time scale [J]. Geological Society of America Bulletin, 1977, 88: 383-389.

An Z S, Ho C K. New magnetostratigraphic dates of Lantian Homo erectus [J]. Quat. Res., 1989, 32: 213-221.

Anonymous. Magnetostratigraphic polarity units - A supplementary chapter of the ISSC international stratigraphic guide [J]. Geology, 1979, 7: 578-583.

Berggren W A, Kent D V, Swisher C C et al. A revised Cenozoic geochronology and chronostratigraphy. in Geochronology, Timescales, and Stratigraphic Correlation [M]. SEPM Spec. Publ., 1995, 54: 129-212.

Berggren W A, Kent D V, Flynn J J et al. Cenozoic geochronology [J]. Geological Society of America Bulletin, 1985, 96: 1407-1418.

Butler R F. Paleomagnetism: Magnetic domains to geologic terranes [M]. Bostoh: Blackwell Scientific, 1998: 1-237.

Cande S C, Kent D V. A new geomagnetic polarity time - scale for the Late Cretaceous and Cenozoic [J]. Journal of Geophysical Research, 1992, 97: 13917-13951.

Cande S C, Kent D V. Revised calibration of the Geomagnetic Polarity Time Scale for the Late Cretaceous and Cenozoic [J]. Journal of Geophysical Research, 1995, 100: 6093-6095.

Channell J E T, Erba E, Nakanishi M et al. Late Jurassic - Early Cretaceous time scales and oceanic magnetic anomaly block models [C]. //Berggren W A, Kent D V, Hardenbol J (eds.), Geochronology, Time Scales and Global Stratigraphic Correlation. Publication, 1995, 54: 51-63.

Cox A, Doell R R, Dalrymple G B. Geomagnetic polarity epochs and Pleistocene geochronometry [J]. Nature, 1963, 198: 1049-1051.

Gabunia L, Vekua A, Lordkipanidze D et al. Earliest Pleistocene hominid cranial remains from Dmanisi, Republic of Georgia: taxonomy, geological setting, and age [J]. Science, 2000, 288: 1019-1025.

Gradstein F M, Ogg J G, Schmitz M et al. The Geologic Time Scale 2012 2 - Volume Set (Vol. 2). Elsevier, 2012.

Hailwood E A. Magnetostratigraphy [M]. Blackwell Science Incorporated, 1989, 19. [黑尔伍德. 磁性地

层学. 舒孝敬（译），郭武林（校），袁方（审）. 北京：地质出版社，1991：1-161.]

Harland W B, Cox A V, Llewellyn P G et al. A geologic Time-scale [M]. Cambridge: Cambridge University Press, 1982: 1-131.

He H, Pan Y, Tauxe L et al. Toward age determination of the M0r (Barremian-Aptian boundary) of the Early Cretaceous [J]. Physics of the Earth and Planetary Interiors, 2008, 169: 41-48.

Heirtzler J R, Dickson G O, Herron E M et al. Marine Magnetic Anomalies, geomagnetic field reversals, and motions of the ocean floor and continents [J]. Journal of Geophysical Research, 1968, 73: 2119-2136.

Hilgen F J, Krijgsman W, Langereis C G et al. Breakthrough made in dating of the geological record [M]. EOS, Transactions of the AGU, 1997, 78: 285, 288.

Khramov A N. Paleomagnetism and Stratigraphic Correlation (in Russian), Gostoptech, Leningrad, Russia, (English translation by Lojkine A J, Geophys. Dept., Australian Natl. Univ., Canberra, Australia), 1958.

Kirschvink J L. The least-squares line and plane and the analysis of palaeomagnetic data [J]. Geophysical Journal of the Royal Astronomical Society, 1980, 62 (3): 699-718.

Kodama K P, Hinnov L A. Rock Magnetic Cyclostratigraphy [M]. John Wiley & Sons Ltd, 2014: 1-165.

LaBreque J L, Kent D V, Cande S C. Revised magnetic polarity time scale for Late Cretaceous and Cenozoic time [J]. Geology, 1977, 5: 330-335.

Langereis C G, Krijgsman W, Muttoni G et al. Magnetostratigraphy - concepts, definitions, and applications [J]. Newsletters on Stratigraphy, 2010, 43: 207-233.

Larson R L, Hilde T W C. A revised time scale of magnetic reversals for the Early Cretaceous and Late Jurassic [J]. Journal of Geophysical Research, 1975, 80: 2586-2594.

Lowrie W. Identification of ferromagnetic minerals in a rock coercivity and unblocking temperature properties [J]. Geophys Res Lett, 1990, 17 (2): 159-162.

Matuyama M. On the direction of magnetisation of basalt in Japan, Tyosen and Manchuria [J]. Proceedings of the Imperial Academy, 1929, 5 (5): 203-205.

McElhinny M W, McFadden P L. Paleomagnetism, continents and oceans [M]. San Diego: Academic Press, 2000: 1-386.

Merrill R T, McElhinny M W, McFadden P L. The magnetic field of the Earth: Paleomagnetism, the core, and the Deep Mantle [M]. San Diego: Academic Press, 1996: 1-531.

Ogg J G. Geomagnetic polarity time scale. [M] //Felix M. Gradstein, James G. Ogg, Mark Schmitz and Gabi Ogg. The Geologic Time Scale 2012. Published by Elsevier B. V., 2012.

Ohno M, Hamano Y. Geomagnetic poles over the past 10 000 years [J]. Geophys. Res. Lett., 1992, 19: 1715-1718.

Opdyke N D, Channell J E T. Magnetic stratigraphy [M]. San Diego, USA: Academic Press, 1996: 1-346.

Strik G, Blake T S, Zegers T E et al. Palaeomagnetism of flood basalts in the Pilbara Craton, Western Australia: Late Archaean continental drift and the oldest known reversal of the geomagnetic field [J]. Journal of Geophysical Research, 2003, 108: 2551. doi: 10.1029/2003JB002475.

Tauxe L. Essentials of Paleomagnetism [M]. University of California Press, 2010: 1-512. [on-line version at http://magician.ucsd.edu/Essentials/index.html].

Thompson R, Oldfield F. Environmental magnetism [M]. London: Allen & Unwin. 1986: 1-227.

Tominaga M, Sager W W. Revised Pacific M-anomaly geomagnetic polarity timescale [J]. Geophysical

Journal International, 2010, 182: 203-232. doi: 10.1111/j.1365-246X.2010.04619.x.

Tominaga M, Sager W W, Tivey M A et al. Deep-tow magnetic anomaly study of the Pacific Jurassic Quiet Zone and implications for the geomagnetic polarity reversal time scale and geomagnetic field behavior [J]. Journal of Geophysical Research, 2008, B07110 (113), 20. doi: 10.1029/2007JB005527.

Van der Voo R. The reliability of paleomagnetic data [J]. Tectonophysics, 1990, 184 (1): 1-9.

Vine F J, Matthews D H. Magnetic anomalies over ocean ridges [J]. Nature, 1963, 199: 947-949.

Wu Huaichun, Zhang Shihong, Hinnov L A et al. Cyclostratigraphy and orbital tuning of the terrestrial upper Santonian-Lower Danian in Songliao Basin, northeastern China [J]. Earth and Planetary Science Letters, 2014, 407: 82-95.

Zhu R X, An Z S, Potts R et al. Magnetostratigraphic dating of early humans in China [J]. Earth-Science Reviews, 2003, 61: 341-359.

Zhu R X, Hoffman K A, Potts R et al. Earliest presence of humans in northeast Asia [J]. Nature, 2001, 413: 413-417.

Zhu R X, Potts R, Xie F et al. New evidence on the earliest human presence at high northern latitudes in northeast Asia [J]. Nature, 2004, 431: 559-562.

Zhu R X, Tschu kang kun. Studies on Paleomagnetism and reversals of Geomagnetic field in China [M]. Beijing: Science Press, 2001: 1-168.

## 关键词与主要知识点-8

磁场强度 magnetic field intensity
感应磁化强度 M—induced magnetization
磁化率 χ—magnetic susceptibility
抗磁性 diamagnetism
顺磁性 paramagnetism
铁磁性 ferromagnetism
亚铁磁性 ferrimagnetism
反铁磁性 antiferromagnetism
磁化曲线 magnetization curve
磁滞回线 hysteresis loop
磁性地层学 magnetostratigraphy
地磁场 geomagnetic field
轴向中心偶极子模型 GAD—geocentric axial dipole
国际地磁参考场 IGRF—international geomagnetic reference field
地磁极 geomagnetic pole
虚地磁极 VGP—virtual geomagnetic pole
长期变 secular variation
矫顽力 coercive force
饱和磁化强度 saturation magnetization
饱和磁场 saturation field
饱和等温剩磁 saturation isothermal remanent magnetization
采点 site

标本 sample
样品 specimen
单畴颗粒 SD—single domain
似单畴颗粒 PSD—pseudo single domain
多畴颗粒 MD—multidomain
磁组构 magnetic fabric
天然剩余磁化强度 NRM—natural remanent magnetization
热剩余磁化强度 TRM—thermal remanent magnetization
碎屑剩余磁化强度 DRM—detrital remanent magnetization
化学剩余磁化强度 CRM—chemical remanent magnetization
黏滞剩余磁化强度 VRM—viscous remanent magnetization
非磁滞剩余磁化强度 ARM—anhysteretic remanent magnetization
等温剩余磁化强度 IRM—isothermal remanent magnetization
逐步退磁 stepwise demagnetization
主成分分析 main component analysis
野外检验 field test
褶皱检验 fold test

烘烤接触检验 baked contact test
砾石检验 conglomerate test
倒转检验 reversal test
一致性检验 consistency test
正向极性 normal polarity
反向极性 reverse polarity
地磁极性年表 GPTS—geomagnetic polarity time scale
大洋磁异常 marine magnetic anomalies
极性超时 polarity superchron
极性时 polarity chron
极性亚时 polarity subchron
极性隐时 polarity cryptochron
极性超时带 polarity superchronozone
极性时带 polarity chronozone
极性亚时带 polarity subchronozone
极性超带 polarity superzone
极性带 polarity zone
极性亚带 polarity subzone
磁性带 magnetozone

# 第 9 章　层序地层学

层序地层学是在 20 世纪 70 年代地震地层学（Vail et al., 1977）的基础上发展起来的一门新的地层学分支学科。层序地层学以全球海平面变化的思想为基础，根据露头、钻井、测井和地震资料，结合沉积学解释，对地层层序格架进行综合解释。层序地层学从四维时空来认识沉积记录，并将其和全球海平面变化与地壳沉降联系起来，从而增强了全球不同地域、不同时代地层间的可对比性。当它与生物地层学结合时，可以提供一个更为精确的以不整合界面及与之相当的整合界面为界限的年代地层格架，并成为分析全球海平面变化及盆地演化的基础。由于层序地层具有预测地层、沉积体系和沉积体系域叠置及分布样式的作用，因此，对于恢复能源盆地的沉积格架、预测油气藏的分布以及恢复盆地的充填序列和演化历史也具有重要意义。

层序是一个古老而又崭新的概念，层序和海平面变化的思想经历了长期的发展过程。早在 18 世纪便提出了层序的概念，当时也只是一种描述性的且相当不严格的，并没有确切含义的术语（Sloss, 1988）。1949 年，Sloss et al. 提出了地层层序的概念，认为层序是以主要区域不整合为边界的地层集合体。1963 年，Sloss et al. 将北美克拉通晚前寒武纪—全新世地层划分为以区域不整合为界线的 6 个层序。Sloss 的思想被他的学生和同行 Vail & Wheeler et al. 所接受。1977 年，Vail 把这一理论与地震地层学相结合，提出了比 Sloss (1963) 划分的层序更细的层序，并认为全球海平面变化是层序形成演化的主要驱动机制。1987 年，Haq et al. 发表了全球海平面变化图表，该图表成为层序地层和海平面变化分析的基础。20 世纪 80 年代末期至 90 年代初期，层序地层的理论日趋完善，应用范围不断扩展，出版了一系列层序地层理论及应用的著作（如 Wilgus et al., 1988; Sangree & Vail, 1989），成为地层学和沉积学及能源盆地地质学领域的热点。

## 9.1　层序地层学的基本原理

### 9.1.1　层序地层学的基本概念

**层序地层学**（sequence stratigraphy）：是研究年代地层格架内岩层关系的学科。在这个格架中层序具有旋回性，并由在成因上有联系的地层单元组成。

**层序**（sequence）：为一以不整合面及其与之相对应的整合面为顶、底界的，在成因上有联系的、相对整合的地层序列（Vail et al., 1977），它由一系列体系域所组成。一般地认为它是在全球海平面曲线下降的拐点之间沉积的。

**副层序**（parasequence）和**副层序组**（parasequence set）：副层序是指在成因上有联系的、连续整一的地层（尤指层或层组）序列，它由海泛面或者可与之对比的地层界面所限定（Wagoner, 1985）。副层序组是由成因相关的一套副层序构成的、具有特征叠置方式的一组地层序列。副层序组的边界为一个重要的海泛面和与之可比的面，或层序界面。

**不整合**（unconformity）：为一将新老地层分开的面，沿该面有指示重要间断的陆上剥蚀截切，且在某些地区有相应的水下剥蚀，或者见有地表暴露的证据，其间存在沉积的中断和地层的缺失。不整合面和与之相当的整合界面一般作为层序的界面。

**沉积体系**（depositional system）：在实际的（现代的）和推断的（古代的）作用与环境（三角洲、河流、障壁岛等）方面有成因联系的岩相的三维组合（Brown & Fisher, 1977）。

**沉积体系域**（depositional systems tract）：指海水进退的一定时期所形成的同期沉积体系的组合，每一个体系域都与特定的海平面升降曲线段有关。

层序地层学中共有4种体系域，即：低水位体系域、海侵体系域、高水位体系域和陆架边缘体系域。

**海泛面**（marine flooding surface）、**初次海泛面**（first flooding surface）和**最大海泛面**（maximum flooding surface）：海泛面是指海水水深突然增加的新老地层间的界面，该界面通常是平整的，仅有米级的地形起伏。初次海泛面是指层序内部初次跨越陆架的海泛面，即响应于首次越过陆棚的第一个滨岸上超对应的界面。最大海泛面是指一个层序内最大海侵时形成的界面，是海侵体系域的顶界面，并被高水位体系域下超。最大海泛面通常以凝缩段为典型沉积或与凝缩段共生。

**凝缩段**（condensed section）：亦称密集层，即以沉积速率极低为特征的、非常薄的海相或湖相层段。以黑色薄层页岩、硅质岩、灰岩为主，其沉积速率一般为（1~10）mm/1000a。

**可容空间**（accommodation）：可供潜在沉积物堆积的空间，也称作容纳空间，同沉积期形成的空间也称新容纳空间。

**平衡点**（equilibrium point）：沉积剖面上的一个全球海平面变化速率与基底下降/上升速率相等的点，它是相对海平面上升和下降的分界点。

**平衡剖面**（equilibrium profile）：为均衡河流的剖面或一个仅能使河流搬运其沉积物负载的坡度平缓的纵向剖面。通常被认为是一个平缓的、凹面向上的抛物线，近河口处较平缓而源头变陡。

**沉积岸线坡折**（depositional coastal break）：它位于海岸或滨海平原与盆地斜坡过渡的地方。在该处，朝陆方向的沉积面位于或接近基准面（即海平面），向海方向的沉积低于基准面，该位置与三角洲河口沙坝的向海端或海滩的上部滨面近于一致。

**陆架坡折**（shelf break）：陆架坡折为陆架坡度改变的标志。从该处向陆侧倾角平缓，其坡度通常小于1:1000，向海侧坡度较陡，一般为1:40。

## 9.1.2 层序地层学的理论基础

层序地层学属于成因地层学的范畴，层序地层学强调海平面的升降变化具全球性，并且以海平面升降变化产生的不整合面和年代关系为基础建立沉积层序，从而揭示全球海平面周期性变化的规律。Haq & Vail（1977，1987）建立了显生宙海平面变化1~2级旋回和中、新生代海平面变化年表。他们认为由于全球海平面变化，层序地层学可以成为建立全球性地层对比的手段，重建全球性地层系统。

层序是由不整合及与之对应的整合面限定的并在一个海平面升降旋回内形成的各种沉积

体的组合。一个层序在三维空间和时间的变化受到4个因素（变量）的控制，即构造沉降、海平面升降、沉积物供应和气候。构造沉降控制可供沉积物沉积的容纳空间；全球海平面升降控制地层和岩相的分布型式；沉积物供应则控制沉积物充填过程和盆地古水深变化；气候主要控制沉积物类型和沉积物供给量。在这里构造沉降、海平面升降、沉积物供应3项因素共同控制着沉积盆地的几何形态，三者的相互影响最终导致该地区海平面相对于陆架边缘的相对升降变化速度。构造沉降和海平面升降控制了沉积物可容空间的变化。Vail（1987）认为，全球海平面变化是控制地层叠置样式的最基本因素，沉积层序及其顶底界线的形成直接受全球海平面变化影响。以上因素（尤其是全球海平面变化和盆地基底的构造沉降）综合表现为周期性的相对海平面升降变化对层序边界、层序内部构成和空间展布的控制作用。

　　地史时期海平面相对于陆架边缘的周期性升降变化是频繁的，这种周期性变化必然导致沉积物类型、沉积体系、沉积体系域及其所处位置在三度空间（尤指陆架边缘）的有规律的变化。层序地层学也正是要揭示它们在三度空间中的展布形式。相对海平面变化调节着沉积物的堆积空间。如果沉积物供应充分，则在一个海平面相对上升和相对下降的周期中可以沉积一个沉积层序。如果只包含一个或多个含海平面的一次连续上升到静止或下降，那么该周期内可能只沉积一个沉积层序。若该周期末海平面突然下降，便可能产生一个不整合面，或无沉积作用面，它将把已经形成的沉积层序和上覆下降期的前积沉积层序分隔开。层序之间的边界常见上覆层的下超现象。一般海平面下降幅度越大，沉积层序的边界越容易被识别。

　　相对海平面升降周期对沉积物分布形式有重要影响。一个陆架盆地以匀速缓慢下沉，使陆源碎屑物供应能及时充填由于海平面变化所腾空的空间。当海平面上升时，开始沉积物以海岸上超（海侵）的形式逐渐超覆到海岸坡折上，这段时间称为海侵期。随着海平面上升速度的减缓到停滞，这时沉积物及海岸坡折转为向海方向推进，这段时间称为高水位期。随着海平面变为快速下降，当下降到陆架坡折以下时，陆架或海岸平原暴露出水面，陆源碎屑物仅以下超方式沉积在陆架坡折以外的盆地内，这段时期为低水位期。

　　相对海平面变化是海平面与局部基准面之间的测量值。一个地区的相对海平面变化是全球海平面变化与当地盆地基底沉降速率的函数（图9-1），相对海平面变化与沉积物供给决定盆地的水深，即海平面变化的幅度减去沉积物堆积厚度为水深。而水深直接影响沉积物类型和沉积体系及沉积体系域的类型和展布。图9-1中可以看出全球海平面变化和地壳下降的速率直接影响相对海平面变化速度和所腾可容空间的速率，从而影响到不同体系域的形成。

　　从全球海平面变化曲线要素图（图9-2）中可以看到有两个拐点，即下降翼的F拐点和上升翼的R拐点。在全球海平面变化过程中有许多这样的拐点，这些拐点位于该曲线的绝对坡度或者变化速率最大处。图9-2表示出全球海平面变化对容纳空间变化速率的影响。可以看出，新的陆架空间增加率在F拐点处最小，在R拐点处最大。所以在F拐点处新增陆架空间很小或无，能容纳的新沉积物亦相对减少。相应地，F拐点处加积速率最小，而进积速率最大，海岸上超向盆地方向移动；R拐点处的情况正好与之相反，该点处盆地出现最大新空间增加速率，常常引起海侵并形成凝缩段，海岸上超向陆地方向移动。

　　沉积体系域的形成正是由于全球海平面变化而引起相对海平面变化的结果。一个全球海平面变化旋回中可形成3个体系，在一个海平面低于陆架边缘的变化旋回中，可形成低水位体系域（LST）、海侵体系域（TST）、高水位体系域（HST）；在一个海平面下降不低于陆架边

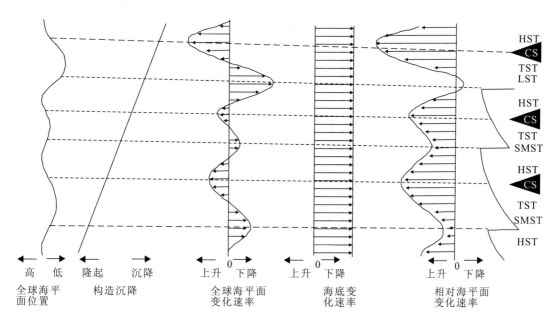

图 9-1 作为全球海平面变化和盆地基底沉降函数的海平面相对变化及其对可容空间的影响

(据 Loutit et al., 1988)

LST. 低水位体系域；HST. 高水位体系域；TST. 海侵体系域；SMST. 陆架边缘体系域；CS. 凝缩段

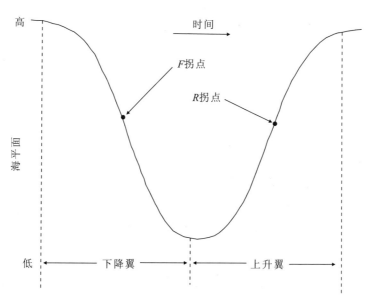

图 9-2 全球海平面变化曲线要素

(据 Posamantier et al., 1988)

缘的旋回中，可形成陆架边缘体系域（SMST）、海侵体系域和高水位体系域（图 9-1）。

海平面升降变化具有明显的周期性，一般从海平面的迅速上升开始，随后相继经历缓慢上升→缓慢下降→迅速下降→缓慢下降，又转变为缓慢上升。这样一个完整的过程规定为海平面升降变化的一个周期。一个海平面升降周期形成相应的沉积物特征和分布模式（表 9-1）。

**表 9-1 海平面升降变化周期对沉积物的影响**

| 时间顺序 | 海面升降状态 | 海岸线移动 | 沉积特征 |
|---|---|---|---|
| 1～3 | 迅速上升 | 以上超方式迅速海侵 | 相对海平面从陆架边缘开始，而后相对陆架表面迅速上升，在陆架上发育了海侵沉积 |
| 3～6 | 上升缓慢，之后转为缓慢下降 | 继续上超，但开始海退，之后加速海退 | 跨过陆架依次分布为三角洲、海岸、河流及冲积沉积物的海退沉积 |
| 6～8 | 迅速下降 | 极快地降落到陆架边缘或更低 | 河流下切至陆架，I 型不整合发育。沉积物局限于深水中，沉积物为典型的远离陆架边缘沉积的砂、砾重力流沉积 |
| 8～12 | 下降缓慢，之后反转为缓慢上升 | 海岸线停留在或接近陆架边缘 | 沉积物类型包括：陆架边缘三角洲，陆架上的凹穴和峡谷，充填在陆坡或跨过盆地相邻部分分布的重力滑塌、滑动和浊积岩 |
| 12～14 | 迅速上升 | 以上超方式迅速海侵 | 与 1～3 期类似。海侵作用以上超到陆架上的最大延伸程度的海相沉积楔而告结束。14 期开始发育密集段 |
| 14～17 | 上升缓慢，随后转为缓慢下降 | 继续上超，但海退开始，之后加速海退 | 与 3～6 期相似。跨过陆架继续前积，并最终可能使三角洲前缘沉积物溢注到深水中 |
| 17～21 | 迅速下降，之后处于低水位并缓慢上升 | 极快地下降到陆架中部并停留在该处附近 | 海退式三角洲沉积物前积到陆架中部和外部。如果海退得足够远，有些三角洲前缘沉积物可以溢流到盆地斜坡上 |
| 21～23 | 迅速上升 | 以上超形式迅速海侵 | 与 1～3 期及 12～14 期相似 |
| 23⁺ | 上升缓慢，之后转为缓慢下降 | 海退开始 | 与 3～6 期及 14～17 期相似 |

注：1～23⁺表示 1 个海平面升降周期中的顺序，1 为一个海平面变化周期的起始时间，23⁺为结束时间。

全球海平面变化周期是指全球海平面相对上升和相对下降过程所占有的时间段。一个典型的周期一般包括海平面逐渐上升期、静止期和海平面相对下降期。海平面的变化可以通过层序研究在全球、区域、局域不同尺度上识别。根据 Vail（1977）和 Maill（1992）等研究结果，海平面变化可以分出不同的级次（表 9-2）。每个级次的周期具有不同的时段和成因。一个高级别的周期可以包含几个低级别的周期。

沉积层序是海平面变化周期的产物，因此，海平面变化周期控制沉积层序。1～3 级海平面变化周期分别控制巨层序、超层序和层序的形成和分布。4～5 级周期分别控制层序内部体系域和副层序（表 9-2）。

**表 9-2 海平面变化周期、成因及其与层序的关系**（据 Vail, 1977；Maill, 1992）

| 周期级别 | 周期持续时间（Ma） | 周期的成因 | 层序 |
|---|---|---|---|
| I | >100 | 泛大陆的形成与解体 | 巨层序 |
| II | 10～100 | 全球性板块运动或大洋中脊体积变化 | 超层序 |
| III | 1～10 | 全球性大陆冰盖生长和消亡；洋中脊变化；构造挤压或板内应力调整 | 层序 |
| IV | 0.1～1 | 大陆冰盖生长与消亡或天文驱动力 | 体系域、副层序组 |
| V | 0.01～0.1 | 旋回或天文驱动力 | 副层序 |

## 9.2 海相碎屑岩层序地层学

层序地层学理论最初起源于被动大陆边缘和克拉通盆地的研究，尤其是碎屑岩陆架沉积的研究。一个层序由上下层序界面限定，内部由不同的沉积体系域构成，而体系域则由不同的副层序以不同的叠置方式组成。

### 9.2.1 层序界面与层序类型

层序界面是以不整合面以及与之侧向对应的整合面为标志的。不整合面是由海平面下降造成的剥蚀面，是具有明显时间间断的面，它形成于海平面下降速度最大和相对海平面最低时。

依据海平面与陆架边缘的相对位置关系可以将不整合面分为两类（图9-3）。Ⅰ类不整合面是指相对海平面低于陆架边缘时形成的不整合面。其特点是在陆架上出现陆上不整合和侵蚀面，在陆坡外侧出现海底剥蚀面，它们与向盆地方向移动的、局部向陆架边缘外侧移动的海岸进积（下超）密切有关，常伴有陆架上的回春河流及河谷侵蚀和海底峡谷的侵蚀作

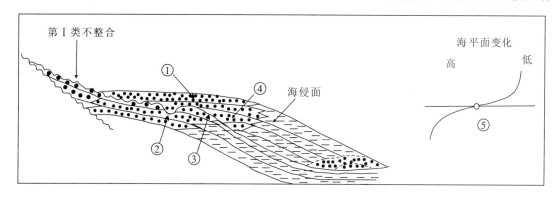

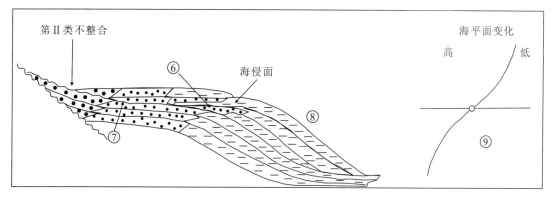

图9-3　不整合面类型与海平面升降关系示意图
（据 Vail，1987）

①外陆架重新露出水面；②河谷切蚀作用；③海底峡谷切蚀作用；④低海平面沉积棱柱体，陆架边缘沉积段；
⑤海平面快速下降，大于陆架边缘沉降速度；⑥陆架边缘沉积棱柱体；⑦内陆架重新露出水面；⑧外陆架上
的海底面；⑨海平面缓慢下降，小于陆架边缘沉降速度

用，在不整合面的上下常伴有沉积相带的大幅度迁移。Ⅱ类不整合面是指相对海平面高于陆架边缘时形成的不整合面。其特点是在陆架上部出露不整合，而在陆架外侧过渡为整合面。它虽然也与向盆地方向移动的海岸进积沉积有关，但它仅限于陆架范围内。

层序类型依据层序底部的不整合面（底部界面）类型来划定。若底部界面为Ⅰ类不整合，便形成Ⅰ类层序类型（图9-4），自下而上由3个体系域构成，即低水位体系域、海侵体系域和高水位体系域；若底部界面为Ⅱ类不整合，则形成Ⅱ类层序类型（图9-5），自下而上由陆架边缘体系域、海侵体系域和高水位体系域构成。Ⅰ类层序和Ⅱ类层序的顶面可以是Ⅰ类不整合，也可以是Ⅱ类不整合。

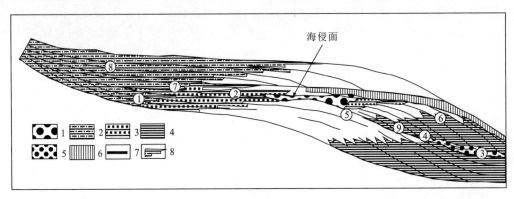

图9-4　Ⅰ型层序的地层型式

（据 Wagoner et al.，1988）

①老层序的高水位体系域；②沉积岸线坡折；③低水位体系域海底扇；④低水位体系域斜坡扇；⑤陆架坡折；⑥低水位体系域的低水位楔，进积型副层序组；⑦海侵体系域，退积型副层序组；⑧高水位体系域，加积-进积型副层序组；⑨峡谷及其冲填。1.下切河谷内的河流相砂岩；2.滨海平原砂岩和泥岩；3.浅海砂岩；4.陆架和陆坡泥岩夹薄层砂岩；5.深海扇和具天然堤的峡谷砂岩；6.凝缩段沉积；7.Ⅰ型层序边界；8.副层序

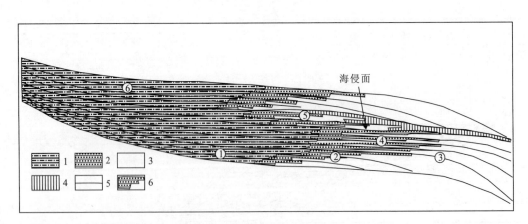

图9-5　Ⅱ型层序的地层型式

（据 Wagoner et al.，1988）

①老层序的高水位体系域；②沉积岸线坡折；③陆架坡折；④陆架边缘体系域，进积-加积型副层序组；⑤海侵体系域，退积型副层序组；⑥高水位体系域，加积-进积型副层序组。1.滨海平原砂岩，泥岩；2.浅海砂岩；3.陆架、陆坡泥岩；4.凝缩段沉积；5.Ⅱ型层序界面；6.副层序

## 9.2.2 副层序及副层序组的叠置方式

副层序是由一系列成因上有联系的岩相在旋回沉积作用下规律组合而成的连续整一的沉积序列，它由海泛面或者可与之对比的地层界面所限定（Wagoner et al.，1985）。副层序组是由成因相关的一套副层序构成的、具有特征叠置方式的一组地层序列。副层序组的边界多以较大的海泛面或可与之对比的界面为界，界面的特点是能够区分具有不同特征的副层序叠加型式。其界面也可与层序界面、下超面相一致。在副层序组内，副层序有3种叠加型式：进积型、退积型和加积型（图9-6）。它们与该沉积区域沉积物的堆积速率（$V$）和容纳空间（$A$）之比有关。当$V/A>1$时，为进积型的副层序组；当$V/A<1$时，为退积型副层序

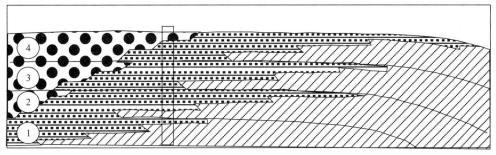

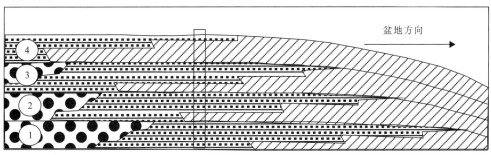

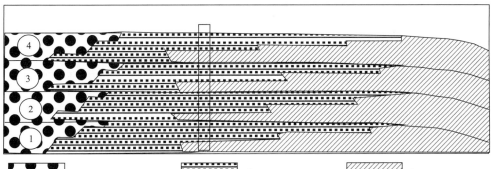

图9-6 副层序的3种叠加型式

(据 Wagoner et al.，1988)

1. 滨海平原砂岩和泥岩；2. 浅海砂岩；3. 陆架泥岩。Ⅰ. 进积型副层序组；Ⅱ. 退积型副层序组；
Ⅲ. 加积型副层序组。$V$. 沉积速率；$A$. 沉积容纳空间增长速度。①~④代表单个副层序

组；当 $V/A=1$ 时，为加积型副层序组。在一个层序内可以预测叠加型式的类型。副层序和副层序组是体系域和层序的基本构成部分，也是进行对比、作图和沉积环境解释的基本单元。一般来说，低水位体系域由进积型的副层序组构成，海侵体系域由退积型副层序组构成，高水位体系域由加积-进积型的副层序组构成，陆架边缘体系域由进积-加积型的副层序组构成。

### 9.2.3 沉积体系域和层序构成

体系域是指海水进退的一定时期内所形成的同期沉积体系的组合，它是层序的组成部分。一个体系域一般由一个副层序组以不同的叠置型式构成。每一个体系域都与特定的海平面升降曲线段有关，是海平面升降、构造沉降和沉积物供应三者相互作用的函数（表9-1）。体系域模式主要是指不同体系域各自的沉积背景条件及其沉积作用和沉积类型。从层序地层的两种型式可以看出，Ⅰ型层序下部为低水位体系域，Ⅱ型层序下部为陆架边缘体系域，两类层序的中部均为海侵体系域，上部均为高水位体系域。

#### 9.2.3.1 低水位体系域

低水位体系域是海平面处于相对低水位期所形成的同期沉积体系的组合。低水位期海平面下降幅度比较大，且海平面下降到低于陆架边缘（即陆架坡折）的位置。如果在具有陆架坡折的盆地中发生沉积，一般可分出3个独立的沉积单元：盆底扇（basin floor fan）、斜坡扇（slope fan）和低水位进积楔状体（lowstand prograding wedge）。

**盆底扇**：海平面下降速度大于陆架边缘的沉降速度，岸线位置降低到老的沉积陆架坡折以下，这时陆架上河流的侵蚀和下切作用显著，沉积物在斜坡下部或盆底堆积而形成扇形体。物源主要来自海岸平原或斜坡侵蚀水道所携带的碎屑物质。主要沉积类型有滑塌浊积岩相、水道相和席状舌体相（图9-7）。盆底扇的底面是Ⅰ类层序界面，顶面为一下超面。

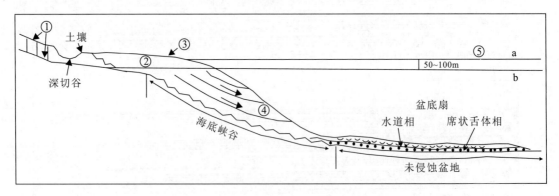

图9-7 低水位体系域的盆底扇沉积特征
(据 Vail & Posamantier, 1988)
①河流剖面部位的一、二阶段；②溯源侵蚀；③前高水位体系域结束时的沉积剖面；
④形成浊积岩的滑塌沉积物；⑤相对海平面位置（a, b）

**斜坡扇**：海平面由快速下降转变为缓慢下降，或者在快速下降后又开始缓慢上升。这一时期，向陆侧依然是河流侵蚀为特征，陆架坡折带形成早期低水位三角洲沉积。在斜坡底部或中部发生堆积形成扇形体——斜坡扇（图9-8）。典型斜坡扇呈开阔裙状，具有较薄的漫滩浊积砂，夹深海（水）或半深海（水）页岩。分散的海底水道砂一般为层状粗颗粒砂，砂岩向上变细。斜坡扇的顶部或中部是低水位进积楔状体的下超面。斜坡扇与盆底扇或部分早期低水位楔（低水位三角洲）可能为同期沉积。

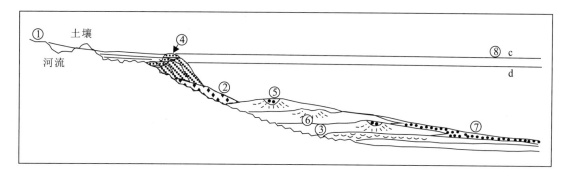

图 9-8　低水位体系域的斜坡扇沉积特征
（据 Vail & Posamantier，1988）
①河流剖面位置二、三阶段；②峡谷充填沉积物或滑塌块体；③远漫滩泥岩；④早期低水位三角洲；
⑤水道砂；⑥漫滩浊积砂；⑦盆底薄层浊积砂；⑧相对海平面位置（c，d）

**低水位进积楔状体**：亦称低水位楔，是海平面开始缓慢上升或岸线位置沿斜坡面上移，在陆架尚未淹没之时形成低水位楔沉积。海岸平原地带以下切河谷的充填为特征，并发育有低水位期的三角洲相和滑塌浊积岩相（图 9-9）。向海盆方向，下超到斜坡扇或者盆底扇之上，向陆侧上超到层序的边界上。

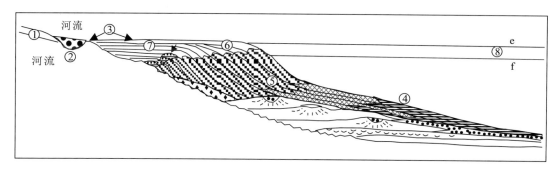

图 9-9　低水位体系域的低水位进积楔状体沉积特征
（据 Vail & Posamantier，1988）
①河流剖面部位二、三阶段；②网状河；③土壤；④叠瓦状盆底浊积岩；⑤低水位进积楔；
⑥三角洲前缘；⑦三角洲平原；⑧相对海平面位置（e，f）

低水位进积楔状体和盆底扇不是同期沉积的，它是由进积型的副层序组构成，其顶与低水位体系域的顶面重合。该面是初始海侵面，也是低水位体系域顶界面的一个重要标志。

以上是具明显陆架坡折的陆架边缘地带的低水位体系域沉积特征。如果在一个缓坡型的陆架边缘盆地中发生沉积，那么低水位体系域则是由相对薄的低水位楔组成。这种楔状体分为两部分：第一部分（早期），是在海平面下降期间发育的，以河流下切和沉积物越过沿岸平原为特征，发育有向盆地方向进积的、向上变浅的低水位三角洲，在向陆地方向的沉积岸线坡折处之前尖灭。在此期间海平面逐渐相对快速地向盆地方向下降，直到相对稳定为止；

第二部分（晚期），发生于海平面相对缓慢上升期间，以下切河谷的充填和海岸线持续向陆侧推进为特征。其结果是在低水位楔状体中形成上倾的下切沟谷充填沉积和下倾的一个至若干个进积型副层序组。其顶面是海侵面，底面是层序的下部边界面。

由上述可知，在第Ⅰ类层序中，一个完整的低水位体系域包括盆底扇、斜坡扇和低水位楔。或者说，低水位体系域是由3个副层序组构成的。每个副层序组分别与盆底扇、斜坡扇和低水位楔相对应。

#### 9.2.3.2 海侵体系域

低水位期之后，海平面开始迅速上升及盆地沉降，使海岸线的位置向陆地推移。这段海侵期间形成的沉积称为海侵体系域（图9-10）。海侵体系域的沉积发育在经海侵侵蚀和改造了的先前的古老陆架表面，新的沉积物推移至海侵岸线附近，形成一系列阶梯状后退的退积型副层序。海侵体系域底部主要以富有机质的暗色泥岩为主，在老的陆架上可发育经海侵改造过的滞留沉积，在岸线附近则发育海岸带砂岩，河口湾或潟湖沉积。

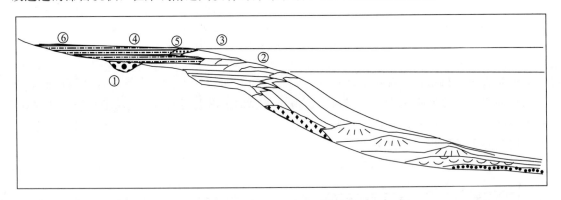

图9-10 海侵体系域沉积特征
（据 Vail & Posamantier，1988）
①深切谷充填（海侵体系域期）；②近海陆架沉积；③冲沟侵蚀面；④沼泽或风成沉积；
⑤海岸带砂和/或河口湾、潟湖沉积；⑥湖泊

海侵体系域是Ⅰ类或Ⅱ类层序中间的一个体系域，其底是低水位体系域或者陆架边缘体系域顶部的界面。海侵体系域的副层序沿此面向陆地方向上超，向盆地方向变为整一的顶面，从而与上覆的高水位体系域分开，这一界面标志着从进积型副层序组开始转变为加积型和退积型副层序组。海侵体系域的顶面是最大海侵面，其最显著的标志是凝缩段的广泛发育，反映了海平面上升速度的加快。

#### 9.2.3.3 高水位体系域

海平面相对上升到最高时，速度减缓，并开始保持相对静止或海退状态，这时陆源提供的沉积物开始越过陆架进积，形成高水位体系域。高水位体系域是第Ⅰ类或第Ⅱ类层序最上部的一个体系域（图9-11），一般广泛分布于陆架上，由一个或多个加积副层序组与进积副层序组构成。在高水位体系域内，副层序向陆方向上超至层序边界上，向盆地方向则下超至海侵体系域的顶部。其顶面为Ⅰ型或Ⅱ型层序界面，底面为一下超面。岩相类型主要为河流、冲积平原和三角洲相，向盆地方向为近海粉砂岩和泥质沉积。

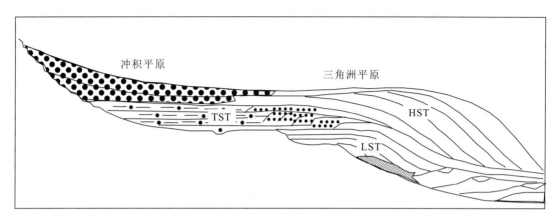

图 9-11　第Ⅰ类层序的高水位体系域沉积特征
（据 Vail & Posamantier，1988 简化）
TST. 海侵体系域；LST. 低水位体系域；HST. 高水位体系域

### 9.2.3.4　陆架边缘体系域

在海平面下降速度小于陆架边缘沉降速度的情况下，岸线只向外陆架迁移，这时便形成与第Ⅱ类层序边界相联系的低水位期陆架边缘体系域。它由一个或多个弱进积型的副层序组构成。这些副层序朝陆地方向上超在层序的边界上，向盆地方向也下超在层序的边界上。其顶面是海侵面，底面是Ⅱ类层序界面。该体系域常常发育有三角洲复合体（图 9-12）。

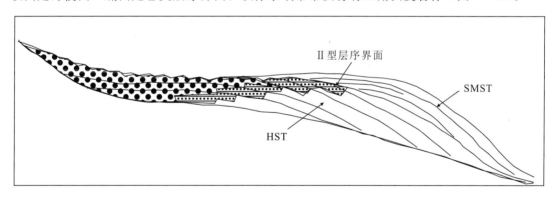

图 9-12　陆架边缘体系域沉积特征
（据 Vail & Posamantier，1988 简化）
SMST. 陆架边缘体系域；HST. 高水位体系域

海平面的升降变化是引起盆地内沉积体对盆地边缘发生旋回性位移的主要原因，高海平面期，沉积体朝陆地方向位移，陆架上形成高水位期沉积，即海侵体系域和高水位体系域；低海平面期，沉积体朝盆地方向迁移，在陆架边缘形成低水位期沉积，即低水位体系域，或者陆架边缘体系域。

## 9.3 海相碳酸盐岩层序地层学

### 9.3.1 碳酸盐岩沉积环境及控制因素

虽然碳酸盐岩沉积作用不同于陆源碎屑岩，但起源于陆源碎屑岩的层序地层学理论仍然可以适用于碳酸盐岩。碳酸盐岩的层序地层的概念术语、层序构成样式、控制因素与碎屑岩层序地层基本一致。但是由于碳酸盐岩形成的沉积背景、沉积环境及控制因素与碎屑岩有明显区别，其层序界面、体系域特征等与碎屑岩层序也有明显区别。

碳酸盐岩层序也受全球海平面变化、盆地基底的构造沉降、沉积物供给和古气候4个主要变量控制。即：全球海平面变化控制地层层序的分布形式；构造沉降产生沉积物的可容空间；沉积物供给控制古水深进而控制沉积相特征；古气候控制沉积类型。

陆架，尤其是中、低纬度地区（热带、亚热带）的陆架是碳酸盐岩形成最活跃的地区。按照 Read（1985）的划分，碳酸盐岩的形成环境和沉积背景可以划分为碳酸盐缓坡（包括等斜缓坡和边缘变陡的缓坡）、碳酸盐台地（镶边台地）、镶边陆架、孤立台地、淹没台地、沉没陆架等不同类型。其中碳酸盐缓坡、碳酸盐台地和镶边陆架为陆架碳酸盐岩分布的主要形式。碳酸盐缓坡、碳酸盐台地和碳酸盐陆架的坡度一般都小于5°，沉积厚度几米到上千米，堆积样式主要为加积式和进积式，也有退积式。在碳酸盐缓坡、台地和陆架上，浅水碳酸盐岩发育。碳酸盐缓坡一般包括潮上带、潮间带、局限潮下带、开放潮下带不同相带的沉积。在碳酸盐台地的陆架上，一般包括台地蒸发岩（潮上—潮间带为主）、局限台地、开放台地、台地边缘浅滩、台地边缘生物礁、台地前缘斜坡和斜坡脚、外陆架不同相带的沉积。在镶边陆架上，一般包括潮上带、潮间带、潮下带、浅海陆架、镶边生物礁等不同相带的沉积。在碳酸盐缓坡（尤其是边缘变陡的缓坡）、碳酸盐台地的前缘存在一个古斜坡，在碳酸盐陆架的外缘为大陆斜坡，斜坡上深水沉积和重力流沉积共生。

在全球海平面变化、构造沉降等因素综合影响下形成的相对海平面变化控制着碳酸盐生长率与碳酸盐缓坡、碳酸盐台地和碳酸盐陆架的发育及其相带的分布。在海平面升降变化的旋回或周期中形成层序。

### 9.3.2 碳酸盐岩层序类型和层序界面特征

与陆源碎屑岩层序地层类型相似，按照相对海平面下降的幅度及其与陆架坡折的关系以及所形成的层序界面类型，碳酸盐岩的层序也可以分为以Ⅰ型层序界面为底界的Ⅰ型层序（图9-13）和以Ⅱ型层序界面为底界的Ⅱ型层序。但由于碳酸盐岩和碎屑岩具有不同的物理化学特性，其层序界面具有不同的特征。

碳酸盐岩在陆上暴露条件下形成不同于碎屑岩的风化、侵蚀特征，因此，不整合面具有不同于碎屑岩不整合的特征。在潮湿气候条件下，碳酸盐岩岩溶作用强烈，准同生成岩作用发育，因此形成以岩溶及其准同生成岩为标志的不整合。潮湿气候条件下的不整合面常见不规则起伏的岩溶面（喀斯特面），沿不整合面有喀斯特溶沟、溶坑、石芽、落水洞和溶洞等发育，尤其在古喀斯特面上通常发育喀斯特角砾岩。在暴露时间不长的古暴露面上，通常发育淡水或海水溶蚀形成的小型孔洞，这些空洞被淡水或海水方解石充填形成晶洞构造。另

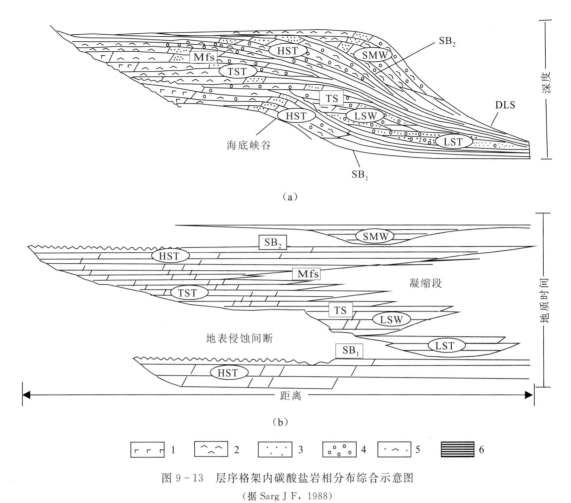

图 9-13 层序格架内碳酸盐岩相分布综合示意图
(据 Sarg J F, 1988)

SB. 层序界面（SB₁-Ⅰ型，SB₂-Ⅱ型）；DLS. 下超面；Mfs. 最大海泛面；TS. 海侵面（最大海退之后的第一个海泛面）；HST. 高水位体系域；TST. 海侵体系域；LST. 低水位体系域；LSF. 低水位扇；LSW. 低水位楔；SMW. 陆架边缘体系域。1. 潮上相；2. 台地相；3. 台地边缘颗粒支撑灰岩相/礁相；4. 巨型角砾/砂岩相；5. 前缘斜坡相；6. 坡脚/盆地相

外，沿古暴露面准同生成岩作用发育，可形成早期较深水的潮下—浅海沉积，在海平面下降后暴露地表引起淡水渗流带、淡水潜流带、海水渗流带或海水潜流带的溶解、胶结甚至是白云岩化作用，形成重力式胶结、环边式胶结的淡水板状方解石或海水针状方解石胶结物、钙结壳和渗滤豆等（杜远生等，1994，1995）。在干旱气候条件下，岩溶作用比较微弱，一般形成具渣状特征的古风化壳，以渣状白云岩、泥质白云岩为标志。另外，在碳酸盐岩不整合面上，"帐篷"构造也较常见。

Ⅰ型界面形成于相对海平面下降速度大于地壳沉降速度的时期，因此，在台地边缘或浅滩边缘处，容易出现局部至区域性的斜坡前缘侵蚀和陆架的地表暴露及大气降水透镜体的明显向海移位，同时混合白云岩化和超盐度白云岩化作用都可能很重要。Ⅱ型层序界面形成时，相对海平面的下降速度低于地壳的沉降速度，台地内带和台地外带的台地边缘或浅滩边缘将暴露地表，大气降水效应及其形成的淡水成岩作用主要出现在台地内带及台地边缘相带。

### 9.3.3 碳酸盐台地和碳酸盐陆架的层序地层样式

碳酸盐台地和碳酸盐陆架具有相似的层序地层样式，区别在于构成体系域的岩相类型和斜坡类型的不同。碳酸盐台地的斜坡为台地前缘的斜坡，其沉积以台地边缘的礁、滩的角砾和浅海陆架的沉积交互为特色，碳酸盐陆架外缘的斜坡为大陆斜坡，沉积物以源于陆架边缘的沉积物重力流和深水沉积交互为特色。

#### 9.3.3.1 低水位体系域

Ⅰ型层序的低水位体系域包括两种类型的沉积：来自盆地外部或前缘斜坡的他生碎屑沉积和来自于盆地内部自生碳酸盐岩楔。

他生碳酸盐沉积形成于海平面迅速下降并低于碳酸盐台地边缘或陆架坡折时，由斜坡前缘侵蚀和重力流作用形成的楔形碳酸盐与碎屑岩组成。它与碎屑岩层序的低水位盆地扇和斜坡扇类似。

自生碳酸盐岩楔发育于低水位体系域形成的中、后期。此时相对海平面缓慢上升，在斜坡上部形成新的可容空间。低水位自生碳酸盐岩楔跨越台地外缘或斜坡向外下超。自生碳酸盐岩楔状体受盆地基底坡度的影响明显。若盆地基底斜坡平缓且面积宽阔，则有大面积的丰富的浅水碳酸盐沉积，从而形成明显低水位楔。若盆地处于局限环境，下伏斜坡窄陡，则低水位楔不发育。自生碳酸盐岩楔的物质组成可以是生物礁、丘、滩及粒屑灰岩岩屑，也可以是白云岩或蒸发岩。

#### 9.3.3.2 海侵体系域

海侵体系域是在相对海平面快速上升、海水变深过程中形成的。随着海平面上升速度加快，海水沿低水位体系域顶面上涨，最后淹没整个陆棚，形成一系列的退积型副层序组。该副层序组的底面为一上超的面。海侵体系域可以分为两种类型：一是追上型（keep up）碳酸盐台地，其海平面上升速度较慢，碳酸盐堆积速度快，与周期性海平面上升所产生的可容空间增加保持同步，即处于平衡状态，在台地区以富颗粒相、贫灰泥相和无水下胶结物为特征。台缘或滩缘及台地内的某些地带，地层都呈丘状或倾斜状。二是滞后型（catch up）碳酸盐台地，其海平面上升速度较快。沉积物堆积速度较慢，沉积物不足以充填海平面上升产生的可容空间。台内地带以富含泥晶的副层序及早期水下胶结物为特征，台缘或滩缘剖面呈"S"形。

海侵体系域的底界面为初始海泛面和一系列上超的（退积的）海泛面形成的界面，其顶面为最大海泛面，以凝缩段沉积为特征。碳酸盐岩的凝缩段通常由暗色薄层的泥晶灰岩、泥质灰岩、泥灰岩、泥岩组成，富含多种生物化石，或生物扰动强烈，发育大量的硬底构造。海侵体系域副层序为典型的退积型叠置方式，呈向上变细/深的副层序组合。

#### 9.3.3.3 高水位体系域

高水位体系域位于层序的上部，以进积S型至斜交型的沉积下超在最大海泛面沉积物之上。高水位体系域可以分为早、晚两个阶段。早期阶段可容空间较大，碳酸盐沉积速率较小，不足以补偿可容空间的增长，形成滞后型的沉积，表现为加积型的沉积序列或副层序组。晚期海平面下降明显，可容空间增加的速率减小，沉积物沉积速率增大，表现为追上型的沉积，形成向上变浅的沉积序列或进积型的副层序组。因此高水位体系域经历了早期滞后型、晚期追上型的沉积组合。滞后型的沉积以富泥、贫粒的副层序为主，在台地边缘沉积中早期海底胶结作用发育。追上型沉积以富粒、贫泥的副层序为特征，台地边缘沉积中缺乏早期海底胶结作用。

#### 9.3.3.4 陆架边缘体系域

陆架边缘体系域是Ⅱ型层序界面上的一个沉积体系域。陆架边缘体系通常由一个或多个弱进积-加积的副层序组组成，它们在陆架上部由滨岸碳酸盐沉积构成并在向陆方向上超在层序界面之上，在陆架下部以陆架碳酸盐沉积为主，形成向上变浅的沉积序列和副层序，并在向海方向下超至层序界面之上。在陆架边缘到斜坡上，陆架边缘体系域形成加积的楔状体。楔状体以生物碎屑沉积为主，向盆地方向逐渐变为水平层理的暗色灰岩、泥灰岩。

### 9.3.4 碳酸盐缓坡的层序地层样式

碳酸盐缓坡是位于滨线和大陆斜坡之间的平缓斜坡，它既没有陆架内部的碳酸盐建隆（礁、丘、滩等），也没有镶边的陆架边缘。缓坡的平均坡度小于0.1°。碳酸盐缓坡的沉积相带与碳酸盐台地和镶边陆架有较大差异，因此，具有特征的与海平面变化相关的层序地层样式。

碳酸盐缓坡的层序地层样式和相对海平面变化及可容空间的变化有关，反映了沉积体系、沉积体系域对可容空间变化幅度的响应。缓坡层序由一系列向上变浅的沉积序列或副层序组成（图9-14）。缓坡层序厚度一般较小，一般小于200m，反映缓坡盆地具有有限的可容空间（朱筱敏，2000）。

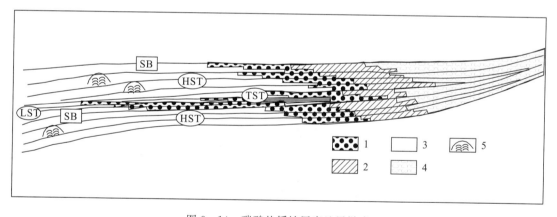

图9-14 碳酸盐缓坡层序地层样式
（据Burchette，1992）

TST. 海侵体系域；HST. 高水位体系域；LST. 低水位体系域；SB. 层序界面。
1. 粒状灰岩，内斜坡；2. 潟湖内斜坡；3. 外斜坡；4. 外斜坡中的凸起体；5. 后滨硅质碎屑

#### 9.3.4.1 低水位体系域

碳酸盐缓坡的低水位体系域沉积取决于相对海平面下降幅度、下降速率、持续时间以及可容空间的大小等。当海平面下降幅度偏小时，缓坡上部的相带可以退覆的形式向盆地方向迁移。从而造成内缓坡暴露，中、外缓坡处于浅水环境。若海平面下降幅度较大，并低于正常浪基面或缓坡边缘时，除内缓坡外，中、外缓坡也突然变浅并露出地表。暴露的缓坡出现

明显的喀斯特化。可能出现回春河流在暴露的缓坡上发育。在潮湿气候条件下，暴露的缓坡发育喀斯特化或古土壤。在干旱气候条件下，暴露的缓坡发育钙结壳和渣状层。由于缓坡坡度小，一般不发育低位斜坡扇或斜坡裙。

#### 9.3.4.2 海侵体系域

海平面上升期的海侵体系域表现为深水沉积叠置在低水位体系域的浅水沉积物之上。海侵体系域形成退积型的副层序组并向海岸形成上超覆盖在下伏的沉积物之上。在高能的缓坡区，浅水的滩坝颗粒灰岩发育，长周期的海平面上升可以形成一系列叠置的、厚几十米的阶梯状退积和上超的副层序。在低能缓坡，海侵体系域由泥粒灰岩、粒泥灰岩等组成。此时，深水缓坡区水深加大，沉积物供应不足，处于"饥饿"状态，形成暗色、薄层、细粒的暗色灰岩，黑色页岩，磷质泥岩等凝缩段沉积。

#### 9.3.4.3 高水位体系域

随着相对海平面上升速率的降低，碳酸盐缓坡沉积体系逐渐向盆地内部进积。在高水位体系域形成的早期，可容空间仍有增加，因此形成加积型的副层序组，副层序由潮坪—潮下的向上变浅序列组成。在高水位体系域形成晚期，可容空间不断减少，从而形成进积型的副层序组，下超到早期的沉积之上。高水位体系域较海侵体系域更富含颗粒灰岩等浅水沉积。从纵向上看，高水位体系域表现为向上变浅、变粗、变厚的沉积序列。

## 9.4 陆相湖盆层序地层学

### 9.4.1 陆相湖盆的地质特征及陆相湖盆层序地层的主控因素

虽然层序地层学的理论起源于海相被动大陆边缘和克拉通盆地，但由于大型湖泊与海盆具有相似的盆地地形、湖平面变化和沉积作用特征，因此层序地层学的理论和方法同样可以运用于陆相湖盆的研究和陆相盆地石油天然气的勘探。但由于湖相盆地的沉积特征受构造、气候作用影响较大，盆地结构类型复杂，湖盆水域浅小，湖盆地形坡折缺乏，陆源供给类型、方式复杂，湖平面变化频繁，从而造成沉积体系类型多、相变快，因此层序地层学的理论和方法在陆相湖盆中的应用与海相盆地存在明显差异。要成功应用层序地层学的原理，就需要对陆相盆地的构造活动、气候变化、湖平面变化、沉积物供给及基准面变化进行全面了解。

一般认为，大型陆相湖盆是由岩石圈构造热沉降或岩石圈内部物质重新分布、温度变化造成的岩石圈变形引起的。它们可以形成裂陷型盆地和坳陷型盆地两种主要类型。不同类型的陆相湖盆具有不同的结构特征。以中国中、新生代大型陆相盆地为例，中国东部拉张性断陷盆地（如松辽盆地、渤海湾盆地等）发育，它们主要由太平洋板块的俯冲造成的弧后扩张形成，这类盆地基底断裂发育，盆地边界以正断层为主。经历了燕山期—喜马拉雅期的构造演化过程，盆地一般具有断陷-坳陷双层结构。由于盆地内部正断层发育且差异活动，形成盆地内部隆、凹相间的盆地结构。盆地边界多具有一侧陡、另一侧缓的箕状特征。中国西部多发育挤压型的坳陷盆地，如塔里木盆地、柴达木盆地、准噶尔盆地等。盆地主要受印度板块和西伯利亚板块挤压碰撞作用影响而形成，盆地往往成为不对称状。在山前地带，通常形成挤压性的山前坳陷，盆地边界受逆冲断裂控制。盆地局部构造多具线状或雁行式展布。因此，可以根据陆相湖盆盆地结构特征将中国中、新生代陆相湖盆划分为单断箕状盆地、双断裂陷盆地和坳陷盆地 3 种主要类型（朱筱敏，2000）。

陆相湖盆的构造演化对盆地的层序发育和展布具有明显的控制作用。构造作用控制可容空间的产生和消亡。没有构造沉降，就没有陆相湖泊沉积盆地。同时，构造升降影响沉积物供给。不同构造背景的沉积盆地具有不同的构造沉降历史。拉张背景下盆地最初形成于岩石圈伸展引起的快速沉降，随后软流圈的冷却导致盆地进入热沉降阶段。在裂谷形成演化过程中，盆地的差异沉降控制沉积中心的位置和沉积相带的分布。因此构造沉降过程影响盆地沉积物的几何形态和充填序列。挤压型的沉积盆地，如前陆盆地发育于冲断造山带之下的克拉通边缘。其充填物具有明显的楔形和不对称特征。靠近冲断造山带一侧沉积物加厚，靠近克拉通一侧沉积物较薄。因此两侧具有不同的沉积相和层序构成特征。

气候也是陆相湖盆层序发育的重要控制因素。气候对陆相层序的控制是多方面的。气候可以影响降雨量从而造成植被的不同特征，进而影响到沉积物类型。同时气候的变迁可以导致湖平面的变化进而影响层序的时空展布。全球的气候变化具有一定的周期性和旋回性，如米兰科维奇旋回。气候的周期性变化引起周期性湖平面变化，进而控制层序的发育。

与海相沉积盆地的海平面变化对层序地层的控制类似，湖平面变化对陆相湖盆的层序地层具有同样的控制作用。湖平面的变化不仅控制组成层序的沉积体系和沉积体系域的类型，也控制组成层序的副层序和副层序组的类型和叠置方式，进而控制层序的几何形态和分布特征。

由于陆相盆地与海相被动大陆边缘的差异，对于陆相层序地层的内部组成和术语应用也存在不同认识。一种观点认为陆相湖泊与海相盆地相似，可以直接将海相盆地的层序地层模式、术语应用于陆相盆地。第二种观点认为海相盆地不同于陆相盆地，因此从层序地层产生的根源出发提出完全不同于海相层序地层的陆相层序地层的组构和模式（李思田，1992；解习农，李思田，1993）。他们认为，构造层序是Ⅰ级构造界面（大区域不整合及假整合）或Ⅱ级构造界面（次级不整合、假整合及相关的整合）之间的沉积序列。层序从沉积演化显示三分性：层序界面为古构造面。下部为初始充填或早期充填的以冲积体系为主的沉积；中间以相对稳定的水进形成的三角洲-湖泊沉积为主；上部河流作用强化，分异性强，是新的构造强化期的前奏。这种三分性是体系域划分的基础。

### 9.4.2 陆相湖盆的层序地层学

#### 9.4.2.1 层序界面和体系域界面

确定陆相湖盆的层序地层关键在于不同级次界面的准确识别。在湖泊沉积被覆盖的盆地地区，通常采用地震资料、测井曲线、钻井岩芯等综合分析进行识别。在识别界面时，应遵循以下原则：①界面间断原则：即所划分的层序内部不应该有比层序界面更重要的沉积间断面；②等时性原则：即所划分的层序均为同期沉积物的组合体；③统一性原则：即所划分的层序应在盆地范围内统一（池英柳，1995）。朱筱敏（2000）总结了坳陷型湖盆的层序界面在构造、古生物、岩芯、测井、地震等方面特征（表 9-3），在盆地覆盖区地震反射图像显示的地层关系（如顶超、上超和下超）对层序界面的识别尤为重要。

表 9-3 坳陷型湖盆层序边界的识别标志（据朱筱敏，2000）

| 标志类型 | 层序边界识别标志 |
| --- | --- |
| 构造 | 构造运动界面、构造应力场转换界面、大面积侵蚀不整合界面、大面积超覆界面 |
| 古生物 | 古生物组合类型和含量的突变、化石带的缺失 |
| 岩芯 | 古土壤层或根土层、颜色或岩性的突变面、底砾岩、湖泛滞留沉积、沉积旋回类型的转化界面、深水沉积突然上覆浅水沉积、煤层、副层序组或体系域突变、有机质类型和含量的突变、地球化学指标的突变 |
| 测井 | 自然电位和自然伽马测井曲线的突变接触界面、视电阻率的突然增加或降低、地层倾角测井的杂乱模式、密度测井的突变界面 |
| 地震 | 地震反射终止现象、剥蚀、顶超、上超和下超、地震反射波组的产状，不同地震反射的动力学特征、不同地震反射的旋回特点 |

断陷型湖盆的层序界面与坳陷型湖盆的层序界面类似，也主要通过构造、生物界面，岩芯、测井和地震反射图像的突变面，及地层顶超、上超和下超的关系识别。但断陷型湖盆的层序界面一般比坳陷型盆地规模要小，变化幅度更大。

初始湖泛面和最大湖泛面分别是低水位体系域与湖侵体系域、湖侵体系域和高水位体系域的界限。初次湖泛面一般表现为湖岸上超向陆迁移到低水位期不连续的小型湖泊沉积之上。同时，低水位体系域的进积型副层序组与海侵体系域退积型副层序组的结构转换面与初始海侵面一致。另外，初始海泛面靠陆一侧与不整合为代表的层序界面一致。初始湖泛面附近还经常存在火山活动，常发育根土岩、粗碎屑沉积等（朱筱敏，2000）。

最大湖泛面是湖平面达到最高、湖岸上超达到最远离湖岸时期对应的湖泛面。最大湖泛面常常形成细粒、暗色、分布范围广的较深水环境形成的凝缩段。凝缩段中常含有草莓状黄铁矿、富有机质、微体、超微化石丰富。在测井曲线上表现为以高自然伽马、低电阻率、平直自然电位为特征。在地震反射剖面上，凝缩段响应强振幅、高连续、分布广泛的地震反射。另外，最大湖泛面往往与上覆地层的系列下超点伴生（朱筱敏，2000）。

#### 9.4.2.2 坳陷盆地的层序地层样式

当坳陷型湖盆可以确定首次湖泛面和最大湖泛面时，便可以识别低水位体系域、湖侵体系域和高水位体系域，进而确定地层层序。在一些坳陷盆地中由于地形坡度小，缺乏初始湖泛面的标志，只能确定最大湖泛面，因而只能划分出湖侵体系域和湖退体系域（相当于高水位体系域）（朱筱敏，2000）。

低水位体系域是在湖平面下降速率大于构造沉降速率，湖平面下降的最低部位，以至于连成一片的水域出现分隔状态的孤立水体时形成的体系。在低水位湖平面一侧，出露地表的盆地缓坡发育冲积扇、河流沉积，可形成深切谷；在岸线附近形成小型三角洲或扇三角洲；在湖盆中发育洪积作用形成的浊积扇或三角洲前缘滑塌形成的浊积扇；进而构成类似于海相盆地低水位体系域的盆底扇、斜坡扇和低水位楔及陆上的暴露不整合界面（图 9-15）。

湖侵体系域是在相对湖平面上升过程中形成的。当湖平面缓慢上升时，可容空间增加的速度略大于沉积物供给的速度，此时滨浅湖发育滩坝、水进三角洲沉积体系。当湖平面快速上升，可容空间的增加速度明显大于沉积物的供给速度，盆地处于缺氧"饥饿"状态。此时可发育洪水型浊积扇、广泛分布的深水暗色泥岩及湖侵期的碳酸盐岩（图 9-15）。

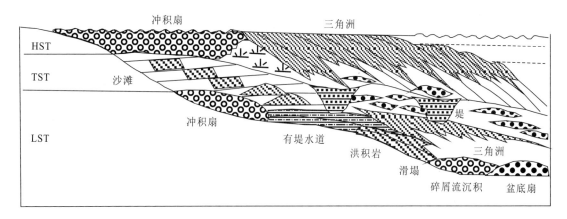

图 9-15 松辽盆地坳陷型湖泊体系域和层序特征

(据魏魁生，1996 简化)

HST. 高水位体系域；TST. 海侵体系域；LST. 低水位体系域

高水位体系域是在湖平面上升缓慢、停滞和下降时期形成的。此时沉积物供给速率增加，可容空间减小，形成进积型的沉积序列和副层序组合。高水位体系域发育早期，可容空间仍然较大，携带大量陆源物质的洪水在湖盆中形成浊积扇。在湖岸附近可形成进积型三角洲。高水位体系域形成的晚期，湖平面下降，可容空间减小，三角洲向湖盆中心推进。三角洲前缘滑塌可在盆地中心形成滑塌成因的浊积岩，高水位体系域发育的末期，可出现河流和冲积扇沉积（图 9-15）。

#### 9.4.2.3 断陷盆地的层序地层样式

陆相断陷盆地构造运动复杂，陆源供给多为多物源和近物源，相变快，盆地结构复杂，因此其层序地层样式和体系域复杂多样。多数断陷盆地呈盆地边界多具有一侧陡、另一侧缓的箕状特征，因此陡坡带和缓坡带具有不同的层序样式（图 9-16）。

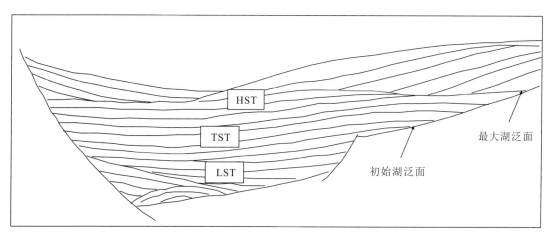

图 9-16 陆西凹陷断陷盆地上侏罗统层序地层样式

(据朱筱敏，2000)

HST. 高水位体系域；TST. 海侵体系域；LST. 低水位体系域

陡坡带是控制盆地边界断层较活动条件下形成的地形坡折较大的地带。盆地的下降盘多为深水湖盆，上升盘为地形起伏的物源区。陡坡区的地层层序主要受断层活动和物源供给影响，湖平面变化的控制作用属于次要地位。盆地演化早期，断裂活动强，层序发育大规模的近岸水下扇；盆地演化中期，断裂活动趋于平缓，近岸水下扇规模减小；盆地演化晚期，断裂活动停滞，滨浅湖及辫状三角洲发育。缓坡带地形坡度缓且断层活动微弱，在盆地边缘物源供给充分时，盆地边缘多发育扇三角洲沉积；在物源供给不足时，常发育滨、浅湖沉积。

陡坡带处于盆地陡坡，边界断层活动强烈，地形坡度大。低水位体系域湖盆范围较小，地形高差大、近岸地区形成洪水沉积的近岸水下扇，扇体沉积物粒度粗，砂泥比高（0.7～0.8）。远岸地区发育浊积扇。低水位体系域由多个这样的水下扇和浊积扇组成，垂向上表现为进积形的副层序组。湖侵体系域发育时期，湖平面快速上升，对山区洪水有一定的顶托作用。此时近岸水下扇向湖盆中心推进距离较近，浊积扇不发育。所以海侵体系域表现为暗色泥岩加厚，砂岩变薄，砂泥比降低的退积型副层序组。高水位体系域时期，海平面相对静止或下降，湖盆水体紧靠陆源区，洪水携带大量沉积物快速入湖，形成近岸水下扇为主的进积-加积型的副层序组。高水位体系域自下而上砂岩厚度加大，粒度变粗，砂泥比逐渐变大（0.5～0.6）（朱筱敏，2000）。

缓坡带处于盆地缓坡，边界断层活动微弱，地形坡度较缓。低水位体系域形成时期，湖盆水域范围小，沉积区距离物源较远，河流规模较小，沉积物供给不足。近湖岸地区主要形成滨、浅湖沉积，主要沉积为砂砾岩、砂岩和泥质岩的互层，砂泥比0.3左右。湖侵体系域发育时期，湖平面向陆侵进，沉积物上超。随着湖盆范围扩大，与陆源区的距离变近。当气候等因素影响时，沉积物供给增加可形成早期的扇三角洲沉积。随着湖水上升的顶托，湖侵体系域形成进积-退积型的砂、泥岩组成的副层序组，平均砂泥比在0.4左右。高水位体系域发育时期，湖平面稳定到下降，扇三角洲向湖泊中心推进，前缘多发育浊积扇，形成加积-进积型的副层序组（朱筱敏，2000）。

位于陡坡带和缓坡带之间的深洼区（盆地中央），断裂活动微弱，基底整体下降明显，地形坡度小。其低水位体系域由向湖推进的水下扇和浊积扇沉积夹在深湖的泥质沉积之中。湖侵体系域为深水的湖相沉积，其岩石分布广、厚度大、粒度细（砂泥比0.1～0.05）、质地纯、富含有机质，表现为退积型的副层序组。高水位体系域以近岸水下扇前缘（远端）沉积和浊积扇为特色，形成近积型的副层序组（朱筱敏，2000）。

## 9.5 露头层序地层剖面测量、采样、数据整理与成图

露头层序地层剖面的测量与普通的地层剖面测量类似，但又不同，二者的共同点在于分层岩性和沉积相的描述相似，不同点在于分层的标准不尽相同，层序结构转换面的描述更为重要。

### 9.5.1 层序地层剖面的分层

层序地层剖面的分层最好依据副层序或副层序组分层，因此首先要把握地层单元的旋回性，根据旋回性特征确定分层的标准。对于河流、三角洲或海洋、湖泊的滨岸浅水沉积形成的地层，其副层序是沉积学研究中的沉积序列或垂向序列，每个沉积序列一般有几米（如辫

状河、潮坪）至几十米（曲流河、三角洲、海滩、障壁—潟湖、海底扇），一般可以按照副层序（即沉积旋回）分层。对于深水陆棚、半深海、深海、浅湖-深湖沉积，多形成不同岩性的韵律层，其副层序表现为自下而上由深水变为浅水沉积的韵律层，韵律层厚度从厘米级到米级，可以根据副层序组分层，或者按照副层序组内部的变化分为多层。

层序地层剖面的分层精度根据要求确定，但剖面比例尺不宜过小，一般以1∶500～1∶1000为宜，即每个单层厚度在0.5～10m之间。

### 9.5.2 层序地层剖面的描述和采样

层序地层剖面的描述主要包括：各类岩石的颜色（原生色和次生色），岩层厚度，岩石类型，结构（粒度、圆度、分选性、支撑类型、胶结类型等），沉积构造（原生沉积构造、准同生沉积构造、后生沉积构造），组构（定向性）；各类岩层的组合特征（地层结构：均一层、互层、旋回层等）；副层序特征（附副层序图，即地质调查中的基本层序图）。

除此之外，对于不整合，初始海泛面，海侵面，最大海泛面，层序组的加积、进积、退积特征也需要重点描述。

层序地层的采样需针对研究需要设计，采样原则是样品对于层序地层研究具有代表性。一般采样要求针对组成一个副层序不同的岩层系统采样，不同类型的副层序分别采集，切忌传统地层学研究的按照自然分层等间距的采样方式。

### 9.5.3 层序地层剖面的资料整理与成图

层序地层剖面的资料整理和成图与传统地层学研究一样，野外测制剖面填写地层剖面数据信息表，编制实测地层剖面图、地层柱状图和沉积柱状图，在此基础上编制层序地层柱状图（图9-17）。

## 9.6 层序地层学述评

层序地层学是在全球海平面变化思想的指导下，在高分辨地震地层技术发展的前提下形成的新的地层学、沉积学分支。它对整个地层学、沉积学的发展都具有重要的作用，同时对石油天然气的找寻和勘探也起着重要的指导作用。因此，层序地层学被誉为地层学领域一场新的革命（Brown，1990）。

层序地层学的理论形成于20世纪80年代末期，Wilgus（1988）主编的《海平面变化综合分析》；1989年，Sangree et al. 又编著了《应用层序地层学》。这两部著作系统地论述了层序地层学的基本原理、关键性术语、解释程序和工作步骤。随着层序地层学的发展，它的应用领域也越来越广。1991年，Macdonald主编的《活动边缘的沉积作用、构造运动和全球海平面变化》进一步把层序地层研究扩大到活动大陆边缘研究。Posamentier（1993）指出层序地层学的概念和原理可以应用于不同构造类型的沉积盆地。Brett et al.（1990）对阿巴拉契亚前陆盆地志留系层序地层进行了研究。Seyfried et al.（1991）对中美洲活动大陆边缘前弧盆地的层序地层学进行了研究。90年代以来国内外许多学者又将层序地层学的理论广泛地应用于陆相盆地的研究。可见，层序地层具有越来越广泛的应用领域和空间。在我国，国家科技部率先批准了以王鸿祯院士和史晓颖教授负责的两个以层序地层为主要研究内

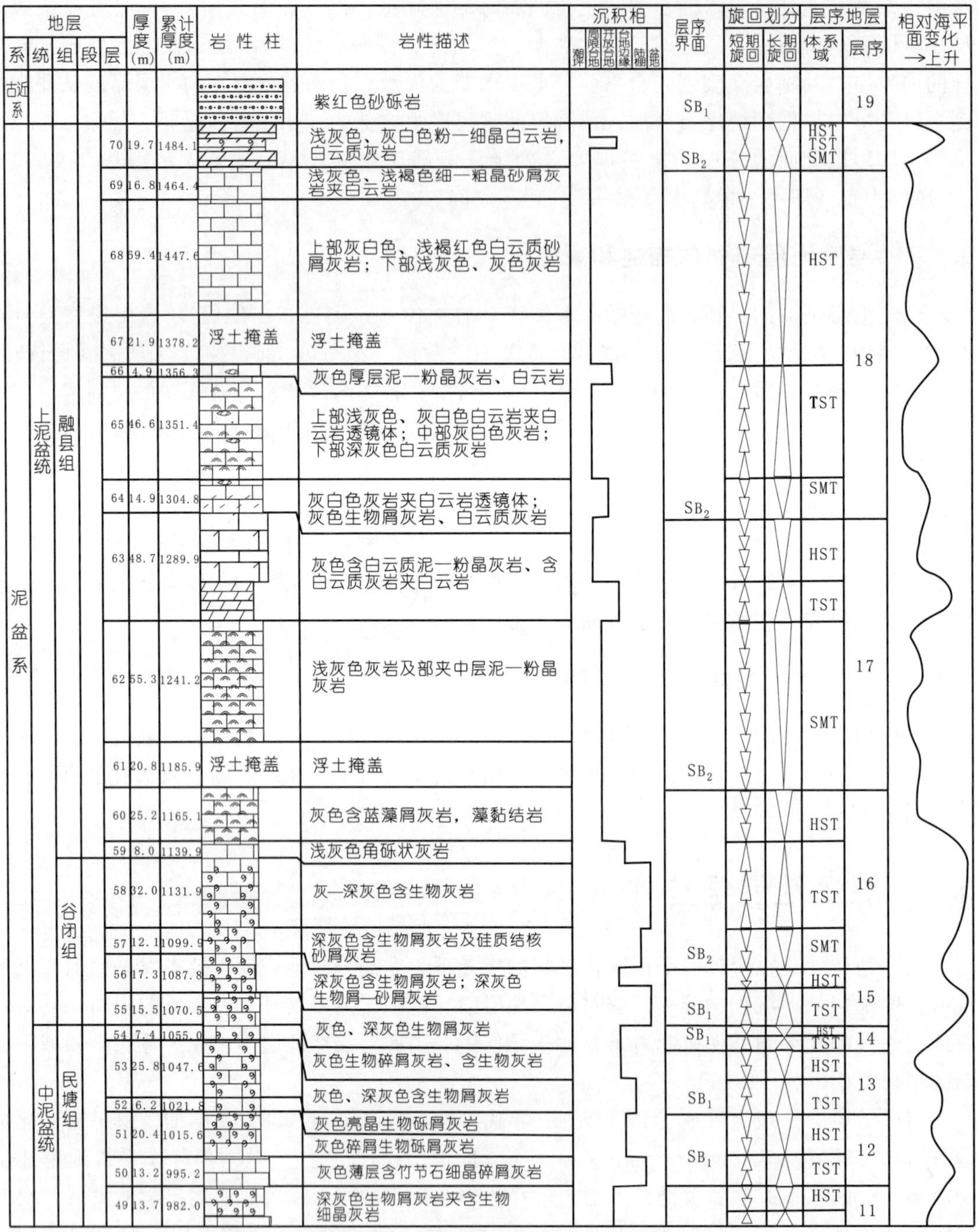

图 9-17 层序地层柱状图格式

容的国家基础性重大研究项目,对我国中元古代—新生代露头层序地层进行了深入系统的研究,取得了丰硕的研究成果(王鸿祯,2000;乔秀夫等,1996;周洪瑞等,1998;史晓颖等,1997,1999;杨家禄等,1995;李志明等,1997;陈建强等,1998;杜远生,1994,1995,1996;龚一鸣等,1997;刘本培等,1994;刘文均等,1996;王训练等,1997;殷鸿福等，1994）；在能源盆地，尤其是陆相盆地层序地层研究中也取得了巨大进展（李思田等，1992）。

20世纪末以来，随着层序地层理论研究的深入，理论上出现了不同的学派。比较有代表性的学派除了 Vail et al. 的经典学派以外，还包括 Cross（1988，1993）的高分辨层序地层学学派、Galloway（1989）的成因层序地层学学派、Embry（1990）海进—海退旋回学派等。Cross（1988，1993）引用并发展了基准面的概念，分析了基准面旋回和层序形成的过程-响应的原理，提出了高分辨层序地层学的理论和方法。Galloway（1989）在沉积幕概念的基础上提出了以最大海泛面为界限划分层序的成因层序地层模式。Embry（1990）强调海进—海退旋回在形成层序地层中的主导作用。在研究方法上，层序地层学与地球化学的结合产生了地球化学层序地层学方法（Greaney & Passey，1993）；层序地层学与成岩作用研究相结合产生了成岩层序地层学的方法（Braitwaite，1993；杜远生，颜佳新，1995；杜远生等，1994）；层序地层学与计算机技术的结合产生了层序模拟的新技术。

虽然层序地层学发展迅速，但它的理论和方法与任何其他新兴学科一样，并不是一开始就是成熟的，它的发展也面临着不同的意见和争论，同时也存在需要进一步深入研究的问题。Miall（1992，1994）对层序地层和海平面变化的精度提出了质疑；Allen（1992）认为构造作用可能比全球海平面变化对层序形成具有更大的作用；Schlager（1992）强调淹没事件对碳酸盐岩层序地层的重要控制作用。层序地层学还存在以下一些争论和亟待解决的问题。

**层序和海平面变化及旋回级别**：由于层序地层学定义的不整合与传统的不整合定义不同，因此一些学者认为层序地层学重新厘定的不整合形成了概念的混淆并产生不良的影响（Schlager，1991）。也有人认为层序地层学没有讨论层序的规模，没有定义"相对不整合"，没有解释"成因上有联系"的准确含义，从而造成层序边界的难于识别。对全球海平面变化，一些学者提出了质疑。如 Miall（1992，1994）认为生物地层确定的年代不足以达到海平面变化曲线上标定的精度，仅仅用海岸上超解释海平面变化忽视了盆地构造背景的影响，因此对全球海平面旋回变化的真实性、可靠性和精度持有怀疑态度。对全球海平面变化旋回的级别及其与层序划分的关系认识分歧也很大。地层中记录的是不同级别海平面变化叠合的结果，如何区分不同级别的海平面变化旋回、区分旋回性的海平面变化以及构造作用的影响是困难的。另外，不同时代同级别海平面变化的时限差别很大，如同样的体系域确定的元古宙的层序时限一般为10Ma级，古、中生代的层序级别为1Ma至数个百万年级，而新生代小于1 Ma级。如果不同级别的层序难于区分，加上定年资料不准，全球性的层序和海平面变化对比就难以实现。也有人主张用4级（Wagoner，1990）甚至5级、6级（Goldhamer，1987）海平面变化来划分层序。

**界面类型及界面等时性**：除了以低水位体系域或陆架边缘体系域底界为层序界面的传统认识之外，Galloway（1989）提出的成因层序地层学主张以最大海侵面作为划分层序的界线，也有人认为初始海侵面更容易识别且代表一个海平面升降旋回的开始，主张以海侵面作为层序边界。界面等时性是层序地层研究中另一个值得关注的问题。层序地层是以全球海平面变化为主要依据划分等时性地层格架的学科。作为层序界面的不整合面及与之对应的整合面，由于界面之下陆上暴露部分是一个侵蚀面，界面之上为低水位体系域的进积面，明显不是一个等时面。初始海泛面之下的陆上暴露部分也是一个侵蚀面，之上是一个在逐渐海侵过程中形成的退积型上超界面，也不是一个等时面。只有最大海侵面是一个连续等时的界面，但该界面以凝缩段为代表，在野外也难以识别一个清晰、具体、准确的界面。因此层序界面、初始海泛面、最大海泛面都不是严格意义上的等时面，所以层序地层建立的地层格架也不是严格意义上的等时格架。

**与岩石地层、年代地层、生物地层的关系**：层序地层学作为地层学的一个分支，其与岩石地层、年代地层、生物地层的关系是地层学者关注的一个重要问题。在国内，魏家庸等（1998）倡导以层序地层的理论为指导进行区域地质调查中的地层系统和地层格架研究。将副层序（基本层序）、层序地层划分、地层格架作为3项主要研究内容（详见本书第5章）。由于层序界面上下的低水位体系域和高水位体系域都是海退时期的产物，岩性差别不大，因此层序界面与岩石地层单位的界面往往不一致。同时在副层序的尺度上，副层序一般表现为进积型的向上变浅的沉积序列，岩石地层单位的界限往往在副层序内部而不在副层序边界上（如秦皇岛地区奥陶系亮甲山组与马家沟组的界线在进积型碳酸盐潮坪副层序的潮下带灰岩和潮间—潮上带白云岩之间）。因此层序界面、副层序的界面往往与岩石地层单位的界线不一致。在层序内部，初始海侵面一般是一个生物复苏或生物爆发的界面，而层序界面不具这种特征。所以初始海侵面不是层序界面，但通常与生物地层、年代地层的界线一致（殷鸿福等，1995）。这也是一些学者主张以海侵体系域底界作为层序界面的主要理由之一。

虽然层序地层的理论和方法存在不同的争议和问题，但层序地层作为20世纪末期地层学领域最大进展，尤其是在石油天然气勘探中取得的巨大成就仍然是不可磨灭的。相信随着时代的进步和研究的深入，层序地层理论会在综合研究露头、岩芯、测井、地震反射剖面、生物和微生物、同位素测年、沉积发展史、盆地沉降史和古水深变化史的基础上，不断完善和提高全球海平面变化对比的精度和可靠性，进而在盆地形成、演化及其对油气资源的控制作用等方面取得更丰硕的成果。同时在不同沉积类型、不同构造类型的盆地研究中得到更广泛的应用。

## 参 考 文 献

陈建强，李志明，龚淑云，等. 上扬子区志留纪层序地层特征 [J]. 沉积学报，1998，16 (3)：58-65.

杜远生，龚一鸣，刘本培，等. 黔南独山上泥盆统层序、海平面变化和成岩层序地层研究 [J]. 地球科学，1994，19 (5)：587-596.

杜远生，颜佳新. 碳酸盐准同生成岩作用分析在层序地层研究中的意义 [J]. 岩相古地理，1995，15 (1)：10-17.

杜远生，龚一鸣，吴诒，等. 黔桂地区泥盆纪层序地层和台内裂陷槽的形成演化 [J]. 沉积学报，1996，15 (4)：11-17.

龚一鸣，吴诒，杜远生. 华南泥盆纪海平面变化节律及圈层耦合关系 [J]. 地质学报，1997，71 (3)：212-226.

李志明，龚淑云，陈建强，等. 中国南方奥陶—志留纪沉积层序与构造运动的关系 [J]. 地球科学，1997，22 (5)：526-530.

李思田. 层序地层与海平面变化研究—进展与争论 [J]. 地质科技情报，1992，11 (2)：11-17.

李思田，程守田，杨士恭，等. 鄂尔多斯盆地东北部层序地层及沉积体系分析 [M]. 北京：地质出版社，1992：1-194.

刘本培，李儒峰，尤德宏. 黔南独山石炭系层序地层及麦粒蜓冰川型海平面变化 [J]. 地球科学，1994，

19 (5): 553-564.

刘文均, 陈源仁, 郑荣才, 等. 层序地层 (四川龙门山区泥盆系Ⅱ) [M]. 成都: 成都科技大学出版社, 1996: 1-153.

乔秀夫, 宋天锐, 李海兵, 等. 辽东半岛南部震旦系—下寒武统成因地层 [M]. 北京: 科学出版社, 1996: 1-173.

史晓颖, 梅世龙, 陈建强. 中朝地台奥陶系层序地层序列及其对比 [J]. 地球科学, 1999, 24 (5): 420-426.

史晓颖, 陈建强, 梅世龙. 中朝地台东部寒武系层序地层年代格架 [J]. 地学前缘, 1997, 4 (3-4): 161-173.

王鸿祯, 史晓颖, 王训练, 等. 中国层序地层研究 [M]. 广州: 广东科技出版社, 2000: 1-457.

王训练, 李世隆, 王约. 华南上泥盆统—下石炭统层序地层学 [J]. 地球学报, 1997, 18 (1): 99-105.

魏魁生. 非海相层序地层学——以松辽盆地为例 [M]. 北京: 地质出版社, 1996: 1-104.

魏家庸, 蓝朝华, 曾祥文. 沉积岩区1:50 000区域地层填图方法研究 [M]. 武汉: 中国地质大学出版社, 1998: 1-158.

解习农, 李思田. 陆相盆地层序地层研究特点 [J]. 地质科技情报, 1993, 12 (1): 22-26.

杨家禄, 徐世球, 肖诗宇, 等. 川黔湘交境寒武纪层序地层划分 [J]. 地球科学, 1995, 20 (5): 511-514.

殷鸿福, 童金南, 丁梅华, 等. 扬子区晚二叠世—中三叠世海平面变化 [J]. 地球科学, 1994, 19 (5): 627-632.

殷鸿福, 童金南. 层序地层界面与年代地层界线的关系 [J]. 科学通报, 1995, 40 (6): 539-544.

周洪瑞, 王志强, 崔新省, 等. 豫西地区中、新元古代沉积特征与层序地层学研究 [J]. 现代地质, 1998, 12 (1): 17-24.

朱筱敏. 层序地层学 [M]. 东营: 石油大学出版社, 2000: 1-207.

Sangree J B, Vail P R. 应用层序地层学 [M]. 张宏逵译. 东营: 石油大学出版社, 1991: 1-120.

Allen P A, Allen P M. Basin analysis: principles and applications [M]. Oxford: Blackwell Sciences, 1992: 1-461.

Brett C E, Goodman W M, LoDuca S P. Sequence stratigraphy and basin dynamics in the Silurian of the Appalachian foreland basin [J]. Sedimentry Geology, 1990, 69 (3/4): 191-224.

Brow F L Jr. Evolving sequence-stratigraphic concepts: emphasis on siliciclastic systems tracts [J]. AAPG Bulletin, 1990, 78 (11): 1807-1994.

Brown L F Jr, Fisher W L. Delta systems in other basins [M]. In: Fisher W L, Brown L F Jr., Scott A J eds. Delta systems in the exploration for oil and gas. University of Texas at Austin, Buren of Economic Geology, 1977: 67-78.

Burchette T P, Wright V P. Carbonate ramp depositional systems [J]. Sedimentary Geology, 1992, 79: 3-57.

Cross T A. Controls on coal distribution in transgressive-regressive cycles, Upper Cretaceous, Western Interior, U. S. A. [M].//Wilgus C K, Hastings B S, Kendall C C et al. eds. Sea-level changes-an integrated approach. SEPM special publication, 1988, 42: 371-380.

Cross T A, Baker M R, Chapin M A. Applications of high-resolution sequence stratigraphy to reservoir analysis [J]. Collection Colloques et Seminaires-Institut Francais du Petrole. 1994, 51: 11-33.

Embry A F. A tectonic origin for third-order depositional sequences in extensional basins: implications for basin modeling [M].//Cross T A ed. Quantitative dynamic stratigraphy. Prentice-Hall, Englenard cliff, 1990: 491-501.

Galloway W E. Genetic stratigraphic sequences in basin analysis: architecture and genesis of flooding surface bounded depositional units [J]. AAPG Bulletin, 1989: 125-142.

Goldhamer R K, Dunn P A, Hardie L A. High frequency glocio-eustatic sea level oscillations with Milankovitch characteristics recorded in Middle Triassic cyclic platform carbonates, northern Italy [J]. Am. Jour. Sci., 1987: 853-892.

Greaney S, Passey Q R. Recurring patterns of total organic carbon and source rock quality within a sequence stratigraphic framework [J]. AAPG Bulletin, 1993, 77 (3): 386-401.

Haq B U, Hardenbol J, Vail P R. Chronology of fluctuating sea-levels since the Triassic [J]. Science, 1987: 1153-1165.

Loutit T S, J Handenhol P R, Vail P R et al. Condensed section, the key to age dating of continental margin sequences, in Wilgus C K, Hastings B S, Kendall C C et al. Sea-level changes-an integrated approach [M]. SEPM special publication, 1988, 42: 182-224.

MacdonaldA S D. Sedimentation and tectonics and eustacy within active continental margin [M]. Berlin: Springer-Verlag, 1991: 13-231.

Miall A D. Exxon global cycle chart: an event for every occasion? [J]. Geology, 1992: 787-790.

Miall A D. Sequence stratigraphy and chronostratigraphy, problem of definition and precision of correlation and their implications for global eustasy [J]. Geoscience Canada, 1994, 21 (1): 1-26.

Miall A D. The geology of stratigraphic sequences [M]. Berlin: Springer, 1997: 200-223.

Posamentier H W. Variability of sequence stratigraphic model: effects of local basin factors [J]. Sedimentary Geology, 1993: 91-109.

Posamantier H W, Jervey M T, Vail P R. Eustatic controls on clastic deposition I-conceptual framework [M].//Wilgus C K, Hastings B S, Kendall C C et al. Sea-level changes—an integrated approach. SEPM special publication, 1988, 42: 109-124.

Sarg J F. Carbonate sequence stratigraphy [M].//Wilgus C K, Hastings B S, Kendall C C et al. eds. sea-level changes—an integrated approach. SEPM special publication, 1988, 42: 155-181.

Schlager W. Sequence stratigraphy and the demise of carbonate platforms [J]. AAPG Bulletin, 1992, 75 (3):1-667.

Schlager W. Depositional bias and environmental change: important factors in sequence stratigraphy [J]. Sedimentary Geology, 1991, 70 (2-4): 109-130.

Seyfried H, Astorga A, Calvo C. et al. Anatomy of an evolving island arc: tectonic and eustatic control in the South Central American fore-arc area [J]. Special Publication of the International Association of Sedimentologists, 1991, 12: 217-240.

Sloss L L. Integrated facies analysis [J]. Geol. Soc. Am. Bull., 1949: 91-124.

Sloss L L. Sequence in the cratonic interior of North America [J]. Geol. Soc. Am. Bull., 1963: 93-114.

Sloss L L Forty years of sequence stratigraphy [J]. Geol. Soc. Am. Bull., 1988: 1661-1669.

Vail P R, Mitchum H M, Todd R G et al. Seismic stratigraphy and globe changes of sea level [J]. AAPG Mem, 1977, 36: 129-144.

Vail P R. Seismic stratigraphy interpretation using sequence stratigraphy. Part 1: Seismic stratigraphy interpretation procedure [C].//Bally A W. Atlas of Seismic stratigraphy, 1. AAPG, stud Geol. 1987, 27: 1-10.

Vail P R, Posamantier, H W. Principles of sequence stratigraphy [M]. Elsevier Science Ltd, 1988, 15: 1-572.

Wagoner J C V, Mitchum R M, Posamantier, H W et al. Seismic stratigraphy interpretation using sequence stratigraphy [C]. Part 2, Key definitions of sequence stratigraphy. AAPG Study in Geology, 1987, 27 (1):11-14.

Wagoner J C V, Posamantier H W, Mitchum H M et al. An overview of the fundamentals of sequence stratigraphy and key definitions [M].//Wilgus C K, Hastings B S, Kendall C C et al. Sea-level changes—an integrated approach. SEPM special publication, 1988, 42: 39-45.

Wagoner J C V, Mitchum H M, Campion K M. Siliciclastic sequence stratigraphy in well logs, core and outcrops [M]. Amer Assn of Petroleum Geologists, 1990, 7: 1-57.

Wilgus C K, Hastings B S, Kendall C C et al. Sea-level changes-an integrated approach [M]. SEPM special publication, 1988, 42: 1-407.

## 关键词与主要知识点-9

层序地层学 sequence stratigraphy
层序 sequence
副层序 parasequence
副层序组 parasequence set
不整合 unconformity
沉积体系 depositional system
沉积体系域 depositional systems tract
低水位体系域 lowstand system tract
海侵体系域 transgressive system tract
高水位体系域 highstand system tract

陆架边缘体系域 shelf margin system tract
海泛面 marine flooding surface
初次海泛面 first flooding surface
最大海泛面 maximum flooding surface
凝缩段 condensed section
可容空间 accommodation
平衡点 equilibrium point
平衡剖面 equilibrium profile
沉积岸线坡折 depositional coastal break
陆架坡折 shelf break

# 第 10 章 化学地层学

## 10.1 化学地层学概述

**化学地层学**（Chemostratigraphy 或 Chemical Stratigraphy）是地层学领域近 30 年来兴起的一门将传统地层学与地球化学融为一体的交叉学科，是通过研究化学元素和稳定同位素等化学信号在地层中的时间与空间分布特征，从而对区域乃至全球地层对比和划分以及地层形成环境进行研究的一门学科。其基本方法是分析测量保存于地层中的各种化学信号，绘制化学信号与地层深度（时间演化）的关系曲线，判别化学信号的地层学特征，进而对地层沉积序列、沉积环境及其时空分布进行对比研究。由于对地层化学信号的提取在一定程度上可以实现较高的分辨率（可达毫米级），在生物地层学和其他地层学方法分辨率都受到限制的情况下，特别是前寒武纪缺乏宏体化石的"哑"地层，化学地层学的研究可以极大地提高地层划分对比和古环境重建的精度。这里，需要特别指出的是本章中的化学地层学概念主要涉及地层中的元素含量及其稳定同位素组成的探讨，而地层中的有机分子（有机化合物）含量及其稳定同位素组成的探讨被列为本书第 17 章 "分子地层学" 的范畴。

化学地层学的概念在我国最先由侯德封在 20 世纪 50 年代末提出（侯德封，1959a，1959b）。随后，叶连俊等（1964）、陈晋镳等（1980）都发表过与化学地层学有关的论著。McLennan S M（1982）、秦正永（1991）和吴瑞棠，王治平（1994）后来分别对化学地层学的概念、理论、方法及实际应用研究作了较系统的阐述。近 20 年来，随着地球化学分析技术，特别是多接收杯等离子体质谱（MC – ICP – MS）和同位素比值质谱（IRMS）技术的突飞猛进，许多以前较难测定的元素和同位素可以被快速而准确测定；此外，随着人们对越来越多的元素和同位素地球化学过程与原理认识的不断深入，由这些元素含量或同位素所构建的一些新颖高效指标也得以不断被运用于化学地层学的研究中。这些新技术和新指标的运用使得化学地层学在区域/全球地层的划分对比（例如：吴瑞棠，王治平，1994；王自强等，2006；Zhu et al.，2007，2013；Zhao et al.，2009；Luo et al.，2010；Tahata et al.，2013）和地层沉积环境的重建（例如：Hoffman et al.，1998；Shen et al.，2003；Hurtgen et al.，2006；Wang et al.，2008；Li et al.，2010；Sun et al.，2012；Li et al.，2015）等关键应用领域均取得了一系列重要成果。近年来，随着新技术和新指标的不断发展和运用，化学地层学在地层沉积环境重建领域上，不仅应用于传统的狭义地层水体沉积环境的重建，还扩展到地球大气-海洋演化的重建（例如：Scott et al.，2008；Frei et al.，2009；Arnold et al.，2004；Partin et al.，2013；Planavsky et al.，2014；Guibaud et al.，2015）、海洋大型有机碳库演化（例如：Fike et al.，2006；McFadden et al.，2008；Swanson – Hysell et al.，2010；Wang et al.，2015）、古气候重建（例如：Lear et al.，2000；Yan et al.，2010；Sun et al.，2012）以及古代甲烷活动（例如：Sarkar et al.，2003；Musashi et al.，2001；Padden et al.，2001；Kennett et al.，2000；Wang et al.，2008）等广义沉积环境的重建。

本章将重点介绍科研与生产中最为常见，也最为重要的元素化学地层学和稳定同位素化学地层学的基本原理和方法，并对其在地层划分对比和沉积环境重建等关键应用领域近年来所取得的重要进展给予概括和总结。

## 10.2 元素化学地层学

理论上，几乎所有能保存在地层中的元素都可以潜在地被用来作为地层划分对比和地层沉积环境识别的指标。目前，化学地层学常使用的元素涉及**常量元素/主量元素**（major element）、**微量元素/痕量元素**（trace element）和**稀土元素**（Rare Earth Elements，REE）。常量元素是指那些在研究体系中元素丰度大于0.1%的元素，包括常见的造岩元素硅（Si）、铝（Al）、镁（Mg）、钙（Ca）、钠（Na）、钾（K）、铁（Fe）、氧（O）和锰（Mn）等，是构成岩石圈的主要元素，原子序数基本上小于20。微量元素是指那些在研究体系中丰度小于0.1%的元素。从热力学角度分析，微量元素是指那些在研究体系中浓度低到可以近似地服从稀溶液定律（亨利定律）的元素。在实际工作中，微量元素的浓度通常很低（相对含量通常为$10^{-8} \sim 10^{-5}$级），不能形成独立矿物，而是呈矿物固溶体、溶体或流体相。微量元素的分配行为通常不受相律和化学计量的限制，而服从稀溶液定律，即在分配达到平衡时，微量元素在各相间化学势相等。稀土元素是指原子序数57~71号的15个镧系元素，同族的39号元素钇（Y）也常作为稀土元素对待。随着原子序数的增加，这些元素原子（离子）半径逐渐减少，也称为镧系收缩。根据稀土元素的物理化学性质的细微差别，将稀土元素分为两组：①轻稀土LREE（从La到Eu，或铈稀土$\Sigma Ce$）；②重稀土HREE（从Gd到Lu，包括Y，或钇稀土$\Sigma Y$）。由于稀土元素的化学性质极为相似，在地质作用过程中通常整体活动，因此，其分馏情况能够灵敏地示踪地质作用的过程。这些元素的丰度、比值或依据一定地球化学原理构建的更为综合的指标都是元素化学地层学进行地层划分对比和地层沉积环境识别的基本依据。

### 10.2.1 元素化学地层学在地层划分与对比中的原理和应用

地层中的化学元素组成受物源区母岩的化学元素组成、沉积区环境特征和后期成岩改造作用等多重因素控制。同一地史时期，在相似古构造背景、古地理位置、古海洋环境、古气候和古植被状态下，沉积地层的化学元素组成在一定区域范围内，通常表现出某些共性，例如存在共同组成特征、相似的地层旋回性或周期性等，因而可以将其视作一种区域地层对比和划分的标志。元素化学地层学地层对比和划分方法通常是将一条地层剖面或沉积物柱上所获得的样品进行化学元素的含量或比值等指标测试，进行投点、制图和变化趋势分析，根据曲线的峰值或谷值变化大小、曲线变化趋势、形态特征、投点分散或密集趋势等，找出其中的变化特征与地层年代和沉积环境之间的对应关系，进而将这种变化规律视作为一种区域地层对比和划分的依据。

在化学地层学研究中，常量元素分析通常被用作地层的背景数据，但也经常同时配合微量、稀土元素甚至稳定同位素的分布特征，进行区域地层的对比和划分。在实际应用中常常需要对常量、微量和稀土元素的多重数据进行综合分析。例如，人们使用微量元素的地球化学对，即两个元素的关系、两个元素的比值、两组元素地球化学含量和比值、多种微量元素的组合和图解等进行地层的对比和划分，同时也常根据稀土元素的含量变化曲线、稀土总量（$\Sigma REE$）、轻/重稀土元素的比值（LREE/HREE）、轻/重稀土元素内部分异状况等特征对地层的对比划分给予辅助。化学地层学家利用地层中元素的"微小"变化特征来探索地层形成时的"宏观"沉积背景，利用现代化高精度分析测试仪器和计算分析理论（例如：分配定律、耗散结构理论和协同论等）归纳总结出"宏观"地层背景的变化规律，从而达到区域地层的对比和划分的目的。下面举一个利用多元素指标综合判断"宏观"地层背景进而对区域地层进行对比的实例。

Zhao et al.（2009）利用地层中主量元素、微量元素、稀土元素等指标，通过揭示地层古海洋沉积环境从而对安徽蓝田不同地区新元古代冰后期蓝田组（相当于三峡地区的陡山沱组）地层进行了有效对比和验证。研究通过不同浓度酸溶解测试分析蓝田组底部和上部地层中碳酸盐岩的微量元素、稀土元素和锶同位素等组成，发现来自不同地区这两套碳酸盐岩地层中方解石的锶同位素、轻稀土浓度和配分模式十分类似，均表现出高锶同位素比值，亏损轻稀土，较小 La 正异常，微弱 Ce、Gd、Er 的负异常和类似于球粒陨石的 Y/Ho 比值等，指示蓝田组的这两套碳酸盐岩地层均可能形成于一个明显淡水注入的高沉积速率大陆边缘沉积环境，很可能分别起源于 Marinoan 冰期和 Gaskiers 冰期结束后的大量淡水注入这一"宏观"沉积背景。因此，这两套碳酸盐地层不仅在岩性上而且在化学地层学方面上也可以较好地进行区域对比。

## 10.2.2 元素化学地层学在地层沉积环境识别中的原理和应用

如 10.2.1 节所述，地层中的元素组成不仅受物源区母岩化学元素组成的影响，而且还受沉积区环境特征的影响。当前，元素化学地层学的研究在海相与陆相沉积相的区分、古海洋氧化还原状态的时空重建以及古气候重建等领域都发挥了重要作用。下面对这些领域给予重点介绍。

### 10.2.2.1 海相与陆相沉积环境的区分

地层中钡（Ba）、锶（Sr）、硼（B）、镓（Ga）、铷（Rb）、钾（K）等元素含量及其比值通常能较好地指示地层的海、陆沉积环境。沉积物或地层中的 B 含量与介质的盐度之间存在线性关系，能被黏土矿物稳定地吸附（王益友等，1979，1983）。在一定条件下，伊利石中的 B 吸附能力强于高岭石。由于海相环境中黏土矿物以伊利石、蒙脱石、绿泥石为主，而陆相中黏土矿物以高岭石为主，所以海相沉积物或地层中 B 含量通常会高于湖泊和河流相的沉积物或地层。同时，海相沉积物或地层中相对丰富的伊利石可以吸附大量的 K、Rb、铯（Cs）、锂（Li）等碱金属离子，而陆相沉积物或地层中相对丰富的高岭石则较少吸附这些离子。此外，虽然 Ca、Sr、Ba 的离子半径和化学性质较为相似，但当淡水与海水混合时，Ba 可以 $BaSO_4$ 形式沉淀，而 Ca、Sr 可继续处于游离状态迁移，使得在海相沉积物或地层中 Ca 和 Sr 的含量相对较高，而 Ba 则反之。与其相反，Ga 元素大多富集在陆相淡水沉积物或地层中，现代海岸带泥质沉积物中 B 含量与 B/Ga 比值均大于陆相沉积（王益友等，1979，1983）。因此，沉积物或地层中的 B 含量与 B/Ga、Sr/Ba 等比值随着水体盐度的增大而增大。CaO、MgO、$CO_3^{2-}$ 含量较高时，指示沉积环境为水介质盐度较高的海相，且陆源的 $SiO_2$ 含量偏低。

程安进等（1994）利用元素 B、Ga 丰度及其比值关系，结合岩性、古生物和其他地球化学指标，探讨了安徽巢湖地区二叠系栖霞组、孤峰组、银屏组、龙潭组、大隆组的海-陆环境变迁。研究发现，栖霞组和孤峰组中 B 含量高、Ga 含量低，指示海相沉积环境。银屏组的 B、Ga 含量均高，但 B/Ga 比值为 4.45，表明其可能为近陆浅水的海陆交互相沉积环境。龙潭组的 B、Ga 含量均高，尤其是反映陆相特征的 Ga 含量偏高，且 B/Ga 比值为 4.1，指示龙潭组为海陆过渡相沉积环境。大隆组总体为海相环境，但其中的一段黑色页岩 B/Ga 比值下降为 3.54，反映其局部地段有陆源淡水补给。

#### 10.2.2.2 古海洋氧化还原状态的时空重建

沉积水体的氧化还原状态是化学地层学沉积环境识别的关键内容。由于地球海洋的氧化还原状态是联系地球大气和生命演化的重要纽带（例如：Canfield, 1998；Anbar & Knoll, 2002；Li et al., 2010；Algeo et al., 2011；Hammarlund et al., 2012；Planavsky et al., 2014），长期以来古海洋氧化还原状态演化重建不仅成为化学地层学研究的热点，也成为探索地球大气-海洋-生命协同演化的突破口。地球海洋水体氧化还原状态可以大致区分为氧化和缺氧（大约溶解 $[O_2]$ < 0.2ml/L）两个状态，而缺氧状态又可以进一步区分为铁化（含游离的 $Fe^{2+}$）和硫化（含游离的 $H_2S$）两个状态。反映水体氧化还原状态的元素指标很多，本书将重点介绍微量元素和铁组分化学这两个目前使用较多，也是较为有效的元素化学地层学手段。

许多对水体氧化还原状态敏感的微量元素（例如：U、Mo、Re、Zn、Pb、V、Cu、Ni、Cr、Co 等）在水体出现缺氧状态，特别是出现硫化状态时在沉积物中会发生不同程度的富集（Algeo & Maynard, 2004）。因此，这些微量元素在地层中的富集程度可以被用作反映水体氧化还原状态的重要指标。这些微量元素在水体出现缺氧和硫化状态时发生富集的原因有两方面：①这些元素大多具有多价态，且其存在于缺氧水体中的还原态离子更容易与有机物质、硫化物等结合沉积到沉积物中；②在缺氧状态下，水体中的有机质、硫化物的供给和其他辅助这些微量元素沉降的过程（如 Fe/Mn 循环）都显著增强。近年来，运用微量元素在地层中的富集确定早期地球海洋氧化还原状态进而揭示早期地球大气的氧化进程取得重要成果。典型代表是 Anbar et al.（2007）对澳大利亚距今约 25 亿年的 Mount McRae 页岩的元素化学地层学研究。研究发现同样富含有机质的两段黑色页岩（$S_1$ 和 $S_2$；图 10-1），微量元素富集程度却不同：沉积更早的 $S_2$ 黑色页岩未见 Mo、Re 和 U 的富集，而沉积稍晚的 $S_1$ 黑色页岩却出现了 Mo 和 Re 的富集但未见 U 的富集。对于这种独特的微量元素富集特征，作者得出的最佳解释是 $S_2$ 沉积时古海洋虽然是缺氧的，但由于极低的大气氧含量尚未启动陆地的氧化风化，海洋中的硫酸盐和微量元素含量都极低，水体未出现硫化，也无法形成微量元素在沉积物中的富集。在 $S_1$ 沉积时期，地球大气氧含量的微量增加启动了陆地的氧化风化，这不仅增加了海洋中 Mo 和 Re 等微量元素的供给，而且也通过增加输入海洋的风化来源硫酸盐导致了海洋水体出现硫化，从而导致 Mo 和 Re 的富集。这一水体沉积环境的转变已进一步被独立的铁组分和硫同位素化学地层学研究所证实（Reinhard et al., 2009；Kaufman et al., 2007）。相对于 Mo 和 Re 在地壳中主要存在于硫化物中，U 主要存在于长石、锆石、磷灰石和榍石等矿物中。新太古代地球大气出现的微弱氧化还不足以使这些矿物发生重要氧化，因而在 $S_1$ 和 $S_2$ 沉积时期都未见 U 的富集。这样这一微量元素化学地层学研究不仅与其他化学地层学的研究一同确认了新太古代硫化沉积环境的存在，而且清楚地表明在古元古代**大氧化事件**（Great Oxidation Event，GOE；2.45~2.1Ga）发生之前，地球表层已出现了微弱氧化。

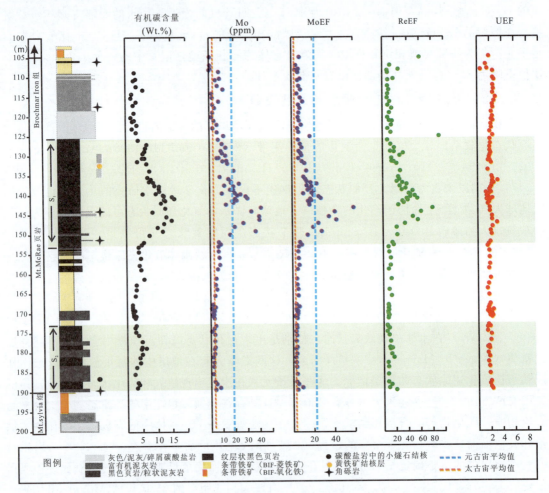

图 10-1　澳大利亚 Mount McRae 页岩（距今约 25 亿年前）的元素化学地层学记录
（修改自 Anbar et al.，2007）

富集系数（EF）=（元素/Al）$_{样品}$/（元素/Al）$_{地壳}$

用氧化还原敏感微量元素在地层中的富集程度来重建特定地层水体沉积环境的研究，近年来已发展到对来自全球类似数据的统计总结进而对地球大气-海洋系统的地史演化进行重建。这些重建基于的基本原理是地球大气-海洋系统越氧化，海洋中氧化还原敏感微量元素的库容就越大，在单个缺氧或硫化沉积样品中出现富集的程度就会越高。代表性研究是 Scott et al.（2008）和 Partin et al.（2013）分别对 Mo 和 U 在页岩中富集程度的地史重建。尽管 Mo 和 U 地史记录整体上都展示了地球大气-海洋系统分阶段的氧化过程（图 10-2、图 10-3），但由于 Mo 更倾向于在硫化沉积环境中富集，Mo 富集的地史记录被更多地解释

第 10 章 化学地层学

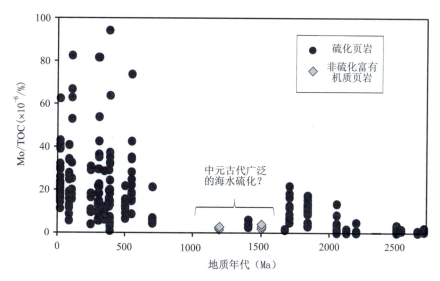

图 10-2 黑色页岩中 Mo 富集的地史记录
（修改自 Scott et al.，2008）

为去除样品中总有机碳（Total Organic Carbon，TOC）对 Mo 富集的影响，Mo 含量数据对 TOC 做了归一化处理

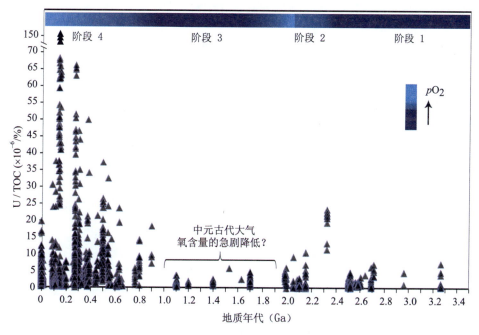

图 10-3 黑色页岩中 U 富集的地史记录
（修改自 Partin et al.，2013）

为去除样品中总有机碳（Total Organic Carbon，TOC）对 U 富集的影响，U 含量数据对 TOC 做了归一化处理

为地球海洋硫化程度的变化（Scott et al.，2008）。U 与 Mo 相比，不仅可以在硫化的沉积环境富集，而且在铁化和低氧环境也可以形成显著富集。因此，U 地史记录则可以更多地反映大气-海洋系统中氧含量水平（Partin et al.，2013）。Mo 和 U 地史记录的重建清楚地

向我们展示了地球表层的氧化远非我们想象中的单一持续的氧化模式：地球表层在约 24 亿年前经历第一次重要氧化之后，又出现了长达近 10 亿年的较为还原的状态，这种状态直到中新元古代（约 0.8Ga）时才被再次大氧化所改变。

在综合性元素指标方面，具有代表性的是近 10 多年来逐渐发展成熟起来的**铁组分**(Iron Speciation) 化学方法。该方法在古海洋氧化还原状态重建方面发挥着越来越重要的作用。这一方法要求分析地层中铁元素总含量（$Fe_T$）及其矿物组成，包括高度活性铁（$Fe_{HR}$）和非活性铁（$Fe_U$），而高活性铁则包括碳酸盐铁（$Fe_{carb}$）、（氢）氧化铁（$Fe_{ox}$）、黄铁矿铁（$Fe_{py}$）和磁铁矿铁（$Fe_{mag}$）。利用 $Fe_{HR}/Fe_T$ 和 $Fe_{py}/Fe_{HR}$ 两个关键指标可以分别判断样品所在地层沉积时的水体缺氧程度和硫化程度。显生宙以来大量沉积物的研究表明：当 $Fe_{HR}/Fe_T > 0.38$ 时，样品最可能沉积于缺氧的底水环境，反之则沉积于氧化的底水环境；如果 $Fe_{HR}/Fe_T > 0.38$ 且 $Fe_{py}/Fe_{HR} > 0.7$，则样品沉积于缺氧硫化的底水环境，反之为缺氧铁化的底水环境（Raiswell et al.，1998；Poulton & Canfield，2011）。运用铁组分化学地层学方法近年来所取得的一个重要进展是发现同时代地层沉积水体的氧化还原状态在不同沉积相具有重要的空间差异（Canfield et al.，2008；Li et al.，2010，2012；Poulton et al.，2010）。这一发现直接导致了近来"硫化楔"型古海洋化学空间结构模型（Li et al.，2010）和古海洋演化模型（Poulton & Canfield，2011）以及早期地球海洋化学分带模型（Li et al.，2015b）的提出。相对于微量元素等其他化学地层学数据，由于铁组分化学地层学数据能够较明确地告诉研究人员所研究地层沉积时的底水环境，因而，铁组分化学地层学的研究在地层沉积环境识别方面正在受到越来越多的重视。

### 10.2.2.3 古气候重建

表生地球化学中各化学元素的迁移和聚集受源区初始物质的成分、地形和气候的显著影响。在地形和源区物质组成没有发生明显变化的情况下，沉积物（岩）中各种元素的含量与其形成时的气候条件密切相关，进而可以用来重建古气候的变化特征（Nesbitt & Young，1982）。**化学蚀变指数**（chemical alternation index，CAI），即原岩矿物质因化学风化作用而改变的程度，是目前在古气候重建方面较为常见的一个元素化学地层学指标。CAI 值常用的计算公式如下：

$$CAI = [Al_2O_3/(Al_2O_3 + CaO^* + Na_2O + K_2O)] \times 100$$

其中，各个元素的含量是指摩尔分数；$CaO^*$ 代表硅酸岩中的 Ca 含量。

在冷、干的环境下（如冰期），化学风化作用较弱，岩石的化学蚀变程度较弱，CAI 值也就较低；相反，在暖、湿的环境下（如间冰期），化学风化作用较强，岩石的化学蚀变程度高，CAI 值也就较高。因而基于这些元素的化学地层学特征，可以恢复某个地区的古气候特征。然而需要指出的是，如上所述，CAI 值同样也受到了源区初始物质成分和沉积物颗粒大小的显著影响。在应用 CAI 值进行古气候分析时，需要选择细粒的沉积岩（物），如泥岩等，且需要对物源特征进行评估。下面举一个该参数在古气候分析应用的实例。

奥陶纪末期是地质历史上的一个重要转折期。这一时期发生了显生宙第一次生物大灭绝和早古生代一次短暂的冰期事件（Sheehan，2001；Saltzman & Young，2005）。然而在我国华南地区并没有反映冰期的冰碛岩沉积，进而导致对这一冰期大小及其对生物大灭绝影响的认识不清。Yan et al.（2010）对我国华南地区奥陶纪—志留纪之交的王家湾剖面和南坝子剖面的样品进行了 CAI 变化特征的分析。这些结果表明，赫南特期（观音桥组/层沉积时期）校正的 CAI 值位于 50%～70% 之间，与更新世冰期时期的泥岩和冰碛岩的 CAI 值相近，说明这时的气候以冷、干为主；而与此相反的是，观音桥组下伏的五峰组和上覆的龙马溪组黑色页岩的 CAI 值高于页岩的平均值（70%～75%），在 75%～85% 之间，说明这时的气候主要为热带暖湿特征（图 10-4）。CAI 值的分析结果进一步表明奥陶纪末期确实有一次气候变冷事件，且表现出冷暖时期频繁波动的特征，而不是一直处于寒冷时期。奥陶纪—志留纪的这种快速的气候波动与这一时期的生物大灭绝事件有很好的一致性，说明气候变化对生物的组成和演化有着重要的影响。

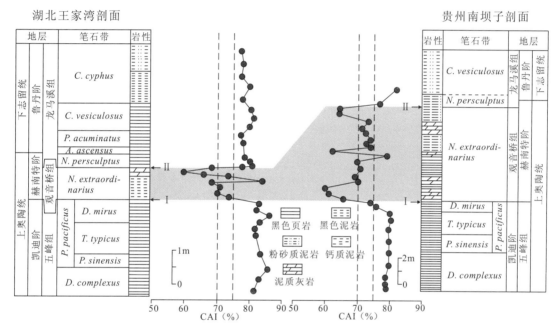

图 10-4 扬子地区奥陶纪—志留纪之交化学蚀变指数（CAI）（经钾交代作用校正之后的值）的变化特征
（修改自 Yan et al., 2010）

虚线代表平均页岩的 CAI 值；阴影区代表赫南特期的冷事件；箭头指示奥陶纪末期的两次大的生物危机事件（Ⅰ，Ⅱ）

上述讨论的化学蚀变指数只能定性地反映古气候的变化特征，而未能定量地反演古气候信息。近年来的许多研究发现，钙质有孔虫壳体中的 Mg/Ca 比值与古海水温度之间有很好的相关性（Elderfield & Ganssen, 2000; Lear et al., 2000）。原理是有孔虫从海水中吸收 Mg 和 Ca 合成碳酸盐的过程中，Mg 置换碳酸盐中的 Ca 是吸热过程，所以温度的升高会导致有孔虫壳体中 Mg 含量的增加，进而导致 Mg/Ca 比值与温度之间有很好的相关性。

相对于其他的古温度计（如 $\delta^{18}O$），Mg/Ca 温度计有许多优势。首先，其不需要知道海水的氧同位素值；其次，Mg 在海洋中的滞留时间较长（约 13Ma），因而 Mg 的时空变化较小。Lear et al.（2000）利用底栖有孔虫的 Mg/Ca 比值分析了过去 50Ma 以来的深海水体的温度变化特征，其结果与底栖有孔虫氧同位素所反映的记录非常相似，表明这一时期经历了 4 次主要的降温事件，分别发生在中始新世早期、晚始新世到早渐新世、中中新世晚期和上新世—更新世之交，累积降温幅度高达 12℃ ［图 10-5（a）、图 10-5（b）］。另外，基于 Mg/Ca 所反映的温度记录和有孔虫氧的同位素组成记录可以用来恢复古海水的氧同位素组成,进而探讨大陆冰川的扩张历史。Lear et al.(2000)利用深海底栖有孔虫的 Mg/Ca 比值和有孔虫的氧同位素记录恢复了过去 50Ma 以来大陆冰川的变化特征,发现了 3 次主要的冰川扩张事件,分别发生在渐新世最早期、早中新世晚期和上新世至更新世[图 10-5(c)],且发现渐新世最早期的南极冰盖的快速扩张并没有伴随深海温度的降低。

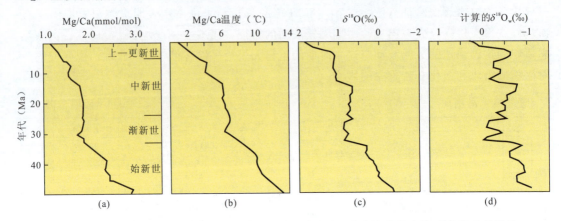

图 10-5 利用有孔虫 Mg/Ca 和 $\delta^{18}O$ 古温度计对始新世以来古海水温度及 $\delta^{18}O$ 波动的重建
(修改自 Lear et al.,2000)
a. 经有孔虫种校正后的始新世以来底栖有孔虫的 Mg/Ca 比值;b. Mg/Ca 比值所计算获得的同期底部水体的温度;c. 始新世以来底栖有孔虫氧同位素值的综合图;d. 基于底部水体温度和底栖有孔虫氧同位素值所估算的海水的氧同位素值($\delta^{18}O_w$)

需要指出的是:与其他各种"古温度计"指标一样,Mg/Ca"古温度计"也还存在很多问题需要进一步解决。如有孔虫属种及季节性、个体发育及大小、壳体沉积过程中的溶解作用和海水碳酸盐离子浓度、次生壳质的增加或富镁方解石增生、壳体富镁铁锰氧化物以及盐度等对 Mg/Ca 比值的影响都还不是很清楚(见徐建等,2011 及其参考文献)。除此之外,目前还急需建立各种不同有孔虫与温度之间的回归函数。

## 10.3 同位素化学地层学

与元素分布特征一样,元素的同位素分布特征也可以用来作为地层对比划分和地层沉积环境识别的依据。同位素可分为两大类型:放射性同位素和稳定同位素。前者利用同位素的放射性质,根据其自动、恒定的蜕变速率,测定其所赋存的岩石或矿物的年龄,称为**地质测年学**(geochronometry)(参见本书第 13 章);后者利用稳定同位素组成变化特征,进行区域地层的对比、划分和成因研究,称为**稳定同位素化学地层学**(stable isotope chemostratigraphy)。本章节所探讨的同位素化学地层学即为稳定同位素化学地层学。

稳定同位素组成一般用如下公式表达:

$$\delta = \left(\frac{R_{样品}}{R_{标准}} - 1\right) \times 1000$$

其中,$R = {}^{a}E/{}^{b}E$。

$\delta$ 代表了样品中某元素 E 的两种同位素(质量数分别为 $a$ 和 $b$,且通常 $a > b$)的丰度比值($R$)相对于标准样品对应值的相对千分差(单位为‰)。当 $\delta$ 为正值时,代表样品中元素 E 的重同位素比标准样品富集，反之，当 $\delta$ 为负值时，则代表样品中元素 E 的轻同位素相对富集。所以，实际应用中 $\delta$ 值就成为元素 E 的同位素组成的代名词。

近年来，随着实验分析技术的进步和一些元素生物地球化学分馏机制的逐步厘清，同位素化学地层学的研究已从早期传统的 C、O、N、S 和 Sr 等稳定同位素向 Mo、Cr、Fe、U 等非传统重金属稳定同位素领域发展。

## 10.3.1 同位素化学地层学在地层对比与划分中的应用

### 10.3.1.1 碳-氧同位素

化学元素碳（C）有两种稳定同位素：$^{12}C$ 和 $^{13}C$，它们的丰度分别为 98.89% 和 1.11%。同位素研究的对象是 $^{13}C/^{12}C$ 比值。化学元素氧（O）的稳定同位素有 3 种：$^{16}O$、$^{17}O$ 和 $^{18}O$，其相对丰度分别为 99.762%、0.038% 和 0.200%，稳定同位素研究的对象主要是 $^{18}O/^{16}O$ 比值。碳和氧稳定同位素国际标准通常采用 VPDB (*Vienna Belemnitella* in Pee Dee Formation)，即美国南卡罗莱纳州白垩系皮狄组（Pee Dee Formation）中箭石（*Belemnitella*）的碳稳定同位素比值（$^{13}C/^{12}C = 1123.72 \times 10^{-4}$）和氧稳定同位素比值（$^{18}O/^{16}O = 2067.1 \times 10^{-5}$）（陈道公等，1994）。

自然界中碳、氧稳定同位素在不同地质体中存在明显的分馏现象。目前碳、氧稳定同位素化学地层学研究已从传统的全岩样品分析发展到微区、单矿物、单属种古生物骨骼和壳体等新载体，同时也从研究传统的无机载体发展到有机载体，成为区域乃至全球地层对比、划分和成因分析的常规手段之一。下面举一个典型例子。

我国三峡地区晚新元古代埃迪卡拉纪陡山沱组地层被认为沉积于扬子区离岸的内陆架盆地，而宜昌地区富含磷矿的陡山沱组被认为沉积于潮下带或潮间带环境，类似于贵州中部的瓮安地区出露富磷层序的沉积环境。Zhu et al.（2013）研究了鄂西埃迪卡拉系不同地区陡山沱组地层的高分辨率碳稳定同位素组成，发现虽然不同剖面展示的碳稳定同位素组成绝对值显示明显差异，被认为与沉积相差异有关，但各剖面上碳同位素组成的变化趋势有很好的一致性。如陡山沱组第二层序中低至 $-5‰$ 碳同位素负偏（BAINCCE）具有普遍可追溯性，该负偏趋势连同其他 3 个碳同位素负偏趋势（层序底部的 CANCE、中部靠近第一层序边界的 WANCE、陡山沱组顶部的 DOUNCE）组成了一个完整的陡山沱组碳稳定同位素曲线，反映了当时古海水化学组成，并可以用同位素波动特征对华南不同地区埃迪卡拉纪地层进行对比（图 10-6）。

### 10.3.1.2 硫同位素

硫主要有 4 种稳定同位素，分别为 $^{32}S$（95.02%）、$^{33}S$（0.75%）、$^{34}S$（4.21%）和 $^{36}S$（0.02%）。硫同位素主要研究的对象是 $^{34}S/^{32}S$ 比值。硫稳定同位素国际标准目前通常采用 VCDT (Vienna Canyon Diablo Troilite，即美国亚利桑那州迪亚布洛峡谷的陨硫铁）。在自然界中硫元素较为常见的赋存形式有两种，即硫酸盐和黄铁矿。在缺氧环境下，硫酸盐经过微生物还原作用被还原成硫化氢，硫化氢与环境中的 $Fe^{2+}$ 结合最终形成黄铁矿。由于现代海洋中硫酸盐库较大，滞留时间较长，因而硫酸盐硫同位素组成（$\delta^{34}S_{sulfate}$）特征具有大区域乃至全球性的意义。因而，$\delta^{34}S_{sulfate}$ 在地层的划分和对比方面起着重要的作用，特别是对于缺乏生物化石的前寒武纪地层和显生宙的一些哑地层更为重要。

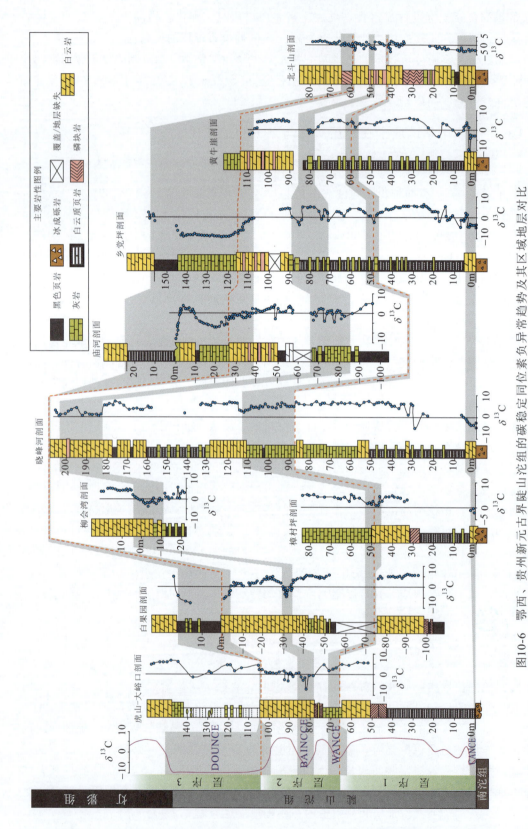

图10-6 鄂西、贵州新元古界陡山沱组的碳稳定同位素负异常趋势及其区域地层对比
(修改自Zhu et al., 2013)

左侧为陡山沱组碳同位素组成趋势；阴影部分为碳同位素负偏对比关系；虚线表示层序界面

目前已有大量的研究对地质历史时期海水的 $\delta^{34}S_{sulfate}$ 进行了探讨，结果进一步支持 $\delta^{34}S_{sulfate}$ 作为地层划分和对比工具的有效性（Claypool et al.，1980；Strauss，1997；Paytan et al.，1998，2004；Kampschulte & Strauss，2004；Bottrell & Newton，2006）。这些研究结果表明，除了在泥盆纪—石炭纪之交，$\delta^{34}S_{sulfate}$ 经历了一个较为显著的正偏外，从寒武纪早期到二叠纪末期，$\delta^{34}S_{sulfate}$ 经历了一个长期的下降过程，从约+30‰下降到约+10‰，下降幅度高达20‰，进而导致二叠纪古海水的 $\delta^{34}S_{sulfate}$ 值达到整个显生宙历史的最低值（图10-7）。从三叠纪开始，$\delta^{34}S_{sulfate}$ 又经历了一个逐渐升高的过程，其中在三叠纪有两次高峰值，达到约+30‰（Kampschulte & Strauss，2004）。除此之外，Paytan et al.（1998，2004）对白垩纪以来的海水 $\delta^{34}S_{sulfate}$ 进行了系统的研究，这些结果表明，这一时期的硫循环经历了几次显著的波动，其中白垩纪有两次：一次发生在白垩纪最早期，$\delta^{34}S_{sulfate}$ 从+20‰快速下降到+16‰左右；另一次发生在早—晚白垩世之交（100～95Ma），$\delta^{34}S_{sulfate}$ 从+16‰升高至+19‰。在新生代的早期 $\delta^{34}S_{sulfate}$ 也呈现出较大幅度的波动（图10-8）。首先，$\delta^{34}S_{sulfate}$ 经历了一个逐渐降低的过程（65～55Ma），从+19‰下降到+17‰，然后经历了一个快速大幅的升高过程（55～45Ma），从+17‰快速升高至+22‰。自约45Ma以来，海水的 $\delta^{34}S_{sulfate}$ 一直处于比较稳定的时期，在+22‰左右小幅波动（图10-8）。

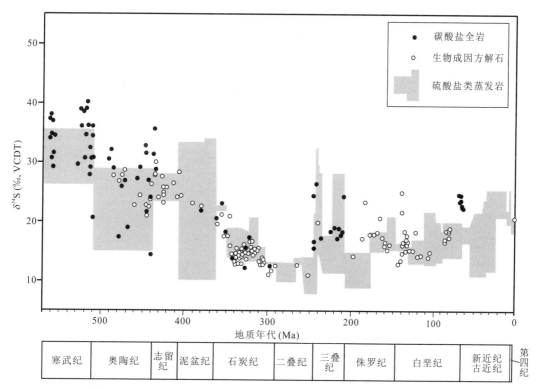

图10-7　显生宙以来海水硫酸盐硫同位素组成（$\delta^{34}S_{sulfate}$）的变化特征
（修改自 Kampschulte & Strauss，2004）
实心圈与空心圈：**碳酸盐晶格中硫酸盐**（carbonate associated sulfate, CAS）数据

沉积硫酸盐的硫同位素组成也常用作一些关键地质时期高分辨率地层对比的工具，如二叠纪—三叠纪之交。这些研究结果表明，在二叠纪末生物大灭绝时期，$\delta^{34}S_{sulfate}$ 经历了一次

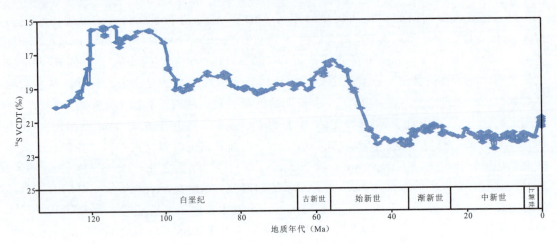

图 10-8 白垩纪至现代海洋基于重晶石的硫酸盐硫同位素演化特征
(修改自 Paytan et al., 1998, 2004)

升高的过程,之后 $\delta^{34}S_{sulfate}$ 经历了一次降低的过程,而在二叠纪—三叠系界线附近,$\delta^{34}S_{sulfate}$ 较为稳定,这些现象在全球同时期不同的剖面上也都可以见到(图 10-9;Luo et al., 2010 及其参考文献),进而实现了不同剖面之间高分率的地层对比。

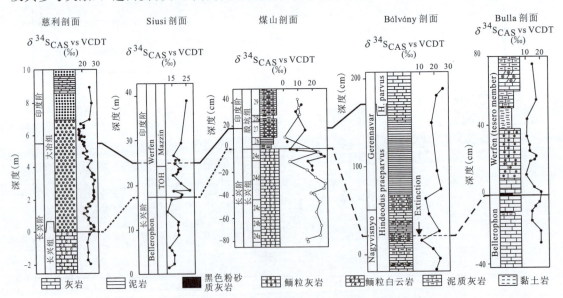

图 10-9 二叠纪—三叠纪之交不同剖面上硫酸盐硫同位素的变化特征
(修改自 Luo et al., 2010)
剖面之间的虚线代表主灭绝界线,实线代表二叠纪—三叠纪生物地层界线。图中数据为 CAS 数据

相对于硫酸盐来说,由于受很多因素的影响,黄铁矿的硫同位素组成($\delta^{34}S_{py}$)的区域性意义相对较小,但在短时间尺度上也能够用于地层的划分和对比,特别是可用作一些关键时期的地层划分和对比的工具。例如,Yan et al.(2009)分析了奥陶纪—志留纪之交华南地区两条剖面的 $\delta^{34}S_{py}$,发现在奥陶纪末期的赫南特阶,$\delta^{34}S_{py}$ 在两个剖面上都有一个显著的正偏过程

（图 10-10）。同时，Zhang et al.（2009）在华南地区另外一条同时期剖面及 Hammarlund et al.（2012）在欧洲地区的一些同时期剖面也都发现了这时期 $\delta^{34}S_{py}$ 的正偏现象（图 10-10）。这些都说明在一些地质时期，$\delta^{34}S_{py}$ 可以作为一个有效的地层划分和对比的工具。需要指出的是，在利用 $\delta^{34}S_{sulfate}$ 和 $\delta^{34}S_{py}$ 进行地层划分和对比时，主要是看这些参数时间上的变化特征，而不是这些参数的绝对值。不同剖面之间这些参数的绝对值可能有较大的差异，如上述的奥陶纪—志留纪之交黄铁矿的硫同位素组成就具有较大的差异（图 10-10）。

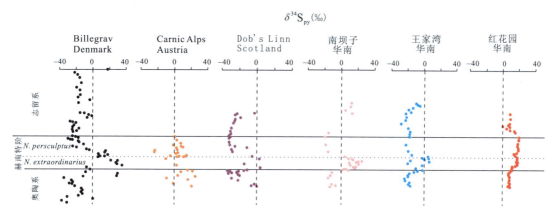

图 10-10 奥陶纪—志留纪之交不同地区黄铁矿硫同位素组成（$\delta^{34}S_{py}$）的变化特征及对比
(修改自 Hammarlund et al.，2012；Yan et al.，2009；Zhang et al.，2009)

### 10.3.1.3 氮同位素

氮有两种稳定同位素，$^{14}N$ 和 $^{15}N$，其中前者约占 99.63%。同位素研究的对象是 $^{15}N/^{14}N$ 比值。氮稳定同位素国际标准目前通常采用大气 $N_2$（0‰）。沉积岩（物）中氮的赋存形式主要有两类：一类是有机质中的有机氮；另外一类是黏土矿物中与 $K^+$ 类质同象存在的 $NH_4^+$。有机质中氮同位素的组成（$\delta^{15}N$）主要受反硝化作用、氨的厌氧氧化作用和生物固氮作用这三者的相对大小所控制。这些过程都受沉积环境的影响，主要是贫氧和无氧环境，相同的环境会有相似的氮同位素组成。Luo et al.（2011）分析了华南地区二叠纪—三叠纪之交两条剖面的 $\delta^{15}N$ 的变化特征，在两个剖面上都发现了同样的现象，即在生物大灭绝后 $\delta^{15}N$ 经历了一个显著下降的过程（图 10-11）。Cao et al.（2009）在浙江长兴煤山剖面二叠纪—三叠纪之交也发现了相似的 $\delta^{15}N$ 变化特征。这说明氮同位素组成也可以作为一个地层划分和对比的有效工具。然而，需要指出的是，由于氮在海洋中的滞留时间小于海水的混合时间，因而海水氮同位素的组成可能存在较大的区域性。在利用 $\delta^{15}N$ 作为地层划分和对比的工具时，需要特别注意。

## 10.3.2 同位素化学地层学在地层沉积环境识别中的原理和应用

### 10.3.2.1 古海洋氧化还原状态的时空重建

在不同的水体氧化还原状态下，由于生物地球化学过程的差异，某些元素表现出不同的同位素分馏程度并被保存在沉积物中，因而这些元素的同位素组成特征可以用来重建地层沉积时水体的氧化还原状态。反映水体氧化还原状态的同位素化学地层学指标很多，本书将重点介绍 S 和 Mo 这两个目前最具代表性的同位素化学地层学手段。

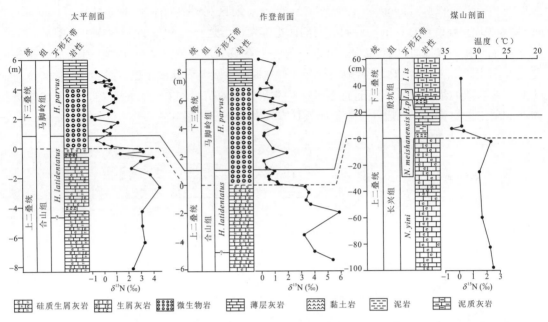

图 10-11 二叠纪—三叠纪之交华南不同剖面上氮同位素组成的变化特征及区域对比
(修改自 Luo et al., 2010; Cao et al., 2009)
虚线代表生物主灭绝界线，实线代表二叠纪—三叠纪生物地层界线

自然水体中最显著的硫同位素分馏作用来自细菌硫酸盐还原作用。实验室细菌培养显示，当水体中的硫酸盐含量大于 0.2mmol/L 时，细菌利用有机质将硫酸盐还原成硫化氢时的硫同位素分馏将不受限制，最大可达 48‰；然而，当水体中的硫酸盐含量低至 0.2mmol/L 时，细菌硫酸盐还原所产生的硫同位素分馏将会受到限制 (Habicht et al., 2002)。野外自然硫酸盐还原过程的研究则表明这一分馏可达 70‰ (Canfield et al., 2010)。最新的研究发现这一硫酸盐含量的门限值及分馏程度均与具体硫酸盐还原菌种属有关 (Bradley et al., 2015)。根据保存在地层中这一硫同位素分馏记录的时空波动便可以追踪早期地球还原状态下海洋中硫酸盐含量的变化，进而可以研究早期地球海洋的氧化进程甚至水化学空间结构。在实际工作中，通常可选择硫酸盐蒸发盐或保存于**碳酸盐晶格中的微量硫酸盐** (carbonate associated sulfate, CAS) 的硫同位素组成 ($\delta^{34}S_{CAS}$) 来代表地层沉积时海水硫酸盐的同位素组成，而共生沉积黄铁矿的硫同位素组成 ($\delta^{34}S_{py}$) 则可以用来代表细菌硫酸盐还原过程所产生的硫化氢的同位素组成。二者之差 ($\Delta^{34}S$) 则用来反映细菌硫酸盐还原过程中硫同位素分馏大小。这一研究的典型例子是 Li et al. (2010) 对我国华南晚新元古代埃迪卡拉纪陡山沱组不同水深剖面所开展的硫同位素化学地层学研究。来自内陆架三峡地区九龙湾剖面 $\delta^{34}S_{py}$ 从陡山沱组底部至顶部显示了逐步变轻的过程 [图 10-12 (a)]，这一趋势与 $\Delta^{34}S$ 逐步变大的过程 [图 10-12 (b)] 共同说明了埃迪卡拉纪的华南海水中的硫酸盐含量从新元古代大冰期时期的极低的硫酸盐含量逐步开始增加，反映了埃迪卡拉纪海洋逐步氧化的过程。这与同时代的位于阿曼的 Nafan 群的硫同位素化学地层学的研究结果 (Fike et al., 2006) 是一致的，反映了埃迪卡拉纪海洋逐步氧化的全球性本质。然而研究中更为重要的发现是来自陆架边缘的湖南石门中岭剖面的 $\delta^{34}S_{py}$ 和 $\Delta^{34}S$ 记录，虽然在陡山沱组下部黑色页岩

之上（图10-12中70m以上）至顶部展示了与内陆架九龙湾剖面相似的地层趋势，但其绝对值却存在重要的差异（分别相差约30‰和约10‰）。此外，在中岭剖面陡山沱组底部黑色页岩段的$\delta^{34}S_{py}$记录却出现异常的负偏。这些现象被认为与新元古代大冰期后古海洋从陆地边缘至远洋存在水平硫酸盐梯度和由这一梯度所导致的楔状硫化水域在近岸中岭地区的动态发展有关。由于这一硫化水域沉积物中的黄铁矿更多地形成于硫酸盐可得性更高的硫化水柱，因而，其沉积物中的$\delta^{34}S_{py}$记录出现了异常负偏。这一海洋硫同位素的空间差异性解释了埃迪卡拉纪"硫化楔"型海洋化学结构的出现（Li et al., 2010）。

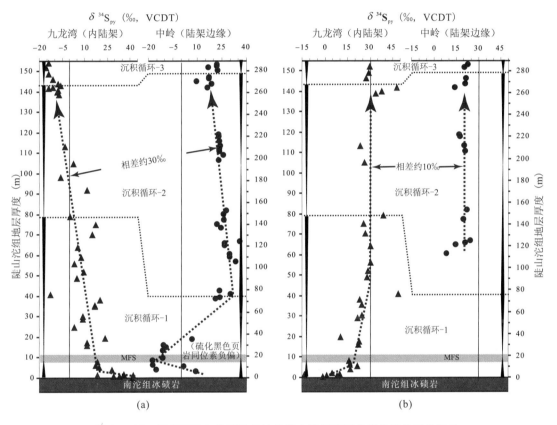

图10-12 华南新元古代埃迪卡拉纪陡山沱组硫同位素化学地层学记录
（修改自Li et al., 2010）
图中地层的对比采用了独立的层序地层学数据（沉积循环1-3）；MFS（maximum flooding surface）
代表新元古代大冰期后的最大海侵面

近年来，随着多接收杯电感耦合等离子体质谱仪（MC-ICP-MS）分析方法的改进及测试精度的提高，许多能在氧化还原地球化学过程中产生重要同位素分馏的重金属同位素（如：Fe、Cr、Mo等）也被逐步发展成为新兴的同位素化学地层学研究手段。相对于其他重金属，Mo同位素生物地球化学分馏机制相对较为清楚，因而Mo同位素组成（$\delta^{98/95}$Mo或$\delta^{97/95}$Mo）在古海洋氧化还原化学状态的研究中逐渐显示出其不可忽视的应用潜力（Cheng et al., 2015），这里给予重点介绍。

Mo在现代海洋中主要以可溶的钼酸盐（$MoO_4^{2-}$）形式存在，其同位素组成很均一[$\delta^{98/95}Mo=(2.3\pm0.1)$‰]。在海洋环境中Mo同位素的分馏主要与沉积物中铁锰（氢）氧化物吸附过程有关。铁锰(氢)氧化物吸附 Mo 的过程中,铁锰(氢)氧化物中倾向富集同位素较轻的 Mo,导致海水中 Mo 同位素偏重,以致海水和铁锰(氢)氧化物之间的分馏可达 2.9‰ (Barling & Anbar, 2004; Wasylenki et al., 2008)。在弱硫化环境([$H_2S$] < 11$\mu$M)下,海水中的 $MoO_4^{2-}$ 由于不能被完全转化为 $MoS_4^{2-}$ 从而形成较强的分馏(0.7‰~3‰)(Neubert et al., 2008)。在较强硫化环境([$H_2S$] >11$\mu$M)下,海水中的 Mo 几乎全部以颗粒硫化物($MoS_4^{2-}$)的形式迅速沉积下来,所产生的 Mo 同位素分馏极小,导致沉积物中 Mo 同位素值与海水中 Mo 同位素值大致相当(Dahl et al., 2010; Neubert et al., 2008)。因此,强硫化环境下沉积物中的 Mo 同位素组成可以用来追踪沉积时海水的 Mo 同位素组成。由于海水 Mo 同位素组成是海洋无分馏强硫化 Mo 沉积与有分馏的氧化-次氧化-弱硫化 Mo 沉积共同作用的结果。因此,越低的海水 Mo 同位素组成意味着海洋的缺氧程度就越高,硫化的海洋面积就越多。例如,Dahl et al. (2011) 对近 750Ma 的 Walcott 段硫化地层 (Chuar Group, USA) 的 Mo 同位素数据 [$\delta^{98/95}$Mo= (1.0±0.1)‰] 所做的数学模型计算表明,新元古代中期全球海洋的硫化面积可能达到 2%~4% 之多(今天海洋硫化面积大约是 0.05%)。图 10-13 是 Raiswell & Canfield (2012) 统计的元古宙以来可能的硫化地层中保存的 Mo 同位素组成分布,其中各时代的 $\delta^{98/95}$Mo 的最大值最可能代表了当时海水的同位素组成。统计显示元古宙样品中 Mo 同位素组成要比显生宙样品低很多,表明元古宙海洋比显生宙以来的海洋要缺氧硫化得多。

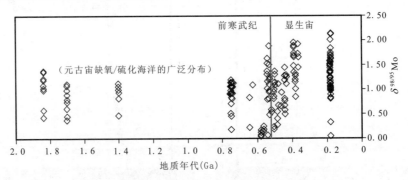

图 10-13 Mo 同位素组成的地史记录

(修改自 Raiswell & Canfield, 2012)

图中绝大部分数据来自硫化盆地沉积物。每个时期 Mo 同位素的最大值理论上可能最接近该时期海水的同位素组成

#### 10.3.2.2 特殊沉积环境的识别

地层中保存的一些同位素地层学特征还可以用来识别地质历史时期的一些特殊沉积环境。例如,海底热泉和冷泉是现代海洋中具有代表性的两种特殊沉积环境,利用同位素化学地层学的手段在一些地史时期已成功地识别出了类似的特殊沉积环境,而其中最关键的识别标志便是极低碳同位素组成。一般而言,碳酸盐岩的碳稳定同位素组成($\delta^{13}C_{carb}$)反映岩石形成时**溶解无机碳**(dissolved inorganic carbon, DIC)的碳同位素组成。由于海水中溶解大气 $CO_2$ (近 0‰VPDB)、火山喷气带来的 $CO_2$ (约 −5‰)、有机质降解形成的 $CO_2$ (通常大于 −25‰)、烃类气体氧化形成的 $CO_2$ (通常大于 −25‰) 等均可影响 DIC 的碳同位素组成,所以 $\delta^{13}C_{carb}$ 可用于示踪其碳源。在现代海底热泉和冷泉甲烷渗漏环境下,无论是甲烷

有氧氧化还是**甲烷厌氧氧化**（anaerobic oxidation of methane，AOM），产生的 $CO_2$ 或 $HCO_3^-$ 都具有极低的碳同位素值（通常小于 -25‰），导致该环境下形成的碳酸盐的碳同位素组成出现极低的负值。

新元古代大冰期之后广泛沉积的"盖帽"碳酸盐岩的 $\delta^{13}C_{carb}$ 在全球范围内普遍表现为负值（-3‰～-7‰）。Kennedy et al.（2001）首次将这一全球性负值现象归因于"雪球"地球结束后全球甲烷水合物（Methane hydrate）的分解所致。Jiang et al.（2003）在三峡地区花鸡坡剖面首次报道了碳酸盐岩微区极低的碳同位素组成（低至 -41‰），证实"盖帽"中确曾有 AOM 烙印。随后 Wang et al.（2008）在三峡地区九龙湾剖面和长阳地区王子石剖面获得了碳酸盐岩全岩尺度的极低碳同位素组成（低至 -48‰），证实甲烷渗漏事件在新元古代大冰期之后"盖帽"碳酸盐岩沉积时期可能普遍存在（图 10-14）。

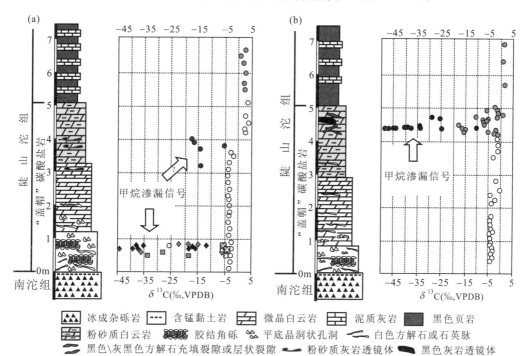

图 10-14　新元古代陡山沱组底部"盖帽"碳酸盐岩的碳、氧稳定同位素投点图
（修改自 Wang et al.，2008）

a. 九龙湾剖面；b. 王子石剖面。剖面中出现的极低碳同位素信号（$\delta^{13}C_{carb}$ < -40‰）指示其成因与甲烷的厌氧氧化作用有关，可能形成于冷泉沉积环境

### 10.3.2.3　古气候重建

古温度是古气候重建的一个重要参数。查明地质历史时期温度的变化特征对阐述古气候变化及其影响因素和探讨未来气候变化趋势具有重要意义。除了第 10.2.2.3 节介绍的有孔

虫壳体的 Mg/Ca 等可以恢复古温度外，稳定同位素化学地层学指标在古温度的恢复方面也有重要作用。这里主要介绍较为常用的氧同位素地质温度计。

氧同位素地质温度计的原理是含氧元素的矿物（方解石、磷灰石）在形成过程中与周围海水之间的氧同位素分馏作用达到平衡，这个平衡系数与温度有很好的相关性。考虑到地质历史时期的样品经历了长期成岩作用，很多矿物（如方解石）的氧同位素组成受到了后期流体中氧同位素的改造，因而其氧同位素组成并不能反映其形成时的古海水温度。生物成因的磷灰石能够很好地抵抗后期成岩作用的改造，如牙形石（一种已经灭绝了的海洋动物的器官），因而，它是目前作为氧同位素地质温度计较好的材料。

牙形石氧同位素组成分析目前主要有两种方法：一种是用湿化学方法提取牙形石中的磷酸根，进而转换成磷酸银，再用同位素质谱仪进行分析；另外一种方法是原位分析，利用二次离子质谱（SIMs）对牙形石进行原位氧同位素组成分析。目前这两种方法各有优势。在获取牙形石氧同位素组成数据之后，假设当时古海水的氧同位素组成（一般假设冰期时期海水的氧同位素值为0‰，而间冰期时期海水的氧同位素值为-1‰）之后，可以利用最新培养实验所获得的回归公式计算古海水的温度（Pucéat et al.，2010）：

$$T(℃) = 118.7 - 4.22 \times (\delta^{18}O_p - \delta^{18}O_w)$$

其中，$\delta^{18}O_p$、$\delta^{18}O_w$ 分别为牙形石和推测古海水的氧同位素值。Joachimski et al.（2012）分析了浙江煤山剖面二叠纪—三叠纪之交牙形石的氧同位素组成，发现在二叠纪生物大灭绝前表层海水的温度约为25℃，而灭绝后的表层海水温度升高至35℃左右。然而值得注意的是，温度的升高似乎要晚于二叠纪末期的生物大灭绝事件（图10-15）。为了探讨早三叠世

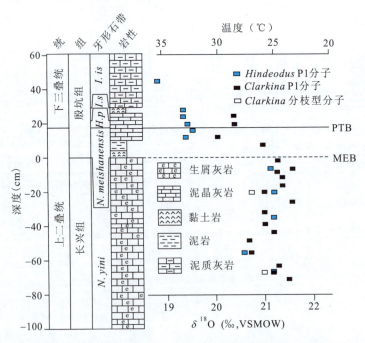

图10-15　浙江长兴煤山剖面二叠纪—三叠纪之交牙形石氧同位素组成及其所恢复的古海水温度的变化
(修改自 Joachimski et al.，2012)

牙形石生物地层据 Jiang et al.，2007。VSMOW. 维也纳标准平均大洋水；MEB. 主灭绝界线；PTB. 二叠纪—三叠纪界线。H. p 为 Hindeodus parvus；I. s 为 Isarcicella staeschei；I. is 为 I. isarcica

生物缓慢复苏的原因，Sun et al.（2012）利用牙形石的 $\delta^{18}O_p$ 系统分析了早三叠世的表层海水温度，结果表明这一时期温度经历了数次显著的变化，且在某些时期高达 40℃。如此高的温度对生物的新陈代谢有着重要的影响，进而影响着生物的复苏过程。

需要指出的是，在利用 $\delta^{18}O_p$ 进行古温度分析时，需要知道当时海水的氧同位素组成，而这是一个未知的参数。因而，该方法存在一个较大的缺陷。为了克服这一缺陷，目前有一种新的方法逐渐发展起来，即**"二元/团簇同位素"温度计**（clumped isotope paleothermometry），该方法不需要知道地质历史时期的海水氧同位素组成（Finnegan et al.，2011）。目前，该方法还处于起步阶段，还需要进一步的工作。特别是该方法要求所分析的碳酸盐与环境达到严格的同位素平衡状态，因而在选择样品的时候要非常注意，如目前已发现洞穴石笋在形成过程中与环境的同位素交换并未达到平衡状态（Daëron et al.，2011）；另外，一些生物的壳体（如深海的珊瑚、双壳类等）受生理作用的影响与环境同位素交换也未达到平衡状态（Zaarur et al.，2011）。这都阻碍了利用"二元/团簇同位素"温度计方法来恢复古温度。

## 10.4 化学地层学研究步骤、方法与注意事项

化学地层学的研究一般可分为区域地质背景调研、野外采样、室内选样碎样、化学前处理、仪器测试和数据处理与解释 6 个步骤。由于化学地层学的研究涉及的环节众多，且学科涵盖面广泛，这些都要求研究人员具有较高的科研素养和较为丰富的知识结构。此外，化学地层学所研究的对象是经历了漫长地质作用改造的复杂地质体。因此，以上任何一个环节的疏漏都将影响最终结果的正确性。下面将结合化学地层研究的 6 个主要步骤逐一介绍基本的工作方法和有关注意事项。

### 10.4.1 区域地质背景调研

开展区域地质背景的调研是确定化学地层学研究是否能够达到预期目标的关键一步。区域地质背景的调研通常包括文献资料调研和实地踏勘调研两部分。在对研究区域化学地层研究目标或科学问题确定后，通常第一步是要进行相关文献调研，包括确定研究区域是否有目标地层出露、地层岩性及保存状态如何、古地理与古构造特征如何、前人在此研究区域相关地层和相关科学问题上研究程度如何等基础信息。第二步，选择、确定目标剖面并对研究区和目标剖面开展野外踏勘，以掌握必要的实地野外相关情况。通常，如果研究人员对目标区或目标剖面较为熟悉，则实地踏勘调研这一步可以省略。总之，相关文献调研和实地踏勘的结果应该对以下两个问题能给予肯定回答方可开展下一步：①在理论上所设计的化学地层学研究是否有可能实现研究目标或解决所研究的科学问题？②所采用的化学地层学指标是否可行？例如，Li et al.（2010）采用铁组分化学和硫同位素方法对晚新元古代埃迪卡拉纪古海洋化学空间结构的重建研究，这一科学目标要求研究区出露地层在空间上具有明确的水深梯度分布且目标地层保存良好和有足够的碎屑含量。文献调研与实地调查显示我国的新元古代华南盆地陡山沱组完全能够满足以上要求，预期可以实现相关研究目标。特别需要注意的是对区域地质背景调研一定要充分。由于化学地层学的研究成本很高，且很多分析耗时费力，充分的前期调研将避免由于重复研究、无意义研究所带来的重大成本浪费。

### 10.4.2 野外采样

在野外采样之前需在前期文献和野外调研的基础上根据本研究的科学目标或科学问题制订相应的采样方案。这包括采样剖面、采样密度、样品大小等细节。这些细节在野外采样工作中可以根据实际情况给予相应修正。在野外,如果是新剖面,首先需要对采样剖面进行必要的岩石地层学测量和画出准确的岩性地层柱状图。在此基础上可以进一步修正采样方案。由于地层中化学元素和同位素的原生信息常常受成岩-后生作用改造(如温度、压力和流体等因素)以及表生氧化、风化的影响而发生变化。因此,在野外采样时应尽可能避免风化露头,尽量采集未经变质的新鲜样品。如果条件允许,应获取岩芯样品。由于不同的化学地层学指标对样品质量的要求不同,因此,具体采样标准应该视研究指标而定。例如:铁组分化学要求样品要足够新鲜且最好具有足够的碎屑含量,Mo 微量元素分析则对样品的新鲜程度要求相对较低,碳酸盐晶格中微量硫酸盐(CAS)分析则要求样品中含有足够的碳酸盐含量且样品量也相对较大。野外采样中,一个基本原则是要尽可能选取新鲜样品,且如有可能,应一次性采够所有化学地层学分析项目所需的样品量。野外采样需要有详细的野外记录,这除了包括样品编号、采样层位、样品岩性和研究用途等信息外,还需要特别注意的是,对样品采集地层的相关地质现象的记录,如沉积构造、岩性变化、地层接触界面特征、古生物化石等。这些基本地质现象将有助于后期的数据解释和相关科学问题的探讨。

### 10.4.3 室内选样碎样

通常实际分析的样品数量要比野外采集样品的数量少。在开展全面室内化学分析前需要对采集来的样品根据研究目的和分析基本要求进行筛选。每个要分析的样品都应该有明确的研究使命。在室内选样时,可以将样品按采集层位进行剖面复原,然后根据研究目标对样品进行筛选。例如,对关键变化层位通常要加大样品密度以求得数据能够反映关键层位的精细变化。进一步,根据分析指标对样品的要求对样品进行肉眼、镜下薄片观察和其他仪器观察或化学筛选,从而选择那些尽可能接近原生状态的样品作为直接的分析对象。对于苛求原生状态的碳、氧稳定同位素分析研究,最好能够伴随一对一的阴极发光和镜下观察等筛选工作。总之,只有确定了各目标样品的原生性状之后方可开展碎样工作。

元素与同位素化学地层学分析通常要求样品测试粒度在 200 目以下。我们推荐使用能够一次完成 50g 样品粉碎的盘磨仪来碎样。它的好处是一次性能够将所有足量待测样品准备完毕,且样品经过盘磨混合达到高度均一,从而避免了由于样品不均一可能导致的各类化学地层分析数据不匹配。在碎样过程中有两点需要特别注意:①大块样品在破碎至小块样品时应注意大块样品内部是否与表面一致。例如,在沉积黄铁矿硫同位素分析时,一定要确认每一小块样品不能含有肉眼可见的黄铁矿条带或颗粒(后期成岩过程来源),否则所得数据就不能如实反映样品沉积时水体形成黄铁矿的硫同位素组成。②避免碎样过程对样品的污染。这包括碎样器具对样品的污染和样品之间交叉污染两部分。对于一些元素化学地层学分析要特别注意盘磨仪磨盘材质的选择,应避免磨盘材质含有大量目标元素。例如,对于微量元素的分析,最好选择刚玉材质磨盘。不同样品之间应彻底清洗研磨器具以确保将样品之间交叉污染的可能性降至最低。

## 10.4.4 化学前处理

化学前处理是样品上机测试的前提。不到位的化学前处理常常是导致化学地层学研究得出错误结论的原因之一。每一种发展成熟的化学地层学指标应该都有其一套标准的化学前处理方法。尽管如此，化学前处理要求研究人员具有较扎实的化学功底和实验操作技能，而这往往是地质工作者的弱项。在实际工作中，化学前处理连同后续的仪器测试通常都交由或前往相关专业实验室完成。然而，需要特别注意的是无论是送样人员还是研究人员自行分析，研究人员都应该对目标指标的化学分析过程和原理有较为清楚的了解，这对于判断所获得数据的可靠性具有重要的意义。通常化学前处理分析应该有空白样、标准样、重复样等质量控制手段以确保化学前处理的可靠性。

## 10.4.5 仪器测试

仪器测试是获得原始数据的重要环节。与样品化学前处理一样，不准确的仪器测试也常常是导致化学地层学研究得出错误结论的原因之一。因此，仪器测试部分应该在专业实验室完成。由于不同仪器具有不同的测试范围、准确度和精确度，不同指标测试应选择合适的分析仪器。通常情况下，质量数较小的元素的同位素分析采用同位素比值质谱（IRMS）分析，而质量数较大的重金属元素的同位素则采用多接收杯等离子体质谱（MC‐ICP‐MS）分析；固体样品中主量元素分析常采用X射线荧光光谱（XRF）。一般情况下，手持式XRF（能量色散型）则能满足主量元素的半定量分析，而准确的主量元素分析需要经过熔片后通过台式XRF（波长色散型）测定。液体样品中主量元素可以采用原子吸收光谱（AAS）、原子发射光谱（AES）等仪器测定，由于AAS每次只可以测定一种元素，因此，通常只适用于待分析元素数量较少的样品；ICP‐AES则可以实现多元素的同时分析。痕微量元素含量（例如稀土元素等）与同位素分析等则需要等离子质谱（ICP‐MS），甚至多接收杯等离子体质谱来分析。无论何种仪器分析，同化学前处理一样，整个分析过程需要有空白样、标准样、重复样等质量控制手段以确保仪器分析结果的可靠性。当然，元素及同位素分析仪器的选择还是要具体情况具体分析，需要根据样品中待测元素的浓度范围、基质情况等选择合适的分析仪器。

## 10.4.6 数据处理与解释

当获取化学地层学原始数据后，应对原始数据进行如下步骤的处理：①对数据的分析质量给予判断。这主要依靠化学前处理和仪器分析时的质量控制结果。例如：空白样是否有重要本底，标准样的精确度与准确度如何，重复样重现性如何等。②当数据分析质量过关后，对获得的数据进行内部与外部合理性检查。这一判断将有助于了解所获得的原始数据是否反映了样品的原始信息。不同的化学地层学指标判断的方式各不相同。例如，判断碳酸盐碳同位素地层学数据是否含有成岩作用改造的信号，通常要检查所获得的碳、氧同位素数据之间是否有明确的正相关性等。③当原始数据被证明确实反映地层沉积时的原始信号后，便可以结合具体的研究目标和科学问题对其进行相应处理和解释。一般情况下，会首先将获得的数据对地层深度绘制关系曲线，以判断化学信号的地层学特征，进而对地层沉积序列、沉积环境及其区域空间对比进行更深入的研究，最后对其所研究的科学问题给予回答。在数据解释方面需要特别注意两点：①由于地层元素与同位素化学属性具有强烈的空间差异性，因此，对以往通过单一剖面研究便得出区域甚至全球性结论的做法应该持谨慎态度；②由于化学地层学数据本身具有多解性，且还可能受多种因素影响而不能正确反映地层沉积时的原始信息，因此，化学地层学的数据应该结合其他地层学的数据，如岩石地层学、年代地层学、生物地层学的数据等来共同讨论，只有这样得出的结论才更客观、更可靠。

## 10.5 结语：化学地层学的优缺点与展望

相对于其他地层学手段，化学地层学其突出的优势在于其可以使用的化学指标丰富多样且通常可以实现较高的地层分辨率。然而，化学地层学研究的问题和困难也很突出，主要表现在：①保存于地层中的原始化学信号易被后期成岩、变质和表生过程所改变或者被分析过程中不恰当的化学处理与仪器测试所扭曲；②研究过程繁琐、很多分析费时耗力且成本高昂；③数据解释强烈依赖于研究人员的学术水平等。这些困难与问题要求研究人员具有极高的综合素质以防止研究各环节中出现遗漏或偏差。因此，在广泛开展化学地层学的研究和应用的同时，化学地层学工作者应清楚地认识到这一研究工作中的薄弱环节，主动规避测试风险，努力提高研究水平。

化学地层学近30年的快速发展得益于两方面：①相关元素、同位素地球化学理论的快速发展和完善；②相关实验技术和设备的创新与发展。随着人类探索地球奥秘的不断深入和随着各种精密、灵敏、高效测试仪器与技术的开发研制，微区、微量分析（X射线荧光分析、等离子光量计、精密质谱仪、电子探针等），实验模拟技术的不断深化以及计算机技术的广泛应用，化学地层学研究将更加趋于定量化和模型化，对区域地层的划分、对比和成因解释也将更趋向客观、合理，对探索地球演化规律、预测地球环境变化和人类可持续发展将发挥更大作用。

## 参 考 文 献

陈道公，支霞臣，杨海涛.地球化学［M］.合肥：中国科学技术大学出版社，1994：286-314.
陈晋镳，张惠民，朱士兴，等.蓟县震旦亚界的研究［M］.//中国震旦亚界.天津科学技术出版社，1980：56-114.
程安进.安徽巢县二叠纪地层的硼镓含量及硼镓比［J］.地层学杂志，1994，18（4）：209-300.
侯德封.地层的地球化学概念［J］.地质科学，1959a（3）：68-77.
侯德封.化学地理及化学地史［J］.地质科学，1959b（10）：290-296.
秦正永.化学地层学的兴起及其应用前景［J］.地质论评，1991，37（3）：265-273.
王益友，郭文莹，张国栋.几种地球化学标志在金湖凹陷阜宁群沉积环境中的应用［J］.同济大学学报，1979，2：51-59.
王益友，吴萍.江浙海岸带沉积物的地球化学标志［J］.同济大学学报，1983，4：79-87.
王自强，尹崇玉，高林志，等.用化学地层学研究新元古代地层划分和对比［J］.地学前缘，2006，13（6）：268-279.
吴瑞棠，王治平.地层学原理［M］.北京：地质出版社，1994：107-116.
徐建，李建如，乔培军.有孔虫$Mg/Ca$温度计研究进展——盐度影响及校正［J］.地球科学进展，2011，26：997-1005.

叶连俊,范德廉,杨哈莉,等. 华北地区震旦系、寒武系和奥陶系化学地史 [J]. 地质科学,1964 (3): 211-236.

Algeo T J, Chen Z, Fraiser M L et al. Terrestrial-marine teleconnections in the collapse and rebuilding of Early Triassic marine ecosystems [J]. Palaeogeography, Palaeoclimatology, Palaeoecology, 2011, 308: 1-11.

Algeo T J, Maynard J B. Trace element behavior and redox facies in core shales of Upper Pennsylvanian Kansas-type cyclothems [J]. Chemical Geology, 2004, 206: 289-318.

Anbar A D, Knoll A H. Proterozoic ocean chemistry and evolution: A bioinorganic bridge [J]. Science, 2002, 297: 1137-1142.

Anbar A D, Duan Y, Lyons T W et al. A whiff of oxygen before the Great Oxidation Event? [J]. Science, 2007, 317: 1903-1906.

Arnold G L, Anbar A D, Barling J et al. Molybdenum isotope evidence for widespread anoxia in mid-Proterozoic oceans [J]. Science, 2004, 304: 87-90.

Barling J, Anbar A D. Molybdenum isotope fractionation during adsorption by manganese oxides [J]. Earth and Planetary Science Letters, 2004, 217: 315-329.

Bottrell S H, Newton R J. Reconstruction of changes in global sulfur cycling from marine sulfate isotopes [J]. Earth-Science Reviews, 2006, 75: 59-83.

Bradley A S, Leavitt W D, Schmidt M et al. Patterns of sulfur isotope fractionation during microbial sulfate reduction [J]. Geobiology, 2015, doi: 10.1111/gbi.12149, in press.

Canfield D E. A new model for Proterozoic ocean chemistry [J]. Nature, 1998, 396: 450-453.

Canfield D E, Poulion S W, Knoll A H et al. Ferruginous conditions dominated later Neoproterozoic deep-water chemistry [J]. Science, 2008, 321 (5891): 949-952.

Canfield D E, Farquhar J, Zerkle A L. High isotope fractionations during sulfate reduction in a low-sulfate euxinic ocean analog [J]. Geology, 38: 415-418.

Cao C Q, Love G D, Hays L E et al. Biogeochemical evidence for euxinic oceans and ecological disturbance presaging the end-Permian mass extinction event [J]. Earth and Planetary Science Letters, 2009, 281: 188-201.

Cheng M, Li C, Zhou L et al. Mo marine geochemistry and reconstruction of ancient ocean redox states [J]. Science China: Earth Sciences, 2015, 58 (12): 2123-2133.

Claypool G E, Holser W T, Kaplan I R et al. The age curves of sulfur and oxygen isotopes in marine sulfate and their mutual interpretation [J]. Chemical Geology, 1980, 28: 199-260.

Daëron M, Guo W, Eiler J et al. $^{13}C^{18}O$ clumping in speleothems: Observations from natural caves and precipitation experiments [J]. Geochimica et Cosmochimica Acta, 2011, 75: 3303-3317.

Dahl T W, Anbar A D, Gordon G W et al. The behavior of molybdenum and its isotopes across the chemocline and in the sediments of sulfidic Lake Cadagno, Switzerland [J]. Geochimica et Cosmochimica Acta, 2010, 74: 144-163.

Dahl T W, Canfield D E, Rosing M T et al. Molybdenum evidence for expansive sulfidicwatermasses in 750Ma oceans [J]. Earth and Planetary Science Letters, 2011, 311: 264-274.

Elderfield H, Ganssen G. Past temperature and $\delta^{18}O$ of surface ocean waters inferred from foraminiferal Mg/Ca ratios [J]. Nature, 2000, 405: 442-445.

Fike D A, Grotzinger J P, Pratt L M et al. Oxidation of the Ediacaranocean [J]. Nature, 2006, 444: 744-747.

Finnegan S, Bergmann K, Eiler J M et al. The Magnitude and Duration of Late Ordovician-Early Silurian

Glaciation [J]. Science, 2011, 331: 903-906.

Frei R, Gaucher C, Poulton S W et al. Fluctuations in Precambrian atmospheric oxygenation recorded by chromium isotopes [J]. Nature, 2009, 461: 250-253.

Guilbaud R, Poulton S W, Butterfield N J et al. A global transition to ferruginous conditions in the early Neoproterozoic oceans [J]. Nature Geoscience, 2015, 8: 466-470.

Habicht K S, Gade M, Thamdrup B et al. Calibration of sulfate levels in the Archean ocean [J]. Science, 2002, 298: 2372-2374.

Hammarlund E U, Dahl T W, Harper D A T et al. A sulfidic driver for the end-Ordovician mass extinction [J]. Earth and Planetary Science Letters, 2012, 331-332: 128-139.

Hoffman P F, Kaufman A J, Halverson G P et al. A Neoproterozoic snowball Earth [J]. Science, 1998, 281: 1342-1346.

Hurtgen M, Halverson G, Arthur M et al. Sulfur cycling in the aftermath of a Neoproterozoic (Marinoan) snowball glaciation: evidence for a syn-glacial sulfidic deep ocean [J]. Earth and Planetary Science Letters, 2006, 245: 551-570.

Jiang G, Kennedy M J, Christie-Blick N. Stable isotopic evidence for methane seeps in Neoproterozoic postglacial cap carbonates [J]. Nature, 2003, 42: 822-826.

Jiang H S, Lai X L, Luo G M et al. Restudy of conodont zonation and evolution across the P/T boundary at Meishan Section, Changxing, Zhejiang, China [J]. Global and Planetary Change, 2007, 55 (1): 39-55.

Joachimski M M, Lai X L, Shen S Z et al. Climate warming in the latest Permian and the Permian-Triassic mass extinction [J]. Geology, 2012, 40: 195-198.

Kampschulte A, Strauss H. The sulfur isotopic evolution of Phanerozoic seawater based on the analysis of structurally substituted sulfate in carbonates [J]. Chemical Geology, 2004, 204: 255-286.

Kaufman A J, Johnston D T, Farquhar J et al. Late Archean biospheric oxygenation and atmospheric evolution [J]. Science, 2007, 317: 1900-1903.

Kennedy M J, Christie-Blick N, Sohl L E. Are proterozoic cap carbonates and isotopic excursions a record of gas hydrate destabilization following Earth's coldest intervals? [J]. Geology, 2001, 29: 443-446.

Kennett J P, Cannariato K G, Hendy I L et al. Carbon isotopic evidence for methane hydrate instability during Quaternary interstitials [J]. Science, 2000, 288: 128-133.

Lear C H, Elderfield H, Wilson P A. Cenozoic deep-sea temperatures and global ice volumes from Mg/Ca in benthic foraminiferal calcite [J]. Science, 2000, 287: 269-272.

Li C, Cheng M, Algeo T J et al. A theoretical prediction of chemical zonation in early oceans (>520Ma) [J]. Science China: Earth Sciences, 2015, 58: 1901-1909.

Li C, Love G D, Lyons T W et al. A stratified redox model for the Ediacaran ocean [J]. Science, 2010, 328: 80-83.

Li C, Love G D, Lyons T W et al. Evidence for a redox stratified Cryogenian marine basin, Datangpo Formation, South China [J]. Earth Planetary Science Letter, 2012, 331: 246-256.

Li C, Planavsky N J, Love G D et al. Marine redox conditions in the middle Proterozoic ocean and isotopic constraints on authigenic carbonate formation: Insights from the Chuanlinggou Formation, Yanshan Basin, North China [J]. Geochimica et Cosmochimica Acta, 2015a, 150: 90-105.

Luo G M, Kump L R, Wang Y B et al. Isotopic evidence for an anomalously low oceanic sulphate concentration following end-Permian mass extinction [J]. Earth and Planetary Science Letters, 2010, 300: 101-111.

Luo G, Wang Y, Algeo T J et al. Enhanced nitrogen fixation in the immediate aftermath of the latest Permian marine mass extinction [J]. Geology, 2011, 39: 647-650.

McFadden K A, Huang J, Chu X et al. Pulsed oxidation and biological evolution in the Ediacaran Doushantuo Formation [J]. Proceedings of the National Academy of Sciences, 2008, 105: 3197-3202.

McLennan S M. On the geochemical evolution of sedimentary rocks [J]. Chemical Geology, 1982, 37: 335-350.

Musashi M, Isozaki Y, Koike T et al. Stable carbon isotope signature in mid-Panthalassa shallow-water carbonates across the Permo-Triassic boundary: evidence for $^{13}C$-depleted superocean [J]. Earth and Planetary Science Letters, 2001, 191: 9-20.

Nesbitt H W, Young G M. Early Proterozoic climates and plate motions inferred from major element chemistry of lutites [J]. Nature, 1982, 299: 715-717.

Neubert N, Nagler T F, Bottcher M E. Sulfidity controls molybdenum isotope fractionation into euxinic sediments: evidence from the modern Black Sea [J]. Geology, 2008, 36: 775-778.

Partin C A, Bekker A, Planavsky N J et al. Large-scale fluctuations in Precambrian atmospheric and oceanic oxygen levels from the record of U in shales [J]. Earth Planet Science Letter, 2013, 369-370: 284-293.

Paytan A, Kastner M, Campbell D et al. Seawater sulfur isotope fluctuations in the Cretaceous [J]. Science, 2004, 304: 1663-1665.

Paytan A, Kastner M, Campbell D et al. Sulfur isotopic composition of Cenozoic seawater sulfate [J]. Science, 1998, 282: 1459-1462.

Planavsky N J, Reinhard C T, Wang X et al. Low Mid-Proterozoic atmospheric oxygen levels and the delayed rise of animals [J]. Science, 346: 635-638

Poulton S W, Canfield D E. Ferruginous Conditions: A dominant feature of the ocean through Earth's history [J]. Elements, 2011, 7: 107-112.

Poulton S W, Fralick P W, Canfield D E. Spatial variability in oceanic redox structure 1.8 billion years ago [J]. Nature Geoscience, 2010, 3: 486-490.

Pucéat E, Joachimski M M, Bouilloux A et al. Revised phosphate-water fractionation equation reassessing paleotemperatures derived from biogenic apatite [J]. Earth and Planetary Science Letters, 2010, 298: 135-142.

Raiswell R, Canfield D E. Sources of iron for pyrite formation in marine sediments [J]. Am J Sci, 1998, 298: 219-245.

Raiswell R, Canfield D E. The history of the iron biogeochemical cycle [M].//Geochemical Perspectives, vol. 1, The Iron Biogeochemical Cycle Past and Present. edited by L. G. Benning, Chapter 9, 2012, 136.

Reinhard C T, Raiswell R, Scott C et al. A late Archean sulfidic sea stimulated by early oxidative weathering of the continents [J]. Science, 2009, 326: 713-716.

Saltzman M R. Phosphorus, nitrogen, and the redox evolution of the Paleozoic oceans [J]. Geology, 2005, 33: 573-576.

Saltzman M R, Young S A. A long-lived glaciation in the Late Ordovician? Isotopic and bathymetric evidence from western Laurentia [J]. Geology, 2005, 33: 109-112.

Sarkar A, Yoshioka H, Ebihara M et al. Geochemical and organic carbon isotope studies across thecontinental Permo-Triassic boundary of RaniganjBasin, eastern India [J]. Palaeogeography, Palaeoclimatology, Palaeoecology, 2003, 191: 1-14.

Scott C, Lyons T W, Bekker A et al. Tracing the stepwise oxygenation of the Proterozoic ocean [J]. Nature, 2008, 452: 456-459.

Scott C, Lyons T W, Bekker A et al. Tracing the stepwise oxygenation of the Proterozoic ocean [J]. Nature, 2008, 452: 456-459.

Sheehan P M. The Late Ordovician mass extinction [M]. Annual Review of Earth and Planetary Sciences, 2001, 29: 331-364.

Shen Y, Knoll A H, Walter M R. Evidence for low sulphate and anoxia in a mid-Proterozoic marine basin [J]. Nature, 2003, 423: 632-635.

Strauss H. The isotopic composition of sedimentary sulfur through time [J]. Palaeogeography, Palaeoclimatology, Palaeoecology, 1997, 132: 97-118.

Sun Y D, Joachimski M M, Wignall P B et al. Lethally hot temperatures during the Early Triassic greenhouse [J]. Science, 2012, 338: 366-370.

Swanson-Hysell N, Rose C V, Calmet C C et al. Cryogenian glaciations and the onset of carbon-isotope decoupling [J]. Science, 2010, 328: 608-611.

Tahata M, Ueno Y, Ishikawa T et al. Carbon and oxygen isotope chemostratigraphies of the Yangtze platform, South China: decoding temperature and environmental changes through the Ediacaran [J]. Gondwana Research, 2013, 23 (1): 333-353.

Wang H Y, Li C, Hu C Y et al. Spurious thermoluminescence characteristics of the Ediacaran Doushantuo Formation (ca. 635-551 Ma) and its implications for marine dissolved organic carbon reservoir [J]. Journal of Earth Science, 2015, 26 (6): 883-892.

Wang J, Jiang G, Xiao S et al. Carbon isotope evidence for widespread methane seeps in the ca. 635 Ma Doushantuo cap carbonate in South China [J]. Geology, 2008, 36 (5): 347-350.

Wasylenki L E, Rolfe B A, Weeks C L et al. Experimental investigation of the effects of temperature and ionic strength on Mo isotope fractionation during adsorption to manganese oxides [J]. Geochim. Cosmochim. Acta, 2008, 72: 5997-6005.

Yan D T, Chen D Z, Wang Q C et al. Carbon and sulfur isotopic anomalies across the Ordovician-Silurian boundary on the Yangtze Platform, South China [J]. Palaeogeography, Palaeoclimatology, Palaeoecology, 2009, 274: 32-39.

Yan D T, Chen D Z, Wang Q C et al. Large-scale climatic fluctuations in the latest Ordovician on the Yangtze block, south China [J]. Geology, 2010, 38: 599-602.

Zaarur S, Olack G, Affek H P. Paleo-environmental implication of clumped isotopes in land snail shells [J]. Geochimica et Cosmochimica Acta, 2011, 75: 6859-6869.

Zhang T, Shen Y, Zhan R et al. Large perturbations of the carbon and sulfur cycle associated with the Late Ordovician mass extinction in South China [J]. Geology, 2009, 37: 299-302.

Zhao Y, Zheng Y, Chen F. Trace element and strontium isotope constraints on sedimentary environment of Ediacaran carbonates in southern Anhui, South China [J]. Chemical Geology, 2009, 265: 345-362.

Zhu M, Lu M, Zhang J et al. Carbon isotope chemostratigraphy and sedimentary facies evolution of the Ediacaran Doushantuo Formation in western Hubei, South China [J]. Precambrian Research, 2013, 225: 7-28.

Zhu M, Zhang J, Yang A. Integrated Ediacaran (Sinian) chronostratigraphy of South China [J]. Palaeogeography Palaeoclimatology Palaeoecology, 2007, 254: 7-61.

## 关键词与主要知识点-10

化学地层学 chemostratigraphy, chemical stratigraphy

大氧化事件 great oxidation event

总有机碳 total organic carbon (TOC)

甲烷水合物 methane hydrate

主量元素 major element

微量元素 trace element

稀土元素 rare earth element (REE)

铁组分分析 iron speciation

同位素地层学 isotope stratigraphy

地质测年学 geochronometry

稳定同位素地层学 stable isotope stratigraphy

最大海侵面 maximum flooding surface

化学蚀变指数 chemical alternation index (CAI)

美国南卡罗莱纳州白垩系皮狄组箭石 C/O 同位素 Vienna *Belemnitella* in Pee Dee Formation (VPDB)

美国亚利桑那州迪亚布洛峡谷的陨硫铁中 S 同位素 Vienna Canyon Diablo Troilite (VCDT)

碳酸盐晶格硫酸盐 carbonate associated sulfate (CAS)

溶解无机碳 dissolved inorganic carbon (DIC)

甲烷厌氧氧化 anaerobic oxidation of methane (AOM)

"二元/团簇同位素"温度计 clumped isotope paleothermometry

# 第11章 事件地层学

## 11.1 事件地层学的基本概念

**事件地层学**（event stratigraphy）是指根据灾变或突变事件划分和对比地层（吴瑞棠等，1989）。地层划分对比是事件地层学的中心任务，地层划分对比不能靠"推测的地质事件"，而是根据地质事件及其地层记录。事实上，任何地质事件总是会通过沉积特征、地球化学特征或古生物特征等在地层中留下印记，经过深入细致的研究是可以被认识和确定的。显然，最为理想的地层对比是大区域甚至全球范围的"等时"对比。因此，在选择可供大区域等时对比的地质事件时，应首选那些大范围（甚至全球范围）分布的、突发性的（甚至是灾变的）、短暂（甚至是瞬时的）分布的、能在地层中留下可被识别的某种印记的地质事件（Einsele，1991）。综上所述，事件地层学可以表述为：利用能在地层中留下某种印记并可被识别的较大范围分布的等时地质事件来划分对比地层，称为事件地层学（张克信等，2003）。

涉及沉积岩石的现代地质学分析，需要建立起高分辨率年代地层格架，这种高分辨率除了充分利用综合对比各种地层学、地球化学和古生物学资料，还应着重考虑到短期等时现象（10万年或更短）的识别。这种短期现象可能是外星成因的、构造成因的、海洋成因的、气候成因的、生物成因的等。近20年来，地层学领域越来越重视运用区域性或全球性分布的短期突发性事件形成的"事件沉积物"作为一种更为精确的区域和全球等时对比的新方法，以弥补传统地层划分与对比之不足（Kauffman，1988；Yin et al.，2001），积极配合生物地层、同位素年代地层和磁性地层等多重地层学方法，广泛应用各种各样的短期突发性事件资料来建立和优化高分辨率年代地层格架，是地层学中的一次大革命，即**高分辨率事件地层学**（high-resolution event stratigraphy）。高分辨率事件地层学的主要目的是：利用等时或近等时面（层）为基础，建立区域和跨区域的地层划分对比方法。如果有足够的资料，以这种等时面（层）为基础的划分对比完全可以分辨出10万年或更短的时间间隔。如在北美西部内陆盆地的中、晚白垩世地层中已经达到了这一分辨率，那里有1300个火山灰（膨润土）层，几百个气候旋回层和许多其他事件单位，可以把该区域的海相记录均分成40 000～50 000年事件单位（Kauffman，1988）。

## 11.2 事件地层学建立的理论基础

事件地层学建立的理论基础是"新灾变论"和"突变观"。

**新灾变论**（neo-catastrophism）：新灾变论最初为德国著名古生物学家Schindewolf（1954）提出，他把地史时期（生物）大灭绝（mass extinction）与宇宙间超新星爆发这种

"天外横祸"相联系。1980年，Alvarez et al. 发现中、新生代界线黏土层富铱（Alvarez，1980），提出小行星撞击地球导致大灭绝，引起强烈反响，使新灾变论很快波及到整个地学界。新灾变论的主要内容是：在宇宙和地球演化中出现过一系列灾变事件，如超新星爆发，外星体撞击地球，地球磁极倒转，大规模火山爆发等；特点是瞬时、高能、突发和剧变；同时引起生物大灭绝，导致灾变成矿等。灾变普遍存在于事物发展的全过程中，是宇-地的一种基本现象，对新事物诞生和旧事物消亡起主要作用。由于居维叶已提出过灾变论，故现代所说的灾变论称为新灾变论。它与旧灾变论的区别：一是强调宇宙因素；二是完全抛弃了神创观（殷鸿福等，1993）。

新灾变论思潮猛烈冲击了地学中统治达1个世纪之久的渐变论，开辟了地学新思路（殷鸿福，1986）。事件地层学的提出和崛起，主要起因于利用突发的甚至灾变性的特殊事件去划分、对比地层。McLaren（1983）将地质界线区分为两类：一类是"**平静界线**"（smooth boundary），即通过界线没发生突变或灾变性事件；另一类是在界线处发生过剧烈的突发性事件，称"**事件界线**"（event boundary）。据现有资料，在前寒武系—寒武系（pre$\epsilon$—$\epsilon$）、寒武系—奥陶系（$\epsilon$—O）、奥陶系—志留系（O—S）、泥盆系的弗拉阶—法门阶（F—F）、泥盆系—石炭系（D—C）、二叠系—三叠系（P—T）、三叠系—侏罗系（T—J）、中侏罗统—上侏罗统（$J_2$—$J_3$）、侏罗系—白垩系（J—K）、塞诺曼阶—土仑阶（Cen—Tur）、白垩系—古近系（K—E）、始新统—渐新统（$E_2$—$E_3$）、新近系—第四系（N—Q）、下更新统—中更新统（$Q_1$—$Q_2$）、上更新统—全新统（$Q_3$—$Q_4$）等重要的年代地层界线上或多或少地发生过某种等级的灾变性事件，其中以pre$\epsilon$—$\epsilon$，F—F，P—T，K—E和$E_2$—$E_3$五条事件界线最为引人注目（Raup et al.，1982；Raup，1986；张克信等，1989；殷鸿福等，1993）。在许多界线上往往是多种事件并存，如K—E界线可能存在天体撞击、火山爆发、全球森林大火、古气候突变、海平面升降和生物大灭绝多种灾变事件的复合现象（Alvarez et al.，1980；许靖华，1980；Kump，1991；Pope，2002），可以称作是一个包括许多灾变事件并发的灾变事件群。

**突变观**（saltatory evolution）：当前地学领域中流行的新灾变论、间断平衡论、幕式沉积说及间断加积旋回说等，都是以"突变观"为基础，而且是与事件地层学关系十分密切的几个方面。灾变是突变的一种极端形式。突变是一种非连续的跳跃式的变化（吴瑞棠等，1989）。基于这一原理，对地层格架的形成和地层格架所反映的自然历史本质，可用"突变观"的非均变的哲学观点进行探讨和阐述，从"突变观"出发，地层格架的形成（包括无机界和有机界）不是均变的，而是间断地跳跃式形成的。正如Dott（1983）指出："在许多地层序列中，间断代表的时间要比保存的地层所代表的时间长。"事件地层学之所以能显示出强大的生命力，关键所在是用突发性事件划分对比地层能大大提高精度（Einsele，1991），这是因为突发性事件具有瞬时、大区域或全球等时、不受岩相控制、特征明显易辨认等优点，如白垩系—古近系事件界线和二叠系—三叠系事件界线（殷鸿福等，1993；张克信等，2004）。

# 11.3 事件的种类、事件地层单位及特征

## 11.3.1 事件的种类

习惯上，人们据灾变和突变事件起因于地球自身还是起因于地球外部环境，将事件区分

为**地内事件**（events caused by the Earth's interior）（起因于地球自身）和**地外事件**（events caused by the Earth's outer）（起因于地球外部环境）。常见的地内和地外事件见表 11-1。

表 11-1 常见的地内和地外事件

| 事 件 | | 资料来源 |
| --- | --- | --- |
| 地内事件 | 磁极反转 | Uffen, 1963 |
| | 海平面变化 | Newell, 1967 |
| | 温度变化 | Valentine, 1973 |
| | 盐度变化 | Beurlen, 1965 |
| | 海水酸化 | 许靖华等, 1982 |
| | 缺氧事件 | McAlester, 1970 |
| | 有害金属元素 | Cloud, 1959 |
| | 火山爆发 | Vogt, 1972 |
| | 全球性森林大火 | Wolbach et al., 1985 |
| | 天然气水合物（甲烷气）释放 | Berner, 2002 |
| | 富营养化 | Murphy et al., 2000 |
| | 遗传调节——奇蒂学说 | Chitty, 1955 |
| | 竞争排斥（如物种入侵）——高斯假说 | Gause, 1934 |
| 地外事件 | 超新星爆发 | Schindewolf, 1954 |
| | 太阳耀斑 | Reid, 1973 |
| | 银河年 | ΦNPCOB, 1977 |
| | 大陨石或小行星撞击 | De Laubenfels, 1956; Alvarez et al., 1980 |
| | 彗星撞击 | Urey, 1973；许靖华, 1980 |

徐道一等（1998）提出把"灾变"与"突变"相区分，可以将事件划分为突变事件和灾变事件两大类。他们认为，**突变事件**（saltatory event）是事物在渐变中发生突然变化而产生的，它与事物变化的内因（渐变）有密切联系；**灾变事件**（catastrophic event）则与事物本身的渐变过程关系很少或几乎没有，主要与事物的外因有关。灾变和突变两者都形成突然变化的后果，但其成因有较大区别。

Walliser（1984）提出，由于各种事件的相互联系和相互影响（图 11-1），要区分**起因事件**（leading event）和**终极事件**（ultimate event）。原发事件可导致新事件产生，如天体撞击或火山爆发事件可导致终极生物大灭绝事件和终极岩石事件（如界线层地球化学异常、特殊的界线黏土岩层等）。Walliser 认为，进行事件地层学研究必须抓住生物事件和岩石事件这两条线索，探讨导致这些事件产生的起因事件，如板块运动、天体撞击等。

张克信等（1989）、杨遵仪等（1991）在研究华南二叠纪—三叠纪过渡期地质事件时，将 P—T 重大转折期的地质事件区分为起因事件、派生事件和终极事件三大类，认为 P—T 之交由全球海平面大幅度升降与大规模火山爆发这两个起因事件引发了一系列**派生事件**（tributary event），主要有生态域更变事件、缺氧事件、盐度变化事件、温度升降事件、海水酸化事件以及毒物污染事件等，多种派生事件在时间和空间上相互叠加或复合，最终导致

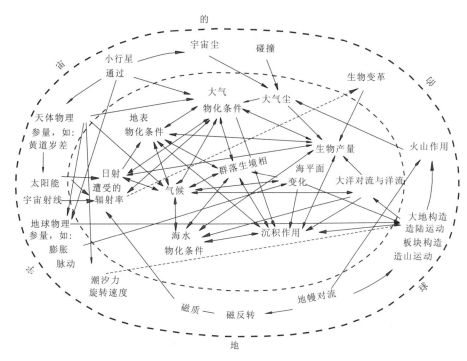

图 11-1 导致全球事件的各种作用的相互关系及可能原因
(据 Walliser, 1984)

了地史上最大的一次生物大绝灭事件（终级事件）。

许多学者（Kauffman, 1988; Einsele, 1991; Kauffman et al., 1991; 张克信等, 1996, 2003）据在地层序列（或剖面）中可以识别的短期等时（或近等时）事件层（或面）的成因或驱动机制，划分出**沉积事件、化学事件、生物事件、复合事件** 4 种突变或灾变事件。

### 11.3.2 事件地层单位及其特征

从地层划分对比的实用角度出发，可与沉积事件、化学事件、生物事件和复合事件相对应，划分出 4 类事件地层单位：沉积事件单位、化学事件单位、生物事件单位和复合事件单位。

**沉积事件单位**（unit representing sedimentary events）沉积事件单位又称**物理事件单位**（unit representing physical events）(Kauffman, 1988)，包括火山灰沉积物（理论和实践中最可靠的事件单位）、大面积广布的火山岩流、区域性河道化和冲蚀事件、特大风暴层、密度流层、区域性跌积-沉积间断面、快速形成的海进假整合面（穿时的，但是在许多情况下是短期的）和陨石冲击碎屑层等。当今许多地层学家已经认识到，沉积盆地中毫米到米级的短期等时突发性他生旋回沉积事件往往比传统地质学中流行的以均变论思潮为依据的自生旋回沉积普遍。在盆地相细粒沉积物中，短期事件沉积物实际上在地层记录中可以占支配地位，大多数短期事件沉积物反映出他生旋回机制，如快速区域构造运动，海啸，火山爆发作用，洋流迅速变动及分层现象，巨大的风暴事件，短期气候旋回，较大的气候干扰事件沉积等。这些现象代表的沉积物基本上是同时或近同时的,它们大多数可看作"地质上瞬时的",代表了几小时到 10 万年的时间,因而构成了一种以真实资料为基础的实用年代事件地层学。

**化学事件单位**(unit representing chemical events)化学事件单位是通过在剖面上厘米级至米级进行取样测定,对每段的化学成分,如有机碳($C_{org}$)、无机碳($C_{carb}$)、$^{18}O$、Sr 和 S 同位素、稀有金属和贵金属等进行分析。这些分析结果可显示出有两种化学地层事件:①化学分析数据出现异常幅度的、可进行区域对比的短期漂移;②比较长期的、化学成分有异常的间隔分界面(例如代表快速的区域分层作用和海水柱的分层被迅速破坏的缺氧或贫气事件)。化学地层事件还包括化学沉淀层,如在海底上形成的氧化硅凝胶而造成的原生燧石层以及类似的沉积物。大量的资料证明,某些稳定的灰岩带、灰岩-菱铁矿带、菱铁矿带、白云岩带,甚至某些褐铁矿团块和结核带,如与稳定的火山灰层相比较,在区域上占有各自的相对稳定的地层位置。这表明,这些带的形成主要是受区域性(他生旋回性)短期沉积作用控制的,可以作为一种化学事件地层单位。

**生物事件单位**(unit representing biological events)生物事件单位是代表生态事件、进化事件和灭绝事件的沉积单元。常见的生物事件有全球性生物群的大灭绝和区域性短期进化、移栖、繁殖、大死亡事件。因此,生物事件单位是不时被打断的进化事件。生物事件单位可以代表大灭绝的具体阶段,也可以代表反映出在长期缺氧后污浊的海底发生充氧的生物快速扩散事件和集群事件。与水体的快速运动有关的生物迁入或迁出事件、种群"爆发"和产生某种独特沉积物(如有孔虫软泥)的繁殖事件等。

**复合事件单位**(unit representing composite events)并不是所有的事件地层单位(或面)都可以直接归入以上三大类中的某一类。有些事件地层单位是由物理事件、化学事件和生物事件相互复合的事件单位。例如大量的火山灰降落事件(物理事件),这种火山灰层具有独特的元素成分,或者说对沉积物和(或)水体具有独特的化学效应(化学事件),从而引起火山灰下面的生物群集死亡(生物事件),三者复合而成独特的复合事件地层单位。常见的复合事件地层单位还有缺氧事件层、外星体撞击事件层等。

## 11.4 事件地层单位应用实例

### 11.4.1 沉积事件单位应用实例——华南二叠系—三叠系界线层火山爆发事件层

华南二叠系—三叠系界线附近广泛发育界线黏土岩层,被作为二叠系—三叠系界线灾变事件的主要研究对象。经许多学者研究,认为华南二叠系—三叠系界线黏土岩层的形成与火山爆发有关(殷鸿福等,1989;Sweet et al.,1992;杨遵仪等,1991),如贵州、广西、广东、湖南等地的界线黏土层已被证实为蒙脱石化的凝灰岩,具典型的凝灰结构和火山玻屑、长石晶屑、磷灰石晶屑、黑云母晶屑、沸石、气泡和假流动构造等(殷鸿福等,1989)。殷鸿福等(1989)报道华南 17 处的 P—T"界线黏土"来源于火山灰,另有 18 处 *Claraia* 带时代内的黏土也属火山成因。殷鸿福等把含 *Clarkina changxingensis* 牙形石动物群岩层的高硅质成分和遍布的火山作用联系起来,并认为 P—T 之交的大规模火山作用导致了 P—T 转折期的生物大灭绝。Sweet et al. 指出美国西部闻名的上二叠统 Phosphoria(含磷)组,可能也是火山成因岩层(Sweet et al.,1992)。华南二叠系—三叠系界线附近的黏土岩层的主要特征是：层薄，一般厚为5～10cm，分布广，与上下岩层接触面平整，含海相化石。张克信（1984）在浙江长兴煤山界线黏土层中发现牙形石（海相生物）；芮琳等（1988）报道了煤山剖面界线黏土岩层中有较多的海相化石（有孔虫8属，牙形石2属6种，介形虫1属及腕足类1属），化石基本上保存完好。黏土岩的化学成分经多人反复研究（何锦文，1981；吴顺宝等，1990；杨遵仪等，1991），证明是蒙脱石-伊利石混层，高岭石少量。根据界线附近黏土岩层的产出状况、化学成分及所含化石等特征证明，这些黏土岩层是海水中沉积物，排除了风化堆积物的可能性。从黏土岩中所含的火山成因的矿物及火山灰的证据来看，这些黏土岩的物质应主要来自火山活动。推断它们形成的机理是：一处或多处火山喷出，华南东部以酸性火山物质喷发为主。火山灰落入海水中，其中较细的火山灰遍布整个华南海域，在碱性海水中凝灰质沉积物转变成蒙脱石-伊利石，少量高岭石，有些地方仍保留凝灰岩，如广西来宾等地（殷鸿福等，1989；杨遵仪等，1991）。在接受火山灰碎屑沉积的同时，海水中还有其他的沉积物，如黄铁矿、石膏等及陆源碎屑物。当时海水中的生物在有利的情况下也保存下来，其中保存微体生物壳体更为有利。根据火山凝灰岩层的野外产状、物质成分、晶屑成分和组合及玻屑折射率的差异，华南二叠纪晚期的火山活动由西向东、由老到新明显地由基性变为中酸性，同时可以分出两种机制，即爆发式和喷溢式（殷鸿福等，1989；杨遵仪等，1991）。

多数学者认为，晚二叠世和P—T之交广布的火山作用，是促使这一地史重大转折期生态系统巨变的主导者（杨遵仪等，1991；殷鸿福等，2003）。中酸性火山爆发的大量尘雾及有毒物可造成与小行星撞击地球相同的蔽光、致冷以及中毒效应，导致生物大灭绝（殷鸿福等，1993）。即通过火山喷发物对海水产生化学作用，导致海水酸化和毒化。如由于火山放气作用溶于海洋中的巨量$CO_2$会严重扰乱海洋的碳酸盐补偿深度，这对分泌钙壳的生物是致命打击。火山作用对全球变暖的影响最近也得到了实际材料的证实，Joachimski et al.（2012）对浙江煤山、四川上寺剖面二叠系—三叠系界线层运用高分辨率牙形石氧同位素变化记录，揭示出在二叠纪最末期气温增高了约8℃，增温层与二叠纪末生物主绝灭幕相一致。Sun et al.（2012）亦对华南二叠纪—三叠纪之交和早三叠世牙形石磷灰石氧同位素进行了高精度分析，获得了古海水温度变化数据，表明P—T之交到早三叠世Smithian期温度急剧升高，最高达40℃，从而抑制了早三叠世生物的复苏。

## 11.4.2　化学事件单位应用实例——全球二叠系—三叠系界线层碳稳定同位素异常事件层

我国学者系统研究过浙江长兴、四川广元、华莹、凉风垭、广西苹果、陕西梁山、湖北黄石、江西仙槎、西藏色龙等地的二叠系—三叠系界线层$\delta^{13}C$（严正等，1989；杨遵仪等，1991；Jin et al.，1996；曹长群等，2002；Xie et al.，2005，2007，2010）。在意大利、奥地利、希腊、苏联、亚美尼亚、伊朗、巴基斯坦、印度、尼泊尔、阿曼、加拿大曾测试过20多条剖面（Sweet et al.，1992；Wang et al.，1994；Heydari et al.，2000；Sarkar et al.，2003；Krystyn et al.，2003）。上述所有剖面上的测试结果都证明，在二叠系—三叠系界线附近，$\delta^{13}C$值出现大的变动，变动趋势基本一致。$\delta^{13}C$在界线层从下向上由正值突然偏向负值，再回到正值。但在变化细节上的认识有分歧。一些学者的研究结果显示，$\delta^{13}C$值在二叠系—三叠系界线层中的改变是突然的，表明二叠系—三叠系界线的生物灭绝的强烈冲击是突然的而不是逐渐的（Wang et al.，1994）；但另一些学者的研究结果是，二叠系—三叠系界线层 $\delta^{13}C$ 偏负存在渐变现象，且偏负幅度在各地存在一定差异。如中国长兴煤山剖面二叠系—三叠系界线层有机碳与无机碳同位素的变化同时存在缓慢降低和陡然降低两个阶段，降低幅度为5‰（曹长群等，2002；Cao et al.，2009；Yin et al.，2012）(图11-2)。穿过印度 Raniganj 盆地的大陆内部的二叠系—三叠系界线剖面的有机碳同位素及其地球化学变化的研究表明，在早三叠世初，有机碳 $\delta^{13}C$ 下降了9‰，整个下降过程发生在约 3m 厚的一段地层内，说明并非陡然降低（Sarkar et al.，2003）。

P—T 之间发生了地质历史上最大规模的生物大灭绝，95%以上的古生代型海洋生物在三叠系地层中不复存在。生物的大灭绝和有机碳的充分氧化，必然会导致海洋中 $^{12}C$ 的大量增多，$\delta^{13}C$ 的强烈负偏。$\delta^{13}C$ 值的变化与二叠纪末生物大绝灭事件相吻合（杨遵仪等，1991）。一些学者把二叠系—三叠系界线层 $\delta^{13}C$ 偏负事件归结为地外稀罕事件（撞击事件）扰动，导致死劫难海洋出现的结果（Xu et al.，1993）。张克信等（2005）认为，地外撞击事件导致的 $\delta^{13}C$ 偏负应在各地同时发生，影响幅度也应一致，但华南二叠系—三叠系界线层 $\delta^{13}C$ 偏负事件各地参差不齐，偏负幅度也相差较大这一事实，用撞击成因无法解释，$\delta^{13}C$ 偏负事件本身只能佐证当时生物量剧减，出现过生物大灭绝事件。越来越多的学者认为，根据 P—T 之交碳同位素变化特征，导致全球 P—T 之交碳总量的变化机理，不是多个原因的简单组合。Berner（2002）提出了一个 P—T 之交碳循环模式假说：①海水中的二氧化碳大量释放到大气中从而引发大规模中毒；②火山喷发释放大量二氧化碳气体；③甲烷水合物中大量甲烷的迅速释放，转化为二氧化碳；④突然大量死亡的生物有机体分解氧化生成二氧化碳；⑤全球碳循环的长期重组。Berner 认为，大量甲烷的迅速释放能很好地解释 P—T 界线附近 $\delta^{13}C$ 的短期变化，同时大量生物的死亡和火山喷发起了叠加作用。

Tong et al.（2007）通过对华南不同相区 8 条早三叠世典型剖面系统进行碳同位素分析，建立了早三叠世碳同位素演变的基本形式，证实了其所代表的生态系环境不稳定性。类脂物生物标志化合物的研究表明，P—T 之交地球表层海-陆-气系统的事件是按次序重复出现（Xie et al.，2007），P 最末期首先出现陆源风化作用增到最强值，随后依次出现透光层缺氧、动物灭绝、蓝细菌繁盛，在这个过程中碳同位素逐渐降低。从 T 最初期开始又重复依次出现上述的生物与环境事件序列。P—T 之交这样的事件序列的出现可能与火山活动相关：火山活动引起陆地植被破坏，造成陆地风化作用的加强和全球变暖，由此造成海洋缺氧，海洋动物灭绝，随后因捕食压力的降低和营养物的增加，使海洋蓝细菌繁盛，相伴而随的是碳同位素明显负偏（Xie et al.，2005，2007，2010）。

### 11.4.3 生物事件单位应用实例——全球二叠系—三叠系界线附近的生物面或生物事件层

全球二叠系—三叠系界线地层生物面或生物事件面（层）包括幕式的间断演化、成种事件、大灭绝、大更新、生物快速迁进迁出、种群爆发、巨量繁殖事件等（图11-2和图11-3；表11-2），它们等时性高，对比潜力大，与层序地层界面关系密切，是识别和对比层序界面的重要标志（张克信等，1996，2003）。

由表 11-2 和图 11-3 可知，生物事件面对研究沉积层序有 3 个主要作用：其一，精确识别标定层序界面。成种事件面通常被确定为生物谱系带的底界面，远洋浮游生物成种事件

# 第 11 章 事件地层学

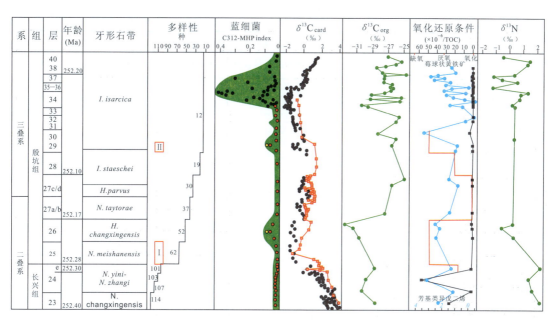

煤山PTB事件序列。大灭绝期间的层位（24—28层、27a/b和27c/d）都被当作一个单独的层位，其被放大，比其他层位厚度要大。所有数据均重新投在地层柱状图中。原始参考文献如下：系的界线和组名（Yin et al.，2001），层号及其描述（Yin et al.，1996），年龄（Shen et al.，2011a，b，c，其他的见文章）；牙形石带：Zhang et al.(2009)；多样性（种）：Jin et al.(2000, SOM)；蓝细菌（C312-MHP index）：Xie et al.(2005)；$\delta^{13}C_{card}$：Cao et al.(2002)；$\delta^{13}C_{org}$：Cao et al.(2009)；氧化还原条件（黑色；芳基类异戊二烯，$\lg(C_{14}—C_{27})$，$(\times10^{-6}/TOC)$ 浅蓝色）：Grice et al.(2005)，莓球状黄铁矿（红色$\delta$：Shen et al.(2007)；$\delta^{13}N$：Cao et al.(2009)

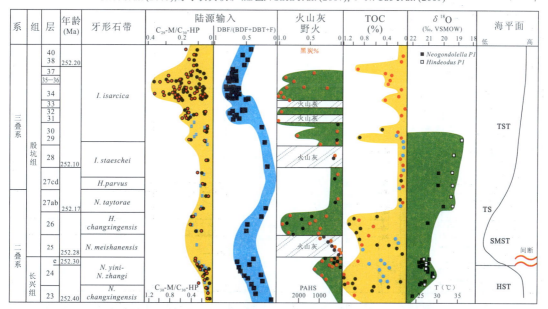

煤山PTB事件序列（续）。所有数据都在柱状图上重新投点，原始参考文献如下：陆源输入（$C_{29}$-M/$C_{30}$-HP，红色；$C_{30}$-M/$C_{30}$-HP，黑色）：Xie et al.(2007)；浅蓝色正方形点：Wang(2007)；DBF：Xie et al.(2007, 2009)；火山灰：Yin et al.(1996)；野火（黑色，红色）：Xie et al.(2007)，Shen W J et al.(2011)；（PAHs，黑色）：Shen W J et al.(2011)；TOC：Cao et al.(2002)（浅蓝色）；Grice et al.(2005)（红色）；Shen W J et al.(2011)（黑色）；$\delta^{18}O$：Joachimski et al.(2012)；海平面：Cao & Zheng(2009)（红色）；Zhang et al.(1997)（黑色）

图 11-2　浙江煤山剖面二叠纪—三叠纪过渡期的两幕式绝灭与事件序列

（Yin et al.，2012）

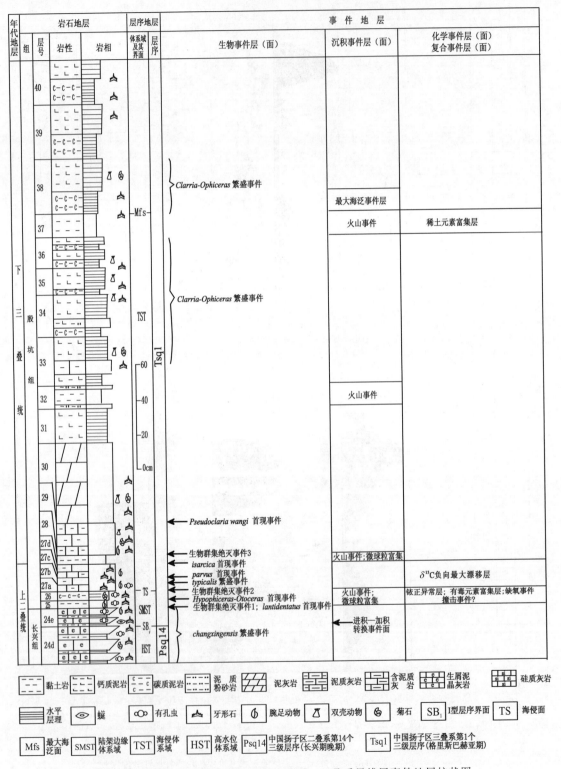

图 11-3 浙江长兴县煤山 D 剖面二叠系—三叠系界线层事件地层柱状图

表 11-2　浙江长兴煤山剖面二叠系—三叠系界线地层生物事件面（据张克信等，2003）

| 生物事件面/层 | 事件名称 | 事件级别 | 与层序地层关系（参见本书第3章图3-6和图3-7） |
|---|---|---|---|
| 成种 | *Clarkina changxingensis yini* 首现事件 | 洲际性 | 在 Tsq1 的底界面之下 23cm 处 |
| | *Clarkina meishanensis* 首现事件 | 洲际性 | 在 Tsq1 的底界面之上 10cm 处 |
| | *Hindeodus lantidentatus* 首现事件 | 洲际性 | 在 Tsq1 的底界面之上 10cm 处 |
| | *Hypohiceras* 首现事件 | 洲际性 | 在 Tsq1 的底界面之上 15cm 处 |
| | *Otoceras - Hypophiceras* 首现事件 | 洲际性 | 在 Tsq1 的底界面之上 15cm 处 |
| | *Hindeodus parvus* 首现事件 | 洲际性 | 在 Tsq1 的 TS 面之上 8cm 处 |
| | *Isariciella isarcica* 首现事件 | 洲际性 | 在 Tsq1 的 TS 面之上 16cm 处 |
| 集群更新 | 二叠纪—三叠纪之交集群更新事件 | 洲际性 | 在 Tsq1 的 TS 面之上 8cm 处 |
| 集群绝灭 | 二叠纪—三叠纪之交绝灭线（面）1 | 大区域性 | Tsq1 的底界面向上 10cm 处 |
| | 二叠纪—三叠纪之交绝灭线（面）2 | 洲际性 | 与 Tsq1 的 TS 面一致 |
| | 二叠纪—三叠纪之交绝灭线（面）3 | 大区域性 | 在 Tsq1 的 TS 面之上 16cm 处 |
| 种群爆发 | *Hindeodus typicalis* 种群繁盛事件 | 洲际性 | 与 Tsq1 的 TS 面一致 |
| | *Clarkina changxingensis* 种群繁盛事件 | 大区域性 | 与 P sq 14 的 TS 面一致 |
| | *Claraia* 种群繁盛事件 | 大区域性 | Tsq1 的 Mfs 面附近 |
| | *Ophiceras* 种群繁盛事件 | 大区域性 | Tsq1 的 Mfs 面附近 |

在地质上常常是同时的，具全球等时标定意义。煤山剖面上牙形石 *Hindeodus parvus* 首现事件或 *parvus* 带之底界，已被选定为全球二叠系—三叠系界线划分标准。利用牙形石 *Hindeodus typicalis* 种群爆发事件，可精确标定三叠纪的第1个层序的海侵面（图11-3）。其二，为层序地层研究提供高精度时间格架。如表 11-2 中所列事件均具洲际和大区域对比性，不受岩相和大地构造单元控制，下扬子区同期异相层序地层时间格架主要是依据类似的生物事件面而建立的（张克信等，1996）。其三，帮助分析沉积体系或沉积相。如在三叠纪的第1个层序的最大海泛面附近，较深水相的营假漂浮的双壳类 *Claraia* 类群和自游泳的头足类 *Ophiceras* 类群十分发育，浅水相的腕足类等动物群则销声匿迹。

### 11.4.4　复合事件单位应用实例——全球二叠系—三叠系界线层缺氧事件层

二叠纪末—三叠纪初海洋缺氧事件的证据可用许多地质分析方法得出。从生物群分析角度出发，大量的厌氧底栖生物和浮游生物的存在，说明当时海水底层含氧量很低，从而造成大量的正常底栖生物灭绝；富含有机质、黄铁矿的沉积物的存在，可以指示缺氧的还原环境（Lai et al., 2001）。

浙江煤山 D 剖面上支持二叠纪—三叠纪之交缺氧的证据有：第25层（白黏土层）顶底面发育黄铁矿纹层；第26层富含有机质和厌氧藻类，色暗并具水平纹层，说明当时水体流通不畅，底部缺氧，所含生物以浮游类为主，主要有头足类，底栖生物次之，主要为有孔虫类和小型腕足类，其中腕足动物个体小、壳薄，可能是因为水体缺氧导致营养不良所致；第27层中含有分散的黄铁矿；第28层中含有丰富的黄铁矿；第29层的生物群为较丰富的浮

游菊石 *Ophiceras*、薄壳双壳类 *Claraia* 和少量的薄壳小型腕足动物，岩石切片中可见较为丰富的非蜓有孔虫 *Earlandia*；直到第 31 层仍发育含有机质高的页岩和黄铁矿。煤山剖面二叠系—三叠系界线附近的具体的岩性岩相变化见图 11-3。

Wignall 等（1993，1996）根据大量黄铁矿、贫氧相薄壳双壳类 *Claraia*、厌氧藻类（*Prasinophyte*）的存在以及遗迹组构分析，认为煤山剖面自 25 层开始至三叠系底部出现缺氧事件，而二叠纪—三叠纪之交的生物衰退与绝灭与这一缺氧事件有关。另外，在中国四川广元上寺剖面，经过对二叠纪—三叠纪之交遗迹组构分析以及大量的黄铁矿和薄壳双壳类 *Claraia* 的发现，证实了该时期缺氧事件的存在（Wignall et al.，1995；Lai et al.，1996）。同样，在重庆附近的凉风垭剖面、老龙洞剖面（Wignall et al.，1996）均报道了二叠纪—三叠纪之交的缺氧事件。

从世界范围来看，目前已报道的二叠系—三叠系缺氧事件的地区有巴基斯坦盐岭地区（Wignall et al.，1993）、意大利的 Dolomites（Hallam，1994）、克什米尔地区、Spitsbergen 北极区（Wignall et al.，1996）等地（图 11-4）。故缺氧事件层亦可作为全球二叠系—三叠系界线对比的重要辅助标志之一。

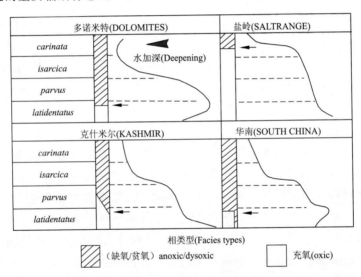

图 11-4 世界上 4 个典型的二叠系—三叠系界线剖面缺氧事件的对比

（据 Wignall et al.，1996）

箭头表示生物大灭绝：*latidentatus*，*parvus*，*isarcica*，*carinata* 分别代表从二叠系顶部到三叠系底部的牙形石化石带

## 11.4.5 灾变事件在地层划分对比中的作用与灾变界线事件实例

灾变事件在地层划分对比中的引入与应用，极大地拓展了地质学者的科学观和方法论。尤其从地质历史重大转折期的角度，看当代全球环境变化和生物多样性的演变形式和过程，探索地球表层这一复杂巨系统的生物与地质环境演化及圈层相互作用，深刻揭示地球表层环境与生命过程运动规律，为预测地球表层环境演变趋势，谋求人与自然协同演化对策等方面越来越显示出强大的生命力。

灾变事件在地层划分对比中的特点和作用可概括为如下 4 点：①由于地史发展的各个重要阶段的转折期，大都伴随着环境的巨大改变（如海陆分布），有很大的能量输入或能量转移。灾变事件是能量输入或能量转移的一个主要途径。在月球、行星地质学中，它是这些星球的地层划分的主要依据。因此，灾变事件可以作为地质历史的重要阶段划分的基本原则之一。②灾变事件与其他标志（古生物、古地磁、同位素等）相比，具有能量大、涉及范围广、时间短的特点。灾变事件可以作为地质时间等时面的一个良好标志。③灾变事件研究的进展使重要地质界线的界线层的研究越来越详细，由厘米级精度发展到毫米级，甚至更小，极大地促进了地层高精度划分对比。④灾变事件的一些标志往往可以在大范围识别，甚至全球性的地层对比，有利于不同岩相（海相、陆相）的地层界线的划分与对比。

从地球系统演化和阶段性发展的视角来认识地球演化特定阶段重要地质事件及其相互关系、不同层圈的相互作用、重大全球变化起因及其对地球表层系统和生物圈发展的影响机制，是现代地学研究中最前缘领域之一。近 20 余年来，以地球演化史上各主要地质界线上的重大地质事件的研究最为集中。近年来更多集中于生物大灭绝形式、成因以及灾变后生物复苏和生态系统的恢复过程的研究。关于大灭绝的过程主要有两种认识，即突发灾变和分步渐次灭绝。有关地史上生物圈重大灾变成因目前已经提出了 10 余种不同的机制，但最有影响的认识主要集中在地外星体撞击和地内火山喷发两个方面。尽管不少研究者提出全球海平面变化和大洋缺氧对生物大灭绝具有重要影响，但从已有的地质证据分析，它们可能对某种生态类型的生物和区域性生物灭绝具有重大影响，却很难造成近于同时的全球性生物圈灾变。从性质上说，它们可能只是星体撞击或大规模火山活动所诱发的次级事件。以下简要介绍主要地质界线上的重大地质事件研究概况。

**下更新统—中更新统（$Q_1$—$Q_2$）界线事件**：在澳大利亚、苏门答腊、日本南部、印度洋中部、马达加斯加和非洲象牙海岸多个深海钻孔岩芯中产微玻陨石，它们含焦石英，焦石英形成温度达 2000℃，被认为是撞击事件的产物；微玻陨石中含少量呈玻璃质的钾碱成分，认为是含蛋白石植物的焚化产物（Glass，1982）。我国海南岛和粤西、桂南的"雷公墨"（微玻陨石）亦是同期产物（严正等，1979；郭士伦等，1995）。迄今报道我国境内发现同期微玻陨石的产地还有：北京顺义的顺 1 井翟里组（0.73Ma）（李鼎容等，1980），江苏新沂、泗洪等地的王圩组（刘顺生等，1995），江西九江 0.7Ma 网纹红土中的消融性宇宙尘（李春来等，1992）。此期还伴有大型哺乳动物绝灭事件（Roup，1987），地磁场倒转事件（Richmond，1996）。

**新近系—第四系（N—Q）界线事件**：在我国陕西洛川黑木沟剖面（袁宝印等，1989）、蓝田段家坡剖面（吴锡浩等，1991）、山西离石丰义剖面（罗运利等，2000）的 N—Q 交界处发现微球粒，可能为微玻陨石，认为与撞击事件有关。此时，全球变冷，第四纪冰川开始发育（Gibbard et al.，2010）。N—Q 界线是中国西北大面积黄土形成的下限（约 2.6Ma），指示了青藏高原进一步强隆升事件和亚洲内陆干旱化加剧事件（刘东生等，1998；李吉均等，2001）。

**始新统—渐新统（$E_2$—$E_3$）界线事件**：产微玻陨石球粒，分布在北美，其物理和化学特征与 $Q_1$—$Q_2$ 之交类似，某些球表面具因撞击或爆炸成因的小圆坑和星形坑，含撞击成因的焦石英。加拿大的 Mistastia 撞击坑（直径 28km）年龄为 (38±4) Ma（Glass，1982），与 $E_2$—$E_3$ 界线年龄相近。在加勒比海地区的 $E_2$—$E_3$ 界线处检测到 $0.41×10^{-9}$ 的铱异常,并伴有生物大绝灭事件(Alvarez et al.,1982)。约34Ma的$E_2$—$E_3$之交发生了全球大降温事件,由温室向冰室转变,南极冰盖开始形成于此时(Miller et al.,1991;Zachos et al.,2001)。

**白垩系—古近系(K—E)界线事件**:全球海相K—E界线地层研究十分深入,迄今已测得K—E界线铱异常的点在全球多达70余处,最高达$185×10^{-9}$(Hansen et al.,1986)。铱(Ir)在地壳和沉积岩中含量很少,背景值约为$0.02×10^{-9}$,而宇宙物体中的铱值可达地壳的$10^4$倍,因此,如地外物体撞击地球,必然会带来大量的铱富集在其溅射层中(Alvarez et al.,1980)。在铱异常的界线层中,其他铂族元素(Os,Pt,Re,Au)的含量一般随Ir的增高而增高;痕量元素(Co,Cr,Sb,Cs,Sr,Ba等)含量也发生较大和较复杂的改变。在判定界线铱异常的撞击说中,铱与其他元素的相关性很重要。柴之芳(1987)认为,具有重要意义的是Ir/Os,Ir/Au,Ir/Ni等值。如丹麦Stevns Klint剖面,K—E界线的Ir/Os约为1,Ir/Au约为3.3,与碳质球粒陨石I型的比值十分接近,有利于撞击假说。在全球许多K—E界线层中还存在着$\delta^{13}C$值突然偏负事件(Kump,1991),表明当时海洋生物量陡然锐减(Pearson,2001),恰与化石纪录的大灭绝期一致,如浮游有孔虫类的大灭绝,以及海洋钙质超微化石的锐减等(Molina et al.,2006)。K—E界线上最引人瞩目的是恐龙的全部灭绝。但颇具戏剧性的是在其他生物难以生存的界线层中,却大量富集着一种微小的球形有机质孢囊,它们能忍受罕见的灾变环境(Hansen,1986)。在西班牙、丹麦等地K—E界线黏土中存在大量微球粒,认为是陨击事件产物(Montanari et al.,1983)。在全球8处的K—E界线黏土层中记录有冲击石英(Bohor et al.,1984,1987)。Nazarov et al.(1987)报道苏联的Kamensk撞击坑(直径28 km)和Kara撞击坑(直径50 km)的成坑年龄与K—E界线年龄大体一致。在K—E界线层中还发现由全球性森林大火燃烧后的残烬(炭灰)(Wolbach et al.,1985)和海洋表层水酸化事件(Steven,1994)。

在我国,K—E界线地层以陆相地层为主。1993年钟筱春等在新疆吐鲁番连木沁剖面K—E界线层中发现$\delta^{13}C$负异常,幅度达6‰,铱异常为$0.2×10^{-9}$,认为此界线可以与海相K—E界线相比。郭宪璞等(2000)报道新疆塔里木盆地西部3个剖面的K—E界线处找到黏土层,测定$X(^{187}Os)/X(^{186}Os)$值在4.3~4.9,认为此异常事件起因自天外物质。王学印等(1994)在内蒙古阿拉善地区多个钻井中在白垩系顶部发现焦土层(含灰烬层或烟熏状物),认为它与灾变事件引起的大火有关。赵资奎等(1991,1998,2000)研究广东南雄盆地在K—E界线附近的恐龙蛋,发现蛋壳有铱异常,蛋壳的$\delta^{18}O$出现多次正向偏移,他们把这些现象与灾变事件相联系。

通常认为印度和欧亚板块碰撞的时间在K—E之交,由此导致了自K—E之交以来的青藏高原隆升与环境演变事件(Rage,1995;莫宣学等,2007;张克信等,2013)。

**三叠系—侏罗系(T—J)界线事件**:三叠纪—侏罗纪之交存在生物大灭绝事件,消失的种大约为80%(Sepkoski,1996),Jozsef Palfy et al.(2000)认为T—J大灭绝是地史上5次最大的绝灭事件之一,他们通过对加拿大西部的夏洛特皇后群岛上的三叠系—侏罗系界线处一层火山灰层中锆石U-Pb法精确测年,获得(199.6±0.3)Ma的T—J界线年龄。通过对高精度界线年龄与生物大灭绝关系的研究,Jozsef Palfy et al.发现,T—J时代生物的绝灭首殃及陆地生物,而后波及到海洋。T—J界线处存在-3.5‰~-2‰的碳同位素负向漂移异常事件（Jozsef Palfy et al., 2001），火山事件和海洋缺氧事件（Jozsef Palfy et al., 2000）。Hesselbo et al.（2002，2007）认为，中大西洋大岩浆岩省的爆发可能导致了T—J界线处陆生和海生生物灭绝与巨大的碳循环异常事件。Blackburn et al.（2013）的锆石U-Pb测年数据证实了这一关系。

**二叠系—三叠系（P—T）界线事件**：P—T界线事件已在前面有详细阐述，此处综述如下：二叠系—三叠系界线也是古生代与中生代的分界，是地球历史上的最重大的转折期之一，发生了显生宙最大的生物更替事件，还有大量聚集的各种稀有地质事件。华南的资料很好地揭示了这一重大地质事件过程（杨遵仪等，1991），尤其煤山剖面被认作是这些事件研究的最佳天然实验室，于是它吸引了大批科学家到煤山剖面研究。Yin et al.（2012）详细总结和讨论了煤山剖面二叠纪—三叠纪过渡期的两幕式环境事件序列（图11-2）。煤山剖面显示，在二叠纪—三叠纪过渡期（23—40层）地球表层系统具有明显的两幕式环境异常特征，主要表现在：第24—26层和第29—37层这两段是各项环境事件异常集中段。在图11-2上几乎所有的环境指标均呈峰值，向左凸出；其他层位各项指标则向右凸出，呈低值且较平稳。逐层的沉积环境和生物组成分析表明，每一幕包含3个阶段：①不稳定期；②危机期；③恢复期。第一幕开始于煤山剖面的第23层，在第24e—26层达到高峰，第27—28层是该幕的恢复期；第二幕危机开始于第29层，第34—38层是危机的高峰期，而恢复期是从第39层开始。宏体生物的大灭绝既不发生在每一幕的开始，也不是发生在每一幕的结束，而是发生在环境发生重大变化的初期。这些大灭绝事件对同期环境的变化没有明显的反馈作用。在每一幕中，蓝细菌的繁盛要滞后于宏体生物的大灭绝，而绿硫细菌的繁盛却要早于环境的危机。环境和微生物变化的因果关系表明，二叠纪—三叠纪之交危机期微生物功能群对碳—氮—硫循环及海洋的氧化还原都有显著的影响。因此，微生物可能对环境危机的恶化起着重要的作用，甚至促发了环境的恶化（Yin et al., 2012）。

**泥盆系—石炭系（D—C）界线事件**：侯鸿飞等（1985）提出：D—C时期生物群发生重大更替，是突然灾害造成的。徐道一等（1986）报道：贵州睦化剖面的睦化组底部有一变化幅度达7‰的$\delta^{13}C$负异常（距D—C界线约4m）。白顺良和柴之芳等（1987，1988）在广西黄茆剖面的D—C界线层发现有$0.156\times10^{-9}$铱异常，亲硫元素高度富集，并赋存硅质球。王琨等（1993）综合了5个D—C界线剖面（包括黄茆、睦化剖面等）的铱异常、生物大灭绝等资料，认为铱异常是由于古氧化还原环境的突然变化形成的。白顺良等1994年出版了《华南泥盆纪事件和生物地层学》（英文）专著，提出19个镍（或镍-铱）事件，包括D—C和F—F事件。它们的成因可能是地内、地外或地外引起地内事件。

**上泥盆统弗拉阶—法门阶（F—F）界线事件**：McLaren（1970）和McGhee（1982）提出，分布于北美、苏联、瑞典的一些撞击坑，其年龄值位于F—F界线附近。如瑞典的Siljan坑，直径达52km，年龄为（360±7）Ma。Playford等（1984）和McLaren（1985）均报道了澳大利亚F—F界线层存在$0.3\times10^{-9}$的铱异常值。王琨等（1991）、侯鸿飞等（1993）在广西罗秀的F—F界线层分别测得$0.226\times10^{-9}$和$0.316\times10^{-9}$的铱异常值。严正等（1987，1993）报道了这一界线的$\delta^{13}C$负异常，最小值达-6.6‰，$\delta^{18}O$值有一次正异常。在F—F事件中，科、属、种的平均灭绝率分别达到21%~22%、49%~76%、70%。完全灭绝的生物类群包括竹节石（仅有少量孑遗至法门期早期）、五房贝类、无洞贝类、齿扭贝类。受重创的生物类群包括珊瑚灭绝25科［简记为珊瑚（25科）］、具铰腕足类（17

科)、菊石(14科)、海百合(13科)、盾皮鱼类(12科)、层孔虫(11科,几乎全部绝灭)、三叶虫(8科)、介形虫(10科)。在属种级别上,灭绝率更高,如层孔虫(几乎全部绝灭),四射珊瑚的浅水种(96%)、深水种(60%~70%)、浮游植物(90%)、腕足类(86%),菊石(86%),三叶虫(57%)。

F—F事件具有五个方面的特征:灾难性、全球性、同时性、多幕性和选择性。**灾难性**是指F—F事件重创众多生物类群、生物多样性锐减的强度大、速度快,对生物圈发展的影响重大而深远。需要指出的是,F—F事件造成的生态灾难远大于属种灾难(损失量),如F—F事件后,地球上规模最大的珊瑚-层孔虫礁生态系从地球上永远消失,从晚泥盆世法门期到早石炭世杜内期这长达22Ma的时间内地球上没有确切的后生动物礁体,直到早石炭世维宪期才出现由群体珊瑚和苔藓虫构成的后生动物礁体。**全球性**是指F—F事件不仅仅只限于发生在某一个地区和某一个板块,而是在全球具有广布性。**同时性**是指F—F事件在全球范围很短的地质时期内发生,有科学家估计,F—F生物大灭绝事件(主幕)是在15 000年内发生的,这对于以百万年为时间单位的地质过程而言是极其短暂的和等时的。**多幕性**是指F—F生物大灭绝不是一蹴而就,而是分阶段逐步发生的,如牙形类的灭绝在主幕期(*linguiformis*带顶部约15 000年内)经历了4步或在弗拉阶最上部牙形石带内(*linguiformis*带)先后出现2次规模较大的灭绝。**选择性**是指F—F事件对不同的生态系、生物类群和生态类型而言其影响程度是不同的。F—F事件对海洋暖浅水礁生态系影响程度最高,对海洋冷深水生态系和陆地生态系的影响甚微;选择性的另一种表现形式是,不同生态类型的生物在F—F事件中的命运也不尽相同,如F—F事件对海相底栖固着和移动的生物类群(如四射珊瑚、腕足类、介形虫等)影响程度较高,对游泳型(如牙形类等)和浮游型(如深水浮游介形虫的足虫介类等)的影响程度较低;F—F事件对同类生物的浅水类群(如浅水的四射珊瑚、腕足类、介形虫等)影响程度较高,对同类生物的深水类群(如深水的四射珊瑚、腕足类、介形虫等)影响程度较低,但对薄壳浮游型的竹节石例外。

到目前为止,有关F—F之交生物大灭绝的机理和原因尚众说纷纭,如:天体撞击(McLaren, 1970; Wang et al., 1991; McGhee, 2001)、海平面变化(Johnson, 1974)、全球气候变暖(Thompson & Newton, 1988)、变冷(McGhee, 1989)、缺氧(Joachimsk et al., 1993, 1997, 2001)、超量热液金属污染(白顺良, 1995, 1998; Ma & Bai, 2002)、多因素作用与复杂反馈、富营养化(Murphy et al., 2000a, 2000b)、赤潮(龚一鸣等, 2002)等。尽管科学家目前尚不能确认哪一种因素是真正的元凶,但有一点可以肯定,导致F—F生物大灭绝不是单因素,而是多因素的长期积累和复杂叠加,使海洋环境持续恶化,导致原有生态系统极度脆弱直至彻底崩溃。

**奥陶系—志留系(O—S)界线事件**:O—S界线处生物大灭绝是显生宙五大灭绝事件之一,如腕足类有60%的属消失。奥陶纪末主灭绝事件的延续时间,在扬子区从浅水区至深水区跨越了近一个笔石带,即从 *Diceratograptus mirus* 亚带至 *N. extraordinarius* 带中部。在主灭绝期的18个属中,有11个属(约61%)在主灭绝过程中灭绝(陈旭等, 2013)。严正等(1987, 1991)在湖北宜昌黄花场和王家湾剖面O—S界线层发现有机碳的 $\delta^{13}C$ 值的正异常,变化幅度达8‰,峰值位于 *G. pelsculptys* 带之底。王琨等(1994, 1997)在安徽、四川等地的O—S剖面相当 *Hirnantian* 动物群层位亦确定了类似的峰值。汪啸风和柴之芳等(1989)在宜昌分乡O—S界线层测得铱异常为 $0.64 \times 10^{-9}$,认为可能与地外撞击事件有关。王琨等（1992，1993）在宜昌、安徽等地的O—S界线剖面亦测得Ir异常值，认为是由于沉积速率变小造成的。在英国湖区的O—S界线层发现化学成分有明显改变（Branchley，1984）。Smith et al.（1981）、Hambrey et al.（1981）、戎嘉余（1984）和Chen Xu（1984）均认为O—S之交存在冰川-海退事件和缺氧事件，导致生物大灭绝。Sutcliffe et al.（2000）将奥陶纪末期的冰川-生物大灭绝事件与地球轨道运转的"偏心率"（eccentricity）事件相关联。

**震旦系—寒武系（Z—∈）界线事件**：在华南寒武系底部发育Ni-Mo多金属层。范德廉等（1984，1987）在湘黔牛蹄塘组底部发现铱等贵金属异常，铱异常值达$31×10^{-9}$，它们的相对丰度近似碳质球粒陨石。徐道一等（1995）在麦地坪Z—∈界线附近测得Ni为$(250～750)×10^{-6}$，Co为$(20～150)×10^{-6}$，Ir为$0.12×10^{-9}$，可与湘黔一带多金属层对比。张勤文等（1984，1985，1987）依据在云南梅树村剖面八道湾段与大海湾交界（C点）发现有铱[$(3～5)×10^{-9}$]和亲铁元素异常，在西南几个Z—∈界线剖面都发现两层界线黏土层，提出把C点作为Z—∈界线，这界线可能与小天体撞击有关。他们把这一事件命名为梅树村地质事件。许靖华等（1985，1986）在云南、湖北的Z—∈界线剖面发现有铱异常（$5×10^{-9}$）和$\delta^{13}C$负异常，提出对Z—∈界线可用突变事件来标定；严正等（1987）、徐道一等（1989）报道在梅树村剖面和湖南石门杨家坪剖面亦有类似异常，并在C点附近发现多成因微球粒；陈锦石等（1991，1992）对梅树村和麦地坪剖面进行研究，结果表明在A点和B点附近亦有$\delta^{13}C$值突变。李延河等（1994，1995）报道了梅树村剖面$\delta^{30}Si$的负异常位于B点与C点之间，最小值为$-2.1‰$。王大锐等（1994）在新疆柯坪地区Z—∈界线发现$\delta^{13}C$负异常，变化幅度$5.88‰$，可与梅树村剖面C点相对比。张勤文等（1989）指出，在C点界线上小壳化石属的灭绝率为90%，科为77%，存在大绝灭。近年来，对杨家坪、天门山Z—∈界线剖面研究成果支持界线层与撞击事件可能有关（王道经等，1999；郭成贤等，1999）。从∈底界开始呈现$\delta^{13}C$负异常事件具有全球性（Gradstein et al.，2012）。塔里木盆地寒武系底部黑色岩系中硅质岩的稀有气体同位素存在较大异常，指示寒武系底部黑色岩系形成于海洋缺氧事件期，这可能与海底大规模的火山作用及其伴生的海底热水流体活动有直接的关系（孙省利等，2008）。

## 参 考 文 献

曹长群，王伟，金玉玕. 浙江煤山二叠系—三叠系界线附近碳同位素变化[J]. 科学通报，2002，47（4）：302-306.

陈旭，戎嘉余，樊隽轩，等. 奥陶系上奥陶统赫南特阶全球标准层型剖面和点位[M].//中国科学院南京地质古生物研究所. 中国"金钉子"——全球标准层型剖面和点位研究. 杭州：浙江大学出版社，2013：183-214.

龚一鸣，李保华，司远兰，等. 晚泥盆世赤潮与生物集群绝灭[J]. 科学通报，2002，47（7）：554-560.

李吉均，方小敏，潘保田，等. 新生代晚期青藏高原强烈隆起及其对周边环境的影响[J]. 第四纪研究，2001，21（5）：381-391.

刘东生，郑绵平，郭正堂. 亚洲季风系统的起源和发展及其与两极冰盖和区域构造运动的时代耦合性[J]. 第四纪研究，1998（3）：194-204.

何锦文. 长兴阶层型剖面及殷坑组底部的黏土矿物—兼论二叠系、三叠系的分界[J]. 地层学杂志，1981，5（3）：197-207.

莫宣学，赵志丹，周肃，等．印度-亚洲大陆碰撞的时限［J］．地质通报，2007，26（10）：1240-1244．
孙省利，陈践发，郑建京，等．塔里木盆地寒武系底部硅质岩的稀有气体同位素组成特征［J］．中国科学（D辑）：地球科学，2008，38（增刊Ⅱ）：105-109．
芮琳，何锦文，陈楚震，等．浙江长兴煤山地区二叠—三叠系界线底黏土中动物化石的发现及其意义［J］．地层学杂志，1988，12（1）：48-52．
吴瑞棠，张守信，等．现代地层学［M］．武汉：中国地质大学出版社，1989：1-213．
吴顺宝，任迎新，毕先梅．湖北黄石、浙江长兴煤山二叠—三叠系界线处火山物质及黏土岩成因探讨［J］．地球科学——中国地质大学学报，1990，15（6）：589-595．
徐道一．地质灾变现象的哲学意义［M］．//王子贤主编，地学与哲学．北京：中国文史出版社，1998：133-138．
许靖华．彗星冲击作用—白垩纪末期地球上发生灾变的原因［J］．长春地质学院学报，1980（2）：1-8．
严正，徐道一，金若谷，等．四川上寺二叠—三叠系界线剖面的碳同位素异常事件［D］．//天地生综合研究进展，第三届全国天地生相互关系学术讨论会论文集．北京：中国科学技术出版社，1989：87-91．
杨遵仪，殷鸿福，吴顺宝，等．华南二叠—三叠系界线地层及动物群［D］．//中华人民共和国地质矿产部地质专报二，地层古生物，第六号．北京：地质出版社，1987：1-379．
杨遵仪，吴顺宝，殷鸿福，等．华南二叠—三叠纪过渡期地质事件［M］．北京：地质出版社，1991：1-183．
殷鸿福．古生物演化的新思潮及其对地质学的影响［J］．地质论评，1986，32（1）：73-79．
殷鸿福，黄思骥，张克信，等．华南二叠—三叠纪之交的火山活动及其对生物绝灭的影响［J］．地质学报，1989，63（2）：169-181．
殷鸿福，张克信．新灾变论［M］．//穆西南．古生物学研究的新理论新假说．北京：科学出版社，1993：109-135．
张克信，殷鸿福，吴顺宝．华南二、三叠纪之交的灾变群及其对生物大绝灭的效应［D］．//天地生综合研究进展，第三届全国天地生相互关系学术讨论会论文集．北京：中国科学技术出版社，1989：82-86．
张克信，殷鸿福．天、地、生研究的新进展［J］．地质科技情报，1989，8（2）：41-46．
张克信，童金南，殷鸿福，等．浙江长兴二叠—三叠系界线层序地层研究［J］．地质学报，1996，70（3）：270-281．
张克信，童金南，侯光久，等．煤山镇幅、长兴县幅1∶50 000区域地质调查报告［M］．武汉：中国地质大学出版社，2005．
张克信，经雅丽，张智勇，等．高分辨率事件地层研究方法与实践［J］．地质科技情报，2003，22（4）：9-15．
张克信，王国灿，洪汉烈，等．青藏高原新生代隆升研究现状［J］．地质通报，2013，32（1）：1-18．
Alvarez L W, Alvarez W, Asaro F et al. Extraterrestrial cause for the Cretaceous – Tertiary extinction [J]. Science, 1980, 208: 1095-1103.
Berner R A. Examination of hypotheses for the Permo – Triassic boundary extinction by carbon cycle modeling [J]. PNAS, 2002, 99 (7): 4172-4177.
Blackburn T J, Olsen P E, Bowring S A et al. Zircon U – Pb Geochronology Links the End – Triassic Extinction with the Central Atlantic Magmatic Province [J]. Science, 2013, 340: 941-945.
Cao C Q, Love G D, Hays L E et al. Biogeochemical evidence for euxinic oceans and ecological disturbance presaging the end – Permian mass extinction event [J]. Earth and Planetary Science Letters, 2009, 281: 188-201
Dott R H. SEPM presidential address: episodic sedimentation—How normal is average? How rare is rare? Does it matter? [J]. Jour. Soc. Petrol., 1983, 53: 5-23.

Einsele G. Event stratigraphy: Recognition and Interpretation of Sedimentary Event horizons [M]. //Einsele G, Ricken W, Seilacher A. (eds) Cycles and events in stratigraphy. Berlin and Heidelberg. : Springer - Verlag, 1991: 145 - 193.

Gibbard P L, Head M J, Walker M et al. Formal ratification of the Quaternary System/Period and the Pleistocene Series/Epoch with a base at 2.588Ma [J]. Journal of Quaternary Science, 2010, 25: 96 - 102.

Gradstein F M, Ogg J G, Schmitz M D et al. The Geologic Time Scale 2012, Volume 1. Amsterdam: Elsevier, 2012: 1 - 1127.

Hansen H J, Gwozdz R H, Bromlev R G et al. Cretaceous - Tertiary boundary spherules from Denmark, New Zealand and Spain [J]. Bull. Geol. Soc. Denmark, 1986, 35 (1): 75 - 82.

Hansen H J, Gwozdz R H, Jens M B et al. The diachronous C/T plankton extinction in the Danish Basin, Lecture Notes in earth Sciences, 8, Global Bio - Events, Walliser, O (ed.) [M]. Berlin and Heidelberg. : Springer - Verlag, 1986: 381 - 384.

Hallam A. The earliest Triassic as an anoxic event and its relationship to the end - Palaeozoic mass extinction. Pangea: global environment and resources [J]. Canadian Society of Petroleum Geologists, 1994, 17: 797 - 804.

Hesselbo S P, Robinson S A, Surlyk F et al. Terrestrial and marine extinction at the Triassic - Jurassic boundary synchronized with major carbon - cycle perturbation: A link to initiation of massive volcanism? [J]. Geology, 2002, 30 (3): 251 - 254.

Hesselbo S P, McRoberts C A, Pálfy J. Triassic - Jurassic boundary events: Problems, progress, possibilities [M]. Palaeogeography, Palaeoclimatology, Palaeoecology, 2007, 244: 1 - 10.

Heydari E, Hassandzadeh J, Wade W J. Geochemistry of central Tethyan Upper Permian and Lower Triassic strata, Abadeh region, Iran [J]. Sedimentary Geology, 2000, 137: 85 - 99.

Jin Yugan, Shen Shuzhong, Zhu Zili et al. The Selong section, candidate of the global stratotype section and point of the Permian - Triassic boundary [M]. //Yin Hongfu (ed.), The Palaeozoic - Mesozoic Boundary candidates of Global Stratotype Section and Point o the Permian - Triassic boundary. Wuhan: China University of Geosciences Press, 1996: 127 - 135.

Joachimski M, Lai X L, Shen S Z et al. Climate warming in in the latest Permian and Permian - Triassic mass extinction [J]. Geology, 2012, 40: 195 - 198.

Kauffman E G. Concepts and methods of high - resolution event stratigraphy [J]. Ann. Rev. Earth Planet Sci., 1988, 16: 605 - 654.

Kauffman E G, Elder W P, Sageman B B. High - Resolution correlation: a new tool in chronostratigraphy [M]. //Einsele et al. (Eds) Cycles and events in stratigraphy. Berlin: Springer, 1991: 795 - 819.

Krystyn L, Richoz S, Baud A et al. A unique Permian - Triassic boundary section from the Neotethyan Hawsina Basin, Central Oman Mountains [J]. Palaeogeography, Palaeoclimatology, Palaeoecology, 2003, 191: 329 - 344.

Kump L R. Interpreting carbon - isotope excursions: Strangelove oceans [J]. Geology, 1991, 19: 299 - 302.

Lai Xulong, Wignall P B, Zhang K X. Palaeoecology of the conodonts *Hindeodus and Clarkina* during the Permian - Triassic transitional period [J]. Palaeogeography, Palaeoclimatology, Palaeoecology, 2001, 171: 63 - 72.

Miller K G, Wright J D, Fairbanks R G. Unlocking the ice house: Oligocene - Miocene oxygen isotopes, eustasy and margin erosion [J]. Journal of Geophysical Research, 1991, 96: 6829 - 6848.

Palfy J, Demeny A, Haas J et al. Carbon isotope anomaly and other geochemical changes at the Triassic - Jurassic boundary from a marine section in Hungary [J]. Geology, 2001, 29 (11): 1047-1050.

Palfy J, Smith P L. Synchrony between Early Jurassic extinction, oceanic anoxic event, and the Karoo-Ferrar flood basalt volcanism [J]. Geology, 2000, 28 (8): 747-750.

Palfy J, Mortensen J K, Carter E S et al. Timing the end-Triassic mass extinction: First on land, then in the sea? [J]. Geology, 2000, 28 (1): 39-42.

McLaren D J. Bolides and biostratigraphy [J]. Geol. Soc. Amer., Bull., 1983, 94: 313-324.

Molina E, Alegret L, Arenillas I et al. The Global Boundary Stratotype Section and Point for the base of the Danian Stage (Paleocene, Paleogene, "Tertiary", Cenozoic) at El Kef, Tunesia-Original definition and revision [J]. Episodes, 2006, 29: 263-273.

Pope K O. Impact dust not the cause of the Cretaceous-Tertiary mass extinction [J]. Geology, 2002, 30 (2):99-102.

Rage J C, Cappetta H, Hartenberger J L et al. Collision ages [J]. Nature, 1995, 375: 286.

Raup D M, Sepkoski J J. Mass extinction in the marine fossil record [J]. Science, 1982, 215: 1501-1503.

Raup D M. Biological extinction in earth history [J]. Science, 1986, 231: 1533-1538.

Richmond G M. The INQUA-approved provisional Lower-Middle Pleistocene boundary [M]. //Turner, C. (Ed.), The Early Middle Pleistocene in Europe. Balkema, Rotterdam, 1996, 319-326.

Sarkar A, Yoshioka H, Ebihara M et al. Geochemical and organic carbon isotope studies across the continental Permian-Triassic boundary of Raniganj Basin, eastern India [J]. Palaeogeography, Palaeoclimatology, Palaeoecology, 2003, 191: 1-14.

Sun Y D, Joachimski M M, Wignall P B et al. Lethally hot temperatures during the early Triassic greenhouse [J]. Science, 2012, 338: 366-370.

Sutcliffe O E, Dowdeswell J A, Whittington R J et al. Calibrating the Late Ordovician glaciation and mass extinction by the eccentricity cycles of Earth's orbit [J]. Geology, 2000, 28 (11): 967-970.

Sweet W C, Yang Zunyi, Dickins J M et al. Permian-Triassic Events in the Eastern Tethys [M]. Cambridge: Cambridge University Press, 1992: 1-181.

Tong J N, Zuo J X, Chen Z Q. Early Triassic carbon isotope excursions from South China: proxies for devastation and restoration of marine ecosystems following the end-Permian mass extinction [J]. Geological Journal, 2007, 42: 371-389.

Walliser O H. Global events and evolution [C]. Proc. 27th Int. Geol. Congr. 1984, 2: 183-192.

Wang K, Geldsetzer H H J, Krouse H R. Permian-Triassic extinction: Organic $\delta^{13}C$ evidence from British Columbia, Canada [J]. Geology, 1994, 22: 580-584.

Wignall P B, Hallam A. Gresbachian (Earliest Triassic) palaeoenvironmental changes in the Salt Range Pakistan and South China and their bearing on the Permian-Triassic mass extinction [J]. Palaeogeography, Palaeoclimatology, Palaeoecology, 1993, 102: 215-237.

Wignall, P B, Kozur, H, Hallam, A. On the timing of palaeoenvironmental changes at the Permian-Triassic (P-T) boundary using conodont biostratigraphy [J]. Historical Biology, 1996, 12: 39-62.

Wignall P B, Hallam A, Lai Xulong et al. Palaeoenvironmental changes across the Permian-Triassic boundary at Shangei (N. Sichuan, China) [J]. Historical Biology, 1995, 10: 175-189.

Xie S, Pancost R D, Yin H et al. Two episodes of microbial change coupled with Permian-Triassic faunal mass extinction [J]. Nature, 2005, 434: 494-497.

Xie S, Pancost R D, Huang J H et al. Changes in the global carbon cycle occurred as two episodes during the Permian-Triassic crisis [J]. Geology, 2007, 35: 1083-1086.

Xie S C, Pancost R D, Wang Y B et al. Cyanobacterial blooms tied to volcanism during the 5 m. y. Permian-

Triassic biotic crisis [J]. Geology, 2010, 38: 447-450.

Xu Daoyi, Yan Zhen. Carbon isotope and iridium event markers near the Permian-Triassic boundary in the Meishan section, Zhejiang Province, China [J]. Palaeogeography, Palaeoclimatology, Palaeoecology, 1993, 104: 171-176.

Yin Hongfu, Zhang Kexin, Tong Jinnan et al. The Global Stratotype Section and Point (GSSP) of The Permian-Triassic boundary [J]. Episodes, 2001, 24 (2): 102-114.

Yin H F, Xie S C, Luo G M et al. Two episodes of environmental change at the Permian-Triassic boundary of the GSSP section Meishan [J]. Earth-Science Reviews, 2012, 115 (3): 163-172.

Zachos J, Pagani M, Sloan L et al. Trends, rhythms, and aberrations in global climate 65 Ma to present [J]. Science, 2001, 292: 686-693.

## 关键词与主要知识点-11

事件地层学 event stratigraphy
高分辨率事件地层学 high-resolution event stratigraphy
新灾变论 neo-catastrophism
突变观 saltatory evolution
平静界线 smooth boundary
事件界线 event boundary
地内事件 events caused by the Earth's interior
地外事件 events caused by the Earth's outer
突变事件 saltatory event

灾变事件 catastrophic event
起因事件 leading event
终极事件 ultimate event
派生事件 tributary event
沉积事件单位 unit representing sedimentary events
物理事件单位 unit representing physical events
化学事件单位 unit representing chemical events
生物事件单位 unit representing biological events
复合事件单位 unit representing composite events

# 第 12 章 旋回地层学

地球自转和围绕太阳公转时，由于其他行星的运动造成的地球轨道参数（准）周期性的变化驱动了地球表面接受的日照量在纬度上和季节上的变化，从而导致了地球气候在局部和全球尺度上万年到百万年时间尺度上的（准）周期性变化，这种天文驱动的（准）周期性的气候变化信息就被对气候变化敏感的沉积物记录在地球表层（如深海、冰盖和陆地）的沉积地层中，使沉积地层具有韵律性和旋回性特征。通过收集反映古气候变化（如碳氧同位素、岩性、碳酸钙含量、铁、有机碳、黏土、岩石磁学、颜色和古生物等）的天文信号的替代指标参数数据，应用天文旋回理论来研究这些旋回地层记录的地层学的一个新的分支学科发展成为了今天的旋回地层学（Fischer et al.，2004；Hinnov，2007，2012；Hinnov，2013）。由于旋回地层学在进行高分辨率地层划分对比和建立高分辨率年代地层格架方面的巨大潜力，它越来越受到地层学和地学工作者的广泛关注（Fischer et al.，2004；Hinnov，2007；Schwarzacher，2004；Strasser et al.，2006；龚一鸣等，2008）。尤其在最近几年，旋回地层学研究在天文地质年代校准方面取得了突破性进展，已成为现代地层学研究的一个新亮点和增长点。

## 12.1 旋回地层学及其发展简史

### 12.1.1 旋回地层学的基本概念和术语

**旋回地层学**（cyclostratigraphy）一词首次由 Fischer A G 于 1988 年在意大利 Perugia 召开的学术会议上提出（Fischer et al.，1988），是一门迅速发展的地层学的分支学科。旋回地层学在其发展过程中，出现了很多描述地层沉积记录的重复样式的术语，比如：年纹层（varves）、韵律（rhythm）、旋回（cycle）、层束（bundle）等，这些基本单元可在垂向上叠置成不同级别的旋回，如万年尺度到百万年尺度的轨道周期旋回。层（bed）是地层的最小单位，它可以代表地层沉积的先后顺序但没有定义它代表一定时间间隔；而旋回（cycle）可以是一层或多层地层组成，旋回或者层束被解释为受轨道驱动的旋回，每一个旋回代表了一定的时间间隔，如层束（bundles）代表约 100kyr 的短偏心率旋回；如果相似类型的旋回或者层束频繁重复代表相似的时间间隔，那么有这样标记的旋回就可以提供一个大概的时间标尺（Schwarzacher，2004）。旋回是地层记录的重要特征，地层的旋回性记录的是沉积作用、沉积环境或驱动机制的产物（龚一鸣等，2008）。根据驱动机制的不同，地层旋回通常分为自旋回（autocyclicity）和他旋回（allocyclicity）两类。自旋回（autocyclicity）是指在一定的沉积环境或沉积系统中（局限于一定的地形、地貌等，具有局域性和区域性）产生的地层单元的重复，如河流点沙坝、海岸障壁沙坝和河道及三角洲朵体的侧向迁移形成的地层旋回。他旋回（allocyclicity）是由于沉积系统外部的驱动机制，如气候变化和海平面变化等导致的沉积旋回,具有区域性甚至全球可对比性,如海平面变化旋回和米兰科维奇旋回等(Cecil,2003)。跨区域和全球性的他旋回是旋回地层学的主要研究对象。Hilgen(2004)和 Strasser 等(2006)对旋回地层学的有关概念术语总结如下。

**旋回地层学**(cyclostratigraphy)的定义:旋回地层学是指识别、描述、对比和解释分析地层记录中(准)周期性变化的沉积旋回的一门地层学的分支学科,尤其是其应用在地质年代学方面来提高时间-地层格架的精度和分辨率。一般认为,旋回地层学主要是研究由于天文轨道参数变化所造成的地层韵律性变化。

**沉积旋回**(sedimentary cycles):是指在沉积记录中具有某种成因联系和重复性的地层序列。一般具有时间意义以及(准)周期性的变化。

**天文旋回**(astrocycle):是指受天文轨道驱动的沉积旋回。旋回地层学研究过程中,我们用天文旋回来代替沉积旋回,这是因为沉积"旋回"被地质界广泛应用在沉积学和层序地层学的许多不同的方面,但它并不总是意味着具有时间意义,而"天文旋回"是指具有特定时间意义的沉积旋回,如近 20kyr 的岁差旋回、近 100kyr 的偏心率旋回等。因此,在旋回地层学的研究过程中一般用"天文旋回"这个专有名词而不用"沉积旋回"。

**天文调谐**(astronomical tuning):将反映轨道驱动的沉积旋回或其他周期性变化的古气候替代指标的旋回记录与天文轨道参数目标曲线(包括岁差、斜率、偏心率或相应的日照量曲线)进行对比和调谐。

**天文年代标尺**(astronomical time scale,ATS):将沉积序列中记录的沉积旋回和其他周期性变化的旋回校准到天文时间序列后所获得的具有绝对年龄的地质年代表(geological time scale)。

## 12.1.2 旋回地层学的发展简史

旋回地层学主要研究受天文轨道驱动的万年到百万年尺度的地层旋回,其中近 20 kyr 到近 2.4 Myr 之间的天文旋回是旋回地层学研究的重点(Hinnov & Ogg,2007;Hinnov & Hilgen,2012;Hinnov,2013;Schwarzacher,2004;Strasser et al.,2006)。尽管旋回地层学作为地层学的一个分支学科不过 20 多年的发展历史,但认为受轨道驱动的地层旋回的研究早在 19 世纪末期就开始了(图 12-1)。Gilbert(1895)是第一个把地层沉积旋回与天文轨道参数联系起来的地质学家,他认为美国科罗拉多落基山脉下的上白垩统 Niobrara 组的灰岩—泥页岩旋回的形成是受天文轨道的岁差变化所驱动的。Bradley(1929)通过统计美国怀俄明州始新统绿河组湖相油页岩与泥灰岩互层旋回的纹层数,估算出有平均 21.63kyr 的旋回周期存在,认为岁差周期可能是驱动该旋回序列形成的主要原因。20 世纪初,南斯拉夫学者(Milankovitch,1941)提出了第四纪冰期形成的天文假说,他认为北半球夏季日照量的减少是冰期形成的主要原因,首次试图定量对比在阿尔卑斯山的第四纪冰期沉积物与太阳辐射最小值之间的关系。然而,后来在北美的冰期碳同位素的研究,没有明确证实关于日照量的计算,因此,这使天文理论陷入了争论(Imbrie & Imbrie,1979)。同一时期,对中生代阿尔卑斯(Alpine)灰岩主导韵律层的研究取得了显著进展(Schwarzacher,1954)。随后,Fischer(1964)对此地区开创性的研究达到了高潮,他发现奥地利晚三叠世 Dachstein 灰岩中存在沉积持续时间约为 40kyr 的米级旋回层,其垂向上的叠置样式指示了浅海相的沉积环境中振荡的海平面变化[称为洛菲尔(Lofer)旋回]。然而,三叠纪的冰川作用到目前为止仍是一个谜,对这种海平面变化的驱动机制也引起了质疑,因而洛菲尔旋回的成因到现在还一直存在着争论(Cozzi et al.,2005;Schwarzacher,1993)。

直到对晚第四纪深海沉积记录的研究开始,关于气候变化的理论才最终被科学界所接受(Hinnov & Hilgen,2012)。Shackleton(1967)证明海洋稳定氧同位素的变化大多与全球大洋容积变化有关。稍后,Hays等(1976)研究表明,稳定氧同位素记录很大程度上与旋回有关,这成为旋回地层学研究的重要里程碑。随着全球磁性地层学的发展,结合新的放射性同位素测年,发现相同的同位素信号存在于所有的海洋中,目前包括整个布容(Brunhes)极性带(0~0.78Ma)(Imbrie et al.,1984)。最后,通过反映全球大洋容积的替代指标与较大的海平面变化的地质证据进行校准(Chappell & Shackleton,1986;Waelbroeck et al.,2002),间接地建立了第四纪冰期与旋回之间的联系。随后通过对极地冰层的研究,发现了其他具有很强轨道周期频率的稳定同位素信号,这为天文轨道驱动理论提供了强有力的证据(Petit et al.,1999)。

与此同时,利用稳定氧同位素与沉积旋回进行天文调谐的方法,很好地证明理论可以扩展到远远超过800kyr,比如末次冰期(Hilgen,1991;Shackleton et al.,1990)。这

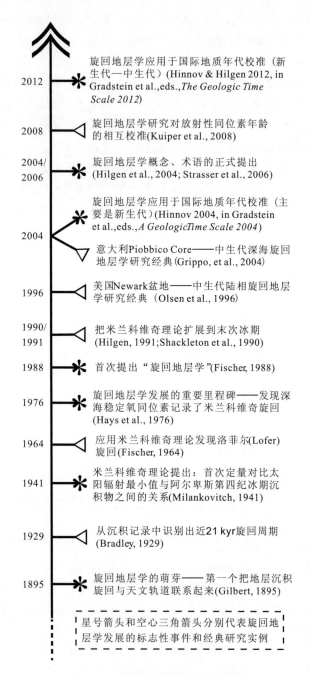

图 12-1 旋回地层学的发展简史

些具有里程碑意义的研究触发了利用稳定同位素及其他气候替代指标(包括岩性、岩相、碳酸钙含量、生物成因硅含量、磁化率、电测曲线以及灰度扫描数据等)来寻找地质历史时期的天文旋回的研究(Hinnov & Hilgen,2012)。从贝加尔湖的上新世—更新世陆相沉积物中发现了强烈的生物硅信号,它与深海稳定同位素记录(Prokopenko et al.,2006;Williams et al.,1997)以及中国的黄土长序列都极为相似,都具有稳定的天文旋回周期(Sun et al.，2006）。Shackleton等早在1995利用深海钻孔资料已建立了一个0~6Ma的连续氧同位素信号，目前结合深海钻孔与露头资料所获取的气候替代指标的研究，科学家们已经建立了一个从新生代伊始的近乎连续的旋回校准的地质年表，而白垩系—古近系界线是最近天文年代学与地质年代之间相互严格校准努力的课题（Hilgen et al.，2010；Hinnov & Hilgen，2012；Husson et al.，2011；Kuiper et al.，2008；Westerhold et al.，2008）。

寻找轨道驱动的天文旋回的证据可继续追溯到中生代。在最新的国际地质年代表（GTS 2012）的第25~27章中，中生代的三叠纪、侏罗纪和白垩纪的3个时间段都已经采用了数百万年的长旋回地层序列进行天文年代校准（Gradstein et al.，2012）。如美国纽瓦克（Newark）盆地晚三叠世的陆相湖泊的沉积物颜色和湖水相对深度分级（Depth Ranks）等古气候替代指标序列，包含着近乎完美的偏心率信号，通过7个钻孔组成的6700多米的综合地层剖面，建立了从晚三叠世的卡尼阶（Carnian）到早侏罗世的赫塘阶（Hettangian）约33Myr连续的天文年代标尺，成为陆相旋回地层学研究的经典实例（Olsen et al.，1996；Olsen et al.，2011；Olsen & Whiteside，2009）。Ikeda等（Ikeda et al.，2010）在日本中部Inuyama地区发育的含丰富放射虫的深海相的中三叠世的燧石-泥页岩互层的序列，在30多米的地层中识别出720层燧石和页岩层并提取出燧石和页岩厚度变化序列，基于现有的年代框架，推算出每一个燧石-页岩层偶代表了大致近20kyr的旋回，指示出每5层代表近100kyr短偏心率和每20层代表405kyr长偏心率的旋回驱动特征，并且识别出了1.8Myr的超长偏心率旋回，估算出30多米地层记录了约15Myr的连续天文年代标尺。意大利的Piobbico岩芯覆盖了早白垩世的整个阿普特阶（Aptian）和阿尔布阶（Albian），在近77m长的岩芯中识别出60多个405kyr的偏心率旋回，可建立长约25.8Myr的高分辨率连续天文年代标尺（Grippo et al.，2004；Hinnov，2013；Huang et al.，2010a），这成为深海沉积中旋回地层学研究的经典。

在古生代地层中，也可以见到明显的轨道驱动的天文旋回的证据，但是还都没有应用到GTS 2012的地质年代校准中。二叠纪的Castile组地层是纹泥状海相蒸发岩序列，显示了一些旋回信号的存在（Anderson，1982）。美国犹他州Paradox盆地的石炭纪宾夕法尼亚亚纪的地层，展示了壮观的大陆架碳酸盐岩旋回，指示了高频的海平面变化具有天文旋回信号的特征（Goldhammer et al.，1994）。经典的海进海退旋回层（Heckel et al.，2008）与爱尔兰的密西西比纪半深海灰岩韵律层（Schwarzacher，1993）似乎都表现出405kyr偏心率主导的旋回，最近乌克兰Donets盆地的高精度地质年代与旋回地层研究支持了这一结论（Davydov et al.，2010）。近期也有泥盆纪地层（Gong et al.，2001；Tucker & Garland，2010）和志留纪地层（Crick et al.，2001；Nestor et al.，2003）存在天文旋回的报道。地层学家也曾尝试在奥陶纪发展某种综合地层学与天文年代学（Gong & Droser，2001；Kim & Lee，1998；Rodionov et al.，2003），但这些努力在很大程度上是不完整的。遍及全球的寒武纪—奥陶纪的碳酸盐岩浅滩旋回为米兰科维奇驱动理论提供了大量的证据，尽管这些高频旋回序列的驱动机制还不清楚（Osleger，1995）。

前寒武纪地层记录中同样应该存在类似的天文旋回信号的证据，如加拿大西北部古元古代（1.89Ga）被动陆缘沉积的Rocknest组存在向上变浅的浅海碳酸盐岩序列的米级旋回（Grotzinger，1986），以及新太古代（2.65Ga）Cheshire组的碳酸盐台地序列（Hofmann et al.，2004）。同样地，具有较强旋回性、持续时间长的条带状铁建造（banded iron formations-BIFs)一直被推测可能记录了早期的米兰科维奇旋回（Hälbich et al.，1993；Ito et al.，1993；Simonson & Hassler，1996），但迄今只有Franco & Hinnov（2008）的研究试图将BIFs所代表的米兰科维奇旋回定量化。

尽管在古生代和前寒武纪已经开展了许多旋回地层学研究的探索工作，但这些旋回地层记录还没有精确的天文轨道模型可以利用来证实这些天文旋回的存在。

## 12.2 旋回地层学的原理与研究方法

### 12.2.1 旋回地层学的原理

旋回地层学研究的理论基础是天文旋回理论即米兰科维奇旋回理论，是从全球尺度上研究太阳辐射量与地球气候波动之间关系的天文理论。该理论认为，北半球高纬度夏季太阳辐射量的变化是驱动第四纪冰期旋回的主因。由于太阳系各星体对地球的万有引力使地球在绕太阳公转和自转时而造成的地球轨道参数的（准）周期性的变化驱动了地球表面接受的日照量在纬度和季节分配上的变化，从而导致了地球气候系统在局部和全球尺度上的万年到百万年时间尺度上的变化，这些变化可用地球轨道参数偏心率、斜率和岁差来表达（Berger，1988；Berger & Loutre，2004；Hinnov & Hilgen，2012；Hinnov，2013；Laskar et al.，2004）。Laskar等（2004）给出了定量计算这些轨道参数的公式和解析方法，通过对一些重要变量如相对论效应，地球、太阳和月球的扁率以及地球的潮汐摩擦作用等因素的影响，利用数值积分来计算与模拟过去2.5亿年和将来2.5亿年的天文参数及日照量的变化。下面简要介绍地球轨道的偏心率、斜率和岁差3个参数的来由和意义。

**岁差**（precession）：即地球轨道的岁差指数（precession index，$e\sin\bar{\omega}$），是指由地球-太阳距离以及偏心率的变化和地球自转轴方向漂移的共同影响（即地球自转轴绕着地球公转轨道面的垂直轴旋转，它以25 765a的周期绘出一个圆锥面）产生的信号，并且其变化幅度强烈地被偏心率所调制，其现在的变化主周期约为24kyr、22kyr、19kyr和17kyr（图12-2A）。在地质历史时期，由于地球的旋转速度比现在快，因此岁差周期要比现在短（Berger et al.，1992；Hinnov，2013；Laskar et al.，2004），由图12-2A也可以看出，30~40Ma的岁差周期要比0~10Ma的要短些，地质历史时期如侏罗纪更短（表12-1）。近20kyr的岁差周期即是地球在绕太阳公转时的轨道面上到达近日点的变化，如果北半球夏至到达远日点，冬至位于近日点（即接受到的太阳辐射量就会增加），那么冬季就会变得不太冷而且短，冬夏差别不大，一年内季节差异就不太明显；反之，如果北半球冬至到达远日点（即接受到的太阳辐射量变少），而夏至到达近日点，那么夏季就会短而热，冬季就会变得漫长而寒冷，一年内的季节差异就会变大，四季分明（图12-2A）（Ruddiman，2008）。

**斜率**（obliquity）：地球轨道的斜率（即地轴的倾斜度，它是地球公转的轨道面与地球赤道面的夹角）是在22.5°~24.5°变化（现在的斜率值是23.5°），目前具有41kyr的主要周期以及39kyr、54kyr和29kyr的次要周期，这些短周期信号振幅的调制周期1.2Myr和2.4Myr；1.2Myr的超长斜率周期来源于火星和地球轨道的倾角的变化，而2.4Myr来源于火星和地球之间的万有引力（图12-2B）（Berger et al.，1992；Hinnov & Hilgen，2012；

# 第 12 章 旋回地层学

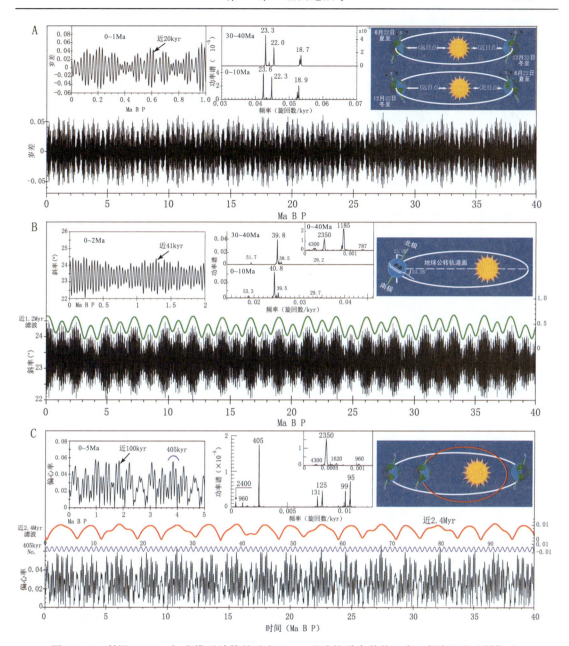

图 12-2 利用 La2004 标准模型计算的过去 40Ma 地球轨道参数偏心率、斜率和岁差周期的
变化及其轨道运行示意图

(据 Hinnov, 2013; Ruddiman, 2008 修改)

A. 底部黑色曲线是 0～40Ma 的岁差时间序列;上部左边是放大的 0～1Ma 的岁差时间序列,中间是 0～10Ma 和 30～40Ma 岁差的频率能谱周期图,右边是地球在绕太阳公转时轨道面上到达近日点和远日点的变化示意图。B. 下部黑色曲线是 0～40Ma 的斜率时间序列,绿色曲线是斜率振幅包络线即斜率振幅的调制周期近 1.2Myr 长斜率曲线;上部左边是放大的 0～2Ma 的斜率时间序列,中间是 0～10Ma 和 30～40Ma 斜率的能谱图以及近 1.2Myr 斜率振幅包络线的周期图,右边是地球公转的轨道面与地球赤道面的夹角示意图。C. 下部黑色曲线是 0～40Ma 的偏心率时间序列,蓝色曲线是 405kyr 偏心率的滤波曲线即稳定的 405kyr 地质计时钟 E 旋回数,红色曲线是偏心率的振幅调制周期近 2.4Myr 的长偏心率曲线;上部左边是放大的 0～5Ma 的偏心率时间序列,中间是 0～40Ma 偏心率的能谱图以及近 2.4Myr 的长偏心率调谐振幅的周期图,右边是地球绕太阳公转的轨道示意图。B P 是指 Before Present,从现在以前的时间即过去的意思

**表 12-1 斜率和岁差周期在过去 250Ma 的变化**（据 Hinnov & Hilgen, 2012；Laskar et al., 2004 修改）

| 斜率 | | | | | | 岁差 | | | | | |
|---|---|---|---|---|---|---|---|---|---|---|---|
| 时间（Ma） | 54kyr | 41kyr | 39kyr | 29kyr | 28kyr | 时间（Ma） | 24kyr | 22kyr | 19.0kyr | 18.9kyr | 16.5kyr |
| 0~5 | 53 562 | 40 917 | 39 510 | 29 727 | 28 852 | 0~5 | 23 657 | 22 336 | 19 080 | 18 947 | 16 453 |
| 50~55 | 50 710 | 39 185 | 37 975 | 28 877 | 28 003 | 50~55 | 23 052 | 21 820 | 18 716 | 18 539 | 16 168 |
| 100~105 | 47 847 | 38 865 | 36 324 | 27 910 | 27 137 | 100~105 | 22 472 | 21 304 | 18 335 | 18 090 | 15 873 |
| 150~155 | 45 188 | 35 852 | 34 807 | 27 027 | 26 233 | 150~155 | 21 863 | 20 768 | 18 077 | 17 794 | 15 574 |
| 200~205 | 42 680 | 34 211 | 33 300 | 26 130 | 25 374 | 200~205 | 21 258 | 20 206 | 17 519 | 17 391 | 15 253 |
| 244~249 | 40 502 | 32 830 | 31 949 | 25 272 | 24 582 | 244~249 | 20 691 | 19 708 | 17 129 | 17 007 | 14 968 |

Laskar et al., 2004）。由于潮汐耗散作用的存在，在地质历史时期，地球的旋转速率要比现在快，因此斜率的周期就比现在要短，这在图 12-2B 的频率周期谱图上也可以看出，比如在 2.5 亿年前的中生代与古生代之交，斜率的主要周期是近 33kyr 而不是现在的 41kyr 了（表 12-1）。由于斜率即地轴倾斜度的变化，导致地球表面接受的太阳辐射量随着纬度发生变化，当斜率增大时，高纬度夏季接受的太阳辐射量增加，冬季则减少，气温年较差增大；反之，当斜率变小时，高纬度夏季接受的太阳辐射量减少，冬季则增加，冬暖夏凉，气温年较差变小，夏季温度变低更有利于冰川的发育（Ruddiman, 2008）。

**偏心率**（eccentricity）：从过去 45Ma 至今，地球轨道的偏心率在 0.000 21~0.067 范围内周期性地变化，现在的偏心率的值是 0.0167，具有 95kyr、99kyr、124kyr、131kyr、405kyr 和近 2.4Myr 主要的周期（图 12-2C）。这种周期性的变化是由于其他行星的运动产生的万有引力作用在地球轨道上造成的；其中，405kyr 的偏心率长周期，是由 $g_2-g_5$ 即金星和木星轨道近日点之间的相互作用造成的，它是近 100kyr 的偏心率信号的调制周期，这个 405kyr 在地质记录中非常稳定地存在（其在 250Ma 处的计算误差仅为 500kyr 左右，因此这个 405kyr 偏心率长周期，是天文上最为稳定的地球轨道参数，被誉为地质计时的最佳"节拍器"，用作旋回地层学和天文年代学的一个基本的地质计时单位可用于地质年代的校准，405kyr 旋回用 E 表示，假如从最近 1 万年开始，第一个 405kyr 旋回是 E1，第 10 个 405kyr 旋回即 4.15Ma 是 E10，到中新生代界线附近的 66Ma 处是第 163 个 405kyr 旋回即 E163，到白垩纪与侏罗纪界线 145Ma 处是第 358 个 405kyr 旋回即 E358，依次类推）；而近 2.4Myr 偏心率超长周期，是由 $g_4-g_3$ 即火星和地球轨道近日点之间的相互作用造成的，它是 405kyr 偏心率信号的调制周期，这个长偏心率周期已经在地质记录中被识别出来，而且被认为是特殊气候事件的一个主要因素，但这个近 2.4Myr 周期不太稳定，常由 2.4Myr（即 6 个 405kyr 周期）变到 2Myr（即 5 个 405kyr 周期）（Hinnov, 2013；Laskar et al., 2011；Lourens et al., 2005；Pälike et al., 2006；Van Dam et al., 2006）。地球绕太阳公转的轨道在近圆形和椭圆形之间变化，偏心率越小四季变化越不明显，反之，偏心率越大则四季变化越明显，这也是冰川易形成期；当地球位于近日点时，地球表面接受到的太阳辐射量就多，当位于远日点时，接受到的太阳辐射量就少。但这对地球气候的影响很小，它影响气候的变化主要是靠调控岁差周期变化的幅度，即岁差变化的幅度越大，偏心率值就越大，那么岁差造成的气候变化也越大（Ruddiman, 2008；汪品先, 2006）。

由于天文因素导致的地球轨道参数的（准）周期性变化驱动了地球表层气候系统的周期

性波动，这种周期性波动的气候变化信息就被记录在地球表层的沉积地层中，因此，我们可以通过应用天文旋回理论来对这些记录在沉积地层中的旋回性变化的古气候信息进行旋回地层学研究。

## 12.2.2 旋回地层学的研究方法

由于记录在地层中的米兰科维奇旋回受天文轨道驱动，因此在同一时期形成的反映气候变化的沉积旋回在空间分布上应该具有全球可对比性和等时性。已有的研究表明，米兰科维奇旋回（天文旋回）贯穿于地球发展演化的全过程中，从前寒武纪到第四纪的沉积地层中都存在着天文旋回记录。旋回地层学的研究就是通过有效的研究方法和手段去除各种噪音，提取出记录在地层中的天文旋回的信号。旋回地层学研究通常选择具有一定的生物地层和年代地层工作基础的地区，且在野外地层出露良好、连续性和韵律性都较好的剖面上进行研究，但野外数据的采集有其局限性，很难获取高分辨率的或连续的长剖面数据序列用于旋回分析。近年来，随着科技的发展，利用沉积旋回明显且连续性好的钻孔资料，如各种测井曲线、实测的碳氧同位素等地球化学的古气候替代指标以及高分辨率的 X 射线荧光（XRF）岩芯扫描获取的连续元素记录数据等成为当今研究旋回地层学的重要数据来源。下面简要介绍旋回地层学的主要研究方法。

### 12.2.2.1 野外沉积旋回识别方法

目前旋回地层学的研究方法主要有野外露头剖面的沉积旋回观察法和室内的时间序列分析法两种。对于出露较好、韵律性明显的地层剖面，在野外可以通过直接观察岩性组合的变化，识别出纹层、层偶、层束、层束组等不同级次的旋回及其排列组合样式，根据已有的生物地层或磁性地层年代框架，初步判断观察到的沉积旋回是否受天文因素驱动，分析这些沉积旋回是否具有不同级次且比率为 1∶5∶20，即近 20kyr 的岁差，近 100kyr 短偏心率和近 400kyr 的长偏心率周期旋回。假定某个级次的旋回占主导控制作用并假定此沉积旋回具有相同的沉积持续时间，那么就可以大致估算出研究层段的沉积持续时间。龚一鸣等（2004）通过研究广西晚泥盆世 F—F 之交的碳酸盐台地-斜坡-盆地相剖面，通过野外观察岩性旋回识别出纹层、层束、层束组、超层束组 4 个级别的旋回排列组合样式，对牙形刺带进行了数字定年，这是野外岩性旋回观察的成功研究实例。然而，我们研究旋回地层学不仅仅是估算研究层段的沉积时间，它还可以为我们提供沉积系统对轨道参数变化的响应信息，以及洞察古环境和地球如何响应大气和海洋的变化（Fisher et al., 2004）。为了获取这些进一步的信息以及检验野外观察所假定的轨道周期的正确性，这就需要采用时间序列分析的方法来进行验证。

### 12.2.2.2 时间序列分析（time-series analysis）方法

自 20 世纪 80 年代米兰科维奇理论得到证明后至今，时间序列分析方法广泛应用于旋回地层学领域的研究。采用时间序列分析方法来定量检测天文信号，首先需要获取选定的研究剖面的定量指标观测数据序列，对于野外露头剖面，就需要先采集样品然后在实验室进行测定，以获取用于米兰科维奇旋回研究的古气候替代指标数据，对于有测井曲线的钻孔，要选择能反映古气候变化的合适的曲线。识别米兰科维奇旋回的关键，是通过从深度域到频率域，然后从频率域到时间域的转换，再通过时间序列的频谱分析获得可以与理论的天文轨道周期参数对比的频谱。即利用频谱分析方法，把深度域的数据序列转化为频率域，在频率域的能谱分析图上，找出沉积序列中的主要轨道周期的旋回，通过对这些旋回进行滤波，识别出起主要控制作用的旋回；然后，假定这些沉积旋回都具有相同的轨道周期即相同的沉积时间，建立一个时-深转换模型，将整个深度域的数据序列转换为时间域；最后利用时间序列的频谱分析方法，将时间域转化为频率域，在频率域的能谱分析图上，观察米兰科维奇旋回的偏心率、斜率和岁差这几个主要的轨道周期参数是否出现，从而来检验所建立的年代模型的合理与否。下面将分别介绍应用时间序列分析方法所需要的古气候替代指标的选取、数据处理、频谱分析以及天文调谐等工作过程。

1）古气候替代指标（paleoclimate proxy）

天文驱动太阳-地球距离及地轴斜率的变化来影响地球表面接收的日照量，日照量的变化进一步影响大气环流、气候带的迁移以及地表温度的变化，进而引起水体温度、大洋环流和降水格局的变化，冰川、河流、风以及植被等的活动控制了沉积物源的产生和运移等，并最终记录在沉积序列中，因此这些沉积序列可以间接地反映天文轨道参数的变化（Strasser et al.，2006）（图 12-3）。为了定量地分析这些受天文驱动的沉积序列的演化过程，需要从地层沉积记录中提取可以反映过去气候变化特征的物理、化学以及物性结构等的古气候替代指标数据，这是旋回地层学研究中建立地球轨道参数变化、日照量、古气候及沉积记录的纽带（Hinnov & Ogg，2007）。因此，原则上与气候变化相关的参数均可作为旋回地层学分析的气候替代指标。利用替代指标识别沉积记录中蕴含的米兰科维奇旋回，是一个从定性到定量的发展过程。早期旋回地层学研究主要基于沉积波动的可视化识别，此时的量化只限于地层空间上的变化，比如黏土-粉砂岩互层、海相蒸发岩中的季候泥及台地相沉积物的厚度变化等。下面简要介绍目前研究中几种常用的古气候替代指标：

(1) 半定量指标：根据不同的视觉判断野外观察到的岩性变化，然后对其进行等级划分，将岩性组合代表的沉积相量化为沉积时的相对古水深数据，建立一个半定量的深度分级序列（Depth Rank series）（Olsen & Kent，1999）。

(2) 岩石物性指标（反映气候-环境的综合变化）：随着科技的发展，用仪器定量测量岩石的特性，比如地层的光学反射指标——灰度（grayscale）（Grippo et al.，2004）以及现在大洋钻探普遍采集的岩石的颜色反射率（lightness），中子密度的红外线反射率（neutron-density infrared reflectivity），碳酸盐岩含量（carbonate content），声波、自然伽马等测井

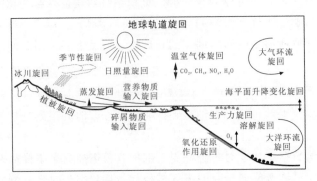

图 12-3　由于地球轨道周期性运动引起地球表层系统的复杂性旋回变化示意图

（引自 Strasser et al.，2006）

曲线，以及近年来使用 XRF 岩芯扫描仪获取的岩石的元素组成数据等。

（3）岩石磁性指标：各种磁性参数似乎都在一定程度上反映了轨道的周期性，但磁化率（magnetic susceptibility）是其中最易于测量的，可以对岩芯或野外露头进行高分辨率或连续的采样。磁化率是一个衡量岩石矿物被磁化强弱的量，不同的磁性矿物其磁化率值不一样。铁的氧化物例如磁铁矿和磁赤铁矿是亚铁磁性的，有很强的正的磁化率值。黏土和黄铁矿是顺磁性的，有较弱的正的磁化率值。碳酸盐岩和石英是抗磁性的，有较弱的负磁化率值。因此，磁化率值可以反映岩石中不同磁性矿物的含量变化，而盆地内这些磁性矿物的输入很有可能是对天文轨道驱动的气候变化的响应（Boulila et al.，2010）。

（4）古生物指标：有孔虫和颗石藻的生产力等的变化以及生物种群的组成及演替都具有轨道时间尺度的波动（Fisher et al.，2004）。

（5）同位素指标：碳氧同位素指标是迄今最好的古气候替代指标。尤其是氧同位素（$\delta^{18}O$）指标能够直接反映古温度或盐度的变化，从深海大洋钻探的岩芯中提取的有孔虫获得的氧同位素指标已经证实其变化与冰期有关并受地球轨道驱动；而稳定碳同位素（$\delta^{13}C$）指标可以反映生产力及有机碳埋藏量的大小，一般跟氧同位素指标结合使用。但是，由于测试成本较高以及成岩作用的影响使其在相对古老地层中的应用并不是很广泛（Fischer et al.，2004）。

古气候替代指标很多，具体选用何种替代指标，则需根据研究区域地质背景及研究程度等信息综合分析（表 12-2）。

**表 12-2 与天文轨道驱动和气候变化有关的沉积参数**（引自 Hinnov & Hilgen，2012）

| | 沉积参数指标 | 相关的气候条件 |
|---|---|---|
| 外部<br>（与沉积速率无关） | 稳定氧同位素<br>稳定碳同位素<br>黏土矿物组合<br>微体化石组合 | 温度/盐度/降水量/海平面变化<br>生产力/碳-封存/氧化还原条件<br>表层水文条件<br>盐度/温度 |
| 内部<br>（与沉积速率有关） | $CaCO_3$、$Si$、$C_{org}$ 百分含量<br>磁化率<br>微体化石丰度<br>黏土/粉尘含量<br>岩相<br>沉积物颜色<br>粒度 | 生产力<br>沉积速率<br>生产力<br>表层水文条件/大气环流<br>沉积环境<br>生产力/氧化还原条件<br>侵蚀强度/水动力条件 |

对于好的野外露头剖面，在确定要采集的古气候替代指标后，就需要确定采样间距，因为是在沉积序列的沉积岩石上采样，因此一般采用的是等间距采样。但采样密度需要很好地设计，如果采样过密，费时且成本太高；采样过稀，所获得的旋回信息不全，给随后的频谱分析造成困难。采样时一般遵循 Nyquist 采样定理（Nyquist 频率是指两倍的采样间距的倒数），当采样频率大于或等于最高频率（指旋回地层中最小的旋回厚度的倒数）的两倍时才能完整地保留原始信号的信息，即一个旋回至少采集两个样品，实际应用中须保证采样频率为最高频率的 5～10 倍，即保证所要检测的每个最小旋回须采集 5～10 个样。Weedon（2003）建议每个主要旋回应至少采集 4 个数据点；而 Herbert（1994）则建议每个最小旋回至少需要采集 8 个样品。实际野外采样过程中，等间距采样可能会漏掉一些高频或薄层所蕴含的信息，一般根据现有的年代框架，估算出大致的沉积速率，推算研究层段中近 20kyr

岁差旋回对应的沉积物厚度，采样间隔应小于岁差旋回厚度的1/4，并且要根据沉积速率的变化随时调整采样间隔和采样密度。

2）数据预处理（data pre-processing prior to spectral analysis）

由于野外的沉积记录剖面在沉积过程中具有各种沉积环境"噪音"，那么从采集的样品经过实验室分析获取的古气候替代指标序列必然含有"噪音"，在进行频谱分析即把深度域的数据序列转化为频率域之前必须对数据进行消除环境"噪音"影响的数据预处理过程，从而使频谱更容易解释。首先要对原始数据进行去趋势（detrending），即消除构造背景和沉积环境的影响；然后去均值（mean subtraction）和异常值（outlier removal）以及预白化（pre-whitening）[对数据进行预白化（pre-whitening）处理，即增强高频信号压制低频信号，其作用就相当于高通滤波]，使得频谱能正常反映出数据序列的频率分布的估计；然后对数据序列进行插值，通过插值处理使采集的非等间距的数据转化为频谱分析需要的等间距的数据序列。如果不去除数据序列中由于构造或其他因素等的影响，在频谱分析时就会产生一个能量非常强的低频峰值的信号，它把有效的高频轨道周期信号压制，这样就很难判断低能量的高频信号是否在置信区间之内，因此，频谱分析前必须对数据进行预处理（Weedon，2003）。

3）频谱分析（spectral Analysis）

对数据进行预处理之后，通过频谱分析，把深度域的数据序列转化为频率域，在频率域的能谱图上找出沉积序列中的主要沉积旋回，根据主要频率的比例关系初步判断沉积记录是否受天文轨道周期驱动；同样在时间域也是利用频谱分析方法来实现时间域和频率域的转换的，从而来确定时间序列信号中所蕴含的周期性或者准周期性的旋回信息，确定频谱图中主要频率对应的周期是不是米兰科维奇旋回中的地球轨道参数的长短偏心率、斜率和岁差周期。Weedon（2003）总结的目前常用的频谱分析的方法主要有以下4种：

(1) 多窗谱分析法（multi-taper method，MTM）是Thomson（1982）创立的，是一种低方差、高分辨率的频谱分析方法，尤其适用于短序列、高噪音背景下准周期信号的诊断分析。MTM频谱分析方法因其具有频率分辨稳定性以及较好的抗噪性，因此是目前旋回地层学频谱分析中较为常用的方法。

(2) 经典谱估计法，常见的有自相关法（也称为blackman-tukey method，BTM）和周期图法（periodogram），它们都是通过傅立叶变换来实现的。自相关法先由采样数据估计不同延迟的自相关函数，然后用不同的窗函数对自相关估值开窗加权，再对加权后的自相关估值作傅里叶变换，得到功率谱估计。而周期图法是直接将采样数据作傅里叶变换，再取其幅度平方而得到功率谱估计。这两种方法的结果是一致的，但求出的功率谱分辨率较低，因此这两种方法的应用不如MTM法广泛。

(3) 最大熵谱法（maximum entropy method，MEM），是对所测量的有限数据以外的数据不作任何确定性的假设，而是在信息熵为最大的前提下，将未知的相关函数用迭代方法递推出来的谱分析方法。应用最大熵方法求出功率谱，虽然谱峰比较尖锐，其分辨率比常规方法高，但计算过程可以产生非常不可靠的谱即假峰值，有时谱峰会比常规周期的相位略微偏移，因此在应用此频谱分析方法时要谨慎。

(4) 演化图谱法（evolutionary spectral analysis，也称为sliding-window spectral analysis），因为上面介绍的几种频谱分析方法所获得的频率域的频谱图都是对研究层段的时间（深度）域数据序列所计算的一个平均谱，通常是在假定研究层段沉积速率较稳定的情况下采用的，但它不能反映所研究层段内不同频率的轨道参数的能量是如何随深度或时间变化的，而演化图谱法是用滑动窗口频谱分析法生成的演化图谱，即给定一个窗口值，这个窗口所计算的频谱应该足够检测这一段的沉积周期，这样依次移动计算各段的频谱并且都有重叠，这样的演化谱不仅可以显示不同波段的波在时间（深度）域和频率域两个域内的变化特征，而且还可显示出研究层段的沉积速率的变化，并可根据演化图谱的变化判断可能存在的沉积间断，因此在旋回地层学的研究中应用非常广泛（可以通过 Matlab 编程来实现）。

4) 滤波（filtering）

滤波是旋回地层学研究过程中的一个重要步骤。首先对数据序列进行频谱分析，在频谱图上找出研究层段的主要沉积旋回的频率后，可以通过带通滤波（band-pass filtering）提取出与偏心率、斜率和岁差周期有关的信号，滤除掉与米兰科维奇旋回无关的"噪音"。也可以利用高通滤波（high-pass filter）或低通滤波（low-pass filter）提取出数据序列中有用的高频或者低频信号，同时滤除与米兰科维奇旋回无关的"噪音"信号（通常用 Analy-Series 免费软件来进行滤波，网站地址：http://www.lsce.ipsl.fr/logiciels/index.php）。然后将提取出来的米兰科维奇旋回信号再与原始数据序列叠置在一起，观察旋回的变化并识别出主要的天文周期旋回。在新生代的地层中滤波曲线也可直接与 Laskar 等（2004，2010）的理论目标曲线直接进行对比，进而通过天文调谐来建立天文年代标尺。

5) 天文调谐（astronomical tuning）

天文调谐是旋回地层学中建立天文年代标尺（astronomical time scale，ATS）的关键，通过天文调谐可建立高精度的、连续的天文地质年代标尺，是地质定年的一个新途径。目前几种主要的地质定年方法，如生物地层学可以给我们提供相对可靠的年代框架，同位素年代学可以提供高精度的绝对年龄控制点，磁性地层学可以提供磁极性带的年代框架，而天文旋回地层学是唯一可以提供连续的、分辨率高达2万年的天文地质的定年方法。天文调谐是指将古气候变化的替代性指标直接对比到偏心率、斜率、岁差或日照量理论目标曲线上。首先需要通过其他测年方法获得天文调谐需要的年龄控制点，它们可以为天文校正地质年代提供大致的年代框架，减少旋回地层学研究中的盲目性。由于沉积速率的变化可导致在频谱图上同一个天文周期参数显示多个峰值，这就首先需要从古气候替代指标的数据序列中识别出这些旋回来，由于沉积环境的变化，这些旋回的沉积厚度可能被拉长或者凝缩，但它们所代表的沉积时间都应该是一样的，因而天文调谐的过程就是把这些代表同一天文周期参数的旋回找出来，如稳定的 405kyr 的周期旋回（图12-4），进而建立年代模型，从而数据序列可以实现从深度域到时间域的转换。然后通过反复试验，建立一个较为合理的天文年代标尺。通过对所建立的时间序列进行频谱分析来检验所建立的天文年代标尺的合理性，如果频谱图上天文轨道周期（偏心率、斜率和岁差）参数的峰值都出现并且都在置信区间之上则为合理的。对于新生代的地层，滤波曲线可以直接与 Laskar et al.（2004，2010）理论的目标曲线进行对比，进而通过天文调谐来建立天文地质年代标尺；但对于中生代或者更老的地层来说，只能通过天文调谐来建立"浮动"的天文年代标尺（Floating ATS）。如果这些研究层段有绝对年龄，则可以用它们作为控制点，进而把所建立的浮动天文标尺转换成高精度的、连续的绝对年代标尺。

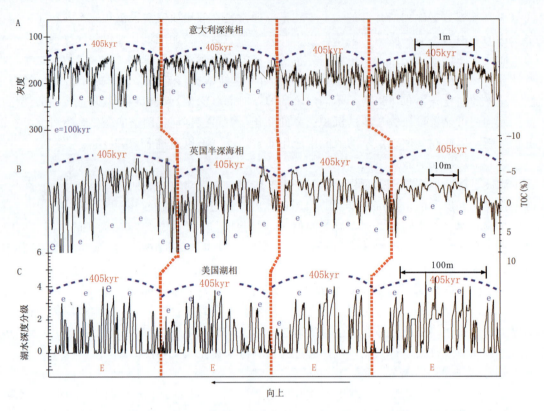

图 12-4 中生代不同沉积环境和不同古气候替代指标记录的稳定的 405kyr 偏心率主导周期图
(据 Hinnov & Ogg,2007 修改)

A. 意大利深海碳酸盐相高分辨率灰度（greyscale）序列展示出在白垩纪 105.6—104Ma 时期 405kyr 主导的沉积记录（Grippo et al. 2004；Huang et al.，2010a）；B. 英国半深海相泥灰岩-泥页岩的总有机碳（TOC）序列记录的晚侏罗世 154.5—152.9Ma 时期 405kyr 主导的沉积序列（Huang et al.，2010b）；C. 美国陆相 Newark 盆地湖水相对深度分级（Depth rank）序列在晚三叠世 221.6—220Ma 所记录的 405kyr 主导的沉积序列（Olsen et al.，1996）

## 12.3 旋回地层学的研究意义与应用实例

### 12.3.1 旋回地层学的研究意义

地质年代的精确确定是我们认识地球演化历史和过程的关键，然而如何提高地质年代的精度却一直是个尚待解决的科学难题。最近 30 多年来，基于古气候学研究的天文旋回理论获得了普遍认可和广泛应用，尤其是成功应用于天文地质年代校准中。通过旋回地层学研究建立高精度的年代标尺，在此基础上才可以重建古气候的演化过程，探寻古气候的演变规律及其驱动机制等问题。旋回地层学研究的意义可归纳为以下 6 个方面：

（1）建立高精度的、连续的天文年代标尺。通过旋回地层学的研究，在新生代，可以利用沉积旋回直接与天文理论曲线进行校准，从而建立高精度的、连续的绝对天文年代标尺（Kuiper et al.，2008）。在前中生代地层中，由于天文理论模型对 50Ma 以前的记录误差太大，特别是斜率和岁差周期的不稳定，因此只能用最稳定的 405kyr 偏心率长周期（详见

12.2.1)对地质记录进行天文调谐来建立浮动天文年代标尺,然后借助绝对测年作为控制点来建立高精度的绝对天文年代标尺(Huang et al., 2011)。

(2) 估算研究层段的沉积持续时间以及重大地质事件的数字年龄。在所建立的天文年代标尺的基础上,可以估算所选研究剖面的任意段的沉积持续时间以及重大地质事件的发生和持续时间(Huang et al., 2011)。

(3) 天文年龄与同位素绝对测年以及磁性地层的年龄相互校准。在研究层段具有较好的天文旋回、放射性同位素绝对测年以及磁性地层资料的基础上,可以通过旋回地层的分析及对比,对误差比较大的绝对测年的年龄进行校准(Kuiper et al., 2008),同时可以校准磁极性带的年龄,从而建立高精度的综合地质年代表(Olsen et al., 2011)。

(4) 估算沉积速率。在建立天文年代标尺的过程中,我们首先赋予主导的沉积旋回一个天文周期,比如这些旋回都为405kyr偏心率旋回,那么根据沉积旋回厚度的变化可以估算出沉积物的堆积速率的变化(Huang et al., 2010b),如果对沉积物厚度进行解压实,那么就可以恢复沉积旋回压实前的真实厚度,从而估算出当时的沉积速率。

(5) 进行全球等时地层对比。因为无论所研究的剖面在地球的什么位置,它们在同一时期内天文因素驱动的沉积记录中所包含的天文旋回数,尤其是40万年长周期的旋回数都是相同的(排除无沉积或者剥蚀等情况),尽管沉积环境不同,沉积旋回的沉积厚度会有所不同,但沉积持续时间应该是相同的(Huang et al., 2011)。因此我们可以利用稳定的天文旋回进行全球高精度的等时地层对比,建立三维等时地层格架。

(6) 探讨古全球气候变化的驱动机制,为预测未来全球变化趋势提供科学依据。只有在建立高精度时间序列的基础上,才可以探讨古全球气候变化的驱动机制、重建古气候的演化过程、寻找古气候的演变规律等问题。研究表明,一旦不同级别的偏心率周期(如405kyr、近2.4Myr)和斜率长周期(近1.2Myr)的最低值恰好重叠,地球上就会发生严重的气候环境突变事件,如白垩纪的大洋缺氧事件,新生代的生物灭绝事件,以及14Ma前的中中新世的气候变冷事件等(汪品先, 2006; Pälike et al., 2006; van Dam et al., 2006; Mitchell et al., 2008)。此外,目前地球科学和全球变化研究的一个重要研究方向是深时全球变化,因为我们只有了解地球过去的演变过程,寻找地球演化规律及其驱动机制,才能为未来全球变化趋势的预测提供科学依据,因此,旋回地层学在建立精确的地质年代标尺的基础上重建古气候的演化过程,对深时全球变化研究是至关重要的。

## 12.3.2 旋回地层学的应用实例

### 12.3.2.1 新生代的旋回地层学研究实例——天文校准放射性同位素年龄(Kuiper et al., 2008)

国际地质年代表主要有生物地层、磁性地层和放射性同位素绝对测年(U-Pb和$^{40}Ar/^{39}Ar$)以及利用旋回地层学这几种方法的相互校准来建立精确的地质年代表,最新的GTS 2012(Gradstein et al., 2012)主要是基于两种独立的技术,一种是通过天文调谐旋回性的沉积层序来建立一个非常精确的新近纪的年代表,而另一种是适用于晚新生代或者更老地层的放射性同位素测年。然而,不同的定年方法即使应用于同一地层,也往往产生不同的年龄值(Renne et al., 1998; Kuiper et al., 2004)。Kuiper et al. (2008)利用单晶的

$^{40}Ar/^{39}Ar$ 测年方法测得从众多的硅质火山灰层中提取出的透长石斑晶的年龄插入到经天文调谐的摩洛哥的 Messinian Melilla 盆地 Messâdit 剖面的开放大洋沉积序列中（图 12-5），

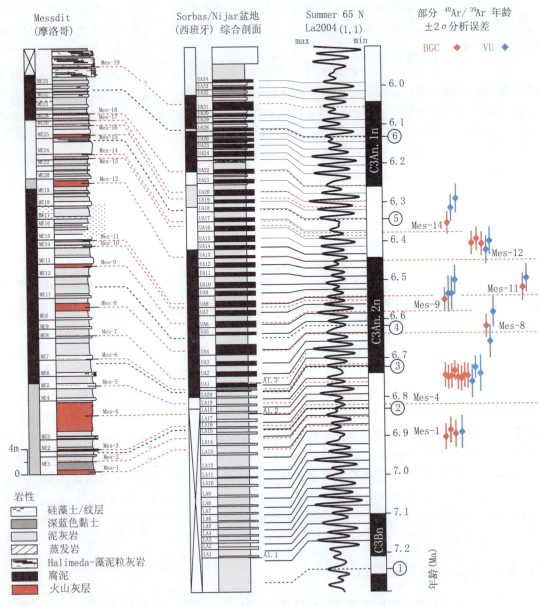

图 12-5　天文校准 Messinian Messadit 剖面的火山灰层的 $^{40}Ar/^{39}Ar$ 年龄

(引自 Kuiper et al., 2008)

首先把 Sorbas/Nijar 盆地的西班牙综合剖面（即地中海地区参考剖面，其中富含有机质的腐泥层跟泥灰岩互层的旋回，记录了 2 万年的岁差周期，正好对应于理论的日照量曲线，它是建立最新的精确的新近纪地质年代表的关键）的沉积旋回调谐到 La2004 (Laskar et al., 2004) 理论曲线上，并利用剖面上的主要生物地层标志层来进行高精度对比。根据 Messadit 剖面均质泥灰岩对应于 Sorbas 及其他地中海剖面的腐泥层（Van Assen et al., 2006），从而完成间接天文调谐 Messadit 剖面的沉积旋回，随后便可对火山灰层进行天文年龄标定，误差为 ±10kyr。图中示出 Messadit 剖面火山灰夹层 $^{40}Ar/^{39}Ar$ 加权平均年龄及其在伯克利地质年代中心（BGC）和阿姆斯特丹自由大学（VU）测定的年龄（是用 FCs 28.02Ma 计算的年龄）

通过天文调谐来校准$^{40}$Ar/$^{39}$Ar 的年龄，进而用标定的$^{40}$Ar/$^{39}$Ar 年龄来校准$^{40}$Ar/$^{39}$Ar 测年使用标准即 Fish Canyon（FCs）透长石标样的年龄，由原来的(28.02±0.56)Ma 校准到(28.201±0.046)Ma，将$^{40}$Ar/$^{39}$Ar 定年的绝对误差从近 2.5% 减小至 <0.25%（在 65Ma 处<165kyr）。

为验证校准的 FCs 透长石年龄的精确性，Kuiper et al.（2008）选取了西班牙北部 San Telmo 教堂下面的白垩系—古近系界线（K/Pg）出露良好的 zumaia 剖面，该剖面显示了韵律性的灰色泥灰岩和灰岩互层的海相沉积序列，从近 20kyr 的岁差旋回到近 100kyr 短偏心率和近 405kyr 长偏心率旋回，旋回具有非常明显的分级排列样式（图 12-6）。这段地层覆盖了古地磁的 C29r 到 C26r 磁极性带，K/Pg 界线位于一个显著的以灰岩为主的层段并且对应于 405kyr 偏心率旋回的最小值处（图 12-7）。在这附近 405kyr 最小值处的年龄有近 65.2Ma、近 65.6Ma、近 66.0Ma 和近 66.4Ma，那么挑战就是如何识别出对应的 405kyr 的最小值。为了找出这个最小值，采用天文调谐校准的 FCs 的年龄 28.201Ma 重新计算了原来发表的 K/Pg 界线的$^{40}$Ar/$^{39}$Ar 年龄，范围为 65.8Ma 到 66.0Ma。这使 K/Pg 界线的年龄下调到 405kyr 偏心率最小值大约 66.0Ma 处。用这个年龄值作为起点，重新对 Zumaia 剖面采用 La2004 和 Va03_R7 两种天文理论曲线进行 405kyr 旋回的天文调谐，由此产生的 K/Pg 界线年龄分别为 65.957Ma 或 65.940Ma，磁极性带的天文年龄跟修订的$^{40}$Ar/$^{39}$Ar 年龄可很好地吻合。原则上，经修订的 K/Pg 界线的天文年龄近 65.95Ma 可以向上或者向下移动一个 405kyr 偏心率旋回，即 K/Pg 界线的年龄也可能是近 65.56Ma 或近 66.4Ma。但无论如何，相互校准的 K/Pg 界线的年龄牢牢链接着 405kyr 偏心率最小值大约 66.0Ma。

图 12-6　西班牙 Zumaia 的 K/Pg 界线剖面，显示的泥灰岩/灰岩韵律性互层

(引自 Kuiper et al.，2008)

图中展示了跟岁差有关的基本旋回（灰岩-泥灰岩层偶）的详细排列样式及其组成的 100kyr 短偏心率的灰岩层 36—42，以及岁差的调幅周期 405kyr 长偏心率旋回。实线标识与岁差有关的明显的泥灰岩旋回，虚线标识不太明显以至于模糊的泥灰岩旋回。从 166-p 到 190-p 标记的是岁差旋回的数目

### 12.3.2.2 中生代海相旋回地层学研究实例

（1）通过天文调谐建立连续的高分辨率的绝对天文年代标尺：意大利深海相白垩纪 Aptian—Albian 阶（Grippo et al., 2004; Huang et al., 2010a）。

意大利深海沉积的 Piobbico 岩芯覆盖了白垩纪阿普特阶（Aptian）和阿尔布阶（Albian），初始沉积物主要包括颗石藻、浮游有孔虫、含放射虫生物硅及陆源硅质碎屑物质，压实后表现为现在韵律性明显的泥灰岩与灰岩的互层沉积序列。通过旋回分析高分辨率的岩芯扫描获取的近 77m 长的灰度（Grayscale）序列（灰度可以反映相对的沉积环境，与沉积物颜色有很好的对应关系如图 12-8A，灰度的高值代表碳酸盐含量高，即高生产率期），识别出 60 多个稳定的 405kyr 长偏心率旋回，建立了长约 25.85Myr 的高分辨率连续浮动天文年代标尺（Grippo, 2004; Huang et al., 2010a），并且其时间序列的频谱图展示出其主要频率周期与 La2004 理论模型在 126~100Ma 的 ETP（岁差、斜率和偏心率综合曲线）的频谱图一致（图 12-8C）。根据放射性同位素测年数据，阿尔布阶的顶界年龄为 100.6Ma，加上其持续时间 12.4Myr，得到阿尔布阶的底界年龄为 113Ma，这与放射性同位素测年一致，再加上阿普特阶的持续时间 13.3Myr，从而获得阿普特阶的底界年龄为 126.3Ma，这个年龄与同位素测年的校正值一致。通过深海沉积序列的旋回地层学研究，我们获得了从 100.5Ma 到 126.3Ma 的阿尔布阶和阿普特阶的绝对地质年代标尺及其对应的 405kyr 的 E 旋回数（图 12-8A），这成为中生代旋回地层学研究的一个经典实例，这些研究成果被最新的国际地质年代表 GTS 2012 所采用（Ogg et al., 2012a; Hinnov, 2013）。

（2）估算研究层段的沉积持续时间和沉积速率，探讨沉积过程的驱动机制：英国晚侏罗世的半深海相 Kimmeridgian—Tithonian 地层（Huang et al., 2010b）。

英国晚侏罗世的钦莫利阶—提塘阶（Kimmeridgian—Tithonian）的 Kimmeridge Clay

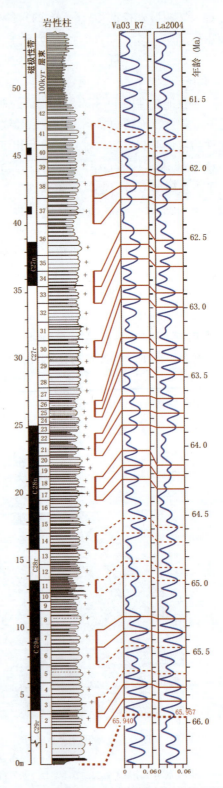

图 12-7 Zumaia 的 K/Pg 界线剖面的天文调谐
（引自 Kuiper et al., 2008）

# 第 12 章 旋回地层学

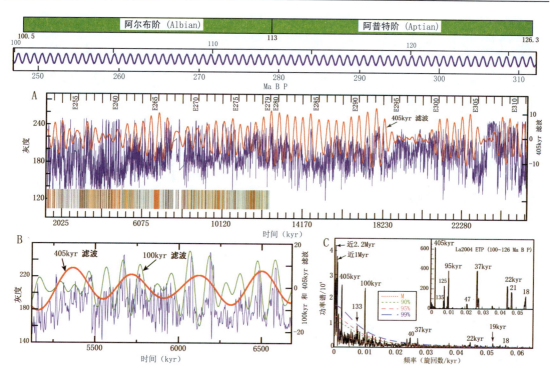

图 12-8 意大利早白垩世深海沉积的 Piobbico 钻孔的灰度序列经过 405kyr 天文调谐后获得的约 25Myr 的连续时间序列和频谱图

(据 Grippo et al., 2004; Huang et al., 2010a 修改)

A. Piobbico 钻孔的灰度序列经过识别出来的 60 个 405kyr 偏心率旋回的天文调谐获得的时间序列及其对应的 405kyr 的旋回数（岩芯缺失了 Albian 顶部 3 个多 405kyr 旋回）; B. 灰度时间序列的 5100~6700kyr 段所展示的岁差及长短偏心率旋回详细特征（滤波用 AnalySeries 软件）; C. Piobbico 钻孔的灰度序列经 405kyr 天文调谐获得的近 25Myr 时间序列的频谱分析图及对应段的 La2004 的理论 ETP 频谱图（频谱分析用 SSA-MTM 软件, 网站地址: http://www.atmos.ucla.edu/tcd/ssa/）

(KCF) 组地层是北海油田的主要生油岩层段, 英国国家环境研究委员会 (NERC) 快速全球地质事件项目组于 1996 年和 1997 年在英格兰南部 Dorset 郡打了两个钻孔 (Swanworth Quarry and Metherhills), 获取的 500 多米半深海相沉积的 KCF 组岩芯, 主要由灰—黑色层状泥页岩与灰黄—奶白色的灰岩或白云岩等呈明显的韵律性互层沉积（图 12-9）, 很多学者对其进行了旋回地层学研究。

Huang et al. (2010b) 通过对 KCF 组地层的总有机碳 (TOC) 数据序列进行分析, 认为在黑色泥页岩段主要受斜率周期控制, 而其他层段主要受岁差-偏心率驱动（图 12-10A、B）。图 12-10C 展示出明显的岁差、斜率、偏心率旋回分级序列, 5 个左右的岁差旋回组成一个近 100kyr 短偏心率旋回, 而 4 个近 100kyr 偏心率旋回又组成一个 405kyr 长偏心率旋回。从深度域的频谱图（图 12-10D）上可以看出, 几个明显的谱峰对应的地层旋回厚度分别为近 167m、近 40m、近 9m、3.8m、2.3m 和 1.62m, 如果把近 40m 的旋回调谐为 405kyr, 那么近 167m、近 9m、3.8m、2.3m 和 1.62m 则分别对应于近 1.69Myr、近 91kyr、38kyr、23kyr 和 16kyr, 这基本上与偏心率、斜率和岁差周期对应。从图 12-10D 可以看出, 近 40m 的旋回占主导地位, 通过滤波, 提取出这些近 40m 的 405kyr 的长偏心率

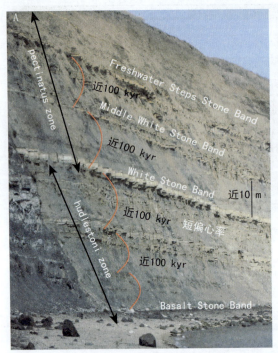 

图 12-9 英国 Kimmeridge 海湾 KCF 地层露头剖面

A. *hudlestoni* 和 *pectinatus* 菊石带显示的明显的短偏心率的周期旋回；B. *autissiodorensis* 菊石带显示的明显的斜率周期旋回（Stephen Hesselbo 摄于 2011 年）

旋回，通过对识别出来的 405kyr 的旋回建立时深转换的年代模型，然后通过天文调谐获得时间域的 TOC 序列，从 TOC 时间序列的频谱图（图 12-10E）可以看出，除了非常明显的 405kyr 周期外，还有近 2Myr 长偏心率周期、104kyr 的短偏心率周期、36kyr 的斜率周期以及 18kyr 左右的岁差周期存在，这与这一时间段的 Laskar 2004 理论频谱图中的周期旋回基本一致（图 12-10F），这说明我们建立的天文年代标尺是较为合理的。从建立的天文年代标尺上可以估算出中—晚钦莫利阶的持续时间为 3.47Myr 以及早提塘阶（elegans 到 fittoni 菊石带）的持续时间为 3.72Myr，这一结果可以通过古地磁年代模型的计算加以验证（Huang et al.，2010b），并被 GTS 2012 所采用（Ogg et al.，2012b）。此外，我们还可以通过天文调谐，获得沉积序列沉积物堆积速率的变化，从而可以重建该时期沉积物的堆积演化过程以及与天文驱动的古气候的响应关系（图 12-11）。

（3）天文校准磁极性带建立综合地质年代标尺：晚三叠世陆相美国 Newark 盆地旋回地层学（Olsen et al.，1996，1999）。

美国东部 Newark 盆地，是晚三叠世形成的在赤道附近（北纬 2.5°—9.5°）、近南北向展布的大陆裂谷盆地，经历了数百万年的构造沉降，堆积了厚达数千米的湖相沉积物。盆地约长 190km、宽 50km，主要发育三叠系—侏罗系。美国国家科学基金资助的 Newark 盆地钻探项目于 1990—1993 年在盆地内共钻探了 7 个钻孔，获取的岩芯经过岩性组合及磁性地层的对比，拼接成一条长 6770m 的连续岩芯柱，覆盖了晚三叠世—早侏罗世的地层，成为迄今为止最长的热带大陆性气候地质记录。主要发育韵律性的灰色或黑色富含有机质的纹层

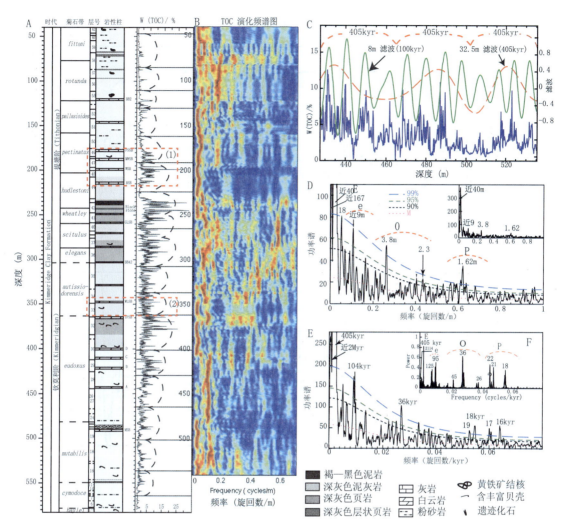

图 12-10 英国南部 KCF 组地层综合剖面和总有机碳（TOC）序列及其 405kyr 天文调谐的时间序列频谱图

（据 Huang et al., 2010b 修改）

A. Kimmeridge Clay 组地层在 Dorset 的两个钻孔的岩性和生物地层综合剖面及其总有机碳（TOC）序列；A 中（1）和（2）标识位置的野外露头特征见图 12-9。B. TOC 演化频谱图，滑动窗口为 40m。C. TOC 序列在 427~536m 段所展示的岁差-长短偏心率旋回特征。D. TOC 序列深度域的频谱图。E. 405kyr 天文调谐的时间序列频谱图。F. Laskar 2004 理论 145~160Ma 的 ETP 的频谱图。E 代表长偏心率旋回，e 代表近 100kyr 的短偏心率旋回，O 代表斜率旋回，P 代表岁差旋回

状泥页岩，其中夹有灰色、紫色或红色贫有机质的泥裂状或块状泥岩，这反映了沉积物是沉积于湿-干气候周期性交替变化的古湖泊环境中，其中，灰—黑色泥页岩沉积于较湿润气候条件下的常年性深水湖泊，而红—紫色泥裂、块状泥岩则沉积于干旱气候条件下的季节性湖泊。由于湖水的体积有限，湖平面/湖水深度相对于气候的变化反应较为敏感，因此湖相沉积物记录的古气候变化可以通过古气候替代指标来模拟其演化过程。Olsen et al.（1996）通过分析沉积物的岩性及其结构特征，总结出反映湖平面相对变化的湖水相对深度分级

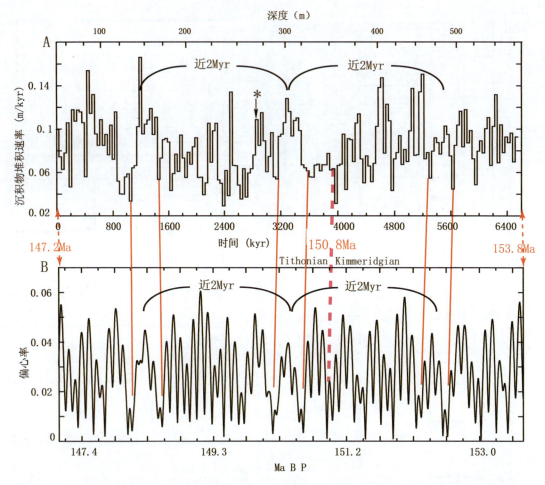

图 12-11 36kyr 斜率天文调谐获得的沉积物堆积速率的变化曲线与 Laskar 2004 理论的偏心率曲线的对比

(引自 Huang et al.，2010b)

A. 中沉积物堆积速率的变化显示了具有近 400kyr 和近 2Myr 的旋回周期，可以与 Laskar 2004 理论的偏心率周期旋回的变化相对应。"*"位置有 Chamber 等（2000）利用超高分辨率的分析仪观察年-季节变化的纹层，估算出沉积压实后的堆积速率为 0.112m/kyr，这与天文调谐获得的 0.108m/kyr 一致

(Depth Ranks)来作为古气候替代指标建立了数据序列，其中最小值 0 表示干旱气候，最大值 5 表示湿润气候（图 12-12）。Depth Ranks 序列包含了近乎完美的岁差-偏心率信号，通过天文调谐，可以建立浮动天文年代标尺，通过与磁性年代标尺的相互校准，建立了从晚三叠世的卡尼阶（Carnian）到早侏罗世的赫塘阶（Hettangian）约 33Myr 连续的综合年代标尺，成为陆相旋回地层学研究的经典实例（Olsen et al.，1996；Olsen et al.，2011；Olsen & Whiteside，2009）（图 12-12）。这为研究湖相韵律性地层沉积机理，深入理解大陆性气候长期变化规律，探讨气候变化的驱动机制提供了良好的基础资料。

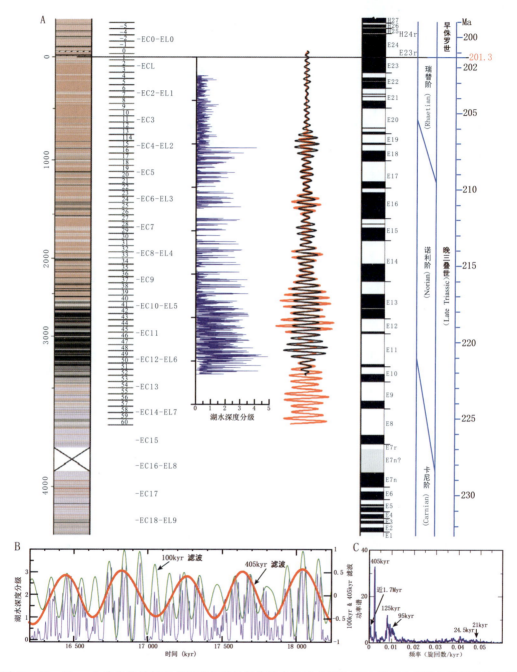

图 12-12 Newark 盆地的最新天文校准的磁性年代综合标尺 APTS 2010 及湖水深度分级序列的长短偏心率旋回和频谱特征

(据 Olsen et al., 2011 修改)

A. Newark 盆地的最新天文和磁性年代综合标尺（Newark basin - Astronomically - calibrated geomagnetic Polarity Time Scale, Newark - APTS）APTS 2010，包括 8 个钻孔的综合剖面的颜色岩性柱，识别出来的 405kyr 的 E 旋回、1.75Myr 的 EC 旋回和 3.5Myr 的 EL 旋回的划分，以及磁性年代标尺；B. 2848～3225m 的深度分级（Depth Rank）序列经 405kyr 的偏心率旋回调谐后的时间序列所展示的岁差-偏心率旋回特征细节及其上叠加的近 100kyr 和 405kyr 的滤波曲线；C. 3000 多米深度分级序列经 405kyr 的偏心率旋回调谐后的时间序列的频谱分析图

## 参 考 文 献

龚一鸣,徐冉,汤中道,等. 广西上泥盆统轨道旋回地层与牙形石带数字定年 [J]. 中国科学（D辑）, 2004, 34 (7): 635-643.

龚一鸣,杜远生,童金南,等. 旋回地层学:地层学解读时间的第三里程碑 [J]. 地球科学——中国地质大学学报, 2008, 33: 443-457.

汪品先. 地质计时的天文"钟摆" [J]. 海洋地质与第四纪地质, 2006, 1: 1-7.

Anderson R Y. A long geoclimatic record from the Permian [J]. Journal of Geophysical Research, 1982, 87: 7285-7294.

Berger A. Milankovitch theory and climate [J]. Reviews of geophysics, 1988, 26: 624-657.

Berger A, Loutre M. Astronomical theory of climate change [J]. Journal de Physique IV, 2004, 121: 1-35.

Berger A, Loutre M, Laskar J. Stability of the astronomical frequencies over the Earth's history for paleoclimate studies [J]. Science, 1992, 255: 560-566.

Boulila S, de Rafélis M, Hinnov L A et al. Orbitally forced climate and sea-level changes in the Paleoceanic Tethyan domain (marl-limestone alternations, Lower Kimmeridgian, SE France) [J]. Palaeogeography, Palaeoclimatology, Palaeoecology, 2010, 292: 57-70.

Bradley W H. The varves and climate of the Green River epoch [M]. US Geological Survey Professional Paper, 1929, 158-E: 87-110.

Cecil C B. The concept of autocyclic and allocyclic controls on sedimentation and stratigraphy, emphasizing the climatic variable [M]. SEPM Special Publication, 2003, 77: 13-20.

Chambers M H, Lawrence D S L, Sellwood B W et al. Annual layering in the Upper Jurassic Kimmeridge clay formation, UK, quantified using an ultra-high resolution SEM-EDX investigation [J]. Sedimentary Geology, 2000, 137 (1-2): 9-23.

Chappell J, Shackleton N. Oxygen isotopes and sea level [J]. Nature, 1986, 324: 137-140.

Cozzi A, Hinnov L A, Hardie L A. Orbitally forced Lofer cycles in the Dachstein Limestone of the Julian Alps (NE Italy) [J]. Geology, 2005, 33: 789-792.

Crick R, Ellwood B, Hladil J et al. Magnetostratigraphy susceptibility of the Pridolian-Lochkovian (Silurian-Devonian) GSSP (Klonk, Czech Republic) and coeval sequence in Anti-Atlas Morocco [J]. Palaeogeography, Polaeoclimatology, Palaeoecology, 2001, 167: 73-100.

Davydov V I, Crowley J L, Schmitz M D et al. High-precision U-Pb zircon age calibration of the global Carboniferous time scale and Milankovitch band cyclicity in the Donets basin, eastern Ukraine [J]. Geochemistry, Geophysics, Geosystems, 2010, 11 (2): Q0AA04.

Fischer A G. Lofer cyclothems of the alpine Trias [J]. Kansas Geological Survey Bulletin, 1964, 169: 107-149.

Fischer A G, D'Argenio B, Silva I P et al. Cyclostratigraphic approach to earth's history: an introduction [M].//Cyclostratigraphy: Approaches and Case Histories. SEPM Special Publication, 2004, 81: 5-13.

Fischer A G, De Boer P L, Premoli S I. Cyclostratigraphy [M].//Beaudoin, B., and Ginsburg, R N. eds. Global Sedimentary Geology Program: Cretaceous Resources, Events, and Rhythms. NATO ASI series, Dordrecht, The Netherlands, Kluwer Academic Publishers, 1988: 139-172.

Franco D R, Hinnov L A. Strong rhythmicity in the ~2.46—2.50Ga banded iron formation of the Hamersley Group (W. Australia): Evidence for sub-orbital to Milankovitch scale cycles [C]. Geological Society of

America Annual Meeting, Houston, TX, 2008, abstract.

Gilbert G K. Sedimentary measurement of Cretaceous time [J]. The Journal of Geology, 1895, 3: 121-127.

Goldhammer R, Oswald E, Dunn P. High-Frequency, Glacio-Eustatic Cyclicity in the Middle Pennsylvanian of the Paradox Basin: An Evaluation of Milankovitch Forcing [M].//de Boer P L, Smith D G. Eds. Orbital Forcing and Cyclic Sequences. Special Publication of the IAS, 1994: 243-283.

Gong Y, Droser M L. Periodic anoxic shelf in the Early-Middle Ordovician transition: ichnosedimentologic evidence from west-central Utah, USA [J]. Science in China Series D: Earth Sciences, 2001, 44: 979-989.

Gong Y M, Li B H, Wang C Y et al. Orbital cyclostratigraphy of the Devonian Frasnian-Famennian transition in South China [J]. Palaeogeography, Palaeoclimatology, Palaeoecology, 2001, 168 (3-4): 237-248.

Gradstein F M, Ogg J G, Schmitz M D et al. The Geologic Time Scale 2012 [M]. Amsterdam: Elsevier, 2012: 1144.

Grippo A, Fischer A G, Hinnov L A et al. Cyclostratigraphy and chronology of the Albian stage (Piobbico core, Italy) [M].//D'Argenio B, Fischer A G, Premoli Silva I (Ed.). Cyclostratigraphy: Approaches and Case Histories: Society for Sedimentary. Geology Special Publication, 2004: 57-81.

Grotzinger J. Upward shallowing platform cycles: a response to 2.2 billion years of low-amplitude, high-frequency (Milankovitch band) sea level oscillations [J]. Paleoceanography, 1986, 1: 403-416.

Hälbich I, Scheepers R, Lamprecht D et al. The Transvaal-Griqualand West banded iron formation: geology, genesis, iron exploitation [J]. Journal of African Earth Sciences, 1993, 16: 63-120.

Hays J D, Imbrie J, Shackleton N J. Variations in the Earth's orbit: Pacemaker of the ice ages [J]. Science, 1976, 194: 1121-1132.

Heckel P H, Fielding C, Frank T et al. Pennsylvanian cyclothems in Midcontinent North America as far-field effects of waxing and waning of Gondwana ice sheets, Resolving the Late Paleozoic Ice Age in Time and Space [J]. Special Paper of the Geological Society of America, 2008: 275-290.

Herbert T D. Reading orbital signals distorted by sedimentation: models and examples [M].//De Boer P L and Smith D G eds, Orbital forcing and cyclic sequences. IAS Special publication, 1994, 19: 483-507.

Hilgen F. Extension of the astronomically calibrated (polarity) time scale to the Miocene/Pliocene boundary [J]. Earth and Planetary Science Letters, 1991, 107 (2): 349-368.

Hilgen F. Concept and definitions in cyclostratigraphy (second report of the Cyclostratigraphy Working Group) [J]. SEPM Special Publications, 2004, 81: 303-305.

Hilgen F J, Kuiper K F, Lourens L J. Evaluation of the astronomical time scale for the Paleocene and earliest Eocene [J]. Earth and Planetary Science Letters, 2010, 300 (1): 139-151.

Hinnov L A. Cyclostratigraphy and its revolutionizing applications in the earth and planetary sciences [J]. Geological Society of America Bulletin, 2013, 125 (11-12): 1703-1734.

Hinnov L A, Hilgen F J. Chapter 4: Cyclostratigraphy and astrochronology [M].//Gradstein F M, Ogg J G, Schmitz M D et al. The Geologic Time Scale 2012. Amsterdam: Elsevier, 2012: 63-83.

Hinnov L A, Ogg J. Cyclostratigraphy and the astronomical time scale [J]. Stratigraphy, 2007, 4: 239-251.

Hofmann A, Dirks P H, Jelsma H A. Shallowing-upward carbonate cycles in the Belingwe Greenstone Belt, Zimbabwe: a record of Archean sea-level oscillations [J]. Journal of Sedimentary Research, 2004, 74: 64-81.

Huang C, Hinnov L, Fischer A G et al. Astronomical tuning of the Aptian Stage from Italian reference sections [J]. Geology, 2010a, 38 (10): 899–902.

Huang C, Hesselbo S P, Hinnov L. Astrochronology of the late Jurassic Kimmeridge Clay (Dorset, England) and implications for Earth system processes [J]. Earth and Planetary Science Letters, 2010b, 289 (1): 242–255.

Huang C, Tong J, Hinnov L et al. Did the great dying of life take 700 ky? Evidence from global astronomical correlation of the Permian–Triassic boundary interval [J]. Geology, 2011, 39 (8): 779–782.

Husson D, Galbrun B, Laskar J et al. Astronomical calibration of the Maastrichtian (late Cretaceous) [J]. Earth and Planetary Science Letters, 2011, 305 (3): 328–340.

Ikeda M, Tada R, Sakuma H. Astronomical cycle origin of bedded chert: A middle Triassic bedded chert sequence, Inuyama, Japan [J]. Earth and Planetary Science Letters, 2010, 297 (3): 369–378.

Imbrie J, Hays J D, Martinson D G et al. The orbital theory of Pleistocene climate: Support from a revised chronology of the marine $\delta^{18}O$ record [M].//Berger A L, Imbrie J, Hays J et al. Milankovitch and climate, Part 1. Dordrecht, Netherlands, Reidel Publishing, 1984, 269–305.

Imbrie J, Imbrie K P. Ice Ages: Solving the Mystery [J]. Enslow Publishers, 1979: 1–204.

Kim J C, Lee Y I. Cyclostratigraphy of the Lower Ordovician Dumugol Formation, Korea: meter–scale cyclicity and sequence–stratigraphic interpretation [J]. Geosciences Journal, 1998, 2: 134–147.

Kuiper K, Deino A, Hilgen F et al. Synchronizing rock clocks of Earth history [J]. Science, 2008, 320: 500–504.

Kuiper K F, Hilgen F J, Steenbrink J et al. $^{40}Ar/^{39}Ar$ ages of tephras intercalated in astronomically tuned Neogene sedimentary sequences in the eastern Mediterranean [J]. Earth and Planetary Science Letters, 2004, 222 (2): 583–597.

Laskar J, Fienga A, Gastineau M et al. La2010: a new orbital solution for the long–term motion of the Earth [J]. Astronomy and Astrophysics, 2011, 532: A89

Laskar J, Robutel P, Joutel F et al. A long–term numerical solution for the insolation quantities of the Earth [J]. Astronomy & Astrophysics, 2004, 428: 261–285.

Lourens L J, Sluijs A, Kroon D et al. Astronomical pacing of late Palaeocene to early Eocene global warming events [J]. Nature, 2005, 435: 1083–1087.

Mitchell R N, Bice D M, Montanari A et al. Oceanic anoxic cycles? Orbital prelude to the Bonarelli Level (OAE 2) [J]. Earth and Planetary Science Letters, 2008, 267 (1): 1–16.

Nestor H, Einasto R, Männik P et al. Correlation of lower – middle Llandovery sections in central and southern Estonia and sedimentation cycles of lime muds, Proceedings of the Estonian Academy of Sciences, Geology [M]. Estonian Academy Publishers, 2003: 3–27.

Ogg J G, Hinnov L A, Huang C. Chapter 27: Cretaceous [M].//Gradstein F M, Ogg J G, Schmitz M D et al. The Geologic Time Scale 2012. Amsterdam: Elsevier, 2012, 793–854.

Ogg J G, Hinnov L A et al. Chapter 26: Jurassic [J].//Gradstein F M, Ogg J G, Schmitz M D et al. The Geologic Time Scale 2012: Amsterdam. Elsevier, 2012: 731–792.

Olsen P E, Kent D V. Long–period Milankovitch cycles from the Late Triassic and Early Jurassic of eastern North America and their implications for the calibration of the Early Mesozoic time–scale and the long–term behaviour of the planets [J]. The Philosophical Transactions of the Royal Society of London A, 1999, 357: 1761–1786.

Olsen P E, Kent D V, Cornet B et al. High–resolution stratigraphy of the Newark rift basin (early Mesozoic, eastern North America) [J]. Geological Society of America Bulletin, 1996, 108: 40–77.

Olsen P E, Kent D V, Whiteside J H. Implications of the Newark Supergroup-based astrochronology and geomagnetic polarity time scale (Newark-APTS) for the tempo and mode of the early diversification of the Dinosauria [J]. Earth and Environmental Science Transactions-Royal Society of Edinburgh, 2011, 101: 201-229.

Olsen P E, Whiteside J H. Pre-Quaternary Milankovitch cycles and climate variability [M]. //Gornitz, V. Eds. Encyclopedia of Paleoclimatology and Ancient Environments. Springer, 2009: 826-835.

Osleger D A. Depositional sequences on Upper Cambrian carbonate platforms: Variable sedimentologic responses to allogenic forcing [M]. //Haq B U et al. Sequence Stratigraphy and Depositional Response to Eustatic, Tectonic and Climatic Forcing. Dordrecht, Netherlands, Kluwer Academic Publishers, 1995: 247-276.

Pälike H, Norris R D, Herrle J O et al. The heartbeat of the Oligocene climate system [J]. Science, 2006, 314: 1894-1898.

Petit J R, Jouzel J, Raynaud D et al. Climate and atmospheric history of the past 420 000 years from the Vostok ice core, Antarctica [J]. Nature, 1999, 399: 429-436.

Prokopenko A A, Hinnov L A, Williams D F et al. Orbital forcing of continental climate during the Pleistocene: a complete astronomically tuned climatic record from Lake Baikal, SE Siberia [J]. Quaternary Science Reviews, 2006, 25: 3431-3457.

Renne P R, Swisher C C, Deino A L et al. Intercalibration of standards, absolute ages and uncertainties in $^{40}Ar/^{39}Ar$ dating [J]. Chemical Geology, 1998, 145 (1-2): 117-152.

Rodionov V, Dekkers M, Khramov A et al. Paleomagnetism and cyclostratigraphy of the middle Ordovician krivolutsky suite, Krivaya Luka section, southern Siberian platform: record of non-synchronous NRM-components or a non-axial geomagnetic field? [J]. Studia Geophysica et Geodaetica, 2003, 47: 255-274.

Ruddiman W F. Earth's Climate: Past and Future, Second ed. W. II [M]. Freeman and Company, New York, 2008: 1-388.

Schwarzacher W. Die Grossrhytmik des Dachsteinkalkes von Lofer [J]. Tschermaks Mineralogische und Petrograpfische Mitteilungen, 1954, 4: 44-54.

Schwarzacher W. Cyclostratigraphy and the Milankovitch Theory [M]. Elsevier science publisher, The Netherlands, 1993: 1-220.

Schwarzacher W. Obtaining timescales for cyclostratigraphic studies [M]. //Cyclostratigraphy: Approaches and Case Histories. SEPM Special Publication, 2004, 81: 297-302.

Shackleton N. Oxygen isotope analyses and Pleistocene temperatures re-assessed [J]. Nature, 1967, 215: 15-17.

Shackleton N, Berger A, Peltier W. An alternative astronomical calibration of the lower Pleistocene timescale based on ODP Site 677 [J]. Transactions of the Royal Sociery of Edinburgh: Earth Sciences, 1990, 81: 251-261.

Simonson B M, Hassler S W. Was the deposition of large Precambrian iron formations linked to major marine transgressions? [J]. Journal of Geology, 1996, 104: 665-676.

Strasser A, Hilgen F J, Heckel P H. Cyclostratigraphy-concepts, definitions, and applications [J]. Newsletters on Stratigraphy, 2006, 42: 75-114.

Sun Y, Clemens S C, An Z et al. Astronomical timescale and palaeoclimatic implication of stacked 3.6Myr monsoon records from the Chinese Loess Plateau [J]. Quaternary Science Reviews, 2006, 25: 33-48.

Thomson D J. Spectrum estimation and harmonic analysis [J]. Proceedings of the IEEE, 1982, 70: 1055-

1096.

Tucker M, Garland J. High-frequency cycles and their sequence stratigraphic context: orbital forcing and tectonic controls on Devonian cyclicity, Belgium [J]. Geologica Belgica, 2010, 13: 213-240.

Van Dam J A, Aziz H A, Sierra M A A et al. Pelaez-Campomanes, P. Long-period astronomical forcing of mammal turnover [J]. Nature, 2006, 443: 687-691.

Van Assen E, Kuiper K F, Barhoun N et al. Messinian astrochronology of the Melilla Basin: stepwise restriction of the Mediterranean - Atlantic connection through Morocco [J]. Palaeogeography, Palaeoclimatology, Palaeoecology, 2006, 238 (1): 15-31.

Waelbroeck C, Labeyrie L, Michel E et al. Sea-level and deep water temperature changes derived from benthic foraminifera isotopic records [J]. Quaternary Science Reviews, 2002, 21: 295-305.

Weedon G P. Time-series analysis and cyclostratigraphy: examining stratigraphic records of environmental cycles [M]. Cambridge University Press. Cambridge, 2003: 1-256.

Westerhold T, Röhl U, Raffi I et al. Astronomical calibration of the Paleocene time [J]. Palaeogeography, Palaeoclimatology, Palaeoecology, 2008, 257: 377-403.

Williams D, Peck J, Karabanov E et al. Lake Baikal record of continental climate response to orbital insolation during the past 5 million years [J]. Science, 1997, 278: 1114-1117.

## 关键词与主要知识点-12

年纹层 varves
韵律 rhythm
旋回 cycle
层 bed
层束 bundle
自旋回 autocyclicity
他旋回 allocyclicity
沉积旋回 sedimentary cycles
天文旋回 astrocycle
旋回地层学 cyclostratigraphy
天文调谐 astronomical tuning
天文年代标尺 astronomical time scale (ATS)
米兰科维奇旋回 milankovitch cycle

偏心率 eccentricity
斜率 obliquity
岁差 precession
替代指标 proxy
时间序列分析 time-series analysis
古气候替代指标 paleoclimate proxy
频谱分析 spectral analysis
多窗谱分析法 multi-taper method
最大熵谱法 maximum entropy method
演化图谱法 evolutionary spectral analysis
滤波 filtering
天文调谐 astronomical tuning

# 第13章 地层的数字定年方法

## 13.1 地层的数字定年概述

地层学的主要目的是要描述各种地层体的时空关系,其中时间维是地层学的基础和核心。所谓**地层的数字定年**(dating of stratum)就是运用年代学方法对地层体的时间进行确定,即确定地层的绝对年龄。根据地层层序律和生物地层学方法人们只能确定地层的相对先后顺序,数字定年方法才能约束地层的绝对年龄或定量的时间延续。此外,许多地层体往往缺乏化石或其他可赖以进行时代对比的依据,此时,数字定年就成为确定这类地层时代的唯一手段。因此,地层的数字定年主要有两方面的作用:其一,对赖以进行全球对比的地层年表的时间确定和修订;其二,对没有生物时代依据的地层进行年代限定。在具体的应用过程中,我们的工作重点是围绕如何确定一些没有生物时代依据的地层的时代,包括以下几个方面:

(1) 前寒武纪地层。前寒武纪地层中缺乏良好的化石纪录,而前寒武纪时间又占地球历史的 3/4 以上,对如此漫长的地质历史中的地层纪录的时间标定无疑依赖于数字定年。

(2) 新生代特别是第四纪地层。大陆地区新生代地层一般为陆相地层,除湖积地层外,其他成因类型地层往往缺乏化石。另外,新生代地层特别是第四纪地层时限短,但它是最接近现代地球环境的最后一个地质时代,与人类的生存息息相关,这就决定了对新生代地层特别是第四纪地层的研究要有更高精度的时间标尺,而这显然是以生物演化为基础的生物地层学所难以达到的。因此,不断发展的**新年代学**(cenozoic chronology)起着重要的作用(陈文寄等,1991,1999)。

(3) 造山带**混杂岩**(mélange)地层。稳定区或者大陆边缘地层一般连续性好,生物十分丰富,人们可以通过化石的生物区系对比来确定地层时代,但是,造山带中的混杂岩地层,由于空间延续性差,为系列构造岩片组合,化石稀缺或化石代表性差,如一个放射虫硅质岩岩片的放射虫化石不能作为整个混杂岩地层的时代依据,因此,混杂岩地层的时代归属往往是一个难题。由此,通过不同岩片的数字定年会对解决混杂岩地层年代发挥重要作用。

地层的数字定年是一个复杂的多学科交叉领域,涉及到地层学、同位素年代学、变质地质学、成因矿物学和第四纪地质学等多学科领域。地层的数字定年随着同位素理论的发展和测年技术的不断进步,其测量精度也不断提高。Dodson (1973) 提出的封闭温度理论是同位素年代学理论的一个重要的里程碑,为解释同位素年龄的地质意义和测年方法的选择奠定了理论基础。测年技术的发展,如矿物微区定年(微区激光 Ar-Ar 定年、高分辨率离子显微探针质谱法定年),大大延伸了数字定年体系的应用广度和精度,使得定年体系的目的性更明确,预见性更强,精度及分辨率更高。新年代学测年技术的发展将为更精确建立第四纪的地质时间坐标做出重要贡献。

近几十年来,测年技术得到了长足发展,测年手段不断增多,测年精度也不断提高,归纳起来，定年方法可归为两大类，即放射性同位素定年和物理学定年。用于进行地层定年的放射性同位素年代学方法主要有 K‑Ar 法、Ar‑Ar 法、U‑Pb 法、Rb‑Sr 法、Sm‑Nd 法、铀系不平衡法和宇宙核素法（$^{14}$C 法，$^{10}$Be 和 $^{26}$Al 法）；物理学定年方法主要有古地磁学方法、热释光法（TL）和光释光法（OSL）、电子自旋共振法（ESR）和裂变径迹法等。

## 13.2 地层数字定年的主要原理及方法

### 13.2.1 放射性同位素定年

放射性同位素定年（radiogenic isotope dating）的基本原理是含有放射性同位素（U、Th、K、Ra、Sm 等）的矿物和岩石形成并且放射性同位素体系封闭后，其放射性同位素母体因放射性衰变而不断减少，同时，衰变的最终产物——稳定同位素子体相应聚集增加，这样，只要我们能准确测定矿物和岩石中母体及子体同位素的含量，就可以根据放射性衰变定律（$N = N_0 e^{-\lambda t}$，$N$ 为放射性子体的含量，$N_0$ 为放射性母体的初始含量，$t$ 为衰变时间，$\lambda$ 为半衰期）计算出矿物和岩石在其放射性同位素体系封闭后的年龄。放射性同位素定年根据放射性母体和子体的不同而分不同的类型，这里简单介绍几类常用的放射性同位素定年方法（杨巍然等，2000；陈文寄等，1991，1999；Walker，2005；Dunai，2010）。

#### 13.2.1.1 K‑Ar 同位素定年

**原理** K‑Ar 法基于放射性同位素 $^{40}$K 衰变转变成稳定子体 $^{40}$Ar 测定年龄。$^{40}$K 是放射同位素，通过电子捕获和 $\beta$ 粒子发射分别转变成稳定同位素 $^{40}$Ar 和 $^{40}$Ca。其年龄计算公式为：

$$t = \frac{1}{\lambda} \ln [^{40}Ar^* / {}^{40}K (\lambda/\lambda_e) + 1]$$

式中：$^{40}Ar^*$ 为放射成因 $^{40}Ar$；$\lambda$ 为总衰变常数，$\lambda = \lambda_e + \lambda_\beta = 5.543 \times 10^{-10} a^{-1}$；$\lambda_e$ 为 $^{40}K$ 转变成 $^{40}Ar$ 的衰变常数，等于 $0.0581 \times 10^{-10} a^{-1}$，$\lambda_\beta$ 为 $^{40}Ar$ 转变为 $^{40}Ca$ 的衰变常数。

**适用性** K 是地壳中最丰富的元素之一，在岩石中以造岩矿物出现，因此，K‑Ar 同位素定年被广泛应用。可供测年的岩石矿物包括全岩和各种含钾矿物，然而，K‑Ar 同位素定年有其适用条件。

（1）矿物岩石在形成后的 K‑Ar 体系是封闭的，即矿物岩石在形成后没有发生过 K 或 Ar 的带入或带出。但是，后期风化或再加热事件往往会破坏这种封闭体系，导致氩的丢失。

（2）矿物和岩石中所有的 $^{40}Ar$ 都来自于 $^{40}K$ 的衰变。大气中的部分 $^{40}Ar$ 和 $^{36}Ar$ 会污染样品，需要进行校正。岩石矿物形成时所携带的 Ar 的丰度比，尤其是 $^{40}Ar/^{36}Ar$ 比值应与现代大气中 Ar 的丰度比相同，也就是说可以用现代大气 Ar 丰度比来校正样品形成时非年龄意义的 $^{40}Ar$，或者说，样品在形成时的放射成因 $^{40}Ar$ 应为零，如果样品形成时存在 $^{40}Ar$ 的过剩或亏损，那么所得到的年龄就会偏老或偏新。

#### 13.2.1.2 $^{40}Ar/^{39}Ar$ 同位素定年

**原理** $^{40}Ar/^{39}Ar$ 同位素定年是在 K‑Ar 法基础上改进的一种测年方法，也是基于 $^{40}K$ 衰变转变成稳定子体 $^{40}Ar$ 测定年龄（邱华宁等，1997；Harrison & Zeitler，2005）。与 K‑

Ar法不同的是，它是通过在核反应堆中用快中子照射矿物或岩石样品，使其中的$^{39}$K转化为$^{39}$Ar，然后利用质谱仪测量从样品中萃取出的$^{40}$Ar和$^{39}$Ar来计算样品的年龄。在元素K中，$^{39}$K和$^{40}$K同位素丰度有固定比例，测定样品中$^{39}$K的含量就可以推知样品中$^{40}$K的含量。年龄计算公式为：

$$t = \frac{1}{\lambda}\ln\left[J \cdot \left(\frac{^{40}Ar^*}{^{39}Ar}\right) + 1\right]$$

式中：$J$ 为每次照射样品的照射参数，可以用每次照射的一个已知年龄的标准样品的 $(^{40}Ar^*/^{39}Ar)_s$ 进行标定：

$$J = (^{39}Ar/^{40}Ar)_s(e^{\lambda t_s} - 1)$$

式中：$t_s$ 为标准样品的年龄。

**适用性**  应用条件与K-Ar法相同。相对于K-Ar法，$^{40}$Ar/$^{39}$Ar法具有以下优点：

(1) 在$^{40}$Ar/$^{39}$Ar法中，K和Ar的含量及同位素比值是测定同一份样品同时获取的，而K-Ar法测年中，K和Ar含量是分别测试的，因此，$^{40}$Ar/$^{39}$Ar法测年避免了K-Ar法中由于K和Ar分别测定时可能存在样品不均匀性问题所导致的对年龄结果的影响。

(2) 直接用质谱仪测定Ar同位素比值计算年龄，大大提高了测年精度。

(3) $^{40}$Ar/$^{39}$Ar方法最大优点在于，对分析样品进行阶段升温分析，可以确定样品的热历史，并可以判定样品是否有$^{40}$Ar的过剩或亏损。

(4) $^{40}$Ar/$^{39}$Ar方法利用激光探针的$^{40}$Ar/$^{39}$Ar测年技术可以获得样品颗粒年龄或微区年龄。

### 13.2.1.3  U-Pb同位素定年

**原理**  U-Pb同位素定年是基于放射性同位素U衰变成稳定同位素Pb的衰变定律基础上的年代学方法。在自然界中，U具有3种放射性同位素：$^{238}$U（99.275%）、$^{235}$U（0.720%）和$^{234}$U（0.005%）。$^{234}$U是$^{238}$U衰变产生的中间产物。$^{238}$U和$^{235}$U通过一系列中间子体产物的衰变，最后转变成稳定同位素$^{206}$Pb和$^{207}$Pb。其衰变常数分别为$\lambda_{238}=1.55125\times10^{-10}a^{-1}$，$\lambda_{235}=9.8485\times10^{-10}a^{-1}$。Pb在自然界有4种同位素，分别是$^{208}$Pb、$^{207}$Pb、$^{206}$Pb和$^{204}$Pb，其中$^{204}$Pb为非放射成因，其余3个同位素既有放射成因组分，也有非放射成因组分。根据含铀矿物中U和Pb的不同同位素组成，就可依衰变定律计算出年龄，计算公式为：

$$t = 1/\lambda_{238}\ln[(^{206}Pb^*/^{238}U) + 1]$$
$$t = 1/\lambda_{235}\ln[(^{207}Pb^*/^{235}U) + 1]$$

式中：$^{206}Pb^*$和$^{207}Pb^*$分别代表研究系统中$^{238}$U和$^{235}$U衰变产生的放射成因Pb同位素的原子数。如果衰变常数已精确测定，初始Pb同位素比值已知或可忽略不计，并且样品自形成后为封闭系统，那么由两式计算的年龄$t$值相同，它们将位于$^{206}Pb^*/^{238}U-^{207}Pb^*/^{235}U$图的谐和线（一致线）上。但如果样品自形成后同位素体系不保持封闭，即存在放射性成因铅的丢失，那么，在$^{206}Pb^*/^{238}U-^{207}Pb^*/^{235}U$图上，它们将偏离谐和线或一致线。对于一组具有共同成因且存在不同程度放射性成因铅丢失的样品，它们在$^{206}Pb^*/^{238}U-^{207}Pb^*/^{235}U$图上会形成一条直线，即不一致线，该线与一致线的上交点的年龄一般代表样品形成时的年龄，而下交点年龄的意义比较复杂，有可能代表样品遭受后期变质或热干扰的时间。上、下交点年龄的解释相当复杂，与样品的类型和地质背景有关系。

**适用性**  U-Pb同位素定年常用样品为岩石中含铀的副矿物，如锆石、独居石、榍石等。其中，由于锆石具有较高的稳定性和普遍性而成为 U-Pb 定年的首选对象。

U-Pb 同位素定年根据测试技术的不同主要分为化学稀释法、热蒸发法、高分辨率离子显微探针质谱法（SHRIMP 法）和激光剥蚀-电感耦合等离子体质谱法（LA-ICPMS 法）。

**化学稀释法**　是将样品用氢氟酸进行溶解，然后用离子交换柱将 U、Pb 进行分离，最后用质谱仪对不同 U、Pb 同位素比值进行检测。常规的锆石 U-Pb 化学稀释法测定的是锆石群体的 U、Pb 同位素比值，然而，不同锆石颗粒往往存在不同成因类型，如火山岩样品中锆石既有岩浆结晶锆石，也可能存在喷发过程中捕获围岩的不同成因锆石，常规方法检测的结果必然是锆石群体的混合年龄。因此，随着测年技术的改进，常规 U-Pb 化学稀释法发展为单颗粒锆石 U-Pb 化学稀释法，即对锆石单颗粒进行定年，其条件是要求高的实验室空白水平，总的 Pb 分析空白一般要求小于 50Pg。随着研究的深入，人们发现由于锆石的稳定性，导致即使是同一锆石颗粒，其成因也存在着复杂性，如多期生长的锆石颗粒存在的环带结构，因此单颗粒锆石 U-Pb 化学稀释法测定的年龄也往往是多期生长锆石的混合年龄（简平等，2001；谢桂青等，2001）。

**高分辨率离子显微探针质谱法**（sensitive high resolution ion micro probe，SHRIMP）为解决化学稀释法所存在的由于锆石成因问题而带来的多期生长锆石混合年龄问题，澳大利亚堪培拉国立大学 Compston（1984）等设计了显微离子探针质谱仪，即发展为高分辨率离子显微探针质谱法（SHRIMP）。离子显微探针质谱法是利用高灵敏度和高质量分辨率的离子探针质谱仪直接对含铀矿物进行定点微区 U-Pb 测年。样品被高能离子束轰击，表面原子被溅射出来，部分原子被电离，带电粒子通过双聚焦质谱仪分离并测定。离子显微探针质谱计对含铀矿物微区 U-Pb 年龄研究是其他年代学方法无法比拟的，它可以对含铀矿物颗粒晶体微米区域的 U-Pb 系统进行测定，避免了复杂群体多颗粒分析和多期多成因复杂单颗粒测年的缺点，即能够对含铀矿物进行微区年龄分析，而且不需要化学处理，不完全破坏分析样品。

**激光剥蚀-电感耦合等离子体质谱法（LA-ICPMS 法）**　出现于 1985 年，最初被用于分析地质样品的微量元素（Jackson et al.，1992）。人们发现自然界中的放射性 Pb 和 Pb/U 同位素比值存在较大变化，可以被 ICPMS 揭示，借助激光剥蚀，ICPMS 可以作为与离子探针技术类似的原位定年工具。由于利用该方法处理样品的时间消耗和经济成本较低，且测年精度也可以得到较好的保证，因此，在目前的 U-Pb 定年中得以广泛使用，具体方法和流程可参考 Kosler & Sylvester（2003）文献。

**颗粒锆石热蒸发法**　是利用热离子质谱仪使 Pb 离子直接由未经化学处理的颗粒锆石热蒸发出来，通过测定 $^{207}Pb/^{206}Pb$ 比值计算年龄。热蒸发法的最大优点是不需要化学处理，只要有较好的热离子质谱仪就可进行工作，方便易行。其不足之处在于得到的年龄是 $^{207}Pb/^{206}Pb$ 模式年龄，而不是 U-Pb 年龄。

### 13.2.1.4　Rb-Sr 同位素定年

**原理**　Rb-Sr 同位素定年已有几十年的发展历史，它是基于 $^{87}Rb$ 放射出 $\beta$ 粒子转变成稳定子体 $^{87}Sr$ 的衰变规律来进行年龄测定的。Rb 是碱金属元素，在自然界由 2 个同位素：$^{87}Rb$（27.8346%）和 $^{85}Rb$（72.1654%）。$^{87}Rb$ 具有放射性，它通过放射出 $\beta$ 粒子衰变为稳定的$^{87}$Sr。Sr 是碱土金属元素，有 4 个天然同位素，$^{88}$Sr、$^{87}$Sr、$^{86}$Sr 和$^{84}$Sr，其丰度分别为 82.56%、7.02%、9.86%和 0.56%。除$^{87}$Sr 有放射成因和非放射成因外，其余 3 个同位素都属非放射成因同位素。由于$^{87}$Rb 衰变，放射成因$^{87}$Sr 的形成，岩石中 Sr 同位素组成随时间不断变化。Rb-Sr 年龄计算公式为：

$$(^{87}Sr/^{86}Sr) = (^{87}Sr/^{86}Sr)_i + (^{87}Rb/^{86}Sr)(e^{\lambda t} - 1)$$

式中：$^{87}Sr/^{86}Sr$ 为样品现在的值，由实验测定；$^{87}Rb/^{86}Sr$ 由 Rb/Sr 的权重比值计算得出；$(^{87}Sr/^{86}Sr)_i$ 为样品形成时或同位素均一化时的值，即初始值；$\lambda$ 为$^{87}$Rb 衰变常数（$1.42 \times 10^{-10} a^{-1}$）；$t$ 为样品形成时间或 Sr 同位素均一化时间。

对一组具有相同初始同位素组成，形成于同一时间，并自形成或同位素均一化时起到现在，样品中母、子体同位素保持封闭系统，既不迁出，也不迁入。这时在$^{87}Sr/^{86}Sr$-$^{87}Rb/^{86}Sr$图上形成一条直线，即等时线，线上所有样品都具有相同的年龄。通过测定一组样品（一般 5 件以上）获得等时线，由等时线斜率可求出年龄 $t$，即等时年龄值，截距为初始 Sr 同位素比值 $(^{87}Sr/^{86}Sr)_i$。

**适用性** Rb-Sr 同位素测年方法是 20 世纪 70 年代主导测年方法，但近年来研究发现，Rb、Sr 具强的活动性，易流动，极易形成开放系统，造成年龄的偏老或偏新，另外，Rb-Sr 同位素测年要求对一组样品进行测定，这一组样品必须具有同时同源性，从而对采样提出了高的要求。此外，由于$^{87}$Rb 衰变十分缓慢，半衰期约 500 亿年，因而，样品中积累的放射性成因$^{87}$Sr 含量极少，不容易精确测定，因此，此法不宜用于测定年轻地层的年龄。

Rb 没有独立矿物，主要以类质同象存在于含钾矿物中，因此，Rb-Sr 同位素测年对象一般为含钾矿物，也可用于全岩。

### 13.2.1.5 Sm-Nd 同位素定年

**原理** Sm-Nd 同位素定年是基于$^{147}$Sm 经 α 衰变转变成稳定子体$^{143}$Nd 测定年龄。Sm 在自然界有 7 个同位素：$^{144}$Sm（3.16%）、$^{147}$Sm（15.07%）、$^{148}$Sm（11.27%）、$^{149}$Sm（13.84%）、$^{150}$Sm（7.47%）、$^{152}$Sm（26.63%）和$^{154}$Sm（22.53%）。Nd 在自然界也有 7 个同位素：$^{142}$Nd（27.09%）、$^{143}$Nd（12.14%）、$^{144}$Nd（23.83%）、$^{145}$Nd（8.29%）、$^{146}$Nd（17.26%）、$^{148}$Nd（5.74%）和$^{150}$Nd（5.63%）。$^{147}$Sm 和$^{148}$Sm 具有放射性，通过 α 衰变转变成$^{143}$Nd 和$^{144}$Nd。由于$^{148}$Sm 衰变半衰期太长（$7 \times 10^{15}$ a），因此仅$^{147}$Sm（半衰期为 $1.06 \times 10^{11}$ a）能用于年龄测定。Sm-Nd 年龄计算公式为：

$$(^{143}Nd/^{144}Nd) = (^{143}Nd/^{144}Nd)_i + (^{147}Sm/^{144}Nd)(e^{\lambda t} - 1)$$

式中：$t$ 为样品形成时间或 Nd 同位素均一化时间，$\lambda$ 为$^{147}$Sm 衰变常数（$6.54 \times 10^{-12}$ a$^{-1}$），$^{143}Nd/^{144}Nd$ 为样品现有值，由实验直接测定，$^{147}Sm/^{144}Nd$ 由 Sm/Nd 的权重比值计算得出，$(^{143}Nd/^{144}Nd)_i$ 为样品形成或均一化时的初始值。$(^{143}Nd/^{144}Nd)_i$ 值在应用时，经常用同时代球粒陨石标准化值 $\varepsilon_{Nd}(t)$ 表示。计算公式为：

$$\varepsilon_{Nd}(t) = \left[ \frac{\left(\frac{^{143}Nd}{^{144}Nd}\right)_S^{(t)}}{\left(\frac{^{143}Nd}{^{144}Nd}\right)_{CHUR}^{(t)}} - 1 \right] \times 10^4$$

式中：S 代表样品值；CHUR 代表球粒陨石值。

Sm-Nd 同位素年龄计算方法与 Rb-Sr 年龄方法形式类似，也采用等时线法。对一组具有相同初始同位素比值和相同年龄并且自形成后或同位素均一化后保持封闭系统的样品，测定值在$^{143}$Nd/$^{144}$Nd –$^{143}$Sm/$^{144}$Nd 图上将形成一条直线，即等时线，由直线斜率可求出等时年龄 $t$，截距即为 ($^{143}$Nd/$^{144}$Nd)$_i$ 初始值。

**适用性** Sm–Nd 同位测年方法的最大优点之一是能对镁铁质和超镁铁质岩石进行年龄测定。但其应用也需满足一定的条件：第一，要获得好的等时年龄，各样品的 Sm 和 Nd 含量必须有足够大的差异，在$^{143}$Nd/$^{144}$Nd –$^{143}$Sm/$^{144}$Nd 图上各样品点能拉开，以获得好的等时线；第二，测定的一组样品必须具有同源同时性，否则就会出现假等时线、视等时线等问题，因此，矿物内部等时线方法是一个值得推荐的方法，即用同一样品的全岩和岩石中不同矿物组成一组测年样品；第三，通常认为 Sm、Nd 较稳定，分异很小，在地质过程中 Sm–Nd 体系可以保持封闭，但一些研究表明，在有流体相存在的情况下，矿物和岩石的 Sm–Nd 同位素体系的封闭状态也很容易被打破，热液蚀变和退化变质作用均可以使岩石矿物 Sm–Nd 法定年结果偏离真实年龄（舒勇，2000；李献华，1996；李曙光等，1996），因此必须对样品的同位素封闭性做出正确的判断。

### 13.2.1.6 铀系不平衡定年

**原理** 铀系不平衡法（Uranium–Series Disequilibrium TIMS Method）是利用$^{238}$U、$^{235}$U 和$^{232}$Th 三个放射性系列不平衡的中间产物的积累及衰变的原理来计时的方法（图 13-1）。具体的测年方法很多，见表 13-1。

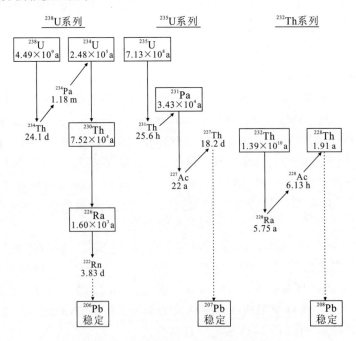

图 13-1　$^{238}$U、$^{235}$U 和$^{232}$Th 衰变链条和半衰期

**适用性** 放射性系列中母体与子体的不平衡是铀系各种测年方法的基本前提条件，最佳适用范围是几千年至 35 万年左右。主要应用于海洋沉积物、第四纪大陆沉积物和年轻火山岩的时代确定。

表 13-1 铀系不平衡法中的主要测年手段和适用范围（据陈文寄等，1991；Walker，2005）

| 测年方法 | 前提条件 | 半衰期(a) | 测年范围(a) | 主要应用范围 |
|---|---|---|---|---|
| $^{234}U/^{238}U$ 法（不平衡铀法） | $^{234}U_{过剩}/^{238}U$ | $2.48\times10^5$ | $\leqslant1.25\times10^5$ | 珊瑚礁和水 |
| $^{230}Th$ 法（钍法） | $^{230}Th_{亏损}/^{234}U$ | $7.52\times10^4$ | $\leqslant3.5\times10^5$ | 海洋和大陆碳酸盐（珊瑚礁、贝壳、洞穴沉积、骨化石、钙华），火山岩 |
| | $^{230}Th_{亏损}/^{232}Th$ | $7.52\times10^4$ | $\leqslant3.0\times10^5$ | 深海沉积速率 |
| | $^{230}Th_{亏损}$ | $7.52\times10^4$ | $\leqslant3.0\times10^5$ | 深海沉积速率，Mn 结核生长速率 |
| $^{231}Pa$ 法（镤法） | $^{231}Pa_{亏损}/^{235}U$ | $3.43\times10^4$ | $\leqslant1.5\times10^5$ | 海洋和大陆碳酸盐（珊瑚礁、贝壳、洞穴沉积、骨化石、钙华），火山岩 |
| | $^{231}Pa_{亏损}$ | $3.43\times10^4$ | $\leqslant1.5\times10^5$ | 深海沉积速率，Mn 结核生长速率 |
| $^{231}Pa/^{230}Th$ 法（镤钍法） | $^{231}Pa_{亏损}/^{230}Th_{亏损}$ | | $\leqslant2.0\times10^5$ | 海洋和大陆碳酸盐（珊瑚礁、贝壳、洞穴沉积、骨化石、钙华），火山岩 |
| | $^{231}Pa_{过剩}/^{230}Th_{过剩}$ | $6.2\times10^4$ | $\leqslant1.5\times10^5$ | 深海沉积速率 |
| $^{210}Pb$ 法（铅 210 法） | $^{210}Pb_{过剩}$ | 22.3 | 100 | 湖泊、河口和近海环境的沉积速率、地球化学示踪、沉降速率 |
| $^{234}Th$ 法 | $^{234}Th_{过剩}$ | 24.1 | 100 | 浅水中的快速沉积速率、颗粒的再生作用和成岩作用研究 |
| $^{228}Th/^{232}Th$ 法 | $^{228}Th_{过剩}/^{232}Th$ | 1.913 | 10 | 湖泊、河口和近海环境的沉积速率、地球化学示踪、沉降速率 |
| He/U 法 | He 的保存 | | $1.0\times10^6$ | 珊瑚礁，地下水 |

### 13.2.1.7 宇宙成因核素定年

**原理** 宇宙成因核素（cosmogenic nuclide）是宇宙射线粒子（包括原生和次生粒子）与地球内或外的物质发生核反应而生成的核素。原生及次生粒子与大气物质发生核反应所生成的核素叫大气生成宇宙成因核素，一部分粒子能够穿透大气层与地表岩石中的 O、Fe 和 Si 等原子发生反应形成原地生成宇宙成因核素。迄今为止，人们发现的宇宙成因核素超过 20 个，如 $^3He$、$^{10}Be$、$^{14}C$、$^{21}Ne$、$^{26}Al$ 和 $^{36}Cl$ 等（Gosse & Phillips，2001）。随着加速质谱仪的出现，大气生成宇宙核素被应用于解决地质问题，如广泛使用的 $^{14}C$ 测年。$^{14}C$ 测年主要用于 50ka B P 以来的沉积、活动断层、环境和考古研究。相对于大气生成宇宙成因核素而言，利用原地生成宇宙核素定年来解决地质和地貌问题是宇宙核素研究的一个重要突破（Bierman，1994；Lal，1991）。原地生成宇宙核素定年可分为暴露法和埋藏法，这两种方法的测年范围为 $10^2\sim10^7$a。由于稳定连续暴露在宇宙射线中的地表岩石所积累的宇宙成因核素的含量是时间的函数，因此通过测定地表岩石中的宇宙成因核素含量，就可以推算出样品在地表的暴露时间，这就是暴露法定年的基本原理。该方法既可以使用单一核素，也可以使用核素对进行测年。与暴露法不同，埋藏法测年是基于同一岩石或矿物中具有不同半衰期的成对宇宙核素的浓度及比值会随时间而发生变化，具体而言，地表岩石在暴露期间受到宇宙射线轰击形成宇宙核素，当岩石被覆盖后，宇宙核素的生成会随埋深增加呈指数衰减直至停止，通过测定核素对的含量和比值就可以计算出岩石的沉积时间。相对于暴露法而言，埋藏法机理简单明确，不受地表侵蚀、海拔和经纬度等因素的影响，被应用于精确测定上新世—第四纪以来地层的时代（Granger et al.，1997；Kong et al.，2009；Davis et al.，2011）和古人类学研究（Shen et al.，2009；Pappu et al.，2011），其中，$^{10}Be - ^{26}Al$ 是研究最为成熟和应用最为广泛的一种宇宙核素埋藏测年法（Granger，2006；Dunai，2010）。下面仅简要介绍 $^{14}C$ 和 $^{10}Be - ^{26}Al$ 测年法。

**¹⁴C 测年法**(Radiocarbon dating) ¹⁴C 法是一种广泛应用于第四纪地层测年的方法（仇士华等，1990；杨巍然等，2000），主要用于 50ka B P（晚更新世晚期—全新世）以来的沉积、活动断层、环境和考古研究。在自然界有 3 种碳同位素：¹³C（98.892%）、¹²C（1.108%）和¹⁴C（1.2×10⁻¹⁰%）。其中¹³C、¹²C 是稳定同位素，¹⁴C 是放射性同位素。¹⁴C 的产生是在 12~18km 高空的氮（¹⁴N）受宇宙射线的热中子流（n）轰击，从¹⁴N 中打出一个质子（p），使¹⁴N 变成¹⁴C：

$$^{14}N + n \rightarrow {}^{14}C + p$$

¹⁴C 在高空形成后便与氧结合成¹⁴CO₂，大气环流运动使其均匀混合在大气中，通过降水方式¹⁴C 进入江河湖海水域，并被水中碳酸盐建壳生物吸收，通过光合作用进入植物体，动物食用植物使¹⁴C 进入动物骨骼。活的有机体中的¹⁴C 与大气中¹⁴C 保持平衡，但当生物死亡后被立即埋藏，生物遗体中的¹⁴C 与大气中的¹⁴C 停止交换，在封闭系统中¹⁴C 就要按指数规律自行衰减，因此，如果能检测出物质中¹⁴C 减少的程度，根据衰变规律就能推算出沉积年龄。年龄计算公式为：

$$(t) = \log \frac{I_0}{I} \times 18.5 \times 10^3 (a)$$

式中：$I_0$ 为样品初始¹⁴C 浓度；$I$ 为样品现有¹⁴C 浓度。据利贝等（1949）研究，近几万年来宇宙射线强度不变，¹⁴C 的生产率一定，¹⁴C 的形成和衰减达到平衡，供交换的¹⁴C 总量不变，因此，可以用现代碳样品的放射碳浓度代替样品的初始浓度（$I_0$）。$I_0$ 以美国国家标准局的草酸为标准，我国用"中国糖碳"作为标准，与现代国际碳标准比值为 1.362。

¹⁴C 半衰期为 5730a，大约 50ka B P 后化石中¹⁴C 含量甚微（仅有 1/1000），仪器难于测量。因此，测年一般限于 50ka B P（晚更新世晚期—全新世）以来的沉积、活动断层、环境和考古研究。

**¹⁰Be 和²⁶Al 测年法** ¹⁰Be 和²⁶Al 测年始于 20 世纪 80 年代中期，主要用于研究地表暴露时间、剥蚀速率、古土壤和古风化壳的时代等方面，在第四纪及近代地质作用研究方面显示了良好的应用前景（Nishiizumi et al.，1991；Lai et al.，1991；Brook et al.，1996；顾兆炎等，1997；王国灿，1998；Meyer et al.，2010；Hetzel et al.，2013；Willenbring et al.，2013）。¹⁰Be 和²⁶Al 是宇宙成因核素测年上的一对黄金搭档，它们具有相似的地球化学行为，而且具有相似的生成机制和相近的半衰期（前者为 1.5Ma，后者为 0.705Ma），便于对比分析，能在石英中稳定产生。

宇宙射线穿过地表进入岩石内部发生核反应和电离损耗，导致不同核素产生率随深度发生明显变化，其产生率随深度呈指数减少，即：

$$P(h) = P(0) e^{-(\rho h/\Lambda)}$$

式中：$P(h)$ 为深度为 $h$ 处的宇宙核素产生率［单位：原子/（g·a）］；$P(0)$ 为岩石表面的宇宙核素产生率；$\rho$ 为岩石的平均密度（单位：g/cm³）；$\Lambda$ 为岩石中核反应粒子的吸收自由程（单位：g/cm²）。由此，地表以下矿物颗粒中所积聚的宇宙核素量（即矿物颗粒中宇宙核素浓度）就记录了矿物剥露到地表的时间及剥蚀速率。任意深度宇宙核素的积累量可由以下公式计算得出：

$$N(0,t) = \frac{P(0)}{\lambda + \mu \varepsilon} [1 - e^{-(\lambda + \mu \varepsilon)/t}]$$

式中：$N(0, t)$ 为岩石表面经有限时间 $t$ 后的核素浓度；$\lambda$ 为宇宙核素的衰变常数；$\mu$ 为目标的吸收系数（$\mu=\rho/\Lambda$）；$\varepsilon$ 为剥蚀速率。

假定侵蚀可以忽略，上式可简化为：

$$N(0,t) = \frac{P(0)}{\lambda + \mu\varepsilon}[1 - e^{-\lambda/t}]$$

通过上述公式求解得出岩石暴露地表的时间 $t$ 为：

$$t = \frac{1}{\lambda}\ln\lambda\left[\frac{N(0)}{P(0)-1}\right]$$

可以通过岩石暴露到地表的时间来约束夷平面、风化壳、古土壤和河流侵蚀基座阶地面的发育时间，对揭示地表隆升过程有重要意义。

在恒定的剥蚀速率 $\varepsilon$(cm/a) 条件下，岩石表面稳态核素的富集浓度 $N(0)$（原子/g）可通过下式给出（式中假定宇宙射线强度保持不变）：

$$N(0) = P(0)/[\lambda + (\rho\varepsilon/\Lambda)]$$

式中：$\lambda$ 为放射性核素的衰变常数。由于 $N(0)$、$P(0)$、$\lambda$、$\rho$ 和 $\Lambda$ 都是可知量，因而可得出剥蚀速率 $e$ 为：

$$e = [P(0)/N(0) - \lambda]\Lambda/\rho$$

特定地点宇宙核素的浓度除与岩石剥露速率有关外，还与地表的几何特征所导致的接受宇宙射线辐射的实际表面积和日照时间有关。另外，岩石表面宇宙核素产生率 $P(0)$ 随海拔增高而增大，在 0—50° 纬度范围内随纬度增高而增大，而在纬度 50° 以上则几乎保持恒定。因此，岩石内部宇宙核素产生率 $P(h)$ 除与深度 $h$ 有关外，也会随纬度和地表高度的变化而变化。所以，宇宙核素测年方法的应用必须综合考虑各种复杂因素。

### 13.2.2 物理学定年方法

物理学定年方法主要有磁性地层学方法、热释光法（TL）和光释光法（OSL）、电子自旋共振法（ESR）和裂变径迹法等。除了磁性地层学方法外，其他都是利用放射性衰变和裂变而引起的晶格损伤来进行测年的。

#### 13.2.2.1 磁性地层学方法

**磁性地层学**（magnetostratigraphy）方法的基础是全球性地磁场极性的周期性倒转及以此为依据建立起来的地磁极性年表。通过测定地层剖面中系统定向样品的天然剩余磁性的极性正反方向变化，然后与标准极性年表进行对比，从而确定地层系统的年龄。有关的方法原理详见第 8 章磁性地层学，这里不作详述。

#### 13.2.2.2 释光定年法

**原理** 释光是结晶矿物接受了核辐射而产生的。自然界的沉积物中，均含有微量的长寿命放射性元素铀、钍和钾，它们在衰变过程中所释放的 $\alpha$、$\beta$ 和 $\gamma$ 射线，可使晶体发生电离，产生游离电子，这些游离电子大部分可很快复原，部分会被较高能态的晶格缺陷捕获而储存在陷阱中。当晶体受到热或光的刺激时，被捕获的电子就可获得能量，逸出陷阱，产生释光。释放的光子数与陷阱中储能电子数成正比，储能电子数与接受核辐射总剂量成正比。在一定时段内，就半衰期很长的铀、钍和钾而言，其放射性强度几乎为恒量，每年提供给结晶固体的辐射剂量也应为恒定值，因此，可认为晶体的释光强度与储能电子累积的时间成正比。释光测年法就是利用矿物的释光强度与接受的总辐射剂量,即与累积释光能量的时间成正比这一规律。只要测得矿物的累积释光量和各种辐射每年在晶体中产生的释光量,就能计算出晶体在体系封闭以来的年龄。年龄计算公式为:

$$t = [(TD) - (ID)]/AD$$

式中:TD 为总吸收剂量;ID 为初始剂量;AD 为年剂量。

释光定年包括**热释光测年**(thermoluminescence dating,TL)和**光释光测年**(optically stimulated luminescence dating,OSL)两种方法。地表的结晶固体接受来自周围环境和宇宙中的放射性核辐射,固体晶格受到辐射影响或损伤后,以内部电子的转移来储存核辐射带给晶体的能量,这种能量遇到外来热刺激后,又能通过储能电子的复原运动而以光子发射方式再度把能量释放出来,称之为热释光。如果储能电子的复原运动是通过光的激发而以光子发射方式进行能量释放,则称之为光释光。

**适用性** 释光定年常用于测定小于 1Ma B P 内的黄土、沙丘、海滨沙、冲积沙和考古材料的年龄,以及晚更新世以来断层的活动时间,测年的主要对象为破碎石英、钾长石、锆石、磷灰石、古陶片、古砖瓦和断层泥。不同类型样品的释光年龄的计时起点不同,人为烧制的古陶片、砖瓦、烧土等的释光年龄起点是从最后一次加热后埋藏至今所经历的时间。地层中石英等释光计时是从最后一次被阳光照晒后作为起点(TL=0),所测年龄是从最后一次阳光照晒后埋藏至测量之日所经历的时间。一般在黄土、风成沙或冲积沙中取样时要开挖一新鲜露头,用铁罐或钢管取一块即可,取样时应避免阳光照晒,并密封包好(晒几十小时后热发光强度衰减达 90%)。

#### 13.2.2.3 电子自旋共振法

**原理** 电子自旋共振法测年(electron spin resonance dating,ESR)是根据含有铝、铁、锰等杂质的有缺陷的石英晶体,在放射线作用下容易形成电离损伤,从而在晶体中形成不配对电子,称顺磁中心(即杂质心)。另外,放射线也会使石英硅氧四面体的一个 Si—O 键断裂,在 Si 悬键上有一个电子定向自旋,构成另一种顺磁中心即自由电子中心。上述 2 种顺磁中心在样品中的密度都与其吸收的放射性剂量成正比。含有上述 2 种具有不配对电子顺磁中心的样品,可用顺磁共振波谱仪测出其在某一特定磁场下储能电子从高频磁场吸收能量后从低能级向高能级跃迁时产生的共振吸收效应,即所检测的样品的 ESR 信号累积强度的大小与样品所吸收的放射剂量成正比。从样品所测 ERS 信号强度可求得样品的总吸收剂量(TD)。通过在采样地点埋藏剂量片或分析采样地点周围沉积物放射性元素(U、Th、K 等)含量,可算出样品的年剂量(AD)。采用模拟初始条件的方法确定样品的初始剂量(ID)。根据公式 $t = [(TD) - (ID)]/AD$ 可计算出样品的年龄。

**适用性** 电子自旋共振法(ESR)应用条件与释光法相同。

#### 13.2.2.4 裂变径迹法

**原理** 裂变径迹(fission track,FT)是由重元素核子自发裂变在晶格中产生线状辐射损伤,即在晶格中产生损伤径迹——裂变径迹。能裂变产生径迹的重元素原子要求原子数≥90 且原子质量≥230,即限制在锕系元素之内。在这些元素之中,只有 $^{232}$Th、$^{235}$U 和 $^{238}$U 的丰度较高才足以从岩石中被检测出来。但是,相对于 $^{238}$U 而言,$^{232}$Th 和 $^{235}$U 的丰度极低且半衰期极长,自发裂变径迹可以忽略不计,因此仅考虑 $^{238}$U 裂变所产生的自发裂变径迹。这种裂变径迹可以用化学蚀刻的方法显露出来，并可在高倍光学显微镜下进行观测。自发裂变径迹的数目与裂变径迹积累的时间有关，并与矿物中的铀含量成正比，而铀含量可以通过慢热中子辐照激发$^{235}$U产生裂变形成诱发裂变径迹，然后通过白云母外探测器进行检测。若已知矿物中铀含量和$^{238}$U的自发裂变速度，或统计出矿物的自发裂变径迹和诱发裂变径迹密度，就可算出它的地质年龄。裂变径迹测年的基本公式本质上和其他放射性同位素测年方法相同，可表示为：

$$t = \frac{1}{\lambda_\alpha}\ln(\frac{\lambda_\alpha}{\lambda_f}\frac{\rho_s}{\rho_i}k\sigma\phi + 1)$$

式中：$t$ 为矿物热年龄；$\lambda_\alpha$、$\lambda_f$ 分别表示为 $^{238}$U 的 $\alpha$ 衰变和自发裂变的衰变常数；$\lambda_\alpha = 1.55125\times10^{-10}\text{a}^{-1}$；$k$ 为 $^{235}$U/$^{238}$U 同位素比，约为 $7.2527\times10^{-3}$；$\sigma$ 为 $^{235}$U 裂变的活化横切面参数，取值为 $580.2\times10^{-24}\text{cm}^2$；$\phi$ 为热中子通量；$\rho_s$、$\rho_i$ 分别为自发和诱发裂变径迹密度。

由于上述公式中有两个变量存在着较大的不确定性，一个是 $^{238}$U 的自发裂变衰变常数 $\lambda_f$，取值范围为 $(6.9\sim8.46)\times10^{-17}\text{a}^{-1}$，选择不同的 $\lambda_f$ 值造成的年龄误差可达 20%；另一个是热中子通量（$\phi$）。为了解决这个问题，Fleischer & Hart (1972) 引入了 $\zeta$ 年龄标定的方法，即使用已知年龄的标准样品作为参照标准和标准铀玻璃测量热中子通量进行 $\zeta$ 值标定。针对不同矿物的裂变径迹测年需要获取相应的 $\zeta$ 标定参数。$\zeta$ 值的计算公式如下：

$$\zeta = \frac{\exp(\lambda_\alpha t_{std}) - 1}{\lambda_\alpha (\frac{\rho_s}{\rho_i})_{std} G\rho_d}$$

式中：$t_{std}$ 表示已知标准样品的绝对年龄，对于锆石而言，目前较多使用的标准样品为 Fish Canyon tuff [年龄为：$(27.8\pm0.2)$ Ma] 和 Buluk Member tuff [年龄为：$(16.4\pm0.2)$ Ma]，对于磷灰石，所用的标准样品为 Fish Canyon tuff [年龄为：$(27.8\pm0.2)$ Ma] 和 Durango [年龄为：$(31.4\pm0.5)$ Ma]；$\rho_s$、$\rho_i$ 和 $\rho_d$ 分别表示样品自发裂变径迹密度、样品诱发裂变径迹密度和标准铀玻璃云母外探测器中诱发裂变径迹密度的测量值；$G$ 为几何常数，外探测器法取值为 0.5。

最终可得裂变径迹测年的计算公式：

$$t = \frac{1}{\lambda}\ln(\lambda_\alpha \frac{\rho_s}{\rho_i}G\zeta\rho_d + 1)$$

## 13.3 地层数字定年方法的选择

定年方法可用于不同的目的，地层数字定年的主要目的是确定地层的沉积时间。由于每种年代学体系的测年范围、精度和对象不同，且会受到后期热事件的干扰，因此在确定地层时代的方法上必须要有所选择。

### 13.3.1 地层的时代

测年方法的时限范围和精度主要取决于测年同位素的半衰期、检测仪器的灵敏度与误差。因此，测年方法的选择首先要考虑地层的大致时代。一般来说，第四纪以前的地层的年代测定应选用放射性同位素测年方法，如 K-Ar 法、Ar-Ar 法、Rb-Sr 法、Sm-Nd 法和 U-Pb 法等，第四纪以来的地层测年则应选用半衰期较短的测年方法，如铀系不平衡法、$^{14}$C

法、释光法、电子自旋共振法和裂变径迹法等。下面对主要方法体系的测年范围作一说明。

### 13.3.1.1　K-Ar法和Ar-Ar法

K-Ar法和Ar-Ar法有较长的半衰期（$1.31\times10^9$a），矿物岩石中放射性成因$^{40}Ar^*$随着时间而积累，因而从理论上来讲，K-Ar法和Ar-Ar法没有年龄下限，其上限主要取决于对极其微量的放射性成因$^{40}Ar^*$的有效检测，即仪器检测的灵敏度和误差。在仪器灵敏度一定的条件下，加大样品量有助于使氩的析出量满足仪器的检测灵敏度。但是随着样品年龄减小，其中的大气氩成分增高，使得年龄结果的误差迅速增大。因此，K-Ar法和Ar-Ar法的年龄上限一般大于1Ma。

### 13.3.1.2　Rb-Sr法、Sm-Nd法和U-Pb法

Rb-Sr法、Sm-Nd法和U-Pb法都有长的半衰期，因而从理论上来讲，都没有年龄下限。它们可测年的年龄上限也取决于仪器检测的灵敏度。Rb-Sr体系和Sm-Nd体系测年的年龄上限一般为10Ma，U-Pb法测年由于高灵敏度的检测手段，其上限可达几百万年。

### 13.3.1.3　裂变径迹法

裂变径迹法的主要测年对象为磷灰石、锆石、方解石、榍石和玻璃等。裂变径迹测年方法是通过在高倍光学显微镜下统计颗粒中$^{238}U$裂变形成的裂变径迹密度来计算年龄的。由于裂变径迹密度是裂变径迹封闭时间和颗粒铀含量的函数，因此，如果样品年龄太老或铀含量太高，那么颗粒中裂变径迹密度就很高，以致在光学显微镜下无法分辨而变得不可统计；反之如果样品年龄太小或铀含量太低，则裂变径迹密度就很低，导致以此为基础计算出的年龄误差大，精度低，可信度低。因此，利用裂变径迹法的测年一般限于晚古生代以来，上限可到约1Ma。最近一些年，高分辨率的扫描电子显微镜自动成像技术应用于裂变径迹的统计分析，使得裂变径迹测年下限可以延长到甚至前寒武纪（Gleadow et al.，2006；Enkelmann et al.，2012）。

### 13.3.1.4　磁性地层学方法

磁性地层学方法测年的时限范围取决于国际标准地磁年表的精确度，Cox（1969）发表了4.5Ma以来的地磁极性年表，后经许多学者补充，现已建立了可靠且比较完善的5Ma以来的地磁极性年表。Harland et al.（1982）列出的晚侏罗世（163Ma）以来的地磁极性年表使测年下限可达晚侏罗世。尽管Opdyke et al.（1996）列出了元古宙以来的地磁极性年表，但元古宙至中侏罗世的地磁极性年表比较粗糙，因此可利用性差。

### 13.3.1.5　铀系不平衡法、$^{14}C$法、释光法、电子自旋共振法和宇宙成因核素法

这些方法都是针对第四纪地层的测年方法，有关它们的适用范围见表13-2。

## 13.3.2　地层中可测年的对象

每一种方法都有其相适应的测年对象，因此测年方法的选择还应考虑地层中可供测年的对象。对于放射性同位素测年，一般测定的是同位素体系封闭以来的年龄，高的同位素封闭温度体系往往反映了岩石矿物的生成年龄，因此，要确定地层的年龄就应避免碎屑沉积物，因为碎屑沉积物年龄往往反映的是源区年龄的信息，而不是沉积年龄。地层中的火山岩夹层

表 13-2　第四纪主要测年方法的适用范围和可测对象（据陈文寄等，1991 修改）

| 测试方法 | 适用测年范围（a） | 可测对象 |
| --- | --- | --- |
| U 系 | 10～1 000 000 依不同核素而定 | 珊瑚、洞穴沉积物、锰结核、湖相沉积物、海洋沉积物、泥炭、骨化石、火山岩等 |
| $^{14}C$ | 200～50 000 | 木头、木炭、泥炭、淤泥、黏土壤、贝壳、珊瑚、钙质结核、洞穴沉积物等 |
| 释光法 | 100～1 000 000 | 方解石、石英、黄土、烘烤层、陶片、某些沉积物等 |
| 电子自旋共振法 | 1000～2 000 000 | 贝壳、珊瑚、土壤、钙质层、深海沉积物、凝灰岩、火山灰、有孔虫、洞穴沉积物、石膏、石英、长石、骨化石、锆石等 |
| 磁性地层学方法 | 0～163 000 000 | 沉积地层 |
| 裂变径迹法 | 100～400 000 000 | 磷灰石、锆石、方解石、榍石和玻璃等 |
| 宇宙核素 | 100～15 000 000 | 岩浆岩、沉积岩、石英脉、洞穴沉积物、土壤和沙漠等 |

是确定地层年代的重要参考坐标，因而也是放射性同位素测年的首选对象。不同性质火山岩由于成分的不同，可供测年的物质也不同，镁铁质火山岩由于其中锆石极少、没有含钾矿物，因此一般不宜采用 K-Ar 法、Ar-Ar 法、Rb-Sr 法和锆石 U-Pb 法，而 Sm-Nd 法应是首选测年方法。近些年来，随着高分辨率离子显微探针质谱（SHRIMP）和激光剥蚀-电感耦合等离子体质谱法（LA-ICPMS）的不断发展和完善，对锆石 U-Pb 测年的精度大大提高，对样品数量要求也降低，因此，人们也用 SHRIMP 和 LA-ICPMS 对镁铁质火山岩进行锆石 U-Pb 测年。中酸性火山岩一般富钾，因此一般采用 K-Ar 法、Ar-Ar 法和 Rb-Sr 法进行测年。另外，中酸性火山岩中锆石和磷灰石也较多，因此锆石 U-Pb 测年，以及磷灰石和锆石裂变径迹测年也是常用的方法。

磁性地层学方法需要系统采集沉积剖面的定向样品，采集样品最好为细粒碎屑沉积物，且要求地层连续无间断，构造扰动较弱。

第四纪地层测年方法中，$^{14}C$ 法和 U 系不平衡法的测定对象是同沉积的新生矿物质（化学沉积或生物沉积等），对应测年对象见表 13-1 和表 13-2。从地层定年角度来看，释光法和电子自旋共振法获取的是从沉积时充分暴晒到立即被掩埋以来的时间，因此，如果能判定沉积物中的细碎屑物在掩埋前接受阳光暴晒，就可选用这些方法进行测年。宇宙核素定年的测定对象比较复杂，根据不同的研究需要可以选取不同的对象（Cockburn & Summerfield, 2004），$^{14}C$ 法要求样品有机质含量较高，$^{10}B$ 和 $^{26}Al$ 测年法测年对象主要是石英，在测定地层时代时，采样时一般选取沉积粒径较大、石英含量较高的层位，有利于后期石英的提纯和宇宙核素的提取。

### 13.3.3　地层经受的热干扰

地层经受热干扰的强度也是选择测年方法的重要参考因素。由于放射性同位素测年均涉及到衰变系统是否封闭的问题，而温度是影响同位素是否封闭的最主要的因素。以火山岩夹层为例，如果火山岩自喷发形成以来，同位素体系没有受到后期热干扰，通过放射性同位素测定获得的年龄应该代表其形成年龄；反之，如果火山岩沉积后遭受热干扰，导致选定的测年方法的同位素体系（例如裂变径迹）的封闭性遭到破坏，那么获得的年龄将偏年轻，不代表其形成年龄。不同放射性同位素测年体系对热的抗干扰性是不同的（详见下节），因此，正确估计地层受热影响程度是选择合适同位素测年方法的前提。

## 13.4 影响地层数字定年可靠性的主要因素

可靠地层年龄的获得需要考虑多方面的因素，除样品的代表性外，还有方法学本身的问题。

### 13.4.1 封闭温度问题及构造热事件的干扰

一般来讲，地层在沉积后由于埋藏成岩作用或后期的构造热事件的影响，一般都不同程度地受到热的干扰，特别是造山带中的地层系统普遍遭受不同程度、不同形式的变质作用，从而对测年的同位素体系产生不同程度的影响。Dodson（1973）提出地盾区或造山带中岩石矿物所给出的同位素年龄往往并不是原始结晶年龄，而是反映了它的冷却年龄，即矿物岩石冷却到测年的同位素体系封闭以来的年龄。这一温度的临界值称为**封闭温度**（closure temperature），系指放射性同位素子体在岩石和矿物中停止因扩散而丢失的温度。环境温度大于同位素体系封闭温度，同位素子体发生丢失，同位素时钟不启动，如果小于同位素体系封闭温度，则同位素子体开始积累，同位素时钟启动并纪录年龄。

封闭温度是同位素年代学的基本原理，是选择合适同位素年代学方法的前提条件。Doddson（1973）从扩散理论出发推导出放射性成因子体同位素封闭温度的方程。

对于一级丢失（丢失与颗粒几何形态无关）：

$$E/RT_c = \ln(1.78\tau K_0)$$

对于体积扩散丢失（丢失受颗粒几何形态控制）：

$$E/RT_c = \ln(A\tau D_0/a^2)$$

式中：$T_c$ 为封闭温度；$E$ 为活化能；$R$ 为气体常数；$K_0$ 为一级丢失速度的极限；$D_0$ 为扩散系数的极限；$a$ 为扩散半径；$\tau$ 为冷却时间常数，$\tau = -RT_c^2/E\,(dT/dt)$，$dT/dt$ 为冷却速率；$A$ 为矿物几何形态常数，并规定：通过无限平面的线扩散 $A=8.7$，在一个无限的柱状体中的辐射扩散 $A=27$，在球体中的辐射扩散 $A=55$。

同位素由开放体系到封闭体系受各种因素控制，但主要是温度。根据实验资料获得的不同同位素体系和不同测定对象的封闭温度见图13-2。

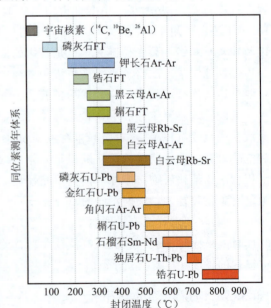

图13-2 常见同位素测年方法的矿物封闭温度
（根据 Reiners et al.（2005）和 Reiners and Brandon（2006）总结）

从图 13-2 可知，不同矿物和岩石的不同同位素体系封闭温度有很大差异，在实际工作中，同一岩石用不同的测试方法给出不同年龄，其中主要原因是岩石矿物封闭温度存在差异。所以，选择测试方法时，必须搞清封闭温度和变质作用之间的关系，才能正确对地层进行年龄测定。如对于经受角闪岩相以上变质作用的变质岩，要获得其原岩的时代依据就应选择具有高封闭温度的同位素测年体系，如锆石 U-Pb 测年。如选用 K-Ar 法或 Ar-Ar 法，获得的年龄可能只能反映变质作用时间或变质后的冷却时间。裂变径迹法由于封闭温度低，因此一般只能用于未受热干扰的稳定区地层及埋藏较浅的地层（一般应为火山岩）的定年。

## 13.4.2 测年矿物的成因

地层的数字定年通常借助于地层中火山岩物质的年代测定，即用火山岩岩浆结晶的时代近似代表该层位地层的时代，因此测年对象应该是火山岩岩浆的产物。然而，火山岩中的组成较为复杂，既有岩浆结晶产物，也有火山喷发过程中捕获的围岩。如果后期遭受变质作用，还会有新的变质矿物产生。因此，要获得可靠的地层年龄信息，需要对测年矿物的成因进行研究。下面以锆石的成因类型为例进行说明。

锆石在同位素测年中是一种广泛采用的矿物，是 U-Pb 测年和裂变径迹测年方法的常用测定对象。由于锆石具有强抗破坏性，在岩石风化、变质，甚至岩浆熔融过程中，锆石都可保存下来，因此，同一岩石中选出的锆石可能具有不同的成因和年龄，从而给年龄信息的解释带来了困难。如对于未变质的火山岩中的锆石类型可能有：

（1）残留锆石，即岩浆熔融过程中残留的源区的锆石。

（2）岩浆结晶锆石，即岩浆结晶过程中形成的锆石。

（3）捕获锆石，火山岩喷发时捕获围岩的锆石。

如果叠加了变质作用甚至多期变质作用，锆石成因就会更加复杂，常常导致早期锆石发生熔蚀并改变锆石的 U-Pb 同位素组成，或者出现变质锆石围绕早期锆石生长形成环带。因此，锆石 U-Pb 测年之前要对锆石成因进行研究，可利用阴极发光、背散射电子图像等手段初步区分岩浆锆石、变质锆石、碎屑锆石或复合锆石等不同类型，然后再有针对性地进行测试，并结合锆石 Th/U 比值等成分特点进一步分析锆石成因类型，才能得到具有真正地质意义的数据。

不同成因和类型的锆石可以从形貌学上来进行区分（Corfu et al., 2003; Pupin, 1980）。岩浆结晶锆石一般晶形较好，为长柱状，简单的四方双锥或复四方双锥，锥面和柱面发育完善。但对火山岩岩浆来说，由于结晶时间较短，锆石结晶往往不完善，而常呈棱角状的他形出现。

变质锆石指变质过程中形成的新生锆石，基本的形貌和表面特征表现为（简平等，2001）：①发育多晶面；②面上发育凹坑或呈麻点状；③晶体为不同长宽比的粒状。典型的变质锆石最显著特征是由众多的晶面组成，包括浑圆粒状、椭圆粒状及长粒状等形态。在双目镜下，变质锆石呈粒状、表面光洁、清晰。由于变质锆石发育多晶面，没有锥面和柱面之分，即使是外形呈现长粒状的锆石，其"柱面"实际上也是由众多的晶面组成的，但其顶端的多晶面更为发育。这一结晶特点与通常为简单的四方双锥或复四方双锥、锥面和柱面发育完善的岩浆锆石具有显著的区别。变质锆石常具圆化的外形，它实际上是多晶面造成的假象。变质锆石除以独立的晶体形式出现外，还以增生晶域的形式出现，它们具特征的内部结构。自晶核朝外发育众多的生长区，构成特征的环带结构。可见，变质锆石的内部结构的基本特点是由各个生长部分组成，以此可与岩浆型或深熔型锆石的同心韵律环带结构相区分。

变质岩锆石 U-Pb 年龄的解释，极大地依赖对锆石成因的理解。其一，变质岩中的锆石通常是由继承锆石和变质锆石组成的混合体系，甚至在一个晶体中，也可能包含不同成因和时代的晶域，如继承性晶核和增生。其二，锆石在其演化过程中易产生放射性成因铅丢失。Mezger et al. (1997) 总结了变质锆石的 4 种 U-Pb 数据模式，提供了变质岩 U-Pb 年代学的基本依据（图 13-3）。

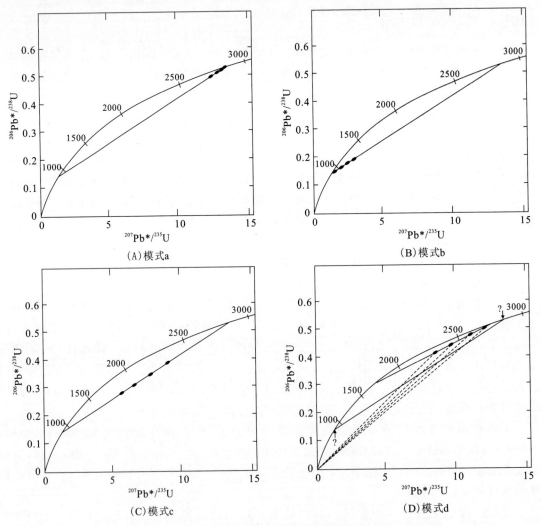

图 13-3　变质岩 U-Pb 同位素数据模式图

(据 Mezger et al., 1997)

($^{206}Pb^*$、$^{207}Pb^*$ 为放射性成因铅同位素)

模式一：数据点位于上交点附近（图 13-3A）。岩浆岩原岩未受到后期热扰动，上交点年龄可解释为岩浆活动时代，下交点年龄无地质意义。

模式二：数据点集中于下交点附近分布（图 13-3B）。这是典型的变质岩锆石数据特征。强烈的不一致性可能是由于增生造成的。下交点年龄应代表变质时代。

模式三：数据点位于不一致线中部（图13-3C）。在中到高级变质过程中蜕晶质锆石重结晶，造成强烈的不一致性。这种模式难以解释。正确地评价上、下交点年龄应研究锆石是否受到了变质后的放射性成因铅丢失。

模式四：复杂模式（图13-3D）。不同时代和成因锆石组成的混合体系或受到多相变质作用，上、下交点均无地质意义。

前3种模式主要是假定锆石组成简单，受一次变质事件影响的情况。由于在高级变质岩中，锆石存在放射性成因铅丢失，并有变质锆石形成和增生现象，且可能存在多相变质作用，实际工作中经常遇到的是第4种情况。

流体对锆石的改造作用也会导致锆石U-Pb体系的破坏，可从薄片中和阴极发光照片中清楚地鉴别出来。如大别碧溪岭深色榴辉岩的锆石，发育双层结构，其内部为相对均匀的锆石主体，外部为宽窄有变化的、环状或不封闭的边，边部也较清晰、均匀。锆石的内部主体呈三角形、港湾状等不规则的形态。锆石的边部常穿插至内部主体，形成各种形式的蚕食结构。受流体改造的边部年龄，往往集中于一个十分狭小的范围内，说明这种流体的作用可使U-Pb体系完全重置（简平等，2001）。

## 参 考 文 献

陈文寄，计凤桔，王非. 年轻地质体系的年代测定（续）—新方法、新进展［M］. 北京：地震出版社，1999：1-173，187-218，252-275.

陈文寄，彭贵. 年轻地质体系的年代测定［M］. 北京：地震出版社，1991：1-128，156-258.

仇士华，陈铁梅，蔡莲珍. 中国$^{14}$C年代学研究［M］. 北京：科学出版社，1990：1-124.

顾兆炎，刘东生. $^{10}$Be和$^{26}$Al在地表形成和演化研究中的应用［J］. 第四纪研究，1997（3）：211-221.

简平，程裕淇，刘敦一. 变质锆石成因的岩相学研究—高级变质岩U-Pb年龄解释的基本依据［J］. 地学前缘，2001，8（3）：183-191.

李曙光，Jagoutz，E，肖益林，等. 大别山—苏鲁地体超高压变质年代学—I. Sm-Nd同位素体系［J］. 中国科学（D辑），1996，26（3）：249-257.

李献华. Sm-Nd模式年龄和等时线年龄的适用性与局限性［J］. 地质科学，1996，31（1）：97-104.

邱华宁，彭良. $^{40}$Ar-$^{39}$Ar年代学与流体包裹体定年［M］. 合肥：中国科学技术大学出版社，1997：1-201.

舒勇. 水-岩交换作用对Sm-Nd法定年的影响［J］. 地学前缘，2000，7（2）：400.

王国灿，杨巍然. 地质晚近时期山脉隆升及剥露作用研究［J］. 地学前缘，1998，5（1-2）：151-156.

谢桂青，胡瑞忠，蒋国豪，等. 锆石的成因和U-Pb同位素定年的某些进展［J］. 地质地球化学，2001，29（4）：64-70.

杨巍然，王国灿，简平. 大别造山带构造年代学［M］. 武汉：中国地质大学出版社，2000：1-17.

Bierman P R. Using in situ produced cosmogenic isotopes to estimate rates of landscape evolution: A review from the geomorphic perspective [J]. Journal of Geophysical Research, 1994, 99, doi: 10.1029/94JB00459.

Brook E L, Nesje A, Lehman S J et al. Cosmogenic nuclide exposure ages along a vertical transect in western Norway: Implication for the height of the Fennoscandian ice sheet [J]. Geology, 1996, 24: 207-210.

Cao K, Wang G C, Bernet M, et al. Exhumation history of the West Kunlun Mountains, northwestern Tibet: evidence for a long-lived, rejuvenated orogeny [J]. Earth and Planetary Science Letters, 2015,

432: 391-403.

Cockburn H A P, Summerfield M A. Geomorphological applications of cosmogenic isotope analysis [J]. Progress in Physical Geography, 2004, 28: 1-42.

Compston W, Williams I S, Mayer C. U-Pb geochronology of zircons from lunar breccia 73217 using a sensitive high mass-resolution ion microproble [J]. Journal of Geophysical Research, 1984, 8913: 525-534.

Corfu F, Hanchar J M, Hoskin P W O et al. Atlas of zircon textures [J]. Reviews in Mineralogy and Geochemistry, 2003, 53: 469-500.

Cox A V. Geomagnetic reversais [J]. Science, 1969, 163 (3864): 237-245.

Dodson M H. Closure temperature in cooling geochronological and petrological systems [J]. Contributions to Mineralogy and Petrology, 1973, 40: 259-274.

Davis M, Matmon A, Fink D et al. Dating Pliocene lacustrine sediments in the central Jordan Valley, Israel-Implications for cosmogenic burial dating [J]. Earth and Planetary Science Letters. 2011, 305: 317-327.

Dunai T J. Cosmogenic nuclides: principles, concepts and applications in the earth surface sciences [M]. Cambridge: Cambridge University Press, 2010: 198.

Enkelmann E, Ehlers T A, Buck G et al. Advantages and challenges of automated apatite fission track counting [J]. Chemical Geology, 2012: 322-323: 278-289.

Fleischer R, Hart H. Fission-track dating techniques and problems [M].//Bishop W, Miller J, Colle S, (Eds), Calibration of Hominoit Evolution. Scottish Academic Press, 1972: 135-170.

Gleadow A J W, Gleadow S J, Belton D X et al. Fully-automated counting for fission track dating and thermochronology [J]. Geochimica et Cosmochimica Acta, 2006, 70, A205.

Gosse J C, Phillips F M. Terrestrial in situ cosmogenic nuclides: theory and application [J]. Quaternary Science Reviews, 2001, 20: 1475-1560.

Granger D E. A review of burial dating methods using $^{26}$Al and $^{10}$Be [J]. Geological Society of America Special Papers, 2006, 415: 1-16.

Granger D E, Kirchner J W, Finkel R C. Quaternary downcutting rate of the New River, Virginia, measured from differential decay of cosmogenic $^{26}$Al and $^{10}$Be in cave-deposited alluvium [J]. Geology, 1997, 25: 107-110.

Harrison T M, Zeitler P K. Fundamentals of noble gas thermochronometry [J]. Reviews in Mineralogy and Geochemistry, 2005, 58: 123-149.

Harland W B, Cox A V, Llewellyn P G et al. A geologic time scale [M]. Cambridge: Cambrige University Press, 1982: 66.

Hetzel R. Active faulting, mountain growth, and erosion at the margins of the Tibetan Plateau constrained by in situ-produced cosmogenic nuclides [J]. Tectonophysics, 2013, 582: 1-24.

Jackson S E, Longerich H P, Dunning G R et al. The application of laser-ablation microprobe: inductively coupled plasma-mass spectrometry (LAM-ICP-MS) to in situ trace-element determinations in minerals [J]. The Canadian Mineralogist, 1992, 30: 1049-1064.

Kong P, Granger D E, Wu F et al. Cosmogenic nuclide burial ages and provenance of the Xigeda paleo-lake: Implications for evolution of the Middle Yangtze River [J]. Earth and Planetary Science Letters, 2009, 278 (1-2): 131-141.

Kosler J, Sylvester P J. Present Trends and the Future of Zircon in Geochronology: Laser Ablation ICPMS [J]. Reviews in Mineralogy and Geochemistry, 2003, 53: 243-275.

Lal D. Cosmic ray labeling of erosion surfaces: in situ nuclide production rates and erosion models [J]. Earth and Planetary Science Letters, 1991, 104: 424-439.

Laslett G M, Green P F, Duddy I R et al. Thermal annealing of fission tracks in apatite 2. A quantitative analysis [J]. Chemical Geology: Isotope Geoscience Section, 1987, 65: 1-13.

Meyer H, Hetzel R, Fugenschuh B et al. Determining the growth rate of topographic relief using in situ-produced $^{10}$Be: A case study in the Black Forest, Germany [J]. Earth and Planetary Science Letters, 2010, 290: 391-402.

Mezger K, Krogstad E J. Interpretation of discordance U-Pb zircon ages: an evaluation [J]. Metamorphic Geology, 1997, 15: 127-140.

Nishiizumi K, Kohl C P, Arnold J R et al. Cosmic ray produced $^{10}$Be and $^{26}$Al in Antarctic rocks: exposure and erosion history [J]. Earth and Planetary Science Letters, 1991, 104: 440-454.

Opdyke N D, Channell J E T. Magnetic stratigraphy [M]. San Diego (California): Academic Press, 1996: 1-346.

Pappu S, Gunnell Y, Akhilesh K et al. Early Pleistocene Presence of Acheulian Hominins in South India [J]. Science, 2011, 331: 1596-1599.

Pupin J P. Zircon and granite petrology [J]. Contributions to Mineralogy and Petrology, 1980, 73: 207-220.

Reiners P W, Brandon M T. Using thermochronology to understand orogenic erosion [J]. Annual Review of Earth and Planetary Sciences, 2006, 34: 419-466.

Reiners P W, Ehlers T A, Zeitler P K. Past, present, and future of thermochronology [J]. Reviews in Mineralogy & Geochemistry, 2005, 58: 1-18.

Shen G, Gao X, Gao B et al. Age of Zhoukoudian Homo erectus determined with $^{26}$Al/$^{10}$Be burial dating [J]. Nature, 2009, 458: 198-200.

Walker M. Quaternary dating methods [J]. Wiley publisher, 2005: 1-304.

Willenbring J K, Codilean A T, McElroy B. Earth is (mostly) flat: Apportionment of the flux of continental sediment over millennial time scales [J]. Geology, 2013, 41: 343-346.

Zheng H, Wei X, Tada R, et al. Late Oligocene-Early Miocene birth of the Taklimakan Desert [J]. Proceedings of the National Academy of Sciences USA, 2015, 112 (25), 7662-7667.

## 关键词与主要知识点-13

地层的数字定年 stratal dating
新年代学 cenozoic chronology
混杂岩 mélange
封闭温度理论 closure temperature
放射性同位素测年 radiogenic isotope dating
$^{40}$Ar/$^{39}$Ar 同位素定年高分辨率离子显微探针质谱法（SHRIMP）sensitive high resolution ion micro probe
铀系不平衡法 Uranium-Series Disequilibrium TIMS Method

宇宙成因核素 cosmogenic nuclide
$^{14}$C 测年 radiocarbon dating
磁性地层学 magnetostratigraphy
热释光测年（TL）thermoluminescence dating
光释光测年（OSL）optically stimulated luminescence dating
电子自旋共振法测年（ESR）electron spin resonance dating
裂变径迹 fission track

# 第三篇

## 地层学前沿分支学科与方法

# 第 14 章 生态地层学

**生态地层学**（ecostratigraphy）是地层学的一个分支，它以生物的群落分析为基础，研究地层中化石群落的时空分布及演替规律，用以划分对比地层和恢复古环境，为盆地分析、沉积演化和矿产预测服务。海、陆、大气演化控制生态系的演化，生物与环境两者的记录分别保存在地层和化石群落中，利用化石群落所反映的古生态反演可以识别生态位（niche）和古环境。

## 14.1 生态地层学概念与原理

### 14.1.1 研究简史

生态地层学这一术语最早由 Schindewolf（1950）提出，但当时他并没有赋予生态地层学明确的定义，仅把生态地层学理解为动植物群落的地层学价值，认为其属于原始地层学（prostratigraphy）的范畴。原国际地科联地层委员会主席 Hedberg（1957，1958）首先将生态地层学和年代地层学并列，把地层学划分为两大范畴，即年代地层学和生态地层学，他认为：生态地层学就是环境地层学，它应是利用环境因素来划分岩层的，但是，由于认识的局限性，人们对生态地层学的一些基本概念和实用价值并未作进一步的研究。所以，在 Hedberg（1976）主编的《国际地层指南》一书中并未把生态地层学作为一种正式的地层单元列出并加以推广和运用。

从 20 世纪 60 年代以来，人们对生态地层学开始重视。美国芝加哥大学的 Ziegler（1965）在研究英国威尔士—英格兰边界地区早志留世的腕足动物时，建立了 5 个腕足动物底栖群落，从而揭开了古生物群落研究的序幕。

瑞典的 Martinson（1973，1976，1978，1979）对生态地层学的概念也进行了大量的研究，他认为：生态地层学是生物地层学向年代地层学靠拢的自然发展，利用生态地层学就意味着尽可能以最精确的地层（时间）界面结合环境来划分地层单元，同时他还认为生态地层学可以把化石的生态学以地质年代的格架排列起来，并且在与地质年代对比中标绘出来，由于这种途径主要用于盆地分析，故对于寻找自然资源是十分重要的。

澳大利亚昆士兰大学的 Waterhouse（1976）建议把生态地层学作为地层学的分支，它连接生物地层学和岩石地层学两大类，他把生态地层学限定为在一个年代内的地层结构中对化石生态体系的研究。

波兰的 Hoffman（1980，1981）认为生态地层学是最现代化的地层学方法之一，它不仅仅是一种方法，而且是地层学的一种新手段或哲理。他认为生态地层学的概念应该重新重现，提出了整个地质历史中唯一能代表一系列地质事件的参考时面问题，而这些地质事件则可能使生物种在地层分布中得到反映，通过生态地层学的方法来研究地层剖面中以化石群落或群落带为基础的进化事件中生物群落类型，有利于解决这一问题。他还认为远洋生物范围内的岩石地层不可能有充分的依据建立生物群落带，唯浅海底栖环境能运用典型的生态地层时间单位来划分地层，这一观点并没有得到广泛的支持。

生态地层学研究的代表人物，美国的 Boucot（1970，1975，1978，1981，1983，1984）对生态地层学进行了大量的研究，他主要研究的是奥陶纪—泥盆纪的腕足动物生态学。他在理论上与实践中对古生物群落和生态地层进行了大量的研究及探索。他认为：生态地层学是试图通过密切注视每一个生物相中生物类型所显示的变化，按照每一个生物相所存在的全部地质历程来提高地层对比精度，生态地层学所强调的地层对比精度能依靠严格的群落分析，结合在某些特殊群落中各生物门类的进化状况来达到最好的效果。

我国对于生态地层学的研究起源于 20 世纪 80 年代初。金玉玕和张宁（1983）最早在公开刊物上向国内介绍了生态地层学的原理和方法；戎嘉余等（1981，1984，1986）在研究我国奥陶纪、志留纪腕足动物的基础上进行了古群落的划分和研究，并与沉积学分析相结合研究早志留世的海平面升降，同时对生态地层学的基本概念进行了探讨。金玉玕、方润森（1985）对华南二叠纪梁山期腕足动物群落的划分和古地理特征进行了分析。Wang Y 等（1987）以腕足动物为基础，对中国晚奥陶世 Ashgillian 阶至早泥盆世 Eifelian 阶的群落古生态学进行了细致的研究。陈源仁（1984，1986，1988，1992）对生态地层学和群落生态的基本概念与分类方法作了大量的介绍，并利用四川龙门山地区泥盆纪的化石材料作了群落研究的实践。自 20 世纪 80 年代晚期至 90 年代中期，中国地质大学（武汉）以殷鸿福为首的科研集体对古群落的研究方法、生态地层学单位、生态地层学概念进行了深入研究，并在扬子及其周缘地区二叠系和三叠系中进行了大量的生态地层学研究实践（丁梅华等，1991；林明月等，1991；殷鸿福等，1995，1997；赖旭龙等，1992）。之后，国内一些学者在不同地点、不同时代进行了一些生态地层学的实践（肖传桃等，1994，1995，1997；吴起俊等，1997；胡夏嵩，1997；任东等，1999；赵兵等，2000，2004；陈立德，2009）。总体来说，我国学者完善和发展了生态地层学的概念、方法，推广了生态地层学的运用，在广度和深度上促进了生态地层学的发展。

### 14.1.2 群落（community）

地球表层存在着不同的环境，在不同环境中生存和繁衍着各种各样的动植物及微生物，这些生物与其所生存的环境构成了不同的**生态系统**（ecosystem），全球生态系统的总和称为**生物圈**（biosphere）。组成生态系统的基本单元是**生物群落**（community），生物群落的构成单元是**居（种）群**（population），而居群是同一物种所有**个体**（individual）的结合体。生态学的层次从低级到高级依次为个体、居群、群落、生态系统乃至整个生物圈，随着生态学层次的提高，其涉及的环境范围越来越广。生态地层学是以群落分析为基础的，因此这里主要介绍群落的有关概念。

生态学中的群落，是指生活于某一环境内所有生物的总和，因为在某一环境中，生物均按物种类别分为不同的居群，所以它也是在该环境内所有各物种居群的总和。群落是一个自然生态单元，它应具备以下 3 个要素：①群落具有一定的生物组成，其组成相对固定。②群落内各生物组分间具有一定的营养结构，即生产者、消费者和分解者；并有一定的能量转换方式，即从依靠光合作用（少数依靠化学合成）的初级生产者到高级消费者，这一食物链或食物网中，能量从生产到消耗的过程中存在比例关系。③群落是一个自然的生态单元，与其他群落可以分开，但群落间的边界则可以是截然的，也可以是渐变的。为了区别古生态学中的群落，有时也把生态学中的群落称生物群落（biocoenosis）。

古生态学中的群落称**化石群落**（fossil community）或**古群落**（paleocommunity）或**有机体群落**（organism community）。化石群落中的化石严格来说，应未经搬运，几乎全部原地埋藏，它等于原来生物群落经埋葬、成岩等作用后的全部或几乎全部可保存的部分。化石群落与生物群落的差异，一是化石群落只包括了可保存的部分（骨骼、硬体）；二是它往往是同一演替系列中一系列群落的可保存部分逐年累积的缩聚，即均时（time-averaged）群落（Fursich et al., 1990），它们代表一段地质时间而不是一个时间瞬间面，并且在组成和分异度、丰度方面与原来的各单个群落的尸积群不同。

在古群落分析中，可将群落再分为亚群落和分类群落：①**亚群落**（subcommunity）是群落按地理环境或时间的再分。在两种情况下建立亚群落：第一，在全盆地中有少数剖面的群落带内还可以细分，但在其他剖面不能追踪对比，则仅在这些少数剖面划分亚群落；第二，群落是由不同地点的生物联合的总和，不同地点这一群相同或相似的生物亦构成一个亚群落，例如鄂东南下三叠统的 *Claraia aurita* 群落带可分为 *C. aurita*，*C. concentrica - C. aurita* 和 *C. concentrica* 三个亚群落带，分别见于通山、大冶和阳新一带。②**分类群落**（taxocene）是群落按门类的再分，文献中经常出现的有孔虫群落、腕足动物群落、遗迹化石群落和牙形石群落等都是分类群落。只有包括生态系统中全部门类的生物总和才构成群落。

## 14.1.3 生境型（habitat type）

群落所生活的环境称为**生境**（habitat）。不同地史时期或分布于不同地区的群落，只要处于同一环境，总是表现出反映该环境的共同特征，属于同一类型。这些反映某一特定环境、具有共同特征的群落生境类型称为生境型。生态地层学中，群落分析的基本途径就是建立群落、确定生境类型，据以进行划分对比地层和盆地分析，所以生境型是一个十分重要的概念。地史时期的生境型主要限于海相，陆相很少研究，以下叙述海相生境型。

目前流行最广的生境型是 Boucot（1975，1981）提出的**平底底栖生物组合**（level bottom benthic assemblage），它以水深作为划分的主要依据，由近岸至远岸到大陆斜坡，按水深划分为6个底栖组合：BA1 相当于潮间带上部（*Lingula* 群落生境型），BA2 相当于潮间带下部（*Eocoelia* 群落生境型），BA3 相当于 BA2 以下至 66m 水深处（*Pentamerus* 群落生境型），BA4 相当于 BA3 以下至 100m 左右水深处（*Stricklandia* 群落生境型），BA5 相当于 BA4 以下至大陆架边缘 200m 水深处（*Clorinda* 群落生境型）和 BA6 大陆斜坡部位的底栖组合。同一底栖组合大致属于同一深度带。上述底栖组合明确以深度为划分依据，简明实用。但它有两个方面的局限性：其一，底栖组合概念只适用于平坦海底，即陆表海和大西洋型被动大陆边缘海区，它不适用于礁相和大陆斜坡至深海底的群落；其二，它只考虑底栖生物，而未考虑浮游生物，因而也不适用于浮游生物群落。

殷鸿福等（1995）以深度（或离岸远近）和底质作为确定生境型的主要因素。选择深度是因为：①深度是一系列海洋物理化学因素（水温、光合作用、盐度、氧饱和度、CCD、波浪与潮汐等）的综合性指标，上述因素均随深度而变化，相应地，群落亦随深度而变化，选择深度为标准，就反映了其他物理化学因素的变化，从而简化了划分标准；②深度能反映各种沉积相位（台地、斜坡、深海盆地），从而直接服务于盆地分析。选择底质是因为这一重要因素与沉积相有关，但与深度很少相关，需要独立地予以考虑。

应当指出，仅以深度为主、底质为辅来划分的生境型，是简化、不完善的分类，原因是：①上述诸物理、化学因素的变化不仅仅取决于深度，它们与深度之间并没有严格的函数关系；②除了底质以外，还有一些相对独立于深度的因素，如水的流速、湍动性、沉积速率等，有时也对群落分布起着重要的作用；③不仅同一深度带或底质类可有不同的群落，而且同一群落可分布于不同的深度带或底质上，例如 *Daonella* 群落可发现于泥质底质和碳酸盐底质上，分属不同生境型。

生物礁据其造礁生物对环境的不同要求，其形成深度可从海水表面至水深 200m 或更深处。当造礁生物由海底向浅水建造一个地层单元时，它们经常不断地改造着基底、地形等局部环境，还能改变海水环流和沉积模式，从而改造更大范围的环境。同时它们也改造着自己，以至于不同的造礁生物形成一演替系列。鉴于此，把生物礁作为一个独立的生境型。

综上所述，生境型按照水深大致划分为 7 类、15 亚类，每类和亚类又按底质分为两型。各类型名称采用与之相应的沉积相的名称，以便生境型可直接与沉积相配合。以下是殷鸿福等（1995）有关生境型的划分方案（图 14-1）：

Ⅰ 潮上带（supratidal，后滨 backshore）生境型
Ⅱ 潮间带及临滨带生境型
    Ⅱ$_1$ 潮间带（intertidal，前滨带 foreshore）生境型，相当于 BA1+BA2
        Ⅱ$_1^1$ 碎屑相（含硅质相，下同）潮间带生境型
        Ⅱ$_1^2$ 碳酸盐相潮间带生境型
    Ⅱ$_2$ 临滨带（滨面，shoreface）生境型，范围为低潮线（0m）至正常浪基面（大致 5~10m），相当于 BA2（戎嘉余观点）或 BA3（Boucot 观点）的一部分

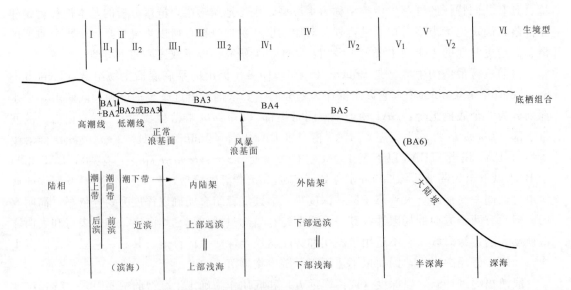

图 14-1 生境型与平坦海底底栖组合关系示意图

（据殷鸿福等，1995）

$II_2^1$ 碎屑相临滨带生境型

$II_2^2$ 碳酸盐相临滨带生境型

III 上部浅海（upper neritic）生境型：范围大致相当于上部远滨（upper offshore），或内陆架（inner shelf），或正常浪基面至风暴浪基面之间，相当于 BA3

$III_1$ 上部浅海上部（大致 10～30m）生境型

$III_1^1$ 碎屑相上部浅海上部生境型

$III_1^2$ 碳酸盐相上部浅海上部生境型

$III_2$ 上部浅海下部（大致 30～50m 或 60m）生境型

$III_2^1$ 碎屑相上部浅海下部生境型

$III_2^2$ 碳酸盐相上部浅海下部生境型

IV 下部浅海（lower neritic）生境型：范围大致相当于下部远滨（lower offshore），或外陆架（outer shelf），相当于 BA4—BA5

$IV_1$ 下部浅海上部（大致 50m 或 60～100m）生境型，相当于 BA4

$IV_1^1$ 碎屑相下部浅海上部生境型

$IV_1^2$ 碳酸盐相下部浅海上部生境型

$IV_2$ 下部浅海下部（大致 100～200m）生境型，相当于 BA5

$IV_2^1$ 碎屑相下部浅海下部生境型

$IV_2^2$ 碳酸盐相下部浅海下部生境型

V 半深海（bathyal）生境型：范围大致相当于大陆坡（continental slope）

$V_1$ 上部大陆坡（upper slope）生境型（大致 200～1000m）

$V_1^1$ 碎屑相上部大陆坡生境型

$V_1^2$ 碳酸盐相上部大陆坡生境型

$V_2$ 下部大陆坡（lower slope）生境型（大致 1000～3000m）

$V_2^1$ 碎屑相下部大陆坡生境型

$V_2^2$ 碳酸盐相下部大陆坡生境型

VI 深海（abyssal）生境型

$VI_1$ 上部深海（upper abyssal）生境型（大致 3000～4500m）

$VI_1^1$ 碎屑相上部深海上部生境型

$VI_1^2$ 碳酸盐相上部深海下部生境型

$VI_2$ 下部深海（lower abyssal）生境型（大致 4500～6000m），一般只有碎屑相生境型（$VI_2^1$）

$VI_3$ 超深海（hadal）生境型（大于 6000m），均为碎屑相

VII 生物礁（organic reef）生境型：此型分布于整个浅海区，个别见于半深海〔现代挪威海由非共生（ahermatypic）珊瑚造礁〕

$VII_1$ 礁后相生境型

$VII_2$ 礁核相生境型

$VII_3$ 礁前相生境型

$VII_4$ 礁坪相生境型

在 $VII_1$、$VII_2$、$VII_3$ 三种生境型中，如能判断其所处浅海部位，可同时使用生物礁生境型

和浅海生境型，例如某礁后相属于Ⅶ₁及Ⅲ₁型。

每一生境型都有特定的生物面貌。因此，可用生物总体面貌来判断其属哪一类生境型。

### 14.1.4 生态地层单位

生态地层分类系统曾有过许多建议（Waterhouse，1976；Kauffman，1976；Valentine，1973；Boucot，1982，1983），前三人的缺陷是混淆了生态单元、生物地层单元、生物地理单元的界线。Boucot的分类系统只适用于平坦海底底栖群落，不适用于斜坡、深水、浮游相和礁相群落。本书采用殷鸿福等（1995）建议的生态地层单位。在叙述生态地层单位之前，先比较生态单位、生物地理单位、生态地层单位的差异（表14-1）。

表14-1 生态地层学及有关学科分类系统表（据殷鸿福等，1995）

| | 生态单位 | 生态地理单位 | 生态地层单位 | | 沉积单位 | | |
|---|---|---|---|---|---|---|---|
| | | | 纵向 | 横向 | 纵向 | 横向 | |
| 种级 | 居群(population) | 小生境(biotope)<br>生态位(niche) | | | | | |
| 群落级 | 群落<br>(community) | 生境<br>(habitat, ecotope)<br>生态系统<br>(ecosystem) | 群落带(community zone)<br>组合层(assemblage bed) | | 沉积体系<br>(depositional system) | | |
| 更高级别（互不相当） | 群落型<br>(community type)<br>[群落集<br>(community group, ecogroup)<br>底栖组合(benthic assemblage)] | 生态区(biome)<br>生物大相<br>(magnafacies) | 生态演化单元<br>(eological evolutionary unit) | 群落序列<br>(community sequence) | 生态体系域<br>(ecotract) | 充填序列<br>(basin-fill sequence) | 沉积体系域<br>(tract) | 更高级别（互相相当） |
| | | | | 生态地层格架<br>(ecostratigraphic framework)<br>生态体系格架<br>(ecosystem framework) | | 盆地地层格架<br>(basinal stratigraphic framework) | | |

生态地层单位：

**群落带**（community zone，Cz.） 群落带是一个群落在其整个时空分布范围内的地层体，它是生态地层的基本单位。

**亚群落带**（subcommunity zone，Subcz.） 亚群落所占据的地层体，它是群落带的进一步细分，具较强的地方性特征。

**群落序列**（community sequence） 群落序列为群落带的纵向综合，它与沉积的纵向综合充填序列相配套。群落序列包括一系列群落演替阶段及渐变取代的群落；相继的群落序列以突变取代关系分开。每一个群落序列以特征化石组合命名之。

**生态体系域**（ecotract） 生态体系域是同时期各生态系统的联合，由反映环境梯度的一系列群落带构成，空间上与沉积体系域相当，以代表生态地层格架中有成因联系的一个横向段落。如图14-2中，D-1至D-4四个群落带构成一个高位生态体系域。

**生态地层格架**（ecostratigraphic framework）或**生态体系格架**（ecosystem framework） 生态地层格架是盆地或其一演化阶段全部生态地层单元的三维空间综合（图14-2）。纵向上，它由代表盆地不同部位的各个群落序列组成；横向上，它由各个生态体系域有规律地叠置而成，它反映盆地内群落时空演化的总貌。

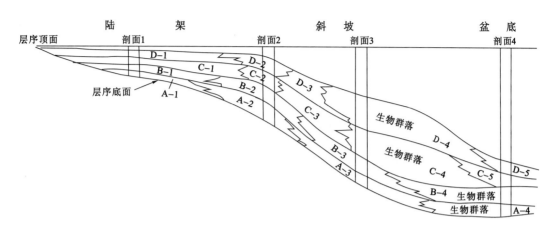

图 14-2 生态地层格架（对应于盆地沉积地层格架）示意图

（据殷鸿福等，1995）

## 14.2 生态地层学的研究方法

### 14.2.1 生态地层研究的设计与野外工作

生态地层学的研究一般是在已有一定地层工作基础的地区进行，特别要有生物地层工作基础，以期解决前期地层工作所不能解决的问题。换言之，进行生态地层工作的地区，必须先有一个地层划分对比的粗略年代地层或生物地层框架，并已证实有足够的化石可供研究。

生态地层研究的目的，一般是为了地层的高精度对比、环境恢复以及盆地演化的分析。因此，设计剖面时应沿着横越盆地或穿越不同环境（如浅海—斜坡—盆地）的方向选择一系列剖面，以便生态地层对比的结果可解决异相地层的同时性问题，进而恢复环境及盆地演化，这样的系列剖面可以设计互相平行的几套。

野外工作主要是系统测制剖面和大量采集、记录化石。剖面测制工作与一般地层工作相似。化石的采集和记录占生态地层剖面测制工作量的大部分，要求全而多。在有可能的情况下，应采用全样采集及统计，划方统计应多次进行。

对化石的野外观察和记录极为重要，大部分生态和环境的初步结论应在野外做出，到室内再去检验和精炼，而不应一切都等待回室内再构思，古生态研究的质量首先取决于野外。因此，野外观察、记录、采集样品不可吝惜时间和精力。化石观察的内容包括数量、保存方式、完整性、方向性、分选性、与围岩及层面的关系等，伴以素描、照相和统计。

### 14.2.2 生态地层剖面与生态地层柱状图

剖面描述和柱状图是一切地层工作的基础环节，至为重要。生态地层工作应当有独立的生态地层剖面。生态地层剖面描述及柱状图的格式请参阅本章 14.3 节实例。描述一个生态地层剖面必须包含以下 3 个部分：群落带或生物组合层的描述；无化石间隔层的描述；在地层序列中群落间关系的描述。

**群落带（及亚群落带）或生物组合层的描述** 群落带的描述应当反映群落（或生物组

合)、岩相以及其他方面的综合信息，而得出生境型及环境分析的结论。它包括①岩性、岩相（含微相）、厚度；②化石属种名单及数量，一般要求附数量分布表，描述优势种、常见种、特有（征）种；③化石埋藏类型，如原地埋藏称群落带，异地埋藏统称为生物组合层，由生态分析获得环境的结论；④群落结构特征数据，分异度等；⑤地层地球化学数据；⑥其他方面的信息，如古构造、古地磁、含矿性等；⑦生境型及环境分析的结论。对于群落带或亚群落带的名称一般采用1~2个优势种来命名，特有种有时也可以参与命名。

**间隔层的描述** 不含化石或仅含生物碎屑，不足以形成群落或生物组合的层位称为间隔层。有时，一个厚度很大的群落带，仅顶、底有群落分子出现，而中间未获化石，此段地层应划分为间隔层，代表一个群落带内部的无化石层位。其描述格式与群落带相同，并且要求有环境分析结论。

**地层序列中群落间关系的描述** 描述群落在时间上的变化关系。最常用的有下列两种关系：**群落演替**（community succession），有关群落演替的定义很多，现代生态学者与古生态学者的看法也不尽相同。古群落的演替通常可以理解为在环境变化不大的情况下（即外界环境保持基本稳定），从一个群落类型转化为另一群落的顺序过程，演替过程应是群落内部物种间的相互作用起主导作用。但实际上，地层序列中群落的更替总是伴随有环境变迁，不可能单单取决于生物间的相互作用。因此，群落演替在地史上乃是不多见的，但礁群落的群落演替是地史上最常见的群落演替。**群落取代**（community replacement），或称广义的群落演替，指群落在时间上和空间上由于环境变化而被另一群落取代。它与狭义群落演替的区别是：它是群落间而非群落内的变化；它是由环境变化而非生物因素所导致；它在时间上可历时较长。在地层中所见到的群落关系，大部分是群落取代关系，常见的群落取代可分为渐变的和突变的两种，渐变取代常见于岩相渐变的地层，上、下两群落的结构相近，组分的连续性较强；突变取代常见于岩相突变处，群落的结构和组分亦发生突变。这两种取代在生态地层分析中有实际意义。

生态地层剖面描述中采用群落演替、群落渐变取代和群落突变取代3种术语，通常群落序列更替中如不专门标明关系，即意味着是一种较为普遍的关系——群落渐变取代。

礁核相、礁坪相与礁后相群落在生物组分及围岩结构上往往变化很快，但仍属于同一礁相环境，不是突变取代。礁相群落演替是主要的，而取代是次要的。

**海平面变化曲线**（curve of sea level change） 生态地层柱状图的主要成果应归结为海平面变化曲线。把剖面中各群落在垂向上按其层位，横向上按其生境型标在生境一栏中，并参考间隔层所反映的环境，用线连接起来，这一水深变化曲线可转换为海平面变化曲线。如果同时作有沉积相、地球化学相曲线，则可由生境型、沉积相、地球化学相3条曲线综合得出海平面变化曲线。

### 14.2.3 生态地层对比

#### 14.2.3.1 年代地层、生物地层及事件地层构成生态地层对比的框架

在系列剖面对比之前，应已有地层工作的基础，构成一系列生态地层剖面对比的框架。生态地层对比的任务是在此基础上提高对比精度，恢复环境和进行盆地分析。

#### 14.2.3.2 海平面变化曲线的对比

一般来说，根据构造、沉积、地层等综合材料，如果可以证明一个盆地范围内各点海平

面大致同步升降。在此前提下，盆地内一系列生态地层剖面的海平面变化曲线应是相似的，各条线海平面的高点和低点应是近于等时的。据此，将各条曲线按顺序排列，将它们的波峰和波谷连接起来，便是近等时线。上、下相邻两近等时线间的地层可视为同期地层，这样便解决了不同岩相不同化石地层的对比问题，弥补了生物地层对比的不足，又提高了对比划分的精度（一般远高于化石带对比的精度）。但是，对于处在活动地区的古海盆而言，可能会出现盆地基底的差异升降，在这种情况下运用海平面变化曲线的对比需慎重，并需要强调加强盆地内不同地点的群落带的时限对比。

### 14.2.3.3 其他环境梯度（environmental gradient）对比方法

生态地层对比是利用生物对环境反应的灵敏性，通过群落分析获得群落梯度，从而获得环境梯度，利用环境梯度来对比地层。海平面升降只是环境梯度中较常用的一种，其他群落梯度所能反映的环境梯度都可用来对比地层，例如利用植物和孢粉化石群落所反映的古气候梯度变化，可以绘出冷热变化的时间曲线。假设同一区域内各点的温度变化是同步的，则把这些曲线的极值点连接起来，可以对比陆相地层。在海相地层中，可以利用牙形石、有孔虫、放射虫等微体化石所反映的温度和盐度梯度变化，得出古水温曲线或离岸远近曲线，用同样的方法对比地层。

上述对比方法有一个前提，即根据地质资料基本证明已知盆内各点的环境变化是同一方向并基本是同步的，才能进行对比。如果变化不是同一方向，必须找出同步的环境变化点，加以连接对比。例如黔南二叠纪盆内同生断裂的一侧下降，另一侧稳定或相对上升，下降盘中海水加深，滞留形成的大隆组与上升盘中长兴组珊瑚礁向上生长，是同步的而方向不同，亦可找到环境变更点而连线对比。

## 14.2.4 数学方法在生态地层学中的应用

### 14.2.4.1 群落结构的特征数据

群落结构特征数据主要有两类：一类是群落内各属种的类别数和个体数的多寡、分化程度及分配性质；另一类是它的营养结构及群落动态数据。根据生态地层学的需要，重点是前一类，包括以下数据：

(1) **种分异度**（$D_v$，species diversity）。指种或分类群数目。分异度受样品大小的影响很大，校正样品大小对 $S$ 值的影响，一般采用公式：
$$D_v = (S-1)/\ln N$$
式中：$S$ 为生物种或分类群的数目；$N$ 为样本（群落）中个体总数。

(2) **丰度**（abundance）或**相对丰度**（relative abundance）。即群落中每个物种的个体数量占总数量的百分比。用以下公式表示：
$$P_i = \frac{N_i}{\sum_{i=1}^{n} N_i} = \frac{N_i}{N}$$
式中：$P_i$ 为第 $i$ 种的个体在群落中所占的百分比；$N_i$ 为第 $i$ 个种的个体数。

(3) **优势度**（$D$，$D_m$，dominance）。说明群落优势集中程度，可由下式算出（Odum，1971）：

$$D_M = \sum_{i=1}^{S} P_i^2$$

式中：$D_m$ 为优势度；$P_i$ 为第 $i$ 种的个体在群落中所占的百分比。

(4) **优势分异度**（$H$, dominance diversity）。优势分异度是复合分异度的一种，又称信息函数、熵函数。它在 20 世纪 50 年代引入生物学，60 年代引入古生物学，被用作生物分异度的标志。它的值采用 Shannon–Weaver 公式：

$$H = -\sum_{i=1}^{S} P_i \ln P_i$$

式中：$H$ 为优势分异度；$P_i$ 为第 $i$ 个种的个体数 $n_i$ 在整群总个体数 $N$ 中所占的比例；$S$ 为生物种或分类群的数目。

当整群中只有一个种时，$P=1$，于是 $\ln P=0$，$H=0$，代表生物分异度小。当生物群内种类繁多、个体分配均匀时，即达到无序运动的随机平衡，代表生物分异度大。$H$ 值的下限为 0，上限取决于种数 $S$ 值；对于一定的 $S$ 值，其上限是一定的。所以 $H$ 值的大小反映两个方面的特征：一方面是种数的多少，种数多，累计的项多；另一方面是个体在各种内的分配情况。当 $P_i = 0.37$ 时，$P_i \ln P_i$ 的绝对值最大（为 0.3679），$P_i$ 值增大或减小，都会使 $P_i \ln P_i$ 的绝对值降低，所以用优势分异度，可以排除优势种或罕见种过分的影响。

(5) **均衡度**（$E$, equitability）。最普遍使用的均衡度公式是：

$$E = \frac{H}{H_{\max}} = \frac{H}{\ln S}$$

式中：$E$ 为均衡度；$H$ 为优势分异度；$S$ 为生物种或分类群的数目。

以上 5 个指标中，优势度（$D_m$）值越大，表示群落集中程度越高；分异度（$D_v$），优势分异度（$H$）以及均衡度（$E$）这 3 个指标具有同一性，即这些数值越高，表示群落各种类型的物种越丰富，信息量分配更均匀，它们与优势度成反比，即优势度越高，分异度、优势分异度及均衡度则越低。

(6) 游泳型与底栖型的比值（％）。通常以同一层中个体数比例为准，在得不到该比值时亦可用种（属）数比值。此值反映水的深度，比值越大，水越深。如中欧上侏罗统中，游泳型与底栖型的比值，在浅水（0～30m）处为 0，在 100m 深处达 90％以上，在 400m 处达 100％（Zeigler，1972）。

(7) 穴居型与表栖型的比值（％）。计算法同上。高的穴居型比例通常表示：①软底质；②极浅水（潮汐、波浪作用带）；③很深的水（在浅海区以下，带壳表栖动物急剧减少）。

(8) 藻类含量（％）。在镜下薄片中，以等距线计数法得出此值。通常在潮下带藻类含量高，表示水较浅。此外，藻类属于群落的第一营养级，制约其他营养级的生物量。

(9) 介形虫与有孔虫的比值（％）。介形虫个体数与有孔虫个体数的比值，随着离岸和海水深度的增加而减少（汪品先，1986）。

需要指出，(2)、(6)、(7)、(9) 各项所涉及的个体数量受到采样方法、样品大小、采样层位、主观误差等因素的影响，如微体化石和大化石若同层产出，则单位体积内微体化石数量总是占优势。这就需要采取一些措施减少这些因素的影响。由于以上因素的影响，一些具体的群落在 (6)、(7)、(9) 诸项上的数值并不符合一般的深、浅水规律，需要与其他参数综合考虑决定取舍。

## 14.2.4.2 确立群落真实性的数学检验

是否属同一群落还是不同群落的检验方法为：在不同地点或不同层位采集的样品，其属种组分相似率高，则属于同一群落，若相似率低则属不同群落。同一群落的组分在不同时期（或层位）可重复出现。为此，可采用以下诸法检验。

1) 相似性检验

已知若干群落，按以下两种公式统计它们之间的相似率（相似性系数）。

(1) 杰卡德（Jaccard）相似性系数（$J$）：

$$J = n/N$$

式中：$n$ 为相同的种（属）数；$N$ 为被比较的两个群落的总种（属）数，它等于两群落各自种（属）数之和减去 $n$。

(2) 大塚系数（$Otc$）采用以下公式计算：

$$Otc = \frac{C}{\sqrt{N_1 N_2}}$$

式中：$C$ 为两个群落、亚群落之间共有的属种；$N_1$、$N_2$ 分别为群落或亚群落 1 或亚群落 2 的属种数目。

据此可得出两群落间相似率或多个群落间的相似率矩阵。相似率低（如种相似率低于 0.25）表示群落可独立存在。上法亦应用于检验可能属同一群落的不同采集样品间的相似率，相似率高则表示各样品属同一群落。

2) 最优分割法检验

此法适用于化石分异度高的剖面上。已知该剖面逐层的化石名单，用最优分割法分割出群落段或检验已划分的群落是否符合最优分割。分割的原则是使所分段落内部各层化石名单的差异尽可能小（相似率高），而段间差异尽可能大（相似率低）。

对剖面逐层用最优分割计算，在原始数据矩阵的基础上作变差矩阵，使用公式：

$$d_{ij} = \sum_{\beta=1}^{j} \sum_{\alpha=1}^{p} [X_{\alpha\beta} - \overline{X}_\alpha(i,j)]^2$$

其中：

$$\overline{X}_\alpha(i,j) = \sum_{\beta=1}^{i} X_{\alpha\beta}/(j-i+1)$$

式中：$d_{ij}$ 为一批有序样品中，从第 $i$ 个样品到第 $j$ 个样品的段内离差；$X_{\alpha\beta}$ 表示第 $\beta$ 个样品的第 $\alpha$ 项指标的测定值；$p$ 为每个样品的指标项目（$p \geqslant 1$；当 $p=1$ 时，为单项指标最优分割；$p \geqslant 2$ 时，为多指标的最优分割）。

然后按分割要求求总变差值 $S_N$（$K$；$a_1$，$a_2$，…，$a_{k-1}$）。$K$ 为分割要求的段数，如二分割则 $K=2$。当 $S_N$ 达到最小的分割称最优 $K$ 段分割。总变差值随 $K$ 值增大逐渐减小，当 $K=5$ 以后，总变差值趋于平稳，所以，一般要求的分割段数不超过 10。以出现最早、持续最长的分割点称第一分割点，依次称第二、第三……分割点。较早的各分割段内的化石即组成一个群落，较晚的各段可能是亚群落或不予考虑。

3) 聚类分析法

将各层位（或地点）所采集各物种的个体数量列成表 14-2，即可进行 Q 型或 R 型聚类分析。

表 14-2 聚类分析的原始数据表

| 层序号 | 1 | 2 | 3 | 4 | 5 | 6 | 7 | 8 | 9 | 10 | 11 | 12 | 13 |
|---|---|---|---|---|---|---|---|---|---|---|---|---|---|
| 种 A | | | 1 | | 3 | 4 | 30 | | | 20 | 2 | | |
| 种 B | 12 | 19 | 35 | 71 | | | | | | | 3 | 6 | 30 |
| 种 C | | | 1 | 3 | | 10 | 20 | | | 2 | 15 | | 4 |
| 种… | | | | | | | | | | | | | |

Q 型聚类分析，以层位（或地点）为样品，以物种为变量，比较各样品间相似性度量值进行聚类。同一聚类内的样品可归于同一群落（或亚群落）。其中，数据采用标准化处理方法，相似性度量采用相似系数，聚类方法选用类平均法，它们的公式如下：

（1）数据处理标准化方法：

$$X_{ij} = (X_{ij} - X_j)/S_j \quad (i=1,2,\cdots,N;\ j=1,2,\cdots,M)$$

其中：

$$X_j = \frac{1}{N}\sum_{i=1}^{N}X_{ij},\ S_j = \sqrt{\frac{1}{N}\sum_{i=1}^{N}(X_{ij}-X_j)^2}$$

相似系数

$$\cos\theta(i,j) = \frac{\sum_{k=1}^{M}X'_{ik}\cdot X'_{jk}}{\sqrt{\sum_{k=1}^{n}X'^{2}_{ik}\cdot \sum_{k=1}^{M}X'^{2}_{jk}}}\quad(i,j=1,2,\cdots,N)$$

（2）聚类类平均法：

$$F_{p\cdot uv} = A\cdot F_{p\cdot u} + B\cdot F_{p\cdot v},\ A = N_{u\cdot v},\ B = N_v/N_{u\cdot v}$$

以上各式中：$X_{ij}$ 为原始数据；$X'_{ij}$、$X'_{ik}$、$X'_{jk}$ 为处理后数据；$M$、$N$ 分别为变量数和样品数；$\cos\theta(i,j)$ 为样品 $i$ 与 $j$ 间相似系数；$F_{p\cdot uv}$ 为 $F_u$、$F_v$ 两类合并后得到的新类 $F_{u\cdot v}$ 与 $F_p$ 类的相似系数；$F_{p\cdot u}$、$F_{p\cdot v}$ 分别为 $F_u$、$F_p$ 与 $F_v$ 类间的相似系数；$N_u$、$N_v$、$N_{u\cdot v}$ 分别为 $F_u$、$F_v$、$F_{u\cdot v}$ 类中包含的样品个数；$F$ 为相似性系数；$A$、$B$ 为类平均系数；$p$、$u$、$v$ 分别代表某一数别的序号。

R 型聚类分析，以物种为样品，以层位（地点）为变量，比较各样品（物种）间的共同出现率进行聚类，所得出的聚类可视为能多次重复出现的物种组合，符合群落的要求。R 型聚类可以不需个体数，仅以有无出现为依据进行二元聚类，达到同样的目的。类聚方法同前。

4）群落间关系、群落与环境关系的数学检验

所检验的关系包括群落间的疏密关系，各群落的排列顺序（居前、继后、共生）及群落与某一环境是否相关，可用群落结构特征数据的聚类分析方法。

以各群落的分异度或几种结构特征为变量构成 1 个原始数据化矩阵（表 14-3），比较各群落（样品）间的相似性，进行 Q 型聚类。首先列出各群落结构特征数据，利用以下公式进行数据标准化处理：

$$X'_{ij} = \frac{X_{ij} - \min\limits_{1\leqslant j\leqslant n}X_{ij}}{\max\limits_{1\leqslant j\leqslant n}X_{ij} - \min\limits_{1\leqslant j\leqslant n}X_{ij}}$$

$$i=1, 2, 3, 4; j=1, 2, \cdots, n$$

其中 $X'_{ij}$ 满足：$0 \leqslant X'_{inj} \leqslant 1$

**表 14-3　下扬子区早三叠世群落原始数据矩阵**（据韦阿娟，丁梅华，1995）

| 群落带编号 | 双壳动物 | 菊石 | 牙形石 | 优势度 $D(\%)$ | 分异度 $(H)$ | 浮游：底栖 | 鱼及鱼碎片 |
|---|---|---|---|---|---|---|---|
| 17 | 3 | 2 | 14 | 73.5 | 0.98 | 1：1.5 | 1 |
| 16 | 16 | 53 | 0 | 75.5 | 0.74 | 3.1：1 | 0 |
| 14 | 99 | 1 | 14 | 95.1 | 0.52 | 1：33 | 2 |
| 13 | 340 | 0 | 0 | 100 | 0 | 无底栖 | 0 |
| 12-4 | 1 | 0 | 69 | 28.89 | 1.56 | 6.6：1 | 0 |
| 12-3 | 0 | 0 | 81 | 20 | 1.666 | 无底栖 | 0 |
| 12-2 | 0 | 5 | 43 | 37.93 | 1.597 | 无底栖 | 0 |
| 12-1 | 0 | 1 | 54 | 57.14 | 1.418 | 无底栖 | 0 |
| 11 | 0 | 0 | 65 | 63.4 | 1.003 | 无底栖 | 0 |
| 10 | 19 | 50 | 0 | 69.4 | 0.92 | 7：1 | 3 |
| 9 | 9 | 50 | 0 | 83.3 | 0.61 | 11：1 | 0 |
| 7 | 0 | 16 | 2 | 72.22 | 0.855 | 无底栖 | 0 |
| 5 | 1 | 3 | 37 | 68.42 | 1.014 | 3：1 | 0 |
| 4 | 0 | 18 | 2 | 73.68 | 0.71 | 无底栖 | 0 |
| 3-1 | 200 | 0 | 0 | 100 | 0 | 无底栖 | 0 |
| 3-2 | 131 | 4 | 0 | 79.3 | 0.61 | 1：33 | 0 |
| 2-1 | 43 | 40 | 0 | 34.5 | 1.12 | 1：1 | 0 |
| 2-2 | 51 | 12 | 0 | 51.5 | 1.2 | 1：4.5 | 0 |
| 1-1 | 31 | 25 | 0 | 56.4 | 0.88 | 1.3：1 | 1 |
| 1-2 | 28 | 73 | 0 | 62.5 | 1.1 | 2.4：1 | 0 |

群落带及亚群落带编号说明：1. *Claraia* cf. *stachei* 群落带；1-1. *C.* cf. *stachei* - *Ophiceras* 亚群落带；1-2. *Ophiceras* - *C.* cf. *stachei* 亚群落带；2. *Claraia griesbachi* 群落带；2-1. *Lytophiceras* - *C. griesbachi* 亚群落带；2-2. *Claraia wangi* - *C. griesbachi* 亚群落带；3. *Claraia aurita* 群落带；3-1. *Claraia aurita* 亚群落带；3-2. *Claraia concentrica* - *C. aurita* 亚群落带；4. *Prionolobus* 群落带；5. *Neospathodus dieneri* 群落带；7. *Xenodiscoides* 群落带；9. *Anasibirites kingianus* 群落带；10. *Flemingites* cf. *ellipticus* 群落带；11. *Neospathodus waageni* 群落带；12. *Neospathodus triangularis* 群落带；12-1. *Neospathodus triangularis* 亚群落带；12-2. *Neospathodus triangularis* - *N. collinsoni* 亚群落带；12-3. *Neospathodus triangularis* - *N. anhuiensis* 亚群落带；12-4. *N. triangularis* - *N. homeri* 亚群落带；13. *Posidonia* 群落带；14. *Periclaraia circularis* 群落带；16. *Koninckites* 群落带；17. *Hindeodus parvus* 群落带

在得出标准化数据表的基础上，利用相关系数公式：

$$r_{jk} = \frac{\sum_{a=1}^{m}(X_{aj}-\overline{X}_j)(X_{ak}-\overline{X}_k)}{\sqrt{\sum_{a=1}^{m}(X_{aj}-\overline{X}_j)^2} \cdot \sqrt{\sum_{a=1}^{m}(X_{ak}-\overline{X}_j)^2}}$$

其中：

$$\overline{X}_j = \frac{1}{m}\sum_{a=1}^{m}X_{aj}, \overline{X}_k = \frac{1}{m}\sum_{a=1}^{m}X_{ak}$$

计算各群落之间的相关系数矩阵，得出各群落和亚群落之间的相似性矩阵（表 14-4），然后再利用连接顺序表或类平均法得出聚类分枝图。这种聚类分析枝状图（图 14-3），反映不同群落结构的相似程度及排列顺序，可用以判断各群落间的疏密关系及几个群落聚类的排列顺序，以便与它们的环境相对照检验。聚类分析不仅反映了群落带间的相互关系、亲疏情况，而且对所推测的生境型也是一种很好的检验。

**表 14-4　下扬子区早三叠世群落相关系数 $\gamma$ 矩阵**（据韦阿娟，丁梅华，1995）

| 群落带及编号 | 17 | 16 | 14 | 13 | 12-4 | 12-3 | 12-2 | 12-1 | 11 | 10 | 9 | 7 | 5 | 4 | 3-1 | 3-2 | 2-1 | 2-2 | 1-1 | 1-2 |
|---|---|---|---|---|---|---|---|---|---|---|---|---|---|---|---|---|---|---|---|---|
| 17 | 1.0000 | | | | | | | | | | | | | | | | | | | |
| 16 | 0.0000 | 1.0000 | | | | | | | | | | | | | | | | | | |
| 14 | 0.0000 | 0.2309 | 1.0000 | | | | | | | | | | | | | | | | | |
| 13 | 0.0000 | 0.1943 | 0.4951 | 1.0000 | | | | | | | | | | | | | | | | |
| 12-4 | 0.0000 | 0.5910 | 0.8911 | 0.1667 | 1.0000 | | | | | | | | | | | | | | | |
| 12-3 | 0.0000 | 0.3276 | 0.8346 | 0.0468 | 0.9365 | 1.0000 | | | | | | | | | | | | | | |
| 12-2 | 0.0000 | 0.0000 | 0.9262 | 0.3118 | 0.9354 | 0.8761 | 1.0000 | | | | | | | | | | | | | |
| 12-1 | 0.0000 | 0.0000 | 0.6806 | 0.0000 | 0.7638 | 0.8584 | 0.8165 | 1.0000 | | | | | | | | | | | | |
| 11 | 0.0000 | 0.3079 | 0.6471 | 0.1485 | 0.8416 | 0.9181 | 0.7401 | 0.9075 | 1.0000 | | | | | | | | | | | |
| 10 | 0.0000 | 0.3569 | 0.0423 | 0.0633 | 0.3245 | 0.2936 | 0.2073 | 0.2539 | 0.3856 | 1.0000 | | | | | | | | | | |
| 9 | 0.0000 | 0.8206 | 0.0000 | 0.3819 | 0.0000 | 0.0000 | 0.2141 | 0.2500 | 0.0000 | 0.5078 | 1.0000 | | | | | | | | | |
| 7 | 0.0000 | 0.5931 | 0.4537 | 0.0000 | 0.3819 | 0.4656 | 0.6124 | 0.7500 | 0.4537 | 0.2539 | 0.7500 | 1.0000 | | | | | | | | |
| 5 | 0.0000 | 0.4980 | 0.3208 | 0.5401 | 0.5401 | 0.6585 | 0.5774 | 0.7071 | 0.6417 | 0.0000 | 0.7071 | 0.7071 | 1.0000 | | | | | | | |
| 4 | 0.0000 | 0.7071 | 0.4537 | 0.0000 | 0.3819 | 0.4656 | 0.7500 | 0.7500 | 0.4537 | 0.2539 | 0.7500 | 1.0000 | 0.5937 | 1.0000 | | | | | | |
| 3-1 | 0.0000 | 0.0000 | 0.8836 | 0.7436 | 0.5578 | 0.5224 | 0.6957 | 0.4261 | 0.2761 | 0.2826 | 0.0000 | 0.4260 | 0.1445 | 0.4260 | 1.0000 | | | | | |
| 3-2 | 0.0000 | 0.0000 | 0.6651 | 0.3536 | 0.4714 | 0.6438 | 0.4410 | 0.5401 | 0.5701 | 0.1735 | 0.2700 | 0.2700 | 0.8497 | 0.2700 | 0.7231 | 1.0000 | | | | |
| 2-1 | 0.0000 | 0.3208 | 0.1764 | 0.1485 | 0.1980 | 0.2504 | 0.0000 | 0.2269 | 0.4412 | 0.2727 | 0.6806 | 0.2269 | 0.7697 | 0.2269 | 0.1105 | 0.6651 | 1.0000 | | | |
| 2-2 | 0.0000 | 0.0000 | 0.5546 | 0.1485 | 0.5446 | 0.6399 | 0.3705 | 0.4537 | 0.6471 | 0.0094 | 0.4537 | 0.0000 | 0.7697 | 0.0000 | 0.4971 | 0.9102 | 0.7421 | 1.0000 | | |
| 1-1 | 0.0000 | 0.0000 | 0.5752 | 0.2582 | 0.6455 | 0.6892 | 0.4830 | 0.5916 | 0.7070 | 0.5028 | 0.5916 | 0.0000 | 0.7527 | 0.0000 | 0.3600 | 0.7303 | 0.8437 | 0.8437 | 1.0000 | |
| 1-2 | 0.0000 | 0.3536 | 0.4537 | 0.3819 | 0.3819 | 0.4292 | 0.2041 | 0.2500 | 0.4537 | 0.2176 | 0.7500 | 0.2500 | 0.8906 | 0.2500 | 0.4260 | 0.8101 | 0.9075 | 0.9075 | 0.8874 | 1.0000 |

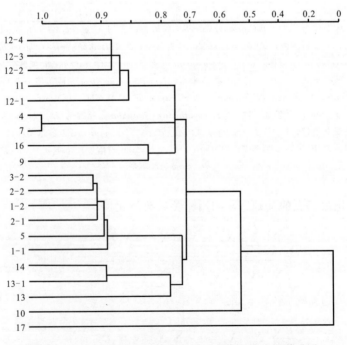

图 14-3　下扬子区早三叠世各化石群落聚类分析谱系图

（据韦阿娟，丁梅华，1995）

## 14.3 生态地层研究实例——下扬子区早三叠世生态地层

下扬子区早三叠世生态地层由韦阿娟和丁梅华（1995）作过仔细研究，本书引用她们的资料。下扬子区早三叠世生态地层剖面自南向北有江苏无锡嵩山、浙江长兴煤山、江苏江宁湖山和安徽巢县马家山4条剖面。图14-4至图14-7分别为在通过详细的生态地层学研究基础上得出的生态地层柱状图。因为篇幅所限，本章不详细列出各生态地层剖面的详细描述。

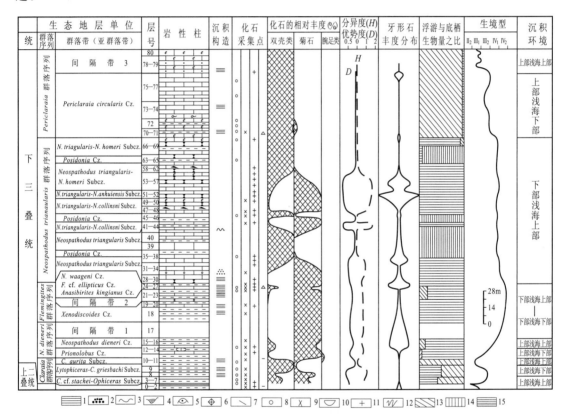

图14-4　安徽巢县马家山早三叠世生态地层柱状图

(据韦阿娟，丁梅华，1995)

1. 水平层理；2. 粒序层理；3. 波痕；4. 遗迹化石；5. 鸟眼构造；6. 石膏假晶；7. 腕足类；8. 双壳类；9. 头足类；10. 介形虫；11. 牙形石；12. 遗迹化石；13. 表生底栖；14. 底游及假漂游；15. 浮游

### 14.3.1 下扬子区早三叠世生态地层对比

在所建的生态地层柱状图的基础上，根据群落带、海水进退规程及沉积特征等因素，将研究区自北西向南东的巢县马家山（图14-4）、江宁湖山（图14-5）、长兴煤山（图14-6）和无锡嵩山（图14-7）4条剖面按前面所述的方法进行对比，即先按生物地层确定对比框架，在此基础上连接各剖面的海平面（由生境型深浅反映）高低点（图14-8）。对比结果，可得出本区的古地理特征，从横向上是南高北低，即无锡嵩山水体最浅，巢县海水最

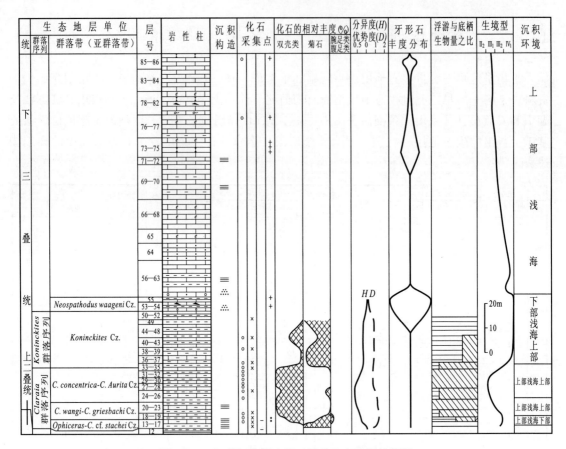

图 14-5 江苏江宁湖山早三叠世生态地层柱状图
(据韦阿娟,丁梅华,1995)(图例同图 14-4)

深。纵向上各剖面都经历了 3 次海侵、3 次海退。巢县马家山剖面发育最全,可划分出 7 个阶段,其余 3 条剖面的地层出露不全,分别划分出 3 个阶段、4 个阶段和 6 个阶段。以下将各阶段的主要特点和对比作一叙述。

第一阶段(a)(图 14-8a,图 14-9a):代表各剖面的早三叠世初期阶段。晚二叠世末海退后转为海平面上升,但由于各剖面在早三叠世初期继承了二叠纪末的古地理格局,故各地沉积环境和水体深度各不相同,因而发育了不同的生物群。巢县马家山和江宁湖山都发育 *Claraia* cf. *stachei* 群落带,巢县以双壳动物占优势,为 *Claraia* cf. *stachei*-*Ophiceras* 亚群落带,而江宁湖山则以菊石占优势,为 *Ophiceras*-*Claraia* cf. *stachei* 亚群落带,分别代表 Ⅲ$_1$ 和 Ⅲ$_2$ 生境型;长兴煤山为 *Hindeodus parvus* 群落带;无锡嵩山因化石为异地埋藏,只能建立生物品组合层,故定为 *Claraia*-*Eumorphotis* 生物组合层。长兴煤山属 Ⅲ$_1$ 生境型,无锡嵩山为 Ⅱ$_2$ 生境型。除无锡嵩山水体较浅外,其余都处于上部浅海环境,但深度有差异,江宁湖山水最深,长兴煤山最浅。

第二阶段(b):各地基本处于一致,代表早三叠世早期海侵继续扩大阶段,各地反映不一,无锡嵩山存在多次小旋回,表明环境有波动;长兴煤山和江宁湖山此时生物群落面貌极为相似,均属 *Claraia wangi*-*C. griesbachi* 亚群落带,代表了 Ⅲ$_1$ 生境型;巢县马家山建

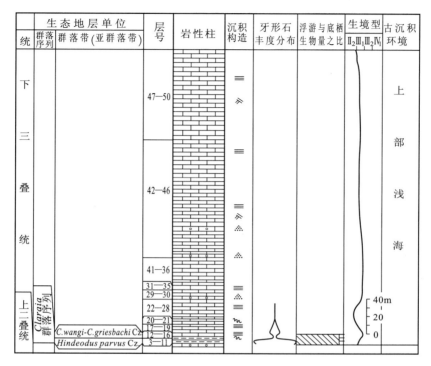

图 14-6 浙江长兴煤山早三叠世生态地层柱状图

（据韦阿娟，丁梅华，1995）（图例同图 14-4）

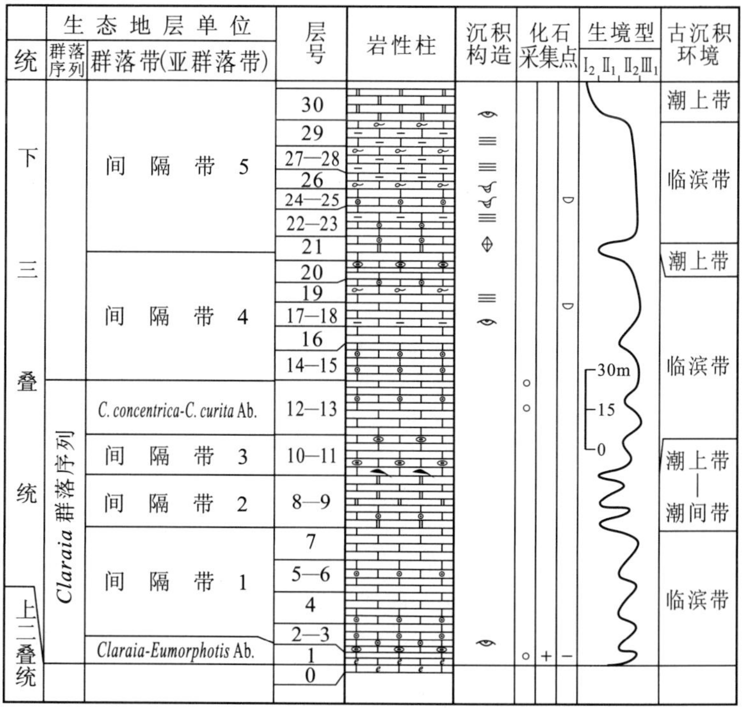

图 14-7 江苏无锡嵩山早三叠世生态地层柱状图

（据韦阿娟，丁梅华，1995）（图例同图 14-4）

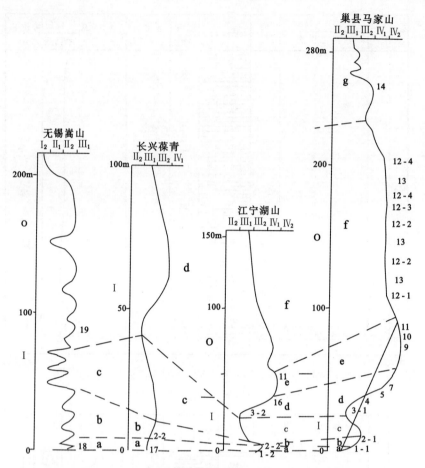

图 14-8 下扬子区早三叠世海水变化曲线对比图
(据韦阿娟,丁梅华,1995)

I 为 Induian；O 为 Olenekian；II₂、III₁、…、IV₂ 为生境型；a、b、c、d、e、f、g 代表各阶段；1-1、2-2、…、19 等为群落带编号：1-1. *Claraia* cf. *stachei* - *Ophiceras* Subcz.；1-2. *Ophiceras* - *Claraia* cf. *stachei* Subcz.；2-1. *Lytophiceras* - *C. griesbachi* Subcz.；2-2. *Claraia wangi* - *C. griesbachi* Subcz.；3-1. *Claraia aurita* Subcz.；3-2. *Claraia concentrica* - *C. aurita* Subcz.；4. *Prionolobus* Cz.；5. *Neospathodus dieneri* Cz.；7. *Xenodiscoides* Cz.；9. *Anasibirites kingianus* Cz.；10. *Flemingites* cf. *ellipticus* Cz.；11. *Neospathodus waageni* Cz.；12-1. *Neospathodus triangularis* Subcz.；12-2. *Neospathodus triangularis* - *N. collinsoni* Subcz.；12-3. *Neospathodus triangularis* - *N. anhuiensis* Subcz.；12-4. *Neospathodus triangularis* - *N. homeri* Subcz.；13. *Posidonia* Cz.；14. *Pericalaraia circularis* Cz.；16. *Koninckites* Cz.；17. *Hindeodus parvus* Cz.；18. *Claraia* - *Eumorphotis* Ab.；19. *C. concentrica* - *C. aurita* Ab.

立了 *Lytophiceras* - *C. griesbachi* 亚群落带，代表 III₂ 生境型。由此可以看出，长兴煤山和巢县马家山此阶段比第一阶段水体加深，而江宁湖山海水略变浅。

第三阶段（c）：各地经历了早三叠世的第一次海退，无锡嵩山以异地堆积的 *Claraia concentrica* - *C. aurita* 生物组合层为代表，属 II₂ 生境型；江宁湖山以 *C. concentrica* - *C. aurita* 亚群落带为代表；巢县马家山以 *C. aurita* 亚群落带为代表，均属 III₁ 生境型。长兴煤山未找到大化石，只在第 16 层中获得牙形石 *Pachycladina*，该分子齿体粗壮，分布在

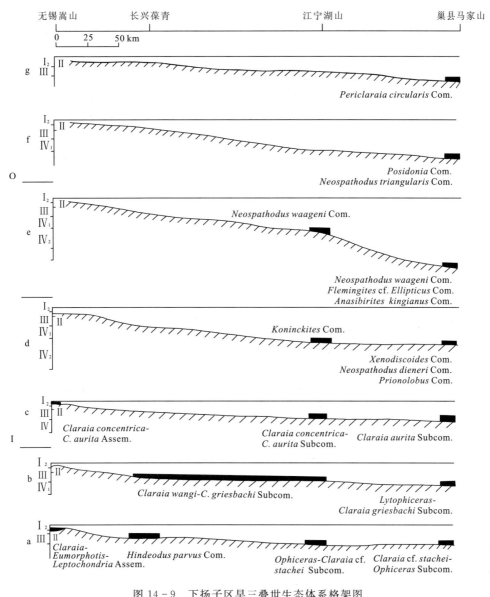

图 14-9 下扬子区早三叠世生态体系格架图
(据韦阿娟,丁梅华,1995)

正常浅海和临滨带环境中,由此推测此阶段长兴煤山为临滨带—上部浅海上部环境,相当于 $II_2 \sim III_1$ 生境型。

第四阶段(d):海退之后,海平面开始上升,这是早三叠世第二次海侵,这次海侵范围广,巢县以 *Prionolobus* 群落带、*Neospathodus dieneri* 群落带和 *Xenodiscoides* 群落带为代表,属 $IV_1$ 生境型;江宁湖山以 *Koninckites* 群落带为代表,相当于 $IV_1$ 生境型;长兴煤山根据风暴岩的存在,推测海水深度为上部浅海下部到下部浅海上部环境。

第五阶段(e):第五至第七阶段仅见于江宁和巢县。奥仑尼克期各地海侵进一步扩大,达到最高水位,尤以巢县最深。巢县马家山见有 *Anasibirites kingianus* 群落带、*Fleming-*

*ites* cf. *ellipticus* 群落带和 *Neospathodus waageni* 群落带，这 3 个群落带的生物都为浮游生物，其间含双壳和鱼类动物，代表了Ⅳ$_2$生境型；江宁湖山存在 *Neospathodus waageni* 群落带，但丰度不及巢县，且在江宁湖山有风暴岩记录，推测江宁湖山海水比巢县略浅，为Ⅳ$_1$偶转Ⅲ$_2$生境型。

第六、七阶段（f、g）：早三叠世晚期，下扬子海盆的总趋势是海退，但海退速度缓慢，至末期以多旋回式进退。海水深度由下部浅海变浅至上部浅海上部，至中三叠世初进入临滨带至潮上带。从此下扬子海消亡。第六阶段巢县以 *Neospathodus triangularis* 群落带、*Posidonia* 群落带相间出现为特征，反映较深水环境，推测为Ⅳ$_1$生境型。早三叠世晚期以 *Periclaraia circularis* 群落带为代表，属于Ⅲ$_2$生境型。早三叠世末期进一步海退，由上部浅海上部退至临滨带生境型。在这一时期，无锡（可能还有长兴）可能已转变为陆，未保存沉积。

### 14.3.2 下扬子区早三叠世古地理概况

从图 14-9 可以看出，早三叠世早期（相当于印度期），即图 14-9a、b、c 阶段，除无锡嵩山为临滨带外，其余 3 个地区均为浅海上部，盆地分异不明显。早三叠世印度期末，盆地开始发生分异，长兴煤山当时仍为浅海上部；江宁湖山和巢县同步下降，位于下部浅海的上部。到早三叠世晚期（奥仑尼克期）初，盆地进一步发生分化，以巢县下降幅度最大，演变成盆地的沉降中心，位于下部浅海下部；而江宁湖山和长兴煤山分别在下部浅海上部和上部浅海。早三叠世奥仑尼克中期，下扬子海盆开始回返，巢县由下部浅海下部变成下部浅海上部；其他三地亦相应地上升。至奥仑尼克晚期，整个下扬子区处于浅海上部至临滨带。直到中三叠世初，下扬子区褶返，处于潮间带到潮上带，结束了下扬子海的演化历史。

## 14.4 生态地层学的应用

生态地层学是否具有生命力，最重要的是看其是否有研究、应用价值。生态地层学已在以下几个方面发挥重要作用。

### 14.4.1 在地层划分对比中的作用

生态地层学提高了地层划分对比的精度。地层划分和对比传统上是岩石地层学和生物地层学的任务，但地质工作发展到今天，已出现许多生物地层学和岩石地层学难以解决的问题。例如，从浅水台地到深海盆地，特别是占海洋沉积物总量 70% 以上的大陆边缘地区，不同沉积相具有不同的岩性，含有不同的化石组合。靠岩性特征差异来划分地层的岩石地层学和依靠生物属种的标准性、生物组合的分带性来划分对比地层的生物地层学，这时就不易发挥作用。而生态地层学则能解决异相地层的划分、对比问题。

在一些岩性单调或变化不大的地区，常可能发现其所含的生物群在纵、横两个方向上均有变化。这样，进行群落带的分析和研究可以提高岩石地层划分对比的精度，可将岩性大体一致的岩石地层按群落带划分为不同的单元，提高了地层划分的精度。

在已有一定生物地层工作基础的地区，尽管地层及年代格架已经建立，但其精确性仍达不到现代地质工作要求的精度。如据菊石、有孔虫和牙形石生物地层研究，黔西南的长兴阶目前一般仅分上、下两个亚阶,平均时限为 1.25Ma 左右,对于恢复该期海水进退规程及盆地演化仍嫌不足。但利用生态地层学来划分,则可划分出 7 个阶段,平均时限 0.4Ma(林明月,殷鸿福,1991)。

同一盆地区的碳酸盐台地、边缘岩隆及斜坡、深海区的同时期沉积,虽建立了地层系统,因所含化石不同,难于进行直接而精确的地层对比。通过生态地层并综合其他方法,可精确地划分对比地层。如西秦岭早、中三叠世从台地到斜坡各相区,通过生态地层工作,可以划分出 11 个阶段,明显提高了划分和对比的精度(赖旭龙,1995)。

地层中遇到不标准的生物组合,如遗迹化石、藻类等,即使鉴定了一串名单,对地层划分仍不得要领。生态地层学对化石既考虑时代意义,也考虑环境意义。当标准性这个对比手段不能发挥作用时,可通过环境梯度分析来达到对比的目的。上述下扬子地区早三叠世同一盆地的几条剖面都在不同程度上根据环境同步变化(如海平面升降的近等时性)的原则进行了地层对比。

## 14.4.2 在恢复环境和盆地分析中的作用

盆地分析传统上是沉积学的任务,但因无机界对环境反应不够敏感,常常造成现象的多解性或解释的不确定性。反之,有机界对环境反应敏感且确定得多。如在地层中找到其中的生物并能对之进行生态分析,就可将貌似一统或混沌的沉积分解为具有明确环境含义的各部分。例如甘肃宕昌中三叠统 Anisian 阶 300m 厚的一大套灰岩,经过生态分析,便分解为包含一系列群落(亚群落),由局限台地逐步发展到开阔台地生物滩的 4 个阶段(赖旭龙,1995)。

当前,对沉积物质单调、结构构造单一、成因标志不多的深海、半深海沉积及单一岩性的沉积研究比较薄弱,很难用单纯的沉积学的方式来进行盆地分析。但有时沉积虽单调,生物却可能丰富多样,许多生物门类丰度虽在浅海区最高,而分异度往往在外陆架及斜坡半深海区达到极盛,有些生物可栖息至深海。例如甘肃合作下三叠统山尕岭组为一套非常单调的板岩,由于超微化石、遗迹化石和双壳动物化石的发现,得以将其划分为从深海盆地到下斜坡的 3 个阶段(赖旭龙,1995)。因此,生态地层学方法可与沉积学、地层学方法相辅相成,成为盆地分析的重要手段。

近年来,以群落生态分析方法来恢复古环境及研究地质历史时期生物事件是国际生态地层学领域主要的研究方向。生态地层学的应用在时限上从古生代奥陶纪到新生代第四纪,研究的动物门类包括海洋无脊椎动物到脊椎动物,其中大化石包括腕足类(Chen et al.,2005;Hansen et al.,2006;Rasmussen et al.,2009)、双壳类(da Silva et al.,2010)、头足类(Oloriz et al.,2008.)、笔石(Cooper,2003)、棘皮动物(Bohaty et al.,2010)等,涉及群落分析的微体化石包括有孔虫(如:Nikitenko et al.,2013;Wilson,2012;Reolid et al.,2012;Olorize et al.,2012;Triantaphyllou et al.,2009)、颗石藻(Triantaphyllou et al.,2009)、沟鞭藻(Triantaphyllou et al.,2009)、孢粉(Singh et al.,2007)等。

还需指出的是,生态地层学及生物地层学在盆地分析中还有一个重要作用,就是它可以向盆地演化提供独一无二的时间格架。

生态地层学已经积累了一批群落分析的基础资料,并有一定的理论基础,如古群落的识别、建立和演化研究、理论及方法方面的研究等，从而已形成一门地层学的分支学科。它已经越过了萌芽和起步阶段，但尚未成为成熟的学科。它目前需在下列几个方面形成体系：

（1）生态地层的分类系统。Waterhouse（1976）、Kauffman（1976）、Boucot（1975，1978，1981，1982，1983）、殷鸿福等（1995）已经提出了生态地层分类的一些建议，但都有各自的不足且未获得公认。

（2）以群落反映环境的理论和方法。根据群落推论环境，目前还处在经验和定性的阶段，需要大量引入现代生态与环境关系的资料，如群落的时间和空间分布、群落中物种的分异度、丰度及随环境的梯度变化、群落的营养结构及群落动态-生产力、能量循环、效率、存活曲线等，需作将今论古的对比；并对古生态与古环境的对应关系进行系统研究，使之上升到理论和半定量—定量的阶段。2006年以来，殷鸿福等结合所承担的中石化前瞻性项目，通过多年的探索，利用生境型等4个生物学及地质、地球化学参数对我国海相碳酸盐岩的烃源岩进行半定量的评价进行了有益的探索（殷鸿福等，2011）。

（3）生态地层划分、对比以及配合其他学科重塑盆地演化的途径和方法。迄今运用较成功的方法是利用生态地层成果再造海平面升降旋回的群落对比方法（Cisne et al.，1978，1984）。在群落梯度—环境梯度—盆地分析这一途径中，还应有许多方法有待开发。

实现上述目标的办法是通过大量生态地层的实践，反复总结，使之经历时间的检验而趋于成熟。大量实践必须服务于环境恢复、盆地分析、矿产预测等实际课题，通过为生产服务而形成学科，是生态地层学发展的必由之路。

## 参 考 文 献

丁梅华，韦阿娟. 苏浙皖地区早三叠世生态地层［M］.//中国科学院南京地质古生物研究所古生物地层开放实验室编辑. Palaeoworld（1989—1990）. 南京：南京大学出版社，1991：120-136.

韦阿娟，丁梅华. 下扬子区早三叠世生态地层［M］.//殷鸿福等主编：扬子区及其周缘东吴-印支期生态地层学. 北京：科学出版社，1995：96-116.

戎嘉余. 生态地层学基础——群落生态的研究［M］.//中国古生物学会编辑. 中国古生物学会第十三、十四届学术年会论文集. 合肥：安徽科学技术出版社，1986：1-24.

戎嘉余，杨学长. 西南地区早志留世中、晚期腕足动物群［J］. 中国科学院南京地质古生物研究所集刊，1981，13：163-270.

戎嘉余，马科斯·约翰逊，杨学长. 上扬子区早志留世（兰德维尔阶）的海平面变化［J］. 古生物学报，1984，23（6）：672-693.

任东，尹继才，黄伯衣. 河北丰宁中生代晚期昆虫群落与生态地层的初步研究［J］. 地质科技情报，1999，18（1）：39-44.

陈立德. 湖北建始黄岩及邻区二叠系大隆组生态地层［J］. 地层学杂志，2009，33（4）：432-440.

陈源仁. 生态地层学和群落古生态［J］. 成都地质学院院报，1984，11（4）：37-50.

陈源仁. 关于古群落研究中的几个问题［J］. 成都地质学院院报，1986，13（3）：74-86.

陈源仁. 化石群落的演替［J］. 成都地质学院院报，1988，15（1）：36-49.

陈源仁，戎嘉余. 生态地层学的概念及应用［M］.//吴瑞棠，张守信主编：现代地层学. 武汉：中国地质大学出版社，1989：1-27.

陈源仁. 生态地层学原理［M］. 北京：地质出版社，1992：1-162.

汪品先. 介形虫/有孔虫比值作为沉积环境的标志［J］. 微体古生物学报，1986，3（1）：37-50.

肖传桃，郭成贤. 湖南石门杨家坪早寒武世生态地层学［J］. 科技通报，10（3）：161-165.

# 第14章 生态地层学

肖传桃,李维锋,李艺斌. 中扬子地区二叠纪生态地层学及古地理特征 [J]. 石油学报, 1995, 16 (3): 30-36.

肖传桃,李维锋,胡明毅. 江汉盆地早三叠世生态地层学及古地理特征 [J]. 沉积学报, 1997 (1): 85-91.

吴起俊,曹建劲. 广花地区早石炭世石磴子期生态地层特征 [J]. 中山大学学报 (自然科学版), 1997, 36 (3): 97-101.

金玉玕,张宁. 生态地层学 (Ecostratigraphy) 述评 [J]. 地层学杂志, 1983, 7 (3): 235-239.

金玉玕,方润森. 云南陆良下二叠统矿山组的腕足动物化石兼论梁山期古地理特征 [J]. 古生物学报, 1985, 24 (2): 216-228.

林明月,殷鸿福. 黔西南长兴期生态地层的初步研究 [J]. 地球科学——中国地质大学学报, 1991, 16 (2): 128-135.

胡夏嵩. 峡东区晚震旦世陡山沱组宏体生物化石生态地层学研究 [J]. 西安地质学院学报, 1997, 19 (3): 9-13.

赵兵,吴山,王大珂. 生态地层填图方法在1:5万区域地质调查中的应用 [J]. 中国区域地质, 2000, 19 (4): 422-429.

赵兵,王建波. 龙门山中段观雾山组生态地层特征及意义 [J]. 沉积学报, 2004, 22 (1): 47-53.

殷鸿福,丁梅华,张克信,等. 扬子区及其周缘东吴-印支期生态地层学 [M]. 北京: 科学出版社, 1995: 1-484.

殷鸿福,童金南,张克信,等. 为层序地层服务的生态地层学研究 [J]. 中国科学 (D辑), 1997, 27 (2): 155-163.

殷鸿福,谢树成,颜佳新,等. 海相碳酸盐烃源岩评价的地球生物学方法 [J]. 中国科学 (地球科学), 2011, 41 (7): 895-909.

赖旭龙,殷鸿福,杨逢清. 秦岭三叠纪古海盆的生态地层、生物古地理特征及其演化 [J]. 地球科学, 1992, 17 (3): 345-352.

赖旭龙. 秦岭三叠纪生态地层 [M]. //殷鸿福等. 扬子区及其周缘东吴-印支期生态地层学. 北京: 科学出版社, 1995: 215-248.

da Silva C M, Landau B, Domenech R. Pliocene Atlantic molluscan assemblages from the Mondego Basin (Portugal): Age and palaeoceanographic implications [J]. Palaeogeography, Palaeoclimatology, Palaeoecology, 2010, 285 (3-4): 248-254.

Bohaty J, Herbig H G. Middle Givetian echinoderms from the Schlade Valley (Rhenish Massif, Germany): habitats, taxonomy and ecostratigraphy [J]. Palaeontologische Zeitschrif, 2010, 84 (3): 365-385.

Boucot A J. Practical taxonomy, zoogeography, paleoecology, paleogeography and stratigraphy for Silurian and Devonian brachiopods [C]. North Amer. Paleont. Conv. Proc., 1970: 566-611.

Boucot A J. Evolution and Extinction Rate Controls [M]. Amsterdam: Elsevier, 1975: 1-427.

Boucot A J. Community evolution and rates of cladogenesis [J]. Evil. Biol., 1978, 11: 551-655.

Boucot A J. Principles of benthic marine palaeoecology [M]. Now York: Academic Press, 1981: 1-470.

Boucot A J. Ecostratigraphy framework for the Lower Devonian of the North American Appohimchi Subprovince [J]. Neues Jahrb. Geol. Palaeont. Abh., 1982, 162 (1): 81-121.

Boucot A J. Does evolution take place in an ecological vacuum? [J]. Journal of Palaeontology, 1983, 57 (1): 1-30.

Boucot A J. Ecostratigraphy and autecology in the Silurian [J]. Special paper in Palaeontology, 1984, 32: 7-16.

Chen Y R, Li X H. Paleocommunity replacements of benthic brachiopod in the Middle-Upper Devonian in the

Longmenshan area, southwestern China: Responses to sea level fluctuations [J]. Acta Geologica Sinica, 2005, 79 (3): 313-324.

Cisne J L, Rabe B D. Coenocorrelation: gradient analysis of fossil communities and its application in stratigraphy [J]. Lethaia, 1978, 11: 341-364.

Cisne J L, Gildner R, Rabe B D. Epeiric sedimentation and sea level: synthetic ecostratigraphy [J]. Lethaia, 1984, 17: 267-288.

Cooper R A. Ecostratigraphy, zonation and global correlation of earliest Ordovician planktic graptolites [J]. Lethaia, 1999, 32 (1): 1-16.

Fursich F T, Aberhan H. Significance of time-averaging for paleocommunity analysis [J]. Lethaia, 1990, 23: 143-152.

Hansen J, Harper D A T. Brachiopod bio- and ecostratigraphy in the lower part of the Arnestad Formation (Upper Ordovician), Oslo Region, Norway [J]. Norwegian Journal of Geology, 2006, 86 (4): 403-413.

Hedberg H D. Report 5 - Nature, usage and nomenclature of biostratigraphic units [J]. Amer. Assoc. Petrol. Geol. Bull., 1957, 41: 1877-1891.

Hedberg H D. Strathigraphic classfication and terminology [J]. Amer. Assoc. Petrol. Geol. Bull., 1958, 42 (8):1881-1896.

Hoffman A. Ecostratigraphy: the limits of applicability [J]. Acta Geol. Polonica, 1980, 30: 97-109.

Hoffman A. The ecostratigraphic paradigm [J]. Lethaia, 1981, 14: 1-7.

Kauffman E G. Basic concepts of community ecology and paleoecology [M].//Scott R W, West R R (eds.), Structure and classification of Paleocommunities. Dowden, Hutchinson and Ross, Stroudsburg, 1976: 1-28.

Martinson A. Editor's column: Ecostratigraphy [J]. Lethaia, 1973, 6: 441-443.

Martinson A. Editor's note: Ecostratigraphy and the lethaia seminar [J]. Lethaia, 1976, 9: 325-326.

Martinson A. Project ecostratigraphy [J]. Lethaia, 1978, 11: 84.

Martinson A. Ecostratigraphy and project ecostratigraphy [J]. Izv. Akad. Nauk. Kazakh., SSR, Ser., Geol., 1979, 4/5: 11-20.

Nikitenko B L, Reolid M. Glinsldkh L. Ecostratigraphy of benthic foraminifera for interpreting Arctic record of Early Toarcian biotic crisis (Northern Siberia, Russia) [J]. Palaeogeography, Palaeoclimatology, Palaeoecology, 2013, 36: 200-212.

Oloriz F, Reolid M, Rodriguez-Tovar F J. Taphonomy of fossil macro-invertebrate assemblages as a tool for ecostratigraphic interpretation in Upper Jurassic shelf deposits (Prebetic Zone, southern Spain) [J]. Geobios, 2008, 41 (1): 31-42.

Oloriz F, Reolid M. Rodriguez-Tovar F J. Palaeogeography and relative sea-level history forcing eco-sedimentary contexts in Late Jurassic epicontinental shelves (Prebetic Zone, Betic Cordillera): An ecostratigraphic approach [J]. Earth Science Reviews, 2012, 111 (1-2): 154-178.

Rasmussen C M O, Nielsen A T, Harper D A T. Ecostratigraphical interpretation of lower Middle Ordovician East Baltic sections based on brachiopods [J]. Geological Magazine, 2009, 146 (5): 717-731.

Reolid M, Sebane A, Rodriguez-Tovar F J. Foraminiferal morphogroups as a tool to approach Toarcian Anoxic Event in the Western Saharan Atlas (Algeria) [J]. Palaeogeography, Palaeoclimatology, Palaeoecology, 2012, 323: 87-99.

Schindewolf O H. Grundlagen und Methoden der Palaeontologischen Chronologie [M]. Berlin Zehlendrof: Gebrüder Borntraeger, 1950: 1-152.

Singh Y, Raghumani D N N, Thakur O P. Ecostratigraphy of the Subathu Formation, Solan District, Himachal Pradesh, India [J]. Himalayan Geology, 2007, 28 (2): 11.

Triantaphyllou M V, Antonarakou A, Kouli K. Late Glacial – Holocene ecostratigraphy of the south – eastern Aegean Sea, based on plankton and pollen assemblages [J]. Geo – Marine Letters, 2009, 29 (4): 249 –267.

Valentine J W. Evolutionary palaeoecology of marine bioshphere [M]. Englewood Cliffs (N. J.): Prentice Hall Inc., 1973: 1 – 511.

Wang Yu, Boucot A J, Rong Jiayu, et al. Community paleoecology as a geologic tool: The Chinese Ashgillian – Eifelian (latest Ordovician through early Middle Devonian) as an example [J]. The Geological Society of America, Special paper 211, 1987: 1 – 100.

Waterhouse J B. The significance of ecostratigraphy and need for biostratigraphic hierarchy in stratigraphic nomenclature [J]. Lethaia, 1976, 9: 317 – 325.

Wilson B. Biogeography and ecostratigraphy of Late Quaternary planktonic foraminiferal taphocoenoses in the Leeward Islands, Lesser Antilles, NE Caribbean Sea [J]. Marine Micropaleontology, 2012, 86 – 87: 1 – 10.

Ziegler A M. Silurian marine communities and their environmental significance [J]. Nature, 1965, 207: 270 – 272.

## 关键词与主要知识点-14

生态地层学 ecostratigraphy
群落 community
生态系统 ecosystem
生物圈 biosphere
居（种）群 population
个体 individual
化石群落 fossil community
古群落 paleocommunity
有机体群落 organism community
亚群落 subcommunity
分类群落 taxocene
生境型 habitat type
生境 habitat
平底底栖生物组合 level bottom benthic assemblage
群落带 community zone

亚群落带 subcommunity zone
群落序列 community sequence
生态体系域 ecotract
生态地层格架 ecostratigraphic framework
生态体系格架 ecosystem framework
群落演替 community succession
群落取代 community replacement
环境梯度 environmental gradient
种分异度 species diversity
丰度 abundance
相对丰度 relative abundance
优势度 dominance
优势分异度 dominance diversity
均衡度 equitability

# 第 15 章 气候地层学

## 15.1 气候地层学的研究对象与特色

气候地层学（climatostratigraphy）是根据地层中的古气候旋回，结合地质年龄来进行地层的划分和对比的地层学分支学科。"气候地层学"亦称"气候地层法"（climatic stratification），最早系从"冰川地层法"（glacial stage stratification）演绎而来，是根据第四纪中多次冰期和间冰期气候变化的规律，对第四系进行划分和对比的一种方法，它与岩石地层、生物地层和年代地层共同成为第四纪地层划分对比的 4 种方法。全球性的显著的冷暖气候变化与旋回性发展是第四纪的主要特点之一，对生物迁徙、不同成因沉积层的分布与地貌发育影响深刻，并形成了具有重要环境意义的地质记录。

因第四纪地层中孢粉组合所反映的植物群在垂直剖面上的变化、冰川与沙漠的进退、黄土堆积与"间断"，以及海相沉积中微体生物演化方面所显示的世界性海面变化等都与冰期、间冰期密切相关，故气候地层学可以在全球范围应用。目前，许多国家都采用冰期—间冰期、冰阶—间冰阶乃至更短时间尺度的冷暖变化划分对比第四纪的时期与地层。

气候地层学的研究对象涉及到第四纪期间地球表层系统各个圈层——地磁圈、地貌圈、沉积圈、水圈、大气圈、生物圈、人类圈甚至历史文化圈的发展历史以及诸圈层之间的相互关系。从气候地层学出发，阐明第四纪人类生存环境及其变化规律，进而探索并制定其保护机制，这在理论上有助于地球系统所涉及到的一系列基本理论问题的解决，诸如全球变化及预测、天体演化规律、人类起源与演化、生物进化等；在实践上，可以应用于土地资源开发、环境管理与评价和工程地质建设等各个领域，具有重要的意义。

气候地层学是一门综合性很强的学科，与许多学科具有密切的联系。如图 15-1 所示。

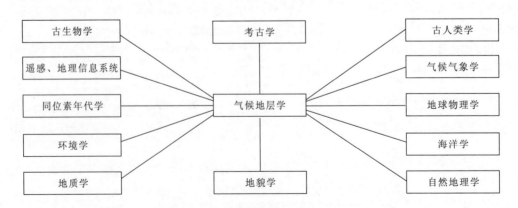

图 15-1 气候地层学涉及的相关学科

## 第15章 气候地层学

20世纪初叶，Penk & Bruckner (1909) 根据阿尔卑斯山及其山地外围4套冰积砾石层，首次提出欧洲第四纪具有4次冰期，这就是经典的阿尔卑斯冰期系列：恭兹（Günz）、民德（Mindel）、里斯（Riss）和玉木（Würm）冰期，相邻的两个冰期之间的间冰期：恭兹—民德、民德—里斯和里斯—玉木间冰期。自此之后的数十年乃至更长的时间，全世界特别是我国基本上以此为所谓"参照系"进行气候地层学划分。我国第四纪冰川和冰期划分系由李四光建立。早在20世纪20年代，李四光发现了太行山东麓和大同盆地的冰川遗迹（Lee，1922）。后来，李四光以庐山第四系为主要研究对象，将第四纪冰期由老到新划分出与阿尔卑斯冰期对应的鄱阳、大姑、庐山冰期，提出了该地区存在3次冰期和2次间冰期（李四光，1947）。加上 Wissmann (1937) 在云南西部划分的大理冰期，中国东部第四纪冰期系列从老到新划分为鄱阳冰期、鄱阳—大姑间冰期、大姑冰期、大姑—庐山间冰期、庐山冰期、庐山—大理间冰期、大理冰期。虽然，后来的研究多认为庐山不存在第四纪冰川，但也足见从气候地层学出发进行第四纪地层划分对比的意义。施雅风等（2011）经过对青藏高原及其周边山地的多年考察与研究，近年提议将中国冰川地层的代表名称由老至新统一成希夏邦马冰期（?）、昆仑冰期（780~580ka B P）、中梁赣冰期（420~280ka B P）、古乡冰期（13ka~?）和大理冰期。这一提议，对于我国独具特色的第四纪冰川气候地层学的研究开拓了新的视野。

经典的阿尔卑斯冰期系列在20世纪50～70年代，逐渐被深海沉积氧同位素研究结果（Emiliani，1955，1966；Shackleton & Opdyke，1973，1976，1977）完善，特别是 Shackleton et al. (1973) 首次提出仅 Brunhes 时约0.8Ma B P 以来就有8次完整的冰期旋回以后，随着深海沉积有孔虫壳体氧同位素分析及深海钻孔古地磁界线年龄的确定，科学家业已发现第四纪具有数十次万年时间尺度的冰期—间冰期旋回。至20世纪末叶，通过对过去全球变化（PAGES）研究的深入，南、北半球已经建立了第四纪以来具有区域可比性较高分辨率的深海和大陆气候模式（Raymo et al.，1989；Ruddiman et al.，1989；Ding et al.，1990；Liu et al.，1993，1999；Tim et al.，1998）。其中，在太平洋、北大西洋等地还发现晚第四纪存在高频率的数十次千年尺度的冷/暖剧烈振荡（即后来以丹麦哥本哈根大学的 Dansgaard 教授和瑞士伯尔尼大学的 Oeschger 教授名字联合命名的 D/O 循环）和6次极端寒冷的 Heinrich 事件以及 YD（Younger Dryas）事件（Jouzel et al.，1987；Heinrich，1988；GRIP Members，1993；Dansgaard et al.，1993；Braddock & Linsley，1996）。20世纪90年代特别是21世纪以来，这种不稳定气候事件除了在格陵兰（North Greenland Ice Core Project Members，2004）等地又有新的发现外，也陆续在我国黄土—古土壤（安芷生等，1990a；李吉均等，1990；刘嘉麒等，1994；An，2000；Zhou et al.，2010；Sun et al.，2011）、沙漠（陈发虎等，2001；Zhang et al.，2004；Li et al.，2000，2007，2008；Wen et al.，2009；Lu et al.，2010；Du et al.，2011，2012；Si et al.，2013）、湖泊岩芯（王苏民等，1994；An et al.，2012）、青藏高原冰芯（Yao et al.，1997）、南方石笋（Wang et al.，2001，2005，2008）、海洋岩芯（陈木宏等，2000；罗运利等，2005）、热带玛饵湖（Gergana et al.，2007）等沉积记录中揭示其都有不同程度的体现。

综上所述，凡是涉及到第四纪环境变化的内容，几乎都离不开对气候地层学的认识。第四纪以来不同频率的冰期—间冰期、冰阶—间冰阶乃至百年尺度的跌宕起伏且时有大起大落的寒暖变化，以及针对这些不同时段从全球变化的视角加以对比、寻求其主要的驱动机制是气候地层学的基本研究特色。人类对未来自然环境及其变化一直存在"茫然"与"恐惧",没有人能够令人类信服地指出哪怕数十年之后的全球自然环境尤其是气温发展的方向如何?从这个意义上来说,气候地层学是唯一的且能够做到的就是地球的过去环境发生了什么,主要的成因机制是什么?气候地层学涉及到的第四纪自然环境的发生、发展及变化规律,也许还能够指明现在和未来人类正在处于类似于过去环境变化的哪一个周期。换句话说,气候地层学能够深入过去、认识现在和继往开来。

## 15.2 气候地层学的研究方法

气候地层学的研究目标是在沉积物气候记录研究的基础上,建立气候旋回序列,经与全球或地区气候旋回变化的时间标尺对比,从而进行地层的划分。显然,地层是气候地层学重要的物质基础与先决条件,而气候则是从地层的有效组分中提取出来的成因概念。在这方面,气候地层学与传统的地质学工作方法一样,基本上也是采用野外调查与室内实验分析相结合的工作方法。异点在于,前者更强调第四纪冰期—间冰期及更短时间尺度的气候变化。尽管如此,进行气候地层划分对比时,岩石地层、生物地层和年代地层学仍然是其重要的基础,尤其在面对陆相和海陆交互相地层时显得更加重要。不言而喻,气候地层学的基本目标决定了其主要针对的是第四纪沉积及其记录了什么样的气候环境与变化,以及是什么因素引起气候环境的变化。这些,对于我们认识地球环境的过去、现在乃至未来均具有重要意义。

气候地层学的研究方法,说到底就是从地层中提取古环境信息并加以分析与推断的方法。以下仅列出一些通常采用的方法。

### 15.2.1 野外观察与描述

对于大陆范围沉积,采用野外观察与描述用来说明气候环境变化非常重要。特别是对于一些特殊的地质现象,野外观察与描述对室内分析、判断往往起至关重要和不可替代的作用。以下只选择我国干旱、半干旱区一些沉积现象和其说明的气候意义作介绍。

#### 15.2.1.1 冰川堆积与冰缘现象

冰川堆积即是那些碎屑颗粒大小混杂、层理不清的冰积物,又因含有黏土和砾石而曾称为泥砾(boulder clay);冰川搬运的十分巨大的石块称为冰川漂砾,往往带有擦面和擦痕。这类堆积物的存在,直接指示冰川作用的发生,代表了北半球生物气候带曾经大幅度南移或者雪线呈现剧烈下降。

冰缘现象又称冰缘构造,主要表现形态系冻融褶皱和冰楔或者砂土楔状体,是地质时期多年冻土的产物。作为一种与寒冷气候紧密联系的表型,这类现象在气候地层学研究中具有不可替代的作用。除高海拔的山地高原外,我国现代纬度多年冻土主要分布于 $N46°36'—53°30'$,而末次冰期($71\sim11.7$ka B P)冰盛期的冰缘构造在贺兰山以东的地区至少向南可以达到 $N37°$。这表明,这一时期的生物气候带曾一度大规模南移 10 个纬度,气温较今降低 $8\sim12℃$(董光荣等,1985)。期间,自贺兰山—阿尔泰山多年冻土南界以北曾连成一片(崔之久等,2004)。值得注意的是,我国的冰缘现象并不是孤立的,涉及到世界性的冰期气候,至少北半球是如此。较早时期就有学者认为,冰期鼎盛时的海洋损失的海水层在 100 余米,而北半球高纬却能够积累厚达 3000m 左右的冰盖,其中仅北美洲的冰盖半径就有 1800km,

中心厚度更可达4000m（杨怀仁，1979）。可以想见，海平面下降引起的大陆面积增加和冰流的发展规模，这势必强迫上述我国冻土带大规模的南移。

### 15.2.1.2 黄土与古土壤

黄土广泛分布于中纬温带地区，黄土—古土壤序列以中国和欧洲最为完整。长时间序列的黄土—古土壤还可见于中亚及西伯利亚。黄土是我国最具特色的第四纪沉积物，厚达百米至数百米的黄土不仅广泛出露于黄土高原，还有厚达670m之多的黄土覆盖在西昆仑山北麓。黄河中游黄土的研究结果表明，黄土是在干旱寒冷的冬季风作用下的类似于现代沙尘暴天气过程的产物。在黄土高原至以南的关中平原，巨厚的第四纪黄土层中含有数十条加积型的古土壤条带，代表了黄土沉积的"间断"（刘东生等，1985；丁仲礼，刘东生，1989；丁仲礼等，1999）。其中，除了末次冰期以来的几层黑垆土（郭正堂等，1996）外的绝大部分古土壤，被认为属于暖温带环境下发育的褐色土，而黏化程度较高的褐色土还反映出较暖温带水热条件更佳的成壤作用。因此，黄土—古土壤旋回可视为气候旋回，是东亚冬夏季风环境变化的产物。

### 15.2.1.3 沙丘砂、黄土状亚砂土与古土壤和河湖相

**沙丘砂** 主要分布于中国北方沙质荒漠地区，另在青藏高原、我国东南部海岸、海岛等亦有零星分布，是地质时期的沙漠或沙地存在的最为直接可靠的地质标志。古老的沙丘砂可以划分为古流动沙丘砂和古固定—半固定沙丘砂，灰黄—棕黄色，有时可见棕红—橘红色。古流动沙丘砂几乎全部是由以细砂粒级（100~250μm）为主、极细砂（50~100μm）为次的矿物碎屑组成，松散且分选比较均匀；古固定—半固定沙丘砂粒级组成和含量亦大同，但含有一定的粉砂和黏土，较致密且分选中等，垂直节理较发育，无层理并可见植物根系。根据调查，古沙丘砂中休止角所指示的古风向与之所在地点现代盛行的冬季风的风向一致。由此，也可以将古沙丘砂视为过去冬季风的产物。如在新疆于田县东南戈壁砾石层之下伏的沙丘砂层位：YTS 5b（相当于氧同位素5b亚阶段即"OIS 5b"）显示接近于沙丘休止角的层理构造，其产状为205°∠32°（图15-2），指示其形成时的风沙流是来自与现代冬季风一致的北北东风向。

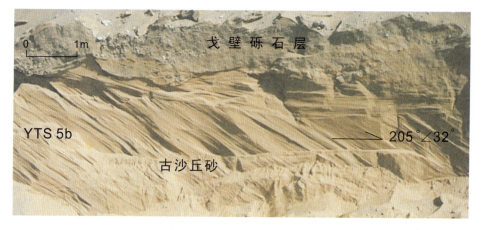

图15-2 新疆于田县东南戈壁面之下的古沙丘砂及其休止角
（时代：晚更新世早期的OIS 5b）

**黄土状亚砂土** 这是一种类似黄土的风成的砂质堆积，广泛分布于中国的沙漠—黄土的交界地带，以塔克拉玛干沙漠南缘至昆仑山北麓之间分布的这类沉积尤为典型，其时代最迟在 0.8 Ma B P 即已出现（李保生等，1998）。表面来看，其与黄土似乎并没有什么明显不同（图 15-3），分选较均匀且有时也具有类似黄土的那种垂直节理，唯风成的极细砂（直径 50～100μm）含量较高（>50%）。早期研究者认为，昆仑山北麓的这类沉积是塔克拉玛干沙漠向南扩张的产物（周廷儒，1963；吴正，1981），后来的研究（李保生等，1998）认为这也是干冷气候环境的产物。显然，这类沉积对于确定沙漠—黄土交界带的移动与绿洲环境变化具有特殊意义。

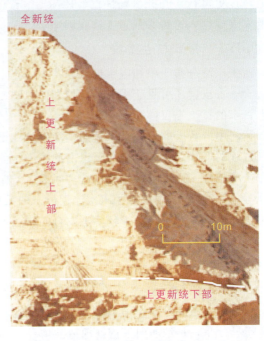

图 15-3 新疆昆仑山北麓的亚砂土堆积
（时代：晚更新世）

**古土壤** 在此尤指在地质过程中与沙丘砂或者亚砂土进行正逆交替过程中形成的土壤。沙丘砂或者亚砂土代表干旱寒冷时期沙漠"活化"或者扩张的正过程，当气候边界条件改变并受到良好的水热条件影响时，这类沉积物构成的地表首先能够生长草灌植物使得沙丘或沙地表层得以固定并形成沙质荒漠草原；如果良好的水热条件持续时间较长或者水热强度增加，有利于疏林乃至森林草原生态环境的形成，亦势必导致土壤化过程加强，形成地表以砂物质为母质的古土壤，称之为砂质古土壤。根据调查，贺兰山以东的中国沙漠沙地的第四纪层序广泛发育代表暖温带气候的棕褐色土（图 15-4），只是到晚更新世后期—全新世即末次冰期以来，这类土壤不复存在而被代表温带气候的黑垆土替代（董光荣等，1991）。另外，贺兰山以西的中国沙漠的第四系普遍缺乏古土壤，但反映古代绿洲的土壤仍然存在于现在的绿洲及其外围。在塔克拉玛干沙漠南缘的土壤称之为"绿洲土"（Li et al.，

图 15-4 毛乌素沙漠南缘萨拉乌苏河沿岸出露的棕褐色土
（时代：晚更新世的 OIS 5a）

2002),在巴丹吉林沙漠的西北边缘仍称之为土壤(温小浩等,2005)。但这类土壤通常又属于棕漠土类,形成的时间仅见于末次冰消期以来的地质时期。

**河湖相** 在此系指在地质过程中与沙丘砂或者亚砂土进行正逆交替形成的河湖相沉积。沙丘砂或者亚砂土代表干旱寒冷时期沙漠"活化"或者扩张的正过程,当受到良好的水热条件影响时,这类沉积物在低洼区域者就可能受到降水作用形成的河流、湖泊及沼泽沉积(图15-5)的影响(是沙漠演化的逆向过程),进而覆盖由前期沙丘或者沙地构成的地表,并通过水的下渗和在水平方向上与河流、湖泊等水体的交换过程中产生的化学溶液使下伏沙丘得以胶结、固定。因此,在中国沙漠乃至在黄土地区,河湖相通常可视为一种暖湿气候的标志(董光荣等,1991)。应该指出的是,并不是所有的河湖相都是这种气候的标志。我国西北内陆第四纪时期的一些大型湖泊,如青海湖、罗布泊等,在相当长的时期一直是成湖环境,其记录的水热条件还需从地层中其他指标提取。

图15-5 毛乌素沙漠南缘萨拉乌苏河沿岸邵家沟湾地点湖沼相(OIS 4)及其下伏的沙丘砂

河湖相中还有一种广见于中国东部沙漠与沙地中的丘间洼地相沉积。这是主要受降水作用于沙丘或沙带之间洼地积水形成的含较多钙溶液胶结沙粒所形成的砂层(图15-6)。钙质砂层多属于灰—白灰色细砂—极细砂,较致密,一般仅有1cm至数厘米厚。此类沉积亦可以近似地视为气候温暖的间沙漠期堆积。

**荒漠漆与石膏楔状体** 两者代表了沙漠堆积或者荒漠化过程中极端燥热的气候背景。荒漠漆主要发育在岩石及冲洪积、冲坡积砾石表面,形成薄层灰黑色的"漆皮"。荒漠漆漆皮(2~5μm)物源以大气尘埃为主,形成时间一般需要数千年(Smith & Whalley, 1988);荒漠"漆皮"为富铁或富锰"漆皮"。据对塔里木盆地的荒漠漆的研究,富铁的荒漠"漆皮"的 $SiO_2$、MnO、$Fe_2O_3$ 的含量依次为63.80%、0.236%、16.26%;富锰的荒漠"漆皮"依次为31.55%、20.26%、11.11%(王贵勇等,1995)。我国甘肃西部至新疆吐鲁番—哈密分布广袤千里的戈壁砾石以及西部山麓边缘第四系中分布的冲洪积、冲坡积砾石,其表面的荒漠"漆皮"(图15-7)可能代表其形成时期的环境相当于一个大气的"静风期",或许在具有微量降水降尘且在极度的热力作用下,加之气候干旱与昼夜温差,才有利于戈壁荒漠"漆皮" $SiO_2$ 等物质的形成,故认为期间属干燥炎热的环境。石膏楔状体是"多次吸水膨胀和失水收缩而产生的地层扰动与形变"(陈惠忠等,1991)。在矿物结晶学上,这意味着至少

图 15-6 毛乌素沙漠南缘萨拉乌苏河沿岸的丘间洼地相
（时代：晚更新世晚期的 OIS 4）

存在一次生石膏转变为熟石膏的过程，而实现这一过程所需要的地表温度应该≥128℃。

图 15-7 阿尔金山北麓埋藏于古沙丘砂中的砾石及其表面的荒漠"漆皮"
（时代：晚更新世晚期）

## 15.2.2 具有指示气候意义的古生物化石

第四纪时间短暂，生物进化不显著，因此在确定地层时间界限时往往被认为缺乏可资论证的"标准化石"。但这并不影响古生物在说明地层形成时的古生态这种令人信服的作用。尽管如此，由于过去对更新统三分的原则，这就不可避免地带来在一个动物群中存在喜冷喜暖动物混杂、森林草原甚至荒漠草原动物共生的现象。这在我国北方标志性生物地层学系统中的泥河湾（早更新世）、周口店（中更新世）和传统的萨拉乌苏（晚更新世）哺乳动物群中表现得颇为明显。当然，采用阿尔卑斯冰期—间冰期划分来审视这类动物群指示的气候特征时，第四纪晚期动物各个成员构成的总体面貌也基本支持这类气候地层划分的方案。例如，后来被认为属于里斯—玉木间冰期的萨拉乌苏动物群适应相对温暖湿润的森林草原环境，而其后的玉木冰期的城川动物群则适应干旱寒冷的荒漠草原环境（李保生等，1989）。后者与我国东北的所谓冰河时代的猛犸象—披毛犀动物群同期。类似现象似乎也在欧洲的晚更新世动物群中得到印证。例如，从较早时期获得的研究资料可知，法国 Fontéchevade 地点的里斯—玉木（或称伊姆）间冰期地层含有梅氏犀（*Dicerorhinus mercki*）化石，德国 Ehringsdoprf 地点相同时期的地层含梅氏犀和古象（*Palaeoloxodon antiquus*），代表了间冰期的温暖气候；德国 Ehringsdoprf 地点末次冰期层位则出现披毛犀（*Coelodonta antiquitatis*）、野牛（*Bison sp.*）、洞熊（*Ursus spelaeus*）和猛犸象（*Mammuthus primigenins*）等冰期动物组合（Alimen，1966）。即使如此，依然难以避免上述问题的存在。例如，吉林的猛犸象—披毛犀动物群中就含有南方属种的王氏水牛（*Bubalus wansjocki*）（姜鹏，1977）；间冰期的萨拉乌苏动物群还具有可适于干冷环境下的动物成员—诺氏驼（*Camelus knoblocki*）、鸵鸟（*Struthio sp.*）。出现这一现象的可能原因是一个动物群往往是相当于深海氧同位素曲线中的两个或者更多冷暖阶段动物的混合。

目前，广泛用于说明气候地层的古生物有脊椎动物、孢粉、软体动物、有孔虫、介形类、藻类等化石，有时亦见植物甚至是昆虫类化石。其中，应用最广泛的是孢粉、有孔虫和脊椎动物化石。对于千年尺度气候变化频率较高的晚第四纪陆相地层而言，如采用软体动物说明气候及其变化也许是一个很好的选择。软体动物中陆生蜗牛一般迁徙能力很弱，生态环境的阻隔使其适应能力较差，对生活环境的变化较为敏感，如温度、湿度，尤其对湿度的要求比较严格，而软体动物中水生淡水螺类对水温有一定的要求；无论是陆生蜗牛，还是淡水螺类，其适应能力大多只局限在一定的范围。20 世纪 80 年代，Chen et al.（1985）对洛川黄土剖面的陆生蜗牛化石进行研究，提出以华蜗牛（*Cathaica*）和间齿螺（*Metodontia*）分别代表季风控制下的冷干和暖湿气候；90 年代，Rousseau et al.（1990，1991）发现 *P. loessica* 和 *V. tenuilabri* 两个物种类群，提出这两个类群与 *Vertigo genesii* 是欧洲大陆至关重要的更新世生物地理和生物地层标志。另外，Zhang et al.（2004），Li et al.（1998a，1998b）还将其作为重要佐证进行沙漠—湖泊环境变迁的讨论。

从气候地层学出发，如果按大家普遍公认的深海氧同位素（Shackleton & Opdyke，1976；Ruddiman et al.，1989；Bond et al.，1993）和中国黄土—古土壤气候变化曲线作为时间—气候标尺来考察具有典型气候意义的古生物，则要求在地层划分方面更加详细，厘清诸沉积相单位及其所含化石，这样，更有利于提取真实的气候环境记录信息。

## 15.2.3 其他物理、化学等气候代用指标

在说明气候及其变化时，地层中理化分析数据等代用指标一直得到广泛应用并在气候地层学研究方面发挥出重要作用，尤其是在说明某个特定区域的环境变化时，相关的代用指标往往起到十分关键的作用。气候代用指标可以分为物理的、化学的和综合的几种类型。在这部分内容中，主要参考刘东生主编的《黄土与干旱环境》（2009）中的有关章节，简要介绍如下。

### 15.2.3.1 物理指标

(1) 磁化率。磁化率是 20 世纪 70 年代创立的环境磁学中一项重要的环境指标，因其敏感性和精确性且测量操作具有便宜、简便、快捷，对样品无破坏的特点而得到广泛地应用 (Thompson, 1975; 刘秀铭等, 1993; Kukla, 1987)。沉积物磁化率是衡量沉积物在外磁场作用下被磁化难易程度的物理量，一般分为体积、质量、频率磁化率。沉积物是在特定的沉积环境中形成的，记载了环境条件的变化，其所携带的磁性矿物则因其对环境的灵敏反映和记录的稳定性而成为较好的环境示踪指标。

20 世纪 70 年代，人们注意到黄土高原古土壤磁化率比黄土高的现象（李华梅等，1974；安芷生等，1977）。Heller 和刘东生系统测量了中国洛川黄土剖面样品的磁化率，发现由古土壤和黄土磁化率的峰谷变化曲线可以与深海沉积 $\delta^{18}O$ 曲线进行对比，指出磁化率曲线可能反映了黄土与古土壤形成时的古气候环境变化（Heller & Liu, 1982, 1984）。尽管目前人们对黄土、古土壤磁化率变化的原因和气候意义的理解还存在分歧，但作为一种气候变化的替代性指标已得到了广泛的应用。例如，采用黄土—古土壤序列磁化率变化揭示东亚夏季风的演化 (An et al., 1991)；依据 150 ka 以来黄土—古土壤序列磁化率的测量结果，探讨了自那时以来黄土高原夏季风的演化格局（孙东怀等，1996）。中国黄土的磁化率作为气候的重要代用指标还被列入国际地层学委员会 2011 年编制的过去 2.7Ma 全球年代地层对比表中 (Cohen & Gibbard, 2011)。

另外，海洋和湖泊沉积物磁化率可作为碎屑沉积物来源和相对沉积速率变化的标志（刘东生，2009）。在中国沙漠环境变化研究方面，Li et al. (2005) 和 Lu et al. (2010) 先后对毛乌素沙漠米浪沟湾剖面的 OIS 5 和 OIS 1 沙丘砂与河湖相、古土壤序列的磁化率进行了测量，发现前者磁化率值低，河湖相和古土壤序列的磁化率明显增高，认为这是东亚冬夏季风环境变化的结果。

(2) 粒度。碎屑和黏土沉积物粒度组成是判别沉积相与沉积介质动力条件的标志。在河湖相中，粒度组成对于甄别是河流主干道还是边滩、河床沙坝、泛滥盆地、牛轭湖、二元结构的情况十分重要；一个延续较长时期的湖盆，给水量及其变化往往也是通过粒度及其变化加以揭示的。对于风力搬运的沉积物而言，其粒径一般小于 $300\mu m$。其中，沙丘砂中值粒径多在 $50\sim250\mu m$，典型黄土中值粒径多在 $8\sim31\mu m$。在沙尘暴过程中，$50\sim300\mu m$ 颗粒呈风沙流近地面跃移，搬运距离有限；粉砂粒级中 $16\sim50\mu m$ 颗粒呈短时低空悬浮状态；随着风力减弱至最后沉降，搬运距离可达 $10^2\sim10^3$ km；小于 $16\mu m$ 的颗粒呈长期高空悬浮状态，随降水或吸附于粗粒表面而被沉降到地表，甚至可跨半球被长距离搬运。虽然，所述这些似乎直观表述了沉积环境的变化，其实沉积环境及其变化往往又受控于气候变化的制约。Hovan et al. (1989) 研究的离中国中部粉尘源地约 3500km、地处中国大陆下风向（西风带）2500km 的太平洋 $V_{21-146}$ 孔（N37°41′，E163°02′，深度 3968m），其风尘百分比、通量、粒径的变化与深海氧同位素高度相关，即说明是气候变化导致的风尘变化。另外，河道或湖泊水体的丰缺、沙丘砂颗粒指示的风力等，也同样离不开气候因素的影响。

在运用粒度说明气候及其变化，为大家所接受的其成功的例证是对黄土高原黄土的研究。刘东生等（1966）通过分析马兰黄土空间上的变化后发现，马兰黄土从西北向东南颗粒变细，并相应划分为砂黄土带、黄土带和黏黄土带，指出这不仅与粉尘沉积的风力强弱有关，而且还与其搬运的距离有关；卢演俦等对洛川黄土剖面黄土—古土壤序列的粒度变化研究，发现古土壤的粒度组成明显细于黄土，由此推断黄土堆积时的气候条件要比古土壤发育时干旱寒冷得多（刘东生等，1985）。

运用粒度说明气候变化还反映在第四纪沙漠演化过程中的东亚冬夏季风环境变化方面（李保生等，1988；张宇红等，2001）。另外，李志文等（2010）的研究发现，现地处南亚热带的粤东北末次间冰期红土在<2μm或者<1μm的含量上与我国热带北部砖红土相同粒级含量颇为一致，据此结合地化指标等推论其形成于类似于现今热带北部的气候环境。

近年来，还有学者运用粒度说明最近50年来青藏高原的环境变化。如Wu et al.（2013）通过青藏高原中部唐古拉冰芯的粒度指标研究，发现20世纪60年代以来，冰芯中粉尘通量明显增加与高原变暖同步发生，这为研究全球变暖背景下亚洲粉尘的变化趋势、青藏高原冰雪消融前景以及"高原变暗"（太阳辐射减弱）提供了重要的科学支撑。

#### 15.2.3.2 地球化学指标

用于说明古气候的地球化学指标很多，具体原理详见"第10章 化学地层学"，以下仅列举一些常见的指标。

1）氧同位素

海洋底栖有孔虫介壳碳酸盐氧同位素研究表明，海水温度每下降1℃，$^{18}O$富集量相对于$^{16}O$增加0.02‰；反之$^{18}O/^{16}O$比率即$\delta^{18}O$降低，反映气候温暖。在冰期时更多海水被固定在南北半球高纬度地区和其他纬度高山高原（冰川），这些主要来自海水蒸发后以固体降水的形式固定下来的，而蒸发的过程中有氧同位素分馏，$^{16}O$更容易进入气相，从而使得海洋$\delta^{18}O$含量增加。由于海洋$^{18}O$丰度又受大陆冰量控制，随大陆冰量增加，海水$^{18}O$富集，因此，底栖有孔虫$\delta^{18}O$值在海洋沉积物剖面中的变化主要是大陆冰量的反映，是冰期间冰期循环的标志。Shackleton et al.（1973，1977）首次提出的太平洋$V_{28-238}$钻孔岩芯$\delta^{18}O$曲线、Imbrie et al.（1984）和Prell et al.（1986）得到的复合$\delta^{18}O$曲线——SPECMAP曲线、Bond et al.（1993）的DSDP607孔$\delta^{18}O$曲线分别是氧同位素地层学的基础之一，可供全球进行气候地层学对比。

氧同位素在说明中国黄土—古土壤的气候环境方面亦发挥出重要作用。黄土—古土壤中次生碳酸盐的氧同位素组成与大气降水的氧同位素组成有关，而后者又与当地年平均温度成正相关。韩家懋等（1995a，1995b，1996）测量了洛川等黄土剖面与古土壤有联系的成层钙结核、黄土剖面中分散状小结核以及全岩碳酸盐的氧同位素组成，根据Cerling（1984）对现代土壤碳酸盐氧同位素研究提出的土壤碳酸盐$\delta^{18}O$值的变化与大气降水$\delta^{18}O$值的关系，以及国际原子能机构（IAEA）积累的大气降水的$\delta^{18}O$值与当地年平均温度有很好的直线关系的事实，探索了利用黄土—古土壤次生碳酸盐$\delta^{18}O$值变化估算古土壤形成时的古温度的可能性。氧同位素还见于重建过去湖泊沉积时的古环境。一般来说，湖相碳酸盐$\delta^{18}O$值越高说明湖水蒸发速率越快，主要反映出流域降水与蒸发（尤其是湖面蒸发）的平衡问题，可以揭示其沉积时的环境及其变化的作用。

对于大型深水湖泊（如青海湖），碳酸盐氧同位素组成能够较好地反映气候的低频变化；而对于小型浅水湖泊（如巴里坤湖），则主要反映气候的高频变化（刘东生，2009）。

另外，湖相沉积中无氧矿物盐类包体水氢、氧同位素组成能够直接指示盐类矿物沉淀时盐湖水氢、氧同位素特征。张彭熹和张保珍（1991）通过对达布逊盐湖沉积物岩芯中石盐包体水氢、氧同位素组成分析认为,盐类矿物水 $\delta D$、$\delta^{18}O$ 值主要与温度有关。

2) 化学风化指数

(1) CIW。CIW 是土壤学中常用的化学风化指数之一,CIW = $Al_2O_3/(Al_2O_3+CaO+Na_2O) \times 100$。在该式中,元素浓度为摩尔(mol)浓度;CaO 为非碳酸盐相(Harnois,1988)。元素在化学风化过程中化学迁移能力的顺序为 Ca>Na>Mg>K>Si,而 Ti、Al 几乎不移动(Faure et al.,1991)。在黄土、古土壤非碳酸盐矿物中,Ca 和 Na 主要赋存于长石中,因而 CIW 主要反映了浅色矿物(主要为长石)的风化分解出来的 $Ca^{2+}$ 和 $Na^+$ 被淋滤的程度。Gu et al. (1996) 发现黄土和古土壤的 Na/Al、Mg/Al 比值与 $^{10}Be/Al$ 比值具有高程度的负相关,证明黄土高原降水量是影响元素淋滤的决定因素。因此,CIW 可作为夏季风强弱的替代性指标。

(2) $Fe_2O_3/FeO$ 比值。铁是常量元素,在地壳中的丰度可达 3.5%~5.8%(南京大学地质学系,1979)。铁是变价元素,在地表环境中,$Fe^{2+}$ 有较强的迁移能力,而 $Fe^{3+}$ 迁移能力很弱。因而,在风化成壤作用过程中,铁含量变化主要取决于介质的氧化还原电位(Eh)和酸碱度(pH),即在酸性还原条件下,随风化作用的增强,铁以 $Fe^{2+}$ 形式大量迁出土壤;而在碱性、弱碱性氧化条件下,铁并不发生迁移,随着含铁矿物的风化,$Fe^{2+}$ 被氧化成 $Fe^{3+}$。因此,黄土、沙丘砂、古土壤中全铁含量的变化主要反映还原作用强度和酸度的变化。高尚玉等(1985)曾分析了陕西北部榆林含沙丘砂的第四纪地层剖面,发现 $Fe_2O_3/FeO$ 比值在沙丘砂层低,而在其上覆的土壤层高,认为这分别是冰期干冷和间冰期暖湿气候导致的结果。

(3) 化学蚀变指数 CIA。这是判断源区化学风化程度的重要指标,表达式为:

$$CIA = n \times (Al_2O_3) \times 100 / [n \times (Al_2O_3) + n \times (CaO^*) + n \times (Na_2O) + n \times (K_2O)]$$

式中:$CaO^*$ 指硅酸盐中的 CaO(Honda & Shimizu,1998)。

研究表明,CIA 值越高,指示风化程度越强。李志文等(2010)对发育于粤东北末次间冰期的蕉岭红土的主量化学元素研究发现,其 CIA 值为 95.07~96.24(平均值 95.92),明显高于广州的赤红土(89.20~91.76),低于徐闻的砖红土(98.4),反映出蕉岭红土的富铝化程度较赤红土强而较砖红土弱,认为其是类似于现今热带北缘气候环境的产物,其时的热带/亚热带界限向北推移了至少 3 个纬度。李保生等(2008)通过对比广东河源临江剖面末次冰期(73~11ka B P)棕黄色粉砂与地处暖温带的陕西武功现代棕褐色土的 CIA 值,发现二者非常相近,进而提出南岭以南的现今南亚热带在末次冰期时主要属于暖温带气候环境。

(4) 有机质含量。土壤中有机质主要来自于土壤的生物作用。有机质的含量除与生物生产力有关外,还与有机物残体的氧化和降解作用的程度有关。黄土、古土壤中有机质的含量也许还与粉尘沉积速率和粉尘固有有机质的含量有关。近年,Du et al. (2012) 在研究毛乌素沙漠末次间冰期地层时发现,在以河湖相和古土壤为主的 OIS 5a、OIS 5c、OIS 5e 地层中有机质含量都较以沙丘砂为主的 OIS 5b、OIS 5d 要高,似乎也说明生物量在指示的冰阶—间冰阶环境上的差异。

(5) Sr/Ca 比值。元素 Sr 与 Ca 具有极其相似的地球化学性质,丰度是它们之间主要的差别。Sr 常常呈类质同象存在于含 Ca 的矿物中,如 Ca 的碳酸盐矿物。在表生条件下,Sr 取代 Ca 形成类质同象的能力主要取决于矿物形成时介质的 Sr/Ca 比值和温度。介形类是湖泊中最常见的生物，其介壳主要由碳酸盐组成，因此，理论上介形类介壳碳酸盐 Sr/Ca 比值与湖水 Sr/Ca 比值有关。Chivas et al. 证实介形类介壳碳酸盐 Sr/Ca 比值与其寄宿水盐度成正相关（Chivas et al.，1986a，1986b）。张彭熹等（1994）通过对现代青海湖湖水 Sr/Ca 比值和盐度的分析，也表明 Sr/Ca 比值与盐度具有很高的正相关性。另外，湖水盐度的变化与湖面升降成负相关，故认为青海湖沉积物介形类介壳碳酸盐 Sr/Ca 比值，不仅是湖水盐度的标志，而且是湖面升降的指标。然而，Sr 在共生的不同矿物中取代 Ca 的晶格位置的能力是不同的，如 Sr 在共生碳酸盐矿物中的含量由大到小的顺序依次为文石、方解石、白云石，这主要是由 Sr 取代 Ca 所引起的晶格能差别决定的。

#### 15.2.3.3 矿物指标

（1）湖相碳酸盐岩。内陆湖泊沉积物中碳酸盐，如方解石、文石、白云石和菱镁矿等主要来自于湖水的化学沉淀。当碎屑沉积速率基本不变时，这些碳酸盐矿物在沉积物中的含量取决于湖水中 $Ca^{2+}$、$Mg^{2+}$ 的沉淀速率。对于湖水中浓度较低（滞留时间较短）的 $Ca^{2+}$，其碳酸盐矿物沉积速率就依赖于湖水单位面积的蒸发速率和补给水 $Ca^{2+}$ 的浓度，对于湖水中浓度较高（滞留时间较长）的 $Mg^{2+}$，其碳酸盐矿物沉积速率的变化则与湖面变化有关（顾兆炎等，1994）。

（2）海相碳酸盐岩。现代深海沉积物中碳酸盐几乎全是生物成因的，其含量变化受到陆源组分的稀释作用、碳酸盐的溶解作用以及生物生产力等因素控制。由于主导因素的差异，不同的洋区可产生不同类型的碳酸盐沉积旋回。例如，太平洋的碳酸盐沉积旋回与大西洋的不同，表现为冰期时碳酸盐含量高、间冰期时含量低的特征，反映了两个大洋古海洋学环境的差异（Luz & Shackleton，1975）。尽管如此，它们都受制于古气候的变化，是对气候周期的直接响应，因此，碳酸盐含量变化也是第四纪气候地层对比与划分的重要手段之一。

（3）黄土、古土壤中的碳酸盐岩。黄土、古土壤相中碳酸盐几乎全是方解石，在成因上可分为原生方解石（粉尘携带碎屑方解石）和次生方解石（成壤作用过程中形成的），在赋存状态上可分为分散状和结核状。黄土、古土壤中总的碳酸盐含量和原生方解石与次生方解石的比值，除受粉尘碳酸盐含量影响外，主要取决于由降水量所控制的淋溶作用的强度，两者都随降水量的增加而降低。在黄土高原东南部，黄土中碳酸盐几乎全为次生，古土壤中碳酸盐除底部结核外，分散状碳酸盐几乎淋滤殆尽，表明碳酸盐的淋溶作用并未贯穿整个成壤作用过程，可能主要发生在成壤作用开始阶段。而在黄土高原西北部，不仅古土壤中有一定量的分散状次生碳酸盐，而且黄土中原生方解石也较为可观，反映碳酸盐的淋溶改造并不彻底。然而，事实似乎是如此，即淋溶作用并未将碳酸盐带出黄土—古土壤序列，仅使之在深度上重新分布。因此，黄土—古土壤序列中碳酸盐含量的变化主要反映古降水总的变化趋势。

（4）石英。石英是沙丘砂、粉尘、黄土和古土壤中最主要的矿物，同时在表生环境中它是抗风化能力最强的主要矿物，因而在远洋沉积物中它又是估算粉尘记录、通量的标志（Rea et al.，1988；Leinen，1989）。如有学者认为西太平洋 RC10-175 孔 OIS 5 以来出现的 7~8 个石英含量峰值即代表了风尘沉积的高峰期（王慧中等，1998）。它的粒度变化同样也是粉尘（无论是在远洋沉积物中，还是在沙丘砂、黄土、古土壤中）粒度变化的指标。也有用石英氧同位素探求其物质来源的报道（Gu et al.，1987）。沙丘砂、黄土、古土壤中石英粒度已作为指示我国冬季风及其强度的替代性指标（Xiao et al.，1995；Li et al.，

2007）。Porter & An（1995）曾经在洛川黑木沟黄土剖面运用石英的中值粒径与北大西洋 Heinrich 事件进行对比，揭示出亚洲冬季风变化中包含了若干与该事件相关的变化。

（5）重矿物组合及风化系数。这是将重矿物（比重＞2.9）分为不稳定、较稳定、稳定和极稳定矿物之后，评估沉积物堆积时的气候环境。较早时期，王克鲁和裴静娴（1964）曾采用这一方法对山西隰县午城镇黄土与黄土中的埋藏古土壤进行了分析。他们发现，埋藏古土壤层中不稳定矿物比黄土还少，而稳定和极稳定矿物含量增加，认为前者形成时的气候温暖湿润，后者干燥寒冷。李保生等（1991）根据对萨拉乌苏河流域中更新世末期以来的地层中碎屑矿物分析结果，将重矿物分成上述 4 类，按前两者与后两者比值即称之为的"重矿物风化系数"的变化，发现老的沙丘砂中的较高，而其中的河湖相较低，认为这是在干冷和暖湿气候环境下导致的结果。

总之，气候地层学的研究方法特别是在气候代用指标方面还有较多可借鉴的手段，例如很早以来基于对黏土矿物种类及其含量的评价和对扫描电镜微形态的观察加以说明沉积时的古气候，20 世纪 80 年代以来陆续采用植物硅酸体、碳同位素和 Rb/Sr 比值揭示沉积时的古环境等，不再一一赘述。

## 15.3 气候地层的划分与对比

### 15.3.1 中国第四纪气候地层划分与对比

21 世纪初，刘东生和施雅风等（2000）倡导中国第四纪研究可以深海和冰芯氧同位素地层为标尺、以气候变化为标志的方向发展。主要是基于以下几种看法：

（1）自从 20 世纪 80 年代将中国黄土—古土壤地层序列与 OIS（氧同位素阶段）进行对比后，经过多方面的验证，认为它是适合的。加之我国南海沉积、洞穴、河湖相、冰川和冰芯等研究中，都已或多或少进行过与 OIS 的对比并取得可行的结果。

（2）20 世纪 80 年代以来，第四纪地层特别是陆相地层研究在全球变化研究的驱动下，日益向"千年尺度""百年尺度"变化的高分辨率方向发展，还有少数沉积序列如玛珥湖、洞穴石笋、泥炭沉积等可以获得更高分辨率的沉积序列。这使得对第四纪地球上发生的许多自然和人文事件历史有了许多全新的认识，弥补了历史文献记载的不足，也促进了我国高分辨率地层学的发展。

（3）第五次修订的国际《地质年表》专门列出了新生代特别是第四纪以来影响全球环境变化的各种关键性事件，也是采用气候地层的方法把各大洲陆相地层作了对比。其中，亚洲部分以中国黄土的划分为例，采用了午城黄土、离石黄土、马兰黄土等岩石地层的命名，并且以泥河湾、周口店等具有很好的古生物学基础的生物地层学命名作为亚洲的第四系生物地层单位。

基于上述几点考虑，刘东生等（2000）编制了"以气候变化为标志的中国第四纪地层对比表"（图 15-8）。该表以磁性地层为时间标尺，DSDP607 孔氧同位素曲线和中国黄土粒度-磁化率曲线为主线，对我国第四纪冰川、海洋、河湖相指示的气候及其变化以及古人类、古脊椎动物和石器文化的演变等发生的时间界限进行了对比。尽管作者将该表形容为"抛砖引玉"，实际上这也是迄今为止我国最为综合、比较详尽的第四纪气候地层对比表。

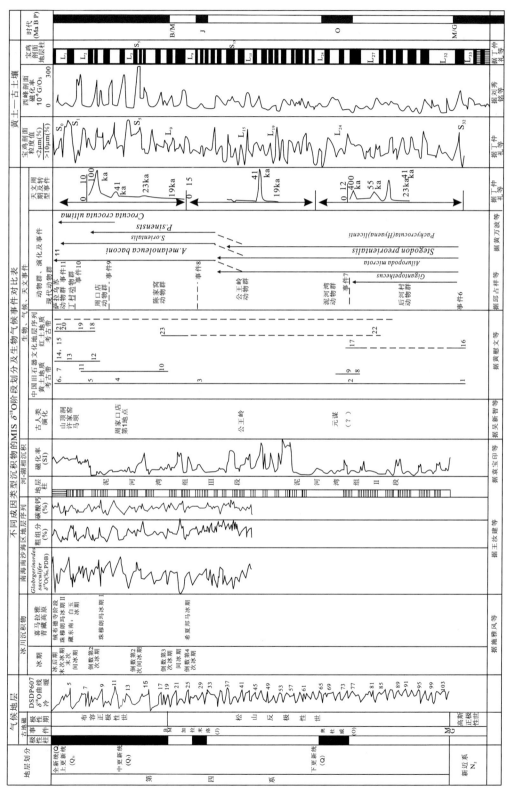

图15-8 以气候变化为标志的中国第四纪地层对比表

(据刘东生等,2000)

21世纪以来,第四纪全球变化研究不断深入,至2011年编制了过去2.7Ma全球年代地层对比表(Cohen & Gibbard, 2011),列出了海洋氧同位素曲线及其与南极、贝加尔湖、中国黄土、俄罗斯平原、西北欧洲、新西兰等的气候地层对比关系。现仅将该表中的海洋氧同位素曲线、黄土磁化率和贝加尔湖沉积物的生物成因硅含量曲线绘制成图15-9。主要时间界限概述如下:

(1) 第四纪起始于M/G磁性带交界的2.588Ma,位于OIS 103/104之界线,大致相当于黄土高原黄土$L_{33}$/红黏土,即更新世—上新世的界面。

(2) 中更新世/早更新世的时间界限位于B/M磁性带交界的0.781Ma、OIS 19之峰位,相当于黄土高原$S_7/L_8$的界面。

(3) 晚更新世/中更新世的时间界限为0.12Ma,位于OIS 5/OIS 6之界线,相当于黄土高原$S_1/L_2$的界面。

(4) 全新世/更新世的时间界限为0.0117Ma,位于OIS 1/OIS 2之界线,相当于黄土高原$S_0/L_1$的界面。

(5) 磁性地层年代中的Olduvai正向亚带包括了OIS 61—OIS 72,相当于黄土高原$L_{25}$—$S_{26}$。

在这个对比表中,最为亮点的是海洋氧同位素曲线及其与亚洲大陆—中国黄土(陕西北部黄土高原的郭家梁剖面)磁化率和贝加尔湖沉积物的生物成因硅含量对比。海洋氧同位素曲线系综合了全球57条$\delta^{18}O$曲线而成,记录了第四纪以来104个阶段的冷暖变化,其中偶数和奇数阶段分别代表气候的冷暖及大陆冰量的多寡变化,这也是第四纪地层在万年尺度上最为完整的气候变化曲线。中国黄土磁化率和贝加尔湖沉积物的生物成因硅含量曲线研究成果分别取自丁仲礼等(1999)和Alexander et al. (2006, 2010)。由图15-9显而易见,第四纪以来亚洲大陆与海洋在万年尺度的气候变化上存在"遥相关"。

值得一提的是,参考ESR测年技术对我国青藏高原0.8Ma B P以来冰期—间冰期的划分(Zhou et al., 2006)。其结果也与相同时期的$\delta^{18}O$曲线具有很好的对比关系,如其中的昆仑冰期、中梁赣冰期、古乡冰期依次与$\delta^{18}O16$、$\delta^{18}O12$、$\delta^{18}O6$等的对比关系(图15-10)。因此,由$\delta^{18}O$曲线显示出来的那些寒暖变化阶段是否具有全球意义值得考虑。

## 15.3.2 米兰科维奇旋回气候地层划分

在2011年编制的过去2.7Ma全球年代地层对比表中具有重要意义的是,海洋、大陆黄土、湖泊、南极冰芯等沉积指示的冷暖变化曲线能够在全球范围的时间-气候性质的节拍上所具有的高度耦合,故不得不考虑过去全球变化中必然存在的一个具有决定意义的驱动机制。这应该是最近40年来各国学者采用的轨道旋回地层学来解释这种全球意义现象的原因。

轨道旋回地层学(orbital cyclostratigraphy)是旋回地层学更具体的表述(Buonocunto et al., 1999; Gong et al., 2001, 2004)。尽管旋回地层学术语的产生至今不过20余年的历史,但轨道旋回能影响行星地球气候和沉积记录以及在建立高分辨率地质时间方面巨大潜力的思想早在19世纪后期就已提出(Gilbert, 1895)。20世纪初,前南斯拉夫学者米兰科维奇(Milankovitch, 1920)提出了第四纪冰期形成的天文假说。他认为:北半球夏半年日照量的减少,是冰期形成的原因;任一纬度日照量$W$的大小,是太阳常数$S_0$、偏心率$e$、黄赤交角$\varepsilon$和岁差$P$的函数,即:

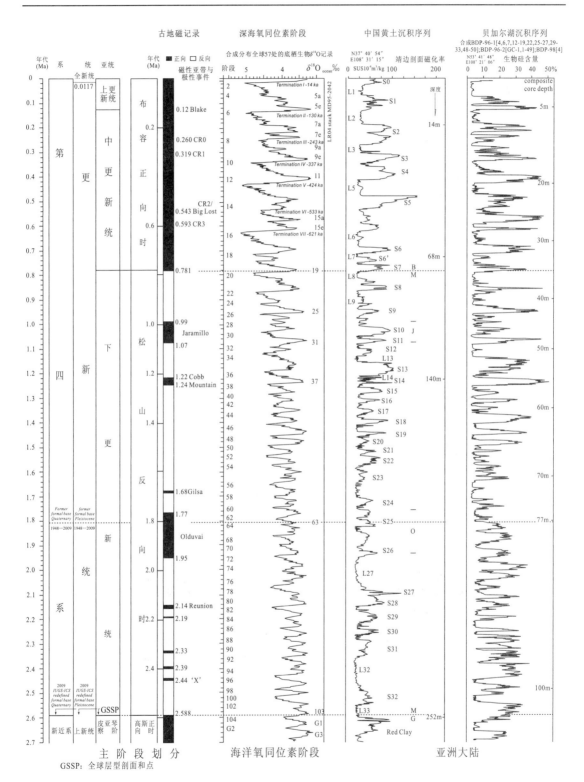

图 15-9 海洋氧同位素曲线、黄土磁化率和贝加尔湖沉积生物成因硅含量指示的气候地层曲线图
(引自 Cohen & Gibbard, 2011)

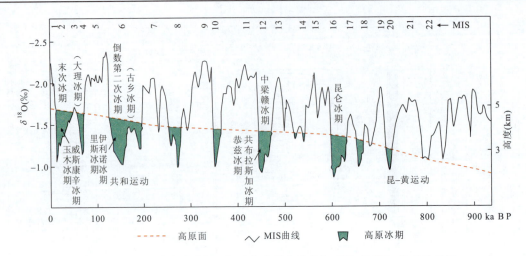

图 15-10 青藏高原冰期—间冰期的划分及其与 OIS（MIS）的对比关系
（据 Zhou et al., 2006）

$$W = f(S_0, e, \varepsilon, P)$$

其中 $S_0$ 变化很小，可视为常数。

米兰科维奇旋回（Milankovitch cycle）是指月球、木星等天体对地球自转和绕太阳公转运动的影响，使地球的 3 个轨道要素：偏心率、黄赤交角（或地轴倾斜度）和岁差发生周期性变化的现象（图 15-11）。偏心率（eccentricity）是地球绕太阳公转椭圆轨道的半长轴与焦距之差与半长轴之比，其值为 0.0005~0.0607，变化周期为 100~400ka。天体力学的研究表明，偏心率的变化主要由轨道半短轴变化所致，半长轴通常变化不大（任振球，1990）。冰期均发育于偏心率的最小值时期，这相当于日地距离增加，地球获得的日照量减少。地轴

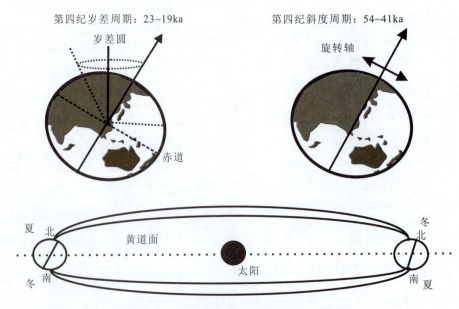

图 15-11 地-日系统和米兰科维奇旋回示意图
（据 House, 1995 改编）

倾角（obliquity）或黄赤（ecliptic and equator）交角是地球绕太阳公转的轨道平面（黄道面）与赤道面的夹角，变化于 $22°02'\sim24°30'$ 之间，变化周期在第四纪为 41ka，现在为 $23°27'$。黄赤交角影响不同纬度和季节气候的差异程度，黄赤交角变化对极区影响大，对赤道影响小。岁差（precession）是指地球自转轴的进动（地球自转轴绕黄道轴旋转的运动），春分点沿黄道向西缓行，出现回归年（太阳视圆面中心两次过春分点所经历的时间）短于恒星年（地球绕太阳公转一周所经历的时间）的现象，岁差值为 $20°23'$，岁差周期在第四纪为 $23\sim19$ka。岁差变化对赤道地区影响大，对极区影响小。

米兰科维奇根据上述地球的 3 个轨道要素，计算了北半球 65°纬度上 0.6Ma 以来的日照量的 9 个极小值，绘制成有名的米氏曲线，能够很好地解释彭克·A 等划分的 4 次冰期，并得到了第四纪深海沉积物建立的温度系列的证实（Hayes et al.，1976）。因此，如果说 20 世纪 50 年代以前世界上第四纪冰期研究仍然是以经典的欧洲 4 次冰期占优势的话，其后的深海沉积研究揭示的氧同位素冰期旋回不仅陆续证明了米兰科维奇提出的冰期成因的"天文理论"，而且获得了更长时期和更全面的冰期旋回系列。

过去 2.7Ma 全球年代地层对比表，实际上是各国科学家集半个世纪以来对气候地层成因探索的结晶。其中，早在 20 世纪 70 年代 Shackleton et al. 首次提出的太平洋 $V_{28-238}$ 钻孔岩芯 $\delta^{18}O$ 曲线（Shackleton et al.，1973，1977）与这一全球年代地层对比表中的 $\delta^{18}O$ 曲线在 Brunhes 时约 0.8Ma B P 以来的变化几乎一致，相同时代的黄土高原郭家梁黄土—古土壤磁化率和贝加尔湖沉积物的生物成因硅含量的旋回（图 15-9）与之相比亦没有什么明显不同，共同反映出 8 次完整的冰期旋回，显示出以 0.1Ma 为主的轨道变化周期非常突出和稳定。

全球年代地层对比表中在整个 Matuyama 时的 $\delta^{18}O$ 曲线的 41ka 周期表现得非常明显，相对于黄土磁化率来说，贝加尔湖沉积物的生物成因硅含量变化曲线与之吻合得较好。详细的中国黄土—古土壤序列涉及到的与轨道因素的联系可见于刘东生等（2009）采用与郭家梁剖面极为类似的宝鸡黄土剖面粒度和磁化率曲线（分别代表冬季风和夏季风变化）时间序列的频谱分析结果（图 15-12）。由图 15-12 可见，代表地球轨道三要素变化的 100ka、41ka

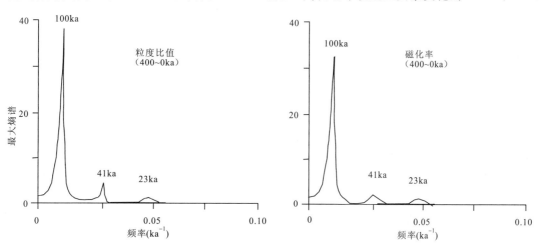

图 15-12 宝鸡黄土剖面粒度和磁化率曲线频谱分析
（据刘东生，2009）

及23ka特征周期在冬、夏季风变化谱图中占主要成分,这3个参数的周期成分占所有变化的80%以上,其中100ka周期在强度上占主导地位。同全球冰量变化与太阳辐射变化对比时,他们发现100ka周期成分在冬、夏古季风记录中强于太阳辐射变化,但与冰量变化比较一致。

我国北方第四纪气候地层研究比较深入,自更新世以来万年尺度干湿冷暖变化的演化周期明显,在轨道驱动下太阳辐射变化及其由此引发的冰盖—海洋—大气的相互作用以及对季风和西风等气候系统的强迫,加之青藏高原的强烈隆升等,十分复杂。必然地,使得米兰科维奇旋回在解释$\delta^{18}O$曲线时也面临一些问题。一是$\delta^{18}O$曲线反映的大陆冰量。丁仲礼等(2006)认为,如果说大陆冰盖在早第四纪的4万年波动周期可用地轴倾斜度的变化直接控制来解释的话,那么解释晚第四纪的10万年周期则要困难得多,因为控制冰量的高纬地区太阳辐射变化并没有明显的10万年周期。尽管偏心率变化有10万年周期,但它只对岁差变化幅度起调控作用,而不导致接受的太阳辐射总量的大小变化。二是黄土在Matuyama时一些层段的磁化率对41ka并不具有明显的响应,例如L27、L32等。因此,有学者提出(刘嘉麒等,2001),在黄土—古土壤S23—L33的2.5~1.5Ma B P,气候旋回以0.1Ma为主周期,L23—S9的1.5~0.8Ma B P,气候旋回以41ka为主。三是OIS 5以来的轨道变化虽然也很明显(可以分辨出一个完整的偏心率周期,3个完整的地轴倾斜度周期以及6个岁差周期),但自20世纪80年代以来全球很多地区都发现最迟在OIS 5以来存在数十次的非轨道因素导致的气候变化。除此之外,还有一些用轨道理论不能解释的现象,如南北半球气候耦合问题,第四纪之初冰期的出现以及约850 ka前后深海和陆相记录中古气候主导周期的变化等(丁仲礼,刘东生,1991;郭正堂等,1993)。尽管如此,由于米兰科维奇旋回是天文轨道力,它在空间分布和等时性上必然具有全球性,故在第四纪时期均应有记录,这对于进行全球变化及其区域环境对比有着不可替代的作用。甚至有学者认为,这将是地球表层系统中继生物圈的进化论、岩石圈的板块学说提出之后,大气圈研究中第三个里程碑式的理论(李吉均等,2004)。不仅如此,可能的米兰科维奇旋回还可以追溯到前第四纪(House,1985;Herbert,1990;Schwarzacher,1993;Doyle & Bennett,1998)、前中生代(House,1995;Elrick,1995;Elrick et al.,1996;江大勇等,1999;郝维城等,2000;Gong et al.,2001,2004;龚一鸣等,2004),甚至前寒武纪(Grotzinger,1986)。地层学家需要探索有效的方法和手段过滤掉各种"噪音",使记录在地层中的米兰科维奇旋回规律清楚地显露出来。

### 15.3.3 上更新统—全新统千年尺度气候地层划分

在轨道旋回地层学逐渐兴起的最近20余年,差不多与之伴随并成为非轨道成因的气候地层记录的发现陆续被第四纪地质学界广为接受,成为与之并行的另外一个古气候研究的重大进展。其中,尤以对上更新统—全新统即OIS 5(氧同位素曲线5阶段,也即末次间冰期)以来的千年尺度气候地层划分最为详细。以下,将首先介绍国际上更新统—全新统千年尺度气候地层划分的基础,之后就最近10余年来我国上更新统—全新统千年尺度气候地层划分的研究进展作一简述。

#### 15.3.3.1 国际上更新统—全新统千年尺度气候地层划分的基础

早在1988年,Heinrich在北大西洋深海中发现若干陆源浮冰碎屑层,提出末次冰期曾经发生多次北极冰山向北大西洋倾泻的事件（Heinrich，1988），即 Heinrich 事件，简称为 H 事件。自此之后的 1992 年，Bond et al.（1992）也在北大西洋发现了类似沉积，并认为这些事件伴随有海面温度和盐度的降低。嗣后不久，欧洲格陵兰冰芯计划（GRIP）（Dansgaard et al.，1993）和美国格陵兰冰盖计划（GISP2）（Grootes & Stuiverm，1993）几乎同时在格陵兰冰芯中发现一系列千年级别的快速气候变化事件"D/O 旋回"，这使得古气候学的热点很快转向这些"非轨道"事件的研究。

在 2012 年编制的过去 270ka 区域年代地层对比表（图 15-13）中，列出了这一时期海洋钻探、格陵兰冰芯氧同位素曲线及北大西洋的 H 事件（Cohen & Gibbard，2012）。由图 15-13 可见，在 270~190ka B P，海洋和冰芯氧同位素曲线分别呈现为明显的万年和千年尺度的气候波动；自 190 ka B P 以来，两者都具有明显的千年尺度的波动，后者更为显著且在 130 ka B P 以来的波动幅度较大。冰芯氧同位素曲线中千年尺度的气候变化具体的表达为：末次冰期即 OIS 2—OIS 4，高分辨率的间冰阶（Interstadial，简称 IS）达 18 个"IS 1—IS 18"；末次间冰期的 OIS 5 则仅列出"IS 19—IS 24"（GRIP Members，1993），其下的 $\delta^{18}$O 5e 即相当于 Eemian 温暖期（大约 126~116ka B P），因冰芯地层扰动而没有给出间冰阶的数字，但实际上，此后 NGRIP 获得的 $\delta^{18}$O 曲线却显示还有 IS25 和 IS26 的存在（North Greenland Ice Core Project Members，2004）；GRIP 冰芯记录还显示 Eemian 具有 3 个明显的暖阶：5e1、5e3、5e5，2 个冷阶：5e2、5e4。欧洲孢粉记录（Larsen et al.，1995）显示出 Eemian 气候的不稳定显著：其开始时温度上升很快，大约在 126~125ka B P 达到最高值，在 125~124ka B P 下降了 4℃，随后的 4000a 缓慢变冷，大约自 120~118 ka B P 温度快速下降约 7℃，恢复到 Eemian 开始前的温度；海侵在 124 ka B P 达到最大值，比温度最高值滞后 2000a。在这一对比图中还显示 H 事件与海洋和冰芯氧同位素曲线一系列的低谷相对应。其中，H 事件发生于全新世 1 次，与 8.2 ka B P 的寒冷事件对应；发生于末次冰期 7 次，即 H0—H6 事件，将其中的 YD 事件命名为 H0；发生于末次间冰期 4 次，从新至老依次位于 OIS 5a、OIS 5b、OIS 5c/OIS 5d 界限、OIS 5d，最老的 1 次 H 事件发生在接近于 OIS 6 之末期。

该对比图的冰芯氧同位素曲线显示的冰后期（或者间冰期）的全新世，除了 8.2ka B P 的寒冷事件外，总体上表现出 8.5ka B P 前后开始 $\delta^{18}$O 高于现代进入温暖期，在 4.0ka B P 以来，伴随着 $\delta^{18}$O 值短期颤动呈现降低趋势，显示全球气候变冷。这似乎与很早划分的北欧全新世气候（表 15-1）（Deevey & Flint，1957）的前北方期向亚大西洋期的逐渐过渡趋势一致，不过当时并没有发现 8.2ka B P 的寒冷事件。但图中海洋氧同位素曲线显示的几次明显波动，却与 Denton & Karlen（1973）曾根据北半球冰进定出的 4 次冷期波动相似。

至 20 世纪末叶，Bond et al.（1999）通过对北大西洋玻璃碎屑和染色赤铁矿颗粒的碎石百分比的研究确定全新世存在 9 个寒冷时期。小冰期为最新的一次寒冷期，编号为 0，其余按 Bond et al.（1997）的编号自 1 至 8，第 9 为 YD 事件。如果加上 1990 年代在阿拉伯海钻孔 G. bulloides 丰度（Stager & Mayewski，1997）和南极冰芯发现的 6.2 ka B P 的寒冷事件（Stuiver et al.，1995），则至少达到 10 次，显示出全新世以来差不多具有平均 1ka 旋回的寒暖变化。应该指出的是，Bond et al. 的小冰期（Bond et al.，1999）的年代只能够看作是一个寒冷事件发生的极端时间点。因为此前对小冰期起始时间的看法就不一致，或者认为 16 世纪，或者认为 13 世纪，不过都终结于 19 世纪末。此前的关于小冰期的研究似乎显

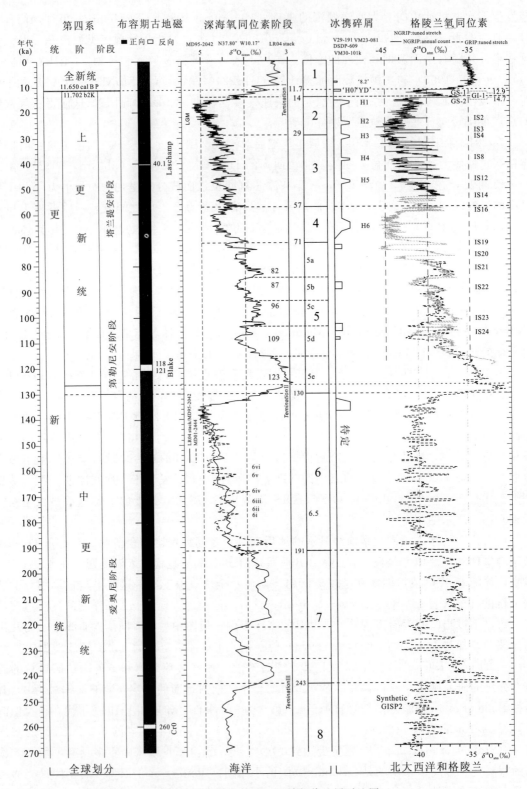

图 15-13 过去 270ka 区域年代地层对比图
(据 Cohen & Gibbard, 2012)

表 15-1 北欧全新世气候分期（据 Deevey & Flint，1957）

| 北欧气候期 | a B P | 气候特点 |
| --- | --- | --- |
| 前北方期（Pre-Boreal） | 10 300~9500 | 气候干燥凉爽 |
| 北方期（Boreal） | 9500~7500 | 冬季较冷夏季较暖 |
| 大西洋期（Atlantic） | 7500~5000 | 温暖潮湿，平均气温比现在高 2℃，又称高温期 |
| 亚北方期（Sub-Boreal） | 5000~2500 | 气候干凉而多变化，冬季寒冷夏季温暖干燥 |
| 亚大西洋期（Sub-Atlantic） | 2500~0 | 凉爽潮湿 |

示出其具有更高的气候地层变化频率：在欧洲显示为 3 次主要的冰川冰进，如瑞士 Aletsch 冰进为公元 1350 年、1650 年和 1850 年前后（Clapperton，1990）。新西兰主要冰进的时间与之几乎一致，为公元 1350 年、1600 年和 1850 年前后（Gellately，1985）；南极冰进为公元 1200—1450 年、1720—1780 年和 1825—1880 年（Birkenmajer，1981）。这几次冰进之间则是温暖气候导致的冰退。由此也可以看出，在千年尺度气候背景下仍然存在百年甚至更短时间尺度的波动。这种情形也发生在北极地区，如该地 Devon 岛冰帽氧同位素显示的近 500 年来的气候变率中，$\delta^{18}O$ 低值出现在公元 1430 年、1520 年、1560 年、1680—1730 年和 1760 年（Bradley，1990）。

### 15.3.3.2 1990—2000 年我国上更新统—全新统千年尺度气候地层的划分

自 20 世纪 90 年代至 21 世纪初叶，我国学者对上更新统—全新统千年尺度气候事件研究也取得了重要的进展。成果表明，冰芯和海洋 $\delta^{18}O$ 曲线指示的气候波动在我国不同区域具有显著的响应。从而也进一步支持了最近地质时期千年尺度气候事件的广泛存在。

（1）上更新统千年尺度气候地层。在我国黄土研究方面，安芷生等（1999）曾在黄土高原末次间冰期古土壤（S1）中发现 9 次粉尘事件，其年代为距今 69~71ka、74.5~75ka、81.3~84ka、90~92.5ka、99.5~102ka、106ka、110ka、113.5~115ka 和 119~121.6ka，其中前 6 次千年尺度的粉尘事件与北大西洋 V29—191 孔有孔虫——*Neogloboquadrina pachyderma*（S.）高含量指示的 6 次变冷事件 $C_{21}$—$C_{24}$（Mc Manus et al.，1994）和 GRIP 冰芯的 $\delta^{18}O$ 记录的寒冷事件具有很好的对应。

方小敏等在兰州九洲台黄土的 S1 中分辨出与 GRIP 冰芯的 OIS 5e 可以彼此对应的 3 个相对的暖期和 2 个相对的冷期（方小敏等，1998）；在兰州沙金坪黄土剖面中确认了 60ka 以来有 17 个跨度为 1~2ka 的夏季风增强时期，且可与北大西洋主要暖期进行较好的对比（方小敏等，1999）。

丁仲礼等（1996）在甘肃会宁李家塬末次冰期 L1 黄土的中值粒径中检测到与 GISP2 $\delta^{18}O$ 2—4 中 IS1—IS20 大致对应的暖阶，其中值粒径的若干粗粒组分能够与 H 事件对比（图 15-14）。图 15-14 中"*"表示时间跨度较大的间冰阶（如 8、12、14、16、17、19 和 20）。这些在南极的 Vostok 冰芯记录中也有很强的显示（Bender et al.，1994）。不仅如此，在新疆伊犁则克台，叶玮等在该地相当于 L1 黄土小于 10μm 颗粒含量中还甄别出指示暖阶存在的约 20 个峰值，也与 GISP2 $\delta^{18}O$ 中 IS1—IS20 具有很好的对比关系（图 15-14），并认为其与西风作用有关（叶玮等，2000）。

在沙漠形成演化研究方面，Li et al.（2000）提出毛乌素沙漠上更新统—全新统曾经历

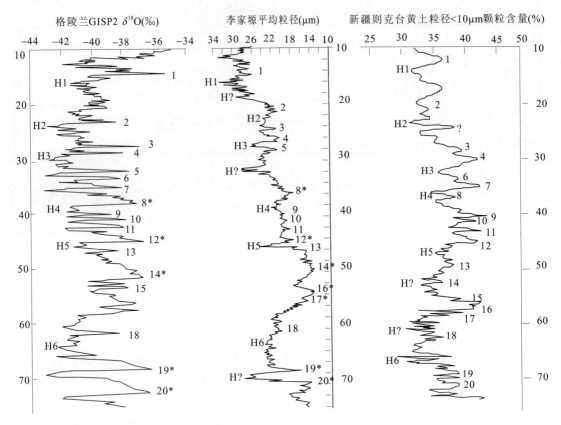

图 15-14 甘肃会宁李家塬和新疆伊犁则克台末次冰期黄土粒度反映的暖阶及其与格陵兰冰芯的对比图
(据丁仲礼等,1996;叶玮等,2000)

了 27 个旋回的由冬、夏季风交替导致的沙漠期与间沙漠期的演化过程,其中末次冰期就有 14 个旋回,并分辨出与 H 事件相对应的沙丘砂沉积。

在青藏高原冰芯研究方面,姚檀栋等(1999)将古里雅冰芯和格陵兰冰芯末次间冰期以来 $\delta^{18}O$ 曲线进行 11 点滑动平均后都可分辨出 14 个气候暖事件,且二者一一对应,而在末次冰期的古里雅冰芯中可以分辨出 10 个暖事件。

(2) 全新统千年尺度气候地层。上文提到的对北大西洋、阿拉伯海和南极全新统寒冷事件研究所显示的千年尺度的冷暖变化,实际上我国学者亦有更早的发现与研究。早在 20 世纪 70 年代,竺可桢(1973)的研究发现仅最近数千年来就存在 3 次寒冷气候波动。之后 20 余年,我国科学家在冰芯、湖泊、黄土等地质信息、考古与史料中检测出全新世存在多次千年尺度的寒冷气候事件。王绍武曾就我国全新世中的冷期做了很好的归纳(王绍武,谢志辉,2002),其结果见表 15-2。

该表中,与 Bond et al. 的距今为 8.0ka、5.4ka、3.0ka 和 0.4ka 寒冷事件分别对应的又依次称之为新冰期第一期、第二期、第三期和小冰期。由该表及其中涉及到的相关文献可以看出,Bond et al. 的北大西洋寒冷事件在我国都可以找到,只是 6200a B P 的事件未能显示出来。应该指出的是,Bond et al. 的小冰期在我国也有如上述的欧洲等地一样存在明显的气候波动记录。1973 年,竺可桢就指出我国最近几个世纪以来的寒冷期是公元 1470—

表 15-2 中国全新世中的冷期 (ka B P)

| 编号 | 0 | 1 | 2 | 3 | 4 | 5 | 6 | 7 | 8 | 作者 | 资料 |
|---|---|---|---|---|---|---|---|---|---|---|---|
| 1 | 0.4 | 1.4 | 3.0 | 4.0 | 5.4 | 8.0 | 9.4 | 10.3 | 11.0 | Bond et al.,1999 | 深海沉积 |
| 2 | 0.3 | | 2.8 | | 5.3 | 7.8 | | | | 黄春长等,1998 | 冰川 |
| 3 | 0.2,0.4 | | | | | | | | | 王绍武等,1998 | 史料 |
| 4 | 0.5 | 1.7 | 3.0 | | | | | | | 竺可桢,1973 | 史料 |
| 5 | 0.2,0.4 | 1.7 | 3.0 | 4.0～4.5 | 5.0～5.5 | | | | | Hameed,1993 | 考古、史料 |
| 6 | | | 3.0 | 4.0 | 5.5 | 8.7～8.9 | | | | 施雅风等,1992 | 孢粉,综合 |
| 7 | | | | 3.8 | 5.0 | 8.5 | | | | 安芷生等,1990b | 黄土 |
| 8 | | | 3.0 | | 5.0 | 8.5～8.8 | | 10.5 | 10.9 | 王苏民,1990 | 湖泊 |
| 9 | 0.4 | 1.5 | 3.0 | 4.0 | 5.4 | 8.7～8.9 | 9.7 | | | 姚檀栋等,1992 | 冰芯 |
| 10 | 0.1～0.4 | | 2.8 | 4.1 | 5.7 | | | | | 陈吉阳,1988 | 冰川 |
| 11 | | | 3.0 | | | 8.8 | | | | 李吉均等,1986 | 冰川、雪线 |
| 12 | 0.1～0.9 | 1.4～2.0 | 2.7～3.2 | 3.0～4.5 | 5.7～6.5 | 8.3～8.9 | 9.0～9.5 | | | 徐国昌,1997 | 冰川、湖泊 |
| 13 | 0.1～0.5 | | 2.4～3.3 | 3.6～4.0 | 5.0～5.8 | 7.0～8.5 | 9.0～9.5 | | | 徐国昌,1997 | 中国东部 |

1520 年、公元 1620—1720 年和公元 1840—1890 年,最低气温出现在公元 1650 年前后,气温距平均为 $-1.8℃$。这 3 个冷期在敦德冰芯、树轮等及至我国北回归线以南的地区都有不同程度的记录(表 15-3)。如果将前述中的世界其他一些地区小冰期的研究结果考虑进去,表明这几次冷期波动应该是全球性的较高分辨率的气候事件。

表 15-3 中国小冰期寒冷阶段对比

| 研究者 | 研究地区 | 研究方法 | 第 1 冷期 | 第 2 冷期 | 第 3 冷期 |
|---|---|---|---|---|---|
| 竺可桢,1973 | 中国 | 历史资料 | 1470—1520 年 | 1620—1720 年 | 1840—1890 年 |
| 康兴成等,1997 | 中国 | 树木年轮 | 1257—1344 年和 1422—1529 年 | 1591—1744 年 | 1775—1833 年和 1864—1874 年 |
| 张德二,1991 | 中国 | 综合 | | 最冷期 1620—1690 年 | 最冷期 1820—1890 年 |
| 姚檀栋等,1990 | 敦德冰芯 | 冰帽氧同位素 | 1451—1500 年 | 1601—1690 年 | 1791—1880 年 |
| 储国强,1999 | 中国北回归线以南 | 历史资料 | 1375—1425 年和 1485—1555 年 | 1615—1725 年和 1755—1765 年 | 1835—1895 年 |

#### 15.3.3.3 最近 10 余年来上更新统—全新统千年尺度气候地层划分的研究进展

自 21 世纪开始的最近 10 余年,国内外基本上是沿以 20 世纪 90 年代建立的上更新统—全新统千年尺度气候地层划分的框架为基础进行的研究,成果颇多,划分亦更加详细。可以说,该时期主要是对此前已建立的这一框架在世界各地是否存在、表现形式如何的研究。我国在这方面的研究成果同样较多,以下仅择其中一些进展作阐述。

首先阐述石笋方面的研究成果。21 世纪开初，Wang et al.（2001）采用江苏葫芦洞石笋微层结合 TIMS-U 系法定年建立了 77～10ka B P $\delta^{18}$O 气候曲线，之后又据贵州董哥洞和湖北三宝洞石笋分别建立了 9ka B P（Wang et al.，2005）和 224ka B P（Wang et al.，2008）以来的 $\delta^{18}$O 气候曲线。研究获得的主要结论是：

葫芦洞石笋记录的 75～11ka B P $\delta^{18}$O 气候曲线与格陵兰冰芯的氧同位素记录极为相似，反映东亚季风变化与格陵兰温度的变化同步，两者在各个冷事件的时间上相对应；30～11ka 期间，东亚季风的时间变化与 GISP2 记录相吻合，是 GISP2 年代序列的又一有利证据。

董歌洞石笋 $\delta^{18}$O 变化提供了 9ka 以来高分辨的亚洲季风变化记录，在其反映夏季太阳辐射连续变化的同时，还间隔有 8 次持续 100～500 年的弱季风事件，其中有 8.2ka 事件、中国新石器文化衰弱事件、北大西洋冰伐事件。十年、百年尺度的季风变化与 $^{14}$C 记录相互关联，但并不能表明季风变化是由于太阳辐射变化所导致的。

三宝洞石笋高分辨率完整地记录了 224ka 以来东亚季风变化。其反映的 23ka 周期与北纬 65°太阳辐射变化是同步的，证实了热带/亚热带季风直接响应了北半球太阳辐射的轨道周期变化。同时还完整记录了叠加在冰期—间冰期中的一系列千年尺度强夏季风事件（间冰段），它们在最后两个冰期中都表现为延续时间的缩短和发生频率的增加，这表明冰盖规模决定这些夏季风的强弱和节律。这些精准的强夏季风事件为古气候记录对比和校准提供了参照。

吴江滢等详细剖析了葫芦洞石笋 $\delta^{18}$O 在 19.9～17.1ka B P 的高分辨率序列，提出：该时段存在东亚夏季风显著增强，其内部存在数十年至百年尺度的高频大幅振荡，夏季风最强盛时期甚至接近于 Bøling 暖期（吴江滢等，2002）。

石笋的这些研究结果，使得包括上更新统—全新统在内的气候地层学跻身于世界前列，由于其采用的 TIMS-U 系法定年误差较小，在气候事件的时间厘定上也更加准确。

在黄土研究方面，Sun et al.（2011）对黄土高原西北部靖远和古浪两个黄土剖面的光释光测年及粒度分析，揭示出最近 60 ka 以来东亚冬季风的强度具有明显的千年尺度变化，并通过耦合气候模拟研究得出，由于大西洋经向翻转环流导致大量淡水涌入北大西洋而影响季风系统，使东亚冬季风增强为黄土高原带来更多的粉尘，夏季风减弱使降水减少。其中西风带是大西洋经向翻转环流影响亚洲季风快速变化的纽带。吕连清等（2004）通过青藏高原东北部合作盆地黄土剖面高分辨率的粒度研究发现，该剖面记录了至少 8 个明显的粒度变粗事件 C0—C8 和近 20 个较为明显的粒度变细事件 FG1—FG20，表明末次冰期以来青藏高原冬季风存在明显的可与北半球高纬地区相对比的千年尺度变化。Zhou et al.（2010）采用黄土高原黄土 $^{10}$Be 重建了最近 130ka 季风变化曲线，这可能为重建内陆降水变化提供了新的途径。

在中国沙漠研究方面，Li et al.（2007）按毛乌素沙漠萨拉乌苏河流域米浪沟湾剖面上更新统—全新统年代测试结果将该剖面划分出在时代上与 OIS 1—OIS 6 和 OIS 5a—OIS 5e 相对应的层段，分别为 MGS 1—MGS 6 和 MGS 5a—MGS 5e，同时根据岩性、沉积相、$SiO_2$、$Al_2O_3$ 含量和 $Al_2O_3/SiO_2$ 曲线的分布规律并参考古生物指示的古生态，提出该地由沙丘砂与河湖相、古土壤相互叠覆记录的沙漠演化与东亚冬夏季风对全球气候的响应有关。在此基础上，对该剖面进行了一系列的千年尺度变化研究，结果证实，MGS 1—MGS 5 都存在可在时间和气候性质上与 OIS 1—OIS 5 进行对比的千年尺度气候变化（欧阳椿陶等，2007；Li et al.，2008；Niu et al.，2008；Ou et al.，2008；杜恕环等，2009；Lu et al.，

2010；Du et al.，2011，2012；Wang et al.，2012；Si et al.，2013）。

在湖泊沼泽记录的研究方面，An et al.（2012）对青海湖 32 ka B P 以来沉积物的有机质（TOC）、CaCO₃ 含量和大于 25μm 通量分析，认为其分别反映了半干旱区东亚夏季风和西风的演化过程及其对全球气候事件的响应（图 15-15）。由图 15-15 可见，西风指标（WI）在 32～11ka B P 指示出显著的西风带强度对全球变化的响应，冷暖峰谷鲜明且尤以对 H 与 YD 事件的响应更为显著；夏季风指标（SMI）在 12ka B P 以来指示的亚洲冬、夏季风对全球变化具有明显的响应。不仅如此，这两个指标还反映出在千年尺度背景下存在强烈的百年尺度的振荡。

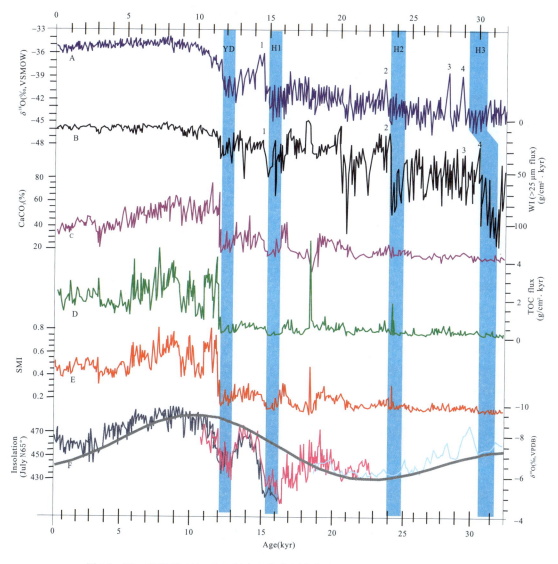

图 15-15　青海湖 32ka B P 以来气候代用指标指示的西风、夏季风的变化及其与 δ¹⁸O 曲线、N65°太阳辐射的对比图

（据 An et al.，2012）

最近10余年来，我国上更新统—全新统千年尺度气候地层划分还见于：通过南海南部陆坡钻孔（NS-93-5）$\delta^{18}O$ 的分析，发现该地存在的 D/O 事件 IS1—IS21 和 H1—H6 的记录（陈木宏等，2000）、南海北部孢粉记录揭示的末次冰期以来的千年尺度气候事件（罗运利等，2005）、东北地区的哈尼泥炭纤维素 $\delta^{18}O$ 研究（洪冰等，2009）揭示的气温突然变冷事件（Older Dryas, Inter-Allerød, Younger Dryas），我国干旱区湖泊沉积记录的全新世千百年尺度的夏季风快速变化（陈发虎等，2001），由与风积物交替沉积的古土壤、湖沼、泥炭揭示出来的全新世高频率的东亚季风振荡（Porter and Zhou, 2006），东南沿海的湖光岩高分辨率含磁性钛的沉积反映的 YD 事件，Bøling—Allerod 暖期发生的强冬季风现象（Gergana et al., 2007），玛珥湖全新世高分辨率环境纪录（刘嘉麒等，2000；郑卓等，2003），青藏高原古里雅和普若岗日冰芯 $\delta^{18}O$ 共同记录的 7ka B P 以来 4 次明显的冷事件（段克勤等，2012），等等，相关成果层出不穷，不再一一赘述。

### 15.3.3.4 千年尺度气候变化不稳定的原因

以上列举的上更新统—全新统中各种气候信息揭示出来的末次间冰期以来气候变化的不稳定性，其形成机制迄今仍然不甚清楚，或者还处在一个开始探索的阶段。Alleyr et al. (1999) 提出这种全球性或者说是北半球的千年尺度气候变化是冰盖—海洋—大气相互作用的产物，形成机制可能与北大西洋的热盐环流（THC）有关。具体过程可归纳为（刘东生等，2009）：①劳伦冰盖发育到一定程度后，因内部的颤动（internal oscillation）可以向大西洋输入大量的冰山；②冰山融化后产生大量淡水而降低大西洋表层水的盐度；③盐度降低后，北大西洋表层下沉水量减少，底层流减弱或停止发生；④北大西洋从海面向大气释放的热量减少，洋温度降低，并由此影响其他地区。

然而，刘东生等（2009）指出，这个理论还难以解释全球气候的不稳定性。首先，H 事件中浮冰碎屑，其源区并非仅是劳伦冰盖，还有如北欧冰盖、巴伦支冰盖及格陵兰冰盖等。在 H 事件发生时期，同样有冰山输入海洋，并且几乎是同时的。这就表明这些冰盖发生冰山输入海洋的事件，很可能同时受控于某个因子的改变，如高纬大气温度的变化。其次，南半球山地冰川（如安第斯山脉和新西兰阿尔卑斯山脉）YD 事件和最近的几个 H 事件也同时发生了冰川扩张过程，北美的山岳冰川亦有同样的记录，这样大范围的同时变化仅用大西洋的变化来解释似乎是困难的。

上更新统—全新统无论是在格陵兰冰芯、北大西洋深海，还是在我国广泛的区域，都记录了末次间冰期以来非轨道的千年尺度快速气候事件，其产生应当与地球的诸如下垫面状况、大洋、洋流等之间的反馈相互作用有关。Bond et al. (1999) 探讨了全新世 1.5 ka 准周期气候波动，认为其很可能受控于太阳活动周期（Bond et al., 2001），而与冰盖的颤动无关。于学峰等（2006）通过研究发现，青藏高原若尔盖地区全新世泥炭的变化与北半球夏季太阳辐射变化规律较为吻合，提出太阳辐射会直接影响并驱动季风的海陆差异。Carolyn et al. (2005) 根据董哥洞的石笋记录，认为冰消期以来气候变化亚洲季风与北大西洋有密切的联系，同时也发现其与太阳活动有关，认为海洋—大气的相互作用对于太阳活动起到一个加强的作用。如果认为这一看法合宜，则可以理解为这是在地球外部太阳活动强迫因子影响下与地球气候系统内部耦合发生的气候地层的振荡。

如果认为末次冰消期以来千年尺度气候地层的变化归因于太阳活动周期规律影响下的海洋—大气相互作用的结果，那么冰消期以前乃至到我们看到的过去 270ka 由格陵兰和北大西

洋 $\delta^{18}O$ 曲线显示的那些千年尺度的变化（图 15-13）又应该如何解释呢？另外，近年 Matt et al.（2010）在南大洋 Campbell Island 岛重建的 18 ka B P 以来的气候变化，似乎与普遍认为的冰消期以来千年尺度气候变化的那些阶段在时间和气候性质上也不尽一致，如他们发现的显著的 12 500～11 000a B P 暖期、9200a B P 的冷期和 6000～5000a B P 迅速升温至顶点的暖期，以及随后的 3 个小幅度冷期 5200～4000a B P、3000～1700a B P 和 700～100a B P 等。可以认为，目前对千年尺度气候变化不稳定性原因的探讨还处在开始阶段。

［致谢：本文得到国家自然科学基金项目（批准号：41290250）资助；周尚哲和周厚云教授对本章内容提出了宝贵意见，在此深表谢意！］

## 参 考 文 献

安芷生，王俊达，李华梅．洛川黄土剖面的古地磁研究［J］．地球化学，1977（4）：239-349．

安芷生，Porter S，Kukla G，等．最近 13 万年黄土高原季风变迁的磁化率证据［J］．科学通报，1990a，7：529-532．

安芷生，吴锡浩，卢演畴，等．两万年来中国环境变化的初步研究［M］//刘东生．黄土．第四纪地质．全球变化．北京：科学出版社，1990b：1-26．

安芷生，李力，鹿化煜，等．末次间冰期东亚冬季风气候的不稳定性［M］.//国家自然科学基金资助项目研究成果年报．北京：科学出版社，1999：18-19．

陈发虎，朱艳，李吉均，等．民勤盆地湖泊沉积记录的全新世千百年尺度的夏季风快速变化［J］．科学通报，2001，46（17）：414-1419．

陈惠忠，董光荣，金炯，等．昆仑山、阿尔金北麓石膏多边及其所反映的古环境［M］.//中国西部第四纪冰川与环境．北京：科学出版社，1991：306-311．

陈吉阳．天山乌鲁木齐河源全新世冰川变化的地衣年代学等若干问题之初步研究［J］．中国科学（B），1988（1）：95-104．

陈木宏，涂霞，郑范，等．南海南部近 20 万年沉积序列与古气候变化关系［J］．科学通报，2000，45（5）：542-548．

崔之久，杨建强，赵亮，等．鄂尔多斯大面积冰楔群的发现及 20ka 以来中国北方多年冻土南界与环境［J］．科学通报，2004，49（13）：1304-1310．

丁仲礼，刘东生．中国黄土研究新进展［J］．第四纪研究，1989（1）：24-33．

丁仲礼，刘东生．1.8Ma 以来黄土—深海古气候记录对比［J］．科学通报，1991，36：1401-1403．

丁仲礼，任剑璋，刘东生，等．晚更新世季风—沙漠系统千年尺度的不规则变化及其机制问题［J］．中国科学（D 辑），1996，26（5）：385-391．

丁仲礼，孙继敏，刘东生．上新世以来毛乌素沙地阶段性扩张的黄土—红黏土沉积证据［J］．科学通报，1999，44（3）：324-326．

丁仲礼．米兰科维奇冰期旋回理论：挑战与机遇［J］．第四纪研究，2006，26（5）：710-717．

董光荣，李保生，高尚玉，等．鄂尔多斯高原晚更新世以来的冰缘现象及其气候地层学意义［J］．地理研究，1985，4（1）：1-10．

董光荣，李森，李保生，等．中国沙漠形成演化的初步研究［J］．中国沙漠，1991，11（4）：23-32．

杜恕环，李保生，David D Zhang，等．萨拉乌苏河流域 MGS5 层段 $CaCO_3$ 记录的末次间冰期东亚季风与沙漠环境演化［J］．自然科学进展，2009，19（11）：1187-1193．

段克勤，姚檀栋，王宁练，等．青藏高原中部全新世气候不稳定性的高分辨率冰芯记录［J］．中国科学（D 辑），2012，42（9）：1441-1449．

方小敏，李吉均，Banerjee S，等．末次间冰期 5e 亚阶段季风快速变化的环境岩石磁学研究［J］．科学通报,1998,43 (21):2330-2332.

方小敏,潘保田,管东红,等. 兰州约 60ka 以来夏季风千年尺度不稳定性研究 [J]. 科学通报,1999,44 (4):436-439.

高尚玉,董光荣,李保生. 陕西榆林地区古风成砂地层中化学元素含量与气候环境 [J]. 中国沙漠,1985,5 (3):25-32.

龚一鸣,徐冉,汤中道,等. 广西上泥盆统轨道旋回地层与牙形石带的数字定年 [J]. 中国科学 (D 辑),2004,34 (7):635-643.

顾兆炎,刘嘉麒,袁宝印,等. 湖相自生沉积作用与环境——兼论西藏色林错沉积记录 [J]. 第四纪研究,1994,14:162-174.

郭正堂,刘东生,Fedoroff N,等. 约 0.85Ma 前后黄土高原区季风区强度的变化 [J]. 科学通报,1993,38:143-146.

郭正堂,吴乃琴,刘东生,等. 最后两个冰期黄土中记录的 Heinrich 型气候节拍 [J]. 第四纪研究,1996 (1):21-29.

Hameed S,龚高法. 中国历史时期温度的变化 [M].//张翼,张王远,张厚,等. 气候变化及其影响. 北京:气象出版社,1993:57-69.

韩家懋,姜文英,吴乃琴,等. 黄土中钙结核的碳氧同位素研究 (一) 氧同位素及其古气候意义 [J]. 第四纪研究,1995a,15:130-138.

韩家懋,姜文英,吕厚远,等. 黄土中钙结核的碳氧同位素研究 (二) 碳同位素及其古气候意义 [J]. 第四纪研究,1995b,15:367-377.

韩家懋,姜文英,刘东生,等. 黄土碳酸盐中古气候变化的同位素记录 [J]. 中国科学 (D 辑),1996,26:399-404.

郝维城,白顺良,江大勇. 法门阶上部米兰科维奇旋回在中国发育的一致性 [J]. 科学通报,2000,45:1654-1660.

洪冰,刘丛强,林庆华,等. 哈尼泥炭 $\delta^{18}O$ 记录的过去 14 000 年温度演变 [J]. 中国科学 (D 辑),2009,39 (5):626-637.

黄春长. 环境变迁 [M]. 北京:科学出版社,1998.

江大勇,郝维诚,白顺良. 广西泥盆系吉维特阶上部地层中的化学旋回与米兰科维奇偏心率旋回的关系 [J]. 科学通报,1999,44:989-992.

姜鹏. 吉林晚更新世哺乳动物化石分布 [J]. 古脊椎动物与古人类,1977,15 (4):313-316.

康兴成,Graumlich L J,Sheppard P. 青海都兰地区 1835 年来的气候变化——来自树轮资料 [J]. 第四纪研究,1997 (1):70-75.

李保生,董光荣,高尚玉,等. 陕西北部榆林第四纪地层剖面的粒度分析与讨论 [J]. 地理学报,1988,43 (2):127-133.

李保生,董光荣,高尚玉,等. 萨拉乌苏河地区晚更新世环境演化 [J]. 地理研究,1989,8 (2):64-73.

李保生,董光荣,高尚玉,等. 萨拉乌苏河地区地层中的碎屑矿物及其反映的中更新世末期以来之气候环境变化 [J]. 岩石矿物学杂志,1991,10 (1):84-90.

李保生,李森,王跃,等. 我国极端干旱区边缘阿羌砂尘堆积剖面的地质时代 [J]. 地质学报,1998,72 (1):83-92.

李保生,温小浩,David Dian Zhang,等. 岭南粤东北地区晚第四纪红土与棕黄色沉积物的古气候转变记录 [J]. 科学通报,2008,53 (22):2793-2800.

李华梅,安芷生,王俊达. 午城黄土剖面古地磁研究的初步结果 [J]. 地球化学,1974 (2):93-104.

李吉均. 西藏冰川的基本特征 [M].//李吉均. 西藏冰川. 北京:科学出版社,1986:37-66.

李吉均，朱俊杰，康建成，等. 末次冰期旋回兰州黄土剖面与南极东方站冰岩芯的对比 [J]. 中国科学 (D辑)，1990，10：1086-1094.

李吉均，舒强，周尚哲，等. 中国第四纪冰川研究的回顾与展望 [J]. 冰川冻土，2004，26 (3)：235-243.

李四光. 冰期之庐山 [J]. 中央研究院地质研究所专刊，乙种第二号，1947：1-70.

李志文，李保生，董玉祥，等. 粤东北丘陵区末次间冰期红土的特征与气候环境 [J]. 地质论评，2010，56 (3)：355-364.

刘东生，等. 黄土的物质成分和结构 [M]. 北京：科学出版社，1966：1-132.

刘东生，等. 黄土与环境 [M]. 北京：科学出版社，1985：1-350.

刘东生，施雅风，王汝建，等. 以气候变化为标志的中国第四纪地层对比表 [J]. 第四纪研究，2000，20 (2)：108-128.

刘东生. 黄土与干旱环境 [M]. 合肥：安徽科学技术出版社，2009：1-537.

刘嘉麒，陈铁梅，聂高众，等. 渭南黄土剖面的年龄测定及十五万年来高分辨时间序列的建立 [J]. 第四纪研究，1994，3：193-202.

刘嘉麒，吕厚远，Negendank J，等. 湖光岩玛珥湖全新世气候波动的周期性 [J]. 科学通报，2000，45 (11)：1190-1194.

刘嘉麒，倪云燕，储国强. 第四纪的主要气候事件 [J]. 第四纪研究，2001，21 (3)：239-248.

刘秀铭，刘东生，Shaw J. 中国黄土磁性矿物特征及其古气候变化 [J]. 第四纪研究，1993 (3)：281-287.

罗运利，孙湘君. 末次冰期以来南海北部孢粉记录的植被演化及千年尺度气候事件 [J]. 科学通报，2005，50 (7)：691-697.

吕连清，方小敏，鹿化煜，等. 青藏高原东北缘黄土粒度记录的末次冰期千年尺度气候变化 [J]. 科学通报，2004，49 (11)：1091-1098.

南京大学地质学系. 地球化学 [M]. 北京：科学出版社，1979：1-514.

欧阳椿陶，李保生，欧先交，等. 萨拉乌苏河流域末次间冰期古土壤化学风化与古气候 [J]. 地理学报，2007，62 (5)：518-528.

任振球. 全球变化—地球四大圈层异常变化及其天文成因 [M]. 北京：科学出版社，1990：1-226.

施雅风等. 第四纪冰川新论 [M]. 上海：上海科学普及出版社，2011：134-144.

施雅风，孔昭辰，王苏民，等. 中国全新世大暖期气候与环境的基本特征 [M].//施雅风，孔昭宸. 中国全新世大暖期气候与环境. 北京：海洋出版社，1992：1-18.

孙东怀，安芷生，刘东生，等. 最近150ka黄土高原夏季风气候格局的演化 [J]. 中国科学 (D辑)，1996，26：417-422.

王贵勇，董光荣，李森，等. 试论戈壁面及其指相意义 [J]. 中国沙漠，1995，15 (2)：124-130.

王慧中，赵泉鸿，俞立中，等. 晚第四纪西太平洋风尘记录与冰期旋回的比较 [J]. 中国科学 (D辑)，1998，21 (1)：7-12.

王克鲁，裴静娴. 山西隰县午城黄土矿物成分 [M]. 北京：科学出版社，1964：89-110.

王绍武，叶瑾琳，龚道溢. 中国小冰期的气候 [J]. 第四纪研究，1998 (1)：54-64.

王绍武，谢志辉. 千年尺度气候变率的研究 [J]. 地学前缘，2002，9 (1)：143-153.

王苏民. 末次冰期以来岱海环境变化与古气候 [J]. 第四纪研究，1990 (3)：223-232.

王苏民，吉磊，羊向东，等. 内蒙古扎赉诺尔湖泊沉积物中的新仙女木事件记录 [J]. 科学通报，1994，39 (4)：348-351.

温小浩，李保生，李森，等. 2500 a B P以来额济纳绿洲沙丘的粒度特征及其反映的沉积过程 [J]. 地质学报，2005，79 (5)：710-718.

吴江滢,汪永进,邵晓华,等. 晚更新世东亚季风气候不稳定性的洞穴石笋同位素证据 [J]. 地质学报, 2002, 76 (3): 413-419.

吴正. 塔克拉玛干沙漠成因的探讨 [J]. 地理学报, 1981, 36 (3): 280-291.

徐国昌. 中国干旱半干旱区气候变化 [M]. 北京: 气象出版社, 1997: 1-101.

杨怀仁. 第四纪气候变化 [J]. 冰川冻土, 1979, 1: 25-34.

姚檀栋,谢自楚,武筱聆,等. 敦德冰帽中的小冰期气候记录 [J]. 中国科学 (B辑), 1990, 11: 1197-1201.

姚檀栋,施雅风. 祁连山敦德冰芯记录的全新世气候变化 [M]. //施雅风,孔昭宸. 中国全新世大暖期与环境. 北京: 海洋出版社, 1992: 206-211.

姚檀栋. 末次冰期青藏高原的气候突变——古里雅冰芯与格陵兰GRIP冰芯对比研究 [J]. 中国科学 (D辑), 1999, 29 (2): 175-184.

叶玮,董光荣,袁玉江,等. 新疆伊犁地区末次冰期气候的不稳定性 [J]. 科学通报, 2000, 6 (45): 641-646.

于学峰,周卫健,Lars G Franzen,等. 青藏高原东部全新世冬夏季风变化的高分辨率泥炭记录 [J]. 中国科学 (D辑), 地球科学, 2006, 36 (2): 182-187.

张德二. 中国的小冰期气候及其与全球变化的关系 [J]. 第四纪研究, 1991 (2): 104-111.

张彭熹,张保珍. 柴达木盆地近三百万年来古气候演化的初步研究 [J]. 地理学报, 1991, 46: 327-335.

张彭熹,张保珍,钱桂敏,等. 青海湖全新世以来古环境参数的研究 [J]. 第四纪研究, 1994 (3): 225-238.

张宇红,李保生,靳鹤龄,等. 萨拉乌苏河流域150ka以来多波动粒度沉积旋回 [J]. 地理学报, 2001, 56 (4): 332-344.

郑卓,王建华,王斌,等. 海南岛双池玛珥湖全新世高分辨率环境纪录 [J]. 科学通报, 2003, 48 (3): 282-286.

周廷儒. 新疆第四纪陆相沉积的主要类型及其和地貌气候发展的关系 [J]. 地理学报, 1963, 29 (2): 109-129.

竺可桢. 中国近五千年来气候变迁的初步研究 [J]. 考古学报, 1972, 2 (1): 15-38.

Prokopenko A A, Hinnov L A, Williams D F et al. 中国五千年来气候变迁的初步研究 [J]. 中国科学, 1973, 16 (2): 226-256.

Alexander A. Prokopenkoa, Linda A. Hinnov. Orbital forcing of continental climate during the Pleistocene: a complete astronomically tuned climatic record from Lake Baikal, SE Siberia [J]. Quaternary Science Reviews, 2006, 25: 3431-3457.

Alexander A. Prokopenko, Galina K. Khursevich. Plio - Pleistocene transition in the continental record from Lake Baikal: Diatom biostratigraphy and age model [J]. Quaternary International, 2010, 219: 26-36.

Alimen H. Généralités sur la faune et les flores préhistoriques de l'Europe occidentale [M]. //Faunes et flores quaternaires de l'Europe occi dentale. publié sous la direction de R. Lavocat, éd. Boubée, 1966: 13-38, 44 tabl., 4 fig.

Alleyr B, Clarkpu, Kelgwin L D et al. Making sense of millennial scale climate change [J]. Geohlysical Monograph, 1999, 112: 386-394.

An Zhisheng, Kukla G J, Porter S C et al. Magnetic susceptibility evidence of monsoon variation on the Loess Plateau of central China during the 130 000 years [J]. Quat. Res., 1991, 36: 29-36.

An Z S. The history and variability of the East Asian paleomonsoon climate [J]. Quaternary Science Reviews, 2000, 19 (1-5): 171-187.

An Z, Colman S M, Zhou W et al. Interplay between the Westerlies and Asian monsoon recorded in Lake Qinghai sediments since 32ka [J]. Scientific reports, 2012, 2: 1-7.

Bender M, Sower T, Dickson M L et al. Climate correlations between Greenland and Antarctica during the past 100 000 years [J]. Nature, 1994, 372: 663-666.

Birkenmajer K. Raised marine features and glacial history in the vicinity of Ariaowski Station, King Geoge island (South Shetlands, West Antarctica) [J]. Bulletin de I'Academie Polonaise des Sciences, 1981, 29: 109-117.

Bond G, Heirich H, Brocker W S et al. Evedence for massive discharges of icebergs into the North Atlantic Ocean during the last glacial period [J]. Nature, 1992, 360: 245-249.

Bond G, Brocker W S, Johnsen S et al. Correlations between climate records from North Atlantic sediments and Greenland ice [J]. Nature, 1993, 365: 143-147.

Bond G, Showers W, Cheseby M et al. A pervasive millennial-scale cycle in North Atlantic Holocene and Glacial climates [J]. Science, 1997, 278: 1257-1266.

Bond G C, Showers W, Elliotm et al. The North Atlantic's 1-2 kyr climate rhythm: relation to Heinrich events, Dansgaard Oeschger cycles and the Little Ice Age [J]. American Geophysical Union, 2013, 112: 35-58.

Bond G, Kromer B, Beer J et al. Persistent solar influence on North Atlantic climate during the Holocene [J]. Science, 2001, 294: 2130-2136.

Braddock K, Linsley. Oxygen-isotope record of sea level and climate variations in the Sulu Sea over the past 150 000 years [J]. Nature, 1996, 80 (21): 234-237.

Bradley R S. Holocene paleoclimatology of the Queen Elizabeth islands, Canadian, Arctic [J]. Quaternary Science Reviews, 1990, 9: 365-384.

Buonocunto F P, D'Argenio B, Ferreri V et al. Orbital cyclostratigraphy and sequence straitigraphy of Upper Cretaceous platform carbonates at Monte Sant'Erasmo, southern Apennines, Italy [J]. Cretaceous Research, 1999, 20: 81-95.

Cerling T E. The stable isotopic composition of modern soil carbonate and its relationship to climate [J]. Earth Platet. Sci. Lett., 1984, 71: 229-240.

Chivas A R, De Deckker P, Shelley J M G. Magnesium content of non-marine ostracod shells: a new palaesalinometer and palaeothermometer [J]. Paleogeoggraphy, Paleoclimatology, Paleoecology, 1986a, 54: 43-61.

Chivas A R, De Deckker P, Shelley J M G. Magnesium and strontium in non-marine ostracod shells as indicators of palaeosalinity and palaeotemperature [J]. Hydobiologia, 1986b, 143: 135-142.

Chen D N, Gao J X, Gao F Q et al. Fossil snails and their environment [M].//Liu T S et al. Loess and the Environment, section II of chapter 4. Beijing, China Ocean Press, 1985: 73-84.

Clapperton C M. Quaternary glaciations in the southern ocean and Antarctic Peninsula area [J]. Pollenet spores, 1990, 24: 523-535.

Clark P U, Webb R S, Keigwinl D. Mechanisms of global climate change at millennial time scales [J]. Geophysical Monograph, AGU, Washington, 1999, 112: 35-58.

Cohen K M, Gibbard P L. Global chronstrtigraphical correlation table for the last 2.7 million years. Subcom OIS sion on Quaternary Stratigraphy [C]. International Commission on Stratigraphy, 2011.

Cohen K M, Gibbard P L. Regional chronostratigraphical correlation table for the last 270 000 years Europe north of the Mediterranean [J]. Subcom OIS sion on Quaternary Stratigraphy (International Com OIS sion on Stratigraphy), Cambridge, 2012, 279-280 (16): 93 (16): 279-280.

Dansgaard W, Johnsen S J, Clausen H B et al. Evidence for general instability of past climate from a 250 kyr ice core record [J]. Nature, 1993, 364: 218-220.

Deevey E S, Flint R F. Postglacial Hypsithermal interval [J]. Science, 1957, 125: 182-184.

Denton G H, Karlen W. Holocene climatic variations their Pattern and Possible cause [J]. Quaternary Research, 1973, 3: 155-205.

Ding Zhongli, Liu Dongsheng, Liu Xiuming, et al. Thirty-seven climatic cycles in the last 2.5Ma [J]. Chi. Sci. Bull., 1990, 35: 667-671.

Doyle P, Bennett M R. Unlocking The Stratigraphical record - Advances in modern stratigraphy [M]. Chichester: John Wiley, Sons Ltd, 1998: 1-532.

Du S H, Li B S, Niu D F et al. Age of the MGS5 segment of the Milanggouwang stratigraphical section and evolution of the desert environment on a kilo-year scale during the Last Interglacial in China's Salawusu RiverValley: Evidence from Rb and Sr contents and ratios [J]. Chemie der Erde, 2011 (71): 87-95.

Du S H, Li B S, Chen M H et al. Kiloyear-scale climate events and evolution during the Last Interglacial, Mu Us Desert, China [J]. Quaternary International, 2012 (263): 63-70.

Dykoski C A, Edwards R L, Hai cheng et al. A high-resolution, absolute-dated Holocene and deglacial Asian monsoon record from Dongge Cave. China [J]. Earth and Planetary Science Letters, 2005, 233: 71-86.

Elrick M. Cyclostratigraphy of Middle Devonian carbonates of the eastern Great Basin [J]. Journal of Sedimentary Research, 1995, 65 (1): 61-79.

Elrick M, Hinnov L A. Millennial-scale origins for stratification in Cambrian and Devonian deep-water rhythmites, western USA [J]. Palaeogeography, Palaeoclimatology, Palaeoecology, 1996, 123: 353-372.

Emiliani C. Pleistocene temperatures [J]. J Geol., 1955, 63: 538-578.

Emiliani C. Isotopic paleotemperatures [J]. Science, 1966, 154: 851-857.

Faure H, Morner N A, Liu Tungsheng. INQUA's contribution to understanding global change: the state of the art [C]. Proc. Rev. Rep. For. Symp. VIII INQUA Cong., 1991: 3-5.

Gellately A F, Rothisberger F, Geyh M A. Holocene glacier variations in New Zealand (South Island) [J]. Zeitschrift für gletscherkunde and glazialgeologie, 1985, 21: 265-273.

Gergana Yancheva, Nowaczyk N R, Jens Mingram et al. Influence of the intertropical convergence zone on the East Asian monsoon [J]. Nature, 2007, 445: 74-77.

Gilbert G K. Sedimentary measurement of geological time [J]. Journal of Geology, 1895, 3: 121-125.

Gong Y M, Li B H, Wang Ch Y et al. Orbital cyclostratigraphy of the Devonian Frasnian-Famennian transition in South China [J]. Palaeogeogrphy, Palaeoclimatology, Palaeocology, 2001, 163 (3-4): 237-248.

Gong Y M, Li B H. Reply to comment on "Orbital cyclostratigraphy of the Devonian Frasnian-Famennian transition in South China" [J]. Palaeogeogrphy, Palaeoclimatology, Palaeocology, 2004, 205 (1-2): 171-175.

GRIP Members. Climate Instability during the Last Interglacial Period Recorded in the GRIP Ice Core [J]. Nature, 1993, 364 (6434): 203-207.

Grootes P M, Stuiverm, White J W C. Comparison of oxygen isotope records from the GLSP2 and GRIP Greenland ice cores [J]. Nature, 1993, 366: 552-554.

Grotzinger J P. Upward shallowing platform cycles: A response to 2.2 billion years of low-amplitudes, high-frequency (Milankovitch band) sea level oscillations [J]. Paleoceanography, 1986, 1: 403-

416.

Gu Zhaoyan, Liu Tungsheng, Zheng Shuhui. A Preliminary study on quartz oxygen isotope in Chinese loess and soils [M]. // Liu Tungsheng Aspects of Loess Research, Beijing: China Ocean Press, 1987: 291-302.

Gu Zhaoyan, Lal D, Liu Tungsheng et al. Five-million-year $^{10}$Be record in Chinese loess and red-clay: climate and weathering relationships [J]. Earth Planet. Sci. Lett., 1996, 144: 273-287.

Harnois L. The CIW Index: a new chemical index of weathering [J]. Sediment. Geol., 1988, 55: 319-322.

Hayes J D, Imbrie J, Shackloton N J. Variations in the Earth's orbit: pacemaker of the Ice-Ages [J]. Science, 1976, 194: 1121-1132.

Heinrich H. Origin and consequences of cyclic ice-rafting in the Northeast Atlantic ocean during the past 130 000 years [J]. Quaternary Research, 1988, 29: 142-152.

Heller F, Liu Tungsheng. Magnetostratigraphical dating of loess deposits in China [J]. Nature, 1982, 300: 431-433.

Heller F, Liu Tungsheng. Magnetism of Chinese loess deposits [J]. Geophys. J. R. astr. Soc., 1984, 77: 125-141.

Herbert T D, D'Hondt S L. Precessional climate cyclicity in Late Cretaceous-Early Tertiary marine sediments: a high resolution chronometer of Cretaceous-Tertiary boundary events [J]. Earth and Planetary Science Letters, 1990, 99: 263-275.

Honda M, Shimizu H. Geochemical, mineralogical and sedimentological studies on the Taklimakan Desert sands [J]. Sedimentology, 1998, 45: 1125-1143.

House M R. A new approach to an absolute timescale from measurements of orbital cycles and sedimentary micro-rhythms [J]. Nature, 1985, 315: 721-725.

House M R. Devonian precessional and other signatures for establishing a Givetian timescale [M]. // House M R, Gale A S et al. Orbital Forcing Timescales and Cyclostratigraphy. Brassmil: Geological Society Special Publication No. 85, 1995: 37-49.

Hovan S A, Rea D K, Pisias N G et al. A direct link between the China loess and marine $\delta^{18}$O record: Aeolian flux to the north Pacific [J]. Nature, 1989, 340: 296-298.

Imbrie J, Hays J G, Martinson D G et al. The orbital theory of Pleistocene climate: support from a revise chronology of the marine $^{18}$O record [M]. // Berger A L, Imbrie J et al. Hays J. Milankovitch and Climate I: understanding the response to astronomical forcing. Dordrecht: Reidel, 1984: 269-305.

Jouzel J, Genthon C, Lorius C et al. Vostok ice core: a continuous isotope temperature record over the last climatic cycle (160 000 years) [J]. Nature, 1987, 329: 403-408.

Kukla G J. Loess stratigraphy in center China [J]. Quaternary Science Review, 1987, 6: 191-219.

Larsen E et al. Do Greenland ice cores reflect NW European interglacial climate variations? [J]. Quaternary Research, 1995, 43: 125-132.

Lee J. S. Note on traces of recent ice action in Northern China [J]. Geol, Mag, 1922, Vol. LIX.

Leinen M. The Late Quarternary record of atmospheric transport to the northwest Pacific from Asia [M]. // Leinen M, Sarnthein M. Paleoclimatology and Paleometeolgy: Modern and Past Patterns of Global Atmospheric Transport. Dordrecht: Kluwer Academic Pub. 1989: 693-732.

Li Baosheng, Jin Heling, Lu Haiyan et al. Processes of the deposition and vicissitude of Mu Us Desert, China since 150ka B P [J]. Science in China (Series D), 1998a, 41 (3): 248-254.

Li Baosheng, Yan Mancun, Barry B. Miller et al. Late Pleistocene and Holocene palaeoclimate records from the Badain Jaran Desert, China [J]. Current Research in the Pleistocene, 1998b, 15: 129 - 131.

Li Baosheng, Zhang D D, Jin Heling et al. Palaeo - Monsoon activities of Mu Us Desert, China since 150ka—A study of the stratigraphic sequences of the Milanggouwan section, Salawusu River [J]. Palaeogeography, Palaeoclimatology, Palaeoecology, 2000, 162: 1 - 16.

Li Baosheng, David Dian Zhang, Zhou Xingjia et al. A preliminary study of the sediments in the Yutian - Hotan Oasis, south Xinjiang, China [J]. Acta Geologica Sinica, 2002, 76 (2): 221 - 228.

Li Baosheng, Zhang D D, Wen Xiaohao et al. Multi - cycles of Climatic Fluctuation in the Last Interglacial Period [J]. Acta Geologica Sinica, 2005, 79 (3): 398 - 404.

Li Baosheng, Wen Xiaohao, Qiu Shifan et al. Phases of environmental evolution idicated by primary chemical elements and paleotological records in the Upper Pleistocene - Holocene Series for the Salawusu River valley, China [J]. Acta Geologica Sinica, 2007, 81 (4): 555 - 565.

Li Baosheng, Chen Deniu, David Dian Zhang et al. Fossil gastropods from the MGS3 stratigraphic segment in the Salawusu River Valley and their climatic and environmental implications [J]. Science in China Series D: Earth Sciences, 2008, 51 (3): 339 - 348.

Liu Tungsheng, Ding Zhongli. Stepwise coupling of monsoon circulations to global ice volume variations during Late Cenozoic. Global Plant Change, 1993, 7: 119 - 130.

Liu Tungsheng, Ding Zhongli, Nat Rutter. Comparison of Milankovitch periods between continental loess and deep sea records over the last 2.5 Ma [J]. Quaternary Science Reviews, 1999, 18: 1205 - 1212.

Lu Yingxia, Li Baosheng, Wen Xiaohao et al. Millennial - centennial scales climate changes of Holocene indicatedby magnetic susceptibility of high - resolution section in Salawusu River valley [J]. Chinese Geographical Sciences, 2010, 20 (3): 243 - 251.

Luz B, Shackleton N J. $CaCO_3$ solution in the tropical east Pacific during the past 130 000 years. Cushman Found [J]. Foram. Res., Spec. Publ., 1975, 13: 142 - 150.

Matt S McGlone, Chris S M Turney, Janet M Wilmshurst, James Renwick, Katharina Pahnke. Divergent trends in land and ocean temperature in the Southern Ocean over the past 18 000 years [J]. Nature, 2010, 931: 622 - 626.

Mc Manus J F, Bond G C, Broecker W S et al. High - resolution climate records from the North Atlantic during the last interglacial [J]. Nature, 1994, 371 (6494): 326 - 329.

Milankovitch M. Theoric mathematique des phenomenes thermiques products [M]. Per la radiation splaire, Gavthier Viliars, Paris, 1920.

Niu Dongfeng, Li Baosheng, Du Shuhuan et al. Cold event of Holocene indicated by primary elements distribution of the high - resolution sand dune in the Salawusu River Valley [J]. Journal 0f Geographical Sciences, 2008, 18: 26 - 36.

North Greenland Ice Core Project Members. High - resolution record of northern heOISphere climate extending into the last interglacial period [J]. Nature, 2004, 431: 147 - 151.

Ou Xianjiao, Li Baosheng, Jin Heling et al. Sedimentary characteristics of paleo - aeolian dune sands of Salawusu Formation in the Salawusu River Valley [J]. Journal of Geographical Sciences, 2008, 18 (2):211 - 224.

Penk A, Bruckner E. Die Aipen im Eis Zeitalter [M]. Leipzig: auchnitz, 1909: 1 - 199.

Prell W L, Van Campo E. Coherent response of Arabian Sea upwelling and pollen transport to late Quaternary monsoon winds [J]. Nature, 1986, 323: 526 - 528.

Porter S C, An Zhisheng. Correlation between climate events in the North Atlantic and China during the last glaciation [J]. Nature, 1995, 375: 305 - 308.

Raymo M E, Ruddiman W F, Backman J et al. Late Pliocene variations in Northern Hemisphere ice sheets and north Atlantic deep water circulation [J]. Paloceanography, 1989, 4: 413 – 446.

Rea D K, Leinen M. Asian aridity and the zonal westerlies Later Pleistocene and Holocene record of eolian deposition in the Northwest Pacific Ocean [J]. Palaeogeography, Palaeoclimatology, Palaeoecology, 1988, 66: 1 – 8.

Rousseau D D, Puisseégur J J, Lautridou J P. Biogeography of the Pleistocene Pleniglacial malacofaunas in Europe [J]. Paleogeography, Paleoclimatollogy, Paleoecollogy, 1990, 80: 7 – 23.

Rousseau D D. Climatic transfer function from Quaternary molluscs in European loess deposits [J]. Quat Res, 1991, 36: 195 – 209.

Ruddiman W F, Raymo M E, Martinson D et al. Pleistocene evolution: Northern Hemisphere ice sheets and North Atlantic ocean [J]. Paleoceanography, 1989, 4: 353 – 412.

Schwarzacher W. Cyclostratigraphy and the Milandovitch theory [M]. Amsterdam: Elsevier, 1993: 1 – 225.

Shackleton N J, Opdyke N D. Oxygen isotope and paleomagnetic stratigraphy of equatorial Pacific core V28 – 238: Oxygen isotope temperatures and ice volumes on a $10^5$ year and a $10^6$ year scale [J]. Quat. Res., 1973, 3: 39 – 55.

Shackleton N J, Opdyke N D. Oxygen isotope and paleomagnetic stratigraphy of equatorial Pacific core V28 – 238: Late Pliocene to latest Pleistocene [J]. Geol. Soc. Am. Mem. 1976, 145: 449 – 464.

Shackleton N, Opdyke N. Oxygen isotope and palaeomagnetic evidence for early Northern Hemisphere Glaciation [J]. Nature, 1977, 270: 216 – 219.

Si Yuejun, Li Baosheng, Wang Fengnian et al. Climate fluctuation record from China's Salawusu River valley during the Early Last Glacial [J]. Geochemistry International, 2013, 51 (3): 240 – 248.

Smith B J, Whalley W B. A note on the characteristics and possible origins of desert varnishes from southeast Morocco [J]. Earth Surface Processes and Landforms, 1988, 13: 251 – 258.

Stager J C, Mayewski P A. Abrupt Early to Mid – Holocene climatic transition registered at the equator and poles [J]. Science, 1997, 276: 1834 – 1836.

Stephen C Porter, Zhou Weijian. Synchronism of Holocene East Asian monsoon variations and North Atlantic drift – ice tracers [J]. Quaternary Reseanch, 2006, 65: 443 – 449.

Stuiver M, Grootes P M, Braziunas T F. The GISP2 $^{18}$O climate record of the past 16 500 years and the role of the sun, ocean and volcanoes [J]. Quaternary Research, 1995, 44: 341 – 354.

Sun Y, Clemens S C, Morrill C et al. Influence of Atlantic meridional overturning circulation on the East Asian winter monsoon [J]. Nature Geoscience, 2011, 5 (1): 46 – 49.

Tandong Yao, Yafeng Shi, Thompson L G. High resolution record of paleoclimate since the Little Ice Age from the Tibetan ice cores [J]. Quaternary International, 1997, 37: 19 – 23.

Thompson R. Magnetic susceptibility of lake sediments [J]. Limnology and Oceanograpy, 1975, 20 (5): 687 – 698.

Tim R Naish, Steven T Abbott, V Alloway et al. Astronomical calibration of a Southern HeiOISphere Plio – pleistocene reference section, Wanggnui Basin, New Zealand [J]. Quaternary Science Reviews, 1998, 17 (8): 695 – 710.

Wang F N, Li B S, Wang J L et al. Pleniglacial millennium – scale climate variations in northern China based on records from the Salawusu River Valley [J]. Journal of Arid Land, 2012, 4 (3): 231 – 240.

Wang Y J., Cheng Hai, Edwards R L et al. A high – resolution absolute – dated Late Pleistocene monsoon record from Hulu cave, China [J]. Science, 2001, 294 (5550): 2345 – 2348.

Wang Yongjin, Cheng Hai, Edwards R L. The Holocene Asian monsoon: Links to solar changes and North Atlantic climate [J]. Science, 2005, 308: 854-857.

Wang Yongjin, Cheng Hai, Edwards R L et al. Millennial - and orbital - scale changes in the East Asian monsoon over the past 224 000 years [J]. Nature, 2008, 451: 1090-1093.

Wen Xiaohao, Li Baosheng, Zheng Yanming et al. Climate variability in the Salawusu River valley of the Ordos Plateau (Inner Mongolia, China) during Marine Isotope Stage 3 [J]. Journal of Quaternary Science, 2009, 24 (1): 61-74.

Wissmann H V. The pleistocene glaciation in China [J]. Bulletin of the Geological Society of China, 1937, 17: 145-168.

Wu Guangjian, Zhang Chenglong, Xu Baiqing et al. Atmospheric dust from a shallow ice core from Tanggula: implications for drought in the central Tibet Plateau over the past 155 years [J]. Quaternary Science Reviews, 2013, 59: 57-66.

Xiao Jule, Porter S C, An Zhisheng et al. Grain size of quartz as an imdicator of winter monsoon strength on the Loess Plateau of central China during the last 130 000yr [J]. Quat. Res., 1995, 43: 22-29.

Zhang H C, Peng J L, Ma Y Z et al. Late Quaternary palaeolake levels in Tengger Desert, NW China [J]. Palaeogeography, Palaeoclimatology, Palaeoecology, 2004, 211: 45-58.

Zhou Shangzhe, Wang Xiaoli, Wang Jie et al. A preliminary study on timing of the oldest Pleistocene glaciation in Qinghai - Tibet Plateau [J]. Quaternary International, 2006 (154-155): 44-51.

Zhou Weijian, Xian Feng, Warren Beck et al. Reconstruction of 130 kyr relative geomagnetic intensities from $^{10}$Be in two Chinese loess sections [J]. Radiocarbon, 2010, 52 (1): 129-147.

## 关键词与主要知识点-15

气候地层学 climatostratigraphy
气候地层法 climatic stratification
气候代用指标 climatic proxy
第四纪地质学 Quaternary geology
千年尺度气候变化 millennial scale climate changes
冰期间冰期 glacial and inter - glacial periods
冰阶间冰阶 glacial stadial and interstadial
氧同位素阶段 OIS (oxygen isotopic stage)
海洋氧同位素阶段 MIS (marine oxygen isotopic stage)

D - O 循环 D - O cycles (Dansgaard - Oeschger cycles)
新仙女木事件 YD event (Younger Dryas event)
H 事件 Heinrich event
东亚季风 East Asian monsoon
黄土—古土壤序列 loess - palaeosol sequences
末次间冰期 last interglacial period
末次冰期 last glacial period

# 第 16 章 非史密斯地层学

## 16.1 史密斯地层学及其局限性

### 16.1.1 现代地层的概念

在《国际地层指南》（第二版，2000）第二章"地层分类原理"的"概述"中写道："从广义上讲，整个地球都是分层的，因此所有各类岩石——沉积岩、火山岩及变质岩都属于地层学和地层分类的研究范畴。"第三章"定义与程序"中，地层学被定义为："非成层岩石体——沉积火山岩和侵入火成岩以及成因不明的块状变质岩所提供的信息，在地层学方面的重要价值已变得非常明显。……地层学的定义应扩展为包括对构成地壳的所有岩石体的描述。……所有各类岩石——沉积的、火成的、变质的，固结和非固结的，都属于地层学和地层分类的总体研究范畴。"

《中国地层指南及中国地层指南说明书》（修订版，2000）第一章将地层学定义为："**地层学**（stratigraphy）是研究构成地壳的所有层状或似层状岩石体固有的特征和属性，并据此将它们划分为不同类型和级别的单位，进而建立它们之间的空间关系和时间顺序的一门基础地质学科。构成地壳的各类层状或似层状的岩石——沉积岩（包括固结的或未固结的沉积物）、火山岩及变质岩都属于地层学的研究范畴。"

两个指南的地层含义有所不同，国际地层指南的含义非常广泛，中国地层指南则将它限制为"构成地壳的所有层状或似层状岩石体"，并未如国际地层指南那样明确地说"整个地球都是分层的"，特别是没有明确包括如"侵入火成岩""块状变质岩"这些岩石类型。中国地层指南所说的"构成地壳的所有层状或似层状岩石体"，亦采取了一定的模糊性，并未明确指明沉积层以下被康拉德界面分隔的陆壳上层、陆壳下层，以及莫霍面、古登堡面、莱曼面等以不同地震波速面分开的层状或似层状岩石体是否属于地层学的范畴。但是，在该指南中，有一节专述"特殊岩石地层单位"，包括岩群、岩组、杂岩、滑塌岩、构造岩、混杂岩、蛇绿岩 7 种。这就明确地把洋壳中、洋陆转换带（缝合线）中，至少部分非沉积成因的上陆壳中形成的岩石算作地层了。从以上两指南的叙述可见，地层的定义已扩展到非沉积成因的岩石。

### 16.1.2 史密斯地层学的原理、概念及特点

回顾地层学产生、发展历史，不难发现，地层学是基于地台盖层区地层的研究而形成的。一个多世纪以来，它已形成了一整套地层规范和系统的研究方法，这些规范和方法产生的基本出发点就是地层学的 5 个基本定律：层序叠覆律（若地层未经变动则下老上新）、地层侧向连续律（若地层未经变动则呈连续体并逐渐尖灭）、地层水平律（若地层未经构造变

动则呈水平或大致水平产状)、化石层序律(不同时代的地层所含化石不同,含有相同化石的地层属同一时代)和瓦尔特相律(只有那些目前可以观察到是彼此毗邻的相和相区,才能原生地叠置在一起)。由于英国的威廉·史密斯(Willian Smith, 1769—1839)提出著名的"化石层序律"并被誉为地层学之父,所以这类地层可以称为史密斯地层,其对应的学科则称为**史密斯地层学**(Smith stratigraphy)。

史密斯地层的特点可以概括为:①序态上,构造改造较弱,成层有序,横向上可以远距离追溯对比;②位态上,不同沉积环境下形成的地层序列,空间上的相对位置没有明显变化,基本能够反映原始沉积盆地的空间结构;③物态上,地层无变质或变质轻微,海相火山岩系不发育,具较广的地理分布;④成因上,主要为机械作用下沉积成因的地层,包括火山-沉积成因的地层和沉积-变质成因的地层。具备这些特点的地层主要分布于板块内部或地台盖层区。

### 16.1.3 史密斯地层学的局限性

将现代地层学的概念与史密斯地层相对照,不难发现,许多地层没有包含在史密斯地层之中,史密斯地层学的规范和方法也不适用于这些地层。没有包含在史密斯地层范畴之内的地层主要分布于造山带和地台基底。

与地台区盖层地层相比,造山带地层的基本特征可以概括为:①沉积建造特征。造山带岩石类型复杂多样,具体表现在两个方面:一是岩石种类多样,三大岩类均发育。火山岩、火山碎屑岩广泛分布,沉积岩除台区常见的灰岩和碎屑岩外,还大量发育层状硅质岩。沉积岩和火山岩有不同程度的变质,从而形成多种类型的变质岩。二是成因类型的多样性,如玄武岩有洋壳、洋岛、陆缘弧、洋内弧等成因。造山带岩石类型的复杂性,导致了造山带岩相类型的多样性。与岩石类型的复杂性相反,造山带化石通常单调、稀少。这是因为造山带地层以深海、半深海沉积为主,不适合底栖生物生存,大化石稀少。在造山过程中,大化石受变质作用和构造作用破坏几率较大。因而能够用于生物地层学研究的资料主要为微体化石。②地层改造特征。造山带由古海洋演化而来,从古海洋向造山带转化过程中,各类地质体发生了大幅度水平位移,沉积地层被挤压成为许多地层断片,相互叠置,形成规模宏大的造山带。地层的连续性、延展性及时代有序性普遍遭到破坏,不同时代地层断片混合堆积,相同时代地层断片多次重复出现,某些地层被剥蚀或俯冲消失,绝大多数地质体、地层单元之间呈断层关系。有些地区这类地层断片受较强构造作用改造,形成大小不等的岩块,被称为构造混杂岩。由此可见,在序态上,造山带地层宏观上是无序的,具体每个地层断片内基本是有序的;在位态上,造山带地层不能反映原型盆地的结构,应当是无序的。③成因特征。造山带许多地层体的形成并非仅重力作用所致,热力作用、构造应力作用及其复合作用形成的地层体随处可见。

与地台区盖层地层相比,台区基底地层全部由变质岩组成,这些地层在位态和序态上基本是无序的,在成因上基本为热力和构造力机制下形成。

因此,传统的史密斯地层学理论与方法,已难以满足造山带地层和基底地层研究的需要,根据这些地层的特点,提出一种新的地层学分支学科对其进行补充,十分必要。

中国大陆新元古代以来是由泛华夏陆块群、劳亚和冈瓦纳两个大陆边缘、三个大洋(古亚洲洋、特提斯洋和太平洋)洋陆转换逐渐集合长大而成的(潘桂棠等,1997,2009)。洋陆转换过程中岛弧增生、弧-弧碰撞、弧-陆碰撞、陆-陆碰撞是大陆生长的主要方式。在中国大陆增生中，经历了多个大洋岩石圈板块构造向大陆岩石圈构造转换、增生、碰撞聚集，形成了以华北、塔里木、扬子为核心的3个地台（陆块）区，8个造山带（阿尔泰-兴蒙、天山-准噶尔-北山、秦-祁-昆、羌塘-三江、冈底斯、喜马拉雅、武夷-云开、台东）镶嵌组成的复式大陆（潘桂棠等，2009）。在造山带中，还包含了大洋消亡、陆陆碰撞形成的对接带（额尔齐斯-西拉木伦、南天山、宽坪-佛子岭、班公湖-双湖-怒江-昌宁-孟连、雅鲁藏布、江绍-郴州-钦防），以及众多的由陆缘弧-弧碰撞增生、弧-陆碰撞增生形成的叠接带（王鸿祯，1985）。中国大陆地台（稳定陆块）区与造山带相比，造山带面积远远大于地台区面积（张克信等，2015）。在造山带调查与研究中，如何对造山带混杂岩区进行精细的地层学调查是亟待解决的问题，这就要求我们必须更新观念，非史密斯地层（non-Smithian strata）这一新的地层学概念因此应运而生（冯庆来，1993；王乃文等，1994；杜远生等，1995；龚一鸣等，1996a，b；郭宪璞等，1996；殷鸿福等，1998，1999；张克信等，1997，2001a，2003），旨在精细恢复造山带组成、结构、形成和演化历程，进一步提高我国造山带地质研究与环境资源调查评价水平。

## 16.2 非史密斯地层学建立的理论依据及概念

根据国际地层指南的地层定义，形成地层的力学机制不仅仅限于重力，还包括了热力（如蛇绿岩）、机械力或构造力（如混杂岩、构造岩等）。这些非重力机制形成的地层不服从史密斯地层五定律，因而不属史密斯地层学的范畴，我们称之为**非史密斯地层**（non-Smith stratigraphy）。

热力机制形成的地层，其形成方向基本上与重力相反，不是向地心收缩，而是由地心向外膨胀，露出地表以后，虽然在局部看有叠覆关系，但总体上仍是呈层状向外（两侧）膨胀扩展。因此它的新老关系或时间-空间顺序不符合叠覆律，而服从热力机制所决定的膨胀、分异、穿插切割关系。例如蛇绿岩，它底部的变质橄榄岩通常形成在先；往上为堆晶岩，堆晶岩的每一旋回虽然有一个从超镁铁岩到浅色层序的序列，但它是通过分异结晶作用形成的岩浆分异序列，并不是史密斯层序；稍后形成的岩墙群，则穿插切割先存的蛇绿岩层序，并非上新、下老关系。岩墙群内部，后成的岩墙沿破裂侵位于老岩墙中，并无叠覆关系。

在构造力或机械力机制中，很重要的一类是板块边界上的扩展力或压缩力，其基本方向是水平力，而重力成为次要因素。它所形成的地层时间-空间顺序，服从于机械力的主应力方向，故不一定造成叠覆。例如在板块俯冲增生楔体中形成的构造混杂岩，基本上是侧向增长，逐个拼贴在俯冲（仰冲）带上，往往是老的在侧上方，新的在侧下方（图16-1）。

非重力机制或非沉积成因的地层，亦都有时空顺序，其顺序服从各自的力学机制和成因，但不服从史密斯层序律，这些地层就是非史密斯地层。

在非史密斯地层中还包括另一类地层。它们是原始沉积成因的，如深海硅质岩、复理石、磨拉石等，被后来的变质、变形、移位等作用切成一个个小岩片，并按构造力的作用拼贴到混杂带中。作为混杂地层的一个基本单位，这类地层单元（即岩片）的形成顺序，也不是按史密斯地层的叠覆律形成的，但各个单元（岩片）的内部，有时仍保留了原始沉积的史密斯层序，有时则已剪切破裂或被构造置换到不可辨认了。这些地层也是非史密斯地层（冯

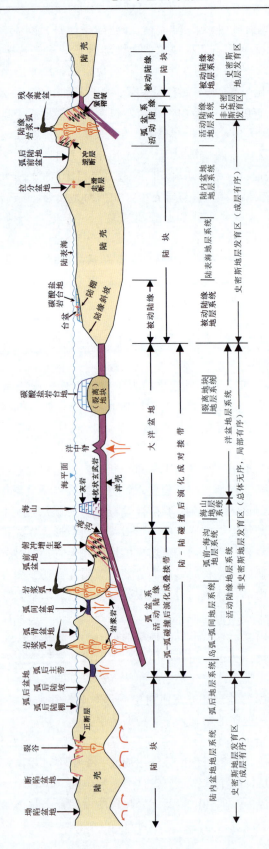

图 16-1 盆地构造背景及史密斯地层、非史密斯地层类型的分布示意图
(据张克信等,2014a)

庆来，1993；罗建宁，1994；杜远生等，1995，1997，1999；龚一鸣等，1996a；郭宪璞等，1996；张克信等，1997，2001a，2003，2014a；王国灿等，1997；殷鸿福等，1999）。

由此可见，非史密斯地层是一个崭新的研究领域，涵盖的地层学内容丰富。造山带类型复杂多样，不同类型的造山带有着各自不同的形成机制、演化历程和各自不同的三维结构，但各类造山带有其共性，其共性就是造山带的结合部在整个演化历程中，曾经历过强烈的构造搬运和构造混杂过程，即"非史密斯化"过程（冯庆来，1993；罗建宁，1994；杜远生等，1995；龚一鸣等，1996a；郭宪璞等，1996；殷鸿福等，1999；张克信等，2001a，2003，2014a）。因此，用传统的地层学方法难以很好地恢复造山带复杂的演化历史。如何对造山带混杂岩地区进行精细的地质调查就成了亟待解决的问题，造山带混杂岩区的非史密斯地层研究应运而生。非史密斯地层学方法是从地层学角度对造山带混杂岩区进行深入细致剖析研究的有效途径。在非史密斯地层新的理论与方法指导下，进行混杂岩区非史密斯地层研究，不仅可以大幅度提高造山带混杂岩分布区地质填图质量，进一步提高我国造山带区地质研究与环境资源调查评价水平，而且也是建立大陆动力学等地学新理论体系的关键。

在我国造山带非史密斯地层学产生与兴起的同时，Isozaki et al. （1990）根据对日本造山带增生杂岩的识别和研究，提出洋板块地层学（ocean plate stratigraphy，OPS）概念。Isozaki et al. （1990）将OPS定义为泛指发育在造山带中的、在洋盆（包括边缘海盆）形成与闭合过程中形成的地层，即指海洋板块从它最初在洋中脊形成，一直到海沟发生俯冲作用形成的增生杂岩。近几年，Kusky et al. （2013）对洋板块地层（OPS）进行了系统总结，将OPS定义为大洋岩石圈的火成岩基底序列，以及沉积在洋底基底序列之上的沉积岩和火山岩的盖层序列。当前国际上对OPS概念的提出以及研究内容和方法，与我国对非史密斯地层学的概念、研究内容和方法基本相同。

## 16.3 非史密斯地层学研究方法与地层单位

20世纪80年代以前，人们把残破的造山带地层视为原位、连续地层，照搬地台区盖层地层研究的原理和技术路线，建立岩石地层单位，分析地质时代，并用单一的或少量的地层序列表示复杂的造山带地层结构。随着造山带地质学研究的深入，发现大量地层单位在层序、时代上和地层系统结构上是错误的，由此兴起造山带地区地层研究理论和方法的探讨。非史密斯地层学就是在这种背景下产生，它仅有30多年的研究历史，是一个尚不成熟的地层学学科分支，在命名、规范、研究方法等方面仍存在不少分歧。

在研究方法上，有人认为造山带非史密斯地层研究必须与构造变动的研究紧密结合，由此发展了构造地层学，并形成**大地构造地层学**（tectonostratigraphy）研究（王鸿祯，1989；吴浩若等，1992）和**构造地层学**（structure stratigraphy）研究（单文琅等，1987；陈克强等，1996；汤加富，1996）两个分支。国际上倡导的"洋板块地层学"（Isozaki，1990；Wakitaa & Metcalfe，2005；Kusky et al.，2013），则强调微体古生物、同位素测年和构造解析研究与填图方法相结合。冯庆来等（2000）提出微体古生物学与沉积地质学相结合的研究方法。张克信等（2001a，2001b，2014a）倡导将造山带混杂岩分解为基质（matrix）和岩块（block）或岩片（slice），分别用精细填图的方法进行调查研究，对不同类型的岩块或岩片提出"构造岩片四维裂拼复原"分析方法。姚华舟（1994）则认为造山带地层十分复杂，任何一种地层学研究方法只能研究造山带地层的某一侧面特征，只有综合地层学方法才更有效。

在非史密斯地层单位命名上，《中国地层指南》推荐使用"岩群""岩组"等概念；张克信等（2001a，2014a）提出"岩片"和"超岩片"两级命名方法；冯庆来（1993）曾建议岩石地层单位应使用两套命名术语，对于地层层序没有确定的混杂型非史密斯地层，应使用"岩组、岩群"命名，反映其无序的一面，适用于造山带地层研究初期或化石稀少以致层序无法恢复的地区。这种划分能够满足造山带地质填图和构造（尤其改造）单元研究的需要，但不能反映造山带的演化历史，不是造山带地层研究的最终结果。随着工作的深入，在有条件的情况下，应该进行层序恢复研究。对于层序已经恢复的地层，应使用"组、群"命名，反映其有序的另一面。具有较深变质程度的非史密斯地层的岩石地层单位也应用"岩组""岩群"命名。

### 16.3.1 岩片和超岩片

张克信等（2001a）对岩片、超岩片所下的定义是：岩片（slice）是指以构造拼合边界所分割的具有一定物质构成的地质体，在地质填图中具可填性，是非史密斯地层基本单位之一，也是非史密斯地质填图的基本单元之一。对岩片（块）的正确划分是最基本、最重要的，岩片（块）的厘定和划分可按如下原则进行：①必须是以构造拼合边界所分割的地质体，即岩片四周均被断裂围限，该断裂决不是同一地质体内部的断裂，而是与不同地质体相拼合的构造界面。②相邻岩片在岩性、岩相、变形、变质程度和时代上具明显差异。尤其是被一断裂带所分割的两个相邻地质体如在岩相上不连续、变质程度、变形样式和时代上有一项不同者，可区分为两个岩片。

超岩片（superslice）是在同一大的构造旋回期（如晋宁期、加里东期、海西期等），亲源关系密切，大致经历了相似变形、变质历程的一套岩片（块）组合体。超岩片的大小一般宽为数千米，长达数十千米至数百千米。在造山带1：50万地质图上，在岩石地层单位编图的基础上，采用超岩片进一步解剖混杂岩区较好，但对有特别重要意义的岩片（如蛇绿岩岩片、超高压含柯石英榴辉岩岩片、深海放射虫硅质岩岩片等）可在1：50万地质图上夸大表示。

### 16.3.2 四维裂拼复原分析方法

造山带非史密斯地层是由不同构造演化阶段、不同物质来源、不同变形变质程度、不同大小的各种构造岩片叠置形成的混杂物质场所。针对该特色，非史密斯地层研究的主要途径应是：查清各类构造岩片的裂解、运移、拼合定位及变形变质历程，从非史密斯地层基本构件——构造岩片的时态（时序）、相态（相序）、位态（位序）和变形、变质调查入手，追寻其原始生成环境、时空结构和变位、变形、变质历程，尽可能还原现存"非史密斯"地层之"史密斯"地层面目，从中恢复其造山带三维结构和揭示造山带形成机制及大地构造演化历程，科学地制定非史密斯地层系统等级体系。这一研究途径可称为非史密斯地层的四维裂拼复原分析方法（张克信等，2001a，2003）。

### 16.3.3 造山带地层系统理论模型

如上所述，造山带是由古海洋演化而来，古海洋不同盆地形成不同的地层序列，这些地层序列在大地构造属性上存在岩石圈动力学联系,在空间上存在相变关系,在物源上有些地层序列是另外一些地层序列的母源区。在造山过程中,造山带原生地层系统发生了强烈的肢解、破坏、位移,甚至混杂。所以造山带非史密斯地层学研究的核心内容,就是要恢复各构造背景的地层序列,将各地层序列重新配置,建立能够反映古海洋发展演化历史和空间结构的造山带区域地层体系(冯庆来等,1997,2000)。所以,我们把造山带演化的阶段性与不同演化阶段的盆地结构相结合,建立造山带非史密斯地层结构的理论模型(表16-1)。

大量研究表明,从海洋盆地到造山带的演化过程,包括裂谷、洋盆、洋-陆转化和盆-山耦合4个阶段,其中洋盆阶段盆地结构最复杂,包括被动大陆边缘盆地、大洋盆地、洋内弧盆地、海山-洋岛盆地、弧前盆地、岛弧盆地、弧后盆地、外来地体地层等盆地类型;洋-陆转化阶段包括残余洋盆和前陆盆地等盆地类型(Dickinson,1974;Roberton,1994;潘桂棠等,2008,2009;张克信等,2014b)。

**表16-1 陆块区史密斯地层和造山带非史密斯地层结构理论模型**

| 地层分区<br>构造阶段 | 史密斯地层 | 非史密斯地层 | | |
|---|---|---|---|---|
| | 陆内盖层系统 | 被动大陆边缘系统 | 洋盆系统 | 活动大陆边缘系统 |
| 盆山耦合阶段 | 陆内盆地地层序列 | | | |
| 洋-陆转化阶段 | | 前陆盆地地层序列 | | |
| | | 残余洋盆地层序列 | | |
| 洋盆阶段 | | 被动大陆边缘地层序列 | 洋盆地层序列 / 洋内弧地层序列 / 裂离地块地层序列 / 海山-洋岛地层序列 | 弧前盆地地层序列 / 岛弧地层序列 / 弧后盆地地层序列 |
| 裂谷阶段 | | 裂谷地层带 | | |

## 16.4 造山带非史密斯地层层序恢复例析

### 16.4.1 滇西北霞若地区金沙江构造带非史密斯地层层序恢复例析

金沙江构造带位于滇、川西部边缘地区,沿巴塘、德荣至德钦、石鼓一带近南北向分布,大地构造位置属于"三江"造山带"蜂腰"部位,介于昌都地块和中咱地块之间。滇西北霞若地区拖顶至霞若剖面是金沙江构造带研究的著名剖面,云南省地质矿产局(1981)在1:50万云南省地质图说明书中,认为该剖面由东向西,地层由老变新;1:20万中甸幅区域地质调查报告(1985)则认为该剖面西老东新,并由西向东划分为下石炭统,上石炭统和下二叠统拉落布组、喀大崩组。吴浩若(1993)、孙晓猛等(1994)、冯庆来等(1999)在相当于下二叠统地层中发现早石炭世放射虫化石。地质填图查明,该剖面不是单斜地层,而是由一些地层岩片组成的非史密斯地层(图16-2)。这里按照造山带非史密斯地层学方法,通过逐个岩片研究,恢复该区地层层序,重新划分岩石地层单位。

根据地质填图和构造地质学研究,发现相多至下该之间地层与相多至洛沙之间地层重

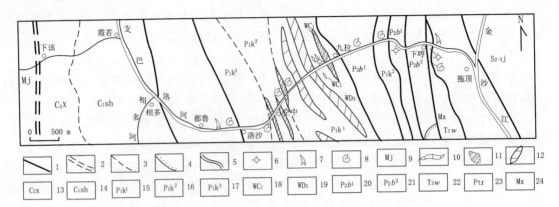

图 16-2　滇西北拖顶—霞若一带地层岩片分布图

1. 断层；2. 韧性剪切带；3. 地质界线；4. 角度不整合；5. 河流；6. 放射虫；7. 牙形石；8. 蜒和介形虫；
9. 外来体；10. 灰岩；11. 硅质岩；12. 泥灰岩；13. 响姑岩组；14. 申洛拱岩片；15. 喀大崩岩片一段；
16. 喀大崩岩片二段；17. 喀大崩岩片三段；18. 早石炭世外来岩块；19. 晚泥盆世外来岩块；20. 奔子栏
组一段；21. 奔子栏组二段；22. 上三叠统歪古村组；23. 元古宇塔城岩组；24. 下哼混杂岩

复，下哼至相多剖面可代表金沙江构造带被动大陆边缘上古生界地层。在该剖面上，上古生界可以划分为 7 个地层岩片（图 16-3），其中，岩片 4 与岩片 7 重复，岩片 3 与岩片 5 重复。所以，这里仅介绍岩片 1、2、3、6 和 7。

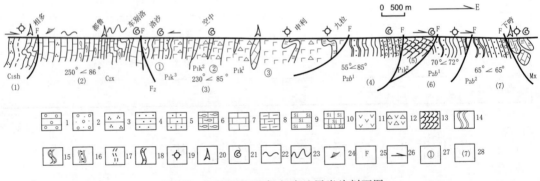

图 16-3　滇西北下哼-相多地层岩片剖面图

1. 砾岩；2. 砂砾岩；3. 钙质石英砂岩；4. 杂砂岩；5. 砂质灰岩；6. 泥质条带灰岩；7. 结晶灰岩；8. 泥灰岩；
9. 硅质岩；10. 硅质灰岩；11. 玄武岩；12. 玄武质角砾岩；13. 枕状玄武岩；14. 板岩；15. 砂质板岩；16. 凝
灰质板岩；17. 千枚岩；18. 石英片岩；19. 放射虫；20. 牙形石；21. 蜒和介形虫；22. 波痕；23. 滑塌构造；
24. 斜层理；25. 断层；26. 地层顶面方向；27. 层号；28. 岩片号；其他同图 16-2

**岩片 1**（早石炭世申洛拱岩片）：主要由石英片岩、千枚岩、泥质板岩及结晶灰岩组成。结晶灰岩中含有早石炭世牙形石化石 *Gnathodus bilineatus*（Roundy），*G. commutatus* (Branson & Mhele)，*G. girtgi* Hass，*Spathognathodus compbelli* Rerroak 等。灰黑色含燧石结核的结晶灰岩中含有早石炭世放射虫化石 *Entactinia variospina*（Won），*Entactinia* sp.，*Astroentactinia multispina*（Won）等。

**岩片 2**（晚石炭世响姑岩片）：主要由灰色、深灰色结晶灰岩，砂、泥质条带状结晶灰岩，板岩组成，夹有钙质石英砂岩、中厚层结晶灰岩，发育次火山岩。其中，中厚层结晶灰岩具有不对称波痕，石英砂岩具中型板状交错层理，薄层结晶灰岩和条带状结晶灰岩发育滑塌构造。结晶灰岩含有石炭纪牙形石化石碎片和壳体光滑的土菱介子类介形虫化石。

**岩片 3**（早二叠世喀大崩岩片）：较厚，根据岩石组合特征可划分为 3 个岩性段。第一岩性段分布于申利、九拉一带，为玄武岩、基性火山岩，夹杂有黑色硅质岩、结晶灰岩块体或条带，填图研究表明，硅质岩、结晶灰岩与火山岩接触部位有明显的变质现象，它们之间应为火山沉积接触关系。结晶灰岩中含有晚泥盆世牙形石化石，包括 *Palmatolepis triangularis* Sameman，*P. delicatula* Branson & Mhele，*P. linguiformis* Muller，*Apathognatodus varians* Branson & Mhele 等。硅质岩中的放射虫化石，鉴定有 *Entactinia variospina*（Won），*Astroentactinia multispina*（Won），*Albaillella indensis* Won 等。第二岩性段分布于空中一带，为玄武岩、基性火山碎屑岩及结晶灰岩，灰岩中含有 *Schwagerina* 碎片。第三岩性段分布于洛沙一带，由 4 个火山喷发岩-沉积岩组合构成，每个组合自东向西为火山碎屑岩、玄武岩、凝灰质板岩和结晶灰岩组成，据此证明该岩片地层东老西新，层序正常。结晶灰岩中含有早二叠世䗴化石 *Verbeekina* sp. 和 *Schwagerina* sp. 等。

**岩片 6**（上二叠统奔子栏组一段）：以灰色、深灰色泥质岩和细粒沉积岩为主，夹有灰岩滑塌岩块、硅质岩薄层；韵律层理发育，局部可见底模构造。硅质岩含有放射虫化石，化石丰富，类型较单调，重结晶较强，仅鉴定有 *Ishigaum* sp.，*Latentifistula* sp.，*Entactinosphacra* sp. 等，总体面貌具有二叠系动物群特征。

**岩片 7**（上二叠统奔子栏组二段）：以灰紫色、黄灰色粗粒砂岩，含砾砂岩和砾岩为特征，砾石主要为砂岩、硅质岩、燧石等，已明显变形。顶部被上三叠统歪古村组角度不整合覆盖。

根据上述各剖面的地层特征及化石组合，霞若地层区上古生界序列恢复如表 16-2 所示。在层序恢复的基础上，下面进行岩石地层单位的划分。

泥盆纪和早石炭世岩片：这部分地层未见连续层序，而是混杂在申利一带火山岩地层中（岩片 3 第一岩性段）。晚泥盆世牙形石可与桂林地区五指山组底部、融县组上部牙形石动物群对比，为浅海组合（沈建伟，1995；崔智林等，1995）；早石炭世放射虫组合面貌为岩关阶次深海组合（冯庆来，1992）。

申洛拱组：以岩片 1 为代表，其牙形石组合为大塘期上部面貌；放射虫未见分带化石，组合面貌为早石炭世；牙形石放射虫生态组合反映为浅海外陆棚至斜坡半深海环境。在下哼桥附近的硅质混杂岩块中，放射虫动物群为 *Albaillella cartalla* 组合，地质时代为大塘阶，层位大致可与相多、霞若一带的申洛拱组对比，但其沉积环境为次深海盆地。在霞若北 15km，申洛拱剖面申洛拱组含有丰富的珊瑚和䗴化石，为早石炭世晚期浅海盆地沉积。表明测区早石炭世已出现明显的沉积相分异。

响姑组：以岩片 2 为代表。根据下伏地层地质时代和牙形石时代，响姑组划归晚石炭世。本组条带状灰岩发育同沉积滑塌褶皱、同沉积石香肠、同沉积断层等一系列同沉积滑塌构造，校正后的滑塌方向为北西方向（302°）。结晶灰岩中的波痕和具板状交错层理的石英砂岩均反映该组形成于浅海高能环境。

喀大崩组：包括岩片 3 和岩片 5，岩性以火山碎屑岩、玄武岩、硅质灰岩、灰岩旋回性组合为特征。玄武岩岩石地球化学具有大陆溢流玄武岩特征（莫宣学等，1993）。硅质灰岩、灰岩空间上呈透镜状产出；在空中一带对灰岩沉积体进行追溯研究，发现完整的灰岩层可以

表 16-2 霞若地层区上古生界地层层序及其演化

| 年代地层 | | 岩石地层 | | 岩性描述 | 化石 | 沉积环境 | 构造背景 |
|---|---|---|---|---|---|---|---|
| 系 | 统 | 组 | 段 | | | | |
| 二叠系 | 上统 | 奔子栏组 | 二段 | 灰色、杂色板岩，粉砂质砂岩，复成分砂岩，砂岩 | | 滨海↑次深海 | 残留盆地 |
| | | | 一段 | 灰色、灰绿色板岩，砂岩夹灰岩和硅质岩 | *Latentifistula* sp. | | |
| | 中统、下统 | 喀大崩组 | 三段 | 火山角砾岩、蚀变玄武岩及结晶灰岩、板岩组成的旋回层 | *Verbeekina* sp., *Schwagerina* sp. | 浅海、次深海 | 大陆边缘海山 |
| | | | 二段 | 灰色结晶灰岩夹绿色蚀变玄武岩 | *Schwagerina* sp. | | |
| | | | 一段 | 绿色蚀变玄武岩，火山角砾岩 | | | |
| 石炭系 | 上统 | 响姑组 | | 灰色、深灰色结晶灰岩，含砂质条带灰岩 | | 浅海 | 大陆拉张背景 |
| | 下统 | 申洛拱组 | | 灰色千枚岩、石英片岩夹结晶灰岩 | *Gnathodub bilineatus*, *G. girtgi*, *G. commutatus* | 浅海 | |
| 泥盆系 | 上统 | | | 深灰色薄层泥灰岩、结晶灰岩、黑色薄层状硅质岩 | *Albaillella indensis* 组合 | 浅海-次深海 | |

相变为灰质巨角砾岩、角砾岩。向外很快相变为砂屑灰岩、泥灰岩、泥质岩。角砾最大直径可达数米，无分选、磨圆，无定向性。其沉积背景为碳酸盐台地及其周围垮（滑）塌沉积。这套地层在研究区南部响姑一带，相变为泥灰岩、含硅质条带泥灰岩，缺乏火山岩沉积，为外陆棚至次深海沉积。研究区向北，火山岩很快减薄，以至消失。所以，研究区火山岩为孤立岛屿，其顶部形成碳酸盐岩台地，构成大陆斜坡海山盆地。

奔子栏组：由岩片 6 和岩片 7 组成。奔子栏组一段（岩片 6）以浊积岩为主，夹有薄层硅质岩和滑塌灰岩块体，为次深海沉积；二段以粗碎屑岩为特征，为浅海至滨海沉积，整体为向上变浅序列。这套地层的碎屑物以石英岩、灰岩及砂岩为主，物源区为大陆边缘及附近古陆，目前尚未发现造山带碎屑物。所以，奔子栏组应为残留盆地沉积。

## 16.4.2 昌宁-孟连构造带区域地层系统配置实例

昌宁-孟连构造带位于滇西南地区，北起昌宁，经耿马、双江、澜沧、孟连，向南延至缅甸和老挝境内。大地构造上属滇西古特提斯造山带的一部分，介于保山地块与思茅地块之间。除外来地体基底外，昌宁-孟连构造带已知最老地层为下泥盆统，上古生界发育，分布广泛，下、中三叠统零星分布，上三叠统为磨拉石组合，出露极少，与下伏地层呈不整合关系，中侏罗统至下白垩统为红层组合（图 16-4）。所以，昌宁-孟连、南澜沧江构造带为海西、印支期构造带。

自 20 世纪 80 年代以来，国内外大量学者对该构造带进行了研究，在构造带中识别出被动大陆边缘、洋盆、海山-洋岛、外来地体和主动大陆边缘地层序列（Roberton，1994；潘桂棠等，2008；张克信等，2001，2014）。通过古生物地理区系、古地磁特征、沉积物物源、古气候学、构造地质学和地球化学等研究,确定了不同地层序列原始空间相对位置,将不同地层序列重新归位,建立了能够反映古海洋发展演化历史的区域地层体系(图16-4)(刘本培等,1993;钟大赉,1998;冯庆来等,2000;张克信等,2004a)。该地层系统体现了非史密斯地层学建立反映原型海洋盆地结构地层系统的思想。

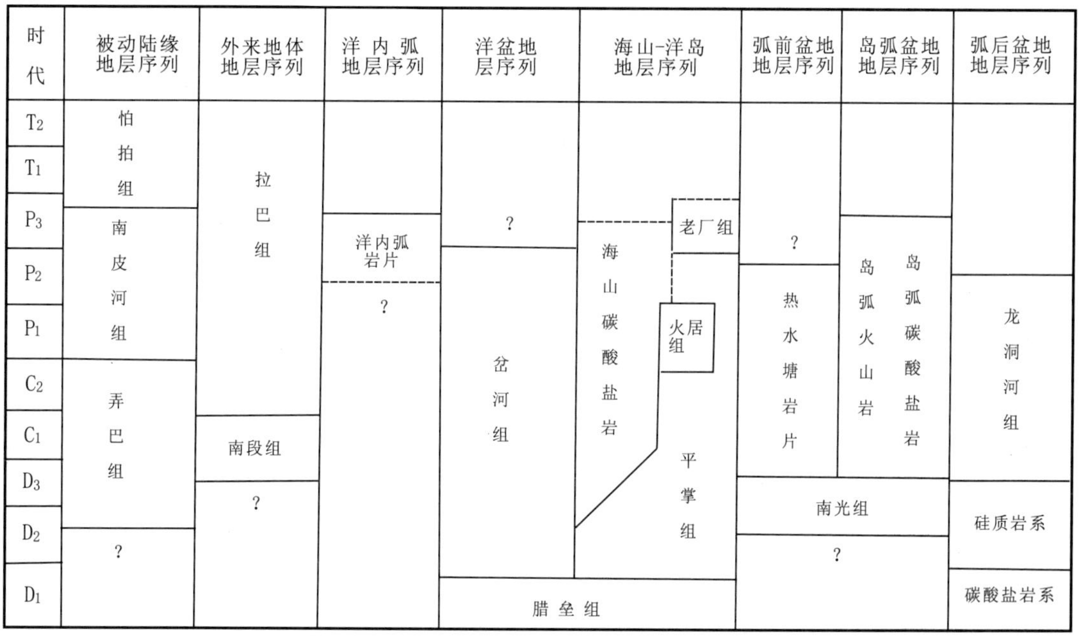

| 时代 | 被动陆缘地层序列 | 外来地体地层序列 | 洋内弧地层序列 | 洋盆地层序列 | 海山-洋岛地层序列 | 弧前盆地地层序列 | 岛弧盆地地层序列 | 弧后盆地地层序列 |
|---|---|---|---|---|---|---|---|---|
| $T_2$ | 怕拍组 | 拉巴组 | | | | | | |
| $T_1$ | | | | | | | | |
| $P_3$ | 南皮河组 | | | ? | 老厂组 | ? | 岛弧碳酸盐岩 | |
| $P_2$ | | | 洋内弧岩片 | | 海山碳酸盐岩 | 热水塘岩片 | 岛弧火山岩 | 龙洞河组 |
| $P_1$ | | | | | | | | |
| $C_2$ | 弄巴组 | | ? | 岔河组 | | | | |
| $C_1$ | | 南段组 | | | 火居组 | | | |
| $D_3$ | | | | | 平掌组 | | | |
| $D_2$ | ? | ? | | | | 南光组 | | 硅质岩系 |
| $D_1$ | | | | 腊垒组 | | ? | | 碳酸盐岩系 |

图16-4 昌宁-孟连、南澜沧江构造带区域地层系统

# 参 考 文 献

陈克强,汤加富. 构造地层单位研究[M]. 武汉:中国地质大学出版社,1995:1-92.
杜远生,盛吉虎,丁振举. 造山带非史密斯地层及其地质制图[J]. 中国区域地质,1997,16(4):439-443.
杜远生,颜佳新,韩欣. 造山带沉积地质学研究的新进展[J]. 地质科技情报,1995,14(1):29-34.
杜远生,张克信. 关于非史密斯地层学的几点认识[J]. 地层学杂志,1999,23(1):78-80.
冯庆来. 放射虫古生态的初步研究[J]. 地质科技情报,1992,11(2):41-46.
冯庆来. 造山带区域地层学研究的思想和工作方法[J]. 地质科技情报,1993,12(3):51-56.
冯庆来,刘本培,方念乔. 造山带断片型地层层序恢复实例剖析[J]. 地质科学,1997,32(3):318-326.
冯庆来,叶玫,章正军. 滇西早石炭世放射虫化石[J]. 微体古生物学报,1997,14(1):79-92.
冯庆来,葛孟春,谢德凡,等. 滇西北金沙江带被动陆缘地层层序和构造演化[J]. 地球科学——中国地质大学学报,1999,24(6):553-557.
龚一鸣,杜远生,冯庆来,等. 造山带沉积地质与圈层耦合[M]. 武汉:中国地质大学出版社,1996a:11-15.
龚一鸣,杜远生,冯庆来,等. 关于非史密斯地层的几点思考[J]. 地球科学——中国地质大学学报,1996b,21(1):19-26.
郭宪璞,刘羽,王绍芳. 非史密斯地层学的试验研究[D].//地质科学研究论文集,北京:中国经济出版社，1996：11-19.

刘本培，冯庆来. 滇西南昌宁-孟连和澜沧江带古特提斯多岛洋构造演化[J]. 地球科学——中国地质大学学报，1993，18（5）：529-539.

罗建宁. 大陆造山带沉积地质学研究的几个问题[J]. 地学前缘，1994，1（1-2）：177-183.

莫宣学，路凤香，沈上越，等. 三江特提斯火山作用与成矿[M]. 北京：地质出版社，1993：1-67.

潘桂棠，陈智梁，李兴振，等. 东特提斯地质构造形成演化[M]. 北京：地质出版社，1997：1-218.

潘桂棠，肖庆辉，陆松年，等. 大地构造相的定义、划分、特征及其鉴别标志[J]. 地质通报，2008，27（10）：1613-1637.

潘桂棠，肖庆辉，陆松年，等. 中国大地构造单元划分[J]. 中国地质，2009，36（1）：1-28.

全国地层委员会. 中国地层指南及中国地层指南说明书（修订版）[M]. 北京：地质出版社，2001：1-59.

单文琅，傅昭仁. 区域变质岩区填图的构造地层学准则[J]. 地球科学——中国地质大学学报，1987，12（5）：559-566.

沈建伟. 广西桂林泥盆纪牙形刺组合序列与海平面变化[J]. 微体古生物学报，1995，12（3）：251-273.

孙晓猛，聂泽同，梁定益. 滇西北金沙江蛇绿混杂岩的形成时代及大地构造意义[J]. 现代地质，1994，8：241-245.

汤加富. 构造地层学的研究与应用[J]. 中国区域地质，1996（2）：97-107.

王鸿祯. 中国古地理图集[M]. 北京：地图出版社，1985：1-130.

王鸿祯. 地层学的分类体系和分支学科-对修订中国地层指南的设想[J]. 地质论评，1989，35（3）：271-276.

王乃文，郭宪璞，刘羽. 非史密斯地层学简介[J]. 地质论评，1994，40（5）：482.

吴浩若. 构造地层学[J]. 地球科学进展，1992，7（2）：75.

吴浩若. 滇西北金沙江带早石炭世深海沉积的发现[J]. 地质科学，1993（4）：395-397.

姚华舟. 造山带区调填图中综合地层学实践——以四川白玉县登戈、热加三叠系研究为例[M]. 武汉：中国地质大学出版社，1994：1-96.

殷鸿福，张洪涛，其和日格，等. 关于"非史密斯地层学"的一点意见[J]. 中国区域地质，1999，18（3）：225-228.

殷鸿福，张克信，王国灿，等. 非威尔逊旋回与非史密斯方法—中国造山带研究理论与方法[J]. 中国区域地质，1998（增刊）：1-9.

张克信，陈能松，王永标，等. 东昆仑造山带非史密斯地层序列重建方法初探[J]. 地球科学——中国地质大学学报，1997，22（4）：343-346.

张克信，殷鸿福，朱云海，等. 史密斯地层与非史密斯地层[J]. 地球科学——中国地质大学学报，2003，28（4）：361-369.

张克信，殷鸿福，朱云海，等. 造山带混杂岩区地质填图理论、方法与实践——以东昆仑造山带为例[M]. 武汉：中国地质大学出版社，2001a：1-165.

张克信，庄育勋，李超岭，等. 青藏高原区域地质调查野外工作手册[M]. 武汉：中国地质大学出版社，2001b：1-282.

张克信，冯庆来，宋博文，等. 造山带非史密斯地层[J]. 地学前缘，2014a，21（2）：36-47.

张克信，何卫红，徐亚东，等. 沉积大地构造相划分与鉴别[J]. 地球科学——中国地质大学学报，2014b，39（8）：915-928.

张克信，潘桂棠，何卫红，等. 中国构造-地层大区划分新方案[J]. 地球科学—中国地质大学学报，2015，40（2）：206-233.

钟大赉. 滇川西部古特提斯造山带[M]. 北京：科学出版社，1998：1-231.

Amos Salvador. 国际地层指南 [M]. 2版. 金玉玕，戎嘉余等译. 北京：地质出版社，2000：1-171.

Dickinson W R. Plate tectonics and sedimentation [M]. //Dickinson W R. (ed.) Tectonics and Sedimentation. Society of Economic Paleontologists and Mineralogists [M]. Special Publication，1974，22：1-27.

Isozaki Y, Maruyama S, Furuoka F. Accreted oceanic materials in Japan [J]. Tectonophysics，1990，181：179-205.

Kusky T M, Windley B F, Safonova I et al. Recognition of ocean plate stratigraphy in accretionary orogens through Earth history: A record of 3.8 billion years of sea floor spreading, subduction, and accretion [J]. Gondwana Research，2013，24：501-547.

Wakitaa K, Metcalfe I. Ocean Plate Stratigraphy in East and Southeast Asia [J]. Journal of Asian Earth Sciences，2005，24：679-702.

Roberton A H F. Role of the tectonic facies concept in orogenic analysis and its application to Tethys in the Eastern Mediterranean region [J]. Earth-Science Reviews，1994（37）：139-213.

## 关键词与主要知识点-16

史密斯地层学 Smith stratigraphy
非史密斯地层学 non-Smith stratigraphy
洋板块地层学 ocean plate stratigraphy
造山带 orogenic belt
大地构造地层 tectonostratigraphy
构造地层 structure stratigraphy
地层层序重建 reconstruction of stratigraphic sequence

地层系统 stratigraphic system
基质 matrix
岩块 block
岩片 slice
超岩片 superslice

# 第 17 章 分子地层学

**分子地层学**（molecular stratigraphy）是运用**分子化石**（molecular fossils）探讨地层的特征和属性，并进行地层划分和对比的学科。它不同于传统的岩石地层学、生物地层学和年代地层学，目前还没有一套成熟的、具有一定等级的地层单位。当今国际上分子地层学的工作着重在分析地层的特征和属性上，还没有真正进入到地层的划分和对比阶段。较早论及分子地层学的是 Brassell et al. (1986)。

## 17.1 分子地层学的基础——分子化石

分子古生物学是分子地层学的基础，它是以地层或其他地质体中的有机组分为研究对象，研究这些有机组分的组成和结构特征、所记录的生物特征和属性、生命的起源和演化等生物学信息。在这些有机组分中，最为重要的当属分子化石［或称为化学化石（chemical fossils）、生物标志化合物（biomarkers）］。分子化石是指地质体中保存的来自生物有机体的分子，它们在有机质演化过程中具有一定的稳定性，虽受成岩、成土等地质作用的影响，没有或较少发生变化，基本保存了原始生物生化组分的碳骨架，记载了原始生物母质的相关信息，具有一定的生物学意义。分子化石的工作最早要追溯到 Treibs (1934) 在沉积岩中发现来自植物叶绿素的地质卟啉，较早论述分子化石的是 Eglinton et al. (1967)。近些年出版的一些专著，如 Peters et al. (2005)、Volkman et al. (2006)、Gaines et al. (2009) 和 Bianchi et al. (2011) 比较系统地介绍了分子化石的研究。

### 17.1.1 常见分子化石种类

目前，分子化石的研究已涵盖了主要的 4 类生物化学组分：蛋白质（和核酸）、碳水化合物（包括几丁质）、类脂物和木质素。在这 4 类分子化石中，研究最广泛的是类脂物、蛋白质和核酸。相比较而言，类脂物在地质体中要稳定得多，可以在许多环境中长期稳定存在，但它所携带的生物学信息较少。相反，蛋白质和核酸的生物学信息相当丰富，但它们相对不稳定，仅在一些年轻的地质体中可以稳定存在。常用分子化石介绍如下。

#### 17.1.1.1 类脂物（lipids）

地质体中分子化石种类最多、分布最广的也是类脂物。根据研究需要，类脂物可分为生物类脂（biolipids）和地质类脂（geolipids）。地质类脂由生物类脂转变而来。生物类脂往往具有双头结构，即有一个疏水端（可溶于油和有机溶剂，但不溶于水）和一个亲水端（可溶于水）。生物类脂主要包括甘油（glycerol）、蜡脂（wax）、萜类（terpenoid）及色素（pigment）。这些生物类脂主要存在于细胞膜中，也出现在叶蜡石中。经历早期成岩转化过程，生物类脂一般会脱去极性官能团，转变为相对稳定的地质类脂。下面简要介绍一些重要的地质类脂。

正构烷烃 ($n$-alkanes)：正构烷烃广泛存在于植物和其他生物体内，不同生物源的正构烷烃具有不同的碳数分布形式。海相或湖相的藻类、菌类等低等生物合成的正构烷烃碳链较短（<$C_{21}$），通常以 $C_{17}$ 或 $C_{19}$ 为主峰的单峰型分布，缺少高碳数分子，无明显的奇偶优势。来源于陆生高等植物的正构烷烃碳链较长（>$C_{22}$），通常以 $C_{27}$、$C_{29}$ 或 $C_{31}$ 为主峰碳的单峰型分布，具有显著的奇偶优势。

支链烷烃 (branched alkanes)：在许多地质体中，异构烷烃往往与正构烷烃相伴出现。这些支链烷烃（包括异构烷烃、反异构烷烃，以及多取代烷烃）在细菌和高等植物中均存在。例如，蓝细菌可以合成较高含量的 6-甲基、7-甲基十七烷（Köster et al.，1999）；硅藻可以合成多支链烷烃（HBI）；葡萄球藻可以合成葡萄藻烯。

无环类异戊二烯烷烃 (acyclic isoprenoids)：属于支链烷烃中的一个特殊类群，其结构的基本单元是异戊二烯。最常见的无环类异戊二烯化合物是姥鲛烷（pristane，Pr，$C_{19}$）和植烷（phytane，Ph，$C_{20}$），一般认为是植醇的成岩产物，比值 Pr/Ph 被用来指示沉积环境的氧化还原状况。Crocetane（2，6，11，15-四甲基十六烷）和 PMI（2，6，10，15，19-五甲基二十烷）来自甲烷厌氧氧化古菌（Blumenberg et al.，2004）。

萜烷 (terpanes)：地质体中最常见的是长链三环萜烷和五环三萜烷。长链三环萜烷的结构特征是环上带有一个异戊二烯的长链［图 17-1（a）］，其碳数可高达 $C_{45}$。最常见的是 $C_{19}$—$C_{29}$ 系列，其中 $C_{22}$ 和 $C_{27}$ 含量较少，以 $C_{23}$ 为主，$C_{26}$、$C_{28}$、$C_{29}$ 各带两个光学异构体。此外，在长链三环萜烷 $C_{26}$ 之前还往往出现一个 $C_{24}$ 四环萜烷。该类化合物主要与细菌、藻类生物有关。

五环三萜烷可分为藿烷系列（hopanes）和非藿烷系列（non-hopanes）。藿烷系列是一类研究得比较深入的生物标志化合物［图 17-1（b）］，已经分离和鉴定的藿烷及其衍生物多达 150 种以上。藿烷的前身物产出于细菌细胞膜中，由角鲨烯通过环化作用形成。长链藿烷（$C_{31}$ 以上）与细菌藿多醇（如细菌藿四醇）有关；低碳数藿烷（$C_{31}$ 以下）与里白烯或里白醇（均是 $C_{30}$）有关；而 2-甲基藿烷则与蓝细菌有关（Summons et al.，1999）；3-甲基藿类主要来自 I 型甲烷氧化细菌（Cvejic et al.，2000）。

高等植物合成的非藿烷三萜主要有奥利烷（oleanane）、羽扇烷（lupane）、乌散烷（ursane）3 个系列，这些三萜类化合物被认为是被子植物的标志物（Moldowan et al.，1994）。而裸子植物主要合成二萜类化合物（Diefendorf et al.，2012）。

甾烷 (steranes)：甾烷化合物的碳骨架如图 17-1（c）所示，它们是由生物体中的**甾醇** (sterols) 转化而来。从目前的资料可知，水生浮游植物（主要是藻类）以 $C_{27}$ 为主，其次是 $C_{29}$ 甾醇。陆生植物主要含 $C_{29}$ 甾醇，其次是 $C_{28}$ 甾醇。沟鞭藻可以合成 4-甲基甾醇。

甘油二烷基甘油四醚 (glycerol dialkyl glycerol tetraethers，GDGTs)：是近些年来发展迅猛的一类新的分子化石，按照烷基链结构的差异可分为两类：类异戊二烯（isoprenoid GDGTs，$i$GDGTs）和支链（branched GDGTs，$b$GDGTs）。$b$GDGTs 的生物源目前还不确定。$i$GDGTs 是古菌细胞膜的重要组成部分，类似于细菌细胞膜中的磷脂脂肪酸，带有特征性六元环的 crenarchaeol（泉古菌醇）来自奇古菌，有可能与氨氧化古菌有关。GDGTs 类化合物能够很好地指示环境的变化，由此开发出了多种古环境与古气候指标，如 TEX$_{86}$（Schouten et al.，2002）、MBT-CBT（Weijers et al.，2007）、BIT（Hopmans et al.，2004）、$R_{i/b}$（Xie et al.，2012）等。GDGTs 类化合物已被证实可以稳定存在于早到侏罗纪

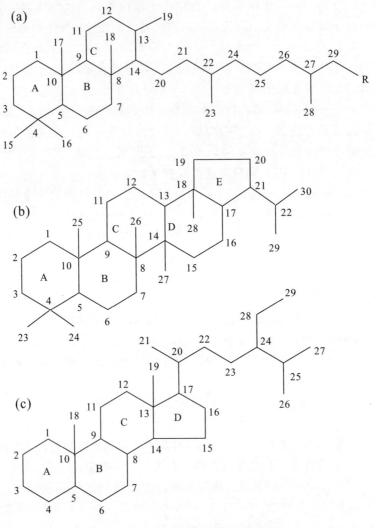

图 17-1 一些典型分子化石的结构
(a) 长链三环萜烷；(b) 藿烷；(c) 甾烷

的地层中 (Jenkyns et al., 2012)。

**色素类**（pigments）：光合细菌色素也是重要的分子化石类群。比较常见的是叶绿素，高等植物和藻类都可以合成。叶绿素降解之后可以产生卟啉和植醇。紫硫细菌特征的光合色素 okenone（奥氏酮）经成岩作用可以转化为 okenane（奥氏烷），后者可以用作沉积物中紫硫细菌是否存在的标志物 (Brocks et al., 2005)。与之类似，绿硫细菌光合色素 isorenieratane（异胡萝卜烷）是沉积物中检出的三甲基苯类化合物的前身物 (Summons et al., 1986)。绿硫细菌和紫硫细菌生存于富含 $H_2S$ 的透光层底部，因而它们的分子化石标志物可以用来指示水体富含 $H_2S$ 事件（黄咸雨等，2007）。

**非烃类化合物**（non-hydrocarbons）：在自然界中，以上的烃类分子化石存在对应的非烃类分子化石，包括酸（acids）、醇（alcohols）、酮（ketones）、醛（aldehydes）等。实际上，地质体中的许多烃类分子化石是由生物体中的非烃类分子化石转化来的。如甾醇转化成甾烷、细菌藿四醇转化成藿烷等。当然，一些烃类分子化石还会受微生物氧化作用进一步又转化成非烃类化合物。非烃类分子化石种类众多，但它们的应用并没用烃类那么广泛，主要应用于像第四纪这样年轻的地质体中。甾醇（sterols）可以算得上是用得最广的非烃类化合物。除此之外，用得比较多的是各类正构脂肪酸、醇、酮。以正构脂肪酸为例，一般来源于高等植物类脂物的一元正脂肪酸碳数分布范围为 $C_{22}$—$C_{32}$，具偶碳优势，主峰在 $C_{24}$ 或 $C_{26}$。而来源于低等生物类脂物的一元正脂肪酸碳数分布范围为 $C_{12}$—$C_{20}$，具偶碳优势，主峰在 $C_{16}$。

**长链烯酮**（long-chain alkenones）：能够合成这些烯酮化合物的藻类属于定鞭金藻纲（Prymnesiophyceae），在海洋环境中主要是 *Emiliania huxleyi*（赫氏艾石藻）和 *Gephyrocapsa oceanic*（大洋桥石藻）。烯酮化合物碳数分布范围为 $C_{37}$—$C_{39}$，具有 2~4 个不饱和键。在海洋中，这些产烯酮的藻类生活在透光层的上部，其烯酮组成可以灵敏地响应海水温度的变化，由此建立了经典的古温度计 $U_{37}^{k}$（Brassell et al., 1986; Prahl & Wakeham, 1987）。

**多环芳烃**（polycyclic aromatic hydrocarbons，PAHs）：活体生物不会合成多环芳烃，因此它们不是严格意义上的分子化石。多环芳烃由常规分子化石转化而来，与常规分子化石有着相同的作用，可以用来反映原始有机质的来源、成岩和热演化条件以及环境污染等。在一般沉积岩中，以有烷基侧链的芳烃为主，尤以 1~3 环的苯（benzene）、萘（naphthalene）、菲（phenanthrene）系列最为丰富。其中的烷基菲在判断生油岩的成熟度方面有广泛的应用。苯并呋喃（氧芴）（benzofuran）、苯并噻吩（硫芴）（benzothiophene）是沉积物中常见的含有杂环的芳烃化合物。在某些沉积物或沉积岩中，会出现较高含量且带裂解特征（不带烷基侧链、结构稳定、以 3~6 环的稠合芳烃为主）的多环芳烃，被认为是燃烧过程（特别是缺氧时燃烧）的产物。

#### 17.1.1.2 古蛋白质和古 DNA（ancient protein and ancient DNA）

尽管在地表有机质中，蛋白质占 1/3~1/4，但在古老沉积岩中完整的蛋白质却很少。古蛋白质和古 DNA 远不像类脂物分子化石那样分布广泛。蛋白质的水解产物氨基酸却分布极广。蛋白质一般有亲水等轴球形蛋白质、疏水蛋白质和纤维状蛋白质 3 种类型。到目前为止，大部分已发表的氨基酸序列都是亲水等轴球形蛋白质的氨基酸序列，因为这些蛋白质比较容易萃取和研究。此外，骨骼和牙齿中的蛋白质 C、N 等稳定同位素研究也十分普遍，可以用来判断不同地质时期生物食性结构类型。动物骨骼中提取出的胶原蛋白不仅可以用来测试 C、N 同位素，进行 $^{14}C$ 定年，还可以通过多肽分析来确定化石的属种（Buckley et al., 2010）。

载有生物遗传信息的古 DNA 研究已成为探索历史时期生物系统的演化、分类谱系发生的重要学科前沿。随着现代分子生物学、有机地球化学的理论和实验技术的不断发展，尤其是在 1984 年从某博物馆的标本中提取出古代生物的 DNA（Huguchi et al., 1984），以及分别在埃及木乃伊中（Pääbo, 1989）和在 1000 多万年前的木兰化石中提取出化石 DNA（Golenberg et al., 1990）以来，在全球范围内掀起了研究古 DNA 的热潮，取得了许多重要的研究成果。

#### 17.1.1.3 碳水化合物和木质素（carbohydates and lignins）

碳水化合物又称糖类，是含多羟基的醛类、酮类以及由它们聚合而成的高分子化合物。

在几乎所有的动物、植物和微生物体内都存在，尤以植物中含糖最多，占其干重的80%。研究比较多的化石糖类是单糖和纤维素。单糖几乎在寒武纪以来所有的沉积地层和一些前寒武纪地层中均有发现。纤维素的同位素组成是全球气候变化的良好载体。另外，化石几丁质的研究也早已受到人们的关注。

木质素是植物细胞壁的主要成分，它包围着纤维素并充填其间隙形成支撑组织。木质素可视为高分子量聚酚，其单体基本上是酚-丙烷基结构的化合物，常带有甲氧基的官能团。化石木质素的C/N比值可以指示$C_3$和$C_4$植物的变化（Onstad et al., 2000），化石木质素的丁香酚（syringyl phenols）和香草酚（vanillyl phenols）的比值则可以指示被子植物的变化（Mitra et al., 2000）。

### 17.1.2 分子化石的影响因素

地质体中分子化石的分布一方面受生物有机体的影响，不同生物类型会有不同的分子化石分布特征，这在前面已经介绍过；另一方面分子化石的分布还强烈地受到其进入沉积物以后所经历的各种作用的影响，其中比较重要的因素有与成岩或成土作用相伴的有机质熟化作用、微生物降解作用、水洗作用、运移作用等。

在熟化过程中，分子化石会脱官能团、脱水、硫化、加氢、异构化和芳构化等，使非烃类化合物如酸、醇向烃类化合物的生物构型向地质构型、不稳定地质构型向稳定地质构型转化。甾醇向甾烷转化就是一个典型的例子。生物体中的甾烯醇向沉积物中的甾烷醇、甾烷酮、甾烯酮、甾烯、甾二烯，再向沉积岩中的甾烷、重排甾烷、芳甾烷转化。

微生物降解作用是影响分子化石的另一种重要因素。就烃类而言，遭受微生物降解的难易程度一般依次是：低分子量的正构烷烃、高分子量的正构烷烃、支链烷烃、无环类异戊二烯烷烃、环烷烃、芳烃、20R规则甾烷、20S规则甾烷、20S重排甾烷、20R重排甾烷。微生物降解作用与氧化作用、水洗作用常常是同时进行。

### 17.1.3 分子化石的分析方法

地质样品中分子化石的分析通常可分为两步：首先是将分子化石从载体（沉积物、岩石、生物大化石等）中提取出来，并进一步进行各组分的分离；然后再针对不同的研究目的和不同的分子化石类别，对各种分子化石进行仪器分析。

#### 17.1.3.1 分子化石的富集、分离和纯化

分子化石常呈分散状态存在于各种载体中，需要有机溶剂（常用的是氯仿、二氯甲烷，以及二氯甲烷与甲醇的混合溶剂）来进行抽提富集。目前广泛使用的抽提方法有索氏抽提法、超声抽提法及快速溶剂萃取法（ASE）。索氏抽提法是经典方法，抽提比较完全，但抽提时间过长，溶剂消耗量较大，且低沸点组分容易损失。超声抽提法效率高，时间短，适合于有机质含量比较高的地质样品。快速溶剂萃取法是当前推广比较迅速的方法，它在较高的温度和压力下，加快有机分子的萃取，自动化程度较高，可以快速地处理有机质含量比较低的样品。

抽提出来的分子化石是各种组分的混合物，必须进一步进行组分的分离和纯化。通常采用的方法有柱层析法、薄层色谱法、络合加成法等。柱层析法是各种分离方法的基础。薄层色谱法对于分离量少的多组分混合物较便利。为了进行分子化石的单体同位素分析，采用络

合加成法来分离直链和支链化合物,多采用 5Å 分子筛、尿素、硫脲作为络合剂。5Å 分子筛对于 $C_2$ 以上的正构烷烃吸附能力很强,不吸附支链烷烃和环烷烃。其吸附较完全,回收率高,适于定量分析,但操作麻烦,脱附流程太长。尿素分子在正构烷烃及其衍生物存在下头尾相接形成平行管状或螺旋状晶体,横切面为六角形,通道中心直径为 5Å,正好适合于直链分子形成笼状加成物或络合物;而支链和环状分子直径太大,无法形成络合物。该方法操作简单、快速,但分离不完全。

### 17.1.3.2 仪器分析和鉴定

分子化石经过富集、分离和纯化后,有些组分就可以直接进行仪器分析,有些组分则还要进行衍生化,以使仪器分析效果更好。衍生化方法多种多样(如甲酯化、硅烷化、乙酰化等),视分子化石种类和仪器配置而定。

比较常用的分析仪器有:用于测定官能团的红外光谱仪;用于结构分析的核磁共振波谱仪、电子顺磁共振波谱仪、X 光衍射仪、透射电镜。其他如氨基酸分析仪、蛋白质的电泳技术、古 DNA 的 PCR 技术等。

目前最为引人瞩目的是在分子化石的成分和定量分析中的仪器,有 3 个系列:①色谱系列。包括气相色谱仪(GC)、高温气相色谱仪(HT-GC)、裂解气相色谱仪(Py-GC)、高效液相色谱仪(HPLC)等。②色谱-质谱联用系列。包括气相色谱-质谱联用仪(GC-MS)、液相色谱仪-质谱联用仪(LC-MS)、气相色谱-质谱-质谱联用仪(GC-MS-MS)、裂解气相色谱-质谱联用仪(Py-GC-MS)等。③色谱-同位素比值质谱联用系列。气相色谱-燃烧/热转换-同位素比质谱联用仪(GC-C/TC-IRMS,适合于分子化石单体碳、氮、氢、氧同位素分析)。

近些年还出现了一些新的分析技术,如全二维气相色谱-飞行时间质谱技术(GC×GC-ToFMS)、傅里叶变换离子回旋共振质谱技术(FT-ICRMS)和飞行时间-二次离子质谱(ToF-SIMS)。同传统的一维毛细管色谱技术相比,全二维气相色谱技术具有更高的柱容量和分辨率,结合飞行时间质谱的极快响应与较高的灵敏度,可以更好地分析较为复杂的样品。傅里叶变换离子回旋共振质谱仪(FT-ICRMS)是一种具有超高质量分辨能力的质谱仪,在石油组分相对分子质量范围(200~1000 道尔顿)内,其分辨率能够达到几十万甚至上百万,这种分辨能力可以精确地确定由 C、H、S、N、O 以及它们主要同位素所组成的各种元素组合。利用 ToF-SIMS 技术,我们可以进行原位的分子化石研究,获取分子化石在样品表面的空间分布模式甚至相对含量,对深入理解环境微生物的地球化学过程、示踪生物标志物的母体和探索早期生命起源均具有重要的应用价值(Thiel et al.,2011)。

## 17.1.4 分子化石与其他生物化石的比较

分子化石是生物有机体遗留下来的痕迹。大部分分子化石难以像生物实体化石(大化石和微体化石)一样可以与特定的生物种、亚种联系起来,在定年、地层划分和对比方面远比不上这些实体化石。而且,许多分子化石像油气一样易于运移,还受到成岩作用等的影响。尽管如此,分子化石研究还是有其独特的优势。

**分布的广泛性** 分子化石比生物实体化石容易保存,特别是其中的类脂物分子化石,几乎在所有的沉积岩中都可以见到,甚至在许多变质岩中还可以存在。这样,在那些缺乏其他生物化石的"哑"地层,或者在那些有生物化石但没有统计意义的地方,分子化石还能够存在，可以开展分子地层学工作。由于分子化石在许多"哑"地层中都能找到，可能成为解决地层学问题的新工具，故分子地层学有很大的发展前途。

**定量的准确性** 分子化石的定量比较准确，许多有实际地质意义的指标可以定量化，可以计算出诸如 $C_3$ 和 $C_4$ 植物的丰度比值、木本和草本植物的丰度比值、低等菌藻生物和高等植物的丰度比值等。而且，分子化石往往是一系列的同系物，各种指标可以互相验证、互相补充。虽然孢粉分析也可以统计出木本植物和草本植物的相对变化，但它实际上是一种统计意义上的数值。而且，孢粉往往是有许多异地分子的混入（分子化石有时还可以把异地源和原地源区分开来）。低等菌藻生物和高等植物的丰度比值在恢复古气候等与全球变化有关方面具重要意义，但在一般沉积岩中，要利用其他生物化石计算出该比值相当困难，甚至是不可能的，然而分子化石要做到这一点却很容易。

**应用的指纹性** 生物实体化石属种的确定主要是基于形态学研究，是形态种。分子化石主要基于其化学成分和基因，是化学种（或分子种）。这两种类型的种不完全相同。现代生物学中就有很多形态种不变而化学成分发生变化的例子。当生物生活环境条件发生长期微小的变动时，与环境有关的某些类脂物将会随之发生变化，但不会引起植物群落或生态系统的取代。只有当环境压力超过了生态系统的缓冲能力时，才会出现植被的变更。某些分子种在反映环境条件变化上可能比形态种更加灵敏。而且，如前所述，分子化石具有多个系列的同系物，一些分子化石对环境的微小变化反映灵敏，另外一些则可能主要受控于植被状况（其本身也间接地与比较大的环境条件变化有关）。因此，一方面，那些与环境有关的类脂物分子化石将直接记录环境条件的微小变化；另一方面，某些分子化石和其他生物化石一样，又记录了植被景观（以及相应比较大的环境条件的变化）。这可在下面的泥炭例子中清晰地反映出来。分子化石在记录全球变化（环境、气候、植被）方面可能会有更好的指纹性效果。分子化石作为一种指纹性指标，在油气地球化学的油-源对比研究中得到了最充分的体现。当前趋势是强调单个分子化石（尤其是类脂物分子）的界面过程，特别是其同位素地球化学特征。分子界面过程能有效地研究开放系统间的物质、能量与信息的交换，它实际上是系统间接口的研究，能为地史时期的层圈关系研究提供很好的依据。

## 17.2 分子地层学的原理与方法

### 17.2.1 原理

分子地层学主要是利用地质体中的各类分子化石来划分、对比地层。不论是哪类分子化石，其地层学应用的基本原理是依据分子化石的生物源信息和其离开生物体后发生的一系列转化过程中记录的环境信息来实现的。在各类年代学框架的约束下，分子化石记录的生物源信息和环境信息则成了区域性乃至全球性地层对比的主要依据。

#### 17.2.1.1 生物源信息

地层中的分子化石来源于生物体本身，而不同的生物往往有不同的生物化学组成。因此，分子化石可以反映出地层形成时的生物面貌。前文介绍重要的分子化石类别时，也简要介绍了一些特征性分子化石对应的生物源，更多的特征性类脂物总结如图17-2所示。

分子化石生物源信息，除了为分子地层工作提供生物群面貌信息外，还可以提供气候环境信息。这有两个方面的依据：一方面，不同的沉积环境有着不同的生物类型、组合或生物群落，这些差异会体现在沉积物中的分子化石组成上。例如，陆相沉积中具有较高比例的高等植物，因而分子化石组成往往以来自高等植物分子的脂类为主，而海相环境以菌藻为主，此类沉积中的分子化石也以菌藻来源为主。另一方面，一些生物尤其是微生物在不改变属种的前提下，通过改变自身的脂类组成来适用气候环境的变化，从而使分子化石能够指示这种气候环境变化。例如，海洋中的颗石藻可以通过改变烯酮化合物的不饱和度来适应表层海水温度的变化，成为一种很好的古温度计（Bassell et al.，1986；Prahl & Wakeham，1987）。

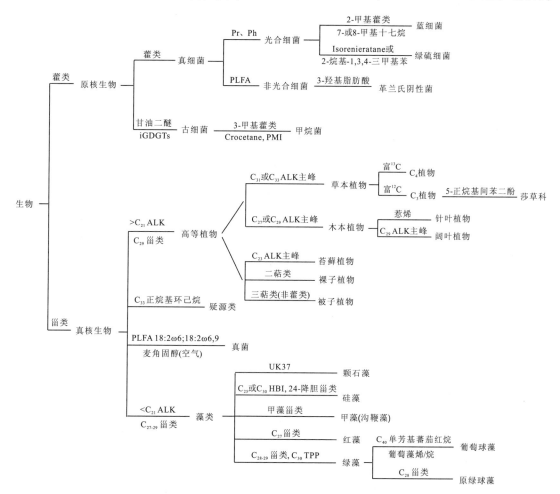

图 17-2 各类生物体的特征性类脂物分子

(修改自谢树成等，2007)

ALK. 正构烷烃；UK37. 长链烯酮；$C_{25}$ HBI. $C_{25}$长支链类异戊二烯烃；Pr. 姥鲛烷；Ph. 植烷；PLFA. 磷脂脂肪酸；Coretane. 2，6，11，15-四甲基十六烷；PMI. 2，6，10，15，19-五甲基二十烷；TPP. 四环萜类；isorenieratane. 异胡萝卜烷

### 17.2.1.2 转化途径

所有的生物有机分子离开生物体后会发生转化，这些转化与沉积环境及时间因素有关。不同的沉积环境条件（如氧化还原电位、微生物活动强度、湿度、温度、pH等）会影响分

子化石的转化、降解和保存，从而使不同沉积环境表现出不同的分子化石组合。因此，分子化石可以为分子地层工作提供气候环境方面的信息。环境条件能控制分子化石的降解程度，也可以影响降解得到的系列化合物之间的分布模式。例如，在沉积物中，由于微生物降解，长链正构烷烃的奇偶优势会逐渐降低，也即奇碳化合物的相对丰度降低。在沉积物中，一些分子化石的立体构型也会受环境条件以及时间影响。例如，藿烷从生物构型 $17\beta$ （H） $21\beta$ （H） 向 $17\alpha$ （H） $21\beta$ （H） 与 $17\beta$ （H） $21\alpha$ （H） 构型的转变。

### 17.2.2 方法

根据以上两个方面的原理（生物类型和沉积期或期后的改造作用），在分子地层学领域中，所采用的地层学分析方法主要有以下几种。

#### 17.2.2.1 含量

指某种特定分子化石在某样品中的含量（$\times 10^{-6}$ 样品，$\times 10^{-6}$ 有机碳），这是最基本的方法。类脂物分子一般可以直接采用气（液）相色谱仪、气（液）相色谱-质谱联用仪进行内标法或外标法定量。需要注意的是，沉积岩中分子化石的含量除受生物源和沉积环境影响外，还受沉积速率的影响。

#### 17.2.2.2 相对丰度

指在同一样品中某种特定分子化石相对于某些常见分子化石的含量，或者是某同系物之间的相对含量（比值）。这是很常用、很简便的方法，而且还可以消除因沉积速率变化所引起的误差，有些比值甚至还可以消除成岩作用的影响。相对丰度的计算远比其绝对含量计算简单得多，可以直接采用气（液）相色谱图、质量色谱图中的峰面积进行计算。一些比值反映了生物种群中某些特定生物的变化，例如 2-甲基藿烷与藿烷比值反映了细菌种群中蓝细菌的相对丰度 (Summons et al., 1999)；某些比值与沉积环境有关，如姥鲛烷与植烷比值反映了沉积环境的氧化还原状况和盐度 (Ten Haven et al., 1987)；有些比值与成熟度有关，反映地层的埋藏和受热情况，如常规甾烷的异构体比值；有些比值可以直接反映地质事件，如高环数与低环数多环芳烃比值可以反映全球火灾事件 (Venkatesan & Dahl, 1989)；有些比值则因与地质时间有关而用来定年，如氨基酸外消旋作用所形成的 L 和 D 构型的比值 (Oches & McCoy, 2001)，等等。

#### 17.2.2.3 碳数分布

指某个同系物之间不同碳数化合物的相对含量分布情况，包括其主峰碳（含量最高的那个化合物的碳数）。例如，高等植物体内正构烷烃的碳数分布主要是从 $C_{23}$ 到 $C_{33}$ 的奇数分布，主峰碳数一般是 $C_{27}$（木本）、$C_{29}$（落叶树）或 $C_{31}$（草本）等。在碳数分布中有一个指标是碳优势指数（CPI），指的是奇数碳与偶数碳的比值，反映了成岩作用或微生物作用的强度。第四系沉积物中 CPI 因与微生物作用有关而可以反映气候环境的变化。还有一个指标是平均碳链长度（ACL），是指同系物中每个化合物的相对含量与其碳原子数乘积的总和除以化合物相对含量的总和，一般主要用于脂肪族化合物。例如，正构烷烃 ACL 可以反映植被的变化。当地层以木本植物为主时，正构烷烃的 ACL 通常较小；以草本植物为主时，ACL 通常较大。

### 17.2.2.4 单体同位素

指单个分子化石的同位素特征。与传统稳定同位素分析相比，单体同位素有比较确切的来源，因而对物源或气候环境变化更加灵敏。1978年首先由著名质谱学家John Hayes把气相色谱-同位素比质谱仪（GC-IRMS）引进到了分子有机地球化学领域（Matthews & Hayes，1978），使复杂混合物中单个有机分子（单体）稳定同位素的研究成为可能。1988年、1994年分别出现了复杂混合物中单体稳定碳同位素和氮同位素的商业应用（GC-C-IRMS：gas chromatography-combustion-isotope ratio mass spectrometry）。1999年，出现了研究复杂混合物中单体稳定氢、氧同位素的气相色谱-裂解-同位素比值质谱仪（GC-TC-IRMS）。后者也使复杂有机混合物中单体稳定氧同位素乃至硫同位素的研究成为可能，这样就使复杂有机混合物最难分析而又最有意义的单体氢、氧、硫同位素的分析变成现实。单体同位素研究是分子有机地球化学、分子化石领域最有前途的发展方向之一。实际上，开展分子化石的单体同位素研究已开始从分子水平深入到原子水平，分子地层学也可以说是拓展到原子地层学了，尽管目前国际上还没有这样的用法。

配合分子化石组成，单体碳同位素可以帮助我们推断有机质的来源。如长链正构烷烃单体碳同位素可以用来反演$C_4$植物的起源及扩张历史（Huang et al.，2007）。特别偏负（<−50‰）的单体碳同位素组成可以指示甲烷氧化过程。高等植物生理利用的水大多来自大气降水，因而其分子化石的单体氢同位素可以用来指示古水文变化（Sachse et al.，2012）。对于海洋微生物，其分子化石的单体氢同位素组成与海水的盐度有较好的关系（Sachs & Schwarb，2010）。

## 17.3 分子地层学的应用领域

分子地层学的应用领域非常广泛，这里只介绍在揭示生物面貌、重塑古环境、示踪过去全球变化及确定地质年代等几个方面的应用。

### 17.3.1 揭示生物面貌

前面内容已经介绍了很多特征性的分子化石，如果在地层中找到了此类分子化石，我们就可以推断沉积时有哪些生物存在。例如，Xie et al.（2005）研究了二叠纪—三叠纪界线"金钉子"煤山剖面的2-甲基藿烷（蓝细菌的特征标志物）。2-甲基藿烷指数（2-MHP）显示出，在界线附近，蓝细菌出现了两次繁盛，对应着宏体生物的两次低值。这揭示出，在生物危机时期，处在生态系统不同生态位的微生物与宏体生物存在耦合关系。

在揭示生物面貌方面，特别需要提及的是在早期生命演化领域的应用。在地球生命演化的早期，宏体生物尚未出现，而微生物又难以保存为化石。在这种情况下，分子化石可以作为一种重要的工具，提供一些重要微生物类群的首次出现时间。例如，Ventura et al.（2007）从2.707~2.685Ga的变质岩中检测到古菌的特征分子化石（有环与无环的双植烷，以及它们的降解产物）。Brocks et al.（2005）从澳大利亚1.64Ga年前的地层中检测出绿硫细菌和紫硫细菌的标志物。有关分子化石在地球早期生命演化方面的更多应用，请参考Brocks & Pearson（2005）、Walters et al.（2010）、谢树成等（2012）。

### 17.3.2 重塑古环境，示踪过去全球变化

分子化石用途最广泛的领域是在分析沉积环境及气候条件的变化上。例如，无环类异戊二烯烷烃中的姥鲛烷（Pr）和植烷（Ph）的比值（Pr/Ph）一直被用来指示沉积环境的氧化还原条件。不过，需要注意的是，该比值还受成熟度、盐度、生物种类的影响。2-烷基三甲基苯类化合物的比值 AIR（短链 $C_{13}$—$C_{17}$ 化合物与长链 $C_{18}$—$C_{22}$ 化合物的比值）也能用来指示环境的氧化还原条件。短链和长链化合物有着相同的来源，在氧化条件下以短链为主，而在还原条件下以长链为主（Schwark et al.，2002）。$C_{30}$—$C_{35}$ 升藿烷的分布情况也与沉积环境的氧化还原条件有关，其中比较有用的指标是 $C_{35}/(C_{31}+C_{32}+C_{33}+C_{34}+C_{35})$（即 $C_{35}$ 升藿烷指数）的比值，高值对应于较强的还原条件（Peters et al.，1993）。高的伽马蜡烷/藿烷比值（伽马蜡烷指数）与强还原、高盐度的环境有关。奥利烷/$C_{30}$ 藿烷比值（即奥利烷指数）用来指示沉积相（陆相或海相）的变化。重排甾烷/规则甾烷的比值变化可区分出碳酸盐岩（低比值）和碎屑岩（高比值）。

在全球性事件研究上，比较典型的例子有：利用多环芳烃的分布特征恢复过去地球历史上所发生的全球性火灾事件（Venkatesan & Dahl，1989；Shen et al.，2011）；利用分子化石及其同位素特征探讨甲烷释放事件（Hinrichs et al.，2003；Pancost et al.，2007）；利用烷基三甲基苯类化合物的含量变化讨论 $H_2S$ 富集事件与生物灭绝之间的关系（Grice et al.，2005；黄咸雨等，2007）。

近些年来，由于仪器技术的发展，分子化石在第四纪古气候重建方面取得了长足的进步，突出的表现在建立了多种古温度计和古水文指标（谢树成等，2013）。分子化石古温度指标中最经典的是基于烯酮的 $U_{37}^k$（Brassell et al.，1986；Prahl & Wakeham，1987）、基于古菌 GDGTs 的 $TEX_{86}$（Schouten et al.，2002）以及基于细菌 GDGTs 的 MBT（Weijers et al.，2007）。在古水文方面，比较常用的是分子化石的单体氢同位素（Sachse et al.，2012）、新近建立的古菌与细菌 GDGTs 比值（Ri/b；Xie et al.，2012）以及藿类通量（Xie et al.，2013）。

### 17.3.3 确定地质年代

在地质年代的确定上，分子化石难以像实体化石那样有很好的作为。比较有意义的是利用氨基酸的消旋性来测定地质体的年龄。活体生物中的氨基酸除甘氨酸外，都以 L 构型存在。生物死亡后，L 构型氨基酸向 D 构型转化，这种转化过程被称之为氨基酸的外消旋作用（racemization）。氨基酸的外消旋作用受控于温度和时间两个因素。如果温度恒定，就可以根据 D 型氨基的相对比例来确定生物死亡的时间。此种方法的测年范围为几年到几万年。

另外，一些大的生物事件的发生往往伴有特征性的分子化石的出现，据此可以判断大致的地质年代，例如与被子植物有关的一些萜类化合物的出现（Moldwan et al.，1994）等。特别值得一提的是，人们已开始尝试测定单个分子化石的 $^{14}C$ 年龄，并与传统的总有机质的 $^{14}C$ 年龄进行比较，以确定哪个年龄更加可靠。这种分子化石既可以是脂类（Ingalls & Pearson，2005），也可以是古蛋白质（Boaretto et al.，2009），甚至单种氨基酸（Marom et al.，2012）。

## 17.4 分子地层划分与对比实例

地层中的分子化石在诸多领域得到了广泛应用。相反，在地层划分和对比上，其潜力还有待挖掘。在利用分子化石进行地层的划分与对比时，首先要查明分子化石的分布特征及其与生物、环境、气候变化之间的关系。在此基础上，分辨出重要的可能具有全球意义的各类生物事件和环境事件，并结合生物地层学资料，以各类事件为标志，进行比较可靠的高精度的地层划分和对比。

然而，如前所述，目前分子地层学还没有明确的地层单位，难以进行实质性的地层划分与对比。虽然油气地球化学领域的源-源、油-源和油-油对比实质上是利用分子化石分布的相似性或某些分子化石的特性进行的，但也没有明确的地层单位概念。在沉积有机地球化学领域，提出了有机相或沉积有机相的概念，它与层序地层相结合，可以进行高分辨率的地层划分和对比。虽然分子地层学也可以沿用这一概念，但不能体现出分子地层学的特性，因为有机相的划分不仅仅是考虑分子有机地球化学特征，还考虑其他有机地球化学乃至沉积学特征。

我们建议，分子地层学可以沿用生物地层学中"生物带"的概念，以"分子化石带"作为分子地层的单位。生物带中包括了延限带、顶峰带、组合带等，分子化石带也可以这样用。分子化石的延限带表示某类分子化石在地层中的分布范围，顶峰带表示某类分子化石的最高丰度带，组合带则表示某些特征分子化石的组合。值得注意的是，分子化石不能像传统生物化石那样可以与生物的种属直接联系起来，在大多数情况下，其时代意义不明显。因此，分子化石带的应用（也即分子地层的划分和对比）必须在详细生物地层或者其他年代学方法的框架下进行。分子化石带的对比可以直接利用分子特征进行对比，也可以利用分子特征反映的生物学（例如蓝细菌）、环境（如氧化还原、盐度等）和气候（如利用长链烯酮不饱和度计算的古温度）等信息进行对比。

下面分别以具有详细生物地层框架的浙江长兴煤山二叠纪—三叠纪界线地层，以及具有很好的年代学框架的第四纪泥炭为例，探讨高分辨率分子地层工作。

### 17.4.1 浙江长兴煤山二叠纪—三叠纪界线附近的分子地层

#### 17.4.1.1 样品处理和仪器分析

样品采自浙江长兴煤山二叠纪—三叠纪 T/P 界线 B 剖面第 23 层至第 34 层底部，紧邻全球 T/P 界线层型与点（即"金钉子"）剖面。所研究地层的岩性包括灰岩（第 23 和第 24 层）、灰白色火山黏土岩（第 25、28、31、33 层）、纹层状富含有机质的钙质黏土岩（第 26 层）、泥灰岩（第 27 层）、灰色富含有机质的页岩和泥灰岩（第 29、30、32、34 层）。

岩石样品除去表面污染物，干燥，粉碎至 100 目以下，用三氯甲烷作为溶剂在索氏抽提器中抽提 72h，减压旋转蒸发浓缩至 1ml，可溶组分经硅胶柱层析，用正己烷和苯作洗脱剂依次分离出饱和烃组分和芳烃组分，分别进行气相色谱、气相色谱-质谱联用仪分析。饱和烃经尿素络合物除掉支链和环状化合物后进行单体碳同位素分析。各类仪器的分析条件请参阅 Xie et al.（2005，2007）、Huang et al.（2006）、黄咸雨等（2007）。

### 17.4.1.2 分子化石分布特征

有关浙江长兴煤山 T/P 界线附近的各类分子化石已作了详细报道，这里不再详述。主要的烷烃分子化石包括 $C_{14}$—$C_{35}$ 正构烷烃，$C_{15}$—$C_{21}$ 规则类异戊二烯烷烃（包括植烷、姥鲛烷），$C_{19}$—$C_{29}$ 三环萜，$C_{24}$ 四环萜，$C_{27}$—$C_{35}$ 藿烷，$C_{28}$—$C_{32}$ 2-甲基藿烷、3-甲基藿烷，$C_{29}$—$C_{33}$ 莫烷、伽马蜡烷，$C_{27}$—$C_{29}$ 规则甾烷。长兴组正构烷烃单体碳同位素变化于 $-26.3‰$ 到 $-31.6‰$ 范围，殷坑组正构烷烃单体碳同位素变化于 $-25.1‰$ 到 $-36.2‰$ 范围。它们的分布特征和生物学、环境意义请参阅 Xie et al.（2005，2007）、黄咸雨等（2007）。

芳烃组分繁多，主要包括 $C_{12}$—$C_{23}$ 2-烷基-1,3,4-三甲基苯系列、$C_{40}$ isorenieratane（异胡萝卜烷）、萘系列（萘，$C_1$-萘，$C_2$-萘，$C_3$-萘）、菲系列（菲，$C_1$-菲，$C_2$-菲，$C_3$-菲）、芴系列（芴，甲基芴）、二苯并呋喃（氧芴）、二苯并噻吩（硫芴）、苯并萘并噻吩、荧蒽、芘等。它们的分布特征和生物学、环境意义请参阅 Huang et al.（2006）、黄咸雨等（2007）。

一些主要分子化石参数在地层中的分布规律综合如图 17-3 所示。

### 17.4.1.3 分子地层的划分与对比

因分子化石种类众多，分子化石带的划分必须要有明确的生物学或环境意义，而且不同层位分子化石带有明显的区分，尽可能具有全球性或区域性特征。这样，根据分子化石的分布特征和其所具有的生物学、环境意义，可以明显地把第 24 层和第 27 层划分出来（图 17-4），这两层与其他层位明显不同，以具有高含量的来源于绿硫细菌的分子化石为特征，可称之为"2-烷基-1,3,4-三甲基苯或 isorenieratane 带"。同样，第 26 层和第 29 层上部以具有高含量的来源于蓝细菌的分子化石为特征，可划分出"2-甲基藿烷带"。第 25 层以高含量伽马蜡烷为特征，可称为"伽马蜡烷带"。这些分子化石带相当于生物地层学生物带中的顶峰带。

第 23 层以高含量的姥鲛烷（较高的 Pr/Ph 值）和二苯并噻吩（较高的 DBT/P 值）为特征，可称为"姥鲛烷-二苯并噻吩带"。相反，第 28—29 层以及第 31 层以上，以高含量的植烷（较低的 Pr/Ph 值）和菲（较低的 DBT/P 值）为特征，可称为"植烷-菲带"。这两个分子化石带相当于生物带中的组合带。

分子地层反映出煤山 T/P 界线地层存在两类重要的可能具有全球性的地质事件，以此可以进行区域性乃至全球范围内的地层对比：根据第 26 层分子化石 2-甲基藿烷带所反映的蓝细菌繁盛情况，Farabegoli et al.（2006）把意大利 Bulla 剖面 T/P 界线附近的钙质微生物岩与之进行对比。Grice et al.（2005）根据绿硫细菌的分子化石 2-烷基-1,3,4-三甲基苯和 isorenieratane（异胡萝卜烷），把煤山剖面的第 24 层与澳大利亚 Perth 盆地的 T/P 界线具有同样绿硫细菌分子化石的地层相对比。

## 17.4.2 第四纪泥炭沉积的分子地层

### 17.4.2.1 样品处理和仪器分析

从英格兰北部 Bolton Fell 泥炭中部取出一根 40cm 长的泥炭岩芯，分析前储存在 $-20℃$ 的冰箱中。为了避免污染，去除岩芯外层。按 1cm 间隔分割岩芯并连续采集样品。该泥炭岩芯顶部 30cm 采用 $^{210}$Pb 定年。本泥炭岩芯顶部 30cm 的沉积速率为 1.8mm/a，2 倍标准偏

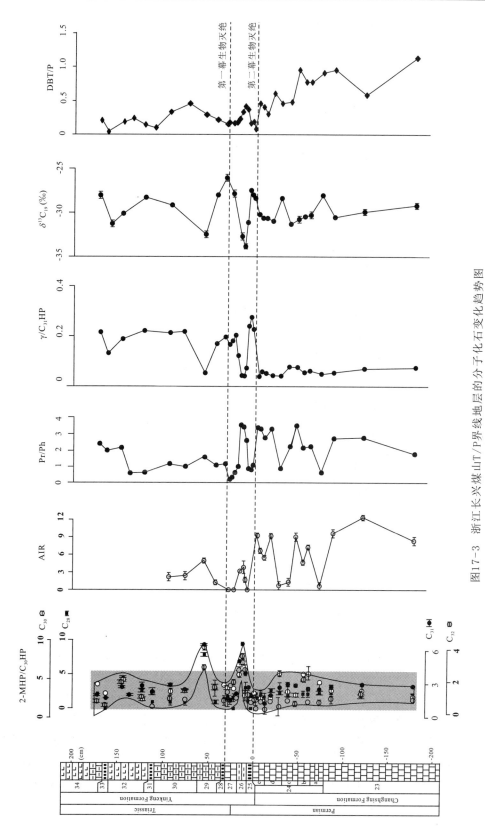

图17-3 浙江长兴煤山T/P界线地层的分子化石变化趋势图

2-MHP. 2-甲基藿烷；HP. 藿烷；AIR. 2-烷基-1,3,4-三甲基苯苯指数（$C_{12}—C_{17}/C_{18}—C_{23}$）；Pr/Ph. 姥鲛烷/植烷；$\gamma/C_{21}$HP. 伽马蜡烷/$C_{31}$藿烷；$\delta^{13}C_{19}$. 正构烷烃$C_{19}$碳同位素值；DBT/P. 二苯并噻吩/菲。资料来自于Xie et al.（2005，2007），Huang et al.（2006）和黄咸雨等（2007）

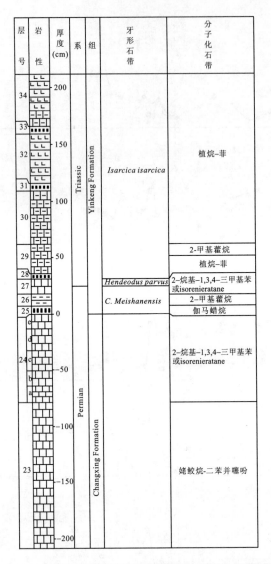

图 17-4　浙江长兴煤山 T/P 界线地层的分子化石带划分图

差（2σ），为 1.3~2.8mm/a。底部 10cm 的沉积速率也看作不变。这样该泥炭顶部 40cm 经历的时间约为距今 220 年。

把泥炭样品冻干后，磨成 0.5mm 以下的颗粒。0.5g 粉末样品用二氯甲烷/丙酮（9∶1，V/V）放在索氏抽提器中抽提 24h，并加入一系列标准样品。总抽提物用固相萃取法分离成中性和酸性组分。中性组分进一步用色层柱法（60 目硅胶）分离成饱和烃、芳烃、酮/酯、脂肪醇/甾醇和极性组分。淋洗液分别是正己烷、正己烷/二氯甲烷（9∶1，V/V）、二氯甲烷、二氯甲烷/甲醇（1∶1，V/V）、甲醇。脂肪醇/甾醇组分进一步用饱和的尿素甲醇溶液把正构醇类与环状醇类分离开。各类仪器分析（气相色谱仪、高温气相色谱仪、气相色谱-质谱联用仪、高温气相色谱-质谱联用仪、气相色谱-燃烧-同位素比质谱仪、气相色谱-裂解-同位素比质谱仪）请参阅 Xie et al.（2000，2004）、谢树成等（2001）。

### 17.4.2.2 分子化石分布特征及其气候环境意义

生物大化石分析显示，该泥炭岩芯主要以 Sphagnum（泥炭藓）为主，特别是在深度 8～9cm 到 30～31cm。在其他深度则以单子叶被子植物为主（图 17-5）。

检测出的分子化石包括 $C_{21}$—$C_{35}$ 正构烷烃（主峰 $C_{23}$ 和/或 $C_{31}$）、$C_{25}$—$C_{35}$ 正构脂肪酮（主峰 $C_{29}$ 或 $C_{31}$）、$C_{38}$—$C_{52}$ 蜡酯（主峰 $C_{40}$ 和 $C_{42}$）、$C_{20}$—$C_{34}$ 正构脂肪醇（主峰 $C_{22}$）、甾醇（24-乙基胆甾-5-烯-3β-醇，24-乙基-5α-胆甾-3β-醇，24-乙基胆甾-5，22-二烯-3β-醇，24-乙基-5α-胆甾-22-烯-3β-醇，24-甲基胆甾-5-烯-3β-醇和24-甲基-5α-胆甾-3β-醇）、$C_{16}$—$C_{34}$ 正构脂肪酸（主峰 $C_{24}$ 或 $C_{26}$）、$C_{20}$—$C_{28}$ 为 $\alpha,\omega$-二元羧酸（主峰 $C_{22}$）和 $C_{20}$—$C_{28}$ $\omega$-羟基酸（主峰 $C_{22}$ 或 $C_{26}$），等等。有关这些分子化石的植被和气候意义，请参阅 Xie et al.（2000，2004）。

### 17.4.2.3 分子地层的划分与对比

在该泥炭中，正构烷烃与植物、气候之间具有很好的对应关系，因此，可以根据正构烷烃把本段泥炭岩芯划分成如下 3 个分子化石带（图 17-5）。

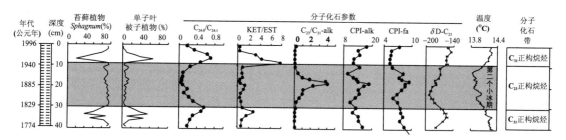

图 17-5 英国英格兰某泥炭分子化石变化规律（Xie et al.，2000，2004）与分子化石带的划分

分子化石参数：$C_{24:0}/C_{24:1}$. 正构烷烃 $C_{24}$/正构烯烃 $C_{24}$；KET/EST. 正构脂肪酮/$C_{16}$脂肪酸酯；ALK. 正构烷烃；CPI. 碳优势指数；fa. 正构脂肪酸；$\delta D$-$C_{23}$. 正构烷烃 $C_{23}$ 氢同位素值

0～9cm：$C_{31}$ 正构烷烃带（顶峰带）。分子化石的分布特征表现出正构烷烃以 $C_{31}$ 出主峰，正构烷烃/正构烯烃、酮/酯等比值较高，正构烷烃和正构脂肪醇的 CPI 值较低；正构烷烃 $C_{23}$ 的氢同位素值升高。植被以单子叶被子植物为主，苔藓植物 Sphagnum 很少。

9～31cm：$C_{23}$ 正构烷烃带（顶峰带）。分子化石的分布特征表现出正构烷烃以 $C_{23}$ 出主峰，正构烷烃/正构烯烃、酮/酯等比值较低，正构烷烃和正构脂肪醇的 CPI 值较高；正构烷烃 $C_{23}$ 的氢同位素值降低。植被以苔藓植物 Sphagnum 为主，单子叶被子植物很低。

31～40cm：$C_{31}$ 正构烷烃带（顶峰带）。分子化石的分布特征表现出正构烷烃以 $C_{31}$ 出主峰，正构烷烃/正构烯烃、酮/酯等比值较高，正构烷烃和正构脂肪醇的 CPI 值较低；正构烷烃 $C_{23}$ 的氢同位素值升高。植被以单子叶被子植物为主，苔藓植物 Sphagnum 很少。

由于本泥炭岩芯分子化石分布及其同位素组成在地层中的变化规律是对植被和气候的综合反映，因此，可以利用这些分子化石特征进行本泥炭的地层学对比。特别是，$C_{23}$ 正构烷烃带相当于第二个小冰期这一具有全球性意义的气候事件，因此，可以把本泥炭的分子地层结果与其他研究载体在全球范围内进行气候地层学的对比。

## 参 考 文 献

黄咸雨,焦丹,鲁立强,等.二叠纪—三叠纪之交环境的不稳定性和生物危机的多阶段性:浙江长兴微生物分子化石记录 [J].中国科学(D辑),2007,37(5):629-635.

谢树成,赖旭龙,黄咸雨,等.分子地层学的原理、方法及应用实例 [J].地层学杂志,2007,31(3):110-122.

谢树成,黄咸雨,杨欢,等.示踪全球环境变化的微生物代用指标第四纪研究 [J].2013,33(1):1-18.

谢树成,杨欢,罗根明,等.地质微生物功能群:生命与环境相互作用的重要突破口 [J].科学通报,2012,57(1):3-22.

Bianchi T S, Cannuel E A. Chemical Biomarkers in Aquatic Ecosystems [M]. Princeton: Princeton University Press, 2011: 1-396.

Blumenberg M, Seifert R, Reitner J et al. Membrane lipid patterns typify distinct anaerobic methanotrophic consortia [J]. Proceedings of the National Academy of Sciences of the United States of America, 2004, 101 (30): 11111-11116.

Boaretto E, Wu X, Yuan J et al. Radiocarbon dating of charcoal and bone collagen associated with early pottery at Yuchanyan Cave, Hunan Province, China [J]. Proceedings of the National Academy of Sciences of the United States of America, 2009, 106 (24): 9595-9600.

Brassell S C, Eglinton G, Marlowe I T et al. Molecular stratigraphy: A new tool for climatic assessment [J]. Nature, 1986, 320 (6058): 129-133.

Brocks J J, Love G D, Summons R E et al. Biomarker evidence for green and purple sulphur bacteria in a stratified Paleoproterozoic sea [J]. Nature, 2005, 43 (7060): 866-870.

Brocks J J, Pearson A. Building the biomarker tree of life [J]. Reviews in Mineralogy & Geochemistry, 2005, 59 (1): 233-258.

Buckley M, Kansa S W, Howard S et al. Distinguishing between archaeological sheep and goat bones using a single collagen peptide [J]. Journal of Archaeological Science, 2010, 37 (1): 13-20.

Cvejic J H, Bodrossy L, Kovács K L et al. Bacterial triterpenoids of the hopane series from the methanotrophic bacteria *Methylocaldum* spp: Phylogenetic implications and first evidence for an unsaturated aminobacteriohopanepolyol [J]. FEMS Microbiology Letters, 2000, 182 (2): 361-365.

Diefendorf A F, Freeman K H, Wing S L. Distribution and carbon isotope patterns of diterpenoids and triterpenoids in modern temperate $C_3$ trees and their geochemical significance [J]. Geochimica et Cosmochimica Acta, 2012, 85: 342-356.

Eglinton G, Calvin M. Chemical fossils [J]. Scientific American, 1967, 216 (1): 32-43.

Gaines S M, Eglinton G, Rullkotter J. Echoes of life: what fossil molecules reveal about earth history [M]. New Yorks: Oxford University Press Inc, 2009: 1-355.

Golenberg E M, Giannsi D E, Clegg M T et al. Chloroplast DNA sequence from a Miocene Magnolia species [J]. Nature, 1990, 334 (6267): 656-658.

Goossens H, de Leeuw J W, Schenck P A et al. Tocopherols as likely precursors of pristane in ancient sediments and crude oils [J]. Nature, 1984, 312 (5993): 440-442.

Grice K, Cao C, Love G D et al. Photic zone euxinia during the Permian-Triassic superanoxic event [J]. Science, 2005 (5710), 307: 709-714.

Hinrichs K U, Hmelo L R, Sylva S P. Molecular fossil record of elevated methane levels in Late Pleistocene coastal waters [J]. Science, 2003, 299 (5610): 1214-1217.

Hopmans E C, Weijers J W H, Schefuβ E et al. A novel proxy for terrestrial organic matter in sediments based on branched and isoprenoid tetraether lipids [J]. Earth and Planet Science Letters, 2004, 224 (1-2): 107-116.

Huang X, Jiao D, Lu L et al. Distribution and geochemical implication of aromatic hydrocarbons across the Meishan Permian-Triassic boundary [J]. Journal of China University of Geosciences, 2006, 17 (1): 49-54.

Huang Y S, Clemens S C, Liu W G et al. Large-scale hydrological change drove the late Miocene $C_4$ plant expansion in the Himalayan foreland and Arabian Peninsula [J]. Geology, 2007, 35 (6): 531-534.

Huguchi R, Bowman B, Freiberger M et al. DNA sequence from the quagga, an extinct member of the horse family [J]. Nature, 1984, 312 (5991): 282-284.

Ingalls A E, Pearson A. Ten years of compound-specific radicarbon analysis [J]. Oceanography, 2005, 18 (3): 18-31.

Jenkyns H C, Schouten-Huiber L, Schouten S et al. Warm Middle Jurassic-Early Cretaceous high-latitude sea-surface temperatures from the Southern Ocean [J]. Climate of Past, 2012, 8 (1): 215-226.

Köster J, Volkman J K, Rullkötter J et al. Mono-, di- and trimethyl-branched alkanes in cultures of the filamentous cyanobacterium *Calothrix scopulorum* [J]. Organic Geochemistry, 1999, 30 (11): 1367-1379.

Kuypers M M M, Sliekers A O, Lavik G et al. Anaerobic ammonium oxidation by anammox bacteria in the Black Sea [J]. Nature, 2003, 422 (6932): 608-611.

Matthews D E, Hayes J M. Isotope-ratio-monitoring gas chromatography-mass spectrometry [J]. Analytical Chemistry, 1978, 50 (11): 1465-1473.

Marom A, McCullagh J S O, Higham T F et al. Single amino acid radiocarbon dating of Upper Paleolithic modern humans [J]. Proceedings of the National Academy of Sciences of the United States of America, 2012, 109 (18): 6878-6881.

Mitra S, Bianchi T S, Guo L et al. Terrestrially derived dissolved organic matter in the Chesapeake Bay and the Middle Atlantic Bight [J]. Geochimica et Cosmochimica Acta, 2000, 64 (20): 3547-3557.

Moldowan J M, Dahl J, Huizinga B J et al. The molecular fossil record of oleanane and its relation to angiosperms [J]. Science, 1994, 265 (5173): 768-771.

Oches E A, McCoy W D. Historical developments and recent advances in amino acid geochronology applied to loess research: examples from Norh America, Europe, and China [J]. Earth-Science Reviews, 2001, 54 (1-3): 173-192.

Pääbo S. Molecular cloning of ancient Egyptian mummy DNA [J]. Nature, 1985, 314 (6012): 644-645.

Pancost R D, Steart D S, Handley L et al. Increased terrestrial methane cycling at the Palaeocene-Eocene thermal maximum [J]. Nature, 2007, 449 (7160): 232-235.

Peters K E, Walters C C, Moldowan J M. The Biomarker Guide (2nd edition) [M]. New Yorks: Cambridge University Press: 2004: 1-471.

Prahl F G, Wakeham S G. Calibration of unsaturation patterns in long-chain ketone compositions for paleotemperature assessment [J]. Nature, 1987, 330 (6146): 367-369.

Sachse D, Billault I, Bowen G J et al. Molecular paleohydrology: interpreting the hydrogen-isotopic composition of lipid biomarkers from photosynthesizing organisms [J]. Annual Review of Earth and Planetary Sciences, 2012, 40: 221-249.

Schouten S, Hopmans E C, Schefuβ E et al. Distributional variations in marine crenarchaeotal membrane lipids: a new tool for reconstructing ancient sea water temperatures? [J]. Earth and Planet Science Letters, 2002, 204 (1 – 2): 265 – 274.

Shen W, Sun Y, Lin Y et al. Evidence for wildfire in the Meishan section and implications for Permian – Triassic events [J]. Geochimica et Cosmochimica Acta, 2011, 75 (7): 1992 – 2006.

Summons R E, Jahnke L L, Hope J M et al. 2 – Methylhopanoids as biomarkers for cyanobacterial oxygenic photosynthesis [J]. Nature, 1999, 400 (6744): 554 – 557.

Summons R E, Powell T G. Chlorobiaceae in Palaeozoic seas revealed by biological markers, isotopes and geology [J]. Nature, 1986, 319 (6056): 763 – 765.

Ten Haven H L, De Leeuw J W, Rullkotter J et al. Restricted utility of the pristane/phytane ratio as a palaeoenvironmental indicator [J]. Nature, 1987, 330 (6149): 641 – 643.

Thiel V, Sjövall P. Using time – of – flight secondary ion mass spectrometry to study biomarkers [J]. Annual Review of Earth abd Planetary Sciences, 2012, 39: 125 – 156.

Treibs A. Chlorophyll – and haemin derivatives in bituminous rocks, petroleum, mineral waxes and asphalts [J]. Justus Liebigs Annalen der Chemie, 1934, 510 (1): 42 – 62.

Venkatesan M I, Dahl J. Organic geochemical evidence for global fires at the Cretaceous/Tertiary boundary [J]. Nature, 1989, 338 (2): 57 – 60.

Ventura G T, Kenig F, Reddy C M et al. Molecular evidence of Late Archean archaea and the presence of a subsurface hydrothermal biosphere [J]. Proceedings of the National Academy of Sciences of the United States of America, 2007, 104 (36): 14 261 – 14 266.

Volkman J. Marine Organic Matter: biomarkers, isotopes and DNA [M]. Berlin: Springer, 2006: 1 – 374.

Walters C C, Peters K E, Moldowan J M. History of life from the hydrocarbon fossil record. In K. N. Timmis (ed.), Handbook of hydrocarbon and lipid microbiology [M]. Springer, 2010: 172 – 183.

Weijers J W H, Schouten S, van den Donker J C et al. Environmental controls on bacterial tetraether membrane lipid distribution in soils [J]. Geochimica et Cosmochimica Acta, 2007, 71 (3): 703 – 713.

Xie S C, Evershed R P. Peat molecular fossils recorded climate variation and organism replacement [J]. Chinese Science Bulletin, 2001, 46 (20): 863 – 866.

Xie S, Nott C J, Avsejs L A et al. Molecular and isotopic stratigraphy in an ombrotrophic mire for paleoclimate reconstruction [J]. Geochimica et Cosmochimica Acta, 2004, 68 (13): 2849 – 2862.

Xie S, Nott C J, Avsejs L A et al. Palaeoclimate records in compound – specific $\delta D$ values of a lipid biomarker in ombrotrophic peat [J]. Organic Geochemistry, 2000, 31 (10): 1503 – 1507.

Xie S, Pancost R D, Huang X et al. Molecular and isotopic evidence for episodic environmental change across the Permo/Triassic boundary at Meishan in South China [J]. Global and Planetary Change, 2007, 55 (1 – 3): 56 – 65.

Xie S, Pancost R D, Yin H et al. Two episodes of microbial change coupled with Permo/Triassic faunal mass extinction [J]. Nature, 2005, 434 (7032): 494 – 497.

Xie S, Yao T, Kang S et al. Geochemical analysis of a Himalayan snowpit profile: implication for atmospheric pollution and climate [J]. Organic Geochemistry, 2000, 31 (1): 15 – 23.

Xie S, Evershed R, Huang X et al. Concordant monsoon – driven postglacial hydrological changes in peat and stalagmite records and their impacts on prehistoric cultures in central China [J]. Geology, 2013, 41 (8): 827 – 830.

Xie S, Pancost R D, Chen L et al. Microbial lipid records of highly alkaline deposits and enhanced aridity associated with significant uplift of the Tibetan Plateau in the Late Miocene [J]. Geology, 2012, 40 (4): 291 – 294.

## 第 17 章　分子地层学

### 关键词与主要知识点 - 17

**关键词：**

分子化石 molecular fossil
化学化石 chemical fossil
生物标志化合物 biomarker
类脂物 lipid
木质素 lignin
碳水化合物 carbohydrate
古 DNA ancient DNA
古蛋白 ancient protein
成岩作用 diagenesis
生物降解 biodegradation
成熟度 maturity
气相色谱-质谱联用仪 gas chromatograph - mass spectrometer
相对丰度 relative abundance
碳优势指数（CPI）carbon preference index
平均碳链长度（ACL）average chain length
碳数分布 carbon number distribution
单体同位素 compound specific isotope
分子地层学 molecular stratigraphy
分子化石带 molecular fossil zone
分子化石延限带 molecular fossil range - zone
分子化石组合带 molecular fossil assemblege - zone

**主要知识点：**

分子化石的定义
主要的分子化石种类
影响分子化石保存的主要因素
分子化石的常见分析方法
同其他生物化石相比，分子化石的优缺点
分子地层学的基本原理及应用方法
分子地层学的主要应用领域

# 第 18 章  GBDB 数据库在地层研究中的应用

## 18.1  Geobiodiversity Database(GBDB)数据库

自 20 世纪 80 年代以来,在地层学和古生物学领域,基于海量数据的区域和全球综合分析逐渐成为趋势,如全球年代地层标准的建立、区域和全球地层对比、显生宙海洋生物宏演化、岩相古地理与古生物地理、全球古地理重建等。此类研究,涉及的数据量大、学科广、研究人员多、资料零散,通过传统的手工方式和个别专家的投入,较难进行有效分析并获得高精度和高质量的分析结果。

针对此类问题,结合地层学、古生物学以及相关学科资料的数字化、网络化和可视化工作,为相关科学研究、教学和生产应用提供多样化的服务,笔者等于 2006 年创建了 GBDB 在线数据库(Geobiodiversity Database,http://www.geobiodiversity.com;图 18-1),

图 18-1  GBDB 数据库平台的首页

并于 2007 年开始正式提供在线服务（樊隽轩等，2011，2013；Fan et al.，2013a）。GBDB 是一个基于互联网、数据库和 GIS 技术的地层学与古生物学的多用户协同的数字化科研平台，面向全球用户提供免费的在线服务。这一平台在数据结构上以剖面为核心，将各类地层数据、古生物系统分类数据、化石产出记录、地理位置数据、文献数据等有机地融合为一体。GBDB 先进的设计理念和开放的数据组织方式，使其支持绝大多数地层学与古生物学分支学科信息的数字化，地层学信息如岩石地层、生物地层、年代地层、化学地层、磁性地层等，古生物学信息如从门至亚种的多个分类级别的生物分类信息、化石描述信息等均可录入 GBDB 数据库。结合科学研究、教学和生产应用的需求，GBDB 平台中已集成了地理可视化、地层可视化、野外露头 360°全景可视化、定量地层对比、古地理分析、古生物多样性统计等多种分析工具，可用以辅助开展年代地层学、定量地层学、生物地层学、演化古生物学和古地理学等方面的综合研究。

自 2007 年正式上线以来，GBDB 数据库中各类数据一直保持较快的增长速度。截至 2015 年 9 月，GBDB 团队共数字化全球 13 174 条剖面、68 582 个采集层、347 738 条化石产出记录的综合地层学数据，以及 101 245 条古生物分类记录和 81 701 条文献索引记录，是目前全球最大的地层学数据库。2012 年 9 月，GBDB 正式成为国际地层委员会（International Commission on Stratigraphy，ICS）的官方数据库，承担国际地层委员会的数据库建设并面向全球用户提供权威的地层及相关信息的在线服务。

## 18.2　地层数据的集成

地层学有众多分支学科。目前 GBDB 数据库支持岩石地层、生物地层、年代地层、化学地层、磁性地层等地层学分支学科数据的录入，以及与之相关联的多个其他分支学科信息的集成（图 18-2）。

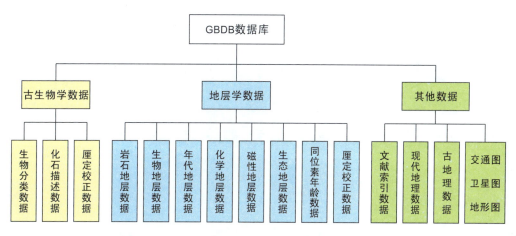

图 18-2　GBDB 数据库的主要数据结构与数据内容图
（改自樊隽轩等，2011）

与许多地层学和古生物学数据库不同，GBDB 数据库的一个重要特点是支持对专家们的不同观点数据的集成。用户可以在 GBDB 数据库中录入各种历史观点数据，而 GBDB 平台则提供了对这些来自不同专家或同一专家不同时间阶段的各种观点数据的记录、存储和综合显示。在地层学研究中涉及到的观点数据主要包括两方面：①对剖面的某个化石标本或一类化石标本的鉴定存在不同观点；②对某个剖面的年代地层和生物地层划分存在不同观点。目前 GBDB 平台已提供了对这两类观点数据的支持（Fan et al.，2013a）。

### 18.2.1 岩石地层数据

岩石地层数据是在野外获得的最原始的数据，包括最小岩性单元（可识别的最小岩性单元，通常为一个样品采集单层）划分、岩性描述、较高级别岩性单元（如段、组、群等）的划分和描述等。例如，陈旭等（2000）发表的湖北宜昌王家湾北剖面五峰组最顶部的采集层 AFA99，就是野外的一个样品采集单层或最小岩性单元，其岩性为黑色钙质页岩；从 AFA83 至 AFA99，均属于五峰组，岩性为黑色钙质页岩夹硅质页岩。

岩石地层信息，对于我们认识化石埋藏的条件、沉积类型，甚至于了解史前生物的生存环境，都是重要的参考信息。截至 2015 年 9 月，GBDB 数据库中已集成了全球 13 174 条岩石地层剖面，其中中国剖面 10 000 余条（图 18-3）。

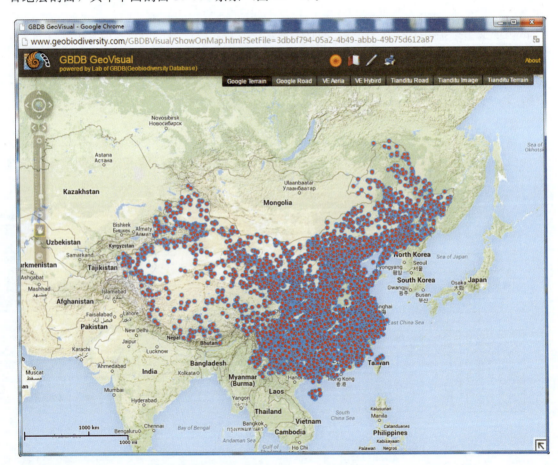

图 18-3　GBDB 中已集成的中国地层剖面分布图
（图中红点所示）

## 第 18 章 GBDB 数据库在地层研究中的应用

图 18-4 显示了 GBDB 中的一条剖面记录——湖北宜昌黄花场奥陶系剖面的详细地层信息。自上而下分别显示了剖面的行政地理位置和文献出处等概要信息，剖面的组（formation）、层（或岩性层，unit）和样品采集层（collection）等各级别分层信息，以及样品采集层的化石鉴定名单［fossil list，也可称为化石产出记录列表（list of fossil occurrences）］。在剖面的分层信息中，则显示了该分层（组、层或样品采集层）的详细岩性描述，包括颜色、沉积结构、组分和主要岩性等，以及与上下分层的接触关系。此外，其中还记录了化石鉴定命名的厘定信息，例如，对于黄花场剖面采集层 ACC 356 中被穆恩之等（1993）鉴定为 *Glyptograptus persculptus*（Salter）的标本，Chen et al.（2005）认为该种应归入 *Normalograptus* 一属，本文作者（樊隽轩）则根据个人未发表资料认为该种应归入 *Metabolograptus* 一属（图 18-4）。

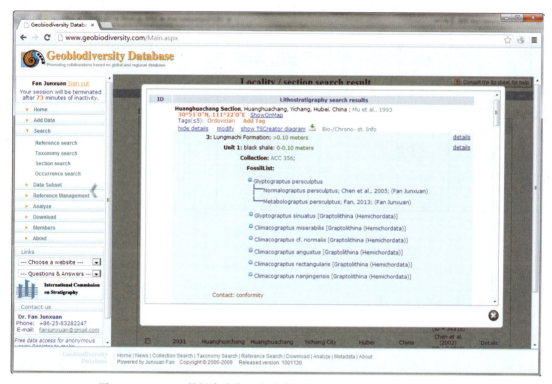

图 18-4  GBDB 数据库中湖北宜昌黄花场奥陶系剖面的剖面记录截图
(据樊隽轩等，2013)

剖面数据引自穆恩之等（1993）。限于篇幅，图中仅显示了黄花场剖面的地理位置等概要信息，以及剖面最顶部的组（龙马溪组）、层（Unit 1）和化石采集层（ACC 356），以及该采集层的化石鉴定名单。在该名单中，化石种名前的加号表明该鉴定名被附加了专家的厘定观点数据（opinion data）。比如位于第一行的鉴定名 *Glyptograptus persculptus* 先后被 Chen et al.（2005）和樊隽轩（基于未发表资料）修订为 *Normalograptus persculptus* 和 *Metabolograptus persculptus*

图 18-5 显示了通过 GBDB 平台、基于穆恩之等（1993）的数据自动生成的黄花场剖面综合柱状图。限于篇幅，图中略去了剖面上部的 4 个化石采集层（ACC 353—ACC 356）的部分化石鉴定名单。图中左侧第一栏为剖面测量的厚度标尺，第三栏至第六栏分别为该剖面的组、层、化石采集层和岩性柱等岩石地层信息。

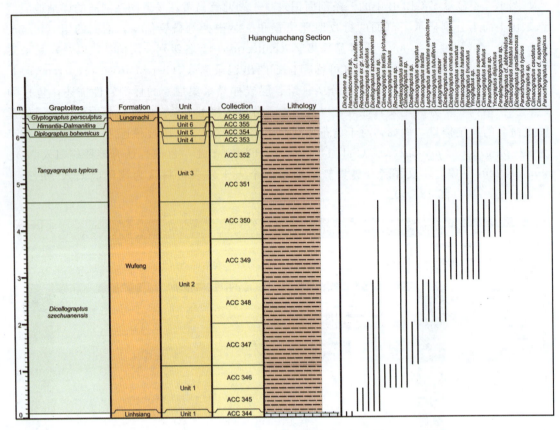

图 18-5 湖北宜昌黄花场剖面综合柱状图
(据樊隽轩等,2013)

图中数据均来自穆恩之等(1993);图件采用 GBDB 平台集成的 TS Creator 软件自动绘制

## 18.2.2 生物地层数据

生物地层数据主要指地层中所蕴含的古生物信息,包括其中产出的各类古生物化石信息以及据此建立的生物地层划分方案或生物地层序列。例如,在穆恩之等(1993)描述的湖北宜昌黄花场剖面中(图 18-4),在龙马溪组底部的化石采集层 ACC 356 中共发现笔石 7 种,根据他们当时的研究,可归入两个笔石属,分别是 *Glyptograptus* 和 *Climacograptus*。这 7 个物种就构成了化石采集层 ACC 356 的化石产出信息或我们通常所说的化石鉴定名单。基于笔石 *Glyptograptus persculptus*(Salter)一种的出现,穆恩之等在该层位建立了奥陶系最顶部的笔石带——*Glyptograptus persculptus* 带。基于类似的原则,就可以建立起该剖面自下而上的生物地层划分方案。

在图 18-5 所显示的黄花场剖面综合柱状图中,最右侧一栏为该剖面的多门类化石产出信息,左侧第二栏则是穆恩之等(1993)根据各采集层产出的关键化石分子而建立的以笔石为主的生物地层划分方案。

关于生物地层学的厘定数据,可参见图 18-6。穆恩之等(1993)将该剖面自下而上划分为 5 个生物带,分别是 *Dicellograptus szechuanensis* 笔石带、*Tangyagraptus typicus* 笔石带、*Diplograptus bohemicus* 笔石带、*Hirnantia-Dalmanitina* 壳相动物群和 *Glyptograptus persculptus* 笔石带（图 18-6 的第四栏）。但根据本文作者（樊隽轩）的最新研究，其中第一和第二个笔石带间的界线需调整，所有 4 个笔石带的带名均需厘定（图 18-6 的第三栏）。

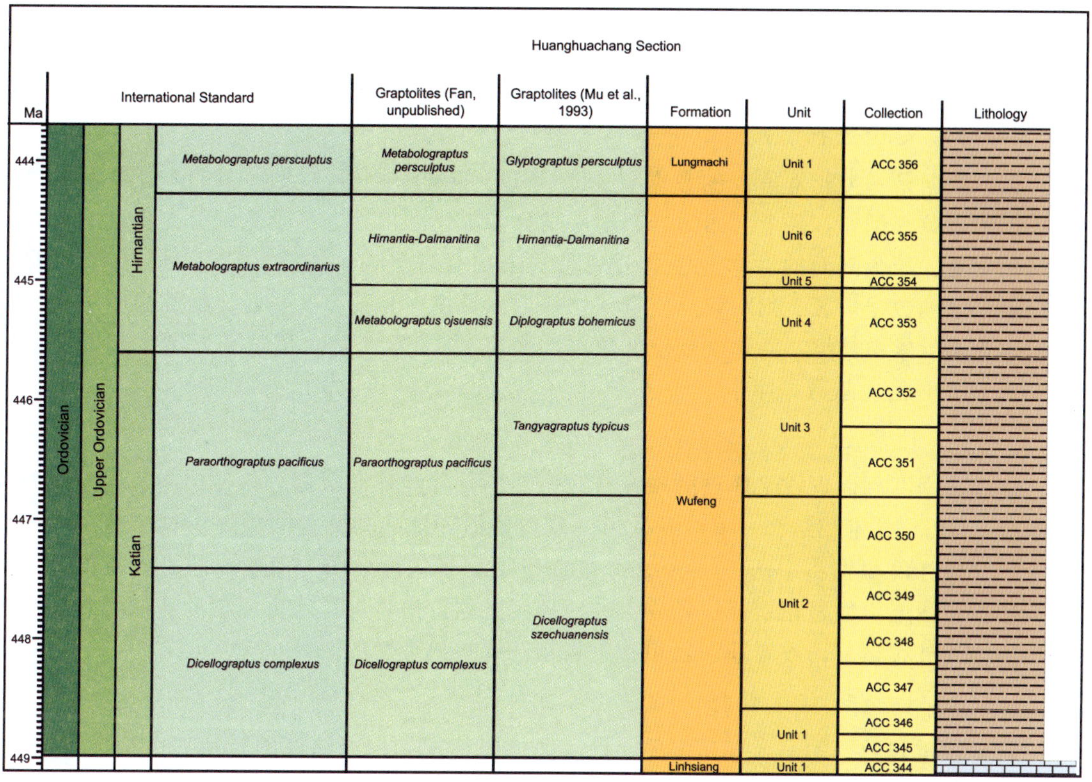

| Ma | International Standard | | | Graptolites (Fan, unpublished) | Graptolites (Mu et al., 1993) | Huanghuachang Section | | | |
|---|---|---|---|---|---|---|---|---|---|
| | | | | | | Formation | Unit | Collection | Lithology |
| 444 | Ordovician | Upper Ordovician | Hirnantian | *Metabolograptus persculptus* | *Metabolograptus persculptus* | *Glyptograptus persculptus* | Lungmachi | Unit 1 | ACC 356 | |
| 445 | | | | *Metabolograptus extraordinarius* | Hirnantia-Dalmanitina | Hirnantia-Dalmanitina | Wufeng | Unit 6 | ACC 355 | |
| | | | | | | | | Unit 5 | ACC 354 | |
| | | | | *Metabolograptus ojsuensis* | *Diplograptus bohemicus* | | Unit 4 | ACC 353 | |
| 446 | | | Katian | *Paraorthograptus pacificus* | *Paraorthograptus pacificus* | *Tangyagraptus typicus* | | Unit 3 | ACC 352 | |
| | | | | | | | | | ACC 351 | |
| 447 | | | | | | *Dicellograptus szechuanensis* | | Unit 2 | ACC 350 | |
| 448 | | | | *Dicellograptus complexus* | *Dicellograptus complexus* | | | | ACC 349 | |
| | | | | | | | | | ACC 348 | |
| | | | | | | | | | ACC 347 | |
| 449 | | | | | | | | Unit 1 | ACC 346 | |
| | | | | | | | | | ACC 345 | |
| | | | | | | Linhsiang | Unit 1 | ACC 344 | |

图 18-6　湖北宜昌黄花场剖面的年代地层学、生物地层学和岩石地层学综合对比图

（据樊隽轩等，2013）

图件采用 GBDB 中集成的 TS Creator 软件自动绘制，在绘图软件 CorelDRAW 中略作编辑

## 18.2.3　年代地层数据

年代地层数据，包括了根据年代来划分和对比地层的各类信息，如系、统、阶等。例如，湖北宜昌黄花场剖面龙马溪组底部的采集层 ACC 356，其年代地层归属为上奥陶统赫南特阶。此类信息与上述的生物地层信息，是划分和对比地层的重要依据。

在 GBDB 中，用户将某个剖面的生物地层序列与国际标准建立对应关系，就可将国际标准中的年代地层数据投影到该剖面上，构成该剖面的年代地层划分。图 18-6 显示了黄花场剖面的年代地层、生物地层和岩石地层的综合信息，为节省篇幅，化石产出信息被全部删减。与图 18-5 相比，图 18-6 的纵向比例尺也由厚度标尺转换为以百万年（Megaannus，Ma）为单位的时间标尺。

### 18.2.4 其他相关数据

此类数据资源,虽然不属于地层学的范畴,但却是展示和分析地层数据时必须使用到的辅助数据。随着研究领域和技术手段的不断拓展,辅助数据所涵盖的内容也会不断扩展。目前,相关的辅助数据主要包括现代地理数据(如剖面点或采样点的经纬度数据、所处的行政单元区划等)、古地理数据(如古经纬度、古板块归属等)、数字化的地形图、卫星图和现代地形图等。

#### 18.2.4.1 文献数据

文献数据是一类非常重要的数据资源,GBDB 的文献数据记录了 GBDB 中绝大多数科学数据的来源。例如,某个剖面的岩石地层划分和描述的出处、某个系统分类单元的命名人与文献出处、某个剖面的生物地层划分观点的来源等(樊隽轩等,2012)。通过这一信息,用户可以追溯数据来源、判断数据质量、修订原始数据。目前,GBDB 文献数据库中收录的数据均为文献索引数据,而非文献全文数据。截至 2015 年 9 月,超过 8 万条文献数据已经被录入 GBDB 的文献数据库中。

#### 18.2.4.2 地理数据

地理数据即剖面点或采样点的现代行政区划信息和经纬度数据。将经纬度数据与地理信息系统(GIS)技术相结合,可以开发出一系列数据可视化和分析的重要工具。图 18-3 是基于现代经纬度数据将中国 10 000 多个剖面投影到现代地形图上而生成的。如果再叠加上其他数据和图层,如岩相划分信息或生物地理区系划分信息等,将可以帮助我们直观地认识地层的空间展布情况,或者基于岩相和生物相开展古地理学的研究。

#### 18.2.4.3 古地理重建数据

古地理重建数据的一个直观体现就是从现代经纬度到古经纬度的转换。由于板块漂移,现今板块的位置在地质历史中并非一成不变。例如,构成现今中国的几个主要块体,如华南、华北、塔里木、西藏等,在地史中曾相距甚远。因此,现今的某个剖面点,如湖北宜昌王家湾剖面点(N30°58′56″,E111°25′10″),在 4.4 亿年前的晚奥陶世,很可能位于赤道附近(Boucot et al.,2009)。因此,当我们基于众多地点的地质数据构建该时期的区域或全球古地理重建图时,就必须获得这一从现代经纬度到古经纬度的转换公式。

受当前科技水平局限和地质记录保存不完整的影响,目前各种古地理重建的转换公式还存在较大争议,而且误差也较大。古生代具代表性的全球古地理重建的观点主要包括 Scotese & McKerrow (1990)、Ziegler et al. (1997)、Torsvik & Cocks (2004)、Boucot et al. (2009)。不同专家学者的观点往往有别,有时甚至还有较大的冲突,在参照使用时需要加以鉴别。目前在 GBDB 数据库中,一是通过数据导出功能,将剖面点位或化石产地转换为古经纬度数据,从而实现对各种古地理重建软件如 PointTracker、PaleoGIS、GPlate 等进行支持;二是在 2015 年初集成了 PaleoMap Online 这一在线古地理可视化工具,从而可以在 Scotese 设计的显生宙 20 多个时间段的古地理重建图上实现地层古生物数据的古地理可视化。

#### 18.2.4.4 数字化地图

对于可视化的地层古生物数据而言,如果能够叠加数字化的地质图、地形图、卫星图、地理交通图等,其意义是显而易见的:①可以快速、直观地了解研究区的地层发育情况及其

第 18 章 GBDB 数据库在地层研究中的应用

与区内地质构造的关系；②可以了解剖面的空间展布情况以及采样点的分布情况；③可以结合地层数据探寻尚未被发现的一些区域地质构造和地层展布规律；④可以推测地层的延展和化石的可能出露位置；⑤可以分析某个地层体的时空分布格局；⑥可以分析某个生物类群的时空分布特点；等等。

这些数字化地图均需通过 GIS 技术整合到数据库中。目前谷歌（Google）和微软（Microsoft）等公司均提供免费的在线全球地图（包括交通图、卫星图等），并提供相应的接口可供外部调用，这些资源均可作为在线数据库的数字化地图的来源。

## 18.3 地层数据的可视化

数据可视化是数据分析的一个重要环节。一方面，数据的可视化功能可以将数据简洁、直观地显示出来，避免了文本或数值型数据内容的枯燥与不直观，而且可以增强数据的显示效果，吸引用户的注意力；另一方面，数据可视化功能可以帮助用户找寻数据中隐含的分布规律，尤其是当用户面对成千上万的数据条目时，可视化功能，尤其是辅以相关的定量分析方法或空间分析方法，可以帮助用户发现海量数据的内在分布规律。

地层数据有三方面的特点可用于数据的可视化。首先，每个剖面有两种地理位置属性，分别是空间位置属性和地理描述属性，前者就是剖面的经纬度数据，后者就是我们常说的剖面的行政区划数据。通过这两种属性数据，我们就可以实现剖面在数字地球系统中准确或半准确的定位，并在二维或三维的数字化地图中展示出来。其次，剖面通常还可以附加图像数据，比如反映剖面的露头发育概况的全景照片，以及反映剖面局部细节的近摄照片等，将之与剖面的空间属性结合，叠加数字全景或虚拟现实技术，就可以全方位地展示剖面的露头信息。最后，每个剖面包含了多个地层学分支学科的数据，每一分支学科的数据均可以图表的形式展现，而这些来自不同分支学科的数据，又可以通过剖面的厚度标尺准确关联。因此，我们完全可以将这些数据有机地综合在一起，并以图表的形式生动、准确、凝练地展示数据的内容以及不同学科数据间的关系，帮助用户更快、更准确地挖掘数据的价值。

针对这三方面的数据特点，我们在 GBDB 平台中开发了 3 种数据可视化功能，分别是基于地理位置的地理可视化、基于地理位置与野外露头照片的 360°全景可视化和基于 TS Creator 软件开发的综合地层信息可视化，基于 Scotese 的古地理重建方法开发的古地理可视化功能还在不断测试和完善。

### 18.3.1 地理可视化

GBDB 数据库中，每一条剖面记录都包含了行政区划地理位置数据和经纬度数据。如果剖面的位置是通过 GPS 仪器准确测定的，那么经纬度数据字段里保存的就是剖面的准确位置，误差通常在数米左右；如果不是，那么经纬度数据字段里保存的通常就是剖面所归属的最小行政地理单位的经纬度数据。比如，湖北宜昌王家湾北剖面的精确经纬度是 N30°58′30″和 E111°25′4.8″，但如果没有这一精确测量数据，在录入该剖面时，就需要将该条剖面记录链接到王家湾村甚至分乡镇的中心位置的经纬度数据。

2010 年，我们在 GBDB 中集成了一项基于 Adobe Flex 和 GIS 技术开发的地理可视化工具——GeoVisual 1.0（侯旭东等，2010），并于 2012 年对这一工具做了进一步的升级。该工具的一项基本功能就是可以对 GBDB 中具有空间属性的数据记录进行空间展示。这些数据可以是剖面,也可以是化石产出记录,而数据底图则可以是全球地理交通图、卫星图和地形图等。

图 18-7 显示了根据剖面经纬度数据将美国内华达州 Arrow Canyon 奥陶系剖面显示在地理交通图和 100m 等高线的地形图上的实际效果。

 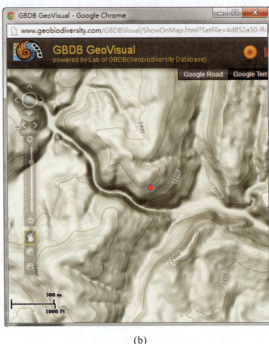

(a)　　　　　　　　　　　　　　　　　　(b)

图 18-7　美国内华达州 Arrow Canyon 剖面的精确地理位置显示图
(据樊隽轩等,2013)
(a) 地理交通图;(b) 地形图

## 18.3.2　野外露头 360°全景可视化

全景可视化是虚拟现实技术的一种,这种显示技术具有很强的真实感和空间感,可以给用户带来身临其境的访问体验。将该技术应用于野外露头剖面的显示上,可以实现野外剖面的水平方向 360°全方位交互展示,高精度地重现野外露头的发育情况和周边环境的地貌特征,帮助用户查看地层剖面的真实发育情况,了解剖面及视野范围内地理环境的总体面貌和各种细节(侯旭东等,2014)。

图 18-8 显示了湖南兴化炉观镇志留系剖面的 360°全景可视化的界面截图。图 18-8(a) 为全景可视化的界面截图,其左侧显示该剖面的全景图浏览窗口,下方的 8 个按钮分别提供了左、右、上、下 4 个方向的连续视角移动,视角放大与缩小,刷新当前全景图及全屏显示功能;右侧则显示了该全景图的地理位置、数据录入者、录入时间以及对全景图的详细描述信息。图 18-8(b) 则是基于 10 张照片拼接校准得到的全景图,其分辨率为 11 896×1096 像素。

第 18 章　GBDB 数据库在地层研究中的应用

图 18-8　湖南兴化炉观镇志留系剖面全景图浏览页面（a）和全景图缩略图（b）
（据侯旭东等，2014）

## 18.3.3　综合地层数据可视化

综合地层数据可视化这一功能是通过在 GBDB 数据平台中集成美国普渡大学的 Ogg J 教授和加州大学圣巴巴拉分校的 Lugowski A 博士联合开发的 TimeScale Creator 软件（简称 TS Creator，http：//www.tscreator.com）来实现的。通过这一在线工具，服务器可以根据数据库中的剖面数据即时生成集成了年代地层、生物地层、岩石地层、化石延限等综合地层信息的高质量彩色图件，并在用户的浏览器中加载（侯旭东等，2011）。这一综合地层数据也可以导出为 TS Creator 的专用数据格式，用户利用桌面版 TS Creator 软件打开后，可做进一步的参数设置，并可导出为矢量的 SVG 或 pdf 格式文件，以便于在 CorelDRAW 和 Illustrator 等专业的矢量图编辑软件中做进一步的加工和处理。

图 18-5 和图 18-6 显示的黄花场剖面综合柱状图和对比图均是利用 GBDB 集成的在线成图工具 TS Creator 自动生成，并略做处理得到的。这些图件制作简单（软件自动生成）、更新快捷（随时可根据最新数据生成新的图件）、分辨率高（矢量图件格式，可无损缩放）、易编辑（支持 CorelDRAW 和 Illustrator 等常用图形编辑软件），可以集成显示 GBDB 数据库中已整合的所有地层学分支学科的数据。利用该功能生成的最完整的综合柱状图可以包括标尺（以厘米、米或千米为单位的地层厚度标尺或者是以千年或百万年等绝对年龄为单位的

时间标尺)、年代地层信息(国际标准的系、统和阶)、生物地层信息、岩石地层信息(组、层和采集层)、岩性柱和化石延限图等。

## 18.4 数据分析与应用

### 18.4.1 地层对比

通过对剖面的化石延限图以及其他可用于地层划分和对比的沉积特征的综合分析,可以建立剖面的生物地层和年代地层划分。如果多个剖面的地层划分方案是基于同一标准建立的,那么这些剖面间的地层对比关系就可以自动建立。

图18-9显示了基于穆恩之等(1993)和Chen et al. (2006)的资料建立的湖北宜昌王家湾、黄花场、棠垭3条奥陶系剖面的地层对比。这3条剖面均建立了各自的生物地层序列,并与国际标准"Geological Time Scale 2012"建立了对比关系。因此,通过这一国际标准,就可以生成这3个剖面的年代地层、岩石地层、生物地层等各类信息的横向对比关系。受篇幅所限,图18-9中仅显示了这3个剖面的生物地层序列间的对比关系,以及与国际地质年表的对应关系,各剖面的岩石地层信息和化石延限信息均已略去。

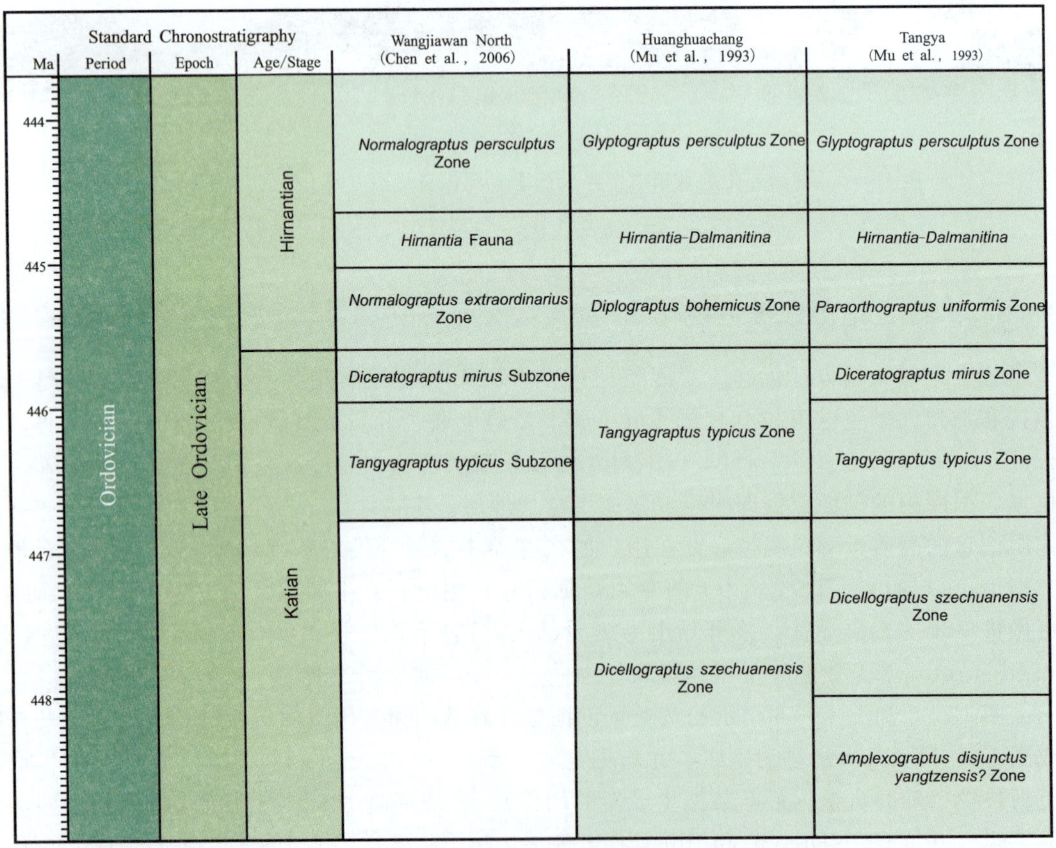

| Ma | Standard Chronostratigraphy ||| Wangjiawan North (Chen et al., 2006) | Huanghuachang (Mu et al., 1993) | Tangya (Mu et al., 1993) |
|---|---|---|---|---|---|---|
| | Period | Epoch | Age/Stage | | | |
| 444 — | Ordovician | Late Ordovician | Hirnantian | *Normalograptus persculptus* Zone | *Glyptograptus persculptus* Zone | *Glyptograptus persculptus* Zone |
| 445 — | | | | *Hirnantia* Fauna | *Hirnantia-Dalmanitina* | *Hirnantia-Dalmanitina* |
| | | | | *Normalograptus extraordinarius* Zone | *Diplograptus bohemicus* Zone | *Paraorthograptus uniformis* Zone |
| 446 — | | | Katian | *Diceratograptus mirus* Subzone | *Tangyagraptus typicus* Zone | *Diceratograptus mirus* Zone |
| | | | | *Tangyagraptus typicus* Subzone | | *Tangyagraptus typicus* Zone |
| 447 — | | | | | | *Dicellograptus szechuanensis* Zone |
| 448 — | | | | | *Dicellograptus szechuanensis* Zone | |
| | | | | | | *Amplexograptus disjunctus yangtzensis?* Zone |

图18-9 GBDB生成的湖北宜昌王家湾北、黄花场和棠垭3条奥陶系剖面的生物地层对比图

(据樊隽轩等,2013)

## 18.4.2 地层单元的空间展布

地层单元的分布通常局限在一定的区域尺度内。如果能在二维或三维空间中显示某个地层单元的空间分布点位,圈闭其分布范围,甚至建立起三维分布模型,将有助于准确理解地层的空间发育特征和横向对比关系;如果再叠加上地层的时间信息,如基于年代地层或生物地层信息绘制该地层单元在多个时间段的空间展布图,那么就可以进一步得到该地层单元的时空四维分布模型,提供更为强大的数据分析辅助。

从技术手段来看,此类研究涉及到数据综合(岩石地层、生物地层和年代地层信息的综合)、数据挖掘(基于数据库对大量数据进行查询和挖掘)、数据可视化(结合 GIS 技术实现数据在二维和三维空间的图示);从应用价值来看,此类研究适用于地层对比、沉积盆地分析、油气矿产资源勘查等科研和生产应用领域。

图 18-10 显示了华南二叠系长兴组的地理分布范围。利用 GBDB 的剖面搜索功能,搜

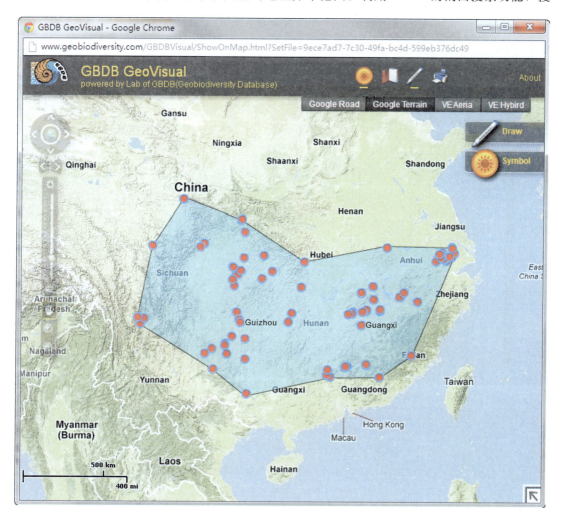

图 18-10 华南二叠系长兴组的地理分布图

(据樊隽轩等,2013)

索数据库中所有发育长兴组的剖面，一共可以找到 120 条剖面记录。这些剖面记录中除了剖面的岩性描述、化石产出记录外，还包含了行政地理位置和经纬度数据等。将这些剖面记录添加到用户的数据子集中，然后在该数据子集中选择图示功能，就可以得到长兴组 120 个剖面点的空间分布图。在图 18-10 中我们采用了较为简单的多边形方式，即连接最外部的分布点来圈闭其分布范围；然后，通过 GeoVisual 的面积计算功能，可以得知这一圈闭范围为 $153.9 \times 10^4 \mathrm{km}^2$。

### 18.4.3 定量地层学研究

GBDB 目前支持 3 种定量地层学软件，即经典图形对比方法 SinoCor 4.0（Fan et al.，2013b）、约束最优化法 CONOP 9（Constrained Optimization；Sadler et al.，2003）和水平层退火算法 HA（Horizon Annealing；Sheets et al.，2012）。

GBDB 平台的剖面子集（section subset）中提供了 3 种数据导出功能，分别针对上述 3 种定量地层学方法。导出后的数据文件可以直接在相应的定量地层学软件中加载、运行，得到最终结果。图 18-11 显示的是基于华南 19 条奥陶系—志留系界线剖面开展定量地层划分

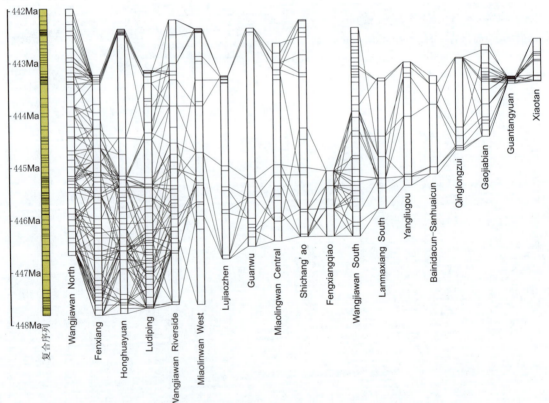

图 18-11　基于图形对比方法获得的华南 19 条奥陶系—志留系界线剖面的对比栅栏图
(据 Fan et al.，2013b)
图中最左侧的绿色柱子代表最终得到的复合序列，其右的每一条柱子代表参与复合的一个独立剖面。柱子内的每条水平线代表一个生物首现或末现事件。相邻的两个柱子（剖面）间的连线代表了这两个剖面间的共有生物事件（比如同一笔石种在这两个剖面的首次出现事件的连线）。从这些连线的展布情况可以发现，多数化石的首现或末现事件都是穿时的。纵轴的刻度为绝对年龄

与对比的一个研究实例（Fan et al.，2013b）。这19条剖面多数来自作者及其同事最近几年采集但尚未发表的剖面，少数来自已发表的文献。为了避免笔石分类标准不同产生的误差［参见戎嘉余等（2006）文中对此的讨论］，作者首先根据最新的笔石系统分类方案对其中的属种分类进行了厘定，并将所有的原始数据和厘定数据录入GBDB平台。通过GBDB的剖面搜索和剖面子集功能将这19条剖面的数据汇总、导出，并在图形对比软件SinoCor 4.0中经过3轮复合，建立了一条综合的、相对于任何单个剖面更完整的笔石复合序列。基于这一复合序列，就可以建立这19条剖面间的自动对比关系（图18-11）。

## 18.5 GBDB数据库的后续建设

从功能上来看，作为一个开放的、不断完善的在线数据库，GBDB平台中每年都会增加对新的数据子集和新的可视化与数据分析功能的支持，向使用者提供最新的、便捷的分析技术；从数据集成角度来看，GBDB平台中每年可集成约1000个剖面的约十万条化石产出记录，向使用者提供更详细的、广泛的地层古生物数据。随着支持的学科内容的不断完善，各种可视化工具和数据分析方法的集成与完善，以及数据量的快速增长，GBDB平台正从一个提供基本的数据集成和数据挖掘服务的在线数据库，逐渐发展成为一个面向地层学、古生物学、古地理学以及其他相关学科的科研、教学和生产应用的具备国际影响力的数字化科研环境。

## 参 考 文 献

陈旭，戎嘉余，樊隽轩，等．扬子区奥陶纪末赫南特亚阶的生物地层学研究［J］．地层学杂志，2000，24（3）：169-175.

樊隽轩，张华，侯旭东，等．古生物学和地层学研究的定量化趋势——GBDB数字化科研平台的建设及其意义［J］．古生物学报，2011，50（2）：141-153.

樊隽轩，侯旭东，陈中阳，等．基于GBDB数据库的地层学研究与应用［J］．地层学杂志，2013，37（4）：400-409.

侯旭东，樊隽轩，陈峰，等．基于RIA和WebGIS技术的古生物学专业数据库可视化系统的开发与应用［M］．//中国科学院科学数据库办公室．科学数据库与信息技术论文集（十）．北京：兵器工业出版社，2010：273-280.

侯旭东，樊隽轩，陈清，等．古生物学和地层学专业数据库中地层数据的可视化［M］．//中国科学院科学数据库办公室．科学数据库与信息技术论文集（十一）．北京：科学出版社，2011：228-234.

侯旭东，樊隽轩，陈清，等．GBDB数据平台中地层剖面全景显示功能的设计与实现［J］．地层学杂志，2014，38（2）：129-136.

穆恩之，李积金，葛梅钰，等．华中区上奥统笔石［M］．//中国古生物志，新乙种29号．北京：科学出版社，1993：1-393.

戎嘉余，樊隽轩，李国祥．华南史前海洋生物多样性的演变型式［M］．//戎嘉余，方宗杰，周忠和，等．生物起源、辐射与多样性演变——华夏化石记录的启示．北京：科学出版社，2006：785-816，960-962.

Boucot A J，陈旭，Scotese C R，樊隽轩．2009. 显生宙全球古气候重建［M］．北京，科学出版社．1-173.

Chen X，Fan J X，Melchin M J. et al. Hirnantian (latest Ordovician) graptolites from the upper Yangtze region, China［J］. Palaeontology, 2005, 48 (2): 1-47.

Chen X, Rong J Y, Fan J X et al. The Global boundary Stratotype Section and Point (GSSP) for the base of the Hirnantian Stage (the uppermost of the Ordovician System) [J]. Episodes, 2006, 29 (3): 183 – 196.

Fan J X, Chen Q, Hou X D et al. Geobiodiversity Database: a comprehensive section – based integration of stratigraphic and paleontological data [J]. Newsletters on Stratigraphy, 2013a, 46 (2): 111 – 136.

Fan J X, Chen Q, Melchin M J et al. Quantitative stratigraphy of the Wufeng and Lungmachi black shales and graptolite evolution during and after the Late Ordovician mass extinction [J]. Palaeogeography, Palaeoclimatology, Palaeoecology, 2013b, 389: 96 – 114.

Sadler P M, Kemple W G, Kooser M A. Contents of the compact disk—CONOP9 programs for solving the stratigraphic correlation and seriation problems as constrained optimization [M].//Harries P J ed. High resolution approaches in stratigraphic paleontology, Topics in Geobiology, v. 21. Dordrecht: Kluwer Academic Publishers, 2003: 461 – 465.

Scotese C R, McKerrow W S et al. Palaeozoic Palaeogeography and Biogeography [J]. Geological Society, London, Memoir, 1990, 12: 1-435.

Sheets H D, Mitchell C E, Izard Z T et al. Horizon annealing: a collection – based approach to automated sequencing of the fossil record [J]. Lethaia, 2012, 45: 532 – 547.

Torsvik T H, Cocks L R M. Earth geography from 400 to 250 million years: a palaeomagnetic, faunal and facies review [J]. Journal of Geological Society, London, 2004, 161: 555-572.

Ziegler A M, Hulver M L, Rowley D B. Permian world topography and climate [J].//Martini I P (ed.) Late Glacial and Postglacial Environmental Changes: Quaternary, Carboniferous-Permian and Proterozoic. Oxford University Press, Oxford, 1997: 111-146.

## 关键词与主要知识点-18

GBDB 数据库 geobiodiversity database  　　定量地层学 quantitative stratigraphy
数据挖掘 data mining  　　观点数据 opinion data
数据可视化 data visualization  　　数字化科研环境/科研信息化 e – science
数据分析 data analysis

# 结语

# 第 19 章 结束语：时间与地层学

## 19.1 两类时间概念与地层学的时空观

地学家和演化生物学家是非常关注时间的人，但他们很少思考时间的本质含义，如时间的相对性、可逆性和现在的含义等（Holland，1986）。奥古斯丁（Aurelius Augustinus）曾幽默地指出："时间究竟是什么？没有人问我，我倒清楚，有人问我，我想说明，便茫然不了解。"的确，时间对我们每个人来说是如此熟悉和简单的概念，当我们真的试图要清楚地说明它的时候，对我们每个人来说，它又是如此的陌生和深奥，即使是我们崇拜的伟大科学家牛顿和爱因斯坦、哲学家伯格森和怀特海（Bergson & Whitehead）也未能将时间都说清楚，都说正确。在经典牛顿力学中，时间作为一个描述运动的参量，是反演对称的，把 $t$ 换为 $-t$ 具有完全相同的结果，这意味着过去与未来并无差别。20 世纪初爱因斯坦建立的相对论时空观，革新了牛顿的静止、绝对的时空观，成为人类时空认识史上的一次重要进展。在相对论的"四维时空连续体"中，两个事件之间的时空间隔也是恒定的，把 $t$ 换为 $-t$ 也具有完全相同的结果，在这个意义上，爱因斯坦仍然秉承了牛顿的可逆时间概念，相对论与牛顿力学仍然属于同一范畴（曾国屏，2003）。爱因斯坦在给过世的老朋友贝索（Besso）的妹妹和儿子的信中深情寄语："就我们这些受人们信任的物理学家而言，过去、现在和将来之间的区别只是一种幻觉，然而，这种区别仍然持续着。"一个月后，爱因斯坦也告别了他所生活的尘世。

克劳修斯的热力学第二定律和达尔文的生物进化论却给我们描述了另类时间，即过去和未来是不能等同的，是存在根本差别的。克劳修斯描绘的是"退化论"或令人可怕的"热寂说"自然图景，达尔文描绘的则是"进化论"，一幅蓬勃向上、生机盎然的自然图景。

在我们视为神圣的科学殿堂中，如牛顿力学、热力学、生物学，在我们崇拜的伟大科学家中，如牛顿、爱因斯坦与克劳修斯，克劳修斯与达尔文，达尔文与牛顿、爱因斯坦，他们对时间的认识竟是如此的不同，存在如此深刻的矛盾和对立。我们熟悉的自然界中的时间（演化）和时间中的自然界（存在）竟是如此地让人难以琢磨。

然而这一切，并没有阻碍地层学的产生和发展，地层学从其产生之时（地层学三定律的提出，1669）就与时间结下了不解之缘，并运用地层学自己特色的理论和方法解读着地球与生物界深时（deep time）、遥远、漫长、已逝的时间之矢记录。众所周知，过去—现在—未来是人们经常用来描述时间的时间概念，但用时间来说明时间似乎说不清楚的比说得清楚的更多。如人们相信时间与一条从遥远过去（$t \rightarrow -\infty$）延伸到遥远未来（$t \rightarrow +\infty$）的直线同构（图 19-1）。那么现在就对应于一个简单的点，它把过去和未来隔开。可以说，现在从不知道的地方出现，又在不知道的地方消失。而且，既然现在被约化为一个点，那么，它就无限靠近过去，也无限靠近未来，在这种表示中，不仅过去与现在之间，现在与未来之间没有任何距离，就是过去与未来之间也不存在距离。过去—现在—未来之间无差别、是搅浑在一起的，这无意于说爷爷、父亲、孙子是一回事，我们谁都不会苟同这种对时间的认定，但我们确实又是这样表述和使用时间概念的。即使是在普里戈金批判这种时间的传统表示方式时（图 19-1），也没有跳出用时间概念表达时间概念的圈子［Prigogine，1980（曾庆宏等译，1986）］。

地层学则不然，它用上、下、前、后、左、右等**空间**（space）概念和用化石、层面、岩性界面和不整合面等**存在**（being）来表达时间。早在 1669 年由丹麦学者 Steno N 提出的地层叠覆律（原始沉积的地层总是上新下老）和在 1796 年由英国学者 Smith W 提出的化石层序律（不同时代的地层所含化石不同，含有相同化石的地层属于同一时代）就分别用空间和存在来表达时间。瓦尔特相律（Walther J，1894）则清楚地说明了空间与时间的关系，即在一定条件下，空间上的毗邻关系可转化为时间上的相随历史，从时间上的相随历史也可推演出空间上的毗邻关系（图 2-6）。地层叠覆律的提出显然早于牛顿的《**自然哲学的数学原理**》（*Mathematical principles of natural philosophy*）（1687）、达尔文的《**物种起源**》（*On the origin of species*）（1859）的出版和克劳修斯的**热力学第二定律**（The second law of thermodynamics）（1850）的提出以及爱因斯坦的**狭义相对论**（special relativity，1905）和**广义相对论**（general relativity，1916）的建立。因此，地层学对时间的认识、理解和表述简洁、明了、直观，一点也不亚于我们所崇拜的物理学。如果而立之年的牛顿（1642—1727）能涉足当时简朴的地层学，也许他就不会把时间和空间看作是与运动着的物质是相脱离的、相互间无联系的，也许他就不会提出所谓的"绝对时空观"。

图 19-1  时间的传统表示
（据 Prigogine，1980；Holland，1986）

## 19.2  地层学的遗憾与终极目标

如前所述，地层学的核心任务是建立地球科学研究的时间坐标，化石可谓是地层学实现这一目标的"拐杖"。依靠地层学建立的地质学时间单位是年，更准确地说是百万年（Ma）。我们不知道是什么时候和为什么要将地质学的时间单位选定为百万年。

众所周知，人们测量时间通常根据两类自然过程或事件。其一，受动力学规律控制的地球—月球—太阳的运动，如我们熟悉的天、月、年，以及岁差、斜度（黄赤交角）、偏心率周期等，这类时间就是牛顿力学所描述的恒久的、到处一样的、反演对称的和可以精确预测的"绝对时间"，即存在着的时间、没有箭头的时间；其二，自然现象的演变，如生物的生长、气候和地貌景观的变化以及温度和流体的扩散等，这类时间不可能制造出精确的"时间钟"，但过去和未来是根本不同的，这类时间的特征和规律服从进化论与热力学第二定律，即演化的时间、具有箭头的时间。

在这两类时间或两类"计时器"中，均没有赋予百万年什么特殊的含义和待遇。作为地层学时间"拐杖"的生物化石，似乎也与百万年没有什么特殊的关联。如现知物种生存时间最长的达数亿年之久（如腕足类的 *Lingula*），脊椎动物个体生命周期最短的仅 70 天[如非洲赤道附近的一种淡水鱼 *Nothobranchius furzeri* （4~6cm 长）]，早期生命由于躲避紫外线的需要，24h 的生命节律可能是真核生命的基本特征（Holland，1986）。另外，地层学的奠基性定律，如地层叠覆律、化石层序律和瓦尔特相律等也未限定地层学的时间单位应是百万年。因此，将百万年作为地层学和地质学的时间单位，不能不说是地层学的遗憾和盲从。将地质学的时间坐标单位选定为百万年，在很大限度上降低了地质学对精确性、严谨性的不懈追求。地层学完全能从"存在的时间"和"演化的时间"中，依据客观规律和需要选定自己的时间坐标单位谱（如时、天、月、年，以及岁差、斜度、偏心率周期等），建立能与人类社会接轨的时间单位谱和地质学时间坐标（Gong et al.，2004）。

令人高兴的是，轨道旋回能影响行星地球气候和沉积记录，并具有建立高精度地质时间坐标潜力的思想早在原始地层学发展的后期就已萌芽（Gilbert，1895）。狭义地层学发展的初期，前南斯拉夫学者米兰科维奇（1920）提出并从理论上阐明的第四纪冰期形成的天文假说以及与第四纪深海沉积物建立的温度系列一致的结果（Hays et al.，1976），为地层学选定可行的时间坐标单位谱及建立高精度地质时间坐标奠定了良好的基础，提供了可借鉴的范例。

坚冰已经打破，航道已经开通，通过全世界地层学家的不懈努力和团结协作，现代地层学一定能在不久的将来建立起与人类社会接轨的高精度的地质学时间坐标，为地质学、地球科学的腾飞，为资源、环境和人类社会的可持续发展做出更大的贡献。

## 参 考 文 献

曾国屏. 普利高津（戈金）对时间的追问 [N]. 科学时报，2003-06-13.
曾庆宏，严士健，等译. 从存在到演化——自然科学中的时间及复杂性 [M]. 上海：上海科学技术出版社，1986：1-256 (From being to becoming time and complexity in the physical sciences, Prigogine, I., 1980).
Gilbert G K. Sedimentary measurement of geological time [J]. Journal of Geology, 1895, 3: 121-125.
Gong Y M, Yin H F, Zhang K X et al. Simplifying the stratigraphy of time: Comment [J]. Geology, 2004, 32 (8): 59.
Hayes J D, Imbrie J, Shackleton N J. Variations in the Earth's orbit: pacemaker of the Ice-Ages [J]. Science, 1976, 194: 1121-1132.
Holland C H. Some aspects of time [J]. Newsletters on Stratigraphy, 1986, 15 (3): 172-176.

## 关键词与主要知识点-19

时间 time
空间 space
存在 being
存在的时间 being time
演化的时间 evolutional time
《自然哲学的数学原理》
(Mathematical principles of natural philosophy)
(1687)

《物种起源》(*On the origin of species*) (1859)
热力学第二定律 The second law of thermodynamics (1850)
狭义相对论 special relativity (1905)
广义相对论 general relativity (1916)
深时 deep time

# 附录

案例篇

# 附录1 国际与中国地质年代对比表

## 附1.1 关于国际与中国地质年代对比表的说明

《国际与中国地质年代对比表》是根据最新国际地层表《International Chronostratigraphic Chart》（2015）和《中国地层表》（2014）改编而成，旨在将中国地方"阶"或"系"与国际标准"阶"或"系"相对应的地质年代单位进行简要对比，其中显生宙对比的参照物主要为生物地层学证据，而不是数字年龄；前寒武纪对比的参照物主要是数字年龄。考虑到携带和使用的方便，我们将《国际与中国地质年代对比表》划分为5个断代：新生代、中生代、晚古生代、早古生代和前寒武纪。每个断代均设计为1个独立的A4页面。需要指出的是，这里所称的国际与中国地质年代对比表实为国际与中国地质年代对比图，由于习惯和约定俗成的原因，我们仍将这里的图称为表，但在本书的图表分类排序中归类为图。

（1）对于显生宙内存在争议的对比界线，本表主要采用最新的《中国地层表》（2014）中的界线。

（2）不断修订的年龄值不能用来界定显生宙的单位和埃迪卡拉纪，而只能由GSSP界定；显生宙中的近似年龄值（~）表示尚未确定GSSP或年龄值。

（3）国际地质年代单位的中文译名采用《地层学杂志》（2015第2期）中的译名。

（4） ▸ 表示截至2013年，在中国确立的全球界线层型剖面和点（GSSP/俗称"金钉子"），目前共有10个，分布在古生代和三叠纪。分别位于：浙江湖州市长兴煤山（三叠系印度阶GSSP）、浙江湖州市长兴煤山（二叠系长兴阶GSSP）、广西来宾市蓬莱滩（二叠系吴家坪阶GSSP）、广西柳州市碰冲（石炭系维宪阶GSSP）、湖北宜昌市夷陵区王家湾（奥陶系赫南特阶GSSP）、浙江常山县黄泥塘（奥陶系达瑞威尔阶GSSP）、湖北宜昌市夷陵区黄花场（奥陶系大坪阶GSSP）、浙江江山市碓边村（寒武系江山阶GSSP）、湖南花垣县排碧乡（寒武系排碧阶GSSP）、湖南古丈县罗依溪镇（寒武系古丈阶GSSP）。

（5）中国寒武纪有两种划分方案，一种为传统的华北台地相，另一种为华南斜坡相，二者的对比参见彭善池（2009）一文［彭善池. 华南斜坡相寒武纪三叶虫动物群研究回顾并论我国南、北方寒武系的对比. 古生物学报，2009，48（3）：437-452］。

（6）寒武纪对比表中，加有引号的地质年代单位（如"崮山期""张夏期"），表示其与岩石地层单位重名；斜体表示的地质年代单位（如第二世 *Epoch 2*，第四期 *Age 4*），表示目前尚未获得正式命名，暂以数字代替。

（7）前寒武纪对比表中，长城纪根据数字年龄划到古元古代，但被认为是中国中元古代的底界。

## 附1.2 国际与中国地质年代对比表

附图1-1 国际与中国新生代地质年代对比表
附图1-2 国际与中国中生代地质年代对比表
附图1-3 国际与中国晚古生代地质年代对比表
附图1-4 国际与中国早古生代地质年代对比表
附图1-5 国际与中国前寒武纪地质年代对比表

# 附录1 国际与中国地质年代对比表

| 纪 Period | 世 Epoch | 期/Age 中国 | 期/Age 国际 | 数字年龄 (Ma) | 备注 Remarks |
|---|---|---|---|---|---|
| 第四纪/Q Quaternary (2.6 Ma) | 全新世/Qh Holocene | 待建期 | | 0.0117 | 第四纪曾被取消或作为新近纪的一个亚纪。第四纪也曾被称为人类纪(Anthropogene)。也有人将工业革命(1784年)以来称为人类世(Anthropocene) |
| | 更新世/Qp Pleistocene | 萨拉乌苏期 | 晚期 Late | 0.126 | |
| | | 周口店期 | 中期 Middle | 0.781 | |
| | | 泥河湾期 | 卡拉布里雅期 Calabrian | 1.80 | |
| | | | 杰拉期 Gelasian | 2.58 | |
| 新近纪/N Neogene (20.4 Ma) | 上新世/N₂ Pliocene | 麻则沟期 | 皮亚琴察期 Piacenzian | 3.600 | 新近纪曾被称为新第三纪 |
| | | 高庄期 | 赞克勒期 Zanclean | 5.333 | |
| | 中新世/N₁ Miocene | 保德期 | 墨西拿期 Messinian | 7.246 | |
| | | 灞河期 | 托尔托纳期 Tortonian | 11.63 | |
| | | 通古尔期 | 塞拉瓦莱期 Serravallian | 13.82 | |
| | | | 兰盖期 Langhian | 15.97 | |
| | | 山旺期 | 波尔多期 Burdigalian | 20.44 | |
| | | 谢家期 | 阿基坦期 Aquitanian | 23.03 | |
| 古近纪/E Paleogene (43.0 Ma) | 渐新世/E₃ Oligocene | 塔本布鲁克期 | 夏特期 Chattian | 28.1 | 古近纪曾被称为老第三纪 |
| | | 乌兰布拉格期 | 吕珀尔期 Rupelian | 33.9 | |
| | 始新世/E₂ Eocene | 蔡家冲期 | 普利亚本期 Priabonian | 37.8 | |
| | | 垣曲期 | 巴顿期 Bartonian | 41.2 | |
| | | 伊尔丁曼哈期 | 卢泰特期 Lutetian | 47.8 | |
| | | 阿山头期 | | | |
| | | 岭茶期 | 伊普里斯期 Ypresian | 56.0 | |
| | 古新世/E₁ Paleocene | 池江期 | 坦尼特期 Thanetian | 59.2 | |
| | | | 塞兰特期 Selandian | 61.6 | |
| | | 上湖期 | 丹麦期 Danian | 66.0 | |

附图1-1 国际与中国新生代地质年代对比表

| 纪<br>Period | 世<br>Epoch | 期/Age | | 数字年龄<br>(Ma) | 备注<br>Remarks |
|---|---|---|---|---|---|
| | | 中国 | 国际 | | |
| 白垩纪/K<br>Cretaceous (79 Ma) | 晚白垩世/K$_2$<br>Late Cretaceous | 绥化期 | 马斯特里赫特期<br>Maastrichtian | (66.0) | 中生代划分方案一直较稳定，但随着研究的深入和数字测年技术的不断提高，中生代各期的底界年龄仍处在不断修正和细化之中 |
| | | | | 72.1 ± 0.2 | |
| | | | 坎潘期<br>Campanian | | |
| | | 松花江期 | | 83.6 ± 0.2 | |
| | | | 圣通期<br>Santonian | | |
| | | | | 86.3 ± 0.5 | |
| | | | 康尼亚克期<br>Coniacian | | |
| | | 农安期 | | 89.8 ± 0.3 | |
| | | | 土伦期 Turonian | | |
| | | | | 93.9 | |
| | | | 塞诺曼期<br>Cenomanian | | |
| | | | | 100.5 | |
| | 早白垩世/K$_1$<br>Early Cretaceous | 辽西期 | 阿尔布期 Albian | | |
| | | | | ~113.0 | |
| | | 热河期 | 阿普特期<br>Aptian | | |
| | | | | ~125.0 | |
| | | | 巴雷姆期<br>Barremian | | |
| | | | | ~129.4 | |
| | | 冀北期 | 欧特里夫期<br>Hauterivian | | |
| | | | | ~132.9 | |
| | | | 瓦兰今期<br>Valanginian | | |
| | | | | ~139.8 | |
| | | | 贝里阿斯期<br>Berriasian | | |
| | | | | ~145.0 | |
| 侏罗纪/J<br>Jurassic (56 Ma) | 晚侏罗世/J$_3$<br>Late Jurassic | 待建期 | 提塘期 Tithonian | | |
| | | | | 152.1 ± 0.9 | |
| | | | 钦莫利期<br>Kimmeridgian | | |
| | | | | 157.3 ± 1.0 | |
| | | | 牛津期 Oxfordian | | |
| | | | | 163.5 ± 1.0 | |
| | 中侏罗世/J$_2$<br>Middle Jurassic | 玛纳斯期 | 卡洛夫期 Callovian | | |
| | | | | 166.1 ± 1.2 | |
| | | | 巴通期 Bathonian | | |
| | | | | 168.3 ± 1.3 | |
| | | 石河子期 | 巴柔期 Bajocian | | |
| | | | | 170.3 ± 1.4 | |
| | | | 阿林期 Aalenian | | |
| | | | | 174.1 ± 1.0 | |
| | 早侏罗世/J$_1$<br>Early Jurassic | 硫磺沟期 | 托阿尔期<br>Toarcian | | |
| | | | | 182.7 ± 0.7 | |
| | | | 普林斯巴期<br>Pliensbachian | | |
| | | | | 190.8 ± 1.0 | |
| | | 永丰期 | 辛涅缪尔期<br>Sinemurian | | |
| | | | | 199.3 ± 0.3 | |
| | | | 赫塘期<br>Hettangian | | |
| | | | | 201.3 ± 0.2 | |
| 三叠纪/T<br>Triassic (51 Ma) | 晚三叠世/T$_3$<br>Late Triassic | 佩枯错期 | 瑞替期 Rhaetian | | |
| | | | | ~208.5 | |
| | | | 诺利期 Norian | | |
| | | | | ~227 | |
| | | 亚智梁期 | 卡尼期 Carnian | | |
| | | | | ~237 | |
| | 中三叠世/T$_2$<br>Middle Triassic | 新铺期 | 拉丁期<br>Ladinian | | |
| | | | | ~242 | |
| | | 关刀期 | 安尼期<br>Anisian | | |
| | | | | 247.2 | |
| | 早三叠世/T$_1$<br>Early Triassic | 巢湖期 | 奥伦尼克期<br>Olenekian | | |
| | | | | 251.2 | |
| | | 印度期<br>(殷坑期) | 印度期<br>Induan | | |
| | | | | 252.17 ± 0.06 | |

附图 1-2　国际与中国中生代地质年代对比表

附录1  国际与中国地质年代对比表

| 纪<br>Period | 世<br>Epoch | | 期/Age | | 数字年龄<br>（Ma） | 备注<br>Remarks |
|---|---|---|---|---|---|---|
| | | | 中国 | 国际 | | |
| 二叠纪(47 Ma)<br>Permian/P | 乐平世/P₃<br>Lopingian | | 长兴期 | 长兴期<br>Changhsingian | (252.17)<br>254.14±0.07 | 二叠纪曾两分为早二叠世和晚二叠世。早二叠世大体相当于这里的乌拉尔世和瓜德鲁普世；晚二叠世大体相当于这里的乐平世。乌拉尔世也称西莎瑞世 |
| | | | 吴家坪期 | 吴家坪期<br>Wuchiapingian | 259.8±0.4 | |
| | 瓜德鲁普世/P₂<br>Guadalupian | | 冷坞期 | 卡匹敦期<br>Capitanian | 265.1±0.4 | |
| | | | 孤峰期 | 沃德期<br>Wordian | 268.8±0.5 | |
| | | | 祥播期 | 罗德期<br>Roadian | 272.3±0.5 | |
| | 乌拉尔世/P₁<br>Cisuralian | | 罗甸期 | 空谷期<br>Kungurian | 283.5±0.6 | |
| | | | 隆林期 | 亚丁斯克期<br>Artinskian | 290.1±0.26 | |
| | | | 紫松期 | 萨克马尔期<br>Sakmarian | 295.0±0.18 | |
| | | | | 阿瑟尔期<br>Asselian | 298.9±0.15 | |
| 石炭纪(60 Ma)<br>Carboniferous/C | 宾夕法尼亚亚纪/C₂<br>Pennsylvanian | 晚 | 逍遥期 | 格舍尔期<br>Gzhelian | 303.7±0.1 | 石炭纪曾三分为早、中、晚石炭世。早石炭世大体相当于这里的密西西比亚纪(在欧洲曾称为狄南纪)，中、晚石炭世大体相当于这里的宾夕法尼亚亚纪(在欧洲曾称为西里西亚纪) |
| | | | | 卡西莫夫期<br>Kasimovian | 307.0±0.1 | |
| | | 中 | 达拉期 | 莫斯科期<br>Moscovian | 315.2±0.2 | |
| | | 早 | 滑石板期 | 巴什基尔期<br>Bashkirian | | |
| | | | 罗苏期 | | 323.2±0.4 | |
| | 密西西比亚纪/C₁<br>Mississippian | 晚 | 德坞期 | 谢尔普霍夫期<br>Serpukhovian | 330.9±0.2 | |
| | | 中 | 维宪期<br>（大塘期） | 维宪期<br>Visean | 346.7±0.4 | |
| | | 早 | 杜内期<br>（岩关期） | 杜内期<br>Tournaisian | 358.9±0.4 | |
| 泥盆纪(60 Ma)<br>Devonian/D | 晚泥盆世/D₃<br>Late Devonian | | 邵东期 | 法门期<br>Famennian | | 泥盆纪内部三分的方案一直相对稳定 |
| | | | 阳朔期 | | | |
| | | | 锡矿山期 | | 372.2±1.6 | |
| | | | 佘田桥期 | 弗拉期<br>Frasnian | 382.7±1.6 | |
| | 中泥盆世/D₂<br>Middle Devonian | | 东岗岭期 | 吉维特期<br>Givetian | 387.7±0.8 | |
| | | | 应堂期 | 艾菲尔期<br>Eifelian | 393.3±1.2 | |
| | 早泥盆世/D₁<br>Early Devonian | | 四排期 | 埃姆斯期<br>Emsian | | |
| | | | 郁江期 | | 407.6±2.6 | |
| | | | 那高岭期 | 布拉格期<br>Pragian | 410.8±2.8 | |
| | | | 莲花山期 | 洛赫考夫期<br>Lochkovian | 419.2±3.2 | |

附图1-3  国际与中国晚古生代地质年代对比表

| 纪<br>Period | 世<br>Epoch | 期/Age | | 数字年龄<br>(Ma) | 备注<br>Remarks |
|---|---|---|---|---|---|
| | | 中国 | 国际 | | |
| 志留纪/S<br>Silurian (24 Ma) | 普里道利世/$S_4$<br>Pridoli | | | (419.2)<br>423.0±2.3 | 志留纪曾三分为早、中、晚志留世，它们大体分别相当于这里的兰多维列世、温洛克世、罗德洛世和普里道利世（$S_3+S_4$）。普里道利世又称普利多利世；罗德洛世又称拉德洛世；温洛克世又称文洛克世；兰多维列世又称兰多弗里世 |
| | 罗德洛世/$S_3$<br>Ludlow | 卢德福特期 | 卢德福特期<br>Ludfordian | 425.6±0.9 | |
| | | 高斯特期 | 高斯特期<br>Gorstian | 427.4±0.5 | |
| | 温洛克世/$S_2$<br>Wenlock | 侯默期 | 侯默期<br>Homerian | 430.5±0.7 | |
| | | 申伍德期<br>(安康期) | 申伍德期<br>Sheinwoodian | 433.4±0.8 | |
| | 兰多维列世/$S_1$<br>Llandovery | 南塔梁期 | 特列奇期<br>Telychian | | |
| | | 马蹄湾期 | | 438.5±1.1 | |
| | | 埃隆期<br>(大中坝期) | 埃隆期<br>Aeronian | 440.8±1.2 | |
| | | 鲁丹期<br>(龙马溪期) | 鲁丹期<br>Rhuddanian | 443.8±1.5 | |
| 奥陶纪/O<br>Ordovician (42 Ma) | 晚奥陶世/$O_3$<br>Late Ordovician | 赫南特期 | 赫南特期<br>Hirnantian | 445.2±1.4 | 奥陶纪内部三分的方案一直相对稳定 |
| | | 钱塘江期 | 凯迪期<br>Katian | 453.0±0.7 | |
| | | 艾家山期 | 桑比期<br>Sandbian | 458.4±0.9 | |
| | 中奥陶世/$O_2$<br>Middle Ordovician | 达瑞威尔期 | 达瑞威尔期<br>Darriwilian | 467.3±1.1 | |
| | | 大坪期 | 大坪期<br>Dapingian | 470.0±1.4 | |
| | 早奥陶世/$O_1$<br>Early Ordovician | 益阳期 | 弗洛期<br>Floian | 477.7±1.4 | |
| | | 新厂期 | 特马豆克期<br>Tremadocian | 485.4±1.9 | |
| 寒武纪/Є<br>Cambrian (56 Ma) | 芙蓉世/$Є_4$<br>Furongian | 牛车河期 | 凤山期 | 第十期<br>Age 10 | ~489.5 | 寒武纪曾三分为早、中、晚寒武世，它们大体分别相当于这里的纽芬兰世和第二世（$Є_1+Є_2$）、第三世、芙蓉世 |
| | | 江山期 | | 江山期<br>Jiangshanian | ~494 | |
| | | 排碧期 | 长山期 | 排碧期<br>Paibian | ~497 | |
| | 第三世/$Є_3$<br>Epoch 3 | 古丈期 | "崮山期" | 古丈期<br>Guzhangian | ~500.5 | |
| | | 王村期 | "张夏期" | 鼓山期<br>Drumian | ~504.5 | |
| | | 台江期 | 徐庄期 | 第五期<br>Age 5 | ~509 | |
| | | | 毛庄期 | | | |
| | 第二世/$Є_2$<br>Epoch 2 | 都匀期 | "龙王庙期" | 第四期<br>Age 4 | ~514 | |
| | | 南皋期 | "沧浪铺期" | 第三期<br>Age 3 | ~521 | |
| | 纽芬兰世/$Є_1$<br>Terreneuvian | 梅树村期 | | 第二期<br>Age 2 | ~529 | |
| | | 晋宁期 | | 幸运期<br>Fortunian | 541.0±1.0 | |

附图 1-4　国际与中国早古生代地质年代对比表

## 附录1 国际与中国地质年代对比表

| 宙 Eon | 代 Era | 纪/Period | | 世/Epoch | 期/Age | 数字年龄 (Ma) | 备注 Remarks |
|---|---|---|---|---|---|---|---|
| | | 国际 | 中国 | | | | |
| 元古宙/Pt (1959 Ma) Proterozoic | 新元古代/Pt₃ Neoproterozoic | 埃迪卡拉纪 Ediacaran | 震旦纪/Z | 晚震旦世 | 灯影峡期 | (541) | 元古宙三分方案一直相对稳定 |
| | | | | | 吊崖坡期 | 580 | |
| | | | | 早震旦世 | 陈家园子期 | | |
| | | | | | 九龙湾期 | ~635 | |
| | | 成冰纪 Cryogenian | 南华纪/Nh | 晚南华世 | | | |
| | | | | 中南华世 | | | |
| | | | | 早南华世 | | ~720 | |
| | | 拉伸纪 Tonian | 青白口纪/Qb | | | 1000 | |
| | 中元古代/Pt₂ Mesoproterozoic | 狭带纪 Stenian | 待建纪 | | | 1200 | |
| | | 延展纪 Ectasian | | | | 1400 | |
| | | 盖层纪 Calymmian | 蓟县纪/Jx | | | 1600 | |
| | 古元古代/Pt₁ Paleoproterozoic | 固结纪 Statherian | 长城纪/Ch | | | 1800 | |
| | | 造山纪 Orosirian | 滹沱纪/Ht | | | 2050 | |
| | | 层侵纪 Rhyacian | ? | | | 2300 | |
| | | 成铁纪 Siderian | | | | 2500 | |
| 太古宙/Ar Archean (1500 Ma) | 新太古代/Ar₄ Neoarchean | | | | | 2800 | 太古宙曾三分为古太古代、中太古代和新太古代，底界数字年龄分别为2900 Ma、3300 Ma、3800 Ma |
| | 中太古代/Ar₃ Mesoarchean | | | | | 3200 | |
| | 古太古代/Ar₂ Paleoarchean | | | | | 3600 | |
| | 始太古代/Ar₁ Eoarchean | | | | | 4000 | |
| 冥古宙/Ha Hadean (600 Ma) | | | | | | ~4600 | 冥古宙曾被取消或归并到太古宙 |

附图1-5 国际与中国前寒武纪地质年代对比表

# 附录2　中国寒武纪—第四纪生物地层序列

## 附2.1　关于中国寒武纪—第四纪生物地层序列说明

寒武纪以来，中国化石记录已十分丰富，多数层位的生物地层研究比较深入系统。本附录资料主要来源于《中国地层表》（2014）（其中寒武纪、奥陶纪、志留纪、侏罗纪、白垩纪、古近纪、新近纪及第四纪由张元动和喻建科做了适当修改）；列述了中国从寒武纪以来各时代代表性生物地层序列以及岩石地层序列，以供学习时参考。

## 附2.2　中国寒武纪—第四纪生物地层序列对比表

　　附表2-1　中国寒武纪生物地层序列对比表
　　附表2-2　中国奥陶纪生物地层序列对比表
　　附表2-3　中国志留纪生物地层序列对比表
　　附表2-4　中国泥盆纪生物地层序列对比表
　　附表2-5　中国石炭纪生物地层序列对比表
　　附表2-6　中国二叠纪生物地层序列对比表
　　附表2-7　中国三叠纪生物地层序列对比表
　　附表2-8　中国侏罗纪生物地层序列对比表
　　附表2-9　中国白垩纪生物地层序列对比表
　　附表2-10　中国古近纪生物地层序列对比表
　　附表2-11　中国新近纪生物地层序列对比表
　　附表2-12　中国第四纪生物地层序列对比表

附录2 中国寒武纪—第四纪生物地层序列

附表2-1 中国寒武纪生物地层序列对比表

注：①金龙洞组；②白云岗组；③冶里组；④李官组；⑤Liopeishania；⑥Taitzuia - Poshania；⑦盘家嘴组；⑧白水溪组；⑨灯影组；⑩留茶坡组。

· 442 ·  地层学基础与前沿

附表 2-2  中国奥陶纪生物地层序列对比表

注：塔里木的奥陶系自蓬莱坝组至坎岭组的牙形石序列与坎岭组以上不同，其余则与华北相同。①*Baltoniodus alobatus*（亚带）；②*Baltoniodus variabilis*（亚带）。B:腕足化石带；C:牙形石带；G:笔石带；N:夹足化石带；T:三叶虫带。

附录 2 中国寒武纪—第四纪生物地层序列

附表 2-3 中国志留纪生物地层序列对比表

| 宇 | 界 | 国际地层表 | | | 中国年代地层 | | | 中国岩石和生物地层 | | | 青藏高原分与对比 | |
|---|---|---|---|---|---|---|---|---|---|---|---|---|
| | | 系 | 统 | 阶 | 系 | 统 | 阶 | 岩石地层 | 中国北方生物地层 腕足类组合 | 中国南方 岩石地层 / 生物地层 | 岩石地层 | 生物地层 |
| 显生宇 PH | 古生界 Pz | 志留系 | 普里道利统 | | 志留系 | 普里道利统 S₄ | | 古蒂河组 | "Lingula" 组合 | 西山坪组 ①②③④ / 防城群 — Pristiograptus transgrediens proximus / Pristiograptus similis / Monograptus ultimus — 牙形石带 Ozarkodina crispa | 帕卓组 | 牙形带 O. eosteinhornensis? / Ozarkodina crispa |
| | | | 罗德洛统 | 卢德福德阶 / 戈斯特阶 | | 罗德洛统 S₃ | 卢德福阶 / 戈斯特阶 | 卧都河组 | | 合浦组 — Pristiograptus tumescens / Lobograptus scanicus / Neodiversograptus nilssoni — Pterospathodus eopennatus | 嘎样组 | Polygnathoides siluricus / Ancoradella ploeckensis / Ozarkodina bohemicus |
| | | | 温洛克统 | 侯默阶 / 申伍康阶(安康阶) | | 温洛克统 S₂ | 侯默阶 / 申伍康阶(安康阶) | 八十里小河组 | Tuvaella gigantea 组合 | 文头山组 — Pristiograptus dubius / Monograptus riccartonensis / Cyrtograptus murchisoni — Ozarkodina guizhouensis / Ozarkodina parahassi | 可德组 | 笔石带 Neodiversograptus nilssoni / M. flemingi - P. pseudodubius / M. flexilis / O.sagitta rhenana |
| | | | 兰多维列统 | 特列奇阶 | | 兰多维列统 S₁ | 南塔梁阶 S₁⁴ / 马蹄湾阶 S₁³ / 埃隆阶(大中坝阶) S₁² / 鲁丹阶(龙马溪阶) S₁¹ | 黄花沟组 | Tuvaella rackovskii 组合 / Leangella - Aegiria 组合 | 连滩组 / 秀山组 / 溶溪组 / 小河坝组 / 龙马溪组 — Oktavites spiralis-Stomatograptus grandis / Monoclimacis griestoniensis / Spirograptus turriculatus / Spirograptus guerichi / Stimulograptus sedgwickii / Lituigraptus convolutus / D. pectinatus - M. argentus / Demirastrites triangulatus / Coronograptus cyphus / Cystograptus vesiculosus / Parakidograptus acuminatus / Akidograptus ascensus — Pterospathodus eopennatus | 强多日组 / 石器坡组 | P. a. amorphognathoides / Pterospathodus eopennatus / Monoclimacis griestoniensis / Monoclimacis crispus / Spirograptus turriculatus / O. communis / D. gregarius / Cystograptus vesiculosus / Parakidograptus acuminatus |
| | | | | 埃隆阶 | | | | | | | | |
| | | | | 鲁丹阶 | | | | | | | | |

注：① 西山坪组；② 玉龙寺组；③ 妙高组；④ 关底组。

| 宇 | 界 | 国际地层表 系 | 国际地层表 统 | 国际地层表 阶 | 中国年代地层 系 | 中国年代地层 统 | 中国年代地层 阶 | 中国北方 岩石地层 | 中国北方 生物地层 | 中国南方 岩石地层 | 中国南方 生物地层 | 青藏高原 岩石地层 | 青藏高原 生物地层 |
|---|---|---|---|---|---|---|---|---|---|---|---|---|---|
| 显生宇 PH | 古生界 Pz | 泥盆系 | 上泥盆统 | 法门阶 | 泥盆系 | 上泥盆统 $D_3$ | 邵东阶 $D_3^4$ | 洪古勒楞组<br>上大民山组 | 腕足类 *Paleospirifer sinicus-Centrorhynchus turanica* 组合带<br>珊瑚 *Nalivkinella daminshanensis*<br>菊石 *Cheiloceras subpartitum* 带 *Platyclymenia walcotti* 带 | 融县组<br>五指山组 | 有孔虫 *Quasiedothyra regularis-Q. dentata* 组合带<br>珊瑚 *Cystophrentis-P. kinglingensis* 组合带<br>有孔虫 *Q. communis - Q. bella* 带<br>腕足类 *Nanyunnella-Sinospirifer* 组合带 *Yunnanella-Cyrtiopsis* 组合带<br>牙形石 *Siphonodella praesulcata*, *Palmatolepis expansa*, *Pa. postera*, *Pa. trachytera*, *Pa. marginifera*, *Pa. rhomboidea*, *Pa. crepida*, *Pa. triangularis* | ①<br>亚里组(中上部) | 牙形石 *Siphonodella praesulcata* |
| | | | | | | | 阳朔阶 $D_3^3$ | | | | | | |
| | | | | | | | 锡矿山阶 $D_3^2$ | | | | | | |
| | | | | 弗拉斯阶 | | | 佘田桥阶 $D_3^1$ | 朱鲁木特组<br>大河里河组 | 古植物 *Lepidodendropsis*, *Cyclostigma hiltorkense*, *Sublepidodendropsis* sp., *Leptophloeum rhombicum*<br>腕足类 *Cyrtospirifer* sp., *Spinatrypa* sp., *Tridensilis* sp. | 谷闭组<br>榴江组 | 腕足类 *Cyrtospirifer-Tenticospirifer* 组合<br>珊瑚 *Sinodisphyllm variabile-Hunanophrentis uniforme* 组合 *Psendozaphrentis carvatum*, *Disphyllum* sp.<br>菊石 *Probeloceras applatanatum* 带<br>牙形石 *Pa. linguiformis*, *Pa. rhenana*, *Pa. jamieae*, *Pa. hassi*, *Pa. punctata*, *Pa. transitans*, *Pa. falsiovalis* | 大寨门组<br>波曲群 | 牙形石 *Pa. triangularis*, *Pa. linguiformis*, *Pa. rhenana*, *Pa. jamieae*<br>腕足类 *Tenticospirifer* sp.<br>珊瑚 *Disphyllum* sp.<br>菊石 *Manticoceras* sp.<br>牙形石 *Polygnathus l.linguiformis* |
| | | | 中泥盆统 | 吉维阶 | | 中泥盆统 $D_2$ | 东岗岭阶 $D_2^2$ | 呼吉尔斯特组<br>根里河组 | 古植物 *Protolepidodendron scharyanum*, *Lepidodendropsis theodi*, *Asmussia* cf. *vugaris*, *Ulugkemis minusensis*<br>腕足类 *Mucrospirifer mucronatus-Khinganospirifer paradoxiformis* 组合带 | 东岗岭组<br>罗富组 | 腕足类 *Leiorhynchus kwangsiensis* 组合 *Temnophyllum waltheri-Dentrostella trigemme* 组合 *Stringocephalus* 组合<br>珊瑚 *Kwangsiastraea elegans* 组合<br>竹节石 *N. otomari*<br>牙形石带 *Polygnathus disparilis*, *Po. hermanni*, *Po. varcus*, *Po. hemiansatus* | 何元寨组 | 腕足类 *Gypidula-Isothis(T.) transversa-Pyramidalia paoshanensis* 组合带<br>腕足类 *Devonaria minuta-Kerpina viata* 组合带<br>牙形石 *Po. varcus* 带 |
| | | | | 艾费尔阶 | | | 应堂阶 $D_2^1$ | 依克乌苏组<br>德安组 | 腕足类 *Kayseria lens-Reticulariopsis* cf. *eifeliensis* 组合带<br>腕足类 *Borealispirifer orientalis* | 长村组<br>古车组<br>古琶组<br>塘丁组 | 腕足类 *Acrospirifer houershanensis* 组合带<br>腕足类 *Xenospirifer fongi-Eospiriferina* 组合带<br>牙形石带 *Po. ensensis*, *Po. kockelianus*, *Po. australis*, *Po. costatus*, *Po. partitus* | 马鹿塘组<br>西边塘组 | 腕足类 *Eoreticulaiopsis eifeliensis-Bifida lepida* 组合带 *Strophochonetes* 富集带(上部)<br>牙形石 *Polygnathus c. costatus* 带 *Polygnathus c. partitus* 带 *Polygnathus c. patulus* 带<br>腕足类 *Strophochonetes* 富集带(下部) |
| | | | 下泥盆统 | 埃姆斯阶 | | 下泥盆统 $D_1$ | 四排阶 $D_1^4$ | 芒克鲁组<br>霍龙门组 | 腕足类 *Rhytistrophia- Paraspirifer* 组合带<br>腕足类 *Gladiorophia kondoi*, *Coelospira dongbeiensis*, *Paraspirifer* aff. *gurjevskiensis*, *Howellella amurensis* | 大乐组<br>官桥组<br>莫丁组<br>塘丁组 | 腕足类 *Euryspirifer shujiapingensis* 组合带 *Otospirifrer shipaiensis* 组合带 *Trigonospirifer trigonata* 组合带<br>菊石 *Erbenoceras elegantulum*<br>竹节石 *Nowakia barrandei*<br>*Po. patulus*, *Po. serotinus*, *Po. inversus*, *Po. nothoperbonus* | 沙坝脚组<br>凉泉组 | 牙形石 *Polygnathus perbonus*, *Po. dehiscens*<br>菊石 *Erbenoceras elegantulum* 带<br>竹节石 *Sogdina xizangensis*, *Sogdian paracuaria* |
| | | | | | | | 郁江阶 $D_1^3$ | | | 郁江组<br>益兰组 | 腕足类 *Rostrospirifer-Dicelostrophia* 组合带<br>珊瑚 *Heterophrentis-Xystriphilloides* 组合带<br>*Po. dehiscens* | | |
| | | | | 布拉格阶 | | | 那高岭阶 $D_1^2$ | 曼格尔组<br>金水组<br>罕达气组 | 三叶虫 *Odontochile sinensis*, *Calymenia* sp.<br>腕足类 *Coelospirella orientalis*, *Leptaenopyxis bouei*, *Leptostriophia nonokai* | 那高岭组<br>丹林组 | 腕足类 *Orientospirifer nakaolingensis* 组合带<br>牙形类 *Eognathodus juliae* 组合带 | 王家村组 | 笔石 *Monograptus yukonensis*<br>竹节石 *Nowakia acuaria*<br>牙形石 *E.sulcatus*<br>竹节石 *Neo. himalayensis*, *Nowakia acuaria* |
| | | | | 洛赫科夫阶 | | | 莲花山阶 $D_1^1$ | 泥鳅河组<br>二道沟组 | 腕足类 *Leptocoelia sinica*, *Coelospira bohemica*, *Septaparmelle dongbeiensis* | 莲花山组<br>西屯组 | 鱼类 *Galeaspis* sp., *Asiaspis expansa*, *Asiacanthus suni*, *A. kaoi*, *Yunnanolepis* sp., *Lianhuashanolepis liujingensis*, *Orientolepis neokwangsiensis* | 向阳寺组 | 海百合 *Camarocrinus* cf. *Subornatus*<br>笔石 *M.* cf. *angustidens*<br>牙形石 *I. w. Woschmidti*<br>*Monograptus uniformis*<br>*Paranowakia bohemica*, *I. w. woschmidti* |

注：①查果罗玛组（上部）。

附表2-4　中国泥盆纪生物地层序列对比表

## 附录2 中国寒武纪—第四纪生物地层序列

| 国际地层表 | | | 中国年代地层 | | | 中 国 岩 石 和 生 物 地 层 划 分 与 对 比 | | | | | |
|---|---|---|---|---|---|---|---|---|---|---|---|
| 宇 | 界 | 系 | 统 | 阶 | 系 | 统 | 阶 | 中国北方 | | 中国南方 | | 青藏高原 |
| | | | | | | | | 岩石地层 | 生物地层 | 岩石地层 | 生物地层 | 岩石地层 | 生物地层 |

| 宇 | 界 | 系 | 统 | 阶 | 系 | 统 | 阶 | 岩石地层 | 生物地层 | 岩石地层 | 生物地层 | 岩石地层 | 生物地层 |
|---|---|---|---|---|---|---|---|---|---|---|---|---|---|
| 显生宇 PH | 古生界 Pz | 石炭系 | 宾西法尼亚亚系 | 格舍尔阶 卡西莫夫阶 | 石炭系 | 上石炭统 $C_2$ | 逍遥阶 $C_2^4$ | 太原组 | 牙形石 Streptognathodus elegantulus - Idiognathodus hebeiensis 带 | 马平组 | 蜓及有孔虫带 Ps. foecunda T. moguroyensis T. (T.) acutus Obsoletes-Montiparus | 永珠组 | 牙形石 Neognathodus ultimus - Rhachistognathus sp.组合 N. dilatus N. roundyi N. medexultimus - N. medadultimus 组合 N. cf. asymmetricus - N. cf. symmetricus 组合 S. sinuatus D. inaequalis |
| | | | | 莫斯科阶 | | | 达拉阶 $C_2^3$ | 羊虎沟组 | Neognathodus roundyi 带 Streptognathodus parvus 带 Idiognathodus sulcatus 带 | 达拉组 | 蜓 $F.$ cylindrica $F.$ lacoleata Fusulinella obesa Pr. aljutovica Pr. priscoidea Ps. antiqua | | 菊石 Epicanites Praedaraelites Cravenoceras Goniatites Syringothyris Marginirugus |
| | | | 下石炭统 | 巴什基尔阶 | | | 滑石板阶 $C_2^2$ 罗苏阶 $C_2^1$ | 靖远组 | 菊石 Branneroceras-Gastrioceras 带 Bilinguites-Phillipsoceras 带 | 滑石板组 | 蜓 $F.$ proyera 带 $F.$ sphaeroidea 带 $F.$ kompi 带 $F.$ schelhwieni 带 $F.$ subplauulata | | 腕足类 Pseudochoristites Reedoconcha xizangensis - Spinomartinia xainzaensis 组合带 |
| | | | | 谢尔普霍夫阶 | | | 德坞阶 $C_1^3$ | 榆树梁组 | 牙形石 Idiognathoides sinuatus 带 D. n. noduliferus 带 菊石 Eumorphoceras - Cravenoceras 带 | 摆佐组 | D. n. noduliferus G. bilineatus bollandensis | | Rhipidomella Chonetipustula Balakhonia |
| | | | | 维宪阶 | | | 维宪阶 (大塘阶) $C_1^2$ | 臭牛沟组 | 牙形石 Gnathodus bilineatus 带 Lochriea nodosa 带 菊石 Goniatites Girtyoceras Beyrichoceras | 上司组 | L. cruciformis L. ziegleri L. nodosa G. bilineatus bilineatus L. commutata | 纳兴组 | |
| | | | | 杜内阶 | | | 杜内阶 (岩关阶) $C_1^1$ | 前黑山组 | Pericyclus 带 Gattendorfia (Kazakhstania) | 旧司组 祥摆组 睦化组 王佑组 汤耙沟组 | G. texanus - G. homopunctatus S. anchoralis europensis G. semiglaber - G. typicus S. isosticha S. crenulata S. duplicata S. sandbergi Bisphaera Palaeospiroplectammina Chernyshinella Dainella Spinoendothyra Tuberendothyra Viseidiscus - Planoarchaediscus E. simplex E. rotunda/ovalis E. tenebrosa H. bradyana N. probatus Koskinobigenerina Koskinotextularia Globivalvulina E. postproikensis Eostaffellina paraprovae - Seminovella "M" pressula? "M" designata? Glomodiscus - Paraarchaediscus Cardiopteridium spetsbergense Archaeocalamites scrobiculatus Rhodeopteridium spp. | 查果罗玛组 (亚中上里部组) | 腕足类 Syringothyris Plenropugnax Humboldtia Siphonophyllia Ekvasophylloides 珊瑚 Eochoristites Fusella Schucherella 牙形石 G. semiglaber G. typicus S. isosticha S. crenulata S. duplicata S. sulcata |

附表 2-5 中国石炭纪生物地层序列对比表

| 宇 | 界 | 国际地层表 系 | 国际地层表 统 | 国际地层表 阶 | 中国年代地层 系 | 中国年代地层 统 | 中国年代地层 阶 | 中国北方 岩石地层 | 中国北方 生物地层 | 中国北方 生物地层 | 中国南方 岩石地层 | 中国南方 生物地层 | 中国南方 生物地层 | 青藏高原 岩石地层 | 青藏高原 生物地层 |
|---|---|---|---|---|---|---|---|---|---|---|---|---|---|---|---|
| 显生宇 PH | 古生界 Pz | 二叠系 | 乐平统 | 长兴阶 | 二叠系 | 乐平统 $P_3$ | 长兴阶 $P_3^2$ | 孙家沟组 | 古植物 Ullmannia bronni-Yuania magnifolia 组合 | | 长兴组 / 大隆组 | 蜓类 P. minima带 Palaeofusulina sinensis带 | 牙形石 Clarkina meishanensis 带 C. yini带 C. changxingensis带 C. subcarinata带 C. wangi带 | 木纠错组 / 色龙群 | 牙形石 Mesogondolella sheni 珊瑚 Waagenophyllum indicum crassiseptatum 带 Liangshanophyllum streptoseptatum 带 |
| | | | | 吴家坪阶 | | | 吴家坪阶 $P_3^1$ | 上石盒子组 | Gigantonoclea hallei-Psygmophyllum multipartitum-Lobatannularia heianensis 组合 | | 吴家坪组 / 合山组 / 晒瓦组 | Nanlingella simplex-Codonofusiella kwangsiana 带 | C. orientalis 带 C. transcaucasica 带 C. guangyuanensis 带 C. leveni 带 | | |
| | | | 瓜德鲁普统 | 卡匹敦阶 | | 阳新统 $P_2$ | 冷坞阶 $P_2^4$ | 上石盒子组 / 义和乌苏组 | | 蜓类 Schwagerina ulanqabensis-Codonofusiella pseudoextensa带 | 茅口组 / 四大寨组 | Metadoliolina multivoluta 带 Yabeina gubleri 带 | C. asymmetrica 带 C. dukouensis 带 C. postbitteri 带 Jinogondolella granti 带 J. xuanhanensis 带 J. prexuanhanensis 带 | 下拉组 | Iranophyllum-Ipciphyllum 带 |
| | | | | 沃德阶 | | | 孤峰阶 $P_2^3$ | 下石盒子组 / 哲斯组 | Gigantonoclea lagrelii-Fascipteris hallei-Lobatannularia ensifolia 组合 | 牙形石 Jinogongdolella aserrata组合 蜓类 S. quasiregularis-C. simplicata带 | 茅口组 / 四大寨组 | Neoschwagerina margaritae 带 N. craticulifera 带 | J. altudaensis 带 J. postserrata 带 | 下拉组 | 蜓类 Nankinella hunanensis-Chusenella sinensis 带 |
| | | | | 罗德阶 | | | 祥播阶 $P_2^2$ | 下石盒子组 / 包特格组 | Emplectopteris triangularis-Cathasiopteris whitei-Sphenopteridium pseudogermanicum 组合 | Monodiexodina sutschanica baotegensis 带 | 栖霞组 / 四大寨组 | N. simplex-Praesumatrina neoschwagerinoides 带 Cancellina elliptica 带 | J. asserata 带 J. nankingensis 带 Mesogondolella idahoensis lamberti-Sweetognathus hanzhongensis 带 | 下拉组 | |
| | | | 乌拉尔统 | 空谷阶 | | | 罗甸阶 $P_2^1$ | 山西组 | Emplectopteris triangularis-Taeniopteris mucronata-Lobatannularia sinensis 组合 | | 栖霞组 / 纳水组 | Misellina claudiae 带 Brevaxina dyhrenfurthi 带 | Sw. subsymmetricus 带 Sw. guizhouensis 带 Neostreptognathodus exsculptus-N. pnevi 带 | 下拉组 | 珊瑚 Lytvolasma 带 |
| | | | | 亚丁斯克阶 | | 船山统 $P_1$ | 隆林阶 $P_1^2$ | 太原组 | 牙形石 Streptognathodus whitei 带 S. inornatus 带 S. barskovi 带 | | 马平组 / 纳水组 | Pamirina-Darvasites ordinatus 带 | Sw. whitei-M. bisselli 带 | 昂杰组 | 腕足类 Aulosteges ingens-Punctocyrtella nagmargensis 带 |
| | | | | 萨克马尔阶 | | | 紫松阶 $P_1^1$ | 太原组 | 古植物 Neuropteris ovata-Lepidodendron posthumii 组合 | Eoparafusulina带 | 马平组 / 小浪风关组 | Robustoschwagerina schellwieni-R. ziyunensis 带 Sphaeroschwagerina moelleri 带 | Adetognathus paralautus 带 Streptognathodus barskovi 带 | 拉嘎组 | |
| | | | | 阿瑟尔阶 | | | | 太原组 / 阿木山组（上部） | 牙形石 S. isolatus 带 | Pseudoschwagerina 带 | 马平组 / 小浪风关组 | Sphaeroschwagerina fusiformis-Pseudoschwagerina 带 | St. constrictus 带 St. cristellaris 带 St. isolatus 带 | 永珠组 / 基龙组 | 腕足类 Trigonotreta magnifica-Bandoproductus intermedia 带 Cimmeriella mucronata-Reedoconcha excellens 带 |

附表 2-6 中国二叠纪生物地层序列对比表

附录 2 中国寒武纪—第四纪生物地层序列

| 国际地层表 | | | 中国年代地层 | | | 中国岩石和生物地层划分与对比 | | | | | |
|---|---|---|---|---|---|---|---|---|---|---|---|
| 界 | 系 | 统 | 阶 | 系 | 统 | 阶 | 岩石地层 | 中国北方 生物地层 | 中国南方 | | 青藏高原 |
| | | | | | | | | | 岩石地层 | 生物地层 | 岩石地层 | 生物地层 |

| 界 | 系 | 统 | 阶 | 系 | 统 | 阶 | 岩石地层 | 生物地层(中国北方) | 岩石地层 | 生物地层(中国南方) | 岩石地层(青藏高原) | 生物地层(青藏高原) |
|---|---|---|---|---|---|---|---|---|---|---|---|---|
| 中生界 Mz | 三叠系 | 上三叠统 | 瑞替阶 | 三叠系 | 上三叠统 T₃ | 佩枯错阶 T₃³ | 瓦窑堡组 | 古植物: *Danaeopsis fecunda-Bernoullia zeilleri-Thinnfeldia*组合 | 须家河组 | 古植物: *Dictyophyllum-Clathropteris* 组合 | 格米格组 / 德日荣组 | 菊石: *Choristoceras marshi* 带 |
| | | | 诺利阶 | | | | 永坪组 | | 小塘子组 | 双壳类: *Burmesia lirata-Costatoria napengensis* 带 | 曲龙共巴组 | 菊石: *Pinacoceras metternichi* 带; *Cyrtopleurites bicrenatus* 带; *Indojuwavites angulatus* 带 |
| | | | 卡尼阶 | | | 亚智梁阶 T₃¹ | 胡家村组 | | 马鞍塘组 | 双壳类: *Halobia pluriradiata-H. convexa* 带 | 达沙龙组 | *Nodotibeites nodosus* 带 |
| | | 中三叠统 | 拉丁阶 | | 中三叠统 T₂ | 新铺阶 T₂² | 铜川组 | 古植物: *Annalepis-Tongchuanophyllum* 组合 | | 牙形石: *Paragondolella polygnathiformis* 带 | 扎木热组 | 菊石: *Parahauerites acutus* 带; *Haplotropites* 带; *Indonesites dieneri* 带 |
| | | | | | | | | | 天井山组 | 牙形石: *Paragondolella foliata inclinata* 带 | | 菊石: *Protrachyceras ladinum* 带 |
| | | | 安尼阶 | | | 关刀阶 T₂¹ | 二马营组 | 古植物: *Aipteris wuziwanensis-Voltzia* 组合 | | 牙形石: *Neogondolella mombergensis* 带; *Neogondolella excelsa* 带 | 赖布西组 | 菊石: *Xenoprotrachyceras prinum* 带 |
| | | 下三叠统 | 奥列尼克阶 | | 下三叠统 T₁ | 巢湖阶 T₁² | 和尚沟组 | 古植物: *Pleuromeia sternbergi* 组合 | 雷口坡组 | 牙形石: *Neogondolella constricta* 带; *Pg. bifurcata-Ng. kockeli* 带; *Nicoraella germanica* 带; *Neogondolella regale* 带; *Chiosella timorensis* 带 | | 菊石: *Paraceratites trinodosus* 带; *Anacrochordiceras nodosus* 带; *Lenotropites-Japonites* 带 |
| | | | | | | | | | 南陵湖组 和龙山组 | 牙形石: *Neospathodus homeri-Ns. triangularis* 带; *Neospathodus pingdingshanensis* 带; *Neospathodus waageni* 带 | 康沙热组 | 菊石: *Tirolites-Procarnites* 带; *Owenites-Anasibrites* 带 |
| | | | 印度阶 | | | 印度阶 T₁¹ | 刘家沟组 | 古脊椎动物: *Lystrosaurus-Proterosuchus* 组合 | 殷坑组 | 牙形石: *Ns. dieneri-Ns. cristagalli* 带; *Neospathodus kummeli* 带; *Ng. planata-Ng. krystyni* 带; *Isarcicella isarcica* 带; *Isarcicella staescheі* 带; *Hindeodus parvus* 带 | | 菊石: *Gyronites psilogyrus* 带; *Lytophiceras sakuntala* 带; *Otoceras latilobatum* 带 |

附表 2-7 中国三叠纪生物地层序列对比表

附表 2–8 中国侏罗纪生物地层序列对比表

| 国际地层表 | | | 中国年代地层 | | | 中国岩石和生物地层划分与对比 | | | | | |
|---|---|---|---|---|---|---|---|---|---|---|---|
| 界 | 系 | 统 | 阶 | 系 | 统 | 阶 | 岩石地层 | 中国北方 生物地层 | 岩石地层 | 中国南方 生物地层 | 岩石地层 | 青藏高原 生物地层 |
| 中生界 Mz | 侏罗系 | 上侏罗统 | 提塘阶 | 侏罗系 | 上侏罗统 J₃ | 未建阶 | 土城子组 | 介形虫: Djungarica-Mantelliana-Damonella 组合<br>叶肢介: Yanshanoleptestheria-Pingquania-Lingyuanella 组合 | 蓬莱镇组 | 介形虫: Darwinula-Damonella-Djungarica 组合<br>叶肢介: Eosestheriopsis dianzhongensis 组合 | 古错村群 | 菊石: Himalayites-Corongoceras 组合<br>菊石: Virgatosphinctes-Aulacosphinctes 组合 |
| | | | 基默里奇阶 | | | | | | | | 门卡墩组 | 菊石: Pachysphinctes 组合 |
| | | | 牛津阶 | | | | | | 遂宁组 | 介形虫: Darwinula-Cetacella-Eolimnocythere 组合<br>叶肢介: Suiningestheria-Chuanjieestheria 组合 | | 菊石: Epimayaites-Dhosaites 组合 |
| | | 中侏罗统 | 卡洛维阶 | | 中侏罗统 J₂ | 玛纳斯阶 | 头屯河组 | 介形虫: Cetacella substiata-Mantelliana-Darwinula-bapanxiaensis 组合<br>叶肢介: Pseudograpta murchisoniae 组合 | | 爬行类: Mamenchisaurus 动物群 | | 菊石: Reneckia-Macrocephalites 组合<br>菊石: Macrocephalites gucuoi 带 |
| | | | 巴通阶 | | | | | 介形虫: Trigbyta-Quidamestheria-Darwinula sarytirmenensis-D. magna-Timriasevia 组合<br>孢粉: Cyathidites-Concavissimisporites-nonstriate bisaccate-Classopollis 组合 | 沙溪庙组 | 叶肢介: Euestheria sarytirmenensis-D. impudica-Timiriasevia 组合<br>爬行类: Shunosaurus 动物群 | 曲米勒组 | 菊石: Macrocephalites-Homoeoplanulites-Oxycerites orbis 带 |
| | | | 巴柔阶 | | | 石河子阶 | 西山窑组 | 孢粉: Coniopteris-Phoenicopsis 组合 | 新田沟组 | 介形虫: Ovaticythere-Timiriasevia-Darwinula 组合 | 聂聂雄拉组 | 菊石: Dorsetensia-Chondroceras 组合<br>菊石: Fontannesia-Witchellia 组合<br>菊石: Eudmetoceras-Trilobiticeras 组合 |
| | | | 阿伦阶 | | | | 三工河组 | 叶肢介: Euestheria ziliujingensis 组合<br>孢粉: Phlebopteris-Marrattiopsis 组合<br>孢粉: Cyathidites-Osmundacidites-nonstriate bisaccate-Classopollis 组合 | | | | |
| | | 下侏罗统 | 图阿尔阶 | | 下侏罗统 J₁ | 硫磺沟阶 J₁² | | 古植物: Coniopteris-Marrattiopsis-Cycadopites 组合 | 自流井组 | 古植物: Coniopteris-Ptilophyllum 植物群 | 普普嘎组 | 菊石: Polyplectus-Phymatoceras 组合 |
| | | | 普林斯巴赫阶 | | | | 八道湾组 | 昆虫: Eofulgoridium temellum<br>叶肢介: Palaeolimnadia baitianbaensis<br>植物: Coniopteris guojiadianensis-Cladophlebis raciborskii-Cladopteris elegans 组合<br>孢粉: Cyathidites-Osmundacidites-Concavisporites-Cycadopites 组合<br>Asseretospora-Dictyophyllidites-Concavisporites 组合 | | 叶肢介: Palaeolimnadia baitianbaensis 组合<br>爬行类: Sinopliosaurus-Bishanosaurus 动物群 | | 菊石: Galaticeras-Phricodoceras 组合 |
| | | | 西涅缪尔阶 | | | 永丰阶 J₁¹ | | | | | | 菊石: Arnioceras-Glevicras 组合 |
| 显生宇 PH | | | 埃唐日阶 | | | | | | | 爬行类: Lufengosaurus 动物群 | 格米格组 | 菊石: Psiloceras calliphyllum 带<br>菊石: Psiloceras tibeticum 带 |

附录2 中国寒武纪—第四纪生物地层序列

| 国际地层表 | | | 中国年代地层 | | | 中国岩石和生物地层划分与对比 | | | | | |
|---|---|---|---|---|---|---|---|---|---|---|---|
| 界 | 系 | 统 | 阶 | 系 | 统 | 阶 | 中国北方 | | 中国南方 | | 青藏高原 |
| | | | | | | | 岩石地层 | 生物地层 | 岩石地层 | 生物地层 | 岩石地层 | 生物地层 |

| 宇 | 界 | 系 | 统 | 阶 | 系 | 统 | 阶 | 岩石地层 | 生物地层 | 岩石地层 | 生物地层 | 岩石地层 | 生物地层 |
|---|---|---|---|---|---|---|---|---|---|---|---|---|---|
| 显生宇 PHMz | 中生界 | 白垩系 | 上白垩统 | 马斯特里赫特阶 | 白垩系 | 上白垩统 K₂ | 绥化阶 K₂³ | 明水组 | 介形虫: Cypridea vasta-Talicypridea turgida-Cyclocypris valida 组合 | 桐乡组 衢县组 | 介形虫 Khandia-Cypridea-Talicypridea-Altanicypris, Altanicypris-Cypridea convernosa 组合 | 宗山组 | 有孔虫: Orbitoides-Omphalucyclus 组合 |
| | | | | 坎潘阶 | | | | 四方台组 | Talicypridea amoena-Tumiasevia kaitunensis-Paracandona qiananensis 组合<br>Talicypridea augusta-Harbinia hapla 组合<br>Cypridea spongyosa-Strumosia salebrosa-S.inaudita 组合<br>Cypridea ordinata-Ilyocyprimorpha netchaevae-Periacanthellaporetentosa-Cypridea ordinata 组合<br>Cypridea gunsulinensis-C. ardua 组合<br>Cypridea squalida-C. anonyma-C. spaniferusa 组合 | 金华组 | 介形虫 Tenuestheria 组合 | | Globotruncana ventricosa 带<br>Globotruncana elevata 带 |
| | | | | 桑顿阶 | | 松花江阶 K₂² | 嫩江组 | | Cypridea dorsoangula-Ziziphocypris concta 组合<br>Cypridea exornata-Lycoperocypris retractilis 组合 | 中戴组 | 叶肢介 Linhaiella 组合 | 岗巴村口组 | Dicarinella asymetrica 带<br>Dicarinella concavata 带<br>Dicarinella primitiva 带<br>Marginotruncana sigali 带<br>Hetveoglobotruncana helvetica 带 |
| | | | | 科尼亚克阶 | | | | 姚家组 | Cypridea panda-Triangulicypris fusiformis 组合<br>Limnocypridea inflata-Sunliavia tumida 组合<br>Cypridea dekhoinensis-Limnocypridea copiosa 组合<br>Triangulicypris torsuosus-T. torsuosus var. nota 组合 | 朝川组 | 叶肢介 Nemestheria 组合 | | |
| | | | | 土伦阶 | | | | 青山口组 | Cypridea subtuberculisperga-C. vetusta 组合<br>Cypridea elliptica-C. deformata 组合<br>Mongolocypris limpida-Paracandona planiuscula 组合 | 横山组 | | 冷青热组 | Whiteinella archaeocretacea 带<br>Rotalipora cushmani 带<br>Rotalipora recheli 带 |
| | | | | 塞诺曼阶 | | 农安阶 K₂¹ | 泉头组 | | 叶肢介 Orthestheria pecten-Orthestheriopsis tongfosiensis 组合 | 馆头组 | 叶肢介 Cratostracus-Orthestheria-Orthestheriopsis 组合 | 察且拉组 | Rotalipora appenninica 带 |
| | | | | | | | 孙家湾组 | 介形虫 Mogolocypris globra-Candona dongliangensis, Cypridea tumidiuscula-Pinnocypridea dictyodroma 组合 | | | | |
| | | 白垩系 | 下白垩统 | 阿尔必阶 | 白垩系 | 下白垩统 K₁ | 辽西阶 K₁³ | 阜新组 | 叶肢介 Pseudestherites-Yanjiestherites-Diestheria 带 | 寿昌组 | | 岗巴东山组 | Ticinella roberti 带 |
| | | | | 阿普特阶 | | | | 沙海组 | 叶肢介 Eosestheria jusinensis 带<br>Yanjiestheria jiufotangensis 带 | 黄尖组 | 叶肢介 Yanjiestheria-Migransia 组合 | | 菊石 Protanisoceras moreanum |
| | | | | 巴列姆阶 | | 热河阶 K₁² | 九佛堂组 | 叶肢介 Eosestheria middendorfii 带<br>Diestheria yixianensis 带;Eosestheria ovata 带 | 劳村组 | | | |
| | | | | 欧特里沃阶 | | | | 义县组 | 介形虫 Nestoria pissovi 带 | | | | |
| | | | | 凡兰吟阶 | | 冀北阶 K₁¹ | 大北沟组 | 叶肢介 Luumpingella-Tornina-Rhinocypris 组合 | | | 古葡村群 | 钙质超微 Calcicalathina oblongata-Spetonia colligata 带<br>Nannoconus steimannii-Watznaueria barnesae 带 |
| | | | | 贝里阿斯阶 | | | | 张家口组 | | | 介形类: Cypridea-Djungarica-Rhinocypris 组合 | | 菊石 Spiticeras spitiense |

附表2-9 中国白垩纪生物地层序列对比表

附表 2-10 中国古近纪生物地层序列对比表

| 国际地层表 | | | 中国年代地层 | | | 中国岩石和生物地层 | | | | | 青藏高原 | |
|---|---|---|---|---|---|---|---|---|---|---|---|---|
| 宇 | 界 | 系 | 统 | 阶 | | 中国北方 | | 中国南方 | | | | |
| | | | | | | 岩石地层 | 生物地层 | 岩石地层 | 生物地层 | | 岩石地层 | 生物地层 |
| 显生宇 PH | 新生界 Cz | 古近系 | 渐新统 | 夏特阶 | 塔本布鲁克阶 $E_3^3$ | 伊青布拉格组 巴什布拉克组 | 哺乳动物：Tataromys, Parvericius, Yindirtemys, Tachyoryctoides, Sinolagomys | 珠海组 | 有孔虫：Globigerina ciperoensis, Globorotalia angulisuturalis | | 康托组 | 介形虫：Ilyocypris-Limnocythere组合; Austrocypris-Cyprinotus-Pelocypris组合; 孢粉：以针叶类花粉为特征 Cedripites-Quercoidites minor组合 轮藻：Charites sadleri |
| | | | | 吕珀阶 | 乌兰布拉格阶 $E_3^2$ $E_3^1$ | 乌兰布拉格组 | 哺乳动物：Karakoromys, Tsaganomys, Paraceratherium, Cricetops, Lophiomeryx 有孔虫：Globigerina angustiumbilicata 及Cibicidoides 动物群 | 四梭组 | 有孔虫：Globigerina ampliapertura, G. ciperoensis, Gaudryina hayasakai | | 丁青湖组 | 介形虫：Eucypris hunschinliangensis, Cyprinotus formalis, Cypris decaryi 孢粉：Quercoidites-Ulmipollenites组合 Ephedripites-Quercoidites组合 Abietineaepollenites-Pinuspollenites- Piceapollenites-Cedripites组合 轮藻：Tectochara meriani, Sphaerochara grakulifera |
| | | | 始新统 | 普利亚本阶 | 蔡家冲阶 $E_2^3$ | 卓克勒干苏木组 | 哺乳动物：Embolotherium, Cadurcodon, Dianomys, Sinosminthus 有孔虫：上Nonion-Cibicides 组合 | 蔡家冲组 | 有孔虫：Globigerina pseudovenezuelana, Dentoglobigerina galavisi | | 遮普组 | |
| | | | | 巴顿阶 | 垣曲阶 $E_2^2$ | 河堤组 | 哺乳动物：Eosimias, Rhinotitan, Anthracokeryx, Protatatomys 有孔虫：Nonion-Anomalinoides-Cibicides | 那读组 | 有孔虫：Subbotina angiporoides lindiensis, Gleboratalia (T.) centralis | | 牛堡组 | 有孔虫：Orbitolites complanatus-Fasciolites ovicula组合、Assilina granulosa-Nummulites atacus 组合 |
| | | | | 卢特阶 | 伊尔丁曼哈阶 $E_2^1$ | 卢氏组 | 哺乳动物：Homanodon, Breviodon, Protitan, Lushilagus, Tsinlingomys 有孔虫：下Nonion-Cibicides 组合 | 邸江组 | 有孔虫：Globoratalia (A.) wilcoxensis, Globoratalia (A.) primitiva | | | |
| | | | | | 阿山头阶 $E_2^{1'}$ | 玉皇顶组 | 哺乳动物：Danjiangia, Asiocoryphodon, Rhombomylus, Adventimus | 明月峰组 | 有孔虫：Subbotina bakeri quadrata, Pseudohastigerina wilcoxensis, Nummulites baguelensis-N. donghaiensis, Discocyclina sowerbyi-N. nuttalli 组合带 | | 宗浦组 | |
| | | | 古新统 | 伊普雷阶 | 岭茶阶 $E_1^3$ | 脑木根组 | 哺乳动物：Palaeostylops, Pseudictops, Pastoralodon, Sarcodon | 岭茶组 | | | | 有孔虫：Operculina canalifera, Miscellanea miscella, Daviesina khatiyahi, Rotalia hensoni, Lockhartia conditi, Keramosphaera tergestina |
| | | | | 塔内阶 | 池江阶 $E_1^2$ | 齐姆根组 | | 池江组 | 哺乳动物：Propachynolophus, Orientolophus, Matutinia, Hapalodectes, Cocomys | | | |
| | | | | 赛兰特阶 | 上湖阶 $E_1^{2'}$ | 阿尔塔什组 | 哺乳动物：Bemalambda, Linnania, Prosarcodon, Hukoutherium 有孔虫：Quinqueloculina sp. | 灵峰组 上湖组 | 哺乳动物：Archaeolambda, Hsiuannia, Boothriostylops, Asiostylops | | | 有孔虫：Rotalia dukhani, Lokhartia haimei, Keramosphaera tergestina |
| | | | | 丹尼阶 | $E_1^1$ | 樊岔组 | | 石门溪组 | 哺乳动物：Bemalambda, Linnania, Astigale, Hukoutherium, Yantanglestes | | 基隆拉组 | 有孔虫：Globorotalia triloculinoides, Globolotalia (T.) Pseudomulloiec, Gl. (A.) praecursoria, Eoglobigerina eobulloides simplicissima Smoutina cruysi |

## 附录2 中国寒武纪—第四纪生物地层序列

| 宇 | 系 | 国际地层表 统 | 阶 | 中国年代地层 系 | 统 | 阶 | 中国岩石和生物地层划分与对比 中国北方 岩石地层 | 生物地层 | 中国南方 岩石地层 | 生物地层 | 青藏高原 岩石地层 | 生物地层 |
|---|---|---|---|---|---|---|---|---|---|---|---|---|
| 显生宇 PH | 新生界 Cz | 新近系 | 上新统 | 中国年代地层 | 上新统 N₂ | 麻则沟阶 N₂³ | 麻则沟组 | 哺乳动物：*Chardinomys nihowanicus*, *Cromeromys gansunicus*, *Allosiphneus teilhardi* | 沙沟组 | 哺乳动物：*Brachyrhizomys blacki*, *Stegodon elephantiodes*, *Muntiacus nanus* | 札达组 | *Mimomys bilikeensis*, *Apodemus sp.*, *Nyctereutes tingi*, *Coelodonta thibetana* |
| | | | | | | 高庄阶 N₂² | 高庄组 | *Chardinomys yusheensis*, *Chasmaporthetes kani*, *Hipparion pater* | | | | |
| | | | | | | 墨西拿阶 | 保德组 | *Microtodon atavus*, *Meles suillus*, *Hipparion houfenense*, *Hystrix gansuensis*, *Adcrocuta eximia*, *Hipparion dermatorhinum*, *Cervavitus novorossiae* | 石灰坝组 | *Linomys yunnanensis*, *Miopertaurista asiatica*, *Lufengpithecus lufengensis*, *Ailurarctos lufengdon* | 托林组 沃马组 | *Hipparion zandaense*, *Ochotona guizhongensis*, *Hipparion forstenae*, *Palaeotragus microdon* |
| | | | | | | 保德阶 N₁⁵ | | | | | | |
| | | | | | | 灞河阶 N₁⁴ | 灞河组 | *Progonomys sinensis*, *Dinocrocuta gigantea*, *Hipparion weihoense*, *Chilotherium wimani*, *Prosiphneus qiui*, *Hipparion dongxiangense*, *Parelasmotherium linxiaense* | 小河组 | *Tamiops atavus*, *Ratufa yuanmouensis*, *Lufengpithecus hudienensis*, *Pseudarctos bavaricus* | 上油砂山组 | *Myocricetodon lantianensis*, *Promephitis parvus*, *Hipparion weihoense*, *Chalicotherium brevirostris*, *Olonbulukia tsaidamensis*, *Tsaidamotherium hedini*, *Hispanotherium matriense*, *Lagomeryx tsaidamensis*, *Stephanocemas palmatus* |
| | | | 中新统 | | 中新统 | 托尔托纳阶 | | | | | | |
| | | | | | | 塞拉瓦利阶 | 通古尔阶 N₁³ | 通古尔组 | *Plesiodipus leei*, *Gobicyon macrognathus*, *Platybelodon grangeri*, *Protalactaga grabaui*, *Alloptox gobiensis*, *Kubanochoerus gigas* | 小龙潭组 | *Dryopithecus keiyuanensis*, *Zygolophodon chinjiensis*, *Propotamochoerus parvulus* | 下油砂山组 | *Megacricetodon sinensis*, *Heterosminthus orientalis* |
| | | | | | | 兰海阶 | 山旺阶 N₁² | 山旺组 | *Diatomys shantungensis*, *Ursavus orientalis*, *Palaeomeryx tricornis* | | | | |
| | | | | | | 布尔迪加尔阶 | 谢家阶 N₁¹ | 下草湾组 索索泉组 | *Sayimys obliquidens*, *Dionysopithecus shuanggouensis*, *Platybelodon dangheensis*, *Sinolagomys kansuensis*, *Aprotodon lanzhouensis*, *Phyllolylon huangheensis*, *Metexallerix gaolanshanensis*, *Tataromys sigmodon*, *Yindirtemys grangeri*, *Metexallerix junggarensis*, *Sinolagomys ulungurensis*, *Prodistylomys xinjiangensis* | 翁哨组 | *Brachyodus sp.* | 谢家组 | *Sinolagomys pachygnathus*, *Parasminthus xinningensis*, *Yindirtemys suni* |
| | | | | | | 阿基坦阶 | | | | | | |

附表2-11 中国新近纪生物地层序列对比表

| 国际地层表 | | | 中国年代地层 | | | 中国岩石和生物地层划分与对比 | | | | | |
|---|---|---|---|---|---|---|---|---|---|---|---|
| 宇 | 界 | 系 | 统 | 阶 | 统 | 阶 | 中国北方 | | 中国南方 | | 青藏高原 |
| | | | | | | | 岩石地层 | 生物地层 | 岩石地层 | 生物地层 | 岩石地层 | 生物地层 |

| 国际地层表 | | | | 中国年代地层 | | | 中国北方 | | 中国南方 | | 青藏高原 | |
|---|---|---|---|---|---|---|---|---|---|---|---|---|
| 宇 | 界 | 系 | 统 | 阶 | 统 | 阶 | 岩石地层 | 生物地层 | 岩石地层 | 生物地层 | 岩石地层 | 生物地层 |
| 显生宇 PHCz | 新生界 | 第四系 | 全新统 | ③上更新阶② | 第四系 | ④特建阶 | ⑥黄土 马兰黄土⑦ | 哺乳动物: Homo sapiens, Bubalus wansjocki, Sinomegaloceros ordosianus, Bubaloloxodon naumanni, Spirocerus kiakhtensis, Equus hemionus, Coelodonta antiquitatis 等 | 资阳组 | 哺乳动物: Ziyang man, Stegodon orientalis | 绒布德冰碛层 | 介形虫: Eucypris inflata |
| | | | 更新统 | 伊奥尼雅阶 | | ⑤萨拉乌苏阶 Qp² | 周口店组 离石黄土 | 哺乳动物: Homo erectus pekinensis, Megaloceros pachyosteus, Hyaena sinensis, Equus sanmeniensis, Palaeoloxodon cf. namadicus, Megantareon inexpectatus, Felis youngi, Spirocerus peii 等 | 下蜀组 网纹红土 | 哺乳动物: Liujiang man, Stegodon orientalis, Ailuropoda melanoleuca 哺乳动物: Stegodoa orientalis, Ailuropoda melanoleuca, Hylobates (Bunopithecus) sericas, Rhinopithecus roxellcne, Rhizomys sinensis, Megatapirus augustus | 绒布寺冰碛层 基龙寺冰碛层 加布拉组 聂聂雄拉冰碛层 | 介形虫: Ilyocypris bradyi, Limnocythere tuberculata |
| | | | | 卡拉布里雅阶 | 更新统 Qp | 周口店阶 Qp² | | 哺乳动物: Homo erectus lantianensis, Hyaena sinensis, Ailuropoda stegodon, Nestoritherium cf. sinense, Ursus thibetanus 等 | (元谋组 2-3 段) 元谋组 | 哺乳动物: Cuon antiquus, Ailuropoda baconi, Ailuropoda wulingshanensis | 帕里组 | |
| | | | | | | 泥河湾阶 Qp¹ | 泥河湾组 | 哺乳动物: Nyctereutes sinensis, Pachycrocuta licenti, Meganteron nihowanensis, Equus sanmeniensis, Eucladoceros boulei 等 | | 哺乳动物: Ailuropoda wulingshanensis, Tapirus sinensis, Gigantopithecus blacki, Allophaiomys terrae rubrae | 希夏邦马冰碛层 香茲组 | 介形虫: Ilyocypris bradyi, Cyprideis torasa, Candona neglecta, Leucocythere aralensis, Limnocythere ornate 孢粉: Picea, Artemisia, Chenopodiaceae |
| | | | 更新统 | 格拉斯阶 | | | 午城黄土 | 哺乳动物: Equus cf. sanmeniensis, Archidiskodon planifrons, Myospalax omegodon, Ochotonoides complicidens 等 有孔虫: Hyalinea baltica | | 哺乳动物: Gigantopithecus blacki, Procynocephalus cf. wimani, Ailuropoda microta, Mimomys peii | | |

注：①全新统；②未建阶；③全新统；④特建阶；⑤萨拉乌苏阶 Qp³；⑥大沟湾组；⑦萨拉乌苏组。

附表 2-12 中国第四纪生物地层序列对比表

# 附录3 沉积岩岩性花纹、沉积构造和化石图例

## 附3.1 关于沉积岩岩性花纹、沉积构造和化石图例的说明

附录3中的3类图例是按约定的顺序排列：附图3-1沉积岩岩性花纹图例，是按照碎屑岩—石灰岩—白云岩—矿质岩类的顺序排列，碎屑岩是按泥岩—页岩—砂岩—砾岩从细到粗的顺序排列，其他类推。附图3-2沉积构造图例，是按机械成因（流动成因—同生变形）—化学成因—生物成因—复合成因—表生风化成因排列，其中次级分类如流动成因是按层理构造—上面层构造—下层面构造—流动成因的其他构造顺序排列，其他类推。附图3-3化石图例，除"未分"外，是按生物类群从低级到高级的顺序排列。3个部分的排列法是当前国际"地质图图例"的排列法，是经过全国地质标准化委员会审定的图例和排列顺序。

## 附3.2 沉积岩岩性花纹、沉积构造和化石图例

附图3-1 沉积岩岩性花纹图例

附图3-2 沉积构造图例

附图3-3 化石图例

## 附图 3-1 沉积岩岩性花纹图例

| 岩性花纹 | 岩石名称 | 岩性花纹 | 岩石名称 | 岩性花纹 | 岩石名称 |
| --- | --- | --- | --- | --- | --- |
| | 泥岩 | | 砂质泥岩 | | 含砂泥岩 |
| | 粉砂质泥岩 | | 钙质泥岩 | | 硅质泥岩 |
| | 碳质泥岩 | | 含碳质泥岩 | | 凝灰质泥岩 |
| | 铁质泥岩 | | 铝土泥岩 | | 含锰泥岩 |
| | 锰质泥岩 | | 含钾泥岩 | | 沥青泥岩 |
| | 绿泥石-伊利石泥岩 | | 黏土岩 | | 高岭土黏土岩 |
| | 伊利石黏土岩 | | 蒙脱石黏土岩 | | 伊利石-蒙脱石黏土岩 |
| | 绿泥石黏土岩 | | 绿泥石-伊利石黏土岩 | | 水云母黏土岩 |
| | 海绿石斑脱岩 | | 页岩 | | 砂质页岩 |
| | 粉砂质页岩 | | 钙质页岩 | | 硅质页岩 |
| | 碳质页岩 | | 含碳质页岩 | | 凝灰质页岩 |
| | 铁质页岩 | | 铝土页岩 | | 含铜页岩 |
| | 含锰页岩 | | 锰质页岩 | | 含钾页岩 |
| | 沥青页岩 | | 油页岩 | | 硅藻土页岩 |
| | 粉砂岩 | | 含砾粉砂岩 | | 含泥粉砂岩 |
| | 泥质粉砂岩 | | 含钙质粉砂岩 | | 钙质粉砂岩 |
| | 凝灰质粉砂岩 | | 铁质粉砂岩 | | 含铜粉砂岩 |
| | 含碳质粉砂岩 | | 碳质粉砂岩 | | 含钾粉砂岩 |
| | 含油粉砂岩 | | 含磷粉砂岩 | | 磷质粉砂岩 |
| | 硅质粉砂岩 | | 锰质粉砂岩 | | 含锰质粉砂岩 |

附录3 沉积岩岩性花纹、沉积构造和化石图例

续附图 3-1

| 岩性花纹 | 岩石名称 | 岩性花纹 | 岩石名称 | 岩性花纹 | 岩石名称 |
|---|---|---|---|---|---|
| | 含膏泥质粉砂岩 | | 膏泥质粉砂岩 | | 砂岩 |
| | 含砾砂岩 | | 粗砂岩 | | 中砂岩 |
| | 细砂岩 | | 石英砂岩 | | 长石砂岩 |
| | 长石石英砂岩 | | 海绿石砂岩 | | 复成分砂岩（杂砂岩） |
| | 石英杂砂岩 | | 长石石英杂砂岩 | | 长石杂砂岩 |
| | 黏土粉砂质杂砂岩 | | 泥质砂岩 | | 钙质砂岩 |
| | 凝灰质砂岩 | | 含凝灰质砂岩 | | 铁质砂岩 |
| | 含铁砂岩 | | 含铜砂岩 | | 磷质砂岩 |
| | 含磷砂岩 | | 碳质砂岩 | | 含碳质砂岩 |
| | 含油砂岩 | | 砾岩 | | 角砾岩 |
| | 砂质角砾岩 | | 泥质角砾岩 | | 钙质角砾岩 |
| | 硅质角砾岩 | | 铁质角砾岩 | | 巨砾岩 |
| | 粗砾岩 | | 中砾岩 | | 细砾岩 |
| | 含角砾砾岩 | | 砂质砾岩 | | 含砂质砾岩 |
| | 砂砾岩 | | 石英砾岩 | | 复成分砾岩 |
| | 钙质砾岩 | | 硅质砾岩 | | 凝灰质砾岩 |
| | 冰碛砾岩 | | 滑混岩 | | 滑塌角砾岩 |
| | 灰岩（未分） | | 泥晶（状）灰岩 | | 粒泥灰岩 |
| | 泥粒灰岩 | | 颗粒灰岩 | | 角砾状灰岩 |
| | 竹叶状灰岩 | | 砾状灰岩 | | 结晶灰岩 |

续附图 3-1

| 岩性花纹 | 岩石名称 | 岩性花纹 | 岩石名称 | 岩性花纹 | 岩石名称 |
|---|---|---|---|---|---|
|  | 微晶灰岩 |  | 粉晶灰岩 |  | 细晶灰岩 |
|  | 粗晶灰岩 |  | 粉屑灰岩 |  | 砂屑灰岩 |
|  | 生物屑灰岩 |  | 含生物屑灰岩 |  | 生屑粒泥灰岩 |
|  | 生屑泥粒灰岩 |  | 亮晶灰岩 |  | 鲕状灰岩 |
|  | 鲕状亮晶灰岩 |  | 团粒灰岩（球粒灰岩） |  | 团粒亮晶灰岩 |
|  | 生物碎屑亮晶灰岩 |  | 介壳灰岩 |  | 藻鲕灰岩 |
|  | 蜓灰岩 |  | 含蜓灰岩 |  | 有孔虫灰岩 |
|  | 藻屑灰岩 |  | 藻纹层灰岩 |  | 叠层石灰岩 |
|  | 薄纹层灰岩 |  | 钙壳灰岩 |  | 核形石灰岩 |
|  | 生物碎屑泥晶灰岩 |  | 含生物碎屑泥晶灰岩 |  | 骨针灰岩 |
|  | 岩溶角砾灰岩（岩溶角砾岩） |  | 铁质灰岩 |  | 锰质灰岩 |
|  | 硅质灰岩 |  | 含硅质灰岩 |  | 白云质灰岩 |
|  | 含白云质灰岩 |  | 碳质灰岩 |  | 含碳质灰岩 |
|  | 沥青质灰岩 |  | 含沥青质灰岩 |  | 泥质灰岩 |
|  | 含泥质灰岩 |  | 泥灰岩 |  | 燧石团块灰岩（硅质团块灰岩） |
|  | 燧石条带灰岩（硅质条带灰岩） |  | 含燧石结核灰岩 |  | 条带状灰岩 |
|  | 网纹状灰岩 |  | 蠕虫状灰岩 |  | 虫迹灰岩 |
|  | 龟裂纹灰岩 |  | 泥质条带灰岩 |  | 泥质团块灰岩 |
|  | 瘤状灰岩 |  | 豹皮状灰岩 |  | 叶片状灰岩 |
|  | 礁灰岩 |  | 骨架灰岩 |  | 包黏灰岩 |

## 附录3 沉积岩岩性花纹、沉积构造和化石图例

**续附图 3-1**

| 岩性花纹 | 岩石名称 | 岩性花纹 | 岩石名称 | 岩性花纹 | 岩石名称 |
|---|---|---|---|---|---|
| | 障积灰岩 | | 微生物岩 | | 礁屑粒泥灰岩 |
| | 礁碎块灰岩 | | 白云岩 | | 颗粒白云岩 |
| | 鲕状白云岩 | | 纹层状白云岩 | | 藻纹层白云岩 |
| | 叠层石白云岩 | | 泥晶白云岩 | | 亮晶白云岩 |
| | 砂质白云岩 | | 泥质白云岩 | | 灰质白云岩 |
| | 硅质白云岩 | | 砾屑白云岩 | | 含砾屑白云岩 |
| | 砂屑白云岩 | | 粉屑白云岩 | | 角砾状白云岩 |
| | 燧石条带白云岩 | | 泥质条带白云岩 | | 硅质岩 |
| | 放射虫硅质岩(放射虫岩) | | 含放射虫硅质岩 | | 硅质骨针岩(骨针岩) |
| | 含钙硅质岩 | | 钙质硅质岩 | | 含泥质硅质岩 |
| | 泥质硅质岩 | | 含碳质硅质岩 | | 含锰质硅质岩 |
| | 含粉砂质硅质岩 | | 含凝灰质硅质岩 | | 磷块岩(磷质岩) |
| | 豆状磷块岩 | | 鲕状磷块岩 | | 海绿石磷块岩 |
| | 骨屑磷块岩 | | 藻磷块岩 | | 磷绿泥石岩 |
| | 磷质海绿石岩 | | 煤(煤层) | | 煤线 |
| | 铁质岩 | | 赤铁矿岩 | | 赤铁矿鲕状岩(鲕状赤铁矿岩) |
| | 赤铁矿-绿泥石鲕状岩 | | 菱铁矿岩 | | 褐铁矿岩 |
| | 菱铁矿泥岩 | | 鲕绿泥岩-菱铁矿泥岩 | | 磁铁矿岩 |
| | 针铁矿岩 | | 铝铁质岩 | | 锰质岩(锰矿岩) |
| | 锰结核 | | 铝土质岩(铝土岩) | | 豆粒铝质岩 |

续附图 3-1

| 岩性花纹 | 岩石名称 | 岩性花纹 | 岩石名称 | 岩性花纹 | 岩石名称 |
|---|---|---|---|---|---|
|  | 含团块泥状铝质岩 |  | 钙质铝土岩 |  | 膏岩（石膏岩） |
|  | 膏泥岩 |  | 瘤状硬石膏 |  | 芒硝岩 |
|  | 钙芒硝岩 |  | 石盐岩 |  | 石盐镁矾岩 |
|  | 卤化物岩 |  | 光卤石岩 |  | 钾盐岩 |
|  | 钾盐镁矾岩 |  |  |  |  |
|  | 黏土 |  | 亚黏土 |  | 碳质黏土 |
|  | 有机质黏土 |  | 滑石黏土 |  | 明矾黏土 |
|  | 钙质黏土 |  | 蠕虫状黏土 |  | 淤泥 |
|  | 淤泥质黏土 |  | 砂土 |  | 亚砂土 |
|  | 红土 |  | 铝土质红土 |  | 黄土 |
|  | 泥炭土 |  | 腐殖土 |  | 砂 |
|  | 粉砂 |  | 细砂 |  | 中砂 |
|  | 粗砂 |  | 砂姜 |  | 砾石 |
|  | 细砾 |  | 中砾 |  | 粗砾 |
|  | 砂砾石 |  | 角砾 |  | 细卵 |
|  | 粗卵 |  | 漂砾 |  | 冰水泥砾 |
|  | 坠石 |  | 堆积层 |  | 植物堆积层 |
|  | 贝壳层 |  | 人工堆积 |  | 填筑土 |
|  | 浊积岩 |  | 等深积岩 |  | 风暴岩 |
|  | 震积岩 |  | 海滩岩 |  |  |

## 附录3 沉积岩岩性花纹、沉积构造和化石图例

### 附图 3-2 沉积构造图例

| 图例 | 名称 | 图例 | 名称 | 图例 | 名称 | 图例 | 名称 |
|---|---|---|---|---|---|---|---|
| | 水平层理 | | 平行层理 | | 韵律层理 | | 板状交错层理 |
| | 楔状交错层理 | | 槽状交错层理 | | 羽状交错层理 | | 冲洗交错层理 |
| | 波状交错层理 | | 浪成交错层理 | | 潮汐交错层理 | | 丘状层理 |
| | 凹状层理 | | 爬升层理 | | 正粒序层理 | | 逆粒序层理 |
| | 脉状层理 | | 透镜状层理 | | 砂泥互层层理 | | 块状层理 |
| | 流水波痕 | | 浪成波痕 | | 风成波痕 | | 对称波痕 |
| | 不对称波痕 | Sm | 小波痕 | La | 大波痕 | Gr | 巨波痕 |
| | 直线形波痕 | | 波曲形波痕 | | 链形波痕 | | 舌形波痕 |
| | 新月形波痕 | | 菱形波痕 | | 孤立波痕 | | 干涉波痕 |
| | 逆行沙丘 | | 剥离线理 | | 流痕构造 | | 槽模 |
| | 沟模 | | 跳模 | | 刷模 | | 锥模 |
| | 锯齿模 | | 冲刷面构造 | | 冲刷痕 | | 侵蚀构造 |
| | 压刻痕 | | 叠瓦构造 | | 重荷模 | | 沙丘和沙枕构造 |
| | 包卷层理 | | 滑塌层理 | | 变形层理 | | 盘状和泄水沟构造 |
| | 碟状构造 | | 碎屑岩脉构造 | | 变形翻卷层理 | | 泥裂 |
| | 龟裂 | | 帐篷构造 | | 雨痕 | | 冰雹痕 |
| | 泡沫痕 | | 结核 | | 石膏假晶 | | 石盐假晶 |
| | 冰晶痕 | | 瘤状构造 | | 叠椎构造 | | 缝合线 |
| | 色带构造 | | 鸡笼网状构造 | | 藻席纹层 | | 生物骨架构造 |
| | 核形石 | | 简单平面遗迹 | | 复杂平面遗迹 | | 潜穴 |
| | 钻穴 | | 生物扰动 | | 植物根迹 | | 层状晶洞 |
| | 斑马构造 | | 鸟眼构造 | | 窗孔构造 | | 示底构造 |
| | 硬底构造 | | 蜂窝状构造 | | 针孔状构造 | | 疏松状构造 |

## 附图 3-3 化石图例

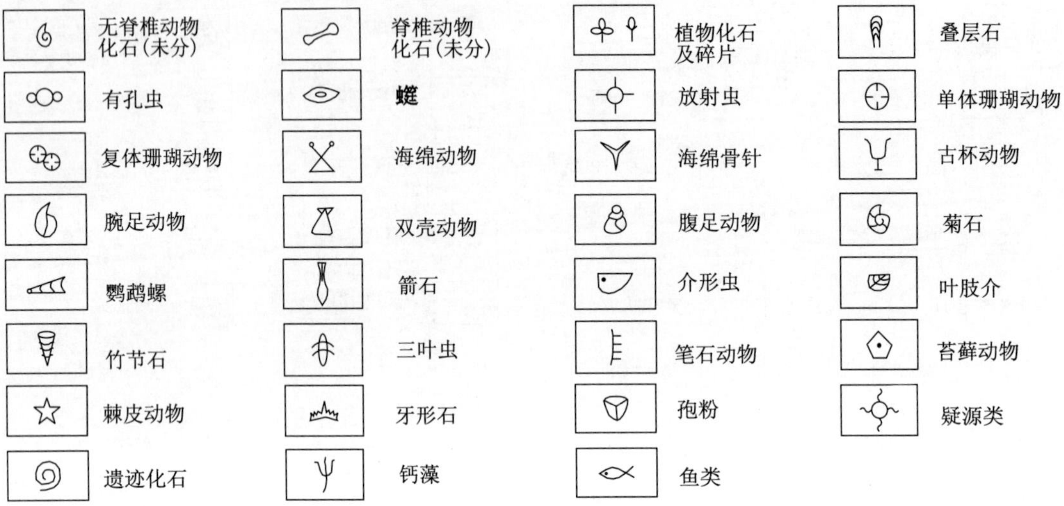

| 符号 | 名称 | 符号 | 名称 | 符号 | 名称 | 符号 | 名称 |
|---|---|---|---|---|---|---|---|
|  | 无脊椎动物化石(未分) |  | 脊椎动物化石(未分) |  | 植物化石及碎片 |  | 叠层石 |
|  | 有孔虫 |  | 蜓 |  | 放射虫 |  | 单体珊瑚动物 |
|  | 复体珊瑚动物 |  | 海绵动物 |  | 海绵骨针 |  | 古杯动物 |
|  | 腕足动物 |  | 双壳动物 |  | 腹足动物 |  | 菊石 |
|  | 鹦鹉螺 |  | 箭石 |  | 介形虫 |  | 叶肢介 |
|  | 竹节石 |  | 三叶虫 |  | 笔石动物 |  | 苔藓动物 |
|  | 棘皮动物 |  | 牙形石 |  | 孢粉 |  | 疑源类 |
|  | 遗迹化石 |  | 钙藻 |  | 鱼类 |  |  |

# Stratigraphic Fundamentals and Frontiers

(Second Edition)

Chief-editors: Gong Yiming & Zhang Kexin

## China University of Geosciences Press, 2016,

Wuhan, China

## Contents

Preface of the second edition ·················· Gong Yiming, Zhang Kexin (V)

## Part I  Basics of stratigraphy

Chaper 1  Introduction ·················· Gong Yiming, Zhan Renbin (3)
 1.1  Definition, scope and mission of stratigraphy ·················· (3)
 1.2  History and developments of stratigraphy ·················· (4)

Chapter 2  Sedimentary processes and stratal formation
 ·················· Gong Yiming, Shi Xiaoying, Du Yuansheng (10)
 2.1  Vertical aggradation and the three stratigraphic laws ·················· (10)
 2.2  Lateral aggradation, Walther's law and diachronism ubiquity of lithostratigraphic units ·················· (11)
 2.3  Biosedimentation and magmatic emplacement accumulation and their stratigraphic features ·················· (14)
 2.4  Transgression, regression and stratal formation ·················· (15)

Chapter 3  Stratigraphic units and stratotypes ·················· Zhang Kexin, Tong Jinnan (19)
 3.1  Strata and stratigraphic units ·················· (19)
 3.2  Classification of stratigraphic units ·················· (19)
 3.3  Nomenclature of stratigraphic units ·················· (22)
 3.4  Definition and characteristics of stratotypes ·················· (24)
 3.5  Program and requirements for establishing the stratotype section ·················· (26)
 3.6  Example: GSSP of the Permian-Triassic Boundary ·················· (28)

## Chapter 4 Stratigraphic regionalization
################ Gong Yiming, Zong Ruiwen, Zhang Kexin, He Weihong (51)

4.1 Concept of stratigraphic regionalization ................................................ (51)
4.2 Types, hierarchy and criteria of stratigraphic regionalization ................ (52)
4.3 Example: Paleozoic stratigraphic regionalization in western Junggar, NW China
 ........................................................................................................... (54)

# Part II  Fundamental disciplines and methods of stratigraphy

## Chapter 5 Lithostratigraphy ............................... Zhang Xionghua, Xu Ran (79)
5.1 Formation of lithostratigraphy ........................................................... (79)
5.2 Lithostratigraphic architecture and its basic sequence ....................... (80)
5.3 Lithostratigraphic subdivision and correlation ................................... (88)
5.4 Lithostratigraphic units and their establishment, nomenclature and revision
 ........................................................................................................... (91)
5.5 Principle of diachronism ubiquity and comments ............................... (97)

## Chapter 6 Biostratigraphy
############## Tong Jinnan, He Weihong, Zhang Yuandong, Zhang Kexin (101)

6.1 Basic concepts, formation and development of biostratigraphy ......... (101)
6.2 Fundamental principles and theoretical bases of biostratigraphy ....... (102)
6.3 Biostratigraphic units and their establishment and nomenclature ...... (105)
6.4 Criteria and methods of biostratigraphic correlation ......................... (114)
6.5 Measuring, sampling, data processing and charting of biostratigraphic section ........................................................................................................... (124)

## Chapter 7 Chronostratigraphy
################ Zhang Kexin, Tong Jinnan, He Weihong, Xu Yadong (134)

7.1 Basic concepts of chronostratigraphy ................................................ (134)
7.2 The hierarchy of chronostratigraphic units and geologic time units ... (135)
7.3 Standard Global Chronostratigraphic Chart and numerical ages ....... (138)
7.4 Rules and program for establishing chronostratigraphic units ........... (145)
7.5 Correlation of chronostratigraphic units ............................................ (147)
7.6 Relationships among biostratigraphic, lithostratigraphic and chronostratigraphic units ........................................................................................................... (152)

## Chapter 8 Magnetostratigraphy
######## Zhang Shihong, Wu Huaichun, Li Haiyan, Ji Junliang, Yang Tianshui (157)

8.1 Basic features of modern geomagnetic field ...................................... (158)
8.2 Basic knowledge of rock magnetism ................................................. (162)

8.3　Working program and technical essentials of paleomagnetics ……………… (166)
8.4　Polarity reversal of paleogeomagnetic field and its magnetostratigraphic significance ……………………………………………………………………… (172)
8.5　Establishment and improvement of the geomagnetic polarity time scale …… (174)
8.6　Example: Application of magnetostratigraphy in dating ancient human remains of the Nihewan Basin ……………………………………………………… (180)

## Chapter 9　Sequence stratigraphy ………………… Du Yuansheng, Gong Yiming (190)

9.1　Basic principles of sequence stratigraphy ……………………………………… (190)
9.2　Sequence stratigraphy of marine clastic rocks ………………………………… (195)
9.3　Sequence stratigraphy of marine carbonates …………………………………… (202)
9.4　Sequence stratigraphy of lacustrine deposits …………………………………… (206)
9.5　Measuring, sampling, data processing and charting of outcrop sequence stratigraphic section ……………………………………………………………… (210)
9.6　Comments on sequence stratigraphy …………………………………………… (211)

## Chapter 10　Chemostratigraphy ………… Li Chao, Wang Jiasheng, Luo Genming (218)

10.1　Introduction ……………………………………………………………………… (218)
10.2　Elemental chemostratigraphy …………………………………………………… (219)
10.3　Stable istope chemostratigraphy ………………………………………………… (226)
10.4　Procedures, methods and precautions of chemostratigraphic study …………… (237)
10.5　Concluding remarks: advantages, disadvantages and future chemostratigraphy …………………………………………………………………………………… (240)

## Chapter 11　Event stratigraphy
　　　　　　……………… Zhang Kexin, Tong jinnan, Jiang Haishui, Gong Yiming (246)

11.1　Basic concepts of event stratigraphy …………………………………………… (246)
11.2　Theoretical basis of event stratigraphy ………………………………………… (246)
11.3　Event types, event stratigraphic units and their characteristics ……………… (247)
11.4　Examples of application of event stratigraphic units ………………………… (250)

## Chapter 12　Cyclostratigraphy ………………………… Huang Chunju, Gong Yiming (266)

12.1　Cyclostratigraphy and its brief history ………………………………………… (266)
12.2　Principles and study methods of cyclostratigraphy …………………………… (270)
12.3　Significance of cyclostratigraphy and study example ………………………… (278)

## Chapter 13　Methods of numerical dating of strata ………… Wang Guocan, Cao Kai (293)

13.1　Introduction ……………………………………………………………………… (293)
13.2　Principles and methodology of stratal numerical dating ……………………… (294)
13.3　How to select the method of stratal numerical dating ………………………… (303)
13.4　Main factors influencing the reliability of stratal numerical dating ………… (306)

## Part III  Frontier disciplines and methods of stratigraphy

### Chapter 14  Ecostratigraphy ················ Lai Xulong (315)

14. 1  Concepts and principles of ecostratigraphy ·························· (315)
14. 2  Study methods of ecostratigraphy ···································· (321)
14. 3  Example: Early Triassic ecostratigraphy of the lower Yangtze area ········· (329)
14. 4  Applications of ecostratigraphy ······································ (334)

### Chapter 15  Climatostratigraphy ················ Li Baosheng, Li Chang'an (340)

15. 1  Study objects and essentials of climatostratigraphy ····················· (340)
15. 2  Study methods of climatostratigraphy ································· (342)
15. 3  Subdivision and correlation of climatostratigraphic units ················· (352)

### Chapter 16  Non-Smith stratigraphy ················ Feng Qinglai, Zhang Kexin (377)

16. 1  Smith stratigraphy and its limitations ································ (377)
16. 2  Theoretical basics and concepts of non-Smith stratigraphy ················· (379)
16. 3  Study methods and the stratal units of non-Smith stratigraphy ············· (381)
16. 4  Example: Reconstruction of the stratal sequence for non-Smith strata in the orogenic belt of southwestern Yunnan, southwestern China ················· (383)

### Chapter 17  Molecular stratigraphy ················ Huang Xianyu, Xie Shucheng (390)

17. 1  Footstone of molecular stratigraphy——molecular fossils ················· (390)
17. 2  Principles and methods of molecular stratigraphy ······················ (396)
17. 3  Appication fields of molecular stratigraphy ··························· (399)
17. 4  Examples of subdivision and correlation of molecular stratigraphic units ··· (401)

### Chapter 18  Application of Geobiodiversity Database (GBDB) in stratigraphic study ················ Fan Junxuan, Chen Qing, Hou Xudong, Shen Shuzhong, Zhan Renbin, Zhang Yuandong (410)

18. 1  Introduction of GBDB ·············································· (410)
18. 2  Integration of stratigraphic data ····································· (411)
18. 3  Visualization of stratigraphic data ··································· (417)
18. 4  Analysis and application of stratigraphic data ························· (420)
18. 5  Follow-up construction of GBDB ····································· (423)

## Part IV  Tag

### Chapter 19  Time and stratigraphy ················ Gong Yiming, Shi Xiaoying (427)

19. 1  Two types of time concepts and time and space views of stratigraphy ······ (427)

19.2 Regret and ultimate aim of stratigraphy ································ (428)

# Part V  Appendix 1 – 3

**Appendix 1  Correlation of international and Chinese geological time scales**
·················································· **Gong Yiming, Zong Ruiwen (433)**

A1.1 Explanation for correlation of international and Chinese geological time scales
·································································································· (433)

A1.2 Correlation of international and Chinese geological time scales ············· (434)

**Appendix 2  Cambrian to Quaternary biostratigraphic successions in China**
························· **He Weihong, Zhang Yuandong, Wu Huiting (440)**

A2.1 Explanation for Cambrian to Quaternary biostratigraphic successions in China
·································································································· (440)

A2.2 Correlation of Cambrian to Quaternary biostratigraphic successions in China
·································································································· (440)

**Appendix 3  Legends of lithology of sedimentary rocks, sedimentary structures and fossils**
···························································· **Zhang Kexin, Xu Yadong (453)**

A3.1 Explanation for Legends of lithology of sedimentary rocks, sedimentary structures and fossils ················································································ (453)

A3.2 Legends of lithology of sedimentary rocks, sedimentary structures and fossils
·································································································· (453)